普通高等学校“十四五”系列教材
辽宁省省级一流本科课程建设成果

机械制造技术基础

张　悦　李　强◎主　编
左丽娜　潘　飞◎副主编
郑　鹏　付景顺◎主　审

中国铁道出版社有限公司

2023年·北　京

内容简介

为培养机械制造领域相关专业综合型人才,也为满足实际工程应用的需要,本书以零件制造工艺及机器装配工艺过程为主线,优化整合了普通高等学校机械类专业机械制造相关技术内容。

本书共12章,包括绪论、金属材料及其应用、零件毛坯的制备方法、金属切削与磨削原理、机械加工方法与机床、零件的热处理及表面处理工艺、零件的检测技术、机械加工工艺规程设计、机床夹具原理与设计、机械加工质量及控制、机器装配工艺设计、机械制造技术的新发展等内容。

本书适合作为普通高等院校机械设计制造及其自动化、车辆工程、机器人工程、智能制造工程等专业的教材,也可作为研究生及相关领域工程技术人员的参考书。

图书在版编目(CIP)数据

机械制造技术基础/张悦,李强主编.—北京:中国铁道出版社有限公司,2023.7

普通高等学校"十四五"系列教材

ISBN 978-7-113-30156-9

Ⅰ.①机… Ⅱ.①张… ②李… Ⅲ.①机械制造工艺-高等学校-教材 Ⅳ.①TH16

中国国家版本馆CIP数据核字(2023)第062156号

书　　名: 机械制造技术基础

作　　者: 张　悦　李　强

策　　划: 何红艳

责任编辑: 何红艳　包　宁　　**编辑部电话:** (010)63560043

封面设计: 高博越

责任校对: 苗　丹

责任印制: 樊启鹏

出版发行: 中国铁道出版社有限公司(100054,北京市西城区右安门西街8号)

网　　址: http://www.tdpress.com/51eds/

印　　刷: 河北京平诚乾印刷有限公司

版　　次: 2023年7月第1版　2023年7月第1次印刷

开　　本: 787 mm×1 092 mm 1/16　**印张:** 22.5　**字数:** 620千

书　　号: ISBN 978-7-113-30156-9

定　　价: 59.80元

版权所有　侵权必究

凡购买铁道版图书,如有印制质量问题,请与本社教材图书营销部联系调换。电话:(010)63550836

打击盗版举报电话:(010)63549461

前　言

“机械制造技术基础”是普通高等学校机械设计制造及其自动化、车辆工程、机器人工程、智能制造工程等工科专业的专业基础课,也是建立专业课程体系的重要组成部分。

为全面贯彻党的教育方针,落实立德树人根本任务,培养德智体美劳全面发展的社会主义建设者和接班人,深化高等教育教学改革,加强教材建设,本书从综合型人才培养目标出发,通过优化整合机械制造基本知识内容,将机械加工工艺、检测工艺、装配工艺等专业知识融于一体,让机械类专业学生能够从整体上掌握零件加工工艺规程和机器装配工艺规程的设计方法,注重培养解决工程实际问题的能力和提高综合素质。

本书共12章,主要包括金属材料及其应用、零件毛坯的制备方法、金属切削与磨削原理、机械加工方法与机床、零件的热处理及表面处理工艺、零件的检测技术、机械加工工艺规程设计、机床夹具原理与设计、机械加工质量及控制、机器装配工艺设计和机械制造技术的新发展等内容。各章配有习题,并在一定程度上,体现出高阶性、创新性及挑战度的“两性一度”金课建设要求。

本书主要特点有:

(1)以零件制造工艺及机器装配工艺过程为主线,在绪论中引出减速器的生产与制造实际工程问题,在后续章节中逐步展开相关技术知识,并在习题中体现相关问题,考查学生学习效果。

(2)内容有详有略、突出重点,其中第4、5、8、9、10、11章为机械加工重点内容,论述较详细;第2、3、6、7章在机械工程材料、互换性、金工实习等课程中已学过,在此只引用部分内容,以使机械制造过程相对完整;第12章是在前述章节的基础上,论述了机械制造技术的发展方向,为后续课程做铺垫。

(3)对于定位误差、尺寸链计算等重点难点问题,给出了较详细的解答过程。

本书由张悦、李强任主编,左丽娜、潘飞任副主编。参加本书编写的有:沈阳工业大学张悦、李强、潘飞、苑泽伟、台立钢、刘寅、雷蕾,沈阳东北制药装备制造安装有限公司左丽娜,辽宁省安全科学研究院王志鹏、徐广大、王丽燕,空军装备部驻辽阳地区军事代表室刘士伟。张悦编写了第1、4章,左丽娜、张悦编写了第2、3章,潘飞、雷蕾编写了第5章,徐广大、张悦编写了第6章,王志鹏、王丽燕编写了第7章,李强、张悦编写了第8、10章,刘寅、刘士伟编写了第9章,台立钢编写了第11章,苑泽伟编写了第12章。全书由张悦、李强统稿,由郑鹏、付景顺主审。

于蒙福、葛祥凯、杨昊、程浩南、杜政熠、靳晓涵、石佳宁、赵东昊、周兴春为本书做了大量文字及图片处理工作,在此表示感谢。

由于编者水平有限,书中疏漏或错误在所难免,恳请广大读者批评指正。也欢迎对书中知识点有不同见解的师生与我们沟通交流,以便改进,提高教材质量。

联系邮箱:zhy@ sut. edu. cn。

编　者

2023 年 1 月

目录

第1章 绪　论

阅读导入

我国制造业的历史悠久、技艺精湛，一度代表了世界制造业技术水平。我国古代的丝绸、瓷器就能大规模生产，并通过陆上和海上丝绸之路远销海外。我国的“一带一路”倡议就是借用古代丝绸之路的历史符号，高举和平发展的旗帜，积极发展与沿线国家的经济合作伙伴关系，共同打造政治互信、经济融合、文化包容的利益共同体、命运共同体和责任共同体。

当今的制造业已成为国民经济的主体，是立国之本、兴国之器、强国之基。自改革开放以来，我国制造业快速发展，建成了门类齐全、独立完整的产业体系，显著增强了综合国力。然而，与世界先进水平相比，我国制造业在自主创新能力、资源利用效率、产业结构水平、信息化程度、质量效益等方面有一定差距，转型升级和跨越发展的任务紧迫而艰巨。为此，我国实施了一系列制造强国战略，力争到中华人民共和国成立100周年时，把我国建设成为引领世界制造业发展的制造强国，为实现中华民族伟大复兴的中国梦打下坚实基础。

1.1 机械制造及其在国民经济中的地位

1.1.1 制造与制造技术

制造是包括产品设计、材料选择、生产计划、生产过程、质量保证、管理和市场销售服务的一系列相关活动和工作的总称。如果从工程角度理解，制造是根据工程图纸、设计说明书等文件，利用现有设备和工具，运用现有知识和技术，采用适当方法，将原材料转化成产品的过程。

制造技术是按照人的目的，运用知识和技能，利用客观物质工具，使原材料转变为产品的技术总称。更具体地讲，机械制造技术是研究利用机械设备及工具，完成零件加工和产品装配的工程技术，一般包括材料成形（热加工）、切削加工（冷加工）、检测和机器装配等相关技术。

1.1.2 机械制造业及其在国民经济中的地位

根据国家标准《国民经济行业分类》（GB/T 4754—2017），制造业是我国国民经济行业20个门类之一，其中又包含21个大类，有金属冶炼、金属制品、设备制造、汽车制造、食品制造、电子产品制造、仪器仪表制造等。

制造业是指对制造资源（物料、能源、设备、工具、资金、技术、信息和人力等），按照技术要求，通过制造过程，转化为可使用或利用的工业品与生活消费品的行业，可以是动力机械制造，也可以是手工制作，也包括设备维修、废旧资源综合再利用，还包括机电产品的再制造，即将废旧汽车零部件、工程机械、机床等进行专业化修复的过程，并达到与原有新产品相同的质量和性能。

制造业作为我国国民经济的支柱产业，是我国经济增长的主导部门和经济转型的基础；作为经济社会发展的重要依托,是我国城镇就业的主要渠道和国际竞争力的集中体现。制造业为现代工业社会提供物质基础,为信息与知识社会提供先进装备和技术平台,也是实现军事变革和国防安全的基础。

由于现代生产技术的发展,在制造业中大部分生产实现了机械化和自动化,从而可以把利用机械设备进行产品产生的行业称为机械制造业。

在机械制造业中最重要的部分是装备制造业,是为其他行业提供生产设备的行业,包括加工装备、工艺装备、仓储物流装备等。装备制造业是为国民经济各行业提供技术装备的战略性产业,产业关联度高、吸纳就业能力强、技术资金密集,是各行业产业升级、技术进步的重要保障和国家综合实力的集中体现。装备制造业是制造业的核心组成部分,是国民经济发展特别是工业发展的基础。建立起强大的装备制造业,是提高我国综合国力,实现工业化的根本保证。

1.2 机械制造中的工程实际问题

在学习了工程制图、机械原理、机械设计、机械精度设计、工程材料、电工学等课程的基础上,能够设计出图 1-1 所示的一级齿轮减速器。在设计阶段,进行了方案设计、结构设计、精度设计、工程计算等工作,通过减速器装配图给出了设计结果。接下来就要将设计的机器制造出来,这就是机械制造中最大的工程实际问题。

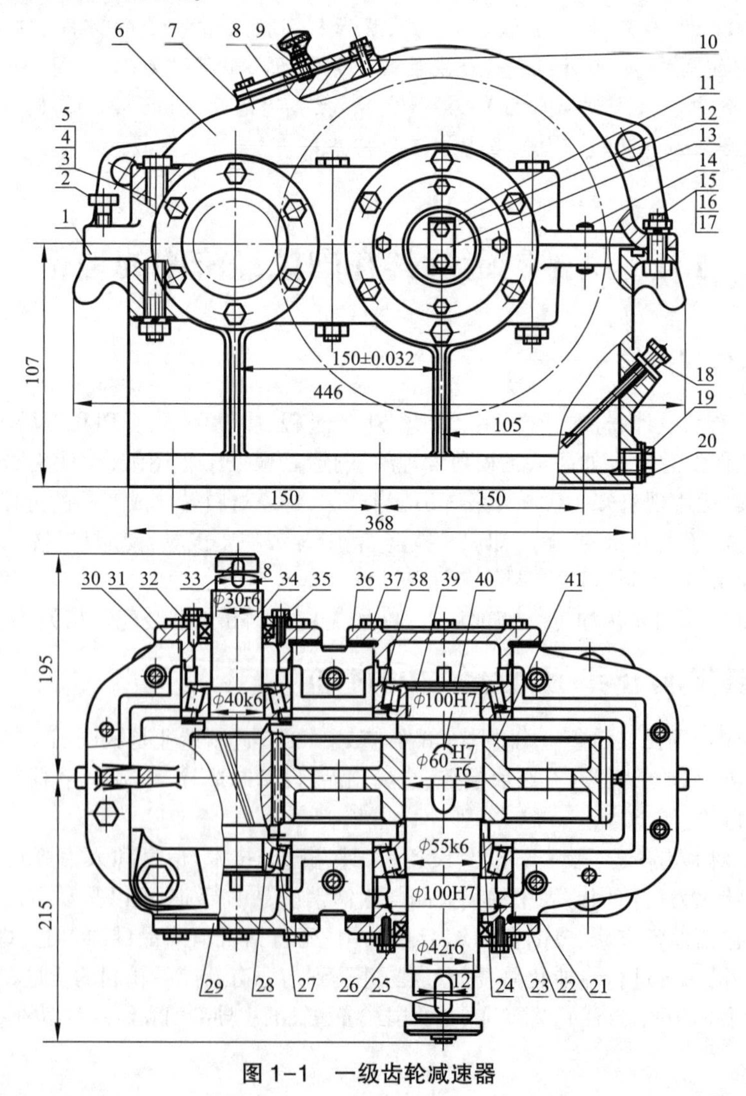

图 1-1 一级齿轮减速器

图1-1给出的减速器需要40余种零件组装而成,这些零件可分为两大类:标准零件和非标准零件。标准零件简称标准件,例如,图中“2”号螺钉、“3”号螺栓、“4”号螺母等,这类零件是已经标准化并由专业生产厂家专门制造的机械零件,用户只需要根据使用要求进行选型,而后可以直接采购得到。非标准零件,例如,图中“22”号轴承端盖、“34”号齿轮轴、“41”号大齿轮等,这类零件是减速器制造企业自行设计的机械零件,需要根据零件的使用要求及生产条件,选择材料、确定具体结构、设计零件精度、确定技术要求等,以零件图的形式给出设计结果,再通过机械加工过程获得实物零件,最后将标准零件和非标准零件进行装配得到设计的机器产品。从而可用图1-2表示机械产品设计制造的总体流程。

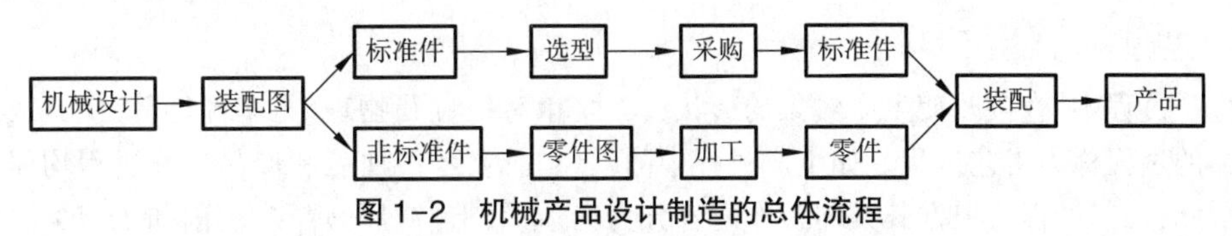

图1-2 机械产品设计制造的总体流程

对于标准件生产企业或机械制造企业,都需要解决机械零件的制造问题。机械零件的制造过程是采用具体的加工技术,通过一系列加工过程得到满足设计要求的实物零件的过程。图1-3给出了零件加工工艺路线,实际生产中的工艺路线可能会根据生产条件有所调整,但加工的最终目的还是获得满足设计要求的机械零件。

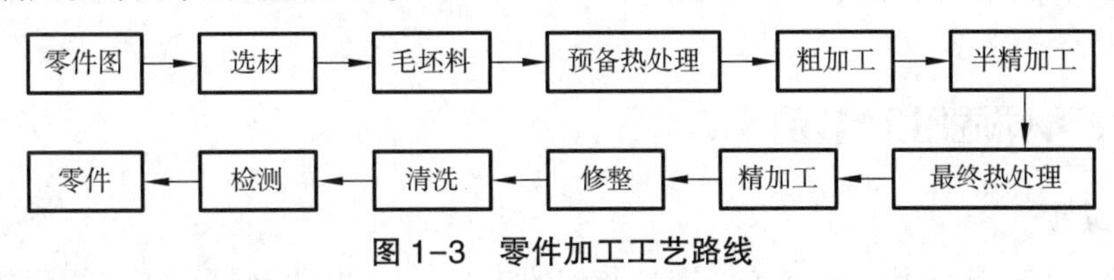

图1-3 零件加工工艺路线

当装配图上的所有零件都已确定制造方案以后,还要解决机器的装配问题。对于图1-1所示的减速器,仅有几十种零件,不难装配,但对于汽车、舰船、航天器等大型机电产品,以及机床、加工中心等高精度装备,单台机器可能由几万甚至几十万种零件组成,这就必须研究机器的装配方法,进而能够高效率高质量地完成装配工作,使机器产品达到设计要求。

本书的重点就是研究如何根据零件图,应用现有知识和技术,完成零件加工,得到合格的机械零件,再根据装配图进行机器装配,得到符合设计要求的机器,完成机械制造过程。

1.3 机械制造中的基本概念

1.3.1 生产过程及其组织形式

1. 生产过程

生产过程是从原材料(或半成品)进厂,并通过一系列的转化或改变,直到把成品制造出来的全部相关劳动的总和。生产过程一般包括原材料的采购、验收、保管、运输,生产准备,毛坯制造,零件加工(含热处理),产品装配,检验以及涂装等。

2. 生产的组织形式

生产组织形式是指生产者对所投入的资源要素、生产过程以及产出物的有机、有效结合和运营方式的一种通盘概括,是对生产与运作管理中的战略决策、系统设计和系统运行管理问题的全面综合。

在18世纪末的产业革命中，出现了劳动分工的生产模式，使工业生产的劳动生产率大大提高。例如，当时有一家制针厂，制针过程要经过切断钢丝、锻造成形、钻针孔、热处理、打磨、抛光、清理、包装等8道工序。实行劳动分工前，每个工人都要执行这8道工序的全部操作，结果每个工人每天只能生产12~14根针。然而进行劳动分工以后，每个工人只负责一道工序的操作，结果平均每个工人每天可生产1 000~4 000根针，生产率提高了几百倍。劳动分工模式直到今天仍在生产中被广泛采用。

1.3.2 工艺过程和规程

1. 工艺过程

把生产过程中，直接改变生产对象的形状、尺寸、相对位置及物理、力学性能等，使其成为成品或半成品的过程称为工艺过程。如生产过程中的毛坯制造、零件加工和产品装配过程均属于工艺过程。因此，工艺过程可根据其具体工作内容分为铸造、锻造、冲压、焊接、切削加工、热处理、表面处理、清洗、装配等不同的工艺过程。

2. 工艺规程

一个同样要求的零件，可以采用多种不同的工艺过程来加工，但在给定的条件下，总有一种工艺过程是最合理的，把这个最合理工艺过程的有关内容用文件的形式固定下来，用以指导生产，这个文件称为工艺规程。

1.3.3 生产纲领和生产节拍

1. 生产纲领

产品的产量直接影响其零件加工和产品装配的工艺过程，是设计制订工艺规程的重要依据，从而在实际生产中应根据市场需求和自身生产能力决定产品的产量和进度计划，用生产纲领来表示。产品的生产纲领就是指在计划期内应当生产的产品产量和进度计划。计划期一般为一年，一年的生产纲领简称为年生产纲领。

零件的生产纲领应包括3部分，即满足产品生产所需的数量、满足维修和更换所需的备品数量以及因各种因素引起的废品数量。从而零件的年生产纲领为

$$N=Qn(1+a\%)(1+b\%) \tag{1-1}$$

式中，N为零件的年生产纲领（件/年）；Q为产品产量（台/年）；n为每台产品中含该零件的数量（件/台）；$a\%$为备品率；$b\%$为废品率。

其中零件的备品率，一般由调查及经验确定，可在0%~100%内变化。零件的废品率应根据生产条件确定。生产条件稳定、产品定型，废品率一般为0.5%~1%；当生产条件不稳定、新产品试制，废品率可高达50%。

2. 生产节拍

生产节拍是指生产每一个零件所规定的时间指标，也就是在流水生产中，相继完成两件制品的时间间隔。在大批大量生产中，一方面机床终年都是加工一种零件，为了进行工艺设计，必须计算出零件的生产节拍，以适应设备的生产能力；另一方面在大批大量生产情况下，采用流水线生产，要求各工序的工作时间周期化，即工序时间都与生产所规定的节奏相等或成整数倍。生产节拍计算公式为

$$t=60\frac{H}{N} \tag{1-2}$$

式中,t 为生产节拍(min/件);H 为机床每年工作时间(h);N 为零件的年生产纲领(件/年)。

1.3.4 生产类型

生产类型是产品品种、产量和生产的专业化程度在企业生产系统技术、组织、经济效果等方面的综合表现。根据生产纲领和产品大小以及产品结构复杂程度,产品的生产类型可分为单件生产、成批生产及大量生产三种。

(1)单件生产。单个地生产不同结构、尺寸的产品,且很少重复或完全不重复,这种生产称为单件生产。如机械配件加工、专用设备制造、新产品试制等都属于单件生产。

(2)成批生产。成批地制造相同产品,并且是周期性的重复生产,这种生产称为成批生产,如机床制造等多属于成批生产。相同产品(或零件)每批投入生产的数量称为批量。批量可根据零件的年产量及一年中的生产批数计算确定;一年中的生产批数,须根据零件的特征、流动资金的周转速度、仓库容量等具体情况确定。根据产品的特征及批量的大小,成批生产又可分为小批生产、中批生产和大批生产。小批生产工艺过程的特点与单件生产相似。大批生产接近大量生产;中批生产介于单件生产和大量生产之间。

(3)大量生产。产品的品种较少,数量很大,每台设备经常重复地进行某一工件的某一工序的生产,此种生产称为大量生产。如手表、洗衣机、自行车、汽车等的生产。

表 1-1 给出了生产类型与生产纲领的关系。

表 1-1 生产类型与生产纲领的关系

生产类型		年生产纲领		
		重型零件 (零件质量>50 kg)	中型零件 (零件质量 15~50 kg)	轻型零件 (零件质量<15 kg)
单件生产		<5	<20	<100
成批生产	小批	5~100	20~100	100~500
	中批	100~300	100~500	500~5 000
	大批	300~1 000	500~5 000	5 000~50 000
大量生产		>1 000	>5 000	>50 000

不同的生产类型,对生产组织、生产管理、毛坯选择、设备工装、加工方法和工人的技术等级要求均有所不同。表 1-2 给出了三种生产类型的工艺特点。

表 1-2 三种生产类型的工艺特点

工艺特点	单件生产	成批生产	大量生产
生产对象	品种很多,数量很少	品种和数量都较多	品种很少,数量很多
毛坯的制造方法	铸件用木模手工造型,锻件用自由锻	铸件用金属模造型,部分锻件用模锻	采用金属模机器造型、模锻、压力铸造等高效率毛坯制造方法
零件互换性	无须互换、互配零件可成对制造,广泛用修配法装配	大部分零件有互换性,少数用修配法装配	全部零件有互换性,某些要求精度高的配合,采用分组装配
机床设备及其布置	采用通用机床;按机床类别和规格采用“机群式”排列	部分采用通用机床,部分专用机床;按零件加工分“工段”排列	广泛采用生产率高的专用机床和自动机床;按流水线形式排列

续上表

工艺特点	单件生产	成批生产	大量生产
夹具	多用标准附件,必要时用组合夹具,靠划线及试切法达到精度	广泛采用专用夹具,部分用划线法进行加工	广泛采用高生产率夹具,靠调整法达到精度
刀具和量具	采用通用刀具和万能量具	较多采用专用刀具和专用量具	广泛采用高生产率的刀具和量具
对技术工人要求	需要技术熟练的工人	各工种需要一定熟练程度的技术工人	对机床调整工人技术要求高,对机床操作工人技术要求低
对工艺文件的要求	只有简单的工艺过程卡	有详细的工艺过程卡或工艺卡,零件的关键工序有详细的工序卡	有工艺过程卡、工艺卡和工序卡等详细的工艺文件
生产率	低	中	高
成本	高	中	低

1.4 机械加工工艺系统

1.4.1 机械加工工艺系统的组成

一般情况下,在机械加工过程中,把机床、刀具、夹具及工件合称为机械加工工艺系统。

机床是制造机器的机器,也是制造机床本身的机器,从而又称为“工作母机”或“工具机”,由于被加工的工件多为金属件,也可称为金属切削机床,简称为机床。

刀具是机械制造中用于切削加工的工具,也因被加工件多为金属件,从而称为金属切削刀具,简称为刀具,又称切削工具。

夹具是在大批量生产中,安装在机床上辅助完成加工过程的装置,用于装夹工件和引导刀具,使工件和刀具处于正确的加工位置,从而方便加工并保证加工精度。

工件是符合工艺文件要求的零件毛坯或半成品。

1.4.2 工件在机床上的装夹

在机床上加工工件时,首先必须使工件在机床上处于某个正确位置,此过程称为定位;从而保证刀具切削过后,加工表面能达到规定的精度要求。为了使工件在加工过程中受切削力等外力的作用下,还能保持其正确位置,必须将其暂时固定,此过程称为夹紧。工件的装夹过程就是定位过程和夹紧过程的综合。定位的任务是使工件相对于机床占有正确的位置,夹紧的任务则是保持工件的定位位置不变。工件装夹可分为直接找正、划线找正和夹具装夹。

1. 直接找正装夹

用划针、千分表直接按工件表面找正工件的位置并夹紧,称为直接找正装夹。如图1-4所示,在车床上用四爪单动卡盘装夹工件镗内孔,要求内孔与外圆面同轴。装夹时,工件用卡盘的四个爪夹住,旋转机床主轴,用千分表检查外圆面的偏摆方向,并相应调整卡盘上四个爪的位置,使外圆表面的径向圆跳动至允差范围内。

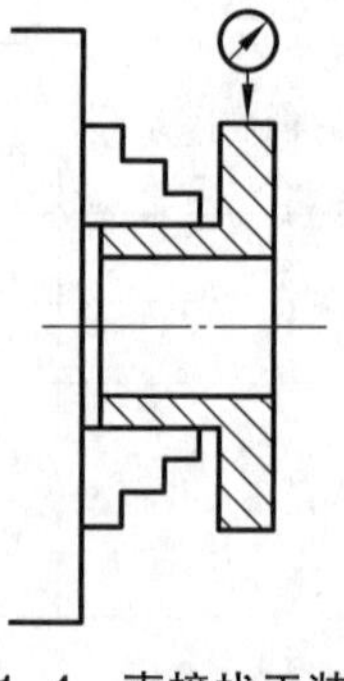

图1-4 直接找正装夹

直接找正装夹效率低，对操作工人技术水平要求高，但如用精密检具细心找正，就可以获得很高的定位精度（0.010～0.005 mm）。这种方法多用于单件小批生产或装夹精度要求特别高的场合。

2. 划线找正装夹

根据零件图要求，在工件上划出中心线、对称线和待加工面的轮廓线、找正线，然后按找正线找正工件在机床上的位置并夹紧，称为划线找正装夹。

划线过程如图1-5所示，与直接找正装夹方法相比，划线找正方法增加了一道技术水平要求高且费工费事的划线工序，生产效率低；此外，由于所划线条自身就有一定宽度，故其找正误差大（0.2～0.5 mm）。划线找正装夹方法多用于单件小批生产中难以用直接找正方法装夹的、形状较为复杂的铸件或锻件。

3. 夹具装夹

产量较大时，无论是划线找正装夹，还是直接找正装夹，均不能满足生产率要求。这时，一般均需用夹具装夹工件。夹具事先按一定要求安装在机床上，工件按要求装夹在夹具上，不需测量或找正即可进行加工，如图1-6所示。使用夹具装夹工件，不仅可以保证装夹精度，而且可以显著提高装夹效率，还可减轻工人的劳动强度，对工人技术水平要求也不高。成批生产和大量生产中广泛采用夹具装夹工件。

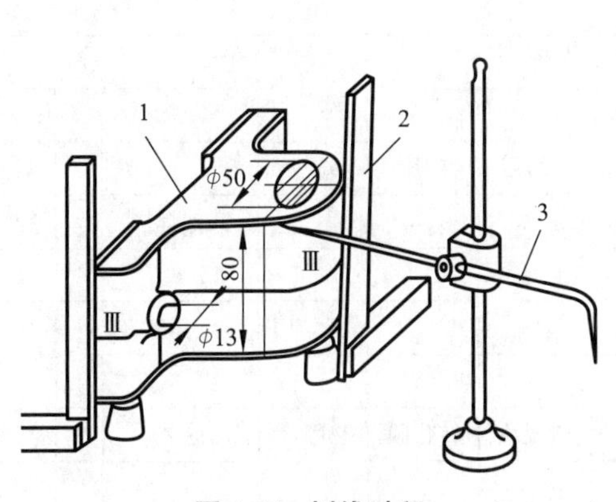

图1-5 划线过程

1—工件；2—角尺；3—划线盘

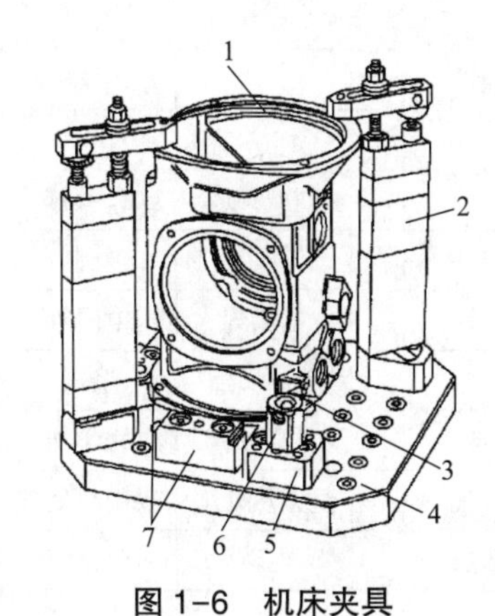

图1-6 机床夹具

1—工件；2—夹紧组件；3—调节螺钉；4—夹具体；5—连接板；6—圆柱支承；7—台阶支承

1.5 机械制造工艺方法

1.5.1 零件的制造方法

在工艺过程中，根据工件被加工前后的质量增大或减少，可将零件的制造方法分为$\Delta m<0$、$\Delta m=0$、$\Delta m>0$三类。

1. $\Delta m<0$的制造方法

$\Delta m<0$的制造方法又称材料去除法，其特点是零件的最终几何形状局限在毛坯的初始几何形状范围内，通过去除一部分材料来改变零件形状，从而随着加工过程的进行零件质量逐渐减小。材料去除法是目前机械零件最主要的加工方法，主要有切削加工、磨削加工及特种加工等。

2. $\Delta m=0$ 的制造方法

$\Delta m=0$ 的制造方法又称材料成形法,其特点是进入工艺过程的零件,其初始质量等于或近似等于加工后的最终质量。常用的材料成形法有铸造、锻压、冲压、粉末冶金、注塑成形等,这些工艺方法使零件受控地改变其几何形状,多用于毛坯制造和直接成形。

3. $\Delta m>0$ 的制造方法

$\Delta m>0$ 的制造方法又称材料累加法。累加方法主要有3D打印、增材制造、快速原型制造、焊接、热喷涂、电镀、粘接及铆接等,通过这些不可拆卸的连接方法使零件几何形状逐渐积累而成。

1.5.2 机械制造工艺方法的分类

随着科学技术的发展,机械制造工艺方法内涵已十分丰富,可按层次分为大类、中类、小类及细类,表1-3为机械制造工艺方法分类与代码——大类与中类(JB/T 5992.1—1992),表中各类均留有空项,以备扩展。机械制造工艺方法仍处于不断发展之中,累积成型方法,如快速原型制造;"化学-光"复合加工方法,如光刻加工;都是近年发展起来的新工艺,尚未列入标准中。

表1-3 机械制造工艺方法分类与代码——大类与中类(JB/T 5992.1—1992)

大类		中类									
代码	名称	代码									
		0	1	2	3	4	5	6	7	8	9
		名称									
0	铸造		砂型铸造	特种铸造							
1	压力加工		锻造	轧制	冲压	挤压	旋压	拉拔			其他
2	焊接		电弧焊	电阻焊	气焊	压焊			其他焊接		钎焊
3	切削加工		刃具切削	磨削		钳加工					
4	特种加工		电物理加工	电化学加工	化学加工			复合加工			其他
5	热处理		整体热处理	表面热处理	化学热处理						
6	覆盖层		电镀	化学镀	真空沉积	热浸涂	转化膜	热喷涂	涂装		其他
7											
8	装配与包装		装配	试验与检验			包装				
9	其他		粉末冶金	冷作	非金属材料成形	表面处理	防锈	缠绕	金属丝编织		

1.6 机械工程师在机械制造中的主要任务

1. 设计合理的零件加工工艺

机械工程师应该能够根据零件的设计要求,设计出合理的加工工艺。这就要求机械工程师了解零件的结构特点、尺寸及几何精度要求、热处理等技术要求、材料特点及加工性、加工方法及特点、切削刀具的特点及应用、机床及其他加工设备的加工能力及特点。在此基础上,根据生产类型及年生产纲领,设计由毛坯到零件的合理加工工艺。

2. 设计合理的产品装配工艺

产品装配是把零件按一定的关系和要求连接在一起,组合成部件和整机械的过程。通常包括零件的固定、连接、调整、平衡、检验和试验等工作。机械工程师应该能够根据装配图,设计出合理的产品装配工艺。这就要求机械工程师首先了解产品的功能、结构及特点,再依据生产类型及年生产纲领,设计产品的装配工艺。

3. 保证加工质量和装配质量

机械工程师在设计零件加工工艺和产品装配工艺时,必须保证加工质量和装配质量。一般情况下,零件的加工精度和产品的装配精度在设计过程中已确定,那么在制造过程中,加工和装配质量只要达到设计要求即可,不必过于追求高精度。因为加工和装配精度越高,导致对加工设备的精度要求越高、对操作者的技术水平要求越高,最终使生产成本提高。

4. 提高劳动生产率

提高劳动生产率是机械制造业长期以来追求的目标。在市场经济的条件下,为了增强产品的竞争力,制造企业必须提高生产效率,缩短制造周期,加速产品的更新换代,以满足不断变化的市场需求。

通过前述的劳动分工原理,使得以手工制造过程为主的劳动生产率大大提高。随着近现代工业的发展,劳动生产率的提高依赖于生产的自动化,但必须建立在大批大量生产的基础上,然而市场经济的激烈竞争和社会需求的日新月异,对机械产品和机械制造业提出了多品种批量生产条件下实现自动化生产,甚至智能化生产,以提高劳动生产率这一新的目标。

5. 降低生产成本

生产成本除了包括与工艺过程直接有关的成本(工艺成本)以外,还包括设备和工装的折旧、维修、营销和售后服务等费用。机械制造工程师的任务之一,是不遗余力地从设备、工装、工艺、加工环境等方面采用先进技术降低产品的工艺成本,获得尽可能大的产出与投入比率。

习 题

1-1 简述制造、制造技术的概念。

1-2 简述生产过程、工艺过程和工艺规程的概念。

1-3 简述单件生产、成批生产、大量生产的工艺特征。

1-4 简述机械加工工艺系统的组成。

1-5 简述工件在机床上定位、夹紧的概念及作用。

1-6 简述工件在机床上的装夹方法。

1-7 简述机械行业标准中给出的机械制造工艺大类方法。

1-8 简述机械工程师在机械制造中的主要任务。

1-9 列出图1-1所示的一级齿轮减速器中标准件和非标准件的零件编号及名称。

1-10 若有如下生产条件:产品为一级圆柱齿轮减速器,年产量为10 000台,备品率为4%,废品率为0.6%。每台减速器需要1根齿轮轴,材料为45钢,热处理方式为调质,长度为253 mm,齿轮部分为斜齿轮,模数为3,齿数为19。试确定齿轮轴的生产类型。

1-11 若有如下生产条件:产品为一级圆柱齿轮减速器,年产量为12 000台,备品率为5%,废品率为0.3%。每台减速器需要1根输出轴,材料为45钢,热处理方式为调质,长度为258 mm;主要结构采用车床加工,每天工作8小时,每年工作250天。试计算输出轴的生产节拍。

第2章 金属材料及其应用

阅读导入

材料是人类生产和生活的物质基础。自然界存在天然的纯铜块(即红铜),但因硬度低而没有广泛使用;后来,人们学会了提炼锡,并认识到添加了锡的铜即青铜,比纯铜的硬度大。青铜器是我国历史文化的重要组成部分,可以见证我国古代青铜铸造业的宏大规模。极具代表性的是后母戊鼎,鼎通体高133 cm、口长112 cm、口宽79.2 cm,重达875 kg,是已发现的中国古代最重的单体青铜礼器。如今,在机械、电气、建筑、化工以及航空航天等工程领域广泛应用的材料一般称为工程材料。工程材料可分为四大类,即金属材料、陶瓷材料、高分子材料和复合材料,其中金属材料是金属元素或以金属元素为主要构成的具有金属特性的材料的统称,在机械制造领域应用最广泛。

2.1 金属材料的分类

在工程领域,金属材料可分为黑色金属和非铁金属(有色金属)两类。黑色金属是铁及以铁为基的合金,非铁金属是除黑色金属以外的其他金属及其合金。

黑色金属通常分为钢和铸铁,指所有的Fe-C基合金,其中$w_C<2.11\%$的合金称为钢,$2.11\%<w_C<4\%$为铸铁。常用的钢材除Fe、C元素外,还含有为改善性能和满足使用要求所加入的其他合金元素,以及很少量的P、S等杂质。钢铁材料是目前各行各业尤其是机械制造业中的基础材料,应用广泛。

有色金属一般以合金中的主要元素命名,如铝合金、铜合金、钛合金等,具有许多优良的特性,在工业领域尤其是高科技领域占有重要地位。其中铝、镁、钛、铍等轻金属具有相对密度小、比强度高等特点,广泛用于汽车、航空航天、船舶和军事等领域;银、铜、金(包括铝)等贵金属具有优良导电导热和耐蚀性,是电器仪表和通信领域不可缺少的材料;镍、钨、钼、钽及其合金是制造高温零件和真空元器件的优良材料;还有用于石油化工领域的钛、铜、镍等;以及专用于原子能工业的铀、镭、铍等。

2.1.1 钢材的分类

钢材的种类繁多,为便于生产、使用和研究,可进行如下分类:

1. 按化学成分分类

钢材按化学成分可分为碳素钢和合金钢。碳素钢又分为低碳钢($w_C<0.25\%$)、中碳钢($0.25\%\leqslant w_C<0.6\%$)和高碳钢($0.6\%\leqslant w_C$)。合金钢根据合金元素总量,分为低合金钢(总量小于5%)、中合金钢(总量为5%~10%)和高合金钢(总量大于10%);也可根据合金钢中所含主要合金元素,将合金钢直接称为锰钢、铬钢、铬钼钢或铬锰钛钢等。

2. 按供应状态的显微组织分类

一般钢的供应状态有退火态和正火态两种。按正火态组织,钢分为珠光体类钢、贝氏体类钢、马氏体类钢及奥氏体类钢,也可有过渡型混合组织。按退火态(即平衡态)组织,钢分为亚共析钢、共析钢和过共析钢。

3. 按冶金质量分类

根据有害杂质硫磷含量,钢分为普通质量钢($w_P \leqslant 0.045\%$,$w_S \leqslant 0.05\%$),优质钢($w_P \leqslant 0.035\%$,$w_S \leqslant 0.035\%$),高级优质钢($w_P \leqslant 0.025\%$,$w_S \leqslant 0.025\%$)。

4. 按用途分类

根据用途,钢分为结构钢、特殊性能钢和工具钢三大类。结构钢用于制造工程结构和机器零件。工程结构用钢又称工程构件用钢,又可分为建筑用钢、桥梁用钢、船舶用钢、车辆用钢及压力容器用钢等。一般情况,工程构件用普通质量碳素钢(普碳钢)或普通低合金高强度钢(普低钢)制造。机器零件一般用优质或高级优质钢制造,对于要求不高的普通零件也可用普碳钢或普低钢制造;机器零件用钢按其工艺过程和用途,可分为渗碳钢、调质钢、弹簧钢和轴承钢等。特殊性能钢具有特殊的物理化学性能,包括不锈钢、耐热钢、耐磨钢和耐寒钢等。工具钢用于制造加工和测量工具,按用途可分为刃具钢、模具钢和量具钢。

2.1.2　铸铁的分类

铸铁中的主要元素有 Fe、C、Si 及 Mn,而 S、P 等杂质含量也比普通碳钢要高。工业常用铸铁的成分大致是:$w_C = 2.5\% \sim 4.0\%$、$w_{Si} = 1.0\% \sim 3.0\%$、$w_{Mn} = 0.5\% \sim 1.4\%$、$w_P = 0.01\% \sim 0.5\%$、$w_S = 0.02\% \sim 0.20\%$,还可加入合金元素,改善和提高铸铁的力学及物理化学性能。铸铁是人类最早使用的金属材料之一,成本低廉,生产工艺简单,具有优良的铸造性能和切削加工性能,还有很高的耐磨减摩性和消震性以及低的缺口敏感性等,目前仍然是机械制造业中重要材料之一。在农用机械、汽车、拖拉机、机床等行业中,铸铁件占机器总质量的 40%~90%。

根据碳的存在形态,铸铁可分为白口铸铁、麻口铸铁及灰口铸铁三类。白口铸铁断口呈银白色,性能硬而脆,很难切削加工,很少用于制造机械零件。麻口铸铁断口呈黑白相间的麻点,也具有较大的硬脆性,应用很少。灰口铸铁具有良好的加工性、减摩性、减振性等,广泛用于工业领域。

根据石墨的形态,灰口铸铁又可分为灰铸铁、球墨铸铁、蠕墨铸铁和可锻铸铁四类。灰铸铁中石墨呈片状,力学性能不高,但生产工艺简单、成本低,应用广泛。球墨铸铁中石墨呈球状,力学性能高于灰铸铁。蠕墨铸铁中石墨呈蠕虫状,力学性能介于灰铸铁和球墨铸铁之间。可锻铸铁中石墨呈团絮状,力学性能接近球墨铸铁。

另外,凡具有耐热、耐蚀、耐磨等性能的铸铁,称为特殊性能铸铁。

2.2　结 构 钢

2.2.1　工程构件用钢

1. 普通碳素结构钢(普碳钢)

普碳钢产量占钢总产量的 70%~80%,其中大部分用于工程构件,也用于普通零件。在国家标准《碳素结构钢》(GB/T 700—2006)中,普碳钢分为 Q195、Q215、Q235 及 Q275 共四个钢级,见表 2-1,其牌号由 Q 表示屈服强度的拼音首字母、屈服强度数值、质量等级及脱氧方法符号四部分组成,其中 Q195 不分等级,其余质量等级分为 A、B、C、D 级,脱氧方法符号有 F(沸腾钢)、Z(镇静钢)、TZ

(特殊镇静钢)。Q195 和 Q215 钢碳含量较低,塑性、韧性、压力加工性及焊接性能都较好;Q235 钢含碳量适中,既有较高的强度和硬度,又有适中的塑性,综合性能好,用途最广,主要用于制造建筑、工程构件及普通零件;Q275 属中碳钢,强度高,有一定耐磨性,可代替 30 或 40 钢制造普通零件。为适应特殊用途,还可制成专用结构钢,如国家标准《锅炉和压力容器用钢板》(GB/T 713—2014)中的压力容器用钢 Q245R;国家标准《桥梁用结构钢》(GB/T 714—2015)中的桥梁用钢 Q235q 等。

表 2-1 普碳钢的力学性能及主要应用

钢级	等级	脱氧方法	力学性能				主要应用
			R_{eH}/MPa	R_m/MPa	A/%	KV_2/J	
Q195	—	F、Z	≥195	315~430	33	—	制造承受载荷不大的金属构件,如铁钉、铆钉、地脚螺栓、垫圈、铁丝、铁丝网、薄板、屋面板、烟筒、炉撑、犁板等;制造要求不高的冲压件和焊接结构件
Q215	A	F、Z	≥215	335~450	31	—	
	B					≥27	
Q235	A	F、Z	≥235	370~500	26	—	制造中厚板、钢筋、角钢、条钢、工字钢及槽钢等型钢;制造房架、塔架、桥梁及车辆等;制造普通零件,如铆钉、销钉、螺钉、螺栓、螺母、套环、轴、连杆等
	B					≥27	
	C	Z					
	D	TZ					
Q275	A	F、Z	≥275	410~540	22	—	制造轴、车轮、钢轨及其接头夹板、鱼尾板、轧辊、拖拉机犁、耐磨零件、农业机械用型钢及异型钢
	B	Z				≥27	
	C						
	D	TZ					

注:①R_{eH}——上屈服强度;R_m——抗拉强度;A——伸长率;KV_2——冲击功。

②化学成分、伸长率及力学性能等详见国家标准《碳素结构钢》(GB/T 700—2006)。

2. 普通低合金结构钢(普低钢)

普低钢又称低合金高强度钢,属于低碳低合金元素钢种,适应大型工程结构,如大型桥梁,压力容器及船舶等,可减轻结构质量,提高可靠性并节约材料。在国家标准《低合金高强度结构钢》(GB/T 1591—2018)中,普低钢分为 Q355、Q390、Q420、Q460、Q500、Q550、Q620 和 Q690 共八个钢级,见表 2-2,其牌号由 Q 表示屈服强度的拼音首字母、规定的最小上屈服强度数值、交货状态代号及质量等级符号四部分组成,其中交货状态代号为热轧(无代号)、正火(N)、热机械轧制(M),质量等级分为 B、C、D、E、F 级。这类钢主要用于制造要求强度较高的工程结构,在建筑、石油、化工、铁道、造船、机车车辆、锅炉容器、农机农具等部门都得到了广泛应用,表 2-2 为普低钢的主要力学性能和主要应用。

表 2-2 普低钢的主要力学性能和主要应用

钢级	交货状态	等级	主要力学性能			主要应用
			R_{eH}/MPa	R_m/MPa	A/%	
Q355	—	B/C/D	355	470~630	≥22	制造桥梁、船舶、车辆、低压容器、管道、建筑结构、冲压件、重型机械、电站设备等
	N	B/C/D/E/F				
	M	B/C/D/E/F				
Q390	—	B/C/D	390	490~650	≥21	制造桥梁、船舶、锅炉、压力容器、石油储罐、电站设备、起重运输机械及其他较高载荷的焊接结构件
	N	B/C/D/E			≥20	
	M	B/C/D/E				

续上表

钢级	交货状态	等级	主要力学性能			主要应用
			R_{eH}/MPa	R_m/MPa	A/%	
Q420	—	B/C	420	520~680	≥20	制造桥梁、船舶、高压容器、中高压锅炉、大型焊接结构、钢结构、起重设备、矿山机械等
	N	B/C/D/E			≥19	
	M	B/C/D/E				
Q460	—	C	460	550~720	≥18	制造桥梁、船舶、车辆、高压容器、输油输气管道、电站设备、机车车辆、超重机械及其他大型焊接结构件
	N	C/D/E			≥17	
	M	C/D/E				
Q500	M	C/D/E	500	610~770	≥17	矿山钻机、电铲、翻斗车、挖掘机、装载机、推土机、起重机、压力容器等
Q550	M	C/D/E	550	670~830	≥16	
Q620	M	C/D/E	620	710~880	≥15	中温高压容器、大型桥梁及船舶、重型机械、高压厚壁容器、桥梁、建筑结构、船舶等
Q690	M	C/D/E	690	770~940	≥14	

注：化学成分、伸长率、冲击功及力学性能等详见国家标准《低合金高强度结构钢》（GB/T 1591—2018）。

2. 2. 2　机器零件用钢

机器零件主要是优质结构钢，分为优质碳素结构钢（GB/T 699—2015）和合金结构钢（GB/T 3077—2015），牌号由平均含碳量（万分数）、合金元素平均含量（百分数）、材质（优质、高级优质 A、特级优质 E）、脱氧方式及专用代号组成，例如常用的 45 钢为含碳量 0. 45% 的优质碳素结构钢。专用结构钢如 GB/T 713 中的压力容器用钢 15CrMoR、GB/T 5310 中的锅炉用钢 20G、GB/T 18984 中的低温管道用钢 16MnDG、GB/T 3414 中的煤机用钢 M510。机器零件工作时常受到动静载荷作用，因此保证强度、塑性和韧性的有机统一成为材料选择的主要矛盾，在满足使用要求的基础上，还要考虑便于加工。

1. 渗碳钢

渗碳钢是指由其制造的零件在渗碳处理后而使用的结构钢。渗碳钢零件要有较高的强度和可靠性，还常受到较大的表面摩擦和冲击作用，故其性能要求为：①有一定的强度和塑性，以抵抗拉伸、弯曲、扭转等变形；②表面有较高的硬度和耐磨性，以抵抗磨损及表面接触疲劳；③有较高的韧性，以承受冲击作用；④受循环载荷作用时，有好的抗疲劳性能。渗碳钢一般是低碳钢或低碳合金结构钢，渗碳温度大多为 930 ℃，淬火并低温回火后组织为板条状低碳回火马氏体和少量残余奥氏体，具有很好的综合机械性能，常用于制造齿轮、凸轮、活塞销等表面易磨损的活动零件，也用于制造要求极好强韧性配合的轴类零件等，还用于制造一些大型耐冲击轴承及一般精度的量具。表 2-3 为常用渗碳钢的热处理、性能及主要应用。

表 2-3　常用渗碳钢的热处理、性能及主要应用

牌号	热处理工艺/℃				力学性能（≥）					主要应用
	正火	第 1 次淬火	第 2 次淬火	回火	R_m/MPa	R_{eL}/MPa	A/%	Z/%	KV_2/J	
15	920	—	—	—	375	225	27	55	—	制造小轴、小模数齿轮、活塞销等小型零件
20	910	—	—	—	410	245	25	55	—	
15Cr	—	880 水油	780~820 水油	200 水空	735	490	11	45	55	船舶主机螺钉、活塞销、滑阀、机床齿轮、齿轮轴、凸轮、蜗杆及气门顶杆等
20Cr					850	550	10	40	47	
20Mn2	—	850 水油	—	200	785	590	10	40	47	

续上表

牌号	热处理工艺/℃				力学性能(≥)					主要应用
	正火	第1次淬火	第2次淬火	回火	R_m /MPa	R_{eL} /MPa	A /%	Z /%	KV_2 /J	
20CrMn	—	850 油	—	200	930	735	10	45	47	齿轮、轴、蜗杆、摩擦轮
20MnVB	—	860 油	—	200	1 080	835	10	50	55	重型机床、汽车齿轮、轴
12CrNi3	—	860 油	780	200	930	685	11	50	71	大齿轮、轴、高负荷齿轮、涡轮、蜗杆等
12Cr2Ni4	—	860 油	780	200	1 080	835	10	50	71	

注：R_{el}——下屈服强度；Z——收缩率。

某载重汽车变速箱中间轴的三挡齿轮材料为20CrMnTi，其工艺路线为：下料→锻造→正火→切削加工齿形→渗碳(930 ℃)→预冷淬火(880 ℃)→低温回火(200 ℃)→磨削精加工→装配。其中预备热处理(正火)后的组织为铁素体+索氏体，目的是改善锻造组织，并得到合适的硬度(170~210 HB)，便于切削加工。齿轮最终热处理(淬火+回火)后得到的组织，表面为回火马氏体+碳化物颗粒+残余奥氏体，硬度为58~64 HRC，完全淬透时心部为低碳回火马氏体+铁素体，未淬透时心部为铁素体+索氏体，硬度为30~45 HRC。

2. 调质钢

调质钢是指由其制造的零件经过调质处理(淬火+高温回火)而使用的结构钢。这些零件工作时常承受较大的弯矩和扭矩，还可能受交变作用力，因此常发生疲劳破坏；在启动或刹车时有较大冲击；有些轴类零件与轴承配合时还会有摩擦磨损；工艺上要保证零件获得整体均匀的组织，因此其性能要求：①高的屈服强度及疲劳极限；②良好的韧性塑性；③局部表面有一定耐磨性；④较好的淬透性。调质处理后组织为回火索氏体，既有较高的强度，又有良好的塑性和韧性，即具有良好的综合机械性能。许多机器设备的重要零件使用调质钢制造，如机床主轴、汽车拖拉机后桥半轴、曲轴、连杆、高强螺栓等。表2-4为常用调质钢牌号、热处理、性能及主要应用。

表2-4　常用调质钢牌号、热处理、性能及主要应用

牌号	热处理/℃		力学性能					主要应用
	淬火	回火	R_m /MPa	R_{eL} /MPa	A /%	Z /%	KV_2 /J	
45	840 水	600 空	600	355	16	40	39	主轴、曲轴、齿轮、连杆、链轮等
40Cr	850 油	520 水油	980	785	9	45	47	轴、连杆、螺栓、重要齿轮
35CrMo	850 油	550 水油	980	835	12	45	63	重要曲轴、连杆、大截面轴
40CrNi	820 油	500 水油	980	785	10	45	55	较大截面和重要的曲轴、主轴、连杆等
40CrMn	840 油	550 水油	980	835	9	45	47	
38CrMoAlA	940 水油	640 水油	980	835	14	50	71	氮化零件、镗杆、缸套等
30CrMnSi	880 油	520 水油	1 080	885	10	45	39	高速载荷轴，车轴内外摩擦片等
30Mn2MoW	900 油	610 水油	980	835	12	50	71	淬透性较高的转向节、半轴等
37CrNi3A	820 油	500 水油	1 130	980	10	50	47	高强度高韧性的大截面零件
40CrNiMoA	850 油	600 水油	980	835	12	55	78	高强度件，如飞机发动机轴

调质钢的热处理主要是毛坯料以及粗加工件的调质处理。车床主轴工作时，受交变弯曲和扭转应力，偶尔有冲击作用，花键等部分常有磕碰或相对滑动，故属于多阶梯中小尺寸中速中载有滚动轴承的工作轴，可选45钢或40Cr钢，其工艺路线为：下料→锻造→正火→粗加工→调质→半精

加工→局部感应淬火→磨削精加工→装配。其中预备热处理(正火),可改善锻造组织缺陷,得到细小索氏体,硬度为 220 HB,适合切削加工。零件整体最终热处理(调质)后组织为回火索氏体,提高综合机械性能;而局部感应淬火及自回火,组织为回火马氏体,局部硬化提高耐磨性;心部性能则保持调质状态不变。

3. 弹簧钢

弹簧钢是制造弹簧或类似弹簧性能零件的钢,主要用于间断吸收冲击能量,缓和机械振动及冲击作用和周期性存储能量,如汽车叠板弹簧、仪表弹簧、汽阀弹簧等。主要失效形式为疲劳断裂或因塑性变形而失去弹性,因此性能要求为:①高的屈服强度,疲劳强度和高的屈强比;②一定的塑性和韧性;③保证组织性能均匀,淬透性好;④在高温或腐蚀介质下工作时,应有好的环境稳定性。表 2-5 为常用弹簧钢牌号、热处理、性能及主要应用。弹簧钢加工方法分为热成型(成形后强化)和冷成形(强化后成形)两类。

表 2-5 常用弹簧钢牌号、热处理、性能及主要应用

牌号	热处理		力学性能				主要应用
	淬火/℃	回火/℃	R_m/MPa	R_{eL}/MPa	A/%	Z/%	
65	840 油	500	695	410	10	30	<ϕ15 mm 的弹簧、小型弹簧
70	830 油	500	715	420	9	30	调压调速弹簧、柱塞弹簧、测力弹簧等
85	820 油	480	1 130	980	6	30	机车车辆、汽车、拖拉机的板簧、螺旋弹簧
65Mn	830 油	540	1 000	800	8	30	<ϕ25 mm 的螺旋弹簧和板弹簧
60Si2MnA	870 油	460	1 275	1 175	5	25	<230 ℃、<ϕ30 mm 的弹簧
60Si2CrA	870 油	420	1 765	1 570	6	20	高压力,<300 ℃的弹簧
60Si2CrVA	850 油	410	1 900	1 700	6	20	<250 ℃、<ϕ50 mm 的极重要或重载弹簧
60CrMnA	850 油	500	1 225	1 080	9	20	<ϕ50 mm 的螺旋弹簧及车用重载板簧
55SiMnMoV	880 油	550	1 400	1 300	6	20	<ϕ75 mm 的重型汽车越野车的大型弹簧
50CrVA	850 油	520	1 300	1 100	10	45	<400 ℃、ϕ30~50 mm 重载的重要弹簧

(1)热成形弹簧。一般用于大中型或形状复杂的弹簧,热成形后再淬火和中温回火。汽车板簧可采用 60Si2MnA,主要工艺路线为:扁钢剪断→加热→压弯成形→淬火→中温回火→喷丸。其中加热温度至奥氏体区再进行压弯成形,并使成形温度略高于淬火温度,利用余热淬火,然后 350~450 ℃中温回火,得到回火屈氏体,保证高的弹性极限和足够韧性。由于加热过程易造成表面氧化和脱碳等缺陷,故表面喷丸,可大大提高疲劳强度和寿命,如汽车板簧 60Si2Mn 钢热成形后,经喷丸,寿命提高 3~5 倍。

(2)冷成形弹簧。对小型弹簧一般在热处理强化后冷拔或冷卷成形,主要工艺路线:绕制成形→去应力退火→喷丸→发蓝。为改善塑性提高强度,一般应在成形前等温冷却得到均匀细珠光体组织或在冷拔工序中进行 680 ℃中间退火;而在冷成形完成后必须消除内应力、稳定尺寸并提高弹性极限,处理温度为 250~300 ℃,保温 1~2 h。冷成形后弹簧直径越小强化效果越好,强度极限高于 1 600 MPa,且表面质量好。

4. 滚动轴承钢

滚动轴承钢主要用于制造滚动轴承内圈、外圈及滚动体。高速运转的滚动轴承,实际受载面积很小,有很高的集中交变载荷作用;接触部位有滚动摩擦和滑动摩擦,因此其性能要求:①高而

均匀的表面硬度至61~65 HRC,以提高耐磨性;②高的弹性极限和接触疲劳强度;③韧性和淬透性;④良好的组织和尺寸稳定性,尤其对精密轴承;⑤一定的耐蚀性。表2-6为常用轴承钢的牌号、热处理、硬度及主要应用。

表2-6　常用轴承钢的牌号、热处理、硬度及主要应用

牌号	热处理		回火硬度/HRC	主要应用
	淬火温度/℃	回火温度/℃		
GCr6	800~820油	150~170	62~66	<φ10 mm的滚珠、滚柱和滚针
GCr9	815~830油	150~160	62~66	<φ20 mm以内的各种滚动轴承
GCr9SiMn	815~835油	150~200	61~65	壁厚<14 mm、外径<φ250 mm的轴套,φ25~50 mm的钢球
GCr15	835~850油	150~160	62~66	
GCr15SiMn	820~840油	170~200	>62	壁厚≥14 mm、外径≥φ250 mm的轴套,φ20~200 mm的钢球

GCr15钢的工艺路线为:锻造→正火+球化退火→粗加工→淬火+冷处理→低温回火→磨削→去应力回火。锻造组织为索氏体+少量粒状二次渗碳体,硬度为255~340 HB。正火可细化组织并消除锻造缺陷;球化退火降低硬度至210 HB以下,便于切削加工,也为最终热处理做组织准备(球状珠光体)。GCr15淬火温度严格控制为(840±10) ℃,油淬(隐晶马氏体)后,立即于-80~-60 ℃低温冷处理;再150~160 ℃低温回火,时间为2~3 h,得到回火马氏体和细小弥散碳化物,可消除内应力,提高韧性,稳定组织和尺寸。磨削后进行120~150 ℃、2~3 h的时效,进一步稳定尺寸并消除磨削应力。

2.3　普通铸铁

2.3.1　灰口铸铁

灰铸铁的成分大致为:$w_{C}=2.5\%\sim4.0\%$,$w_{Si}=1.0\%\sim3.0\%$,$w_{Mn}=0.25\%\sim1.0\%$,$w_{S}=0.02\%\sim0.20\%$,$w_{P}=0.05\%\sim0.50\%$。具有上述成分范围的铸铁水当缓慢冷却结晶时,将发生石墨化,且析出片状石墨。其断口的外貌呈浅灰色,故称为灰口铸铁。表2-7所示为灰铸铁的牌号、组织性能及应用举例。牌号中"HT"表示"灰铁"二字的汉语拼音大写字首,"HT"后的数字表示铸铁的最低抗拉强度值。如HT200表示最低抗拉强度为200 MPa的灰铸铁。

表2-7　灰铸铁的牌号、组织性能及应用举例

牌号	铸件壁厚 t/mm	R_m/MPa	显微组织		应用举例
		不小于	基体	石墨	
HT100	$5<t\leqslant40$	100	P	粗片状	手工铸造用砂箱、盖、下水管、底座、外罩、手轮、手把、重锤
HT150	$5<t\leqslant300$	150	F+P	较粗片状	一般铸件,如底座、手轮、刀架等;冶金业中流渣槽、渣缸、轧辊机托辊;机车用铸件如水泵壳、阀体、动力机械用拉钩、框架、泵壳等
HT200	$5<t\leqslant300$	200	P	中等片状	一般运输器械中的气缸体、缸盖、飞轮;一般机床的床身、机床;运输通用机械中的中压泵体、阀体;动力机械中的外壳、轴承座、水套筒等

续上表

牌号	铸件壁厚 t/mm	R_m/MPa	显微组织		应用举例
		不小于	基体	石墨	
HT250	5<t≤300	250	细 P	较细片状	运输机械中的薄壁缸体、缸盖、进排气歧管；机床的立柱、横梁、床身、滑板、箱体；冶金矿山机械的轨道、齿轮；动力机械的缸体、缸套、活塞等
HT300	5<t≤300	300	细 P	细小片状	机床导轨、受力较大的床身、立柱机座；水泵出口管、吸入盖；液压阀体、蜗轮；汽轮机隔板、泵壳；大型发动机缸体、缸套
HT350	5<t≤300	350	细 P	细小片状	机床导轨、工作台的摩擦件；大型发动机气缸体、缸套、衬套；水泵缸体、阀体凸轮；须经表面淬火的铸件

注：更多灰铸铁材料详见国家标准《灰铸铁件》(GB/T 9439—2010)。

与普通钢材相比，灰铸铁具有以下特点：①机械性能低，灰铸铁的抗拉强度低，是因组织中的低性能石墨，相当于布满于材料内的孔洞或裂纹，在受载时对基体有很强的分割和应力集中效应，大大降低了强度和塑性。②优良的耐磨性和消振性，铸铁中的石墨因其层状结构而有润滑作用，而石墨磨损后留下的空隙有利于储油，从而使灰铁的耐磨性好；同样石墨的存在使灰铁有较好的消振性。③工艺性能好，灰铸铁的成分接近于相图中的共晶成分点，熔点较低，使材料在铸造时流动性好，分散缩孔少，能制造复杂形状的零件；而石墨的润滑效应有利于材料的切削加工。

灰铸铁的热处理只能改变基体组织，不能改变石墨的形态和分布，即热处理不能显著改善灰铸铁的力学性能。热处理主要用来消除铸件的内应力，稳定尺寸，消除白口组织和提高铸铁的表面性能。

2.3.2　可锻铸铁

可锻铸铁是由白口铁经过可锻化(石墨化)退火而获得的具有团絮状石墨的铸铁，成分范围为：w_C=2.4%~2.7%，w_{Si}=1.4%~1.8%，w_{Mn}=0.5%~0.7%，w_P<0.008%，w_S<0.025%，为缩短石墨化退火周期，还往往加入 B、Al、Bi 等孕育剂。表 2-8 为可锻铸铁的牌号、机械性能及应用举例。"KTH"、"KTZ"和"KTB"分别表示铁素体基体可锻铸铁、珠光体基体可锻铸铁和白心可锻铸铁，其后的数字表示最低抗拉强度值和最低延长率值。

表 2-8　可锻铸铁的牌号、机械性能及应用举例

分类	牌号	机械性能				应用举例
		R_m/MPa	$R_{p0.2}$/MPa	A%	硬度 HB	
		不小于				
铁素体	KTH300-06	300	—	6	≤150	管道、弯头接头、三通、中压阀门等
	KTH330-08	330	—	8		扳手、犁刀犁柱、车轮壳、钢丝绳轧头等
	KTH350-10	350	200	10		差速器壳、制动器架、犁刀犁柱、其他瓷瓶铁帽、铁道扣板、船用电动机壳等
	KTH370-12	370	—	12		
珠光体	KTZ450-06	450	270	6	150~200	曲轴、凸轮轴、连杆、摇臂、塞环、轴套、犁刀、耙片、万向接头、棘轮、扳手、矿车轮等
	KTZ550-04	550	340	4	180~230	
	KTZ650-02	650	430	2	210~260	
	KTZ700-02	700	530	2	240~290	

注：$R_{p0.2}$——屈服强度；更多可锻铸铁材料详见国家标准《可锻铸铁件(GB/T 9440—2010)》。

可锻铸铁的组织特点为:石墨化工艺不同,可锻铸铁的组织状态就不同。可锻铸铁的性能特点为:可锻铸铁的机械性能比灰铸铁高,强度、塑性和韧性都有明显提高,是由于团絮状石墨对基体的割裂作用较片状石墨大大减轻。铁素体可锻铸铁具有较高的塑性和韧性,且铸造性能好,它常用于制造形状复杂的薄截面零件,其工作时易受冲击和振动,如汽车、拖拉机的后桥壳、轮壳、转向机构及管接头等;珠光体可锻铸铁强度和耐磨性较好,可用于制造曲轴、连杆、凸轮、活塞等强度和耐磨性要求较高的零件。白心可锻铸铁在机械制造中很少使用。

2.3.3 球墨铸铁

球墨铸铁是石墨呈球状的铸铁,简称球铁,比普通灰铸铁具有高得多的强度、塑性和韧性,同时较好地保留了普通灰铸铁具有耐磨、消振、减磨、易切削、好的铸造性能和对缺口不敏感等特性。球铁比可锻铸铁的力学性能高,且产生工艺简单,周期短,不受铸件尺寸限制。此外,球铁可进行各种热处理改变金属基体的组织,能使力学性能大大提高,所以球铁是最重要的铸造金属材料。球铁通过液体铁水经球化处理及孕育处理后结晶而获得。常用球化剂有镁、稀土或稀土镁;孕育剂常用的是硅铁和硅钙。球铁化学成分为:$w_C=3.8\%\sim4.0\%$,$w_{Si}=2.0\%\sim2.8\%$,$w_{Mn}=0.6\%\sim0.8\%$,$w_{Mg}=0.03\%\sim0.08\%$,$w_P<0.1\%$,$w_S<0.04\%$。表2-9为球墨铸铁的牌号、性能及应用举例。“QT”代表“球铁”二字的汉语拼音大写字首,后面的数字代表最低抗拉强度值和伸长率值。

表2-9 球墨铸铁的牌号、性能及应用举例

牌号	铸件壁厚 t/mm	机械性能(不小于)			应用举例
		$R_{p0.2}$/MPa	R_m/MPa	A/%	
QT400-18	$t\leqslant30$	250	400	18	汽车拖拉机的牵引杠、轮毂、驱动桥壳体、离合器壳体等;阀门、阀体和阀盖、支架、电机壳体、齿轮箱等
	$30<t\leqslant60$	250	390	15	
	$60<t\leqslant200$	240	370	12	
QT400-15	$t\leqslant30$	250	400	15	
	$30<t\leqslant60$	250	390	14	
	$60<t\leqslant200$	240	370	11	
QT500-7	$t\leqslant30$	320	500	7	内燃机的机油齿轮泵、汽轮机中的气缸隔板、水轮机的阀门、铁路机车轴瓦、机架、链轮、飞轮等
	$30<t\leqslant60$	300	490	7	
	$60<t\leqslant200$	290	420	5	
QT600-3	$t\leqslant30$	370	600	3	内燃机的曲轴、凸轮轴、气缸套、连杆等;机床主轴;空压机、冷冻机、泵的曲轴、缸体、缸套等;球磨机齿轮轴;矿车轮;桥式起重机滚轮等
	$30<t\leqslant60$	360	600	2	
	$60<t\leqslant200$	340	550	1	
QT700-2	$t\leqslant30$	420	700	2	
	$30<t\leqslant60$	400	700	2	
	$60<t\leqslant200$	380	650	1	

注:更多球墨铸铁材料详见国家标准《球墨铸铁件》(GB/T 1348—2019)。

球墨铸铁的组织特点为:球铁的显微组织由球形石墨和金属基体两部分组成。球铁在铸态下的金属基体可分为铁素体、铁素体+珠光体和珠光体三种。球墨铸铁的性能特点为:与灰铸铁相比,球铁具有较高的抗拉强度和弯曲疲劳极限,也具有相当良好的塑性、韧性及耐磨性,球铁是力学性能最好的铸铁。这是由于球形石墨对金属基体截面削弱作用较小,使得基体比较连续,且在拉伸时引起应力集中的效应明显减弱;另外,球铁的刚性也较灰铸铁好,但球铁的消振能力比灰铸铁低很多。

优异的力学性能使球铁可用于制造承载较大,受力复杂的机器零件。如铁素体球铁常用于制造受压阀门、机器底座、减速器壳等;珠光体球铁常用于制作汽车和拖拉机的曲轴、连杆、凸轮轴及机床主轴、蜗轮蜗杆、轧钢机辊、缸套、活塞等重要零件;下贝氏体球铁可制造汽车和拖拉机的蜗轮、

锥形齿轮等。

球铁中金属基体是决定球铁机械性能的主要因素,所以球铁可通过合金化和热处理强化进一步提高机械性能。球铁的热处理方法主要有退火、正火、淬火及回火、等温淬火和表面热处理,其中退火也包括去应力退火和高温及低温石墨化退火,其方法和作用与灰铸铁类似。

2.3.4 蠕墨铸铁

蠕墨铸铁是近几十年来迅速发展起来的新型铸铁材料,是在一定成分的铁水中加入适量的蠕化剂,凝固结晶后铸铁中的石墨形态介于片状与球状之间,形似蠕虫状。蠕墨铸铁的化学成分与球铁相似,要求高碳、高硅、低磷并含有一定量的镁和稀土,一般成分范围是:$w_C = 3.5\% \sim 3.9\%$, $w_{Si} = 2.1\% \sim 2.8\%$, $w_{Mn} = 0.4\% \sim 0.8\%$, $w_P < 0.1\%$, $w_S < 0.1\%$。

蠕墨铸铁的性能特点为:蠕铁的力学性能介于基体组织相同的优质灰铸铁和球铁之间。当成分一定时,蠕墨铸铁的强度、韧性、疲劳极限和耐磨性等都优于灰铸铁,对断面的敏感性也较小;但蠕虫状石墨是互相连接的,使塑性和韧性比球铁低,强度接近球铁。此外,蠕铁还有优良的抗热疲劳性能、铸造性能、消振能力以及导热性能接近于灰铸铁,但优于球铁。

蠕墨铸铁广泛用来制造柴油机缸盖、气缸套、机座、电动机壳、机床床身、钢锭模、液压阀等零件。

2.4 金属材料的选用

金属材料的选用是机械设计中重要的一环,要生产出高质量的产品,必须从产品的结构设计、选材、加工工艺、生产成本等方面进行综合考虑。正确、合理选材是保证产品最佳性能、工作寿命、使用安全和经济性的基础。

2.4.1 基本原则

在机械设计、制造与修理过程中,合理选择材料主要基于以下原则。

1. 使用性原则

选用的材料能保证零件在使用条件下工作,并有预期的寿命,称为使用性原则。使用性能是选择材料的主要依据,一般情况下以最关键的力学性能指标为具体参数。力学性能指标的确定需要正确分析零件工作条件、载荷性质等。例如,受力状态除拉、压、弯曲外,是否还有扭转、剪切等;载荷性质有静载荷、冲击载荷以及交变载荷等。

此外,由于零件的工作温度和环境条件,还需考虑其物理性能和化学性能。例如,在某些特殊情况下工作的零件,要求有较好的导电性、导热性、导磁性和耐腐蚀性以及合适的热膨胀系数、密度等。

在选材时,应根据零件工作条件具体分析材料的使用性能要求。一般来说,机械零件的失效形式有以下三种:①断裂失效,包括塑性断裂、疲劳断裂、低应力脆断、介质加速断裂等;②过量变形失效,主要包括过量的弹性变形和塑性变形失效;③表面损伤失效,如磨损、腐蚀、表面疲劳失效等。

2. 工艺性原则

选用的材料能保证顺利地加工成合格的零件,称为工艺性原则。材料工艺性能的好坏、加工的难易程度、生产效率和生产成本的高低等方面都对选材起着十分重要的作用。金属材料的常用加工方法有铸造、压力加工、焊接、切削加工和热处理等。选择较好工艺性能的材料,可以降低零件的制造成本,以下为常见的材料工艺性能。

切削加工性能:包括车削、铣削、钻削等,一般通过刀具寿命、切削速度、切削力及加工表面粗糙度等来衡量。例如1Cr18Ni9Ti材料,因塑性大导致切削加工性能比较差。

压力加工性能:包括锻造性能、冲压性和轧制性能,一般来说,低碳钢的压力加工性能比高碳钢好,而碳钢则比合金钢好。

铸造性能:主要包括流动性、收缩率、偏析及产生裂纹、缩孔等。不同的材料,其铸造性能差异很大,在铁碳合金中铸铁的铸造性能要比铸钢好。

焊接性:一般以焊缝处出现裂纹、脆性、气孔或其他缺陷的倾向来衡量焊接性能好坏。

热处理工艺性:主要包括淬硬性、淬透性、氧化脱碳倾向、变形开裂倾向、过热敏感性、回火稳定性等。

材料工艺性能,对中小批量生产来说作用并不十分突出,而在大批量生产条件下就明显地反映出其重要性。例如,批量极大的普通螺钉、螺母对力学性能要求不高,却要求上自动机床加工时,为了提高生产率,就需要选用切削加工性能优良的钢种(易切结构钢)。又如对齿轮及轴的材料来说,往往要求材料有好的淬透性。

3. 经济性原则

材料有良好的经济性,能带来较好的经济效益,称为经济性原则。选择材料时,在考虑零件使用的受力、温度、耐磨蚀等使用性能以及加工工艺性能的基础上,进一步考虑经济性。零件的总成本包括原材料成本、加工成本及其他等,应通过零件制造过程中的综合经济效益评价材料的经济性。考虑材料成本时,应尽量立足于国内生产条件和国家资源,同时应尽量减少材料的品种、规格等;考虑加工成本时,应尽可能采用无切屑或少切屑新工艺(如精铸、精锻等新工艺)。一般来说,能用碳钢的就不用合金钢,能用低合金钢的就不用高合金钢,能用普通钢的就不用不锈钢,这对大批量生产的零件显得十分重要。例如,某厂制造轴承座,材料由35钢锻造改为HT200铸造,材料费会下降约40%,加工费下降约35%。材料和加工两项综合成本比原方案下降约36%。再如对于只要求表面性能高的零件,可选用低价钢种,加工后通过表面强化处理达到使用目的。

2.4.2 材料的合理使用

1. 铸铁与钢

铸铁具有许多优良性能,但力学性能不如钢。铸铁的耐磨性优于钢,气缸体、活塞环、箱体、泵体、机床床身及导轨可采用HT150、HT200铸铁制造。例如某汽车曲轴原采用45钢经调质、机加工后再高频淬火(轴颈部位),改为稀土-镁球墨铸铁制造,同样可以达到使用要求,而每根曲轴可以节约成本几十元。所以,在满足使用性能的条件下,尽量选用铸铁。一般低碳钢零件,壁厚在5 mm以上都可用铁素体球墨铸铁代替,如车轮轮辐、离合器盖体、支架等。

2. 碳素钢、低合金钢和合金钢

碳素钢一般能满足使用性能要求,且价格便宜,所以应用最广泛。低合金结构钢主要用于制造桥梁、船舶、车辆、锅炉、高压容器、输油输气管道、大型钢结构等,与一般质量碳素钢相比,可大大减轻结构质量,保证使用可靠。对于制造重要工程结构和机器零件应选用合金钢。其中,渗碳钢主要用于制造汽车拖拉机、内燃机车中的变速齿轮等机器零件。调质钢由于能承受多种和较复杂的工作载荷,具有高的综合力学性能,大多用于制造汽车、机床和其他机器上的各种重要零件,如主轴、齿轮、连杆等。

从零件的制造成本和经济效益方面考虑碳素钢仍然有使用的潜力。在下列情况下,可不用合金钢而采用碳素钢。

(1)小截面零件,因易淬透无须用合金钢。

(2)在退火或正火状态使用的中碳合金钢,因合金元素未发挥作用,故只要用碳素钢也可满足使用要求。

(3)对承受纯弯曲或纯扭转的零件,表面应力最大,心部应力最小。这样的零件不要求整个截面淬透,仅要求表层淬硬获得细针状马氏体,故选用非合金钢也可满足使用要求。

3. 非金属材料

近年来,非金属材料的应用日益广泛,已经改变了以钢铁为中心的时代。非金属材料中的工程塑料和复合材料在机械、电气、化工、仪表航空工业方面逐渐取代部分金属材料。特别是复合材料,由于其具有比强度大、自润滑性好、化学稳定性高等优良的综合性能,正在用来制造高强度的机械零件。实践证明,使用非金属材料不仅可节约金属矿产资源,而且可以取得可观的经济效益以及超乎寻常的使用效果。例如,用塑料制造汽车刹车片,其寿命比铸铁提高7~9倍;塑料轴承的造价比青铜低80%~90%,比巴氏轴承合金低90%;用玻璃纤维增强塑料制造汽车车身,在相等强度下,其质量比钢板本身降低近70%,造价低20%。对于一般耐磨传动零件,如齿轮、蜗轮、凸轮等可考虑用尼龙、聚甲醛制造。活塞环密封圈一般受力较小,力学性能要求不高,但由于运动速度高,要求具有低的摩擦系数,可考虑选用聚四氟乙烯制造。电动机罩壳、调速手柄可考虑选用低压聚乙烯、ABS塑料等。

2.4.3 典型零件的选材

1. 齿轮类零件的选材

齿轮在机器中主要用于传递功率与调节速度,以及改变运动方向。工作时,通过齿面的接触传递动力,周期性地受弯曲应力和接触应力作用。在啮合的齿面上还承受强烈的摩擦,有些齿轮在换挡、起动或啮合不均匀时还承受冲击力等。因此要求齿轮材料应具有较高的弯曲强度和疲劳强度,齿面有较高的硬度和耐磨性,齿轮心部要有足够的强度和韧性。此外,齿轮还可以根据齿轮的运转速度选材,一般情况,低速齿轮用45钢,中速齿轮用40Cr钢,高速齿轮用20Cr钢。齿轮毛坯通常采用钢材锻造,主要钢种大致有两类即渗碳钢和调质钢。

渗碳钢主要用于制造高速、重载、冲击比较大的硬齿面(>55 HRC)齿轮,如汽车变速箱齿轮、汽车驱动桥齿轮等,常用20CrMnTi、20CrMnMo和20CrMo等钢,经渗碳、淬火和低温回火后得到表面硬而耐磨,心部强韧耐冲击的组织。20CrMnMo用于制造电力机车主动齿轮。

调质钢主要用于制造两种齿轮,一种是对齿面耐磨性要求高,而冲击韧性要求一般的硬齿(>40 HRC)齿轮。如车床、钻床、铣床等机床的变速箱齿轮,通常采用45、40Cr、42SiMn等调质后表面高频淬火,再回火。另一种是对齿面硬度要求不高的软齿面(≤350 HBS)齿轮,一般在低速低载荷下工作,如车床溜板箱上的齿轮、车床挂轮架齿轮等,通常采用45、40Cr、42SiMn、35SiMn等,经调质或正火处理后使用。42SiMn用于制造电力机车齿轮。

2. 轴类零件的选材

轴类零件主要是支承传动零件并传递运动和动力,特点是:传递扭矩,承受一定的弯曲应力和挤压应力;需用轴承支持,在轴颈处应有较高的耐磨性;多数要承受一定的冲击载荷。因此用于制造轴类零件的材料应具有:优良的综合力学性能,以防变形和断裂;较高的疲劳抗力,以防疲劳断裂;良好的耐磨性。

承受交变应力和动载荷的轴类零件,如船用推进器轴、锻锤锤杆和机车车辆车轴等,应选用淬透性好的调质钢,如30CrMnSi、40MnVB、40CrMn钢等。

承受弯曲和扭转应力的轴类零件,如变速箱传动轴、发动机曲轴、机床主轴等。在整个截面上所受的应力分布不均匀,表面应力较大,心部应力较小,不需选用淬透性很高的材料,可选用合金调质钢,如机床主轴常采用40Cr、45Mn2等。

高精度、高速传动的轴类零件，如镗床主轴，常选用氮化钢 38CrMoAlA 等，并进行调质及氮化处理。

对中、低速内燃机曲轴以及连杆、凸轮轴等，还可以用球墨铸铁，不仅满足了力学性能要求，而且制造工艺简单、成本低。

3. 箱体类零件的选材

主轴箱、变速箱、进给箱、滑板箱、缸体缸盖、机床床身等都可视为箱体类零件。由于箱体零件大多结构复杂，一般都用铸造方法生产。

受力较大，要求高强度、高韧性甚至在高温高压下工作的箱体类零件，如汽轮机机壳，可选用铸钢。

受冲击力不大，而且主要承受静压力的箱体可选用灰铸铁。

受力不大，要求自重轻或导热性良好的箱体，可选用铸造铝合金。如汽车发动机的缸盖受力很小，要求自重轻，可选用工程塑料；受力较大，但形状简单，可采用焊接结构。

习　　题

2-1　简述四大类工程材料的名称。

2-2　简述金属材料的分类。

2-3　简述黑色金属的分类及分类依据。

2-4　简述钢按用途的分类。

2-5　举例说明 Q235 钢适合制造哪些零部件。

2-6　简述渗碳钢、调质钢的概念。

2-7　简述 45 钢牌号的含义及其适合制造何种零件。

2-8　简述常用普通铸铁的分类。

2-9　简述灰铸铁的主要特点及其适合制造何种零件。

2-10　简述 HT200 材料牌号的含义及其适合制造何种零件。

2-11　简述普通机器的箱体、机床的床身常用灰铸铁制造的原因。

2-12　简述金属材料选用的基本原则。

2-13　简述如何对轴类零件、齿轮类零件及箱体类零件进行选材。

2-14　解释下列材料牌号的含义。(1) Q235AF；(2) Q355ND；(3) 20Cr；(4) 20Mn2；(5) 20CrMn；(6) 45；(7) GCr15；(8) HT200；(9) Q345R；(10) 20G。

2-15　简述图 1-1 一级齿轮减速器中的“34”号件齿轮轴、“41”号件大齿轮，应该选用何种材料制造。

2-16　简述图 1-1 一级齿轮减速器中的“1”号件箱体、“6”号件箱盖、“22、29、31、36”号件轴承端盖，可选用何种材料制造。

2-17　简述图 1-1 一级齿轮减速器中的“3、10、11、15、37”号螺栓，“4、16”号螺母，可选用何种材料制造。

2-18　简述图 1-1 一级齿轮减速器中的“5、17”号弹簧垫圈，可选用何种材料制造。

2-19　简述图 1-1 一级齿轮减速器中的“28、38”号滚动轴承的内圈、外圈及滚动体，可选用何种材料制造。

第 3 章 零件毛坯的制备方法

阅读导入

重型燃气轮机是迄今公认效率最高的热-功转换类发电设备,是能源动力装备领域最高端的产品。2020 年,我国科研团队成功攻克重型燃气轮机核心部件——高温透平叶片的精密铸造技术,使其可以在 1 327 ℃的高温下正常工作,打破国外长期技术垄断,这使我国成为全世界第五个具备重型燃气轮机制造能力的国家。每一台大国重器的诞生都是国家科技实力和综合国力的象征。可见,零件的材料确定后,应选择合适的零件毛坯制备方法,主要有铸造和锻造;也可以通过焊接方法得到零件毛坯;还可采用板材冲压或型材制造所需零件。

3.1 铸　　造

3.1.1 铸造概述

铸造是将液态金属浇注到铸型的型腔中,凝固冷却后获得具有一定形状和性能铸件的成形方法。铸造生产在国民经济中占有极其重要的地位。铸造在机械制造业中应用广泛,是生产毛坯的主要方法之一。铸件在机床、内燃机、重型机器中占 70%~90%;在风机、压缩机中占 60%~80%;在农业机械中占 40%~70%;在汽车中占 20%~30%。

铸造的特点主要有:①适合制造形状复杂,特别是内腔形状复杂的毛坯或零件,如气缸、箱体、泵体、阀体、叶轮等;②铸件的大小几乎不受限制,如小到几克的电器仪表零件,大到数百吨的轧钢机机架,均可铸造成形;③铸造工艺简单,使用的材料价格低廉,应用范围广,对于塑性差的材料,如铸铁,铸造是其毛坯生产的唯一成形工艺。

影响铸件质量的因素复杂,铸造中容易产生浇不足、缩孔、缩松、气孔、砂眼、裂纹等缺陷。铸造工艺按铸型材料、造型方法和浇注条件等分为砂型铸造和特种铸造两大类。砂型铸造是传统的铸造方法,工艺灵活,成本低。特种铸造是指砂型铸造以外的其他铸造工艺方法。

铸造性能是金属在铸造成形过程中所表现出来的工艺性能,铸造性能的好坏直接影响铸件的内在和外在质量,主要包括:流动性、收缩性、氧化性、吸气性和偏析的倾向性等。

3.1.2 砂型铸造

以型砂为材料制备铸型的铸造方法称为砂型铸造,即将熔化的金属浇注到砂型型腔内,凝固冷却后获得铸件的方法。在铸造生产中,用来形成铸件外轮廓的部分称为铸型,用来形成铸件内腔或局部外形的部分称为型芯。制造铸型的材料称为型砂,制造型芯的材料称为芯砂,型砂和芯砂统称为造型材料。砂型铸造过程如图 3-1 所示。

砂型应从最适当的面分开,以方便取出模样并获得清晰的型腔;型腔中应设有气体逸出的通

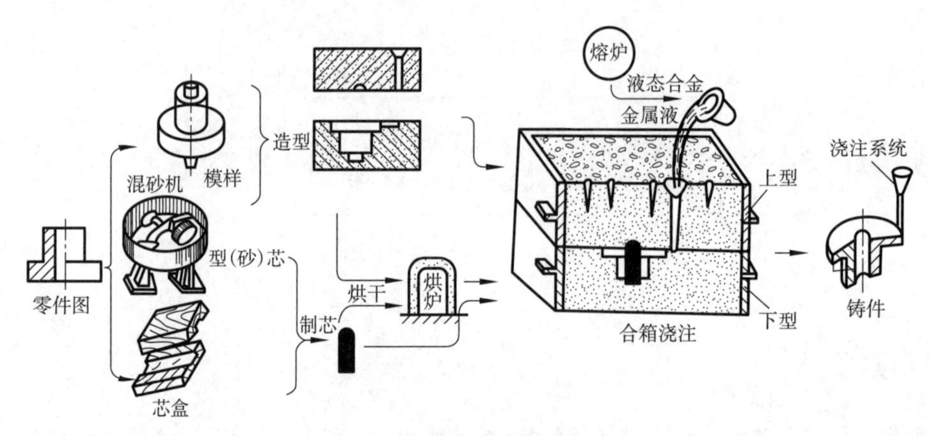

图 3-1 砂型铸造过程

道;模样周围应留有足够的砂层厚度,以承受金属液流的压力,也就是砂型应有适当的分型面、合理的浇注系统与通气孔、足够的吃砂量。砂型铸造的铸型是由型砂制成的。型砂是由原砂、黏结剂、水和附加物按一定比例配合,制成符合造型、制芯要求的混合料。

1. 造型

造型是用模样形成砂型的内腔,在浇注后形成铸件外部轮廓,是砂型铸造的最基本工序,分为手工造型和机器造型两大类。

手工造型的方法很多,按砂箱特征分类,有两箱造型、三箱造型和地坑造型等;按模型特征分类,有整模造型、分模造型、挖砂造型、假箱造型、活块造型和刮板造型等。手工造型使用的工具和工艺装备简单、操作灵活,可生产各种形状和尺寸的铸件。但劳动强度大,生产率低,铸件质量也不稳定,仅用于单件、小批量生产及个别大型、复杂铸件的生产。成批、大量生产时,如汽车、拖拉机和机床铸件的生产,应采用机器造型。

机器造型就是将填入型砂(填砂)、型砂的紧实和起模等操作全部由造型机器完成。机器造型生产效率高,劳动条件好;铸件精度高,表面质量较好,加工余量较小,铸件质量稳定,适用于成批、大量生产;但设备投资较大,对产品变换的适应性较差,机器造型的型砂紧实不能穿过中箱,所以不能用于三箱造型。机器造型按紧实方式可分为振压造型、抛砂造型、射砂造型等。

2. 制芯

型芯是铸型的重要组件之一,主要作用是形成铸件内腔,也可形成铸件的外形。制芯是将芯砂填入芯盒,经舂砂紧实、修正等工序,制成型芯的过程。型芯大部分面积处于液态金属中,工作条件差,因此型芯不仅要有良好的耐火度、透气性、强度和退让性,而且为便于固定、通气和装配,制芯时还有一些特殊要求。为提高型芯的强度,在造芯时可在芯内加入芯骨,小芯骨常用铁丝、铁钉,大中型芯骨常用铸铁浇注成骨架。为提高型芯的透气性,可在芯子中间开挖通气道与外部连通,对于较大的型芯可在芯子中间放置蜡线、焦炭、炉渣等。

3. 浇注系统与冒口

引导液态金属流入铸型型腔的通道称为浇注系统,又称浇口。典型的浇注系统包括四大部分:浇口杯、直浇道、横浇道、内浇道。浇注系统的设置应遵循下述原则:①使金属液能平稳、连续、均匀地流入铸型,避免对砂型和型芯产生冲击;②防止熔渣、砂粒或其他杂质进入铸型;③控制冷却和凝固的顺序,避免产生缩孔、缩松及裂纹。若浇注系统设置不合理,易产生冲砂、砂眼、渣眼、浇不足、气孔和缩孔等缺陷。

4. 浇注

把液态金属注入铸型的工序称为浇注,是保证铸件质量的重要环节。由于浇注原因而报废的铸件,占报废件总数的 20%~30%,因此在浇注时必须严格控制浇注温度和浇注速度。

5. 落砂和清理

落砂是从砂型中取出铸件的工序。落砂分手工落砂和机器落砂两种。前者用于单件小批生产,后者用于大批量生产。落砂的关键在于掌握好开箱时间,开箱过早,由于铸件未充分冷却,会造成变形、表面硬皮等缺陷,并且铸件会形成内应力、裂纹等缺陷;开箱过晚,将占用生产场地及工装,使生产力降低。落砂的时间与铸件的大小和形状、合金种类有关。

清理是落砂后切除浇冒口,清除型芯,去除飞边、毛刺,清除粘砂等工序,使铸件外表面达到要求。浇冒口可用铁锤、锯和气割等清理,粘砂可通过清理滚筒、喷砂、喷丸等清理。

6. 铸件质量检验

铸件清理后应进行质量检验,最常用的方法是目视法,即通过观察(或借助于尖嘴锤)找出铸件的表面缺陷和近表面缺陷(皮下缺陷),如气孔、砂眼、夹渣、粘砂、缩孔、浇不足、冷隔等。对于铸件内部缺陷可进行耐压试验、磁力探伤、超声波探伤、X 射线探伤等。若有必要还可对铸件(或试样)进行解剖试验、金相试验、力学性能检验和化学成分分析等。

3.1.3　特种铸造

砂型铸造虽然具有成本低、适应性广、生产设备简单等优点,但铸件尺寸精度和表面质量及内部质量在一些情况下不能满足要求。因此,通过改变铸型材料、浇注方法、液态合金充填铸型的形式或铸件凝固条件等因素,形成了许多不同于砂型铸造的其他铸造方法,统称为特种铸造方法,有金属型铸造、熔模铸造、压力铸造、离心铸造、低压铸造、消失模铸造、连续模铸造等。

(1)金属型铸造。液态金属在重力作用下注入金属型中成形的方法称为金属型铸造,又称“硬模铸造”。金属铸型不同于砂型铸型,可“一型多铸”,一般可浇注几百次到几万次,故亦称为“永久型铸造”。目前,金属型铸造主要用于铜、铝、镁等有色合金铸件的大批量生产。如内燃机的活塞、汽缸体、缸盖、油泵的壳体、轴瓦、衬套、盖盘等中小型铸件。

(2)熔模铸造。在易熔材料制成的模样上包覆多层耐火涂料,待干燥硬化后熔出模样而制成型壳,再经高温焙烧后,将液态金属浇入型壳,待凝固结晶后获得铸件的方法称为熔模铸造或失蜡铸造。其工艺过程是:制造压型→压制蜡模→装配蜡模组→结壳→脱蜡→熔化和浇注。主要用于航天、飞机、汽轮机、燃气轮机叶片、泵轮、复杂刀具、汽车、拖拉机和机床上的小型精密铸件生产。

(3)压力铸造。压力铸造简称压铸,是在高压作用下,将液态或半液态金属快速压入金属压型中,并在压力下凝固而获得铸件的方法。压铸所用的压力可以从几兆帕到几十兆帕,充填速度可达 5~100 m/s,冲型时间为 0.05~0.25 s,所以,高压和高速充填压铸型,是压铸区别于其他铸造方法的重要特征。压铸工艺一般由合型、压射、开型及顶出铸件四个工序组成。压铸是少、无切削加工的重要工艺,在汽车、拖拉机、航空、仪表、纺织、国防及日用五金等工业部门中,已广泛应用于低熔点有色金属的小型、薄壁、形状复杂件的大批大量生产。

(4)离心铸造。离心铸造是将液态金属浇入旋转着的铸型中,并在离心力的作用下凝固成形而获得铸件的铸造方法。离心铸造的铸型可用金属型,也可用砂型、壳型、熔模样壳,甚至耐温橡胶型(低熔点合金离心铸造时)等,主要方法有立式离心铸造和卧式离心铸造。离心铸造主要用于大批生产管、筒类铸件,如铁管、铜套、缸套、双金属钢背筒套、耐热钢辊道、无缝管毛坯、造纸机干燥滚筒等;还可用于轮盘类铸件,如泵轮、电动机转子等。

(5)低压铸造。低压铸造是介于金属型铸造和压力铸造之间的一种铸造方法,在0.02~0.07 MPa的低压下将金属液注入型腔,并在压力下凝固成形获得铸件。主要用于铝合金及镁合金铸件的大批生产,如汽缸体、缸盖、活塞、曲轴箱、壳体等,也可用于以球墨铸铁、铜合金等浇注较大的铸件,如球铁曲轴、铜合金螺旋桨等。

(6)消失模铸造。用聚苯乙烯发泡的模样代替木模,用干砂(或树脂砂、水玻璃砂等)代替普通型砂进行造型,并直接将高温液态金属浇到铸型中,使模样燃烧、汽化、消失而形成铸件的方法称为消失模铸造,又称实型铸造。其主要工艺过程是:消失模模样的制造→模样与浇冒口的黏合→模样涂挂涂料和干燥→填干砂并振动紧实→浇注→落砂→清理。消失模铸造分为两类:①用聚苯乙烯发泡板材,分块制作然后黏合成模样,采用水玻璃砂或树脂砂造型,主要适用于单件小批量的中大型铸件的生产,如汽车覆盖件模具、机床床身等;②将聚苯乙烯颗粒在金属模具内加热膨胀发泡,形成消失模模样,并采用干砂造型,主要适用于大批量中小型铸件的生产,如汽车、拖拉机的铸件管接头、耐磨件等。

(7)连续铸造。连续铸造是指金属液连续地浇入水冷金属型(结晶器)中,连续凝固成形的方法。水冷金属型的结构决定了铸件的断面形状。浇注前,升降盘上升封住水冷金属型底部。浇注时,金属液经带有小孔的环形旋转浇杯均匀地进入水冷金属型空腔,当下部铸铁已凝固一定高度时,升降盘下降,不断将凝固的部分拉出,而铁液按相应的充型速度不断浇入,直到结束。连续铸造主要用于大批量生产具有等截面的铸锭、铸管、板坯、棒坯等长铸件,如紫铜锭、铜合金锭、铝合金锭、上下水管道、煤气管道、板材、线材等。其中铸锭直径可由几十毫米至500 mm,铸管直径为1.0~1 300 mm;长度为5~10 m。

3.2 锻　　造

利用外力使固态金属材料产生塑性变形,以改变其尺寸、形状和力学性能,制成机械零件或毛坯的成形方法称为锻造,主要包括自由锻、模锻和胎模锻等加工方法。其工艺特点有:

(1)改善金属的组织,提高金属的力学性能。锻造可以将坯料中的疏松处(如微小裂纹、气孔)压合,通过再结晶可以使粗大的晶粒细化,提高金属组织的致密度,从而提高零件的力学性能。

(2)材料的利用率较高。锻造是利用金属塑性变形,获得具有一定几何精度的锻件,锻造过程中只产生少量工艺废料,而不用切削方法,即不产生切屑,从而大部分材料都形成了锻件。

(3)具有较高生产率。如生产六角螺钉,用锻模成形的生产率是切削成形的50倍。

(4)适应性强。锻件既可以单件小批生产(如自由锻),也可以大批量生产(如模锻),所以锻造生产被广泛应用于重要毛坯件的生产。

锻造的缺点是:常用的自由锻件的尺寸精度、形状精度和表面质量较低;胎模锻、锤上锻模的模具费用较高,且加工设备也比较昂贵;与铸造相比,难以生产既有复杂外形又有复杂内腔的毛坯等。

金属材料在外力作用下产生塑性变形获得优质毛坯或零件的难易程度称为金属的可锻性。只有可锻性好的金属,才适宜采用塑性变形的方法成形。可锻性的好坏用金属的塑性和变形抗力来综合评定。塑性反映了金属塑性变形的能力;变形抗力则反映了金属塑性变形的难易程度。塑性高,则金属在变形中不易开裂;变形抗力小,则金属变形的能耗小。一种金属材料若既有较高的塑性,又有较小的变形抗力,那它就具有良好的可锻性。

3.2.1　自由锻造

自由锻造是利用通用设备和简单通用工具,使加热后的金属坯料在冲击力或压力作用下在上、下砧铁间产生塑性变形,从而获得所需形状、尺寸和性能锻件的一种锻造工艺方法。由于坯料在设备的上、下砧铁之间变形时,只有部分表面金属受限制,其余部分的金属可自由流动,所以称为自由锻造。锻件的形状和尺寸主要由锻工的操作来保证。表 3-1 是自由锻造基本工序的名称、定义及应用。

表 3-1　自由锻造基本工序的名称、定义及应用

工序名称		定义	图例	操作规程	应用
镦粗	整体镦粗	坯料的高度减低、截面积增大的工序	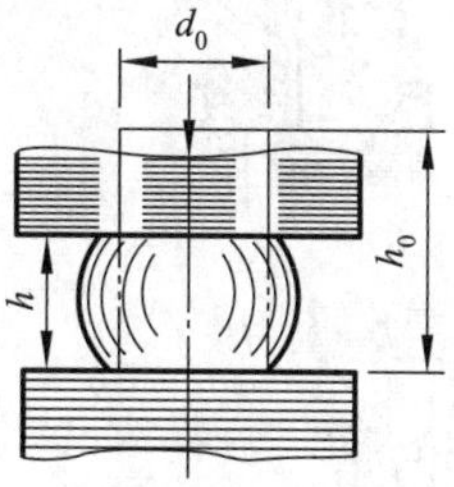 d_0　h_0　h	1. 坯料的原始高度与直径之比 ≤ 2.5,否则会镦弯 2. 镦粗部分加热要均匀 3. 镦粗面应垂直于轴线 4. 锻打时坯料要不断转动,使其变形均匀	1. 锻造高度小、截面积大的工件,如齿轮、圆盘、叶轮等 2. 作为冲孔前的准备工序 3. 增加以后拔长的锻造比
	局部镦粗	将坯料的一部分镦粗的工序	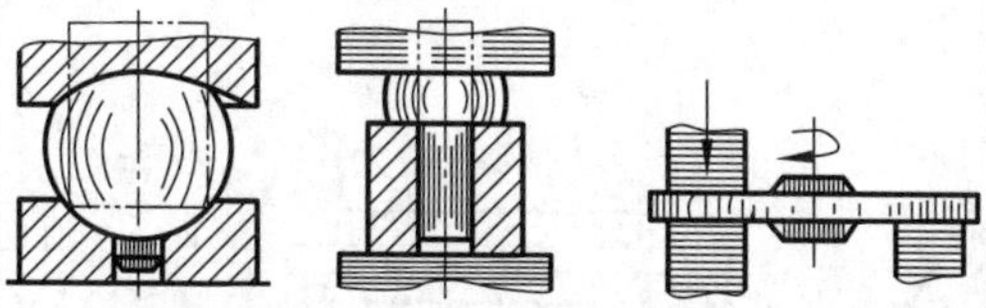 局部镦粗　带尾梢(局部)镦粗　展平(局部)镦粗		
拔长	整体拔长	缩小坯料截面积、增加其长度的工序	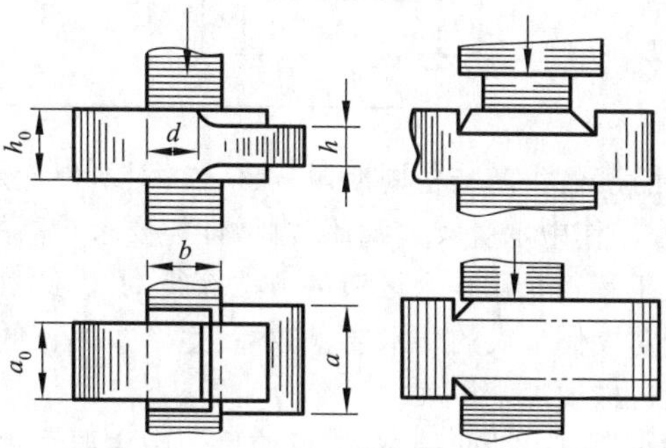 h_0　h　a_0　a	1. 拔长面 $l=(0.4\sim0.8)b$ 2. 拔长中要不断翻转坯料(每次转 90°)	1. 锻造截面积小而长的工件,如轴、拉杆、曲轴等 2. 锻造空心件,如炮筒、透平主轴、圆环和套筒等 3. 与镦粗交替进行,以获得更大的锻造比
	带心轴拔长	减小空心坯料的壁厚和外径,增加其长度的工序	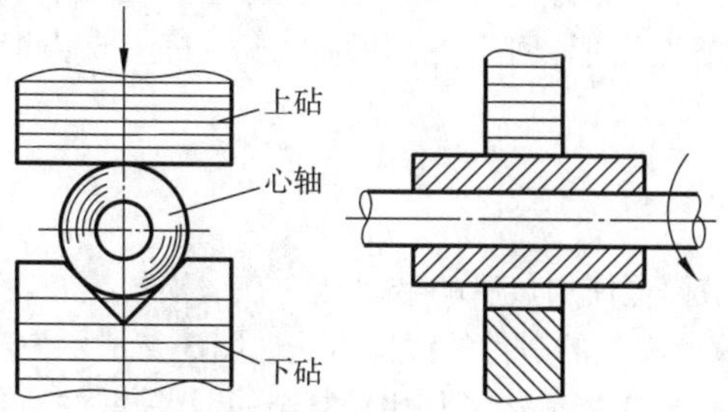 上砧　心轴　下砧		

续上表

工序名称		定义	图例	操作规程	应用
冲孔	实心冲头冲孔	在坯料上冲出透孔或不透孔的工序	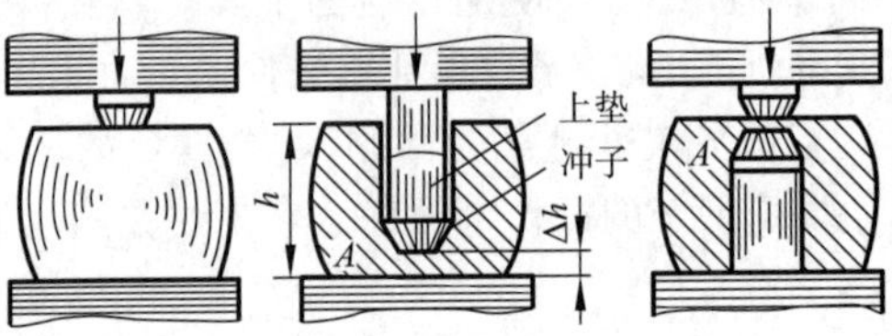 上垫 冲子 h Δh A	1. 需冲孔表面应先镦平 2. Δh = (15%~20%) h，大的孔 $\Delta h \geqslant 100 \sim 160$ mm 3. $d<450$ mm 的孔，用实心冲头冲孔，$d \geqslant 450$ mm 的孔，用空心冲头冲孔 4. $d<25$ mm 的孔，不冲出	1. 锻造空心件，如齿轮坯、圆环和套筒等 2. 锻造质量要求较高的大工件，如大型汽轮机的轴，可用空心冲孔，以去除质量较小的中心部分
	空心冲头冲孔				
	板料冲孔				
扩孔	在心轴上扩孔	以心轴代替下砧，减小空心坯料的壁厚、增加其内径和外径的工序	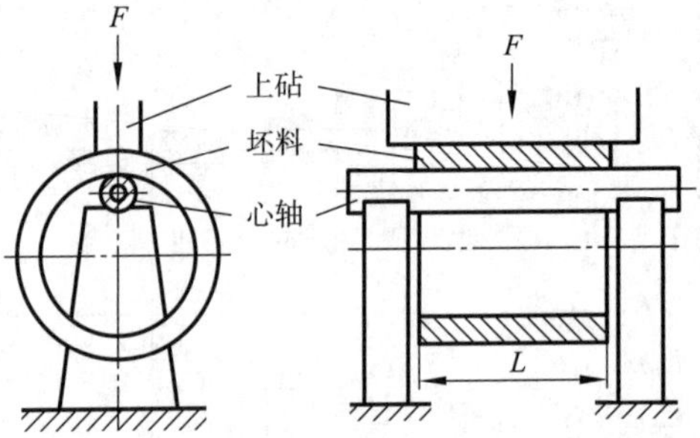 F 上砧 坯料 心轴 F L	在心轴上扩孔时，心轴的直径 $d' \geqslant 0.35L$（L 为孔的长度），且心轴要光滑	大圆环

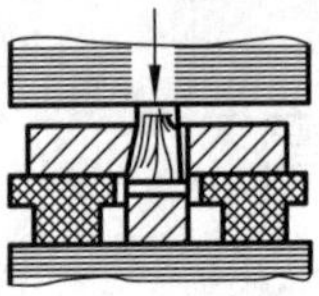

自由锻所用的工具简单，通用性强，生产准备周期短，灵活性大，所以应用较为广泛，特别适用于单件、小批生产的锻件。对于在工作中承受较大载荷、机械性能要求较高的大型工件（如大型连杆、水轮机主轴、多拐曲轴等），其毛坯都是用自由锻造的方法获得的，因此自由锻造在重型机械制造中占有重要地位。但自由锻造对操作工人的技术要求较高，生产效率较低、工人劳动强度较大，且锻件形状简单、精度较低，后续机械加工余量大。

自由锻主要有手工自由锻和机器自由锻两种方式，目前生产中主要采用机器自由锻。根据锻造设备对坯料产生的作用力性质的不同，机器自由锻又分为锤上自由锻和压力机上自由锻。锤上自由锻是利用冲击力使金属产生塑性变形，用于中小锻件；压力机上自由锻是利用压力使金属产生塑性变形，用于大型锻件。

3.2.2 模型锻造

模型锻造（简称模锻）是利用锻模迫使加热后的金属坯料在锻模的模膛内受压，产生塑性变形并充满模膛，从而获得与模膛形状、尺寸一致的锻件的锻造方法。图 3-2 所示为弯曲连杆模锻过程。

模锻与自由锻相比具有以下优点：①能锻造形状比较复杂的锻件，锻件的金属流线分布较均匀且连续，从而提高零件的力学性能和使用寿命；②模锻件的形状和尺寸较精确（更接近零件的形状和尺寸），表面粗糙度值较小，加工余量较小，可以节省金属材料和切削加工工时；③模锻操作较简单，生产率较高,对操作工人的技术要求较低,工人劳动强度也较低,且易于实现机械化和自动化。

模锻与自由锻造相比,主要缺点是:①锻模结构比较复杂,制造周期长、成本高;模锻使用的设备吨位大、费用高;②锻件不能太大,质量一般在 150 kg 以下,且工艺灵活性不如自由锻造(一副模具只能加工一种锻件),所以模锻适用于中、小型锻件的成批和大量生产。

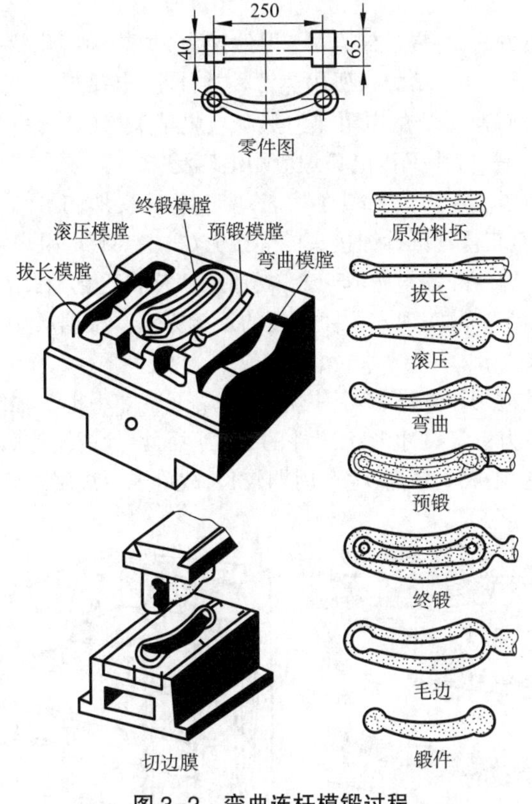

图 3-2　弯曲连杆模锻过程

模锻广泛应用在国防工业和机械制造业中,如飞机、坦克、汽车、拖拉机、轴承等领域。随着工业的发展、模锻件在锻件中所占的比例越来越大。

3.2.3　胎模锻

在自由锻设备上使用可移动模具生产模锻件的一种锻造方法,称为胎模锻,是一种介于自由锻和模锻之间的锻造方法。胎模锻一般用自由锻的方法制坯,在胎模中最后成形。胎模不固定在锤头或砧座上,需要时放在下砧铁上进行锻造。

胎模锻与自由锻相比,具有生产率高、锻件尺寸精度高、表面粗糙度值小、余块少、节约金属、降低成本等优点。与模锻相比,具有胎模制造简单、不需贵重的模锻设备、成本低、使用方便等优点,但胎模锻件的尺寸精度和生产率不如锤上模锻高,工人劳动强度大,胎模寿命短。因此,胎模锻适于中、小批生产,在缺少模锻设备的中、小型工厂中应用较广。

3.3　焊　　接

在机械制造过程中,常常需要将几个零件或材料连接在一起。常用的连接方式分为可拆连接和不可拆连接两大类,可拆连接是指不需要损坏被连接件或起连接作用的零件就可以拆卸的情况,如键连接、螺栓连接、螺钉连接、销钉连接等;不可拆连接是指必须毁坏或损伤被连接零件或起连接作用的零件才能拆卸的情况,如焊接、胶接、铆接等。

焊接是指通过加热、加压或两者并用,并且用或不用填充材料,使焊件达到原子结合的一种加工方法。金属的焊接种类很多,根据焊接时的物理冶金特征(原子间结合方式的不同)分为熔焊、压焊、钎焊三大类。

熔焊是利用局部加热方式,将焊件结合处(焊件接头)加热到熔化状态,不加压力完成焊接的方法,在工业领域的应用最广泛。熔焊按所用热源种类分为:电弧焊(焊接电弧为热源)、等离子弧焊(等离子弧为热源)、电渣焊(熔渣的电阻热为热源)、电子束焊(电子束为热源)、激光焊(激光为热源)、气焊(火焰为热源)等,其中又以电弧焊应用最广泛。

压焊是通过加热和加压使金属达到塑性状态,产生塑性变形和再结晶,最后使两个分离表面的原子接近到晶格距离,而获得不可拆卸接头的焊接方法,主要有电阻焊、摩擦焊等。

钎焊是利用熔点低于焊件的钎料做填充金属,加热使钎料熔化,利用液态钎料润湿母材,通过填充接头间隙并与母材相互扩散实现永久性连接的焊接方法。根据所用钎料的熔点不同,钎焊可分为硬钎焊和软钎焊两大类。

图 3-3 给出了焊接的应用示意图,焊接技术可以用于单件小批工程结构的制造,如专用机床床身的制造。专用机床是为特定尺寸形状零件的某工序而设计的生产设备,多为单件小批生产,床身若采用铸造方法制造,则成本较高、生产周期较长,故可采用焊接式床身。

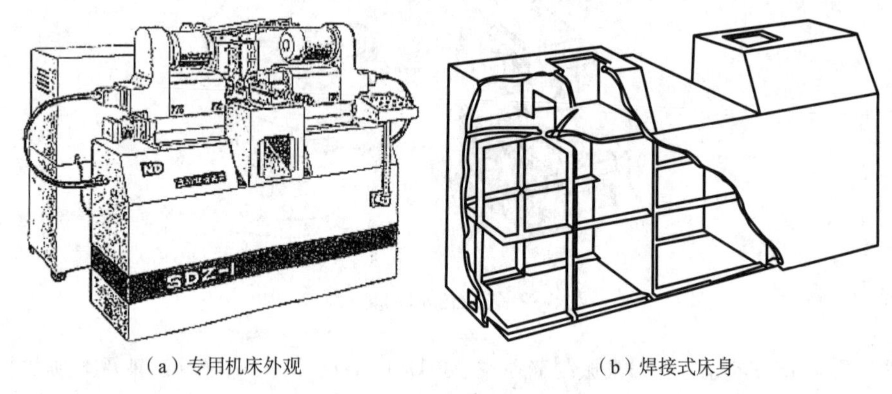

(a)专用机床外观　　(b)焊接式床身

图 3-3　焊接的应用示意图

3.4　板料冲压(冷冲压)

板料冲压是一种利用冲模使板料产生分离或变形,从而获得所需零件或毛坯的成形工艺。板料冲压通常以比较薄的金属板料做毛坯,在常温下进行,所以又称冷冲压。图 3-4 所示为板料冲压的变形过程。

板料冲压与铸造、锻造、切削加工等方法相比,具有以下特点:①可加工的范围广,可加工金属材料或非金属材料。②操作简单,生产率高,易于实现自动化。冲床的一次行程就能得到一个制件。大型冲压件(汽车壳体)的生产率可达每分钟几件,高速冲压的小件每分钟可达上千件。③产品质量小,强度高、刚性好。④材料的利用率较高,一般为 70%~85%。⑤产品质量稳定,精度高,表面粗糙度减小,互换性好。

板料冲压的主要缺点是:不能加工低塑性金属,模具制造复杂、成本高。因而,板料冲压在成批、大量生产中广泛应用,是机械制造重要的加工方法之一。在航空、汽车、拖拉机、电机、电器、仪

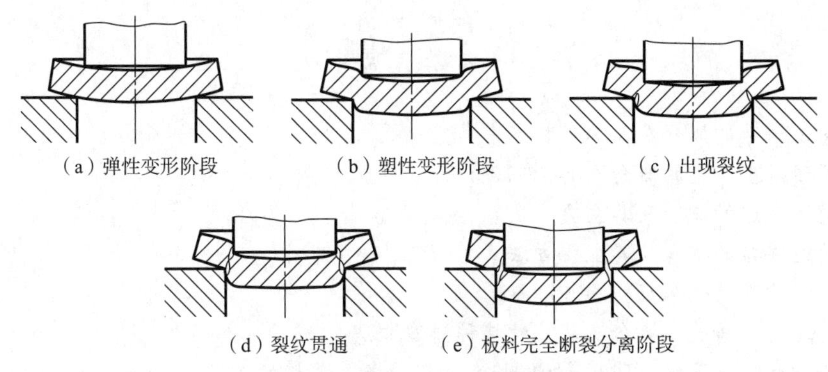

（a）弹性变形阶段　（b）塑性变形阶段　（c）出现裂纹

（d）裂纹贯通　（e）板料完全断裂分离阶段

图 3-4　板料冲压的变形过程

表以及常用品工业中,冲压件都占有相当大的比例。

板料冲压常用的设备有剪床和冲床。剪床用来把板料剪切成一定宽度的板条料,以供冲压使用。冲床是冲压加工的主要设备,主要有锻锤和压力机等。

板料冲压常用的原材料有低碳钢、塑性好的低合金钢和非铁金属(铜、铝、镁)及其合金。随着科学技术的发展,近年来在压力加工生产中出现了许多新技术、新工艺,如零件的挤压、轧制、精密锻造、旋转锻造、粉末锻造等,使锻压件的形状更加接近零件形状,不仅实现无切削和少切削的目的,而且提高了零件的力学性能和使用性能。

3.5　型　　材

型材是按照一定截面形状和长度尺寸大批量生产的金属材料,可认为是供工业领域选用的半成品。机械工程师可根据设计要求选择型材的具体形状、材质、热处理状态、力学性能等参数,再根据具体的尺寸形状要求将型材进行分割,而后进一步加工或热处理,达到设计的精度要求。型材的材质、规格尺寸等可参照相应的国家标准。

型材根据材料可分为钢材、铝材、铜材等;根据形状可分为板材、管材及异型材等。

按照钢的冶炼质量不同,型钢分为普通型钢和优质型钢。普通型钢按现行的金属产品目录又分为大型型钢、中型型钢、小型型钢。普通型钢按截面形状又可分为圆钢、工字钢、H 型钢、槽钢、角钢等。

大型型钢中工字钢、槽钢、角钢、扁钢都是热轧的,圆钢、方钢、六角钢除热轧外,还有锻制、冷拉等。工字钢、槽钢、角钢广泛应用于工业建筑和金属结构,如厂房、桥梁、船舶、农机车辆制造、输电铁塔,运输机械,往往配合使用。扁钢在建筑工地中用作桥梁、房架、栅栏、输电船舶、车辆等。圆钢、方钢用作各种机械零件、农机配件、工具等。

中型型钢中工、槽、角、圆、扁钢用途与大型型钢相似。

小型型钢中角、圆、方、扁钢加工和用途与大型型钢相似,小直径圆钢常用作建筑钢筋。

优质型钢是由优质钢加工制成的型钢,虽然材质繁多,但品种简单,多数是圆钢,也有方钢、扁钢、六角钢等。

另外,型钢还包括冷弯型钢,是用普通碳素钢、优质碳素钢或低合金钢钢板或钢带经过一定的冷弯成形制成的型钢。

习　题

3-1　简述铸造的概念及其工艺特点。

3-2　简述砂型铸造的概念及其工艺过程。

3-3　简述锻造的概念及其主要方法。

3-4　简述焊接的概念及其主要方法。

3-5　简述冲压的概念及其加工过程。

3-6　简述特种铸造的概念及常见的特种铸造方法。

3-7　若机床床身选用 HT200 材料制造,简述制备其毛坯的工艺方法。

3-8　若普通车床主轴选用 45 钢材料制造,简述制备其毛坯的工艺方法。

3-9　若机器小型连杆选用 45 钢材料制造,简述制备其毛坯的工艺方法。

3-10　若小型花键轴选用 45 钢材料制造,简述制备其毛坯的工艺方法。

3-11　若单件试制机床的床身,简述制备其毛坯的工艺方法。

3-12　简述图 1-1 一级齿轮减速器中的“34”号件齿轮轴、“41”号件大齿轮,其毛坯可选择哪种方法制备。

3-13　简述图 1-1 一级齿轮减速器中的“1”号件箱体、“6”号件箱盖、“22、29、31、36”号件轴承端盖,其毛坯可选择哪种方法制备。

3-14　简述图 1-1 一级齿轮减速器中的“3、10、11、15、37”号件螺栓,“4、16”号件螺母,其毛坯可选择哪种方法制备。

3-15　简述图 1-1 一级齿轮减速器中的“5、17”号件弹簧垫圈,其毛坯可选择哪种方法制备。

3-16　简述图 1-1 一级齿轮减速器中的“28、38”号件滚动轴承的内圈、外圈及滚动体,其毛坯可选择哪种方法制备。

第4章 金属切削与磨削原理

阅读导入

20世纪五六十年代，哈尔滨工业大学袁哲俊教授研制了玉米铣刀并在生产中大力推广，成倍提高了生产效率。鉴于他在科研和教学上的突出表现，1954年他被选为哈尔滨市第一届人民代表大会代表；1956年，他被评为“全国先进工作者”，出席全国先进工作者代表大会，受到毛泽东等国家领导人接见。

金属材料的切削加工是用硬度高于工件材料的刀具，在工件表层切去多余的金属，使工件达到尺寸精度、几何精度、表面质量等设计要求。研究和掌握切削过程的基本规律，对合理使用和设计工艺装备特别是刀具，提高加工质量和生产效率，降低生产成本等方面有着重要的意义。为了实现金属切削过程，必须满足以下三个条件：①工件与刀具之间要有相对运动，即切削运动；②刀具材料必须有一定的切削性能；③刀具必须具有适当的几何参数。

4.1 金属切削与刀具概述

4.1.1 基本概念

1. 切削运动与切削中的工件表面

用刀具切除工件材料，刀具和工件之间必须有一定的相对运动，该相对运动由主运动和进给运动组成。主运动是由机床或人力提供的，促使刀具能够对工件产生切削过程的相对运动，是切削中速度最高、消耗功率最大的运动。主运动方向是将工件视为静止，刀具相对于工件产生切削运动的方向。一般情况下，切削中只能有一个主运动。进给运动是由机床或人力提供的，促使刀具连续或周期性地对工件产生切削过程的附加相对运动。进给运动方向也是将工件视为静止，刀具相对于工件使切削能得以继续的运动方向。主运动和进给运动都可以由工件或刀具的运动产生。

切削过程中，工件上有三个变化着的表面：待加工表面是工件上有待切除的表面；已加工表面是工件上经刀具切削后形成的表面；过渡表面是工件上由切削刃形成的那部分表面，处于已加工表面和待加工表面之间，将在下一切削行程、刀具或工件下一转里或由下一切削刃切除。图4-1给出了切削运动与工件表面示意图。

在图4-1(a)所示外圆车削中，主运动由工件的旋转运动产生；刀具沿工件轴线方向的直线运动为进给运动。在工件旋转的同时，刀具将沿轴向连续进给。在图4-1(b)所示平面刨削中，刀具相对于工件向前的直线运动为主运动；当刀具完成一次切削并返回起点后，刀具相对于工件横向的直线运动为间歇进给运动。

切削中，主运动的速度称为切削速度，用v_c表示；进给运动的速度称为进给速度，用v_f表示。

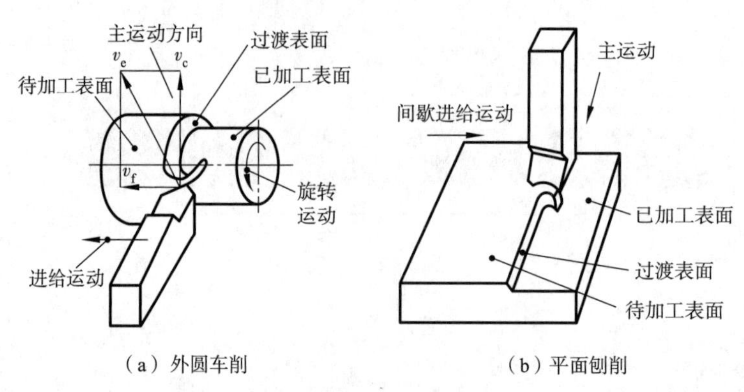

（a）外圆车削　　（b）平面刨削

图 4-1　切削运动与工件表面示意图

主运动和进给运动合成后的运动称为合成切削运动。在图 4-1(a)所示外圆车削中,合成切削运动速度 v_e 的大小和方向由下式确定

$$v_e = v_c + v_f \tag{4-1}$$

2. 切削用量

切削加工中,根据加工方法、加工精度、加工效率和加工成本等要求选用适宜的切削速度 v_c,进给量 f(或进给速度 v_f)和背吃刀量 a_p,三者合称为切削用量,或切削用量三要素。

(1)切削速度 v_c(m/min 或 m/s)。主运动为直线运动时,切削速度是刀具与工件之间的相对直线运动速度。主运动为旋转运动时,一般情况下,切削速度是参加实际切削的切削刃上最大相对运动速度,计算公式为

$$v_c = \frac{\pi dn}{1\ 000} \tag{4-2}$$

式中,d 为工件或刀具的最大相对运动直径(mm);n 为工件(或刀具)的转速(r/min 或 r/s)。

(2)进给量 f(mm/r 或 mm/z)。工件或刀具转一周(或每往复一次),两者在进给运动方向的相对位移量称为进给量,其单位是 mm/r(或 mm/双行程)。对于铣刀、铰刀、拉刀等多齿刀具,还规定每刀齿进给量 f_z,单位是 mm/z。进给速度 v_f、进给量 f 和每齿进给量 f_z 之间的关系为

$$v_f = nf = nzf_z \tag{4-3}$$

式中,z 为齿数。

(3)背吃刀量 a_p(mm)。背吃刀量是工件已加工表面和待加工表面间的垂直距离。外圆车削中的背吃刀量为

$$a_p = \frac{d_w - d_m}{2} \tag{4-4}$$

式中,d_w 为待加工表面的直径(mm);d_m 为已加工表面的直径(mm)。

3. 切削层参数

切削刃在一次走刀中从工件上切下的一层材料称为切削层。切削层的截面尺寸参数称为切削层参数。切削层参数通常在与主运动方向相垂直的平面内观察和测量。

(1)切削层公称厚度 h_D。垂直于过渡表面度量的切削层尺寸称为切削层公称厚度 h_D,简称切削厚度。如图 4-2 所示,若车削中主切削刃为直线刃,切削厚度为

$$h_D = f\sin\kappa_r \tag{4-5}$$

式中,κ_r 为主偏角(°)。

(2)切削层公称宽度 b_D。沿过渡表面度量的切削层尺寸称为切削层公称宽度 b_D,简称切削宽

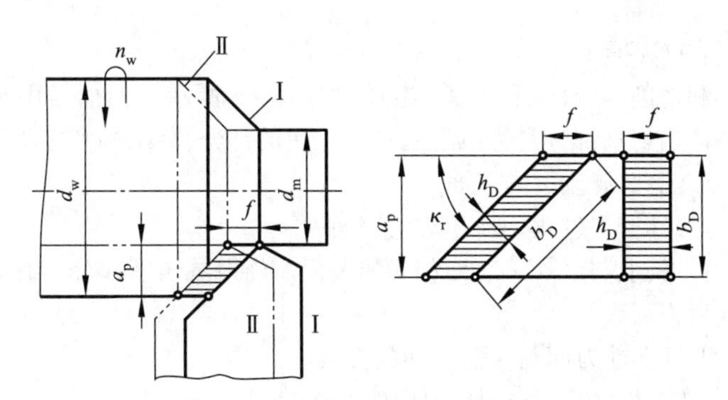

图 4-2　切削层参数

度。车削中主切削刃为直线，切削宽度为

$$b_D = \frac{a_p}{\sin\kappa_r} \tag{4-6}$$

(3) 切削层公称横截面积 A_D。切削层尺寸度量平面内的横截面积称为切削层公称横截面积 A_D，简称切削面积。对于车削，切削面积为

$$A_D = h_D \times b_D = f \times a_p \tag{4-7}$$

4. 切削方式

(1) 自由切削与非自由切削。只有一条切削刃参加切削工作的切削称为自由切削，宽刃刨刀刨削就属于自由切削，如图 4-3 所示，此时切削刃上各点切屑流出方向大致相同。切削层金属变形基本在二维平面内，即为平面变形。反之，像外圆车削、切槽(切断)、车螺纹等。副切削刃也参加已加工表面形成的切削称为非自由切削。

(2) 直角切削与斜角切削。切削刃上选定点的切线垂直于该点切削速度的切削称为直角切削，或正切削，如图 4-4(a) 所示；否则称为斜角切削，或斜切削，生产中大多属斜角切削，如图 4-4(b) 所示。直角切削时切屑是沿切削刃的法向流出的。只将工件斜置，v_c 方向不变的切削仍属直角切削。

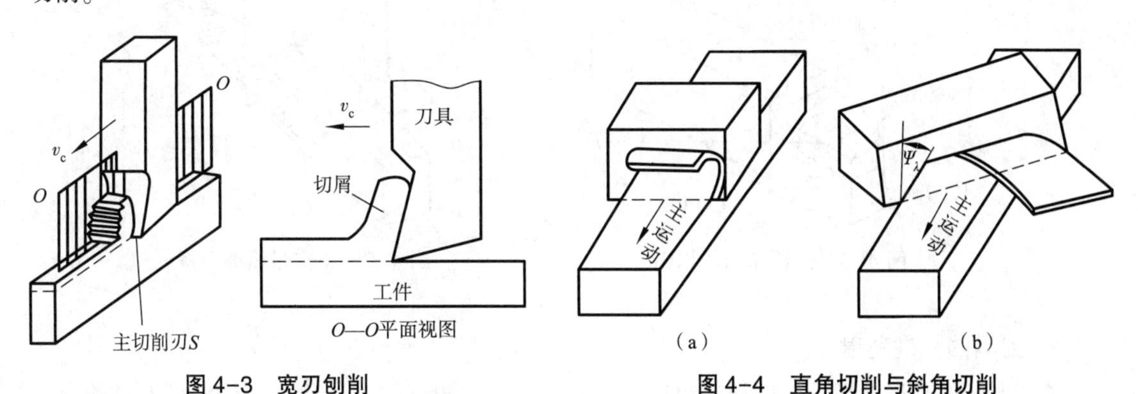

图 4-3　宽刃刨削

图 4-4　直角切削与斜角切削

4.1.2　刀具构造及刀具角度

金属切削刀具上承担切削工作的部分称为刀具的切削部分，刀具的种类繁多，结构各异，但切削部分具有相同或相近的特征。外圆车刀是最基本、最典型的形态。

1. 刀具切削部分的构造

外圆车刀由刀柄和切削部分(又称刀头)组成,如图 4-5 所示。刀柄是用于夹持刀具的部分,一般为长方体或圆柱体。切削部分是刀具上起切削作用的部分,其结构和定义为:

(1)前刀面 A_γ:刀具上切屑流过的表面。

(2)主后刀面 A_α:刀具上与过渡表面相对的表面。

(3)副后刀面 A'_α:刀具上与已加工表面相对的表面。当刀具切削部分没有副后刀面时,主后刀面可直接称为后面或后刀面。

(4)主切削刃 S:刀具上前刀面与主后刀面的交线。

(5)副切削刃 S':刀具上前刀面与副后刀面的交线。

(6)刀尖:连接主切削刃和副切削刃的一段刀刃,可以是一段小的圆弧,也可以是一段直线,在一定条件下可简化为一交点。

2. 刀具正交平面参考系

刀具要从工件上切下金属材料,就必须具有一定的切削角度,这些角度能决定刀具切削部分各表面的相对位置。为了确定和测量刀具的角度,需要建立一个空间坐标参考系,这个参考系由三个参考平面组成,定义如下:

(1)基面 P_r:通过主切削刃上的某选定点,与该点切削速度方向相垂直的平面。

(2)切削平面 P_s:通过主切削刃上该选定点,与主切削刃相切并垂直于该点基面的平面。

(3)正交平面 P_o:通过主切削刃上该选定点,同时垂直于该点基面和切削平面的平面。

可见,这三个参考平面是互相垂直的,由 P_r、P_s、P_o 组成的刀具标注角度参考系称为正交平面参考系,如图 4-6 所示。除正交平面参考系外,常用的标注刀具角度的参考系还有法平面参考系、背平面和假定工作平面参考系。

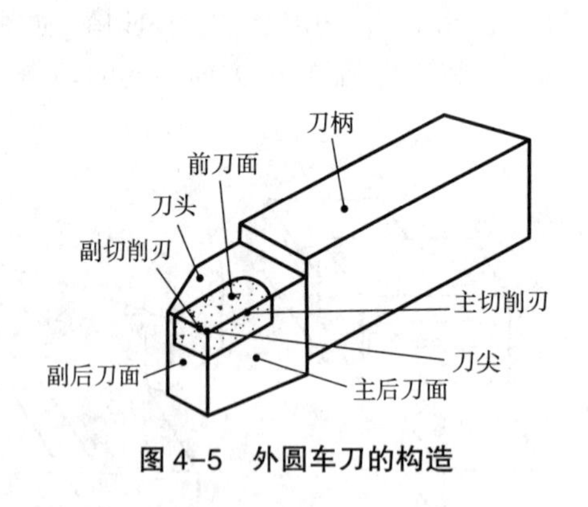

图 4-5　外圆车刀的构造

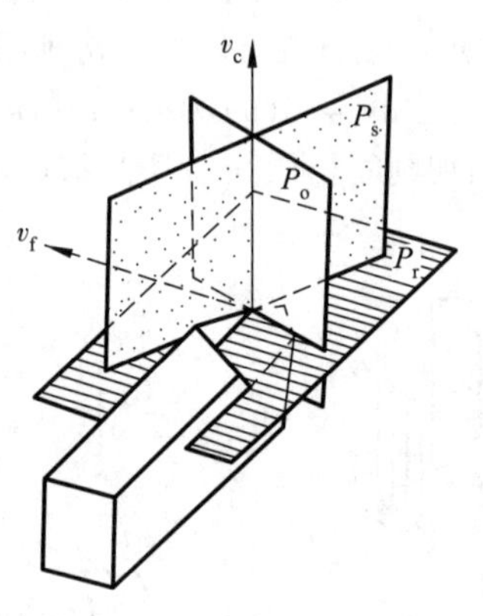

图 4-6　正交平面参考系

3. 刀具的标注角度

在刀具标注角度参考系中测得的角度称为刀具的标注角度。标注角度应标注在刀具的设计图中,用于刀具制造、刃磨和测量。如图 4-7 所示,在正交平面参考系中,刀具的主要标注角度有以下 6 个,其定义如下:

(1)前角 γ_o:在正交平面内测量的前刀面和基面间的夹角。前刀面在基面之下时前角为正值,前刀面在基面之上时前角为负值。

(2)后角 α_o:在正交平面内测量的主后刀面与切削平面间的夹角,一般为正值。

(3)主偏角 κ_r:在基面内测量的主切削刃在基面上的投影与进给运动方向间的夹角。

(4)副偏角 κ_r':在基面内测量的副切削刃在基面上的投影与进给运动反方向间的夹角。

(5)刃倾角 λ_s:在切削平面内测量的主切削刃与基面之间的夹角。在主切削刃上,刀尖为最高点时刃倾角为正值,刀尖为最低点时刃倾角为负值。主切削刃与基面平行时,刃倾角为零,此时主切削刃与切削速度方向垂直,即直角切削。

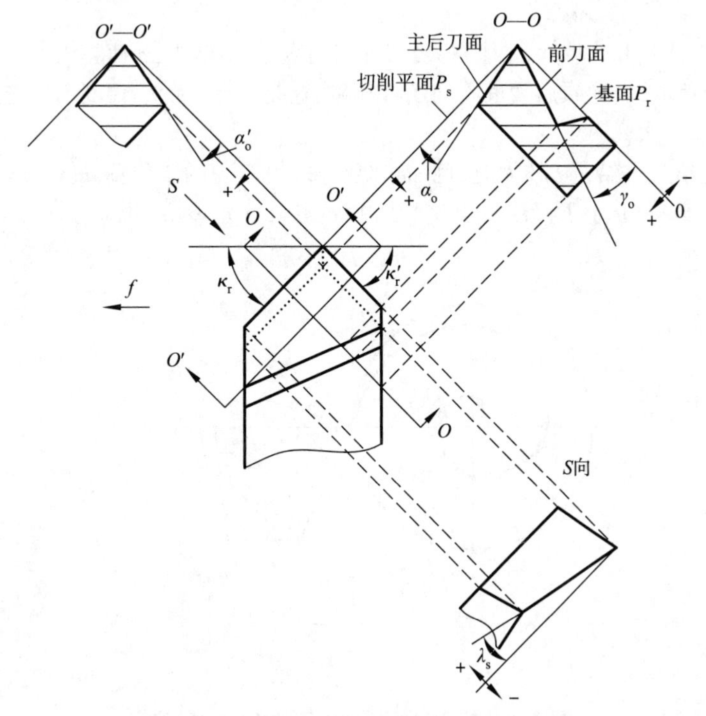

图 4-7　车刀在正交平面参考系中的标注角度

(6)副后角 α_o':要完全确定车刀切削部分所有表面的空间位置,还需标注副后角 α_o',副后角 α_o' 确定副后刀面的空间位置。

4. 刀具的其他参数

(1)楔角 β_o:在正交平面内,前刀面和后刀面的夹角,$\beta_o=90°-(\gamma_o+\alpha_o)$。

(2)刀尖角 ε_r:在基面内,主切削刃和副切削刃的投影之间的夹角,$\varepsilon_r=180°-(\kappa_r+\kappa_r')$。

(3)刀尖圆弧半径 r_ε:主切削刃和副切削刃之间为圆弧过渡,其半径称为刀尖圆弧半径。

(4)刀刃钝圆半径 r_β:刀具主切削刃并不是绝对锋利,而是存在微小圆弧,其半径称为刀刃钝圆半径。

5. 刀具的工作角度

上面讨论的外圆车刀的标注角度,是在忽略进给运动的影响并假定刀杆轴线与纵向进给运动方向垂直以及切削刃上选定点与工件中心等高的条件下确定的。如果考虑进给运动和刀具实际安装情况的影响,参考平面的位置应按合成切削运动方向来确定,这时的参考系称为刀具工作角度参考系。在工作角度参考系中确定的刀具角度称为刀具的工作角度。工作角度反映了刀具的实际工作状态。

(1)进给运动对工作角度的影响。当刀具对工件作切断或切槽工作时,刀具进给运动是沿横向进行的,如图 4-8 所示,当不考虑进给运动的影响时,按切削速度 v_c 的方向确定的基面和切削平面分别为 P_r 和 P_s。考虑进给运动的影响后,刀具在工件上的运动轨迹为阿基米德螺旋线,按合成

切削速度 v_e 的方向确定的工作基面和工作切削平面分别为 P_{re} 和 P_{se}。工作前角 γ_{oe} 和工作后角 α_{oe} 为

$$\gamma_{oe} = \gamma_o + \eta \qquad \alpha_{oe} = \alpha_o - \eta \tag{4-8}$$

式中，$\eta = \arctan \dfrac{v_f}{v_c} = \arctan \dfrac{f}{\pi d_{切}}$。

分析上式可知，进给量 f 越大，η 值越大；工件切削直径 $d_{切}$ 越小，η 值越大。过大的 η 值有可能使 α_{oe} 变为 0，甚至负值，而导致后刀面将与工件相碰，这是不允许的。切断刀应选用较大的标注后角 α_o，进给量 f 不宜过大。

刀具沿纵向进给且进给量 f 较大时，例如车螺纹，螺纹车刀的工作前角 $\gamma_{oe}=\gamma_o+\eta$，大于标注前角 γ_o；工作后角 $\alpha_{oe}=\alpha_o-\eta$，小于标注后角 α_o，其中 $\tan\eta=\tan\eta_f \cdot \sin\kappa_r$，$\eta_f=\arctan(v_f/v_c)$。

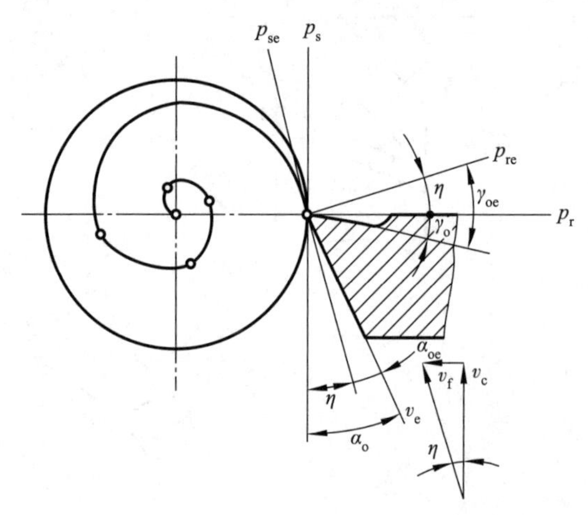

图 4-8　横向进给运动对工作角度的影响

(2) 刀具安装位置对工作角度的影响。安装刀具时，如刀尖高于或低于工件中心，会引起刀具工作角度的变化，如图 4-9 所示，若不考虑车刀横向进给运动的影响，如果刀尖安装得高于工件中心，基面由 P_r 变为 P_{re}，切削平面由 P_s 变为 P_{se}，工作前角 γ_{oe} 将大于标注前角 γ_o，工作后角 α_{oe} 将小于标注后角 α_o。如果刀尖安装低于工件中心，则工作角度的变化情况恰好相反，γ_{oe} 将小于 γ_o，α_{oe} 将大于 α_o。

车刀刀柄中心线与进给方向不垂直时，如图 4-10 所示，会引起工作主偏角 κ_r 和工作副偏角 κ_r' 的变化，即 $\kappa_{re}=\kappa_r\pm\theta_A$，$\kappa_{re}'=\kappa_r'\mp\theta_A$，$\theta_A$ 是刀柄中心线与进给方向的夹角。

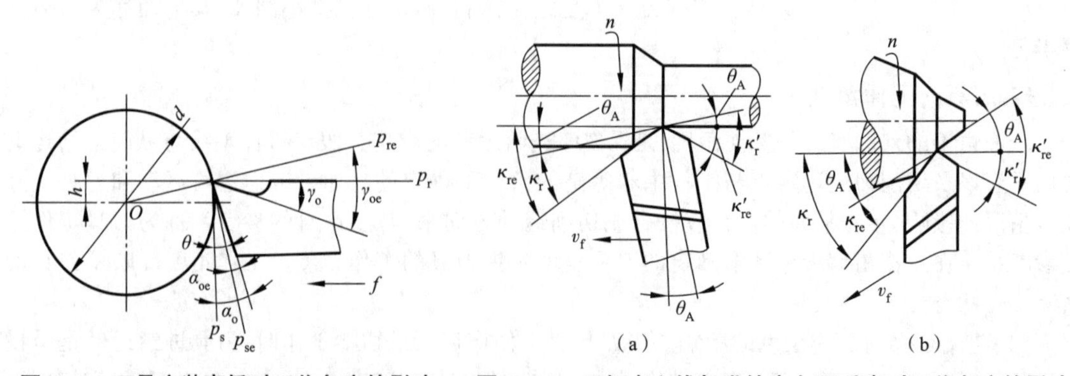

图 4-9　刀具安装高低对工作角度的影响　　图 4-10　刀柄中心线与进给方向不垂直对工作角度的影响

4.2　刀具材料

金属切削刀具性能的优劣取决于刀具材料、切削部分几何形状以及刀具的结构。刀具材料的选择对刀具寿命、加工质量、生产效率影响极大。根据刀具材料的发展历程,在切削加工中常用的刀具材料有碳素工具钢、合金工具钢、高速钢、硬质合金、陶瓷、立方氮化硼和金刚石等。目前,在生产中所用的刀具材料主要是高速钢和硬质合金两类。

4.2.1　刀具材料的性能要求

切削时刀具要承受高温、高压、摩擦和冲击的作用,刀具材料须满足以下基本要求:

(1)较高的硬度和耐磨性。刀具的硬度必须比工件高,这是刀具材料最基本的性能。一般情况下,刀具材料的硬度应是工件材料的 1.3~1.5 倍。刀具材料还要具有良好的耐磨性,可以经受切削过程中的剧烈摩擦,一般来说,刀具硬度越高,耐磨性越好。

(2)足够的强度和韧性。刀具材料要能够承受切削过程中的冲击和振动,不产生崩刃和断裂,刀具材料必须具有足够的抗弯强度和冲击韧性。一般情况下,刀具材料的硬度越高,抗弯强度和冲击韧性越低。在刀具材料选用时,应给予硬度与韧性之间的平衡关系。

(3)较高的耐热性。耐热性又称热稳定性,是指刀具材料在高温作用下应具有足够的硬度、耐磨性、强度和韧性。耐热性是衡量刀具材料切削性能的主要指标,一般用保持其常温下切削性能的温度来表示耐热性。

(4)良好的导热性和耐热冲击性能。刀具材料的导热性要好,可以加快切削热向外传导,有利于降低切削温度,否则内部会承受热冲击作用而产生裂纹,严重时导致刀具断裂。在断续切削(如铣削)中,刀具常常受到很大的热冲击,易出现裂纹。

(5)工艺性。刀具材料应具有良好的可制造性,即工艺性,包括锻造性能、切削磨削加工性、焊接性能、热处理性能、高温塑性及刃磨性能等,从而便于刀具制造。

(6)经济性。应理解为整体上的经济性,好的经济性是刀具材料价格及刀具制造成本分摊到每个工件的成本不高。例如,有些刀具材料虽然单价很高,但因其使用寿命长,分摊到每个零件的成本不一定很高,仍有好的经济性。

4.2.2　碳素工具钢与合金工具钢

碳素工具钢指含碳量在 0.65%~1.35% 的优质高碳钢,常用牌号有 T8A、T10A 和 T12A,以 T12A 应用最多,其含碳量为 1.15%~1.2%,淬火后硬度可达 63~66 HRC,红硬性为 250~300 ℃。当切削温度过高,马氏体组织要分解,使得硬度降低;碳化物分布不均匀,淬火后变形较大,易产生裂纹;淬透性差,淬硬层薄,故允许的切削速度 v_c = 5~10 m/min,从而只适于制造手用和切削速度很低的工具,如锉刀、手用锯条、丝锥和板牙等。

针对碳素工具钢耐热性差、淬透性差、淬火后变形大的缺点,在高碳钢中加入合金元素 Si、Cr、W、Mn 等,总量不宜超过 3%~5%,可提高淬透性和回火稳定性,细化晶粒,减小变形,成为合金工具钢,常用牌号有 9SiCr、CrWMn 等。红硬性为 325~400 ℃,允许的切削速度为 v_c = 10~15 m/min。合金工具钢主要用于低速工具,如丝锥、板牙、铰刀、滚丝轮、搓丝板等。

4.2.3　高速钢

高速钢是合金工具钢之一,是含有 C、W、Mo、Cr、V、Co、Al 等元素的铁基合金,全称为高速工具钢,又称白钢或锋钢。高速钢具有较高的硬度和耐热性,切削温度在 500~650 ℃时仍能进行切削;

高速钢强度高、韧性好，适用于有冲击、振动的切削加工；高速钢的工艺性好，容易磨出锋利切削刃，适用于制造各类刀具，尤其是钻头、铣刀、成形刀具等；高速钢刀具可加工结构钢、铸铁、有色金属、钛合金、不锈钢、高温合金等金属材料。

国家标准《切削刀具 高速钢分组代号》(GB/T 17111—2008)中有19种高速钢牌号，按生产工艺分为常规高速钢和粉末冶金高速钢，表4-1给出了高速钢分组方法及代号。

表4-1 高速钢分组方法及代号

生产工艺	名称	代号	分组方法
常规高速钢	高性能高速钢	HSS-E	$w_{Co}\geqslant4.5\%$或$w_V\geqslant2.6\%$或$w_{Al}=0.8\%\sim1.2\%$的高速钢
	普通高速钢	HSS	$w_{Co}<4.5\%$和$w_V<2.6\%$，且钨当量[W]≥11.75的高速钢
	低合金高速钢	HSS-L	6.5≤钨当量[W]<11.75的高速钢
粉末冶金高速钢	高性能粉末高速钢	HSS-E-PM	$w_{Co}\geqslant4.5\%$或$w_V\geqslant2.6\%$的粉末冶金高速钢
	普通粉末高速钢	HSS-PM	$w_{Co}<4.5\%$和$w_V<2.6\%$的粉末冶金高速钢

钨当量[W]的计算方法：[W]=W+1.8Mo，W为钨含量的最低值，Mo为钼含量的最低值。

1. 普通高速钢

普通高速钢按化学成分分为钨系高速钢和钨钼系高速钢。普通高速钢适用于切削硬度在250~280 HBS以下的结构钢和铸铁，切削钢料时，切削速度一般不高于40~60 m/min。

钨系高速钢的典型牌号是W18Cr4V(简称W18或18-4-1)，主要元素的质量百分含量为$w_C=0.73\%\sim0.83\%$、$w_W=17.2\%\sim18.7\%$、$w_{Cr}=3.8\%\sim4.5\%$、$w_V=1.0\%\sim1.2\%$。钨系高速钢具有较好的综合性能，即有较高硬度62~66 HRC、强度、韧度和耐热性，红硬性可达620 ℃，切削刃可磨得比较锋利(0.005~0.018 μm)，通用性较强，常用于钻头、铣刀、拉刀、齿轮刀具、丝锥等复杂刀具的制造。但因晶粒较粗大，分布又不太均匀，强度随横截面尺寸变大而下降较多，因晶粒较粗大，分布又不太均匀。钨系高速钢曾经是我国应用最多的高速钢，但钨是重要的战略物资，目前钨元素在刀具中的用量已在减少。

钨钼系高速钢的典型牌号是W6Mo5Cr4V2(简称M2或6-5-4-2)，主要元素的质量百分含量为$w_C=0.8\%\sim0.9\%$、$w_W=5.5\%\sim6.75\%$、$w_{Mo}=4.5\%\sim5.5\%$、$w_{Cr}=3.8\%\sim4.4\%$、$w_V=1.75\%\sim2.2\%$，钨当量[W]=5.5+1.8×4.5=13.6。Mo和W的作用相似，但Mo相对原子质量比W小50%，故钨钼系高速钢的密度小于钨系高速钢。钨钼系高速钢碳化物晶粒较细小、分布较均匀，故强度和韧度好于钨系高速钢，可用于制造大截面尺寸的刀具，特别是热状态下塑性好，适于制造热轧刀具，如热轧钻头。主要缺点是热处理时脱碳倾向大，易氧化，淬火温度范围较窄。

2. 高性能高速钢

高性能高速钢是指在普通高速钢成分中再增加碳、钒含量及添加钴、铝等合金元素的钢种，力学性能和切削性能比普通高速钢有明显提高，主要包括高碳高速钢($w_C\geqslant0.9\%$)，高钒高速钢($w_V\geqslant3\%$)，高钴高速钢($w_{Co}=5\%\sim10\%$)、高铝高速钢及超硬高速钢等。高性能高速钢又称高热稳定性高速钢，加热到630~650 ℃时仍可保持60 HRC的硬度，因此具有更好的切削性能，高性能高速钢刀具寿命约为普通高速钢刀具的1.5~3倍，适合于加工奥氏体不锈钢、高温合金、钛合金、超高强度钢等难加工材料。高性能高速钢主要有以下几种：

W2Mo9Cr4VCo8(简称M42)是一种应用最广的含钴超硬高速钢，具有良好的综合性能。硬度可达67~70 HRC，600 ℃时的高温硬度为55 HRC，比W18Cr4V高，因而能允许较高的切削速度。由于含钒量不高，故刃磨性很好。加工耐热合金、不锈钢时，M42刀具寿命较W18Cr4V和M2钢有明显提高。加工材料的硬度越高，效果也越明显。但M42由于含钴量较多，成本较高。

W6Mo5Cr4V2Al(简称 501)是我国独创的一种含铝的超硬高速钢,在 600 ℃时的高温硬度也达到 54 HRC,但由于不含钴,因而仍保留有较高的强度和韧性。501 的抗弯强度为 2.9~3.9 GPa,冲击韧性为 0.23~0.3 MJ/m^2,具有优良的切削性能。在多数场合,其切削性能与 M42 相同。501 立足于我国资源,与含钴钢比较,成本较低。但 501 含有较多的 V,导致刃磨性较差,且热处理工艺要求较严格。

W6Mo5Cr4V3 是高钒高速钢,由于 V 含量的增加,从而提高了刀具的耐磨性,一般用于切削高强度钢,但其刃磨性比普通高速钢差。

CW6Mo5Cr4V3 是高碳高钒高速钢,w_C = 1.25%~1.32%,w_V = 2.70%~3.20%,其耐热性、耐磨性和切削性能比 W6Mo5Cr4V3 高,刀具寿命长,可用于制作要求切削性能较高的刀具,但不能承受大的冲击,且刀具刃磨性较差。

3. 粉末冶金高速钢

粉末冶金高速钢(简称粉冶钢)是通过高压氩气或氮气将高速钢钢水雾化得到细小的高速钢粉末,然后将这种粉末在高温高压下压制成钢坯,最后将钢坯锻轧成钢材或刀具形状。粉末冶金高速钢的优点是结晶组织细小且均匀;淬火变形小;刃磨性不随 V 含量增加而下降;耐磨性好,刀具寿命长。粉末冶金高速钢适用于制造切削难加工材料的刀具、大尺寸刀具、精密刀具及复杂刀具等。

4.2.4 硬质合金

硬质合金是用高硬度难熔的金属碳化物(WC、TiC 等)微米级粉末和金属黏结剂(Co、Ni、Mo 等)在高温条件下烧结而成的粉末冶金制品。硬质合金的常温硬度达 89~93 HRA,在 760 ℃时硬度可保持在 77~85 HRA,在 800~1 000 ℃的高温条件下仍能继续切削,刀具寿命比高速钢刀具高几倍到几十倍,允许的切削速度 v_c 是高速钢的 4~10 倍。但硬质合金的强度和韧性比高速钢差,抗弯强度约是高速钢的 1/2,常温下的冲击韧度仅为高速钢的 1/30~1/8,硬质合金承受切削振动和冲击的能力较差。

硬质合金是最常用的刀具材料之一,由于其耐热性与耐磨性好,因而在刃形不太复杂刀具上的应用日益增多,如车刀、端铣刀、立铣刀、铰刀、镗刀,小尺寸钻头、丝锥及中小模数齿轮滚刀。尺寸较小和形状复杂的刀具,也可采用整体硬质合金制造,但成本较高,约是高速钢刀具的 8~10 倍。

根据国家标准《硬质合金牌号　第 1 部分:切削工具用硬质合金牌号》(GB/T 18376.1—2008),常用的硬质合金按使用领域可分为 P、M、K、N、S 和 H 等六类,每类中又分为若干组,其牌号由类代号、组代号及细分代号(需要时使用)组成,在此重点介绍 P、M、K 类。表 4-2 为硬质合金的基本成分和力学性能。表 4-3 为硬质合金刀具的加工条件和性能提高方向。

表 4-2　硬质合金的基本成分和力学性能

牌号		旧牌号	基本成分	力学性能		
类代号	组代号			洛氏硬度 HRA	维氏硬度 HV_3	抗弯强度 R_m/MPa
P	01	YT30	以 WC、TiC 为基,以 Co(Ni+Mo、Ni+Co)作黏结剂的合金/涂层合金	92.3	1 750	700
	10	YT15		91.7	1 680	1 200
	20	YT14		91.0	1 600	1 400
	30	YT5		90.2	1 500	1 550
	40	—		89.5	1 400	1 750

续上表

牌号		旧牌号	基本成分	力学性能		
类代号	组代号			洛氏硬度 HRA	维氏硬度 HV_3	抗弯强度 R_m/MPa
M	01	—	以 WC 为基,以 Co 作黏结剂,添加少量 TiC(TaC、NbC)的合金、涂层合金	92.3	1 730	1 200
	10	YW1		91.0	1 600	1 350
	20	YW2		90.2	1 500	1 500
	30	—		89.9	1 450	1 650
	40	—		88.9	1 300	1 800
K	01	YG3、YG3X	以 WC 为基,以 Co 作黏结剂,或添加少量 TaC、NbC 的合金、涂层合金	92.3	1 750	1 350
	10	YG6X		91.7	1 680	1 460
	20	YG6		91.0	1 600	1 550
	30	YG8		89.5	1 400	1 650
	40	YG15		88.5	1 250	1 800

注:①洛氏硬度和维氏硬度中任选一项。

②以上数据为非涂层硬质合金要求,涂层产品可按对应的维氏硬度下降 30~50。

(1)P 类硬质合金。P 类硬质合金相当于旧牌号 YT 类硬质合金,组代号数字越大,TiC 含量越少,Co 含量越多,其耐磨性越低而韧性越高。因此,P01 适合精加工,P10、P20 适合半精加工,P30、P40 适合粗加工。P 类硬质合金有较高的耐热性、较好的抗黏结和抗氧化能力。主要用于切削长切屑的各种钢、铸钢及可锻铸铁件。但不适宜切削钛合金和含 Ti 元素的不锈钢,因为 Ti 元素之间的亲和作用,会加剧刀具磨损。

(2)M 类硬质合金。M 类硬质合金相当于旧牌号 YW 类硬质合金,组代号的数字越大,Co 含量越多,其耐磨性越低而韧性越高。精加工可用 M10,半精加工可用 M20,粗加工可用 M30。添加适量的 TiC(TaC、NbC),可提高抗弯强度和韧性,同时也提高了耐热性和高温硬度;主要用于切削钢、铸钢、锰钢、铸铁、可锻铸铁及不锈钢等材料,故又称通用合金。

(3)K 类硬质合金。K 类硬质合金相当于旧牌号 YG 类硬质合金,组代号数字越大,Co 含量越高,韧性也越好,越适于粗加工。这类硬质合金与钢的黏结温度较低,其抗弯强度与韧性比 P 类高,主要用于加工短切屑的铸铁、冷硬铸铁、可锻铸铁等。

(4)N、S、H 类硬质合金。这三类硬质合金组代号数字越大,韧性越好,也越适于粗加工。N 类硬质合金主要用于有色金属、非金属材料的加工,如铝、镁、塑料、木材等。S 类硬质合金主要用于耐热和优质合金材料的加工,如耐热钢及含镍、钴、钛的各类合金材料等。H 类硬质合金主要用于硬切削材料的加工,如淬硬钢、冷硬铸铁等材料。

表 4-3 硬质合金刀具的加工条件和性能提高方向

牌号	加工条件		性能提高方向	
	被加工材料	适应的切削条件	切削性能	合金性能
P01	钢、铸钢	高切削速度、小切屑截面,无振动精车、精镗	↑切削速度 进给量↓	↑耐磨性 韧性↓
P10	钢、铸钢	高切削速度、中、小切屑截面的车削、仿形车削、车螺纹和铣削		
P20	钢、铸钢、长切削可锻铸铁	中等切削速度、中等切屑截面的车削、仿形车削和铣削、小切削截面的刨削		

续上表

<table>
<tr><th rowspan="2">牌号</th><th colspan="2">加工条件</th><th colspan="2">性能提高方向</th></tr>
<tr><th>被加工材料</th><th>适应的切削条件</th><th>切削性能</th><th>合金性能</th></tr>
<tr><td>P30</td><td>钢、铸钢、长切削可锻铸铁</td><td>中或低等切削速度、中等或大切屑截面的车削、铣削、刨削和不利条件下的加工</td><td rowspan="2">↑切削速度｜
｜进给量↓</td><td rowspan="2">↑耐磨性｜
｜韧性↓</td></tr>
<tr><td>P40</td><td>钢、含沙眼和气孔的铸钢件</td><td>低切削速度、大切屑角、大切屑截面以及不利条件的车削、刨削、切槽和自动机床上加工</td></tr>
<tr><td>M01</td><td>不锈钢、铁素体钢、铸钢</td><td>高切削速度、小载荷，无振动条件下精车、精镗</td><td rowspan="5">↑切削速度｜
｜进给量↓</td><td rowspan="5">↑耐磨性｜
｜韧性↓</td></tr>
<tr><td>M10</td><td>不锈钢、铸钢、锰钢、合金钢、合金铸铁、可锻铸铁</td><td>中、高等切削速度，中、小切屑截面的车削</td></tr>
<tr><td>M20</td><td>不锈钢、铸钢、锰钢、合金钢、合金铸铁、可锻铸铁</td><td>中等切削速度、中等切屑截面车削、铣削</td></tr>
<tr><td>M30</td><td>不锈钢、铸钢、锰钢、合金钢、合金铸铁、可锻铸铁</td><td>中、高等切削速度，中、大切屑截面的车削、铣削、刨削</td></tr>
<tr><td>M40</td><td>不锈钢、铸钢、锰钢、合金钢、合金铸铁、可锻铸铁</td><td>车削、切断、强力铣削加工</td></tr>
<tr><td>K01</td><td>铸铁、冷硬铸铁、短屑可锻铸铁</td><td>车削、精车、铣削、镗削、刮削</td><td rowspan="5">↑切削速度｜
｜进给量↓</td><td rowspan="5">↑耐磨性｜
｜韧性↓</td></tr>
<tr><td>K10</td><td>布氏硬度高于 220 的铸铁、短切屑的可锻铸铁</td><td>车削、铣削、镗削、刮削、拉削</td></tr>
<tr><td>K20</td><td>布氏硬度低于 220 的灰口铸铁、短切屑的可锻铸铁</td><td>用于中等切削速度下、轻载荷粗加工、半精加工的车削、铣削、镗削等</td></tr>
<tr><td>K30</td><td>铸铁、短切屑的可锻铸铁</td><td>用于在不利条件下，可能采用大切削角的车削、铣削、刨削、切槽加工，对刀片的韧性有一定的要求</td></tr>
<tr><td>K40</td><td>铸铁、短切屑的可锻铸铁</td><td>用于在不利条件下的粗加工，采用较低的切削速度，大的进给量</td></tr>
</table>

注：不利条件系数指原材料或铸造、锻造的零件表面硬度不均匀，加工时的切削深度不匀，间断切削以及振动等情况。

4.2.5　涂层刀具

涂层刀具是在强度和韧性较好的硬质合金或高速钢基体表面上，利用气相沉积方法涂覆一薄层耐磨性好的难熔金属或非金属化合物而获得的。涂层作为一个化学屏障和热屏障，减少了刀具与工件间的元素化学反应和热传导，从而减少了月牙洼磨损。涂层刀具具有表面硬度高、耐磨性好、化学性能稳定、耐热耐氧化、摩擦系数小和热导率低等特性，切削时可比未涂层刀具提高刀具寿命 3~5 倍以上，提高切削速度 20%~70%，提高加工精度 0.5~1 级，降低刀具消耗费用 20%~50%。

目前生产上常用的涂层方法有两种：物理气相沉积（PVD）法和化学气相沉积（CVD）法。涂层材料主要有 TiC、TiN、Al_2O_3、TiCN、TiAlN、AlTiN 等，其中 TiN 工艺最成熟和应用最广泛。刀具的涂层可以是单一涂层，也可以是多层材料形成的复合涂层。

切削加工中使用的各种刀具，包括车刀、镗刀、钻头、铰刀、拉刀、丝锥、螺纹梳刀、滚压头、铣刀、成形刀具、齿轮滚刀和插齿刀等都可采用涂层工艺提高使用性能。

4.2.6　陶　　瓷

陶瓷刀具材料主要有三大类，即氧化铝（Al_2O_3）系陶瓷、氮化硅（Si_3N_4）系陶瓷和氧化铝-氮化硅(Si_3N_4-Al_2O_3)系复合陶瓷。

Al_2O_3 系陶瓷的特点为:①硬度高于硬质合金,可达92~95 HRA;②耐热性好,在1 200 ℃时,硬度仍保持80 HRA;③化学稳定性好,与钢不易亲和,抗黏结、抗扩散能力较强。Al_2O_3 系陶瓷的缺点是:抗弯强度低、冲击韧度差、抗冲击性能差。随着成形工艺的改进,如从冷压到热压,加入金属碳化物、氧化物复合,增加金属(Ni、Mo)结合剂及 SiC 晶须增韧剂,使其抗弯强度和冲击韧度均大有提高。Al_2O_3-TiC 复合陶瓷用得较多,主要用于高速精加工和半精加工冷硬铸铁、淬硬钢等。

Si_3N_4 系陶瓷的特点为:①有较高的抗弯强度和冲击韧度,抗弯强度可高达1.5 GPa,可承受较大的冲击负荷;②热稳定性高,可在1 300~1 400 ℃下进行切削;③导热系数大于 Al_2O_3 系陶瓷,热膨胀系数则小于 Al_2O_3 系陶瓷,故可承受热冲击。此种陶瓷加工铸铁很有效。Si_3N_4-TiC-Co 复合陶瓷用得较广泛。

赛珑(Sialon)陶瓷是 Si_3N_4-Al_2O_3 系复合陶瓷的代表,其组成为 Si_3N_4+ Al_2O_3+Y_2O_3,其中 Si_3N_4 含量居多,抗弯强度高达1.2 GPa,冲击韧度也好。主要用于铸铁与高温合金加工,但不宜切钢。

4.2.7 立方氮化硼

立方氮化硼 CBN(Cubic Boron Nitrogen)是由六方氮化硼(HBN)在合成金刚石的相同条件下加入催化剂转变而成的,至今尚未发现其天然品。立方氮化硼有整体聚晶 CBN 和复合 CBN,即PCBN。CBN 的高硬度和耐磨性仅次于金刚石,但耐热性高于金刚石,达14 000 ℃,化学惰性很大,不会与铁产生化学反应,故可加工淬硬钢和冷硬铸铁等,实现以车代磨,但加工有色金属不如金刚石刀具。在800 ℃以上易与水起化学反应,故不宜用水基切削液。CBN 颗粒还用来制造磨料和磨具。

4.2.8 金刚石

金刚石是至今人们所知物质中最硬的,硬度可达10 000 HV,分为天然金刚石和人造金刚石。天然金刚石有方向性,价格昂贵,很少用于刀具材料。人造金刚石则是在超高压(5~10 GPa)、高温(1 000~2 000 ℃)条件下由石墨转化而成的,再将其粉末用人工合成工艺聚晶成大颗粒,可直接作刀具使用,即为聚晶金刚石 PCD(Polycrystalline Diamond)刀具。近些年来,又研究出把人造金刚石粉末聚晶烧结在硬质合金表面上的新工艺(0.5 mm 左右),即为金刚石复合片(PDC)刀具。由于聚晶金刚石无方向性、硬度很高、耐磨性好,刃口又可刃磨得很锋利,故可用于高速精加工有色金属及合金、非金属硬脆材料。但存在一定脆性,故必须防止切削过程中的冲击和振动。

金刚石是碳的同素异构体,在空气中600~700 ℃时极易氧化、碳化,与铁发生化学反应,使金刚石丧失切削性能,故不宜用来在空气中加工钢铁材料,只宜于高速精加工有色金属及合金、非金属材料等。近年还研制了金刚石薄膜(10~25 μm)、涂层和厚膜(0.5 mm)作刀具,取得了很好效果。金刚石的小颗粒还可用来作超硬磨料,制造磨具。

4.3 金属切削过程

4.3.1 切削层的变形过程

金属切削过程是切削层金属在刀具的推挤作用下发生变形,形成切屑,并得到已加工表面的过程。在这个过程中,将发生诸多物理化学现象。研究并掌握金属切削规律,有助于合理选择加工条件及参数,以提高加工质量和生产率、降低生产成本。

1. 变形区的划分

图 4-11 给出了切削过程中的滑移线和流线示意图,流线是被切金属在切削过程中流动的轨迹。切削层金属受刀具前刀面的推挤作用产生剪切滑移变形,在刀尖处与工件基体分离,继续沿前刀面流出形成切屑。切削层金属的变形大致可划分为三个区域:

(1)第一变形区。切削层金属向右运动进入 OA 线开始发生塑性变形,到 OM 线金属晶粒的剪切滑移基本完成。从 OA 线到 OM 线的区域(图 4-11 中Ⅰ区)称为第一变形区。

在此区中,变形的主要特征就是沿滑移线的剪切变形,如图 4-12 所示,OA、$OB \sim OM$ 等都是剪切等应力曲线。P 点金属在切削过程中以切削速度 v_c 向刀具作相对运动,到达点 1 时,其剪切应力 τ 达到材料的屈服强度 τ_s;P 点在从点 1 继续向前运动到点 2′的同时沿滑移线 OA 滑移,从点 1 运动到点 2,点 2′至点 2 就是滑移量。P 点运动到超过滑移线 OM 上点 4 位置后,其流动方向与前刀面平行,不再沿滑移线滑移,从而 OA 称为始滑移线,OM 称为终滑移线。

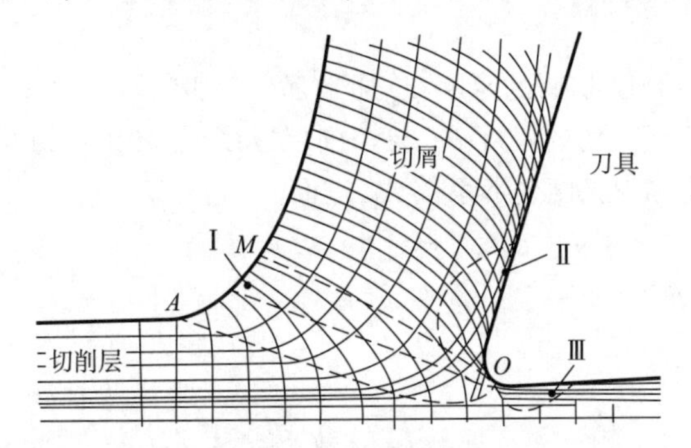

图 4-11　切削过程中的滑移线和流线示意图

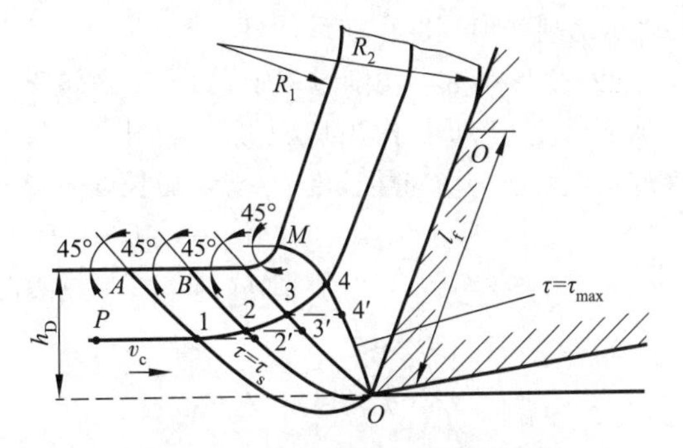

图 4-12　第Ⅰ变形区金属的滑移

当金属沿滑移线作剪切变形时,晶粒会伸长,如图 4-13 所示。晶粒伸长的方向与滑移方向(即剪切面方向)不重合,而成一夹角 ψ。据研究,在一般切削速度范围内,第一变形区的宽度仅为 0.02~0.2 mm,所以可将其简化成一个平面称为剪切面。剪切面与切削速度方向的夹角称为剪切角,以 ϕ 表示。

图 4-14 模拟了塑性金属切削过程,切削层金属好比一叠卡片 1′,2′,3′,4′,…,当刀具进行切削时,卡片之间发生滑移,1′,2′,3′,4′,…的金属分别被滑移到图中 1,2,3,4,…的位置。卡片之间滑移的方向就是剪切面的方向。

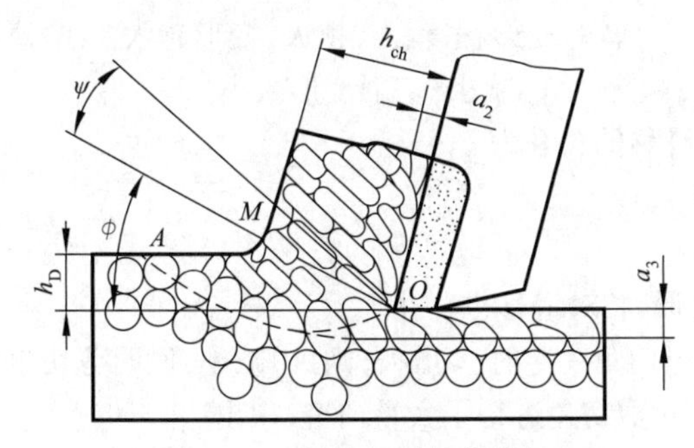

图 4-13　滑移与晶粒的伸长

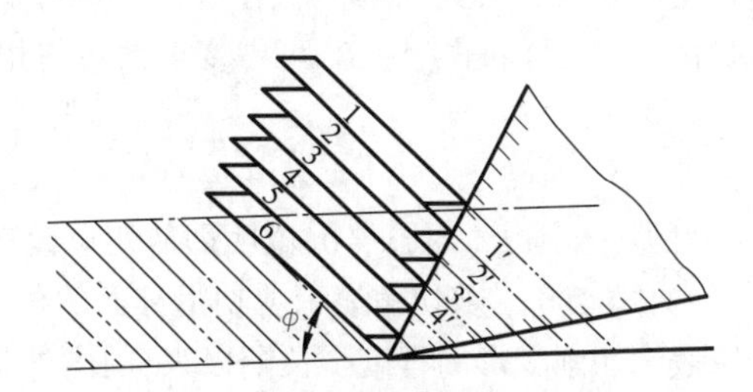

图 4-14　切屑形成过程示意图

(2)第二变形区。切削层金属与工件基体分离后将沿前刀面流出,切屑底层金属(与前刀面接触层)进一步受到前刀面的挤压和摩擦,发生第二次变形,纤维化方向与前刀面平行。这一区域(图 4-11 中Ⅱ区)称为第二变形区。

（3）第三变形区。已加工表面受到切削刃钝圆部分和后刀面的挤压和摩擦，造成表层金属纤维化与加工硬化。这一区域（图 4-11 中Ⅲ区）称为第三变形区。

2. 切削变形程度的表示方法

金属切削过程主要是切削层金属的变形过程，研究金属切削规律，必然要分析切削变形的表示方法。切削变形程度可用以下 3 种表示方法。

（1）相对滑移。切削层金属的变形主要是剪切滑移变形，则可以用相对滑移 ε 衡量切削过程的变形程度。如图 4-15 所示，切削层金属用平行四边形 $OHNM$ 表示，发生剪切滑移变形后，变为平行四边 $OGPM$，其相对滑移 ε 为

$$\varepsilon=\frac{\Delta s}{\Delta y}=\frac{NP}{MK}=\frac{NK+KP}{MK}=\cot\phi+\tan(\phi-\gamma_o) \tag{4-9}$$

用 ε 只能表示切削层在第一变形区的剪切滑移变形，而在第二变形区切屑还要进一步变形，故采用 ε 表示切削变形程度存在近似性。

（2）变形系数。切削过程中，切削层金属受到挤压，切屑的厚度 h_{ch} 通常都大于切削层厚度 h_D，而切屑长度 l_{ch} 却小于切削层长度 l_c，如图 4-16 所示。切屑厚度 h_{ch} 与切削层厚度 h_D 之比称为厚度变形系数 Λ_h；切削层长度 l_{ch} 与切屑长度 l_c 之比称为长度变形系数 Λ_l，进而

$$\Lambda_h=\frac{h_{ch}}{h_D}=\frac{OM\sin(90°-\phi+\gamma_o)}{OM\sin\phi}=\frac{\cos(\phi-\gamma_o)}{\sin\phi} \tag{4-10}$$

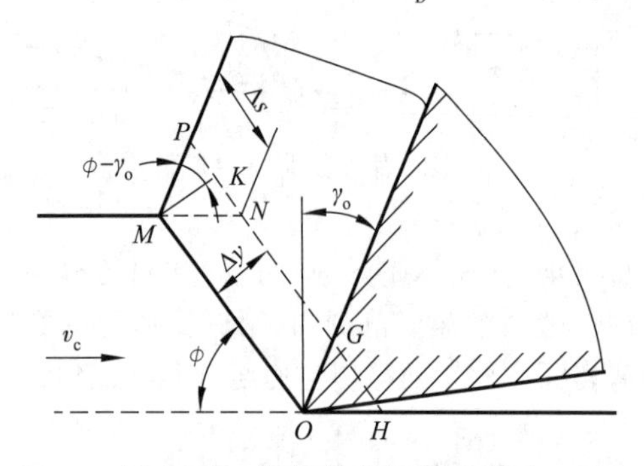

图 4-15　剪切滑移变形示意图

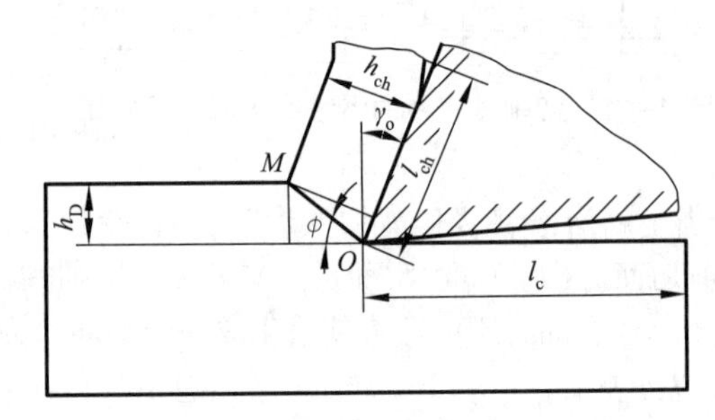

图 4-16　切削变形示意图

由图 4-16 也可得 $\Lambda_l=l_{ch}/l_c$。由于切削层变成切屑后，宽度变化很小，根据体积不变原理，可知 $\Lambda_h=\Lambda_l$。变形系数 Λ_h 的值大于 1，直观地反映了切屑的变形程度，Λ_h 越大，变形越大。Λ_h 值可通过实测求得。由式（4-9）知，Λ_h 与剪切角 ϕ 有关，ϕ 增大，Λ_h 减小，切削变形减小。

由式（4-9）和式（4-10）可得变形系数与相对滑移的关系为

$$\varepsilon=\frac{\Lambda_h^2-2\Lambda_h\sin\gamma_o+1}{\Lambda_h\cos\gamma_o} \tag{4-11}$$

可见，当 $\Lambda_h=1$ 时，$\varepsilon\neq0$，说明即使切屑没有变形，相对滑移也存在。

（3）剪切角。剪切角表示剪切滑移面的位置，当前角一定时，ϕ 增大，则 Λ_h 减小，说明剪切角也可以表示切削变形的程度。长期以来，国内外学者对剪切角进行了大量研究，得出

$$\phi\approx C-\beta+\gamma_o \tag{4-12}$$

式中，C 为与材料有关的系数；β 为前刀面上的摩擦角（合力与法向力的夹角）。

式（4-12）符合材料力学中的剪切面与主应力方向成 45°的理论，可在一定范围内计算 ϕ 值

$$\phi=\frac{\pi}{4}-\beta+\gamma_o \tag{4-13}$$

由式(4-13)分析可知:

①前角 γ_o 增大时,剪切角 ϕ 随之增大,变形系数 Λ_h 减小。这说明在保证刀具刃口强度的前提下,增大刀具前角可减少切削变形,对改善切削过程有利。

②摩擦角 β 减小时,剪切角 ϕ 增大,变形系数 Λ_h 减小。这说明提高刀具刃磨质量或采用润滑性能好的切削液,可以减小前刀面和切屑之间的摩擦系数,有利于改善切削过程。

4.3.2 切屑的受力分析及前刀面上的摩擦

1. 切屑的受力分析

如图 4-17 所示,在直角自由切削的状态下,切屑受到的作用力为:前刀面上的法向力 F_n 和摩擦力 F_m;剪切面上的正压力 F_{ns} 和剪切力 F_s。这两对力的合力互相平衡,如都画在切削刃的前方,就可得到图 4-18 所示的力与角度的关系,F 是 F_n 和 F_m 的合力,又称切屑形成力;ϕ 是剪切角;β 是 F_n 和 F 的夹角,即摩擦角;γ_o 是前角;F_c 是切削运动方向的切削分力;F_p 是垂直于切削运动方向的切削分力。

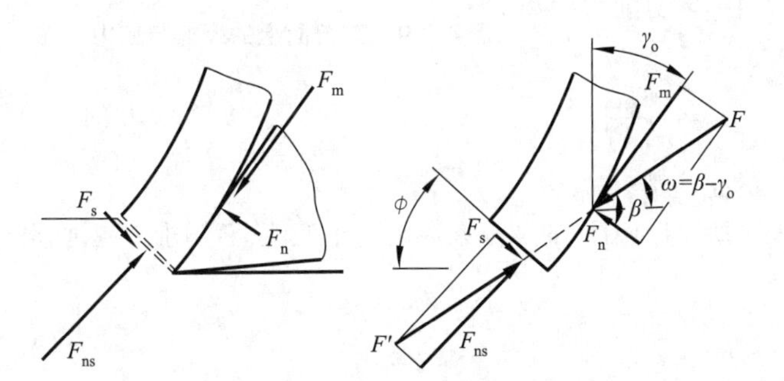

图 4-17　作用在切屑上的力

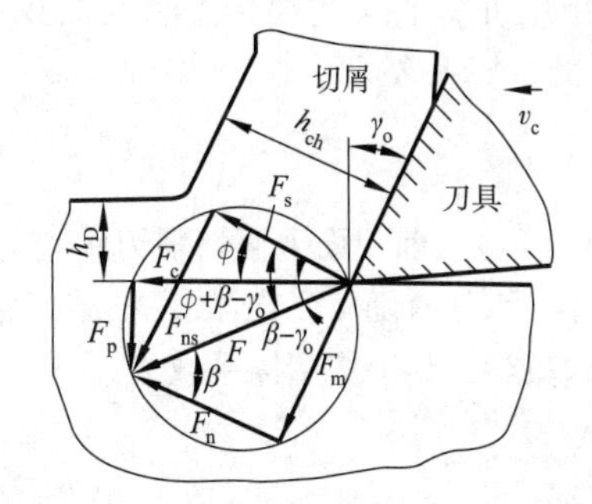

图 4-18　直角自由切削时力与角度的关系

令 b_D 表示切削宽度,A_D 表示切削面积($A_D=h_Db_D$),A_s 表示剪切面的面积($A_s=A_D/\sin\phi$),τ 表示剪切面上的切应力,根据图 4-18 可得

$$F_s=\tau A_s=\frac{\tau A_D}{\sin\phi}=F\cos(\phi+\beta-\gamma_o) \tag{4-14}$$

由上式进一步可得

$$F_c=F\cos(\beta-\gamma_o)=\frac{\tau A_D\cos(\beta-\gamma_o)}{\sin\phi\cos(\phi+\beta-\gamma_o)} \tag{4-15}$$

$$F_p=F\sin(\beta-\gamma_o)=\frac{\tau A_D\sin(\beta-\gamma_o)}{\sin\phi\cos(\phi+\beta-\gamma_o)} \tag{4-16}$$

上两式可表示 β 对切削分力 F_c 和 F_p 的影响。反之,如用测力仪直接测得作用在刀具上的切削分力 F_c 和 F_p,且忽略刀具后刀面的受力,可由式(4-15)与式(4-16)推导得前刀面对切屑作用的摩擦角 β

$$\tan(\beta-\gamma_o)=\frac{F_p}{F_c} \tag{4-17}$$

进而可近似求得前刀面与切屑间的摩擦系数 μ,即

$$\mu=\tan\beta$$

2. 前刀面上的摩擦

切削塑性金属时,刀屑接触的前刀面上的正应力很大,可达 2~3 GPa,温度也很高,可达几百摄

氏度，甚至上千摄氏度。切屑底层是刚刚生成的新鲜表面，刀具前刀面在切屑的作用下也是无保护膜的新表面，二者在高温高压条件下极易发生黏结，类似于加热加压的压力焊工艺，故此刀屑的这种黏结有时又称“冷焊黏结”。发生黏结时，切屑底部很薄的一层金属由于黏结作用而流动缓慢，但上层金属仍以较高速度沿前刀面流动，从而在切屑底部将出现黏结层与上层金属之间的内摩擦。图 4-19 给出了前刀面上的摩擦与应力分布。

切屑与前刀面接触区 OB 可分为两部分：靠近切削刃的 OA 区，即黏结区或内摩擦区；靠近刀屑分离处的 AB 区，即滑动区或外摩擦区。在整个刀屑接触区上，正应力 σ_γ 值从刃口 O 点最大呈曲线下降至刀屑分离 B 点为零。剪切应力 τ_γ 值在黏结区为定值，等于被切材料的屈服极限 τ_s，进入滑动区呈曲线下降至刀屑分离 B 点为零。

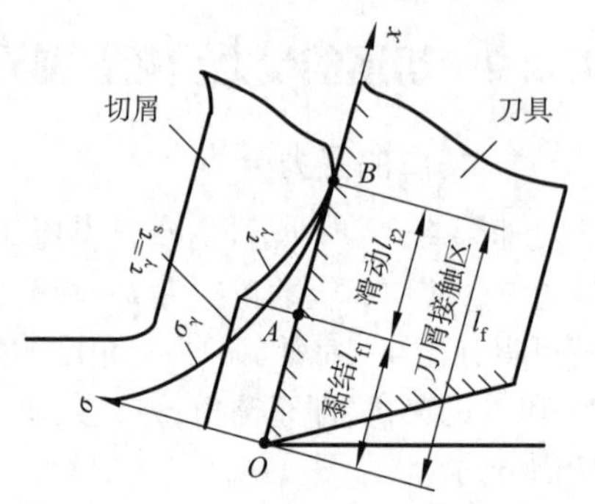

图 4-19　前刀面上的摩擦与应力分布

由于在一般切削条件下，黏结接触区的内摩擦力占前刀面上总摩擦力的 85%，故在研究前刀面上的摩擦时，应以黏结接触区的摩擦为主要依据。在图 4-19 中，至切削刃距离为 x 的摩擦系数为

$$\mu = \frac{\tau_s}{\sigma(x)} \tag{4-18}$$

式中，$\sigma(x)$ 为前刀面上至切削刃距离为 x 的正应力。

由于 $\sigma(x)$ 随 x 变化，故在黏结接触区切屑与前刀面的摩擦系数是一个变值，离切削刃越远，摩擦系数越大，其平均摩擦系数为

$$\mu_{平均} = \frac{\tau_s}{\sigma_{av}} \tag{4-19}$$

工件材料、切削厚度、切削速度及刀具前角都影响前刀面的摩擦系数。工件材料的强度和硬度越大，摩擦系数略有减小；切削厚度增大时，正应力增大，摩擦系数也略有减小；随着切削速度升高，摩擦系数增大，当切削速度升至某一数值后，再升高，摩擦系数反而减小；在一般切削速度范围内，刀具前角越大，摩擦系数越小。

4.3.3　积屑瘤的形成、影响及控制

1. 积屑瘤的形成

加工一般钢料或铝合金等塑性材料时，在切削速度不高而又能形成带状切屑的情况下，常在前刀面切削处黏结一块断面呈三角状的硬块，称为积屑瘤，如图 4-20 所示。积屑瘤的硬度很高，通常是工件材料硬度的 2~3 倍，处于稳定状态时可代替切削刃进行切削。

切削时，连续流动的切屑与前刀面接触发生强烈摩擦，当接触面的温度和压力合适时，切屑底层金属会黏结（冷焊）在前刀面上，随后切屑将从黏结着金属层的前刀面流过，切屑底层金属又会被阻滞在已经“冷焊”在前刀面上的金属层上，黏结成一体，从而黏结层逐步长大，形成积屑瘤。积屑瘤高度达到最大后，顶部不稳定，容易破裂脱落。积屑瘤的产生及其成长与工件材料的性质、切削区的温度分布和压力分布有关。塑性材料的加工硬化倾向越强，越容易产生积屑瘤；切削区的温度和压力很低时，不会产生积屑瘤；温度太高时，由于材

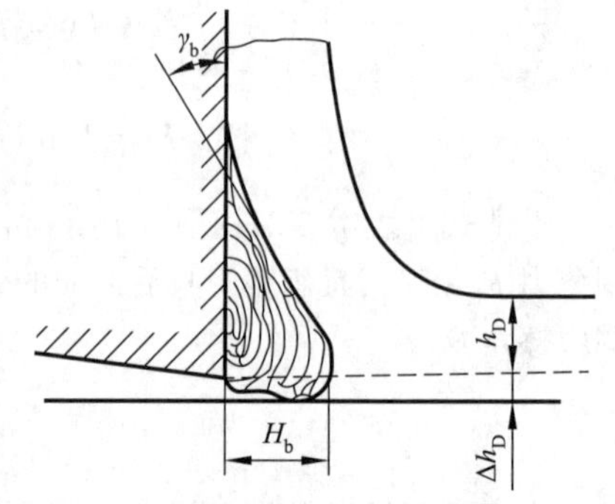

图 4-20　积屑瘤前角 γ_b 和伸出量 Δh_D

料变软，也不易产生积屑瘤。对碳钢来说，切削区温度处于 300~350 ℃时积屑瘤的高度最大，超过 500 ℃时积屑瘤趋于消失。

在背吃刀量 a_p 和进给量 f 一定时，积屑瘤高度 H_b 与切削速度 v_c 关系密切，因为切削过程中产生的热是随切削速度的提高而增加的。在图 4-21 中，Ⅰ区的切削速度很低，不产生积屑瘤；Ⅱ区积屑瘤高度随 v_c 的增大而增高；Ⅲ区积屑瘤高度随 v_c 的增大而减小；Ⅳ区的切削速度较高，也不产生积屑瘤。

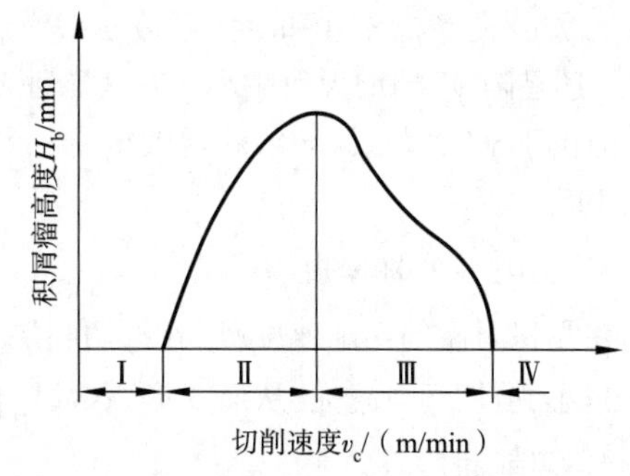

图 4-21　积屑瘤高度 H_b 与切削速度 v_c 的关系

2. 积屑瘤对切削过程的影响

（1）工作前角变大。积屑瘤使刀具工作前角增大，即 $\gamma_b>\gamma_o$，可达 30°，从而切削变形减小，切削力减小。积屑瘤越高，工作前角越大。

（2）切削厚度增加。积屑瘤前端伸出了切削刃，使切削厚度增大，其增量为 Δh_D，将随着积屑瘤的成长逐渐增大。

（3）切削过程不稳定。积屑瘤是逐层黏结而成，底部接触面积较大，受力较均匀，相对稳定。但积屑瘤顶部接触面积较小，受力不均匀，黏结不稳定，易出现周期性地生长或脱落，使工作前角、切削厚度和切削力都随之发生变化，从而导致切削过程不稳定。

（4）加工表面质量下降。积屑瘤伸出切削刃之外的部分高低不平，形状也不规则，会使加工表面粗糙度增大；破裂脱落的积屑瘤也有可能嵌入加工表面，使加工表面质量下降。

（5）影响刀具寿命。积屑瘤稳定时，可代替切削刃切削，有减小刀具磨损、提高刀具寿命的作用。但如果积屑瘤不稳定，从前刀面上频繁生长或脱落，可能会把前刀面上刀具材料颗粒黏结带走，反而使刀具寿命下降，这种现象易发生在硬质合金刀具上。

3. 抑制积屑瘤的措施

积屑瘤对切削过程的影响虽有积极的一面，但更多的是消极的一面，即弊大于利。精加工时必须防止产生积屑瘤，可采取的控制措施有：

（1）正确选用切削速度，使切削速度避开产生积屑瘤的区域；适当减小进给量（或切削厚度），从而减小前刀面上的正压力。

（2）使用润滑性能好的切削液，目的在于减小切屑底层材料与刀具前刀面间的摩擦。

（3）增大刀具前角 γ_o，减小刀具前刀面与切屑之间的压力，增强切屑的流动性。

（4）通过热处理，适当减小工件材料的塑性，从而减小加工硬化倾向。

4.3.4　影响切削变形的主要因素

研究分析切削过程变形规律可知，影响切削变形的主要因素有工件材料、刀具几何参数、切削厚度、切削速度，影响规律可由前面提到的以下四个关系式进行解释。

$$\mu = \frac{\tau_s}{\sigma_{av}} \qquad \beta = \arctan\mu \qquad \phi = \frac{\pi}{4} - \beta + \gamma_o \qquad \Lambda_h = \cot\phi\cos\gamma_o + \sin\phi$$

1. 工件材料

工件材料强度、硬度越高，前刀面上的正应力 σ_{av} 越大，摩擦系数 μ 越小，摩擦角 β 越小，剪切角 ϕ 越大，从而切削变形 Λ_h 越小。

2. 刀具几何参数

刀具前角 γ_o 越大，剪切角 ϕ 越大，变形系数 Λ_h 越小；但 γ_o 增大时，切屑作用在前刀面上的正应

力 σ_{av} 减小,使摩擦角 β 和摩擦系数 μ 增大,导致 ϕ 减小,又使变形系数 Λ_h 越小。由于后者影响较小,Λ_h 还是随 γ_o 的增大而减小。有实验证明,当 γ_o 从 0°增大到 20°时,由剪切角公式可知 ϕ 增大 20°;但由于 γ_o 增大,μ 从 0.66 增大至 0.8,相当于 β 从 33°增大到 39°,使 ϕ 减小了 6°,综合结果是 ϕ 增大 14°。

3. 切削层公称厚度

在无积屑瘤的切削速度范围内,切削层公称厚度 h_D 越大,前刀面上的正应力 σ_{av} 越大,摩擦系数 μ 越小,剪切角 ϕ 越大,从而变形系数 Λ_h 越小。

4. 切削速度

在无积屑瘤的切削速度范围内,切削速度 v_c 越大,变形系数 Λ_h 越小。主要原因是:①塑性变形的传播速度较弹性变形慢,切削速度越高,切削变形越不充分,导致变形系数 Λ_h 减小;②提高切削速度使切削温度增高,切屑底层材料的剪切屈服强度 τ_s,因温度增高而略有下降,导致前刀面摩擦系数 μ 减小,使变形系数 Λ_h 减小。

4.3.5 切屑的类型及其控制

1. 切屑的类型

由于工件材料不同,切削条件各异,切削过程中生成的切屑形状是多种多样的。切屑的形状有带状、节状、粒状和崩碎四种类型,如图 4-22 所示。

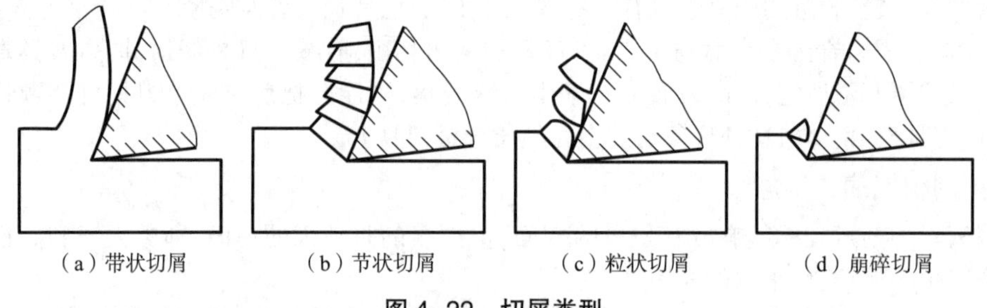

(a)带状切屑　(b)节状切屑　(c)粒状切屑　(d)崩碎切屑

图 4-22　切屑类型

(1)带状切屑。这是最常见的一种切屑,其内表面是光滑的,外表面呈毛茸状。加工塑性金属时,在切削厚度较小、切削速度较高、刀具前角较大的条件下常形成此类切屑。

(2)节状切屑。又称挤裂切屑,其外表面呈锯齿形,内表面有时有裂纹。加工塑性金属时,在切削速度较低、切削厚度较大、刀具前角较小时常形成此类切屑。

(3)粒状切屑。又称单元切屑,在切屑形成过程中,如剪切面上的切应力超过了材料的断裂强度,则切屑单元便从被切材料上脱落,形成粒状切屑。

(4)崩碎切屑。切削脆性金属时,由于材料塑性很小、抗拉强度较低,刀具切削时,切削层金属在刀具前刀面的作用下,未经明显的塑性变形就在拉应力作用下脆断,形成形状不规则的崩碎切屑。加工脆性材料,切削厚度越大越易得到这类切屑。

前三种切屑是加工塑性金属时常见的三种切屑类型。形成带状切屑时,切削过程最平稳,切削力波动小,加工表面粗糙度较小;形成粒状切屑时,切削过程中的切削力波动最大。前三种切屑类型可以随切削条件变化而相互转化,例如,在形成节状切屑工况条件下,如进一步减小前角,或加大切削厚度,就有可能得到粒状切屑;反之,加大前角,减小切削厚度,就可得到带状切屑。

2. 切屑类型的控制

在生产实践中,会看到不同的排屑情况,有的切屑打成螺卷状,达到一定长度时自行折断;有的切屑折断成 C 形、6 字形；有的呈发条状卷屑；有的碎成针状或小片，四处飞溅，影响安全；有的带状切屑缠绕在刀具和工件上，易造成事故。不良的排屑状态会影响生产的正常进行，因此控制切屑类型和流向具有重要意义，这在自动化生产线上加工时尤为重要。切屑经第Ⅰ、第Ⅱ变形区的剧烈变形后，硬度增加，塑性下降，性能变脆。在切屑排出过程中，当碰到刀具后刀面、工件上过渡表面或待加工表面等障碍时，如某一部位的应变超过了切屑材料的断裂极限值，切屑就会折断。图 4-23 所示为切屑碰到工件或刀具后刀面折断的情况。

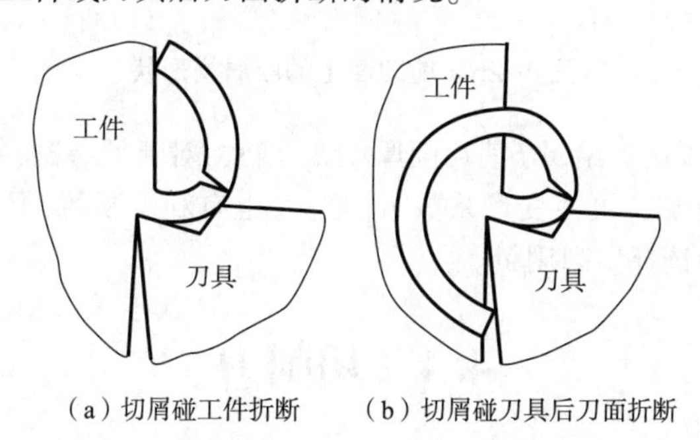

（a）切屑碰工件折断　（b）切屑碰刀具后刀面折断

图 4-23　切屑碰到工件或刀具后刀面折断的情况

研究表明，工件材料脆性越大、切屑厚度越大、切屑卷曲半径越小，切屑就越容易折断。通常可采取以下措施对切屑实施控制。

（1）采用断屑槽。通过设置断屑槽对流动中的切屑施加一定的约束力，可使切屑应变增大，切屑卷曲半径减小。断屑槽的尺寸参数应与切削用量的大小相适应，否则会影响断屑效果。常用的断屑槽截面形状有折线形、直线圆弧形和全圆弧形，如图 4-24 所示。前角较大时，采用全圆弧形断屑槽刀具的强度较好。断屑槽位于前刀面上的形式有平行、外斜、内斜三种，如图 4-25 所示。外斜式常形成 C 形屑和 6 字形屑，能在较宽的切削用量范围内实现断屑；内斜式常形成长紧螺卷形屑，只能在较窄的切削用量范围内实现断屑；平行式断屑槽的断屑范围介于上述两者之间。

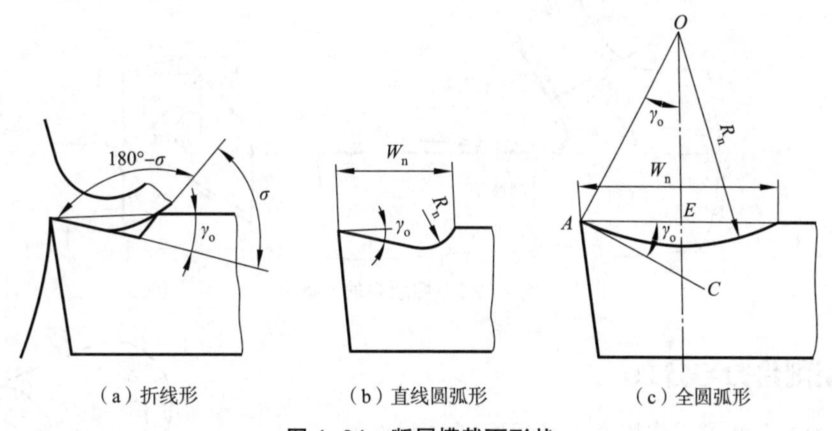

（a）折线形　（b）直线圆弧形　（c）全圆弧形

图 4-24　断屑槽截面形状

（2）改变刀具角度。增大刀具主偏角 κ_r，切削厚度 h_D 增大，有利于断屑。减小刀具前角 γ_o，可使切屑变形加大，切屑易于折断。刃倾角 λ_s 可以控制切屑的流向，λ_s 为正值时，切屑卷曲后流向主后刀面，折断成 C 形屑或自然流出形成螺卷屑；λ_s 为负值时，切屑卷曲后流向已加工表面，折断成 C 形屑或 6 字形屑。

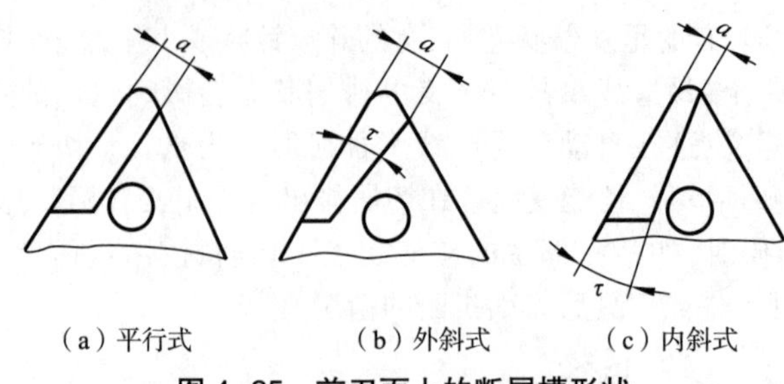

图 4-25 前刀面上的断屑槽形状

(3)调整切削用量。提高进给量 f 使切削厚度 h_D 增大,对断屑有利,但增大 f 会增大加工表面粗糙度。适当降低切削速度 v_c 可使变形系数 Λ_h 增大,也有利于断屑,但这会降低材料切除效率。因此须根据实际条件适当选择切削用量。

4.4 切削力

在切削加工中,切削力是一个非常重要的参数,对研究切削机理,计算切削功率,设计刀具、夹具、机床,制订合理切削用量,优化刀具几何参数等都具有重要意义,还与切削热、刀具磨损等物理现象有关。

4.4.1 切削力的来源

金属切削时,刀具切入工件,使被加工材料发生变形成为切屑所需的力,称为切削力。由前述的切削过程,如图 4-26 所示,不难理解切削力的来源,主要是:①切削层金属对弹性变形、塑性变形的抗力;②工件表面金属对弹性变形、塑性变形的抗力;③刀具前刀面与切屑间的摩擦阻力;④刀具后刀面与工件表面间的摩擦阻力。

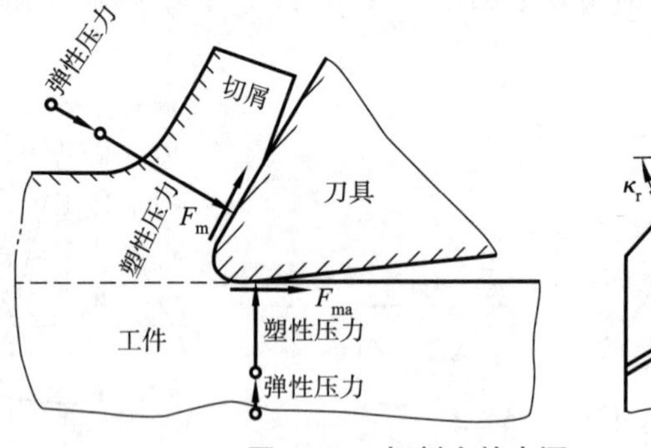

图 4-26 切削力的来源

4.4.2 切削合力与分力

上述各力的总和形成作用在刀具切削部位上的合力 F,即切削合力。可将切削合力 F 分解为 F_c、F_p 和 F_f 三个互相垂直的切削分力,如图 4-27 所示。

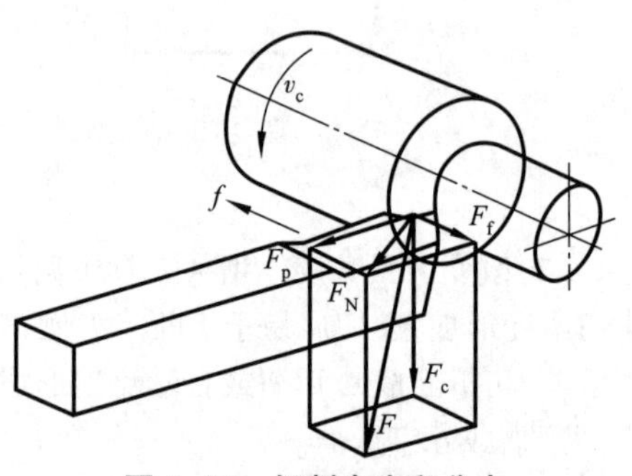

图 4-27 切削合力和分力

F_c 垂直于基面,称为主切削力,又称切向力、切削力。F_c 是计算切削功率和设计机床的主要参数。

F_p 平行于基面,且垂直进给方向,称为背向力,又称径向力、切深抗力、吃刀力。F_p 用来确定与工件加工精度有关的工件挠度,计算机床零件和刀具的强度。F_p 是导致工件在切削中产生振动的力。

F_f 平行于基面,且与进给方向平行,称为进给力,又称轴向力、走刀力。F_f 是计算进给功率和设计进给机构的重要参数。

由图 4-27 可知

$$F=\sqrt{F_c^2+F_N^2}=\sqrt{F_c^2+F_p^2+F_f^2} \tag{4-20}$$

$$F_p=F_N\cos\kappa_r \qquad F_f=F_N\sin\kappa_r$$

由式(4-20)可知,在理论上,当 $\kappa_r=0°$ 时,$F_p=F_N$,$F_f=0$;当 $\kappa_r=90°$ 时,$F_p=0$,$F_f=F_N$。车削加工细长轴时,应选用较大的主偏角 κ_r,甚至 90°偏刀($\kappa_r=90°$),以减小 F_p,从而减小工件变形和振动。

在三个切削分力中,F_c 值最大。在一定实验条件下,F_p 为$(0.15\sim0.7)F_c$,F_f 为$(0.1\sim0.6)F_c$。但随着刀具材料、刀具几何参数、切削用量、工件材料和刀具磨损等因素的不同,F_c、F_p 和 F_f 之间的比例可在较大范围内变化。

4.4.3 切削功率

切削过程中所消耗的功率称为切削功率,用 P_c(kW)表示。由于在 F_p 方向的位移极小,可以近似认为 F_p 不做功,不消耗功率。从而切削功率为

$$P_c=\left(F_cv_c+\frac{F_fnf}{1\ 000}\right)\times10^3(\text{kW}) \tag{4-21}$$

上式中括号内第二项是 F_f 消耗的功率,与第一项相比很小(一般小于 1%~2%),可以忽略不计,从而可认为

$$P_c=F_cv_c\times10^3(\text{kW}) \tag{4-22}$$

根据切削功率选择机床电动机功率 P_E 时,还要考虑机床的传动效率。机床电动机的功率 P_E 为

$$P_E\geqslant\frac{P_c}{\eta_m} \tag{4-23}$$

式中,η_m 为机床传动效率,一般取为 0.75~0.85,大值适用于新机床,小值适用于旧机床。

4.4.4 单位切削力

单位切削面积上的切削力 k_c(N/mm²)称为单位切削力,即

$$k_c=\frac{F_c}{A_D}=\frac{F_c}{h_Db_D}=\frac{F_c}{a_pf} \tag{4-24}$$

若已知单位切削力 k_c,即可通过上式计算切削力 F_c。

4.4.5 切削力的测量与经验公式的建立

1. 切削力的测量

切削力的测量可通过测量机床电动机在切削过程中的功率,再通过计算得出切削力的大小,但测量精度较低。目前常用测量方法是采用测力仪直接测量切削力。测力仪是测量切削力的专用仪器,测力仪有电阻式测力仪和压电式测力仪。图 4-28 所示为切削力测量系统。

切削刀具安装在测力仪上,切削过程中作用在刀具上的切削力,通过测力仪输出的模拟信号

经采集卡转换成数字信号后输入计算机,计算机对测试数据进行处理后即可得到切削力。在自动化生产中,可以用测得的切削力信号实时监控和优化切削过程。

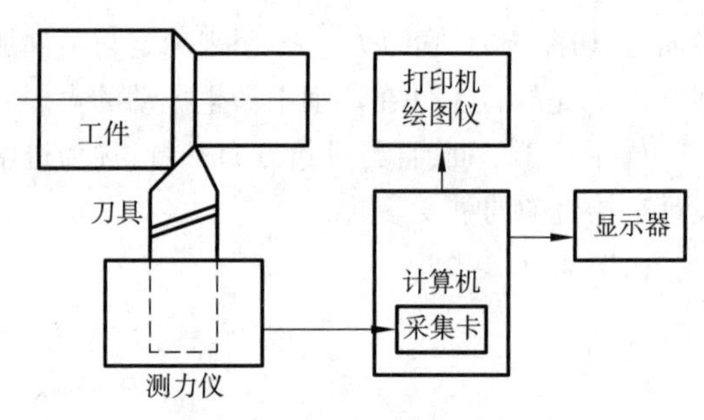

图 4-28 切削力测量系统

2. 切削力经验公式的建立

通过实际测量不同切削条件下的切削力,经数据处理,可求得以下切削力经验计算公式

$$\left.\begin{aligned} F_c &= C_{F_c} a_p^{x_{F_c}} f^{y_{F_c}} v_c^{n_{F_c}} K_{F_c} \\ F_p &= C_{F_p} a_p^{x_{F_p}} f^{y_{F_p}} v_c^{n_{F_p}} K_{F_p} \\ F_f &= C_{F_f} a_p^{x_{F_f}} f^{y_{F_f}} v_c^{n_{F_f}} K_{F_f} \end{aligned}\right\} \tag{4-25}$$

式中,C_{F_c}、C_{F_p}、C_{F_f} 为取决于被加工材料和切削条件的切削力系数;x_{F_c}、x_{F_p}、x_{F_f},y_{F_c}、y_{F_p}、y_{F_f},n_{F_c}、n_{F_p}、n_{F_f} 为三个分力公式中,背吃刀量 a_p、进给量 f 和切削速度 v_c 的指数;K_{F_c}、K_{F_p}、K_{F_f} 为实际加工条件与建立经验计算公式的试验条件不相符时,计算三个分力的修正系数。

试验条件(包括工件材料的强度和硬度、刀具几何参数等)对切削力影响的修正系数可查阅其他有关机械加工工艺手册。表 4-4 为车削力公式中的系数和指数。

表 4-4 车削力公式中的系数和指数

加工材料	刀具	加工形式	公式中的系数和指数											
			主切削力 F_c				背向力 F_p				进给力 F_f			
			C_{F_c}	x_{F_c}	y_{F_c}	n_{F_c}	C_{F_p}	x_{F_p}	y_{F_p}	n_{F_p}	C_{F_f}	x_{F_f}	y_{F_f}	n_{F_f}
结构钢及铸钢 650 MPa	硬质合金	外圆纵车、横车及镗孔	2 795	1.0	0.75	-0.15	1 940	0.9	0.6	-0.3	2 880	1.0	0.5	-0.04
		切槽及切断	3 600	0.72	0.8	0	1 390	0.73	0.67	0	—	—	—	—
	高速钢	外圆纵车、横车及镗孔	1 770	1.0	0.75	0	1 100	0.9	0.75	0	590	1.2	0.65	0
		切槽及切断	2 160	1.0	1.0	0	—	—	—	—	—	—	—	—
		成形车削	1 855	1.0	0.75	0	—	—	—	—	—	—	—	—
灰铸铁 190 HBS	硬质合金	外圆纵车、横车及镗孔	900	1.0	0.75	0	530	0.9	0.75	0	450	1.0	0.4	0
	高速钢	外圆纵车、横车及镗孔	1 120	1.0	0.75	0	1 165	0.9	0.75	0	500	1.2	0.65	0
		切槽及切断	1 550	1.0	1.0	0	—	—	—	—	—	—	—	—

4.4.6 影响切削力的因素

1. 工件材料的影响

工件材料的强度、硬度越高,切削力越大。切削脆性材料时,被切材料的塑性变形及其与前刀面的摩擦都比较小,故其切削力相对较小。

2. 切削用量的影响

(1)背吃刀量 a_p 和进给量 f 的影响。a_p 和 f 增大,都会使切削面积 $A_D(A_D=a_pf)$ 增大,进而使切削力增大,但两者的影响程度不同。a_p 增大时,切削宽度 b_D 随之正比增大,变形系数 Λ_h 不变,故此切削力随 a_p 成正比增大;f 增大时,Λ_h 有所下降,故切削力不成正比增大。在车削力的经验计算公式中,a_p 的指数 x_{F_c} 近似等于 1,f 的指数 y_{F_c} 小于 1。在切削层面积相同的条件下,采用大的进给量 f 比采用大的背吃刀量 a_p 的切削力要小。

(2)切削速度 v_c 的影响。切削塑性金属和脆性金属时,v_c 对切削力的影响不同。

如图 4-29 所示,切削塑性材料时,在无积屑瘤产生的切削速度范围内(图 4-21 的Ⅰ、Ⅳ区),随着 v_c 的增大,切削温度升高,摩擦系数 μ 减小,使 Λ_h 减小,从而切削力缓慢减小。在产生积屑瘤的情况下,刀具的实际前角是随积屑瘤的成长与脱落变化的。在积屑瘤增长期(图 4-21 的Ⅱ区),v_c 增大,积屑瘤高度增大,实际前角增大,Λ_h 减小,切削力下降;在积屑瘤消退期(图 4-21 的Ⅲ区),v_c 增大,积屑瘤减小,实际前角变小,Λ_h 增大,切削力上升。在图 4-29 给定的切削条件下,产生积屑瘤的区域为 5 m/min<v_c<30 m/min,在这个区域内切削力随 v_c 变化呈凹谷形。

切削铸铁等脆性材料时,被切材料的塑性变形及其与前刀面的摩擦均比较小,从而 v_c 对切削力影响不大。

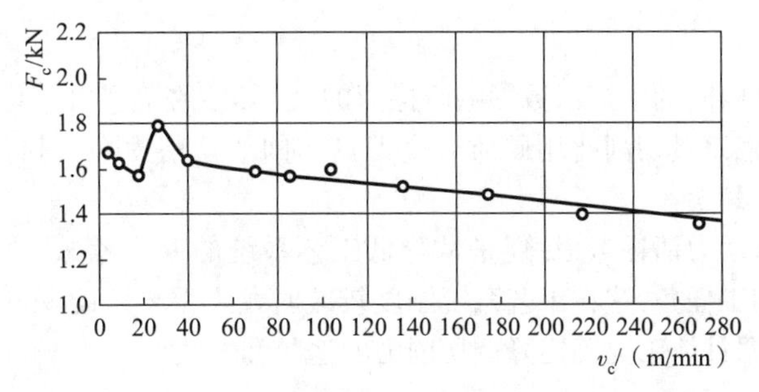

工件:45 钢(正火,187 HBW);刀具:P10(YT15)外圆车刀;刀具几何参数:$\gamma_o=18°$,$\alpha_o=6°\sim8°$,$\alpha_o'=4°\sim6°$,$\kappa_r=75°$,$\kappa_r'=10°\sim12°$,$\lambda_s=0°$,$b_{\gamma1}=0$,$r_\varepsilon=0.2$ mm;切削用量:$a_p=3$ mm,$f=0.25$ mm/r。

图 4-29　切削速度对切削力的影响

3. 刀具几何参数的影响

(1)前角 γ_o。一般情况下,γ_o 增大,Λ_h 减小,切削力减小。切削塑性金属时,γ_o 对切削力的影响较大;切削脆性材料时,由于切削变形很小,γ_o 对切削力的影响不大。但增大 γ_o,会降低刀尖强度。

(2)主偏角 κ_r。由图 4-27 可知,主偏角 κ_r 增大,背向力 F_p 减小,进给力 F_f 增大。

(3)刃倾角 λ_s。改变刃倾角将影响切屑在前刀面上的流动方向,从而使切削合力的方向发生变化。增大 λ_s,F_p 减小,F_f 增大。λ_s 在 $-45°\sim+10°$ 范围内变化时,F_c 基本不变。

(4)负倒棱 $b_{\gamma1}$。为了提高刀尖部位的强度,改善散热条件,常在主切削刃上磨出一个带有负前角 γ_{o1} 的棱台,其宽度为 $b_{\gamma1}$,如图 4-30 所示。

负倒棱对切削力的影响与负倒棱面在切屑形成过程中所起作用的大小有关。当负倒棱宽度 $b_{\gamma1}$ 小于切屑与前刀面接触长度 l_f 时,如图 4-30(b)所示,切屑除与倒棱接触外,主要还与前刀面接触,切削力虽有所增大,但增大的幅度不大。当 $b_{\gamma1}>l_f$ 时,如图 4-30(c)所示,相当于用负前角为 γ_{o1} 的车刀进行切削,与不设负倒棱相比,切削力将显著增大。

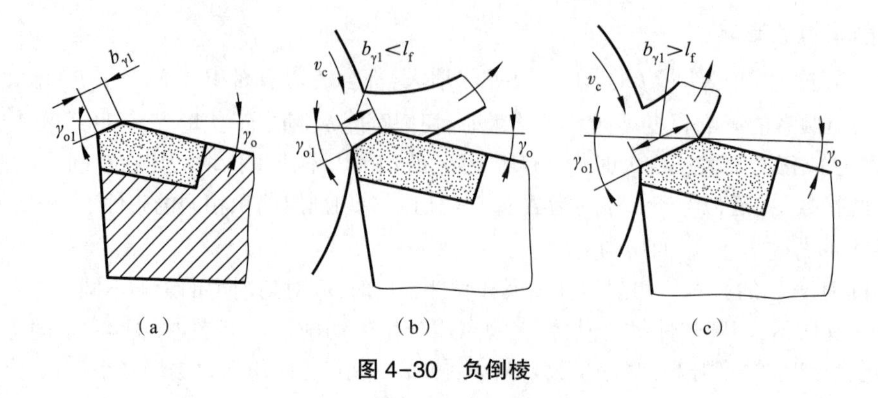

图 4-30　负倒棱

4. 刀具磨损

后刀面磨损增大时,后刀面上的法向力和摩擦力都增大,故切削力增大。

5. 切削液

使用以冷却作用为主的切削液(如水溶液)对切削力影响不大,使用润滑作用强的切削液(如切削油)可使切削力减小。

6. 刀具材料

刀具材料与工件材料间的摩擦系数影响摩擦力的大小,导致切削力变化。在其他切削条件完全相同的条件下,用陶瓷刀具切削比用硬质合金刀具切削的切削力小,用高速钢刀具进行切削的切削力大于硬质合金刀具。

无论是从降低机床动力消耗考虑,还是从降低工艺系统的变形考虑,通常希望能以较小的切削力完成预定的切削加工任务,这在工艺系统刚度较差时尤为重要。读者可以参照上述影响切削力诸多因素的分析,根据具体工况确定降低切削力的途径和方法。

4.5　切削热和切削温度

切削过程中产生的切削热使切削温度升高,对刀具磨损和刀具寿命具有重要影响,切削热还会使工件和刀具产生变形、残余应力,进而影响加工精度和表面质量。

4.5.1　切削热的产生与传导

切削热来源于两个方面:一是切削层金属发生弹性和塑性变形所消耗的能量转换为热能;二是切屑与前刀面、工件与后刀面之间产生的摩擦热。切削过程中的三个变形区就是三个发热区域,如图 4-31 所示。

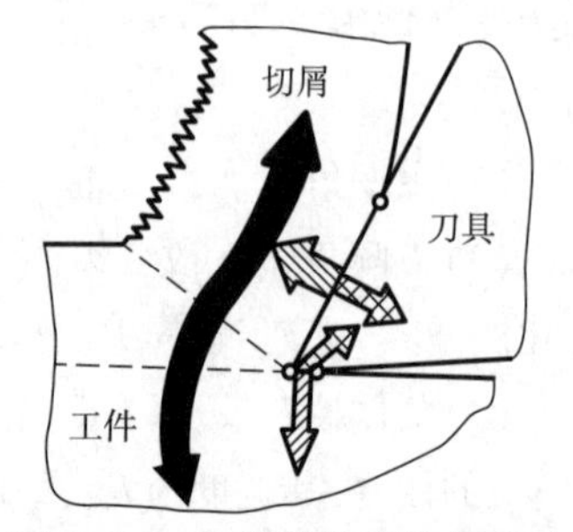

图 4-31　切削热的产生与传导

切削过程中所消耗能量的 98% ~99% 都将转化为切削热。如忽略进给运动所消耗的能量,则单位时间产生的切削热

$$Q_c = F_c v_c \tag{4-26}$$

式中,Q_c 为单位时间产生的切削热(J/s);F_c 为切削力(N);v_c 为切削速度(m/s)。

切削热由切屑、工件、刀具及周围的介质(空气,切削液)向外传导。影响散热的主要因素是:

(1)工件材料的导热系数。工件材料的导热系数高,由工件传导出去的热量增多,切削区温度就低。工件材料导热系数低，切削热传导慢，切削区温度就高，刀具磨损就快。

(2)刀具材料的导热系数。刀具材料的导热系数高，切削区的热量向刀具内部传导快，可以降低切削区的温度。

(3)周围介质。采用冷却性能好的切削液能有效地降低切削区的温度。

车削时，有50%~80%的切削热被切屑带走，切削速度越高，切削厚度越大，切屑带走的热量越多；有10%~40%的切削热传给工件；传给刀具的切削热为5%左右；周围介质传导1%左右。钻削时，由于切屑不易从孔中排出，故被切屑带走的热量相对较少，为30%左右；约有50%的切削热被工件吸收；刀具传导15%左右；周围介质传导5%左右。

4.5.2 切削温度及其测量

1. 切削温度

切削温度一般指前刀面与切屑接触区的平均温度，也可用切削区的点温度表示，特定条件下还可用刀具或工件上切削区附近的某点温度来表示。

2. 切削温度的测量

测量切削温度的方法很多，有热电偶法、辐射热计法、热敏电阻法等。目前常用的是热电偶法，其简单、可靠、使用方便。热电偶法测量切削温度分为自然热电偶和人工热电偶两种方法。

(1)自然热电偶法。图4-32所示为用自然热电偶法测量切削温度的示意图，利用工件材料和刀具材料化学成分不同组成热电偶的两极。切削区温度升高后，形成热电偶的热端；刀具尾端及工件引出端保持室温，形成热电偶的冷端。热端和冷端之间有热电势产生，热电势的大小与切削温度高低有关，因此可通过测量热电势来测量切削温度。测量前，须对该热电偶输出电压与温度之间的对应关系作出标定。根据标定曲线，即可由毫伏计的输出电压读数求得与之相对应的切削温度值。用自然热电偶法测得的温度是切削区的平均温度。

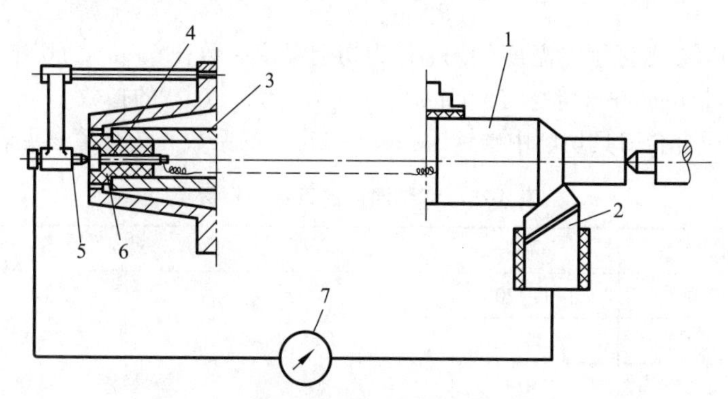

图4-32 用自然热电偶法测量切削温度的示意图

1—工件；2—车刀；3—主轴尾部；4—铜接线柱；5—铜顶尖；6—绝缘支架；7—毫伏计

(2)人工热电偶法。图4-33(a)、(b)所示为用人工热电偶法测量切削温度的示意图。用两种预先经过标定的金属丝组成热电偶，其热端焊接在测温点上，冷端接在毫伏表上。用这种方法测得的是某一点的温度。图4-33(c)所示为采用人工热电偶法测量并辅以传热学计算得到的刀具、切屑和工件的切削温度(单位为℃)分布图，可以看出：剪切面上各点温度几乎相同，说明剪切面上各点的应力应变分布基本相同。温度最高点不在切削刃上，而是在离切削刃有一定距离的区域。

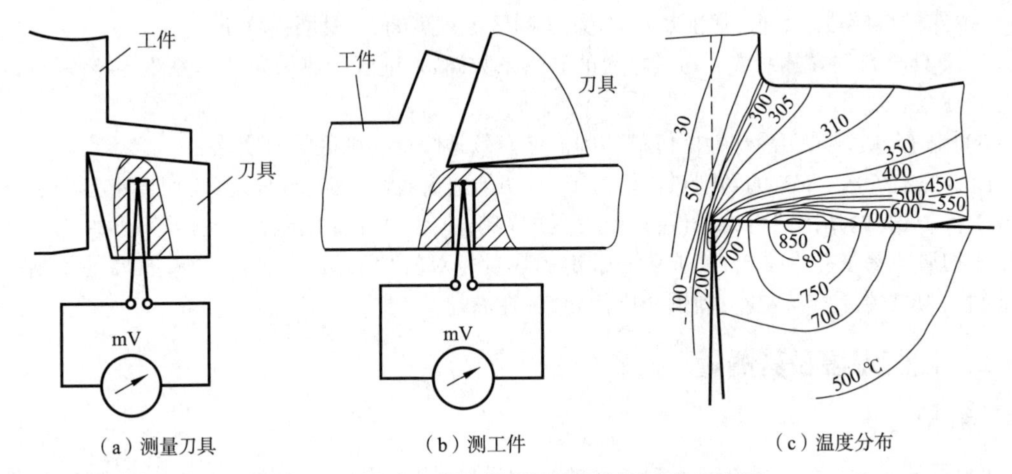

（a）测量刀具　（b）测工件　（c）温度分布

图 4-33　用人工热电偶法测量切削温度的示意图

4.5.3　影响切削温度的主要因素

1. 工件材料

工件材料的强度和硬度高，产生的切削热多，切削温度就高。工件材料的导热系数小时，切削热不易散出，切削温度相对较高。

切削灰铸铁等脆性材料时，切屑变形小，摩擦小，切削温度一般较切削钢时低。

2. 切削用量

用实验方法求得的刀具与切屑接触区平均切削温度的经验公式为

$$\theta = C_\theta v_c^{z_\theta} f^{y_\theta} a_p^{x_\theta} \tag{4-27}$$

式中，θ 为刀具与切屑接触区平均温度（℃）；C_θ 为切削温度系数；v_c、f、a_p 为切削用量三要素，切削速度（m/min）、进给量（mm/r）、背吃刀量（mm）；z_θ、y_θ、x_θ 为 v_c、f、a_p 的指数。

用高速钢或硬质合金刀具切削中碳钢时，式（4-27）中的系数和指数值参见表 4-5。

表 4-5　切削温度的系数和指数

刀具材料	加工方法	C_θ	z_θ	y_θ	x_θ
高速钢	车削	140~170	0.35~0.45	0.2~0.3	0.08~0.10
	铣削	80			
	钻削	150			
硬质合金	车削	320	0.41（f=0.1 mm/r） 0.31（f=0.2 mm/r） 0.26（f=0.3 mm/r）	0.15	0.05

分析式（4-27）及表 4-5 中的系数和指数值可知，v_c、f、a_p 对切削温度的影响程度不同。三者比较，v_c 对 θ 的影响最大，f 对 θ 的影响次之，a_p 对 θ 的影响最小。原因是：v_c 增大，前刀面的摩擦热来不及向切屑和刀具内部传导，所以 v_c 对切削温度影响最大；f 增大，切屑变厚，切屑的热容量增大，由切屑带走的热量增多，所以 f 对切削温度的影响不如 v_c；a_p 增大，切削面积随之增大，产生的切削热和散热面积也随之增大，故 a_p 对切削温度的影响很小。从尽量降低切削温度的角度考虑，在保持切削效率不变的条件下，选用较大的 a_p 和 f 比选用较大的 v_c 更有利。

3. 刀具几何参数

(1)前角 γ_o 对切削温度的影响。γ_o 增大,切削变形减小,切削力减小,切削温度下降。前角超过 18°~20°后,γ_o 对切削温度的影响减弱,这是因为刀具楔角 β_o 减小而使散热条件变差的缘故。

(2)主偏角 κ_r 对切削温度的影响。减小 κ_r,使切削宽度增大,切削厚度减小,散热条件变好,切削温度下降。

4. 刀具磨损

刀具磨损使切削刃变钝,切削时变形增大,摩擦加剧,切削温度上升。切削速度越高,刀具磨损对切削温度的影响越明显。

5. 切削液

使用切削液可以从切削区带走大量的热量,可以降低切削温度,提高刀具寿命。切削液对切削温度的影响,与切削液的导热性能、比热、流量、使用方式及本身温度等因素有关。

4.6　刀具磨损与刀具使用寿命

4.6.1　刀具磨损的形式

1. 前刀面磨损(月牙洼磨损)

切削塑性材料时,如果切削速度和切削厚度较大,切屑在前刀面上经常会磨出一个月牙洼,如图 4-34 所示,称作前刀面磨损。出现月牙洼的部位就是切削温度最高的部位。月牙洼和切削刃之间有一条小棱边,月牙洼随着刀具磨损不断变大,当月牙洼扩展到使棱边变得很窄时,切削刃强度降低,极易导致崩刃。月牙洼磨损量以其深度 KT 表示(见图 4-35)。

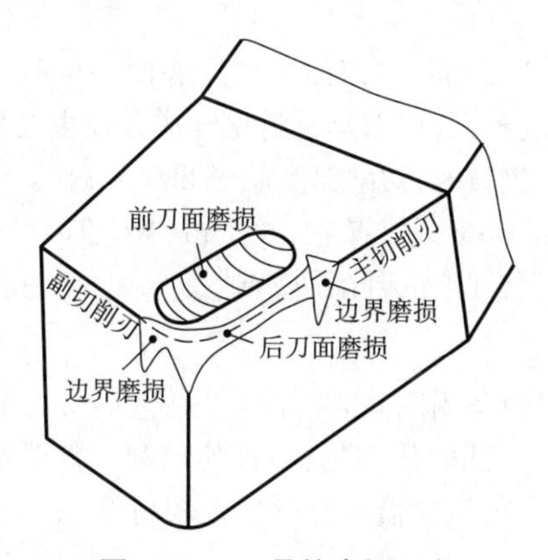

图 4-34　刀具的磨损形态

2. 后刀面磨损

由于后刀面和加工表面间的强烈摩擦,后刀面靠近切削刃部位会逐渐被磨成后角为零的小棱面,称作后刀面磨损。切削铸铁和以较小的切削厚度、较低的切削速度切削塑性材料时,后刀面磨损是主要形态。后刀面上的磨损棱带往往不均匀,刀尖附近(C 区)因强度较差,散热条件不好,磨损较大;中间区域(B 区)磨损较均匀,其平均磨损宽度以 VB 表示,如图 4-35 所示。

3. 边界磨损

切削钢料时,常在主切削刃靠近工件外皮处(图4-35中的N区)出现边界磨损。

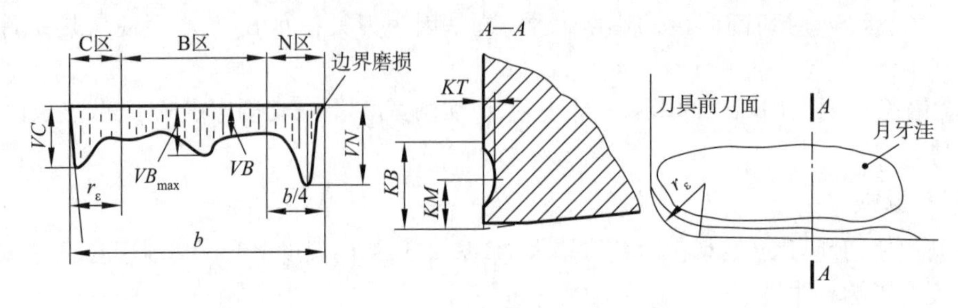

图4-35 刀具磨损的测量位置

4.6.2 刀具磨损的原因

1. 硬质点划痕

由工件材料中所含的碳化物、氮化物和氧化物等硬质点以及积屑瘤碎片等在刀具表面上划出一条条沟纹,造成机械磨损。硬质点划痕在各种切削速度下都存在,是低速切削刀具(如拉刀、板牙等)产生磨损的主要原因。

2. 冷焊黏结

切削时,切屑与前刀面之间由于高温高压的作用,切屑底层与前刀面形成冷焊黏结点,同时切屑沿前刀面流出的过程中,冷焊黏结点处的刀具表面微粒会被切屑粘走,造成黏结磨损。这种磨损机制在工件与刀具后刀面之间也同样存在。在中等偏低的切削速度条件下,冷焊黏结是刀具磨损的主要原因。

3. 扩散磨损

切削过程中,后刀面与已加工表面、前刀面与切屑底面相接触,在高温和高压作用下,刀具材料和工件材料中的化学元素相互扩散,使刀具材料化学成分发生变化,耐磨性能下降,造成扩散磨损。例如,用硬质合金刀具切削钢料时,切削温度超过800 ℃,硬质合金刀具中的Co、C、W等元素就会扩散到切屑和工件中去,由于Co元素减少,硬质相(WC、TiC)的黏结强度下降,导致刀具磨损加快。扩散磨损在高温下产生,且随温度升高而加剧。

4. 化学磨损

在一定温度作用下,刀具材料与周围介质(如空气中的氧,切削液中的极压添加剂硫、氯等)起化学反应,在刀具表面形成硬度较低的化合物,易被切屑和工件摩擦掉,造成刀具材料损失,由此产生的刀具磨损称为化学磨损。化学磨损主要发生在较高的切削速度条件下。

4.6.3 刀具磨损过程与磨钝标准

1. 刀具磨损过程

刀具磨损实验结果表明,刀具磨损过程可以分为图4-36所示的三个阶段:

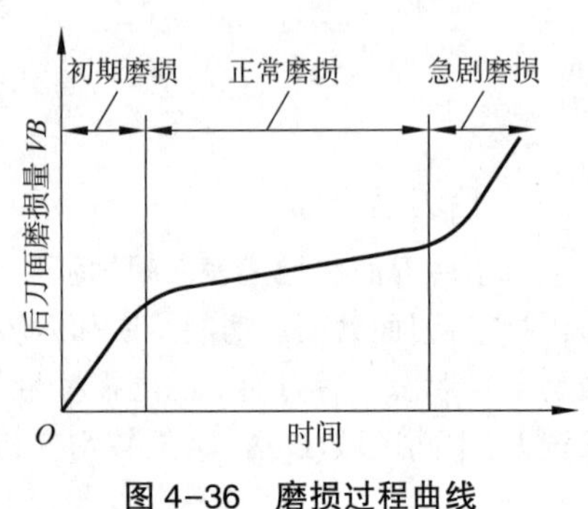

图4-36 磨损过程曲线

(1)初期磨损阶段。新刃磨的刀具刚投入使用,后刀面与工件的实际接触面积很小,再加上刚刃磨后的后刀面微观凸凹不平,单位接触面积上承受的正压力极大,刀具磨损速度极快,此阶段称为初期磨损阶段。刀具刃磨后如能用细粒度磨粒的油石对刃磨面进行研磨,可以显著降低刀具的初期磨损量。

(2)正常磨损阶段。经过初期磨损后,刀具后刀面与工件的接触面积逐渐增大,单位接触面积上承受的压力逐渐减小,刀具后刀面的微观粗糙表面已经磨平,磨损速度趋缓,此阶段称为正常磨损阶段,是刀具的有效工作阶段。

(3)急剧磨损阶段。当刀具磨损量增加到一定限度时,切削力、切削温度将急剧增高,刀具磨损速度加快,直至丧失切削能力,此阶段称为刀具的急剧磨损阶段。在急剧磨损阶段让刀具继续工作是一件得不偿失的事情,这时既不能保证加工质量,又将大量消耗刀具材料,如出现切削刃崩裂的情况,损失就更大。刀具在进入急剧磨损阶段之前必须更换。

2. 刀具的磨钝标准

刀具磨损到一定限度就不能再继续使用了,这个磨损限度称为刀具的磨钝标准。因为一般刀具的后刀面都会发生磨损,而且测量也较方便,因此国际标准 ISO 统一规定,以 1/2 背吃刀量处后刀面上测量的磨损带宽度 VB 作为刀具的磨钝标准。

自动化生产中使用的精加工刀具,从保证工件尺寸精度考虑,常以刀具的径向尺寸磨损量 NB(见图 4-37)作为衡量刀具的磨钝标准。制定刀具的磨钝标准时,既要考虑充分发挥刀具的切削能力,又要考虑保证工件的加工质量。精加工时磨钝标准取较小值,粗加工时取较大值;工艺系统刚性差时,磨钝标准取较小值;切削难加工材料时,磨钝标准也要取较小值。

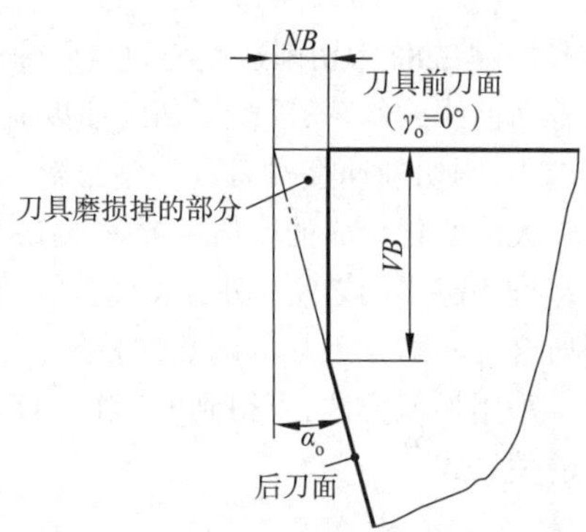

图 4-37 刀具的磨损量 VB 与 NB

国际标准 ISO 推荐硬质合金车刀刀具寿命试验的磨钝标准,有下列三种可供选择:

(1)VB=0.3 mm。

(2)如果主后刀面为无规则磨损,取 VB_{max}=0.6 mm。

(3)前刀面磨损量 KT=(0.06+0.3f) mm,式中 f 为进给量(mm/r)。

4.6.4 刀具寿命及其选择原则

1. 刀具寿命的定义及经验公式

刀具寿命(旧称刀具耐用度)是指新刀或刃磨后的刀具,从开始切削直至磨损值达到磨钝标准为止所经历的实际切削时间的总和,用 T 表示。对于可刃磨的刀具,刀具寿命指的是两次刃磨之间所经历的实际切削时间的总和,这样的一把新刀通常要经过多次重磨,才会报废。在一些情况下,刀具寿命也可用达到磨钝标准时所经历的切削路程的总和表示;精加工时,也可用加工零件的数量或切削次数表示。

刀具总寿命是指新刀从开始切削直至报废为止所经历的实际切削时间的总和。对于不可刃磨的刀具,刀具总寿命等于刀具寿命。对于可刃磨的刀具,刀具总寿命等于刀具寿命乘以刃磨次数。

刀具寿命是表征刀具材料切削性能或工件材料切削加工性优劣的综合指标。在相同的切削条件下用不同的刀具材料切削时,刀具寿命越长,表明该刀具材料的切削性能越好。当工件材料、刀具材料及几何参数确定后,切削速度是影响刀具寿命的最主要因素,提高切削速度,刀具寿命就降低,其关系可根据 ISO 标准或国家标准,通过刀具磨损实验画出图 4-38 所示的刀具磨损曲线,再经数据处理得

$$v_c T^m = C_0 \tag{4-28}$$

式中，v_c 为切削速度（m/min）；T 为刀具寿命（min）；m 为指数，与切削速度、刀具材料、工件材料及切削液有关；C_0 为系数，与刀具、工件材料及切削条件有关。

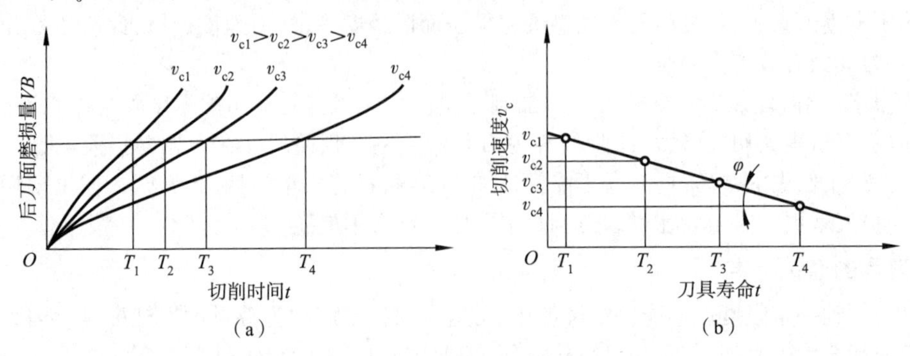

图 4-38　刀具磨损曲线

式（4-28）为切削速度与刀具寿命的关系式，是选择切削速度的重要依据。其中指数 m 表示刀具寿命曲线的斜率，反映了切削速度 v_c 对刀具寿命 T 的影响程度，即 m 值越小，刀具寿命曲线的斜率越小，则切削速度对刀具寿命的影响越大，也就是切削速度稍改变一点就会造成刀具寿命发生有较大的变化。m 的取值一般为 0.1～0.9，切削速度越高，刀具耐热性越差，工件塑性越差、切削液冷却作用越小（或不加切削液）时，m 值越小。如高速钢刀具的耐热性较差，一般 $m=0.1 \sim 0.125$；硬质合金和陶瓷刀具的耐热性较好，硬质合金刀具的 $m=0.2 \sim 0.3$，陶瓷刀具的 $m=0.3 \sim 0.5$。

采用类似方法，可得到 f-T 和 a_p-T 的关系式，综合在一起，即可得到切削用量三要素与刀具寿命的关系式

$$T=\frac{C_T}{v_c^{\frac{1}{m_1}} f^{\frac{1}{m_2}} a_p^{\frac{1}{m_3}}} \tag{4-29}$$

式中，C_T 为刀具寿命系数，与刀具、工件材料及切削条件有关。m_1、m_2、m_3 为指数。

如采用 P10（旧牌号 YT15）硬质合金车刀切削 $R_m=0.75$ GPa 的正火中碳钢时（$f>0.75$ mm/r），可得到切削用量三要素与刀具寿命的关系式

$$T=\frac{C_T}{v_c^5 f^{2.25} a_p^{0.75}} \tag{4-30}$$

分析可知：①若其他切削条件不变，当 v_c 提高 1 倍时，T 急剧降低到原来的 3%；②若其他切削条件不变，f 提高 1 倍时，T 降低到原来的 21%；③若其他切削条件不变，a_p 提高 1 倍时，T 仅降低到原来的 59%。不难看出，切削用量三要素中，切削速度 v_c 对刀具寿命 T 的影响最大，f 次之，a_p 对 T 的影响最小，与三者对切削温度的影响顺序完全一致。

2. 刀具寿命的选择原则

如前所述，切削用量与刀具寿命有密切关系。在制定切削用量时，应首先选择合理的刀具寿命，而合理的刀具寿命则应根据优化的目标而定。一般可分为最高生产率寿命和最低成本寿命两种，前者根据单件工时最少的目标确定，后者根据工序成本最低的目标确定。

（1）最高生产率寿命。最高生产率寿命是以单位时间生产最多数量产品或加工每个零件所消耗的生产时间为最少来衡量的。单件工序的工时 t_w 为

$$t_w = t_m + t_{ct}\frac{t_m}{T} + t_{ot} = C_m T^m + t_{ct} C_m T^{m-1} + t_{ot} \tag{4-31}$$

式中，t_m 为工序的切削时间（机动时间）；t_{ct} 为换刀一次消耗的时间；C_m 为常数，m 为指数，T 为刀具寿命，t_m/T 为换刀次数；t_{ot} 为除换刀时间外的其他辅助工时。

要使单件工时最小，令 $dt_w/dT=0$，可得

$$T=\frac{1-m}{m}t_{ct}=T_{pmax} \tag{4-32}$$

式中，T_{pmax} 为最高生产率寿命，只与指数 m 和换刀一次消耗的时间 t_{ct} 有关。

（2）最低成本寿命（经济寿命）。最低成本寿命是以每件产品（或工序）的加工费用最低为原则制定的。每个工件的工序成本 C_w 为

$$C_w=t_mM+t_{ct}\frac{t_m}{T}M+\frac{t_m}{T}C_t+t_{ot}M \tag{4-33}$$

式中，M 为该工序单位时间内所分担的全厂开支；C_t 为磨刀成本（刀具成本）。

令 $dC_w/dT=0$，即得最低成本寿命为

$$T=\frac{1-m}{m}\left(t_{ct}+\frac{C_t}{M}\right)=T_{cmin} \tag{4-34}$$

比较式（4-32）与式（4-34）可知，最高生产率寿命 T_{pmax} 比最低成本寿命 T_{cmin} 要低一些。一般情况，多采用最低成本寿命；只有当生产任务紧迫或生产中出现不平衡的薄弱环节时，才选用最高生产率寿命。综合分析上述两式和具体情况，选择刀具寿命时，可考虑如下几点：

①根据刀具复杂程度、制造和磨刀成本来选择。复杂和精度高的刀具寿命，应选得比单刃刀具高些。

②对于机夹可转位车刀和陶瓷刀具，由于换刀时间短，为了充分发挥其切削性能，提高生产效率，寿命可选得低些，一般取 15～30 min。

③对于装刀、换刀和调刀比较复杂的多刀机床、组合机床与自动化加工刀具，寿命应选得高些，减少装刀、换刀和调刀消耗的时间，特别应保证刀具可靠性。

④某工序的生产率限制了整个车间的生产率提高时，该工序的刀具寿命要选得低些；当某工序单位时间内所分担到的全厂开支 M 较大时，刀具寿命也应选得低些。

⑤大件精加工时，为保证至少完成一次走刀，避免切削时中途换刀，刀具寿命应选得高些，但还要按零件精度和表面粗糙度等综合因素来确定。

此外，在柔性加工时，要保证刀具的可靠性和刀具材料切削性能的可预测性，应根据多目标优化后的综合经济效果选定刀具寿命。

4.7　材料的切削加工性

4.7.1　切削加工性的定义

工件材料的切削加工性是指在一定切削条件下，工件材料被切削加工的难易程度。这种难易程度是相对于工件材料而言，而且随着加工方式、加工性质和具体加工条件的不同而不同。对于材料相同但结构、尺寸不同的零件，其加工性也有着很大的差异。结合零件工艺性研究材料加工性，对生产具有更大的指导意义。材料切削加工，一般以中碳结构钢 45 钢为基准，例如称高强度钢比较难加工，是相对于 45 钢而言的。

4.7.2　切削加工性的衡量指标

衡量切削加工性的指标因加工情况的不同而不尽相同，可归纳为以下几种：

1. 以刀具使用寿命衡量

在相同的切削条件下,刀具使用寿命越长,工件材料的切削加工性越好。

2. 以切削速度衡量

在刀具使用寿命 T 相同的前提下,切削某种材料允许的切削速度 v_T 大,切削加工性好;反之 v_T 小,切削加工性差。如取刀具使用寿命 $T=60$ min,则 v_T 可写作 v_{60}。生产中常用相对加工性 K_V 来衡量,K_V 是以抗拉强度 $R_m=0.598$ GPa 的 45 钢(正火)的 v_{60} 为基准[写作$(v_{60})_j$],其他被切削材料的 v_{60} 与之相比的数值,即

$$K_V=v_{60}/(v_{60})_j \tag{4-35}$$

K_V 越大,切削加工性越好;反之 K_V 越小,切削加工性越差。常用材料的相对加工性分为 8 级,见表 4-6。

表 4-6　材料相对切削加工性等级

加工性等级	名称及种类		相对加工性 K_V	代表性工作材料
1	很容易切削材料	一般有色金属	>3.0	5-5-5 铜铅合金、9-4 铝铜合金、铝镁合金
2	容易切削材料	易切钢	2.5~3.0	Y12 钢 $R_m=490\sim735$ MPa
3		较易切钢	1.6~2.5	正火 30 钢 $R_m=441\sim549$ MPa
4	普通材料	一般钢及铸铁	1.0~1.6	45 钢、灰铸铁、结构钢
5		稍难切削材料	0.65~1.0	2Cr13 调质 $R_m=834$ MPa 85 钢轧制 $R_m=883$ MPa
6	难切削材料	较难切削材料	0.5~0.65	45Cr 调质 $R_m=1\ 030$ MPa 65Mn 调质 $R_m=932\sim981$ MPa
7		难切削材料	0.15~0.5	50CrV 调质,1Cr18Ni9Ti 未淬火,α 相钛合金
8		很难切削材料	<0.15	β 相钛合金,镍基高温合金

3. 以切削力和切削温度衡量

在相同的切削条件下,切削力大或切削温度高,则切削加工性差。切削力大,则消耗功率多,机床动力不足时,常用此指标。在粗加工时,可用切削力或切削功率作为切削加工性指标。切削温度不易测量和标定,故这个指标用得较少。

4. 以加工表面质量衡量

易获得好的加工表面质量,则切削加工性好。精加工时常用此指标。

5. 以断屑性能衡量

在数控机床、自动机床、组合机床及自动生产线上,或者对断屑性能有很高要求的工序(如深孔钻削、盲孔镗削)常用该指标。

4.7.3　影响工件材料切削加工性的因素

影响工件材料切削加工性的因素很多,在此仅就工件材料的物理力学性能、化学成分、金相组织对切削加工性的影响加以说明。

1. 物理力学性能

(1)材料硬度。一般情况下,材料硬度高时,切屑与前刀面的接触长度减小,前刀面上应力增大,摩擦热量集中在较小的刀-屑接触面上,切削温度增高,刀具磨损加剧,从而切削加工性差。工

件材料的高温硬度高,切削过程中工件材料的硬度下降很少,这样刀具与工件的硬度差就小,切削加工性不好。此外,工件材料中的硬质点多、加工硬化严重,则切削加工性也差。

(2)材料强度。工件材料的强度包括常温强度和高温强度。工件材料的常温强度高,切削力大,切削温度就高,刀具磨损大,从而切削加工性差。工件材料的高温强度越高,切削加工性也越差。

(3)材料的塑性与韧性。工件材料强度相同时,塑性越大,塑性变形越大,切削变形越大,切削力越大,切削温度也越高,且易与刀具发生黏结,刀具磨损越大,已加工表面粗糙,从而切削加工性越差。但塑性过小,刀具与切屑的接触长度短,切削力和切削热均集中在刀具刃口附近,也将使刀具磨损加剧。由此可知,塑性过大或过小(或脆性)都使切削加工性变差。材料的韧性越大,消耗切削功越多,切削力大,且韧性对断屑影响较大,故韧性越大,切削加工性越差。

(4)材料的导热系数。工件材料的导热系数越大,由切屑带走的和由工件传导出的热量越多,越有利于降低切削区温度,因此切削加工性好。但导热系数大的材料,切削温度较高,给尺寸精度的控制造成一定困难。

(5)其他物理力学性能。线膨胀系数大的材料,加工时热胀冷缩,工件尺寸变化很大,故不易控制精度。弹性模量小的材料,在已加工表面形成过程中弹性恢复大,易与刀具后面发生强烈摩擦。

2. 化学成分

(1)对钢来说,其化学成分是通过改变物理力学性能影响切削加工性的。一般情况下,随碳含量的增加,钢的强度与硬度会增高,而塑性和韧性会降低。高碳钢的强度、硬度较高,切削力较大,刀具易磨损;低碳钢的塑性、韧性较高,不易断屑,加工表面粗糙度值大,均给切削加工带来困难。中碳钢介于二者之间,切削加工性较好。为改善性能,会在钢中添加 Cr、Mn、Ni、Mo、V、Si、Al 等元素,含量较少时,对切削加工性影响不大,但当含量增多后使切削加工性变差。钢中的 P、S 等元素会形成夹杂物,使钢脆化或有润滑作用,可减轻刀具磨损,有利于改善切削加工性,但夹杂物影响钢的使用性能,需要控制含量。

(2)对铸铁来说,材料的化学成分是以促进或阻碍碳的石墨化来影响切削加工性的。铸铁中的碳元素常以两种形态存在:高硬度的渗碳体(Fe_3C),或硬度低且润滑性能好的游离石墨。渗碳体硬度高,刀具磨损加剧,可按渗碳体的含量衡量铸铁的切削加工性。石墨很软,具有润滑作用,刀具磨损较小,石墨越多,越容易切削。因此铸铁中含有 Si、Al、Ni、Cu、Ti 等促进石墨化的元素,能提高其切削加工性;含有 Cr、V、Mn、Mo、P、Co、S 等阻碍碳石墨化的元素,会降低其切削加工性。

3. 金相组织

材料的化学成分相同,而金相组织不同,其切削加工性也不同。

一般情况下,钢中铁素体与珠光体的比例影响钢的切削加工性。铁素体塑性大,珠光体硬度较高,马氏体比珠光体更硬,故珠光体含量越少,允许的 v_c 越高、T 越长、切削加工性越好;而马氏体含量越高,切削加工性越差。另外,金相组织的形状和大小也影响切削加工性。如珠光体有球状、片状和针状之分,球状硬度较低,易加工;而针状硬度高,不易加工。

白口铁、麻口铁、灰铸铁和球墨铸铁的硬度依次递减,塑性依次增高,其切削加工性依次变好。

4.7.4　难加工材料及其切削加工特点

难加工材料是指难以进行切削加工的材料,即切削加工性差的材料。在表 4-6 中,等级代号 5 级以上的材料均属难加工材料。从材料的物理力学性能看,硬度高于 250 HBS、抗拉强度 $R_m>$ 0.98 GPa、伸长率 $A>30\%$、冲击韧度 $\alpha_k>0.98$ MJ/m^2、导热系数 $k<41.9$ W/(m·℃)的均属难加工

材料。对某种难加工材料来说,并非性能指标都超过上述数值,因而必须具体情况具体分析。

难加工材料按种类分为:高强度钢和超高强度钢、高锰钢、淬硬钢、冷硬与合金耐磨铸铁、不锈钢、高温合金、钛合金、喷涂(焊)材料、稀有难熔金属、纯金属、工程塑料、工程陶瓷、复合材料、其他非金属难加工材料。

难加工材料的种类繁多、性能各异,因此切削加工特点也各不相同,但总结起来有以下几方面:

(1)刀具使用寿命低。凡是硬度高或含有磨料性质的硬质点多或加工硬化严重的材料,刀具磨损强度大(单位时间内的磨损量大)、刀具使用寿命短;还有的材料导热系数小或与刀具材料易亲和、黏结,也会造成切削温度高,使得刀具磨损严重、刀具使用寿命缩短。

(2)切削力大。凡是硬度、强度高,塑性、韧性大,加工硬化严重,亲和力大的材料,消耗功率多,使切削力大。

(3)切削温度高。凡是切削加工硬化严重,强度高,塑性、韧性大,亲和力大或导热系数小的材料,由于切削力和切削功率大,生成热量多,而散热性能又差,故切削温度高。

(4)加工表面粗糙,精度不易达到要求。加工硬化严重,亲和力大,塑性、韧性大的工件材料,已加工表面粗糙度值大,表面质量和精度均不易达到要求。

(5)切屑难于处理。强度高,塑性、韧性大的工件材料,切屑连绵不断、不易处理。

难加工材料的上述切削加工特点除与材料本身性能特点关系密切外,切削条件也有影响,即切削加工条件(刀具材料、刀具几何参数、切削用量、切削液、机床、夹具及工艺系统刚度等)和加工方式也对切削加工的难易有影响。

4.7.5 改善材料切削加工性的途径

从以上分析不难看出,金相组织和化学成分对工件材料切削加工性影响很大,故应从这两个方面着手改善工件材料切削加工性。

1. 采取适当的热处理方法

金相组织不同,切削加工性也不同,因此可通过热处理改变金相组织,达到改善工件材料切削加工性的目的。材料的硬度过高或过低,切削加工性均不好。生产中常采用预先热处理,目的在于通过改变硬度来改善切削加工性。例如:低碳钢经正火处理或冷拔处理,使塑性减小,硬度略有提高,从而改善切削加工性;高碳钢通过球化退火使硬度降低,有利于切削加工;中碳钢常采用退火处理,以降低硬度,改善切削加工性。白口铁在950~1 000 ℃下经长期退火处理,使其硬度大大降低,变成可锻铸铁,从而改善了切削加工性。

2. 调整材料的化学成分

在不影响材料物理力学性能的前提下,可在钢中适当添加一种或几种合金元素,如S、Pb、Ca、P等,其加工性可得到显著改善,而这样的钢称为“易切钢”。易切钢的良好切削加工性表现在:切削力小、易断屑、刀具使用寿命长,已加工表面质量好。在大批量生产的产品上采用易切钢,可节省大量的加工费用。

4.8 切削液及其应用

4.8.1 切削液的基本性能

(1)冷却性能。作为切削液首先应具备良好的冷却性能,以把切削过程中生成的热量最大限度地带走,降低切削区的温度。切削液冷却性能的好坏,主要取决于其导热系数、比热容、汽化热、汽化速度、使用的流量和流速等。一般水溶液的冷却性能最好,油类最差。

(2)润滑性能。切削液的润滑性能是指其减小前刀面与切屑、后刀面与工件表面间摩擦的能力。在金属切削过程中,刀具前刀面与切屑、后刀面与加工表面间的摩擦属于边界润滑摩擦,这时摩擦是由两组粗糙金属表面相互剪切和切削液黏性剪切共同造成的。切削液润滑性能的好坏,主要取决于本身的渗透性、成膜能力和所形成润滑膜的强度。

(3)清洗性能。切削加工中产生细碎切屑(如切铸铁)或磨料微粉(如磨削)时,要求切削液具有良好的清洗性能,以清除黏附的碎屑和磨粉,减少刀具和砂轮的磨损,防止划伤工件的已加工表面和机床导轨面。清洗性能的好坏,主要取决于切削液的渗透性、流动性和使用压力与流量。加入剂量较大的表面活性剂和少量矿物油,且采用大稀释比(水占 95%~98%),可增强切削液的渗透性和流动性。

(4)防锈性能。切削液应具备一定的防锈性能,以减小周围介质对机床、刀具、工件的腐蚀,在气候潮湿地区,这一性能更为重要。防锈性能的好坏,主要取决于切削液本身的成分。为提高防锈能力,常加入防锈添加剂。

4.8.2　切削液的种类

常用的切削液可分为水溶液、切削油、乳化液三大类。

(1)水溶液。水溶液的主要成分是水,冷却性能好,若配成透明状液体,还便于操作者观察。但纯水易使金属生锈、润滑性能也变差,故使用时常加入适当的添加剂,使其既保持冷却性能又有良好的防锈性能和一定的润滑性能。

(2)切削油。切削油的主要成分是矿物油(如机油、轻柴油、煤油)、动植物油(猪油、豆油等)和混合油,这类切削液的润滑性能较好。纯矿物油难以在摩擦界面上形成坚固的润滑膜,润滑效果一般。实际使用时,常加入油性、极压和防锈添加剂,以提高润滑和防锈性能。动植物油适于低速精加工,但因其是食用油且易变质,最好不用或少用。

(3)乳化液。乳化液是用 95%~98% 的水将由矿物油、乳化剂和添加剂配制成的乳化油膏稀释而成,外观呈乳白色或半透明,具有良好的冷却性能。因含水量大,润滑、防锈性能较差,常加入一定量的油性、极压添加剂和防锈添加剂,配制成极压乳化液或防锈乳化液。

为了改善切削液的性能而加入的化学物质,称为添加剂。主要有油性添加剂、极压添加剂、防锈添加剂、防霉添加剂、抗泡沫添加剂、助溶添加剂、乳化剂、乳化稳定剂等。

4.8.3　切削液的使用方法

常见的切削液使用方法有:浇注法、高压冷却法、喷雾冷却法。

(1)浇注法是应用最多的方法,如图 4-39 所示。使用时应注意保证流量充足,浇注位置尽量接近切削区;此外还应根据刀具的形状和切削刃数目,相应地改变浇注口的形式和数目。

(2)高压冷却法是将切削液以高压力(1~10 MPa)、大流量(0.8~2.5 L/s)喷向切削区,常用于深孔加工。该方法的冷却、润滑和清洗、排屑效果均较好,但切削液飞溅严重,需加防护罩。

(3)喷雾冷却法是利用压力为 0.3~0.6 MPa 的压缩空气使切削液雾化,并高速喷向切削区,其装置原理如图 4-40 所示。雾化成微小液滴的切削液在高温下迅速汽化,吸收大量热量,从而能有效地降低切削温度。该方法适于切削难加工材料,但需要专门装置,且噪声较大。

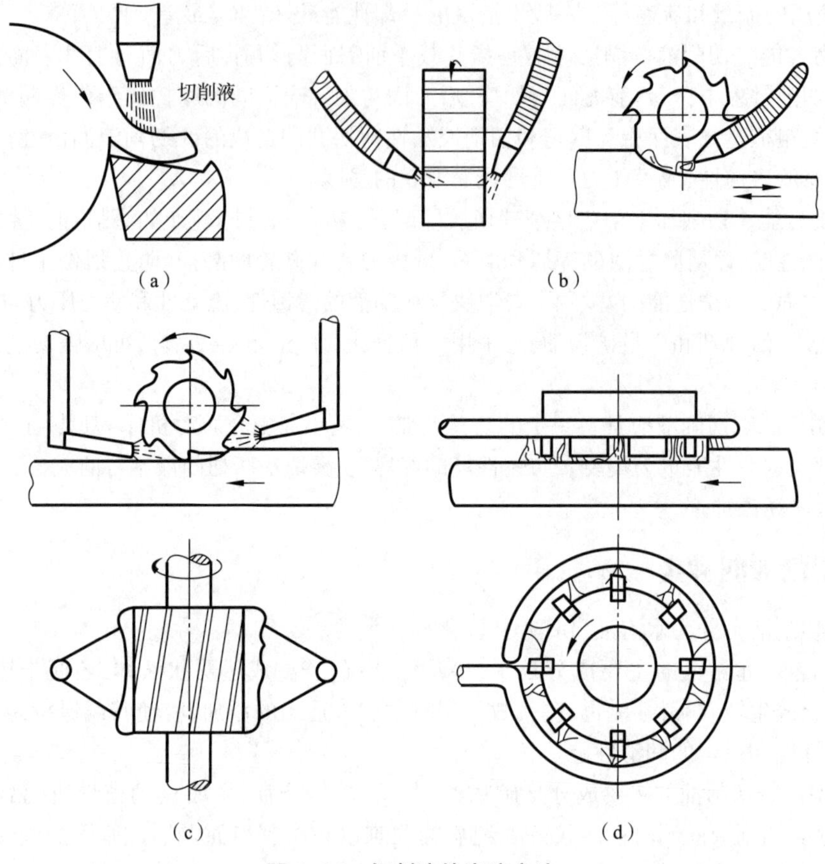

图 4-39 切削液的浇注方法

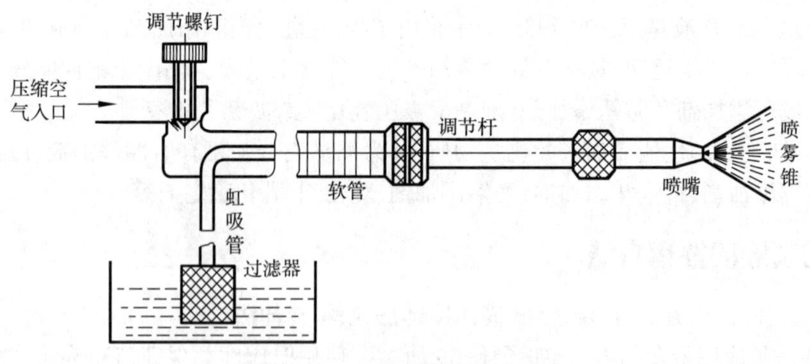

图 4-40 喷雾冷却装置原理图

4.9 刀具几何参数的选择

刀具的切削性能主要是由刀具材料的性能和刀具几何参数两方面决定的。刀具几何参数的选择是否合理对切削力、切削温度及刀具磨损有显著影响。选择刀具的几何参数要综合考虑工件材料、刀具材料、刀具类型及其他加工条件(如切削用量、工艺系统刚性及机床功率等)的影响。

4.9.1　前角 γ_o 的功用与选择

1. 前角的功用

前角是刀具上最重要的几何参数之一，其数值大小、正负决定着切削刃的锋利程度和刀尖强度，并对切削变形、切削力、切削温度、刀具磨损和已加工表面质量均有很大影响。前角的功用主要有：

(1)影响切削变形。增大前角可减小切削变形，从而减小切削力、切削热和切削功率。

(2)影响切削刃强度及散热体积。增大前角会使楔角减小，切削刃虽然更加锋利但强度降低、散热体积减小，切削温度升高，刀具寿命降低；过分加大前角，可能导致切削刃处出现弯曲应力造成崩刃。

(3)影响切屑形态和断屑效果。减小前角，可以增大切削变形，使切屑易于脆化断裂。

(4)影响已加工表面质量。前角影响积屑瘤的状态，进而影响已加工表面质量。

2. 前角的选择

实践证明，在一定条件下，通常存在一个使刀具寿命最长的前角，称合理前角，记为 γ_{opt}。刀具合理前角主要取决于刀具材料和工件材料的性能，即：

(1)刀具材料的抗弯强度及冲击韧度较高时，可选择较大的前角。

(2)工件材料的强度或硬度较大时，切削力较大，切削温度高，为了增加刃口强度和散热体积，宜选用较小前角；反之，为使切削刃锋利，宜选用较大前角。

(3)加工塑性较大材料时，切削变形较大，切屑与前刀面的接触长度较长，刀-屑间的压力和摩擦力均较大，为了减小切削变形和摩擦，宜选较大的前角。例如，用硬质合金刀具加工一般钢料时，前角可选为 10°~20°。加工脆性材料时，切屑呈崩碎状，只是在刃口附近与前刀面接触，且不沿前刀面流动，因而与前刀面的摩擦不大，切削力集中在刃口附近，为了保护切削刃，宜选较小前角。例如，加工一般灰铸铁，前角可选 5°~15°。

(4)其他具体加工条件。粗加工时，尤其是断续切削时，切削力和冲击较大，为保证刃口强度，宜选较小前角；精加工时，为减小切削变形，提高加工质量，宜选较大前角。在工艺系统刚度较差或机床动力不足时，宜选较大前角以减小切削力。在自动机床上加工时，考虑到刀具使用寿命及工作稳定性，宜选较小前角。

4.9.2　后角 α_o 的功用与选择

1. 后角的功用

后角的主要功用是影响切削过程中刀具后刀面与工件之间的摩擦、后刀面的磨损及刀具寿命。后角的主要功用有：

(1)增大后角，可减小加工表面的弹性恢复层与后刀面的接触长度，从而减小后刀面的摩擦与磨损。

(2)增大后角，楔角减小，刃口钝圆半径 r_n 减小，刃口锋利。

(3)后刀面磨钝标准 VB 相同时，后角大的刀具重磨时磨去的金属体积大，如图 4-41(a)所示；反

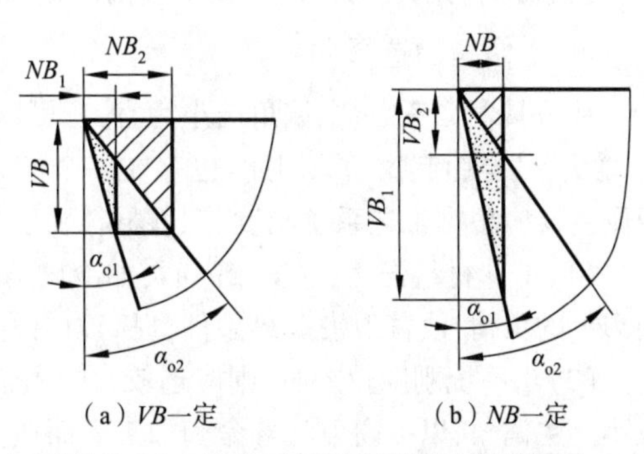

(a) VB一定　　(b) NB一定

图 4-41　后角对刀具材料磨去量的影响

之,磨去的金属体积小。但后角太大时,楔角减小太多,会降低刃口强度和散热能力,使刀具寿命缩短。

同前角一样,使刀具寿命最长时的后角值,称为合理后角,记为 α_{opt}。

2. 后角的选择

合理后角的大小主要取决于加工性质(粗加工或精加工),还与一些具体切削条件有关。选择原则如下:

(1)精加工时,切削厚度较小,刀具的磨损主要发生在后刀面上,为了减小后刀面磨损和增加切削刃锋利程度,宜选较大后角;粗加工时切削厚度较大,前刀面的负荷大,前刀面的月牙洼磨损比后刀面磨损显著,宜选较小后角,以增强刃口强度及改善散热条件。车削粗加工中碳钢时 α_o 可为5°~7°;粗加工铸铁时后角可选为 4°~6°;二者精加工时 α_o 可为 6°~8°;车削钛合金时 α_o 可为10°~15°。

(2)工件材料塑性与韧性大,容易产生加工硬化,为减少后刀面磨损,应选较大后角;加工钛合金时,由于其弹性恢复较大,加工硬化又严重,应选较大后角,以减小后刀面摩擦;切削脆性材料时,宜选较小后角。

(3)工艺系统刚度差、易产生振动时,应选较小后角,以增大后刀面与加工表面的接触面积,增强刀具的阻尼作用;还可在后刀面上磨出刃带或消振棱,以对加工表面起一定熨压作用,提高加工表面质量。

(4)对定尺寸刀具,如圆孔拉刀、铰刀,宜选较小后角,可延长刀具使用寿命。

副后角 α'_o 的功用是减少副后刀面与已加工表面的摩擦。一般车刀的 $\alpha'_o=\alpha_o$;切断刀和切槽刀的副后角,受结构强度和刃磨后尺寸变化的影响,只能选得很小,一般为 $\alpha'_o=1°\sim2°$。

4.9.3 主偏角 κ_r 和副偏角 κ'_r 的功用与选择

1. 主偏角和副偏角的功用

主偏角 κ_r 和副偏角 κ'_r 可在很大范围内变化,对切削过程影响也很大,其功用是:

(1)影响加工表面粗糙度。减小主偏角和副偏角,可使加工表面粗糙度值减小。

(2)影响切削层尺寸和刀尖强度及断屑效果。在背吃刀量和进给量一定时,减小主偏角将使切削厚度减小($h_D=f\sin\kappa_r$),切削宽度增大($b_D=a_p/\sin\kappa_r$),从而使切削刃单位长度上的负荷减轻;同时,主偏角或副偏角减小,使刀尖角 ε_r 增大,刀尖强度增加,散热条件得到改善,提高了刀具寿命;增大主偏角,使切屑变得窄而厚,有利于断屑。

(3)影响切削分力比值。减小主偏角 κ_r,则背向力 F_p 增大,进给力 F_f 减小。

2. 主偏角的选择

从刀具寿命考虑,主偏角选小为宜,还可以减小表面粗糙度值。但主偏角太小,会导致背向力 F_p 增大,甚至引起振动。因此,也存在一个使刀具寿命最长时的合理主偏角。合理主偏角选择的原则主要应根据工艺系统刚度、工件材料硬度和工件形状等条件。

(1)工件材料强度、硬度较高时,如冷硬铸铁、淬硬钢,宜选较小的主偏角,以减轻单位长度切削刃上的负荷,改善刀尖散热条件,提高刀具寿命。

(2)当系统刚度较差时,则应选较大的主偏角,以减小背向力 F_p;当工艺系统刚度足够时,应选较小的主偏角,以提高刀具寿命和加工表面质量。

(3)工件形状和具体条件。例如,车阶梯轴时,必须取 $\kappa_r=90°$;要用同一把车刀加工外圆、端面和倒角时,宜取 $\kappa_r=45°$;需要从中间切入或仿形车刀,可取 $\kappa_r=45°\sim60°$。

3. 副偏角的选择

副切削刃的主要功用是形成已加工表面，因此，副偏角的选择应首先考虑已加工表面质量的要求，还要考虑刀尖强度、散热与振动等。与主偏角一样，副偏角也存在某一合理值，其基本选择原则如下：

(1)精加工时，副偏角比粗加工选得小些；必要时，可磨出一段 $\kappa_r=0°$ 的修光刃，用来进行大走刀的光整加工，注意使修光刃长度 b'_ε 略大于进给量 f，一般 $b'_\varepsilon=(1.2-1.5)f$。

(2)工件材料强度、硬度较高或断续切削时，为提高刀尖强度，宜选较小的副偏角，$\kappa'_r=4°\sim6°$。

(3)在工艺系统刚度好、不产生振动的条件下，为减小已加工表面粗糙度值，应选较小的副偏角，$\kappa'_r=5°\sim10°$。

(4)切断(槽)刀、锯片铣刀、钻头、铰刀等受结构强度或加工尺寸精度的限制，只能选很小的副偏角，$\kappa'_r=1°\sim2°$。

主切削刃和副切削刃连接处称为过渡刃或刀尖。刀尖处的强度与散热性能均较差，主、副偏角较大时更加严重。生产中，需采取直线过渡刃或圆弧过渡刃来强化刀尖。

4.9.4　刃倾角 λ_s 的功用与选择

1. 刃倾角的功用

(1)影响切屑流出方向。刃倾角 λ_s 的大小和正负，直接影响流屑角 ϕ_λ 的大小和正负，即切屑的卷曲和流出方向，如图 4-42 所示。当 λ_s 为负值时，切屑流向已加工表面，易划伤已加工表面；λ_s 为正值时，切屑流向待加工表面。因此精加工常取正刃倾角。

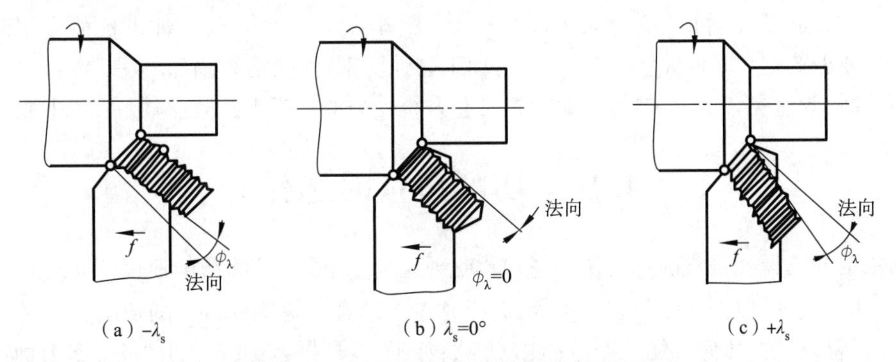

图 4-42　刃倾角对切屑流出方向的影响

(2)影响刀尖强度及断续切削时切削刃上的冲击位置。图 4-43 表示 $\kappa_r=90°$ 刨刀加工情况，当 $\lambda_s=0°$ 时，切削刃同时接触工件，因而冲击较大；当 $\lambda_s>0°$ 时，刀尖首先接触工件，冲击作用在刀尖上，容易崩尖；当 $\lambda_s<0°$ 时，远离刀尖的切削刃部分首先接触工件，从而保护了刀尖，切削过程也比较平稳，大大减少了冲击和崩刃现象。

(3)影响切削刃的锋利程度，具有斜角切削的特点。

(4)影响切削分力的比值。以外圆车削为例，当 0°由 λ_S 变化到-45°时，F_p 约增大 1 倍，F_f 减小到 1/3，F_c 基本不变。F_p 的增大，将导致工件变形甚至引起振动，从而影响加工精度和表面质量。因此，非自由切削时不宜选用绝对值过大的负刃倾角。

(5)影响切削刃实际工作长度。刃倾角的绝对值越大，斜角切削时切削刃的工作长度 l_{se} 越长($l_{se}=\alpha_p/(\sin\kappa_r\cos\lambda_S)$)，切削刃单位长度上的负荷越小，有利于提高刀具使用寿命。

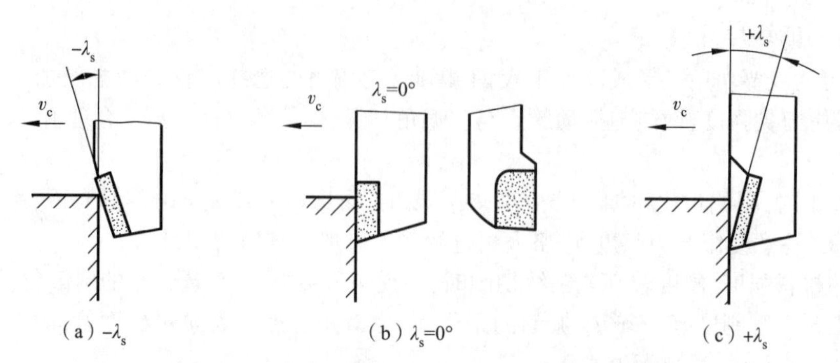

图 4-43　刨削时刃倾角对切削刃冲击位置的影响

2. 刃倾角的选择

切削实践表明，刃倾角并非越大越好，也存在合理刃倾角。选择原则如下：

(1)主要根据加工性质来选取。例如，加工一般钢料或铸铁，为了避免切屑划伤已加工表面，精车时常取 $\lambda_s=0°\sim5°$；粗车时取 $\lambda_s=-5°\sim0°$，以提高刀具刀刃强度；有冲击载荷时，为了保护刀尖，常取 $\lambda_s=-15°\sim-5°$。

(2)根据工艺系统刚度选取。工艺系统刚度不足时，不宜采用负刃倾角。

(3)根据刀具材料选取。脆性大的刀具材料，为保证刀刃强度，不宜选用正刃倾角。如金刚石和 CBN 车刀，取 $\lambda_s=-5°\sim0°$。

(4)根据工件材料选取。加工高硬度工件材料时，宜取 $\lambda_s<0°$，如车削淬硬钢，$\lambda_s=-12°\sim-5°$。加工中碳钢和灰铸铁工件时，粗车取 $\lambda_s=-5°\sim0°$，精车取 $\lambda_s=0°\sim5°$，有冲击负荷作用时取 $\lambda_s=-15°\sim-5°$，冲击特别大时取 $\lambda_s=-45°\sim-30°$；加工高强度钢、淬硬钢时，取 $\lambda_s=-30°\sim-20°$；工艺系统刚性不足时，为避免背向力 F_p 过大而导致工艺系统受力变形过大，不宜采用负的刃倾角。

4.10　切削用量的选择

切削用量的选择就是要确定具体工序的背吃刀量 a_p、进给量 f 和切削速度 v_c。这直接关系到生产效率、加工成本、加工精度和表面质量，选择时需要综合了解工件材料的切削加工性及加工面结构；刀具材料、结构、几何角度及寿命；加工方式；加工阶段；机床；夹具；切削液等多方面因素。因而切削用量的合理选择是金属切削研究的重要内容之一，也是机械制造企业重要的工艺课题。

1. 切削用量选择的总原则

切削用量选择的总体原则是在保证零件加工质量要求的基础上，充分利用刀具和机床的性能，获得高生产效率和低加工成本的切削用量三要素的最佳组合。在选择切削用量时，主要考虑刀具寿命、加工精度、生产效率，还应考虑机床刚度、电动机功率等条件。从提高生产率角度看，应尽可能提高切削用量，但受刀具寿命限制，切削用量三要素中一个增大，另两个就要减小，再受到加工精度等其他条件限制，切削用量只能在一定范围内选择。

2. 切削用量的选择方法

刀具寿命是切削用量选择时首要的考虑因素。切削用量对刀具寿命的影响程度由大到小依次为 v_c、f、a_p，从而在允许的条件下，应首先选取尽可能大的背吃刀量 a_p，然后选取尽可能大的进给量 f，最后按刀具的最高生产率或最低成本寿命的经验公式计算出切削速度 v_c。

切削力、表面粗糙度也是切削用量选择时要考虑的因素。切削用量对切削力的影响程度由大

到小依次为 a_p、f、v_c。切削用量对表面粗糙度的影响主要是 f 影响理论粗糙度值，v_c 可通过积屑瘤影响表面粗糙度，a_p 对表面粗糙度的影响较小。

切削用量可根据工件处于不同的加工阶段进行选择。

(1)粗加工阶段。粗加工是要尽快去除毛坯表面的铸造、锻造硬皮，即高生产效率是追求的基本目标。这个目标常用单件机动工时最少或单位时间切除金属体积最多来表示。从而，在留有后续加工余量及机床刚度允许的前提下，尽可能一次走刀完成切除，即选择较大的 a_p，但这将导致切削力大，故此必须在机床电动机功率和机床刚度的允许范围内。如遇以下情况，可以多次走刀：工艺系统刚度较低；加工余量极不均匀，可能引起很大振动；加工余量太大，以致机床功率不足或刀具强度不够；断续切削，刀具会受到很大冲击。即使是在上述情况下，也应当把第一次或头几次走刀的 a_p 取得尽量大些，若为两次走刀，则第一次走刀的 a_p 一般取加工余量的 2/3～3/4。

(2)半精加工。半精加工是在粗加工的基础上，提高加工精度，为精加工作准备。所以半精加工以快速去除材料为主，兼顾加工精度。背吃刀量 a_p 应根据加工余量选择，半精加工的加工余量比粗加工小，而且待加工表面是粗加工的已加工表面，材质比较均匀，一般也尽可能一次走刀完成切除；进给量 f 的选择应考虑加工表面粗糙度；切削速度 v_c 的选择应避开积屑瘤区。a_p 和 f 应比粗加工时小一些，但不能过小，以免影响生产率。

(3)精加工。精加工要使工件达到加工精度要求。加工余量比半精加工还小，即背吃刀量 a_p 也很小；进给量 f 的选择应考虑工件表面粗糙度的要求；切削速度 v_c 的选择也应避开积屑瘤区和产生自激振动的区域，可以选择较高的切削速度。

在具体选择切削用量时，还应考虑以下因素：

(1)工件材料的切削加工性。工件材料容易切削时，可选用较大的切削用量，反之，切削加工难加工材料时，需要根据材料特点，适当减小切削用量。

(2)加工面结构及加工方式。加工外表面时，可选用较大的切削用量；加工内表面时，为了方便切削液进入、切屑排出，应适当减小切削用量。加工成形表面时，如螺纹、齿轮齿面，可适当减小切削用量。加工大件、细长件、薄壁件时，应适当减小切削用量。

(3)机床刚度。机床刚度足够时，受力变形很小或可以忽略不计，切削用量可以适当增大；但机床刚度不足时，为减小切削力，应减小切削用量，尤其是背吃刀量 a_p。

(4)刀具结构。对于定尺寸刀具及成形刀具，为提高刀具寿命，应适当减小切削用量。

(5)切削液。使用性能好的切削液时，可适当增大切削用量。

3. 提高切削用量的途径

为了提高生产率，可通过以下途径提高切削用量：

(1)使用高性能切削液和高效冷却方法。

(2)提高刀具刃磨质量。

(3)选用新型刀具材料、改进刀具结构和几何参数。

(4)改善材料工件切削加工性。

4.11　砂轮与磨削原理

4.11.1　砂轮的特性及其选择

砂轮是用黏结剂把磨粒黏结起来，经压坯、干燥、焙烧及车整制成，其特性决定于磨料、粒度、黏结剂、硬度、组织及形状尺寸等。

1. 磨料

磨料是砂轮的主要成分，普通砂轮常用的磨料有氧化物系和碳化物系两类。几种常用磨料的特性及适用范围参见表4-7。

表4-7 普通砂轮磨料的特性及适用范围

类别	名称和代号	主要成分	显微硬度 HV	抗弯强度 /GPa	与铁的反应性	热稳定性	磨削能力	适用范围
氧化物系	棕刚玉 A(GZ)	$\omega(Al_2O_3)>95\%$ $\omega(SiO_2)<2\%$	1 800~2 200	0.368	稳定	2 100 ℃熔融	0.1	碳钢、合金钢、铸铁
	白刚玉 WA(GB)	$\omega(Al_2O_3)>99\%$	2 200~2 400	0.60	稳定	2 100 ℃熔融	0.12	淬火钢、高速钢
碳化物系	黑碳化硅 C(TH)	$\omega(SiC)>98\%$	3 100~3 280	0.155	与铁有反应	>1 500 ℃氧化	0.25	铸铁、黄铜、非金属材料
	绿碳化硅 GC(TL)	$\omega(SiC)>99\%$	3 200~3 400	0.155	与铁有反应	>1 500 ℃氧化	0.28	硬质合金等
高硬磨料系	立方氮化硼 JLD(CBN)	CBN	7 300~8 000	1.155	稳定高温与水有反应	<1 300 ℃稳定	0.80	淬火钢
	人造合金钢 JR	碳结晶体	10 600~11 000	0.33~3.38	与铁有反应	>700 ℃石墨化	1.0	硬质合金、宝石、非金属材料

注：①磨料名称和代号中，( )中为旧标准规定的代号。

②氧化物系除上述两种外，还有铬刚玉 PA(GD)、单晶刚玉 SA(GD)、微晶刚玉 MA(GW)、镨钕刚玉 NA(GP)及锆刚玉 ZA(GA)等，性能皆高于白刚玉 WA。PA、SA 适用于磨削淬火钢、高速钢和不锈钢。MA、NA 有较好的自锐性，适用于磨削不锈钢和各种铸铁。ZA 适用于磨削高温合金。

2. 粒度

粒度表示磨料颗粒的尺寸大小，用粒度号表示，分为磨粒和微粉。磨粒尺寸较大，用筛选法分级，以其能通过的筛网上每英寸长度上的孔数来表示粒度号，如 F60 表示磨粒刚能通过每英寸 60 个孔眼的筛网。磨粒的粒度号为 F4~F220，数字越大，磨粒越细。基本尺寸小于 53 μm 的磨粒称为微粉，用光电沉降仪法分级。微粉的粒度号为 F230~F1200，F 后的数字越大，微粉越细。常用磨粒的粒度及适用范围见表4-8。

表4-8 常用粒度及适用范围

类别		粒度号	应用
磨粒	粗粒	F4，F5，F6，F8，F10，F12，F14，F16，F20，F22，F24	荒磨、打磨铸件毛刺和切断钢坯等
	中粒	F30，F36，F40，F46，F54，F60	内圆、外圆、平面、无心和刀具刃磨等的一般磨削
	细粒	F70，F80，F90，F100，F120，F150，F180，F220	半精磨、精磨、成形磨、刀具刃磨、珩磨等
微粉		F230，F240，F280，F320，F360，F400，F500，F600，F800，F1000，F1200，F1500，F2000	精磨、精密磨、超精磨、制造研磨剂等

粗磨加工选用颗粒较粗的砂轮，以提高生产效率；精磨加工选用颗粒较细的砂轮，以减小加工表面粗糙度。砂轮与工件接触面积较大时，选用颗粒较粗的砂轮，防止烧伤工件。

3. 黏结剂

黏结剂的作用是将磨粒黏结在一起，形成具有一定形状和强度的砂轮。常用的黏结剂种类有陶瓷黏结剂、树脂黏结剂、橡胶黏结剂和金属黏结剂。它们的性能及适用范围见表 4-9。

表 4-9　黏结剂的性能及适用范围

黏结剂	代号	性　能	适用范围
陶瓷	V(A)	耐热、耐蚀、气孔率大、易保持廓形，弹性差	最常用，适用于各类磨削加工
树脂	B(S)	强度较 V 高，弹性好，耐热性差	适用于高速磨削、切断、开槽等
橡胶	R(X)	强度较 B 高，更富有弹性，气孔率小，耐热性差	适用于切断、开槽以及作为无心磨导孔
金属	M(Q)	常用青铜(Q)，其强度最高，导电性好，磨耗少，自锐性差	适用于金刚石砂轮

4. 硬度

砂轮的硬度是指磨粒在磨削力作用下，从砂轮表面上脱落的难易程度。砂轮硬度越高，磨粒越不容易脱落。砂轮的硬度等级和代号见表 4-10。

表 4-10　砂轮的硬度等级和代号

大级名称	超软			软			中软		中		中硬			硬		超硬
小级名称	超软			软 1	软 2	软 3	中软 1	中软 2	中 1	中 2	中硬 1	中硬 2	中硬 3	硬 1	硬 2	超硬
代号	D	E	F	G	H	J	K	L	M	N	P	Q	R	S	T	Y

磨削时，如砂轮硬度过高，则磨钝了的磨粒不能及时脱落，会使磨削温度升高而造成工件烧伤；若砂轮太软，则磨粒脱落过快，不能充分发挥磨粒的磨削效能，也不易保持砂轮的外形。

工件材料硬度较高时，应选用较软的砂轮；工件材料硬度较低时，应选用较硬的砂轮；砂轮与工件接触面较大时，应选用较软砂轮；磨薄壁件及导热性差的工件时应选用较软的砂轮；精磨和成形磨时，应选用较硬的砂轮；砂轮粒度号大时，应选用较软的砂轮。

5. 组织

砂轮的组织是指磨粒、黏结剂、气孔三者之间的比例关系。磨粒在砂轮体积中所占的比例越大，则组织越紧密。砂轮的组织代号和适用范围见表 4-11。

表 4-11　砂轮的组织代号和适用范围

组织分类	紧密				中等				疏松						
组织代号	0	1	2	3	4	5	6	7	8	9	10	11	12	13	14
体积分数/%	62	60	58	56	54	52	50	48	46	44	42	40	38	36	34
适用范围	用于重压力下的磨削以及表面质量、精度要求较高的磨削；间断加工、成形磨削等				用于一般磨削和淬火钢加工；道具刃磨、内外圆磨削、砂轮圆周平面磨削				磨削热敏性强的材料或薄壁零件以及较韧的金属；砂轮断面磨平面和大接触面磨削以及压力较小的磨削						

6. 砂轮形状、用途和标识

常用砂轮的形状、代号和基本用途参见表 4-12。

表 4-12　常用砂轮的形状、代号和基本用途

砂轮名称	代号	断面图	基本用途
平形砂轮	P		根据不同尺寸，用于外圆磨、内圆磨、平面磨、无心磨、工具磨、螺纹磨和砂轮机

续上表

砂轮名称	代号	断面图	基本用途
双斜边砂轮	PSX		主要用于磨齿轮齿面和磨单线螺纹
双面凹砂轮	PSA		主要用于外圆磨削和刃磨刀具,还用作无心磨的磨轮和导轮
薄片砂轮	PB		主要用于切断和开槽等
筒形砂轮	N		用于立式平面磨床上
杯形砂轮	B		主要用于端面刃磨刀具,也可用圆周磨平面和内孔
碗形砂轮	BW		通常用于刃磨刀具,也可用于导轨磨上磨机床导轨
碟形砂轮	D		适于磨铣刀、铰刀、拉刀等,大尺寸一般用于磨齿轮

在砂轮的端面上一般都印有标志,用以标识砂轮的特性。例如:在标记"1-300×30×75-AF60L5V-35 m/s"中,"1"表示该砂轮为平形砂轮,"300"为砂轮的外径(mm),"30"为砂轮的厚度(mm),"75"为砂轮内径(mm),"A"表示磨料为棕刚玉,"F60"为砂轮的粒度号,"L"表示砂轮的硬度为中软2,"5"为砂轮的组织代号,"V"表示砂轮的黏结剂为陶瓷,"35 m/s"是砂轮允许的最高圆周速度。

4.11.2 超硬砂轮的特性和选择

超硬砂轮采用人造金刚石或立方氮化硼为磨料,主要用于磨削硬质合金、宝石、光学玻璃、半导体材料等,以及各种高温合金,高钼、高钒、高钴钢、不锈钢等材料。超硬砂轮使用树脂黏结剂和陶瓷黏结剂,还使用青铜和铸铁纤维等金属黏结剂。超硬砂轮用浓度表示砂轮内含有磨粒的疏密程度。浓度的高低用百分比表示,如25%、75%、100%、150%等,磨料在磨具中的浓度值为100%时,其磨料含量为0.88 g/cm^3。加工石材、玻璃时,选较低浓度金刚石砂轮;加工超硬合金、金属陶瓷等难加工材料时,选高浓度金刚石砂轮。立方氮化硼砂轮只用于加工金属材料,应选用较高浓度的砂轮。成形磨削和镜面磨削选用高浓度砂轮。

4.11.3 磨削加工类型

根据砂轮与工件相对位置的不同,磨削可大致分为:内圆磨削、外圆磨削和平面磨削。图4-44给出了主要磨削类型。

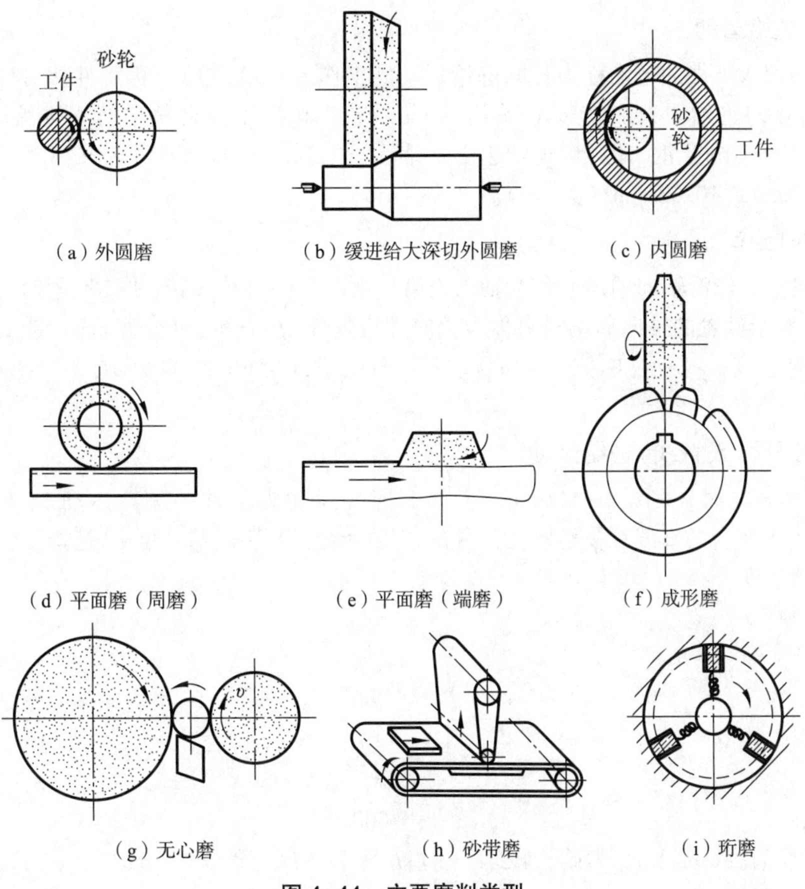

（a）外圆磨　（b）缓进给大深切外圆磨　（c）内圆磨

（d）平面磨（周磨）　（e）平面磨（端磨）　（f）成形磨

（g）无心磨　（h）砂带磨　（i）珩磨

图 4-44　主要磨削类型

4.11.4　磨削运动

磨削类型不同,磨削运动也不同,如图 4-45 所示。

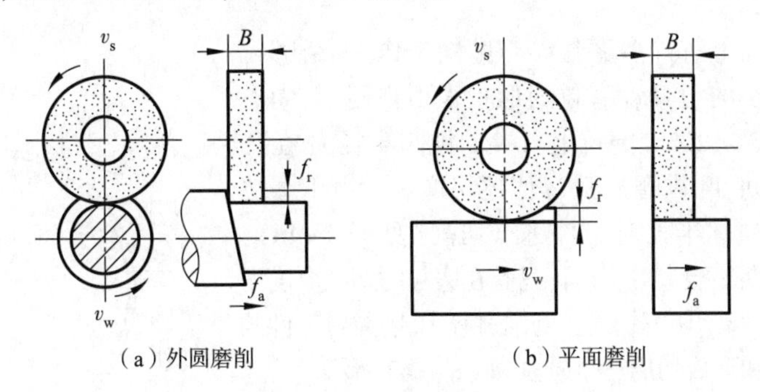

（a）外圆磨削　（b）平面磨削

图 4-45　磨削运动

1. 主运动

砂轮的回转运动称为主运动。主运动速度(即砂轮外圆的线速度)称磨削速度,用 v_s 表示

$$v_s = \frac{\pi d_s n_s}{1\ 000} \tag{4-36}$$

式中,d_s 为砂轮直径(mm);n_s 为砂轮转速(r/s)。

2. 径向进给运动

砂轮径向切入工件的运动称为径向进给运动。工作台每双(单)行程工件相对砂轮径向移动的距离,称为径向进给量,以 f_r 表示,单位为 mm/(d · str)(工作台每单行程进给时,f_r 单位为 mm/str)。当作连续进给时,用径向进给速度 v_r 表示,单位为 mm/s。通常 f_r 又称磨削深度 α_p。一般情况下,$f_r=0.005\sim0.02$ mm/(d · str)。

3. 轴向进给运动

工件相对于砂轮沿轴向的运动称为轴向进给运动。工件每转一转(平面磨削时为工作台每一行程)工件相对于砂轮的轴向移动距离称为轴向进给量,以 f_a 表示,单位为 mm/r 或 mm/str。有时还用轴向进给速度 v_a 表示,单位为 mm/s。一般情况下,$f_a=(0.2\sim0.8)B$,B 为砂轮宽度,单位为 mm。

4. 工件圆周(或直线)进给运动

外(内)圆磨削时[见图 4-44(a)],工件的回转运动为工件的进给运动;平面磨削时[见图 4-44(b)],工作台的直线往复运动为工件的进给运动。工件进给速度 v_w 是指工件圆周线速度或工作台移动速度。

外圆磨削时

$$v_w=\frac{\pi d_w n_w}{1\ 000} \tag{4-37}$$

平面磨削时

$$v_w=\frac{2Ln_{tab}}{1\ 000} \tag{4-38}$$

式中,d_w 为砂轮直径(mm);n_w 为砂轮转速(r/s);L 为工件台行程长度(mm);n_{tab} 为工件台往复运动频率(s^{-1})。

外圆磨削时,若同时具有 v_s、v_w、f_a 连续运动,则为纵向磨削。如无轴向进给运动,即 $f_a=0$,则砂轮相对于工件作连续径向进给,称为切入磨削(或横向进给)。

4.11.5 磨削过程

磨削时砂轮表面上有许多磨粒参与磨削工作,每个磨粒都可以看作一把微小的刀具。磨粒的形状很不规则,其尖点的顶锥角大多为 90°~120°。磨粒上刃尖的钝圆半径 r_n 在几微米至几十微米之间,磨粒磨损后 r_n 值还将增大。由于磨粒以较大的负前角和钝圆半径对工件进行切削(见图 4-46),磨粒接触工件的初期不会切下切屑,只有在磨粒的切削厚度增大到某一临界值后才开始切下切屑。磨削过程中,磨粒对工件的作用包括滑擦、耕犁和形成切屑三个阶段,如图 4-47 所示。

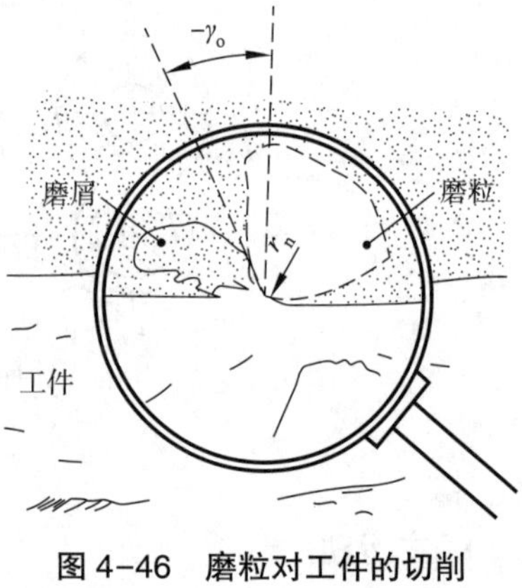

图 4-46 磨粒对工件的切削

(1)滑擦阶段。磨粒刚开始与工件接触时,由于切削厚度非常小,磨粒只是在工件上滑擦,砂轮和工件接触面上只有弹性变形和由摩擦产生的热量。

(2)耕犁阶段。随着切削厚度逐渐加大,被磨工件表面开始产生塑性变形,磨粒逐渐切入工件表层材料中。表层材料被挤向磨粒前方和两侧,工件表面出现沟痕,沟痕两侧产生隆起,如图 4-47 中 N—N 截面图所示,此阶段磨粒对工件的挤压摩擦剧烈，产生的热量大大增加。

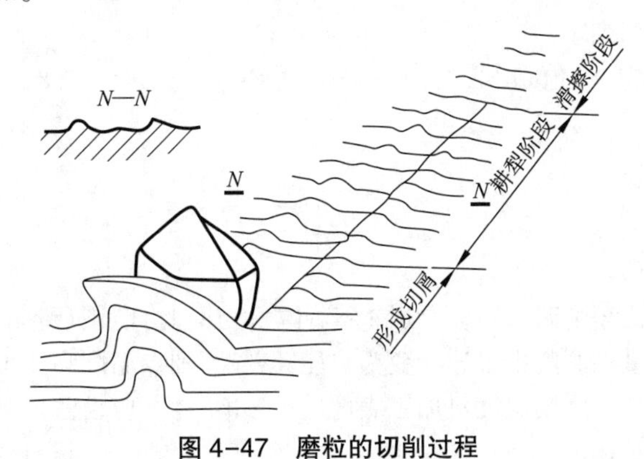

图 4-47　磨粒的切削过程

(3)形成切屑。当磨粒的切削厚度增加到某一临界值时，磨粒前面的金属产生明显的剪切滑移形成切屑。

磨削过程中产生的沟痕两侧隆起的现象对磨削表面粗糙度影响较大。图 4-48 所示为隆起量与磨削速度的关系，随着磨削速度的增加，隆起减小，这是因为在较高磨削速度条件下，工件材料塑性变形的传播速度远小于磨削速度，磨粒侧面的材料来不及变形。由图可知，增加磨削速度对减小隆起量是有利的。

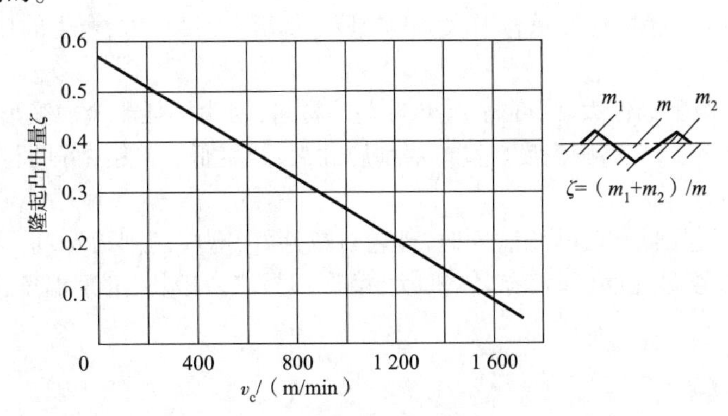

图 4-48　隆起量与磨削速度的关系

4.11.6　磨削力

磨削力可以分解为三个分力：主磨削力(切向磨削力)F_c、背向力 F_p、进给力 F_f，如图 4-49 所示。与切削力相比，磨削力具有以下特征：

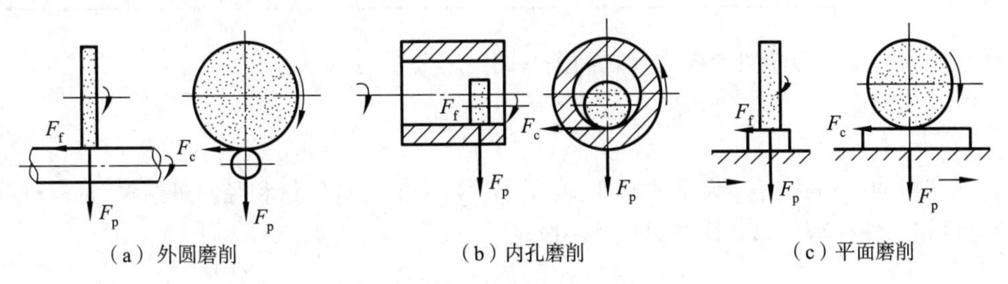

图 4-49　磨削时的三个磨削分力

(1)单位磨削力 k_c 都在 70 kN/mm^2 以上,切削加工的 k_c 值均在 7 kN/mm^2 以下,原因是磨粒大多以较大的负前角进行切削。

(2)三向磨削分力中 F_p 值最大,磨削一般钢时 F_p/F_c 为 1.6~1.8,磨削淬火钢时 F_p/F_c 为 1.9~2.6,磨削铸铁时 F_p/F_c 为 2.7~3.2。

4.11.7 磨削温度

1. 磨削温度的概念

磨削时单位磨削力比车削时大得多,切除金属体积相同时,磨削所消耗的能量远远大于车削所消耗的能量。这些能量在磨削中迅速转变为热能,磨粒磨削点温度高达 1 000~1 400 ℃,砂轮磨削区温度也有几百摄氏度。磨削温度对加工表面质量影响很大,应设法控制。

2. 影响磨削温度的因素

(1)砂轮速度 v_c。提高 v_c,单位时间通过工件表面的磨粒数增多,单颗磨粒切削厚度减小,挤压和摩擦作用加剧,单位时间内产生的热量增加,使磨削温度升高。

(2)工件速度 v_w。增大 v_w,单位时间内进入磨削区的工件材料增加,单颗磨粒的切削厚度加大,磨削力及能耗增加,磨削温度上升;但从热量传递的观点分析,提高工件速度 v_w,工件表面与砂轮的接触时间缩短,工件上受热影响区的深度较浅,可以有效防止工件表面层产生磨削烧伤和磨削裂纹。

(3)径向进给量 f_r。径向进给量 f_r 增大,单颗磨粒的切削厚度增大,产生的热量增多,使磨削温度升高。

(4)工件材料。磨削韧性大、强度高、导热性差的材料,因为消耗于金属变形和摩擦的能量大,发热多,而散热性能又差,故磨削温度较高。磨削脆性大、强度低、导热性好的材料,磨削温度相对较低。

(5)砂轮特性。选用低硬度砂轮磨削时,砂轮自锐性好,磨粒切削刃锋利,磨削力和磨削温度都比较低。选用粗粒度砂轮磨削时,容屑空间大,磨屑不易堵塞砂轮,磨削温度比选用细粒度砂轮磨削时低。

4.11.8 砂轮寿命

砂轮使用寿命是砂轮相邻两次修正间的纯磨削时间,以秒(s)来表示,也可用磨削工件数目表示。砂轮常用合理使用寿命参考值见表 4-13。

表 4-13 砂轮常用合理使用寿命参考值

磨削种类	外圆磨	内圆磨	平面磨	成形磨
使用寿命 T/s	1 200~2 400	600	1 500	600

外圆纵磨时,使用寿命 T 与各因素之间关系的经验公式为

$$T=\frac{6.67\times10^{-4}d_w^{0.6}}{(v_w f_a f_r)^2}K_m K_s \tag{4-39}$$

式中,d_w 为工件直径(mm);v_w 为工件速度(m/s);f_a、f_r 为轴向进给量和径向进给量(mm/r);K_s、K_m 为砂轮直径和工件材料的修正系数,见表 4-14。

表 4-14　修正系数 K_m、K_s 值

工件材料	未淬火钢	淬火钢	铸钢
修正系数 K_m	1.0	0.9	1.1

砂轮直径/mm	400	500	600	750
修正系数 K_s	0.67	0.83	1.0	1.25

习　题

4-1　简述切削运动的概念及组成。

4-2　简述切削用量三要素及其与切削层参数的关系。

4-3　简述切削方式的分类。

4-4　简述刀具角度参考系中基面、切削平面、正交平面的概念。

4-5　简述确定外圆车刀切削部分几何形状的基本角度,并画图标注。

4-6　简述刀具标注角度和工作角度的关系,并说明车刀横向进给切削时,进给量取值不能过大的原因。

4-7　简述在车床上车外圆和镗内孔时,刀尖安装的高低将导致前角和后角如何变化。

4-8　简述刀具切削部分的材料必须具备的主要性能要求。

4-9　简述高速钢刀具材料的特点、分类及适合制造何种刀具。

4-10　简述硬质合金刀具材料的特点、分类及适合制造何种刀具。

4-11　简述 P 类(YT 类)、K 类(YG 类)、M 类(YW 类)硬质合金如何选用。

4-12　简述金刚石刀具不宜加工铁族材料的主要原因。

4-13　简述如何切削变形区,及各变形区的变形特点。

4-14　简述剪切面和剪切角的概念。

4-15　简述切削变形程度的表示方法。

4-16　简述积屑瘤的形成条件、其对切削过程的影响以及如何抑制积屑瘤的产生。

4-17　简述影响切削变形的主要因素及影响规律。

4-18　简述常见的切屑形态、产生条件。

4-19　简述控制切屑类型的方法。

4-20　简述切削力的来源。

4-21　简述切削力的合力与分力及各分力在加工中的作用。

4-22　简述影响切削力的主要因素及影响规律。

4-23　简述切削温度的来源、传导及测量方法。

4-24　简述影响切削温度的主要因素及影响规律。

4-25　简述刀具磨损的形式。

4-26　简述刀具磨损的原因(磨损机制),及产生条件。

4-27　简述刀具磨损过程。

4-28　简述刀具的磨钝标准,及制定刀具磨钝标准要考虑的因素。

4-29　简述刀具寿命和刀具总寿命,及切削用量三要素对刀具寿命的影响规律。

4-30　简述刀具寿命的选择原则,及如何合理选择刀具寿命。

4-31　简述材料的切削加工性,及其衡量指标。

4-32　简述难加工材料的切削加工特点及改善途径。

4-33　简述切削液的分类及作用。

4-34　简述刀具前角和后角的功用及选择原则。

4-35　简述切削用量的选择原则及选择方法。

4-36　简述砂轮的特性及选择原则。

4-37　简述磨削过程及特点。

4-38　如图 4-50 所示,在 CA6140 车床上将右端面去除 2.5 mm,机床主电动机 $P_m=7.5$ kW,传动效率 $\eta_m=0.82$;$n_{主轴}=560$ r/min,$f=0.2$ mm/r,$K_c=1\ 800$ N/mm^2,工件直径 $d=44$ mm。(1)写出代号为 1~5 的刀具角度名称和符号;(2)计算图中此时的背吃刀量、切削速度、切削面积、主切削力、切削功率;(3)校核机床电机功率是否满足加工要求。

4-39　如图 4-51 所示,在 CA6140 车床上镗内孔,机床主电动机 $P_m=7.5$ kW,传动效率 $\eta_m=0.8$;$n_{主轴}=500$ r/min,$f=0.24$ mm/r,工件材料为 45 钢,刀具材料为 W18Cr4V。(1)写出代号为 1~5 的刀具角度名称和符号;(2)计算图中此时的背吃刀量、切削速度、切削面积、主切削力(查表 4-4 利用经验公式计算)、切削功率;(3)校核机床电动机功率是否满足加工要求。

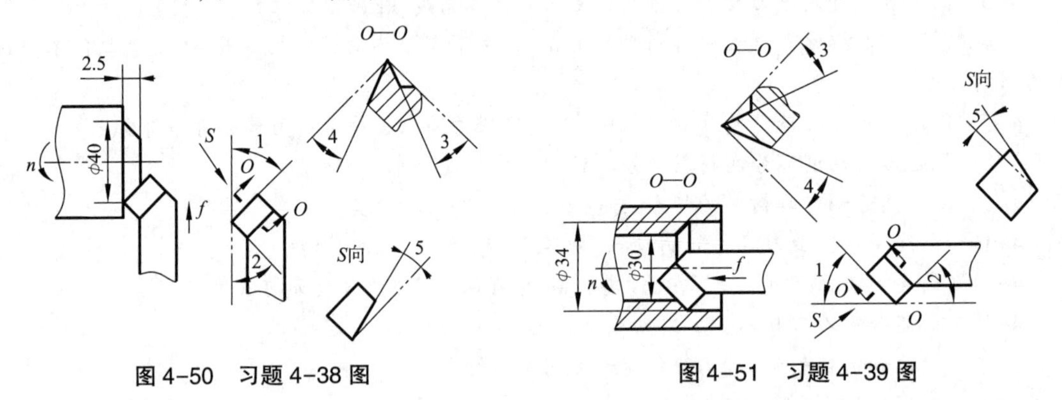

图 4-50　习题 4-38 图　　　　图 4-51　习题 4-39 图

4-40　简述低碳钢和高碳钢的切削加工性都比中碳钢差一些的原因。

4-41　简述 P 类(YT 类)硬质合金不宜加工 1Cr18Ni9Ti 不锈钢和 Ti6Al4V 钛合金的原因。

4-42　根据在下列生产情况,合理选择刀具材料。备选刀具材料:K01(YG3X)、K20(YG6)、K30(YG8)、P30(YT5)、P10(YT15)、P01(YT30)、W18Cr4V、金刚石。图 1-1 一级齿轮减速器零件的生产:(1)粗铣"1"号件箱体和"6"号件箱盖的结合面;(2)精镗"1"号件箱体和"6"号件箱盖的轴承孔;(3)粗车"34"号件齿轮轴的外圆面;(4)精车"39"号件输出轴的外圆面;(5)"41"号件大齿轮的剃齿加工。

4-43　制造图 1-1 一级齿轮减速器的"39"号件输出轴时,若选用 45 钢(抗拉强度 $R_m=637$ MPa)直径ϕ70 mm 的热轧圆棒料为毛坯,其中与大齿轮配合的ϕ60r6 轴径主要切削加工过程为毛坯粗车至ϕ62 h12→半精车至ϕ60.2 h10→磨削至ϕ60r6,粗车选用 P30(YT5)刀具,几何参数为 $\gamma_o=12°$,$\alpha_o=\alpha'_o=6°$,$\kappa_r=60°$,$\kappa'_r=10°$,$\lambda_s=0°$,$r_\varepsilon=0.5$ mm,$b_{\gamma1}=0.2$ mm,刀杆截面尺寸为 16 mm×25 mm,半精车选用 P10(YT15)刀具,几何参数为 $\gamma_o=15°$,$\alpha_o=8°$,$\alpha'_o=6°$,$\kappa_r=60°$,$\kappa'_r=10°$,$\lambda_s=0°$,$r_\varepsilon=0.5$ mm,$b_{\gamma1}=0.2$ mm,刀杆截面尺寸为 16 mm×25 mm,机床为 CA6140。试为粗车和半精车选择合适的切削用量。

第 5 章　机械加工方法与机床

阅读导入

2013 年，我国建成的 8 万吨级模锻液压机，地上高 27 m、地下 15 m，总高 42 m，设备总质量 2.2 万吨，可以锻造起落架等上百种飞机零件，是国产大飞机 C919 试飞成功的重要功臣之一。巨型模锻液压机，是象征重工业实力的国宝级战略装备，是衡量一个国家工业实力和军工能力的重要标志。可见，机床作为装备制造业的工作母机，是先进制造技术的载体和装备工业的基本生产手段，是装备制造业的基础设备。

5.1　概　　述

5.1.1　零件表面成形原理

1. 零件表面的形状

机器零件的结构形状尽管千差万别，但其轮廓都是由若干几何表面（如平面，内、外旋转表面等）按一定位置关系构成的。零件表面可以看作一条线（母线）沿另一条线（导线）运动的轨迹。母线和导线统称为形成表面的发生线或成形线。如图 5-1 所示，常见的零件表面按其形状可分为四类：

（1）旋转表面。由平行于轴线的母线 A 沿着圆导线 B 转动形成。

（2）纵向表面。平面由直母线 A 沿直导线 B 移动形成。

（3）螺旋表面。由直母线 A 沿螺旋导线 B 运动（边作旋转运动 v'，边作轴向移动 v''）形成。

（4）复杂曲面。上述三种表面都是由固定形状的母线沿导线移动形成的。复杂曲面则是由形状不断变化的母线沿导线移动形成的，如螺旋桨表面、涡轮叶片表面、复杂模具型腔面、飞机和汽车的外形表面等。

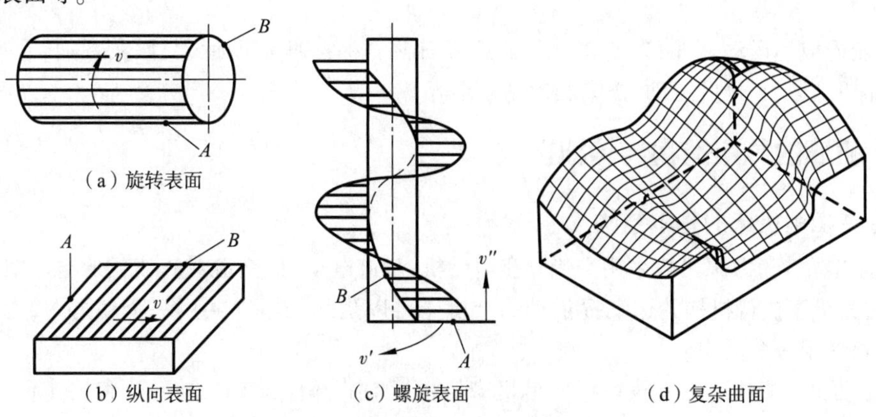

图 5-1　组成工件轮廓的几何表面

2. 零件表面的形成方法

零件表面的形成方法,相当于表面发生线的形成方法,如图 5-2 所示,可分为以下 4 种:

(1)轨迹法。刀具切削点 1 按一定规律作轨迹运动 3,形成所需的发生线 2。采用轨迹法形成发生线,刀具需要有一个独立的成形运动。

(2)成形法。刀具切削刃是切削线 1,其形状及尺寸与发生线 2 一致。用成形法形成发生线,刀具不需要专门的成形运动。

(3)相切法。刀具切削刃为旋转切削刀具(铣刀、砂轮)上的切削点 1。加工时,刀具中心按一定规律作轨迹运动 3,切削点运动轨迹与工件相切就形成了发生线 2。用相切法形成发生线,刀具需要有两个独立的成形运动,即刀具的旋转运动和刀具中心按一定规律作轨迹运动。

(4)展成法。刀具切削刃为切削线 1,与需要形成的发生线 2 不相同。在形成发生线的过程中,切削线 1 与发生线 2 作纯滚动运动(展成运动),切削线 1 与发生线 2 逐点相切,发生线 2 是切削线 1 的包络线。用展成法形成发生线刀具和工件需要有一个独立的复合成形运动 3(展成运动)。

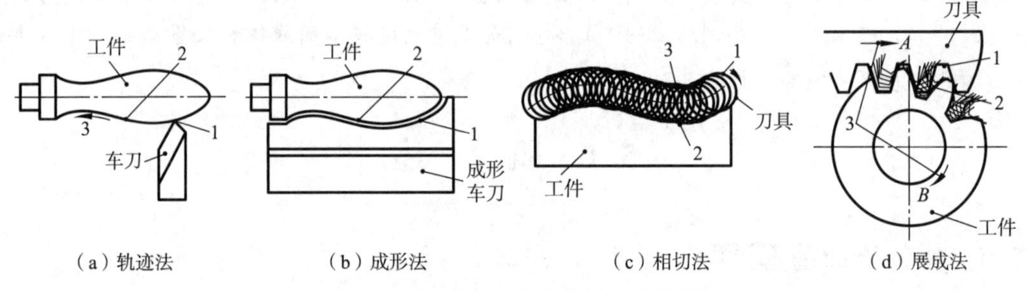

图 5-2　形成表面发生线的四种方法

3. 表面成形运动

在切削加工中,为获得所需工件表面形状,必须使刀具和工件按前述 4 种方法之一完成各自运动。用来形成被加工表面形状的运动称为表面成形运动,由机床的主运动和进给运动组成。

(1)主运动。机床上形成切削速度并消耗大部分切削动力的运动。主运动可以由工件或刀具实现,例如车床主轴带动工件的转动,钻床主轴带动钻头的转动,龙门刨床工作台带动工件的直线运动等。主运动可以是旋转运动,也可以是直线运动。

(2)进给运动。根据工件的形状配合主运动使切削得以继续的运动。根据刀具相对于工件被加工表面运动方向的不同,进给运动可分为横向进给、纵向进给、圆周进给、切向进给和径向进给等。

除了表面成形运动之外,为完成工件加工,机床还需有一些辅助运动,以实现加工中的各种辅助动作,如切入运动、分度运动、操纵和控制运动等。

5.1.2　机床的基本结构与传动链

1. 金属切削机床的基本结构

(1)动力源。动力源一般采用交流异步电动机、步进电动机、交流或直流伺服电动机及液压驱动装置等,为机床执行机构的运动提供动力。机床可以是几个运动共用一个动力源,也可以是一个运动单独使用一个动力源。

(2)运动执行机构。运动执行机构是机床执行运动的部件,如主轴、刀架和工作台等,带动工件或刀具旋转或移动。

(3)传动机构。传动机构是将机床动力源的运动和动力传给运动执行机构,或将运动由一个执行机构传递到另一个执行机构,以保持两个运动之间的准确传动关系。传动机构还可以改变运动方向、运动速度及运动形式,例如将旋转运动变为直线运动。

(4)控制系统和伺服系统。控制系统是指数控机床上由计算机及相应的软、硬件构成的控制系统,对机床运动进行控制,实现各运动之间的准确协调。伺服系统根据控制系统给出的速度和位置指令驱动机床进给运动部件,完成指令规定动作。

(5)支承系统。支承系统是机床的机械本体,包括床身、立柱及相关机械连接在内的支承结构,属于机床基础部分。

2. 金属切削机床的传动链

机床为了获得所需的运动,需要通过传动机构将执行机构(如机床主轴)和动力源,或者将多个执行机构(例如把车床主轴和刀架)连接起来,构成机床传动联系。构成机床传动联系的一系列传动件称为传动链。根据传动联系的性质,可将传动链分为以下两类:

(1)外联系传动链。机床动力源和运动执行机构之间的传动联系称为外联系传动链。外联系传动链的作用是使执行机构按照预定速度运动,并传递一定动力。外联系传动链传动比的变化只影响执行机构的运动速度,不影响发生线性质,所以,外联系传动链不要求动力源与执行机构间有严格的传动比关系。例如,在车床上用轨迹法车削圆柱面时,主轴的旋转和刀架的移动是电动机分别经过两条外传动链传动的,两者之间不要求有严格的传动比关系。

(2)内联系传动链。执行件与执行件之间的传动联系称为内联系传动链。内联系传动链作用是将两个或两个以上单独运动组成复合的成形运动。内联系传动链所联系的各执行件之间的相对运动有严格要求,例如,在车床上车螺纹时,为了保证所加工螺纹的导程,主轴(工件)每转一圈,车刀必须移动一个导程。这个联系主轴与刀架之间的传动链,就是一条有严格传动比要求的内联系传动链。

5.1.3　机床技术性能指标

1. 机床的工艺范围

机床的工艺范围是指在机床上加工的工件类型和尺寸,能够加工完成何种工序,使用什么刀具等。不同的机床,有不同的工艺范围。通用机床具有较宽的工艺范围,在同一台机床上可以满足较多加工需要,适用于单件小批生产。专用机床是为特定零件的特定工序而设计的,自动化程度和生产率都较高,所以加工范围很窄。数控机床既有较宽的工艺范围,又能满足零件较高精度的要求,可以实现自动化加工。

2. 机床的技术参数

机床的主要技术参数包括:尺寸参数、运动参数与动力参数。

(1)尺寸参数。具体反映机床的加工范围,包括主参数、第二主参数和与加工零件有关的其他尺寸参数。

(2)运动参数。指机床执行件的运动速度。例如主轴的最高转速与最低转速、刀架的最大进给量与最小进给量(或进给速度)。

(3)动力参数。指机床电动机的功率。有些机床还给出主轴允许承受的最大转矩等。

5.1.4　机床精度与刚度

加工中保证工件达到要求的精度和表面粗糙度,并能在机床长期使用中保持这些要求,机床本身必须具备的精度称为机床精度,通常包括几何精度、传动精度、运动精度、定位精度、工作精度及精度保持性等几个方面。机床按精度可分为普通级、精密级和高精度级。以上三种精度等级的机床均有相应的精度标准,其公差若以普通级为1,则比例大致为1∶0.4∶0.25。在设计阶段主要从机床的精度分配、元件及材料选择等方面提高机床精度。

1. 几何精度

几何精度是指机床空载条件下,在不运动(机床主轴不转或工作台不移动等情况下)或运动速度较低时各主要部件形状、相互位置和相对运动的精确程度。几何精度主要取决于结构设计、制造和装配质量,并直接影响加工工件精度,是评价机床质量的基本指标。

2. 传动精度

传动精度是指机床传动系各末端执行件之间运动的协调性和均匀性。影响传动精度的主要因素是传动系统的设计、传动元件的制造和装配精度。

3. 运动精度

运动精度是指机床空载并以工作速度运动时,主要零部件的几何位置精度,与结构设计及制造等因素有关。对于高速精密机床,运动精度是评价机床质量的一个重要指标。

4. 定位精度

定位精度是指机床的定位部件运动到达规定位置的精度。定位精度直接影响被加工工件的尺寸精度和几何精度。机床构件和进给控制系统的刚度、精度以及其动态特性,机床测量系统的精度都将影响机床定位精度。

5. 工作精度

加工规定的试件,用试件的加工精度表示机床的工作精度。工作精度是各种因素综合影响的结果,包括机床自身的刚度、精度、热变形和刀具、工件的刚度及热变形等。

6. 精度保持性

在规定的工作时间内保持机床所要求的精度,称为精度保持性。影响精度保持性的主要因素是磨损。磨损的影响因素十分复杂,如结构设计、材料、工艺、热处理、防护、润滑、使用条件等。

7. 机床刚度

机床刚度是指机床系统抵抗变形的能力。作用在机床上的载荷有重力、传动力、切削力、夹紧力、摩擦力、冲击振动干扰力等。按照载荷的性质不同,可分为静载荷和动载荷。不随时间变化或变化极为缓慢的力称静载荷。凡随时间变化的力如冲击振动力及切削力的交变部分等称动载荷。机床刚度相应地分为静刚度和动刚度,动刚度是抗振性的一部分,习惯所说的刚度一般指静刚度。

5.1.5 机床分类与型号

1. 机床分类

机床的分类方法很多,最基本的是按机床的主要加工方法、所用刀具及其用途进行分类。根据国家标准《金属切削机床　型号编制方法》(GB/T 15375—2008),机床共分为11类,即车床、钻床、镗床、磨床、齿轮加工机床、螺纹加工机床、铣床、刨插床、拉床、锯床和其他机床。各类机床,又按照工艺范围、布局形式和结构性能等,分为10组,每组又分为若干系(系列)。

同类机床按照通用性程度又可分为通用机床、专门化机床和专用机床。通用机床的工艺范围比较宽,可以加工一定尺寸范围内的各类零件,如卧式车床、摇臂钻床、万能升降台铣床等。专门化机床的工艺范围比较窄,只能加工一定尺寸范围内的某一类(或少数几类)零件,完成某一种(或少数几种)特定工序,如凸轮轴车床、曲轴车床等。专用机床的工艺范围最窄,通常只能完成某一特定零件的特定工序，例如，加工机床导轨的专用导轨磨床、加工机床主轴箱的专用镗床等。组合机床属于专用机床。

2. 通用机床型号的表示方法

机床型号是机床产品的代号，用以简明地表示机床的类型、性能和结构特点、主要技术参数等。国家标准《金属切削机床　型号编制方法》(GB/T 15375—2008)规定，机床型号由一组汉语拼音字母和阿拉伯数字，按一定规律组合而成。通用机床型号由基本部分和辅助部分组成，中间用"/"隔开，读作"之"。基本部分统一管理，辅助部分由机床生产企业自定。通用机床型号的表示方法为：

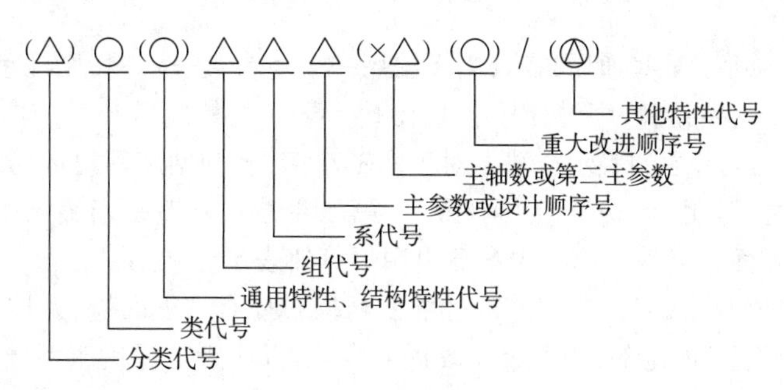

注：1. 有"(　)"的代号或数字，当无内容时，则不表示；若有内容则不带括号。

2. 有"○"符号者，为大写的汉语拼音字母。

3. 有"△"符号者，为阿拉伯数字。

4. 有"⊚"符号者，为大写的汉语拼音字母或阿拉伯数字，或两者兼有。

(1)机床的类别及代号。机床类别用大写汉语拼音字母表示，见表 5-1。需要时，类以下还可有若干分类，分类代号用阿拉伯数字表示，放在类别代号之前，作为型号的首位，第一分类代号的数字不用表示，例如磨床就有 M、2M、3M 三个分类。对于具有两类特性的机床型号编制时，主要特性放在后面，次要特性放在前面。例如铣镗床，以镗为主，铣为辅。

表 5-1　机床的类别代号

类别	车床	钻床	镗床	磨床			齿轮加工机床	螺纹加工机床	铣床	刨插床	拉床	锯床	其他机床
代号	C	Z	T	M	2M	3M	Y	S	X	B	L	G	Q
读音	车	钻	镗	磨	二磨	三磨	牙	丝	铣	刨	拉	割	其

(2)通用特性代号和结构特性代号。这两种代号用大写汉语拼音字母表示，位于类代号之后。通用特性代号有统一的规定，见表 5-2。当某类型机床有普通型，还具有某种通用特性时，则应在类代号之后加通用特性代号；当某类型机床只有某种通用特性，而没有普通型时，则通用特性不表示。当一个型号有两个以上通用特性时，一般按重要程度排序。例如 MG 表示高精度磨床。

表 5-2　通用特性代号

通用特性	高精度	精密	自动	半自动	数控	加工中心(自动换刀)	仿形	轻型	加重型	简式或经济型	柔性加工单元	数显	高速
代号	G	M	Z	B	K	H	F	Q	C	J	R	X	S
读音	高	密	自	半	控	换	仿	轻	重	简	柔	显	速

结构特征代号没有统一的规定，只是对主参数相同而结构、性能不同的机床，用结构特性代号予以区分。当型号中有通用特性代号时，排在通用特性代号之后，用字母 A、B、C、D 等表示。当单

个字母不够用时，可两个字母组合使用，如AD、AE等。例如CA6140型卧式车床中的“A”就是结构特征代号，表示此型号车床在结构上不同于C6140型车床。

(3)机床组、系的划分及代号。机床组的划分原则是同一类机床中，主要布局或使用范围基本相同的机床分为一组。每类划分为10个组，用数字0~9表示。每组机床又分10个系(系列)，系的划分原则是同一组机床中，主参数、主要结构及布局形式相同的机床，划为同一系。机床的组、系代号分别用一位阿拉伯数字表示，位于类别代号或特性代号之后。

(4)主参数的表示方法。机床主参数代表机床规格的大小，用折算值(主参数乘以折算系数，如1、1/10等)表示，当折算值大于1时，取整数；当折算值小于1时，取小数点后第一位数，并在前面加“0”。

(5)设计顺序号。对于某些通用机床，当无法用一个主参数表示时，则在型号中用设计顺序号表示，设计顺序号由1起始，当顺序设计号小于10时，从01开始编号。

(6)主轴数和第二主参数的表示方法。对于多轴车床、多轴钻床等机床，其主轴数以实际值列入型号，置于主参数之后，用“×”分开，读作“乘”。第二主参数一般是指最大模数、最大工件长度、最大转矩、工作台工作面长度等。第二主参数也用折算值表示。

(7)机床的重大改进顺序号。当机床的性能及结构布局有重大改进，并按新产品重新设计、试制和鉴定时，在原机床型号的尾部，加上重大改进顺序号，以区别于原机床型号。序号按A,B,C,…字母的顺序选用。

(8)其他特征代号及其表示方法。其他特征代号置于辅助部分之首，主要用以反映机床的特性，如控制系统、联动轴数、机床变型等，可以用字母、数字或字母加数字的形式表示。例如，在基本型号机床的基础上，如果仅改变机床的部分结构性能，则可在基本型号之后加上1,2,3,…变型代号。

通用机床型号CA6140A的含义为：

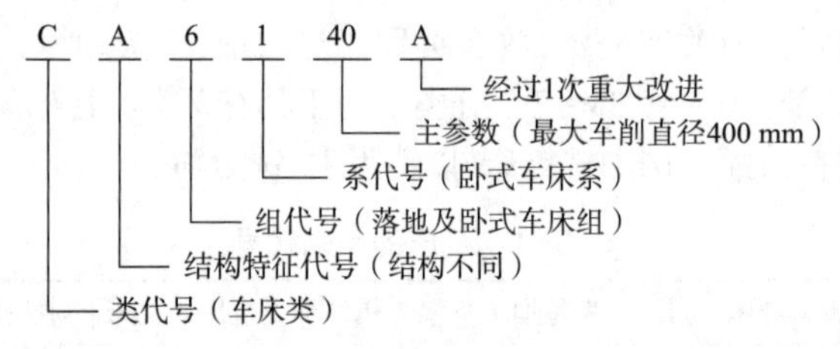

3. 专用机床的型号

专用机床型号由设计单位代号和设计顺序号组成。专用机床型号的表示方法为：

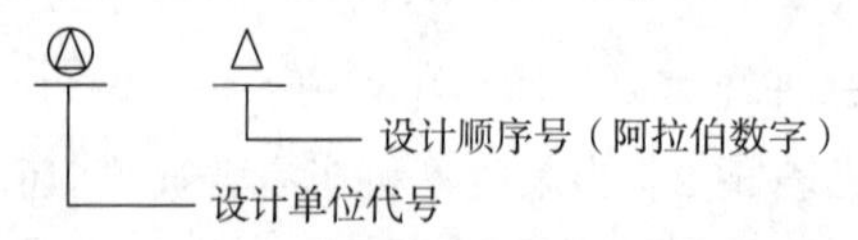

设计单位代号包括机床生产厂和机床研究单位代号，位于型号之首。设计顺序号按该单位的设计顺序(由“001”开始)排列，位于设计单位代号之后，并用“-”号隔开，读作“至”。

4. 机床自动线的型号

机床自动线由通用机床和专用机床组成，在型号中用“ZX”(自线)表示，位于设计单位代号之后，并用“-”号隔开。机床自动线型号的表示方法为：

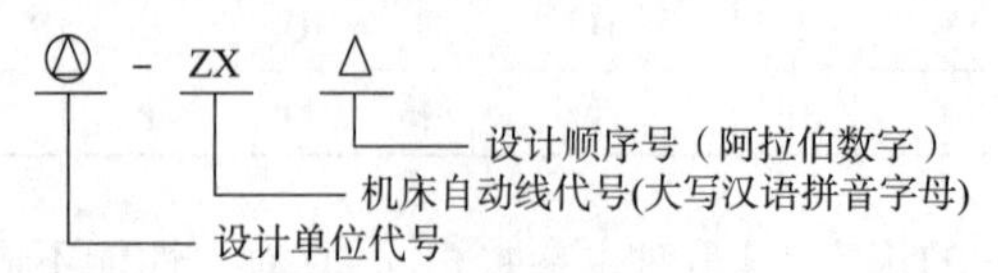

5.2　车削加工方法与车床

5.2.1　车削加工方法

1. 车削加工工艺范围

车削加工的特点是工件旋转，产生主切削运动，因此车削主要加工回转体零件上的旋转表面，也可以加工端面、槽、滚花等。图 5-3 为车削加工的典型工艺，车削加工中要使用对应的车刀，车刀按用途分为外圆车刀、端面车刀、内孔车刀、切断刀、切槽刀、外螺纹车刀及内螺纹车刀等。

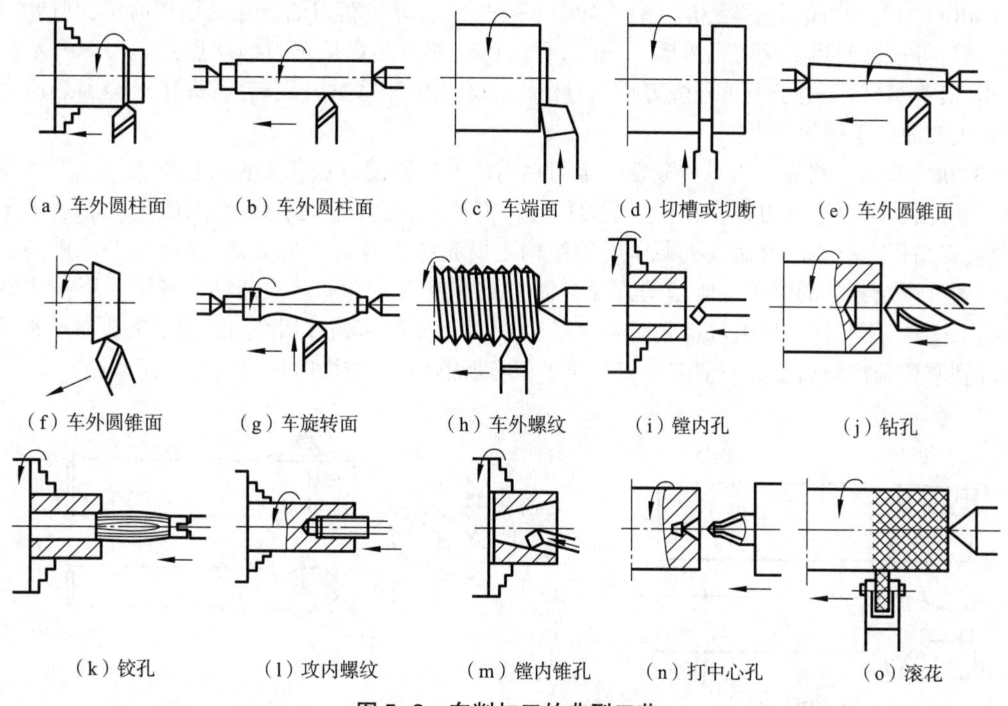

（a）车外圆柱面　（b）车外圆柱面　（c）车端面　（d）切槽或切断　（e）车外圆锥面
（f）车外圆锥面　（g）车旋转面　（h）车外螺纹　（i）镗内孔　（j）钻孔
（k）铰孔　（l）攻内螺纹　（m）镗内锥孔　（n）打中心孔　（o）滚花

图 5-3　车削加工的典型工艺

2. 车削加工工艺特点

（1）粗车。车削加工是外圆粗加工最经济有效的方法。由于粗车的主要目的是高效地从毛坯上切除多余的金属，因而提高生产率是其主要任务。粗车通常采用尽可能大的背吃刀量和进给量来提高生产率。为了保证必要的刀具寿命，所选切削速度一般较低。粗车时，车刀应选取较大的主偏角，以减小背向力，防止工件产生变形和振动；选取较小的前角、后角和负值的刃倾角，以增强车刀切削部分的强度。粗车所能达到的加工精度为 IT12~IT11，表面粗糙度 Ra 为 50~12.5 μm。

（2）精车。精车的主要任务是保证零件所要求的加工精度和表面质量要求。精车外圆表面一般采用较小的背吃刀量与进给量和较高的切削速度（$v_c \geq 100$ m/min）。在加工大型轴类零件外圆时，常采用宽刃车刀低速精车（$v_c = 2 \sim 12$ m/min）。精车时，车刀应选用较大的前角、后角和正值的刃倾角，以提高加工表面质量。精车可作为较高精度外圆的最终加工或作为精细加工的预加工。精车的加工精度可达 IT8~IT6，表面粗糙度 Ra 可达 1.6~0.8 μm。

（3）细车。细车的特点是背吃刀量 a_p 和进给量 f 取值极小（$a_p = 0.03 \sim 0.05$ mm，$f = 0.02 \sim 0.2$ mm/r），切削速度 v_c 高达 150~2 000 m/min。细车一般采用立方氮化硼（CBN）、金刚石等超硬

材料刀具进行加工,所用机床也必须是主轴能作高速回转并具有很高刚度的高精度或精密机床。细车的加工精度及表面粗糙度与普通外圆磨削大体相当,加工精度可达IT6~IT5,表面粗糙度 *Ra* 可达0.02~1.25 μm,多用于磨削加工性不好的有色金属工件的精密加工。对于容易堵塞砂轮气孔的铝及铝合金等工件,细车更为有效。在加工大型精密外圆表面时,细车可以代替磨削加工。

3. 常见车刀结构

车刀按其结构可分为:整体车刀、焊接车刀、机夹车刀和可转位车刀等。

(1)整体车刀。整体车刀是做成长条形状的整块高速钢,俗称“白钢刀”,已淬硬至62~66 HRC,其特点是切削部分可以磨出多种切削刃及角度,满足加工需要。

(2)焊接车刀。焊接车刀是把硬质合金刀片镶焊(钎焊)在优质碳素结构钢(45钢)或合金结构钢(40Cr)的刀杆刀槽上后经刃磨制得,如图5-4所示。焊接车刀的优点是结构简单、制造方便、使用可靠,可根据使用要求随意刃磨,刀片的利用也较充分。焊接车刀的缺点是车刀刀杆不能重复使用,浪费钢材;又由于硬质合金刀片和刀杆材料的线膨胀系数差别较大,焊接时会因热应力引起刀片上表面产生微裂纹。

(3)机夹车刀。机夹车刀是将硬质合金刀片用机械夹固的方法装夹在刀杆上而成。刀刃位置可以调整,用钝后可重复刃磨。其特点是刀杆可重复使用,刀片避免了焊接裂纹、崩刃和硬度下降的弊病,提高了刀具使用寿命。机夹车刀的结构主要是指刀片的夹固方式,应满足刀片重磨后切削刃位置可调及断屑的要求。典型的刀片夹固方式有上压式和侧压式两种。其中上压式机夹车刀(见图5-5),用螺钉和压板从上表面夹紧刀片,并用调整螺钉调整切削刃位置。需要时压板前端可镶焊硬质合金作断屑器。一般安装刀片时可留有所需前角,重磨时仅刃磨后刀面即可。

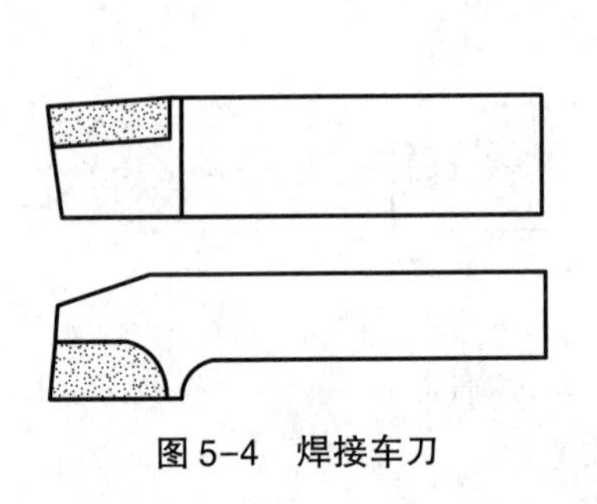

图5-4 焊接车刀

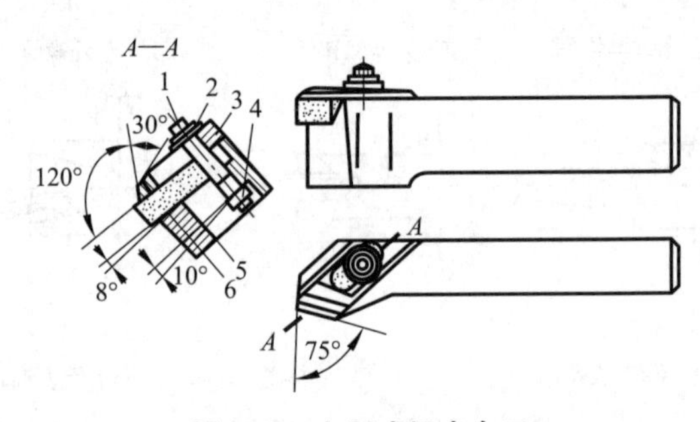

图5-5 上压式机夹车刀

1—螺钉;2—垫圈;3—压板;4—螺母;5—刀杆;6—刀片

(4)可转位车刀。可转位车刀的刀片一般采用硬质合金制造,通过机械紧固装夹。可转位刀片为多边形,有多条切削刃,用钝后只需将夹紧元件松开,刀片转位,即可使新切削刃投入切削,故此得名。可转位车刀是机夹重磨式车刀结构进一步改进的结果。

可转位车刀的特点是由刀杆、刀片和夹紧元件组成(见图5-6)。正多边形刀片上压制出断屑槽并经过精磨;切削刃都用钝后,可更换相同规格的刀片。可转位车刀的几何角度由刀片和刀槽的几何角度组合而成。此种车刀切削性能稳定,适合于大批量生产。刀片下可装有高硬度刀垫,以保护刀槽支承面,也允许采用较薄刀片。

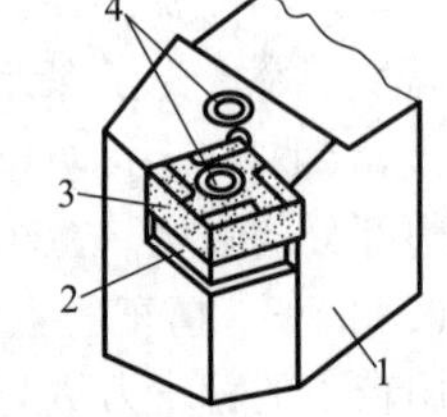

图5-6 可转位车刀的组成

1—刀杆;2—刀垫;3—刀片;4—夹紧元件

刀片形状很多,常用的有正方形(见图5-7)、三角形、偏8°三角形、凸三角形、五角形和圆形等。

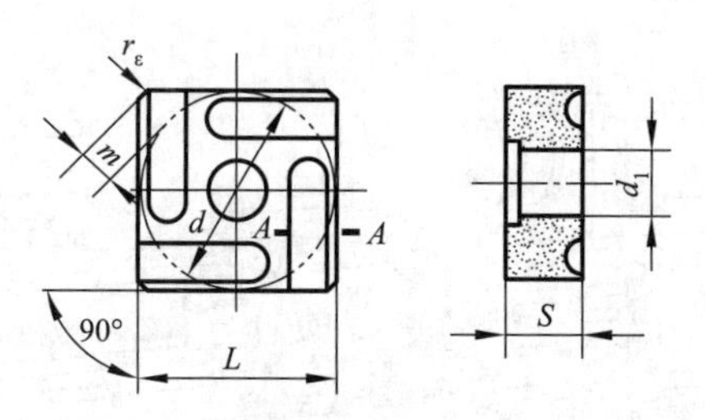

图 5-7 正方形硬质合金可转位刀片

(5)成形车刀。成形车刀是车削加工中的专用刀具,能一次切出成形表面,故操作简便、生产率高。用成形车刀加工可达到公差等级 IT8~IT10、粗糙度 $Ra10\sim5$ μm。但成形车刀制造较为复杂,当切削刃的工作长度过长时,易产生振动,故主要用于批量加工中小尺寸的零件。常用的是图 5-8 中所示的径向成形车刀,切削时沿零件径向进给,此类成形车刀按刀体形状又分为三种:平体成形车刀、棱体成形车刀、圆形成形车刀。此外,还有切向进给成形车刀和斜向进给成形车刀。

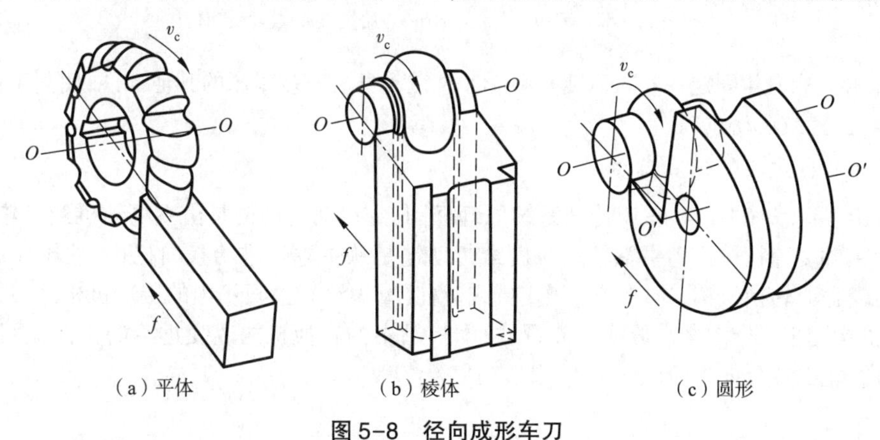

(a)平体　(b)棱体　(c)圆形

图 5-8 径向成形车刀

5.2.2 卧式车床

1. 卧式车床布局

卧式车床的加工对象主要是轴类零件和盘类零件,故采用卧式布局。为了适应右手操作的习惯,主轴箱布置在左端。图 5-9 所示为卧式车床的外形图,其主要组成部件及功用如下。

(1)主轴箱。主轴箱 1 固定在床身 4 的左端,内部装有主轴和变速及传动机构。工件通过卡盘等夹具装夹在主轴前端。主轴箱的功能是支承主轴并把动力经变速传动机构传给主轴,使主轴带动工件按规定的转速旋转,以实现主运动。

(2)刀架。刀架 2 可沿床身 4 上的刀架导轨作纵向移动。刀架部件由多层结构组成,其功能是装夹车刀,实现纵向、横向或斜向运动。

(3)尾座。尾座 3 安装在床身 4 右端的尾座导轨上,可沿导轨纵向调整其位置,其功能是用后顶尖支承长工件,也可以安装钻头、铰刀等孔加工刀具进行孔加工。

(4)进给箱。进给箱 10 固定在床身 4 的左端前侧。进给箱内装有进给运动的变换机构,用于改变机动进给的进给量或所加工螺纹的导程。

(5)溜板箱。溜板箱 8 与刀架 2 的最下层——纵向溜板相连,与刀架一起作纵向运动,其功能是把进给箱传来的运动传递给刀架,使刀架实现纵向和横向进给或快速移动或车螺纹。溜板箱上装有各种操纵手柄和按钮。

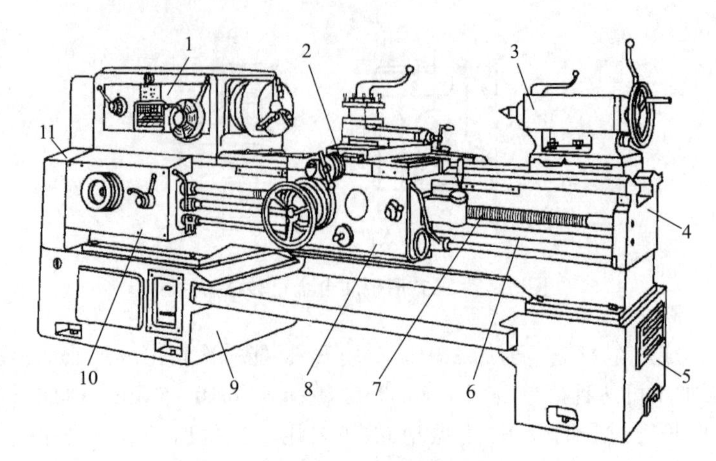

图 5-9 CA6140 型卧式车床外观图

1—主轴箱;2—刀架;3—尾座;4—床身;5—右床腿;6—光杠;
7—丝杠;8—溜板箱;9—左床腿;10—进给箱;11—挂轮变速机构

(6)床身。床身 4 固定在左右床腿 9 和 5 上。在床身上安装车床的其他部件,使其工作时保持准确的相对位置或运动轨迹。

2. CA6140 车床的传动系统

图 5-10 所示为 CA6140 车床传动系统原理框图,主运动传动链是由主电动机经带轮副、主轴换向机构、主轴变速机构拖动主轴转动。进给传动链是从主轴经进给换向机构、挂轮和进给箱内的进给变换机构、转换机构、光杠(普通车削)或丝杠(车螺纹)、溜板箱内的传动机构至刀架。其中进给换向机构用来决定车削右旋或左旋螺纹;溜板箱中的转换机构改变进给的方向,使刀架实现纵向或横向、正向或反向进给。

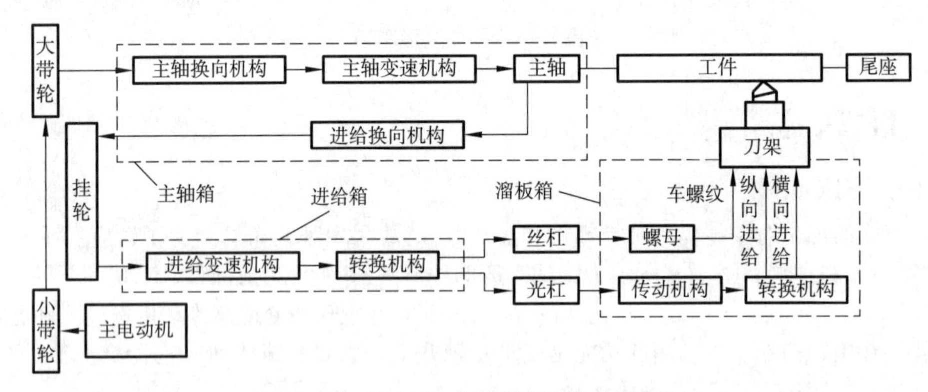

图 5-10 CA6140 车床传动系统原理框图

3. 主运动传动链

图 5-11 为 CA6140 型卧式车床的传动系统图。主运动由电动机(7.5 kW,1 450 r/min)经带轮副ϕ130 mm/ϕ230 mm 传至主轴箱中的 Ⅰ 轴。在 Ⅰ 轴上装有双向多片摩擦离合器 M_1,使主轴实现正转、反转或停止,此 M_1 即为主轴换向机构。当 M_1 左移时,Ⅰ 轴的运动经齿轮副 51/43 或 56/38 传给 Ⅱ 轴,使 Ⅱ 轴获得 2 种转速,主轴(Ⅵ轴)正转。当 M_1 右移时,经齿轮 Z_{50}(数字表示齿数)、Ⅶ轴上的中间齿轮 Z_{34} 传给 Ⅱ 轴上的齿轮 Z_{30},这时 Ⅰ 轴至 Ⅱ 轴间多一个中间齿轮 Z_{34},故 Ⅱ 轴的转向与经 M_1 左移传动时相反,主轴反转。当 M_1 处于中间位置时,摩擦片脱开,主轴停转。Ⅱ 轴的运

动可通过Ⅱ、Ⅲ轴间 3 对齿轮副之一传至Ⅲ轴，故Ⅲ轴正转共 2×3=6 种转速。运动由Ⅲ轴传往主轴有两条路线：

（1）高速传动路线。主轴上的滑移齿轮 Z_{50} 左移，与Ⅲ轴上齿轮 Z_{63} 啮合。运动由Ⅲ轴经齿轮副 63/50 直接传给主轴，得到 450～1 400 r/min 的高转速。

（2）低速传动路线。主轴上的滑移齿轮 Z_{50} 右移，使牙嵌式离合器 M_2 啮合。运动由Ⅲ轴齿轮副 20/80 或 50/50 传给Ⅳ轴，又经齿轮副 20/80 或 51/50 传给Ⅴ轴、再经齿轮副 26/58 和 M_2 传至主轴，使主轴获得 10～500 r/min 的低转速。

主轴变速机构的传动系统可用传动路线表达式表示如下：

$$\begin{matrix}\text{主电动机}\\ \begin{pmatrix}7.5\ \text{kW}\\ 1\ 450\ \text{r/min}\end{pmatrix}\end{matrix} - \frac{\phi 130\ \text{mm}}{\phi 230\ \text{mm}} - \text{I} - \left\{\begin{matrix}\begin{matrix}M_1\text{左移}\\ \text{主轴正转}\end{matrix} - \left\{\begin{matrix}\frac{56}{38}\\ \frac{51}{43}\end{matrix}\right\}\\ \begin{matrix}M_1\text{右移}\\ \text{主轴反转}\end{matrix} - \frac{50}{34} - \text{VII} - \frac{34}{30}\end{matrix}\right\} - \text{II} - \left\{\begin{matrix}\frac{39}{41}\\ \frac{30}{50}\\ \frac{22}{58}\end{matrix}\right\} - \text{III} -$$

$$\left\{\begin{matrix}\frac{63}{50} - \begin{matrix}M_2\text{左移}\\ \text{高速}\end{matrix}\\ \left\{\begin{matrix}\frac{20}{80}\\ \frac{50}{50}\end{matrix}\right\} - \text{IV} - \left\{\begin{matrix}\frac{20}{80}\\ \frac{51}{50}\end{matrix}\right\} - \text{V} - \frac{26}{58} - \begin{matrix}M_2\text{右移}\\ \text{低速}\end{matrix}\end{matrix}\right\} - \text{VI（主轴）}$$

由传动系统框图和传动路线表达式可知，主轴正转时，可得 2×3=6 种高转速和 2×3×2×2=24 种低转速。Ⅲ—Ⅳ—Ⅴ轴之间 4 条传动路线的传动比为

$$i_1=\frac{20}{80}\times\frac{20}{80}=\frac{1}{16}\qquad i_2=\frac{20}{80}\times\frac{51}{50}\approx\frac{1}{4}\qquad i_3=\frac{50}{50}\times\frac{20}{80}=\frac{1}{4}\qquad i_4=\frac{50}{50}\times\frac{51}{50}\approx 1$$

式中，i_2 和 i_3 基本相同，所以实际上只有 3 种传动比。

因此，运动经低速传动路线时，主轴只能得到 2×3×(2×2-1)= 18 级转速。再加上由高速路线传动的 6 级转速，主轴总共可获得 2×3×[1+(2×2-1)]=6+18=24 级转速。同理，主轴反转时，有 3×[1+(2×2-1)]=12 级转速。

主轴的各级转速，可根据各滑移齿轮的啮合状态求得。如图 5-11 中所示的啮合位置时，主轴正转的转速为

$$n_{\text{主}}=1\ 450\times\frac{130}{230}\times\frac{51}{43}\times\frac{22}{58}\times\frac{20}{80}\times\frac{20}{80}\times\frac{26}{58}\approx 10\ \text{r/min}$$

同理，可以计算出主轴正转时的 24 级转速为 10～1 400 r/min；反转时的 12 级转速为 14～1 580 r/min。

4. 进给运动传动链

进给运动传动链是实现刀具进给运动的传动链。卧式车床在切削外圆柱面和端面时，进给传动链是外联系传动链，进给量是主轴（工件）每转时刀架的移动量。在切削螺纹时，进给运动传动链又称螺纹传动链，是内联系传动链；主轴每转时刀架的移动量等于螺纹的导程。进给运动从主轴开始，经Ⅸ轴传至Ⅹ轴，或Ⅸ轴—Ⅺ轴惰轮—Ⅹ轴可经一对齿轮（进给换向机构），经挂轮至进给箱，再经过光杠ⅩⅩ、溜板箱至刀架，形成进给传动链，或再经过丝杠ⅩⅨ、溜板箱至刀架，形成螺纹传动链。

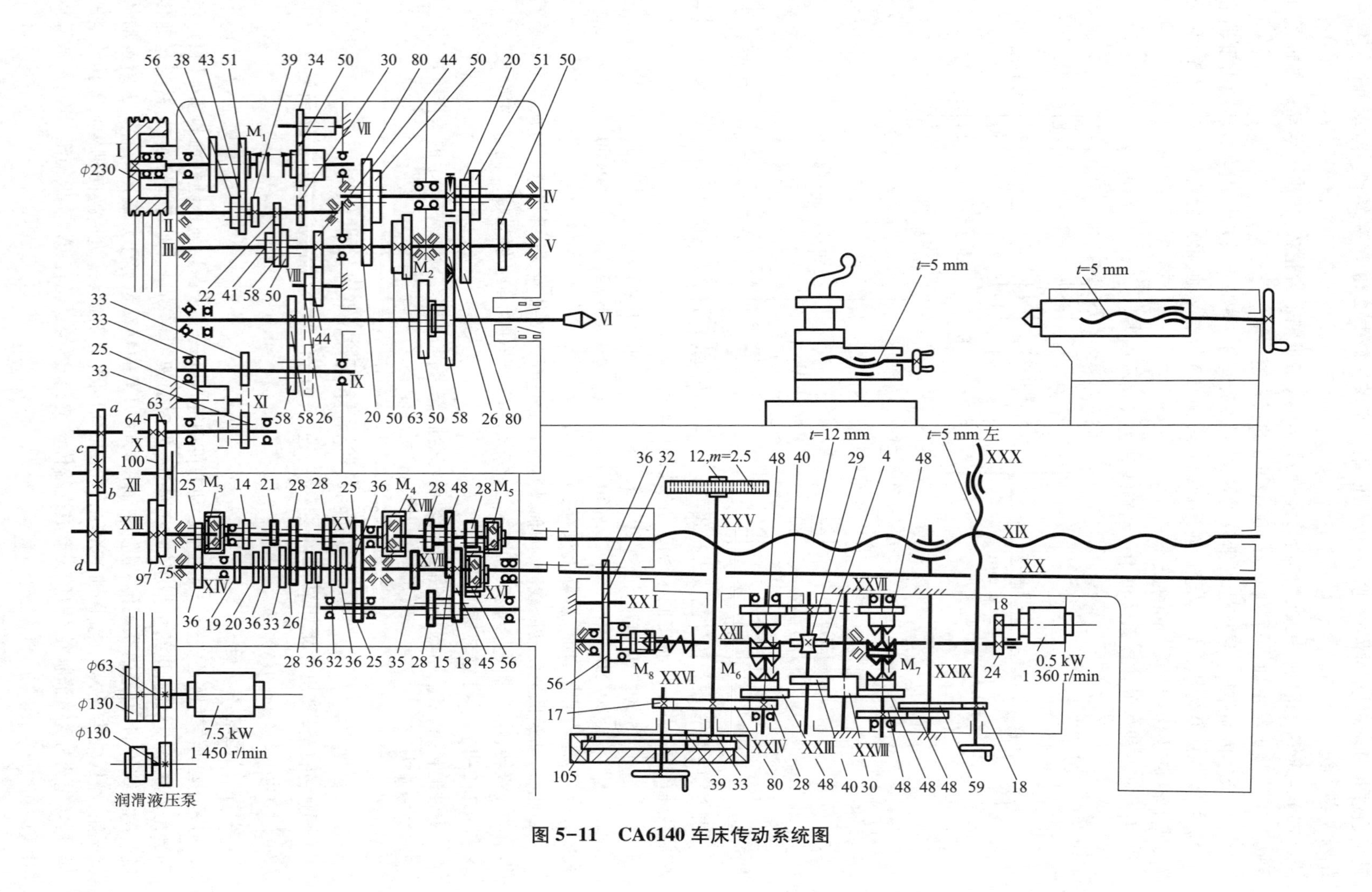

图 5-11　CA6140 车床传动系统图

(1)车削外圆柱面或端面。

①进给传动路线。为了减少丝杠的磨损和便于操纵,机动进给是由光杠经溜板箱传动的。此时,进给箱中的离合器 M_5 脱开,使 XVIII 轴的齿轮 Z_{28} 与 XX 轴的齿轮 Z_{56} 啮合。运动由进给箱传至光杠 XX,再经溜板箱中齿轮副(36/32)×(32/36)、超越离合器及安全离合器 M_8、XXII 轴、蜗杆蜗轮副 4/29 传至 XXIII 轴。再由 XXIII 轴经齿轮副 40/48 或(40/30)×(30/48)、双向离合器 M_6、XXVI 轴、齿轮副 28/80、XXV 轴传至小齿轮 Z_{12}。小齿轮 Z_{12} 与固定在床身上的齿条相啮合。小齿轮转动时,就使刀架作纵向机动进给以车削外圆柱面。

若运动由 XXIII 轴经齿轮副 40/48 或(40/30)×(30/48)、双向离合器 M_7、XXVIII 轴及齿轮(48/48)×(59/18)传至横向进给丝杠 XXX,就使横刀架作横向机动进给以车削端面。

②纵向机动进给量。CA6140 车床纵向机动进给量有 64 种。当运动由主轴经正常导程的米制螺纹传动路线时,可获得正常进给量。这时的运动平衡式为

$$
\begin{aligned}
f_{纵} = 1_{r(主轴)} \times \frac{58}{58} \times \frac{33}{33} \times \frac{63}{100} \times \frac{100}{75} \times \frac{25}{36} \times i_{基} \times \frac{25}{36} \times \frac{36}{25} \times i_{倍} \times \frac{28}{56} \times \\
\frac{36}{32} \times \frac{32}{56} \times \frac{4}{29} \times \frac{40}{30} \times \frac{30}{48} \times \frac{28}{80} \times \pi \times 2.5 \times 12 \text{ mm/r}
\end{aligned}
\tag{5-1}
$$

化简后可得:$f_{纵}=0.711 \times i_{基} \times i_{倍}$,改变 $i_{基}$ 和 $i_{倍}$ 可得到从 0.08~1.22 mm/r 的 32 种正常进给量。其余 32 种进给量分别通过英制螺纹传动路线和扩大螺纹导程机构得到。

③横向机动进给量。通过计算可知,横向机动进给量是纵向的 1/2。

(2)车削螺纹。CA6140 车床可车削米制、英制、模数制和径节制四种标准螺纹;还可以车削大导程、非标准和较精密的螺纹。既可以车削右螺纹,也可以车削左螺纹。

车螺纹时的运动平衡式为

$$S = 1_{(主轴)} \times i \times t_1 \tag{5-2}$$

式中,S 为被加工螺纹的导程(mm);i 为从主轴到丝杠之间的总传动比;t_1 为机床丝杠的导程,CA6140 型车床的 $t_1 = 12$ mm。

改变传动比 i,就可加工四种标准螺纹,在此仅介绍米制螺纹的加工,其他螺纹的加工方法参见相关工程技术文献。米制螺纹导程的国家标准见表 5-3。可以看出,表中的每一行都是按等差数列排列的,行与行之间成倍数关系。

表 5-3　标准米制螺纹导程(mm)

—	1	—	1.25	—	1.5
1.75	2	2.25	2.5	—	3
3.5	4	4.5	5	5.5	6
7	8	9	10	11	12

车削米制螺纹时,进给箱中的离合器 M_3 和 M_4 脱开,M_5 接合。挂轮架齿数为 63—100—75。运动进入进给箱后,经移换机构的齿轮副 25/36 传至 XIV 轴,再经过双轴滑移变速机构的齿轮副 19/14、20/14、36/21、33/21、26/28、28/28、36/28 及 32/28 中的任一对传至 XV 轴,再由移换机构的轮齿副(25/36)×(36/25)传至 XVI 轴,接下去再经 XVI ~ XVIII 轴间的两组滑移变速机构,最后经 M_5 传至丝杠 XIX。溜板箱中的开合螺母闭合,带动刀架。

车削米制螺纹时传动链的传动路线表达式如下:

$$
主轴\text{VI}—\frac{58}{58}—\text{IX}—\begin{bmatrix} \frac{33}{33}(右螺纹) \\ \frac{33}{25}—\text{XI}—\frac{25}{33}(左螺纹) \end{bmatrix}—\text{X}—\frac{63}{100}\times\frac{100}{75}—\text{XIII}—\frac{25}{36}—\text{XIV}—i_{基}—
$$

$$\text{XV}—\frac{25}{36}\times\frac{36}{25}—\text{XVI}—i_{倍}—\text{XVIII}—\text{M}_5—丝杠\text{XIX}—刀架$$

其中XIV～XV轴之间的变速机构可变换8种不同的传动比：

$$i_{基1}=\frac{26}{28}=\frac{6.5}{7}\qquad i_{基2}=\frac{28}{28}=\frac{7}{7}\qquad i_{基3}=\frac{32}{28}=\frac{8}{7}\qquad i_{基4}=\frac{36}{28}=\frac{9}{7}$$

$$i_{基5}=\frac{19}{14}=\frac{9.5}{7}\qquad i_{基6}=\frac{20}{14}=\frac{10}{7}\qquad i_{基7}=\frac{33}{21}=\frac{11}{7}\qquad i_{基8}=\frac{36}{21}=\frac{12}{7}$$

即 $i_{基j}=S_j/7$，$S_j=6.5,7,8,9,9.5,10,11,12$。这些传动比的分母相同，分子则除6.5和9.5用于其他种类的螺纹外，其余按等差数列排列，相当于米制螺纹导程标准的最后一行。这套变速机构称为基本组，即 $i_{基}$。XVI～XVIII轴间的变速机构可变换4种传动比：

$$i_{倍1}=\frac{18}{45}\times\frac{15}{48}=\frac{1}{8}\qquad i_{倍2}=\frac{28}{35}\times\frac{15}{48}=\frac{1}{4}\qquad i_{倍3}=\frac{18}{45}\times\frac{35}{28}=\frac{1}{2}\qquad i_{倍4}=\frac{28}{35}\times\frac{35}{28}=1$$

用以实现螺纹导程标准中行与行间的倍数关系，称为增倍组，即 $i_{倍}$。基本组、增倍组和移换机构组成进给变速机构。

车削米制（右旋）螺纹的运动平衡式为

$$S=1_{(主轴)}\times\frac{58}{58}\times\frac{33}{33}\times\frac{63}{100}\times\frac{100}{75}\times\frac{25}{36}\times i_{基}\times\frac{25}{36}\times\frac{36}{25}\times i_{倍}\times 12(\text{mm}) \tag{5-3}$$

将上式简化后可得

$$S=7i_{基}\,i_{倍}=7\times\frac{S_j}{7}\times i_{倍}=S_j\times i_{倍} \tag{5-4}$$

选择 $i_{基}$ 和 $i_{倍}$ 值，就可以得到各种标准米制螺纹的导程 S。S_j 最大为12，$i_{倍}$ 最大为1，故能加工的最大螺纹导程为 $S=12$ mm。如需车削导程更大的螺纹，可将IX轴上的滑移齿轮 Z_{58} 向右移，与VIII轴上的齿轮 Z_{26} 啮合。这是一条扩大导程的传动路线：

$$主轴\text{VI}—\frac{58}{26}—\text{V}—\frac{80}{20}—\text{IV}—\begin{bmatrix}\frac{50}{50}\\\frac{80}{20}\end{bmatrix}—\text{III}—\frac{44}{44}—\text{VIII}—\frac{26}{58}—\text{IX}—\cdots$$

IX轴以后的传动路线与前文传动路线表达式所述相同。从主轴VI～IX之间的传动比为

$$i_{扩1}=\frac{58}{26}\times\frac{80}{20}\times\frac{50}{50}\times\frac{44}{44}\times\frac{26}{58}=4\qquad i_{扩2}=\frac{58}{26}\times\frac{80}{20}\times\frac{80}{20}\times\frac{44}{44}\times\frac{26}{58}=16$$

在正常螺纹导程时，主轴VI与IX轴间的传动比为 $i=58/58=1$。

5. CA6140型车床的主轴箱

图5-12所示为CA6140车床主轴箱展开图，是按各传动轴传递运动的先后顺序，即沿轴XII—IV—I—II—III（V）—VI—XI—IX—X的轴心线展开。展开图把立体展开在一个平面上，因而其中有些轴之间的距离拉开了。如IV轴距离III轴和V轴较远，因而使原来相互啮合的齿轮副分开了，读展开图时，先要明确传动关系。

（1）卸荷带轮。电动机经V带将运动传至I轴左端的带轮2，带轮2与花键套1用螺钉连接，支承在法兰套3内的两个深沟球轴承上。法兰套3固定在主轴箱体4上。这样，带轮2可通过花键套1带动I轴旋转，V带的拉力则经轴承和法兰套3传至箱体4。I轴的花键部分只传递转矩，从而可避免因V带拉力而使I轴产生弯曲变形。这种带轮称为卸荷带轮，即把带轮的径向载荷卸给箱体。

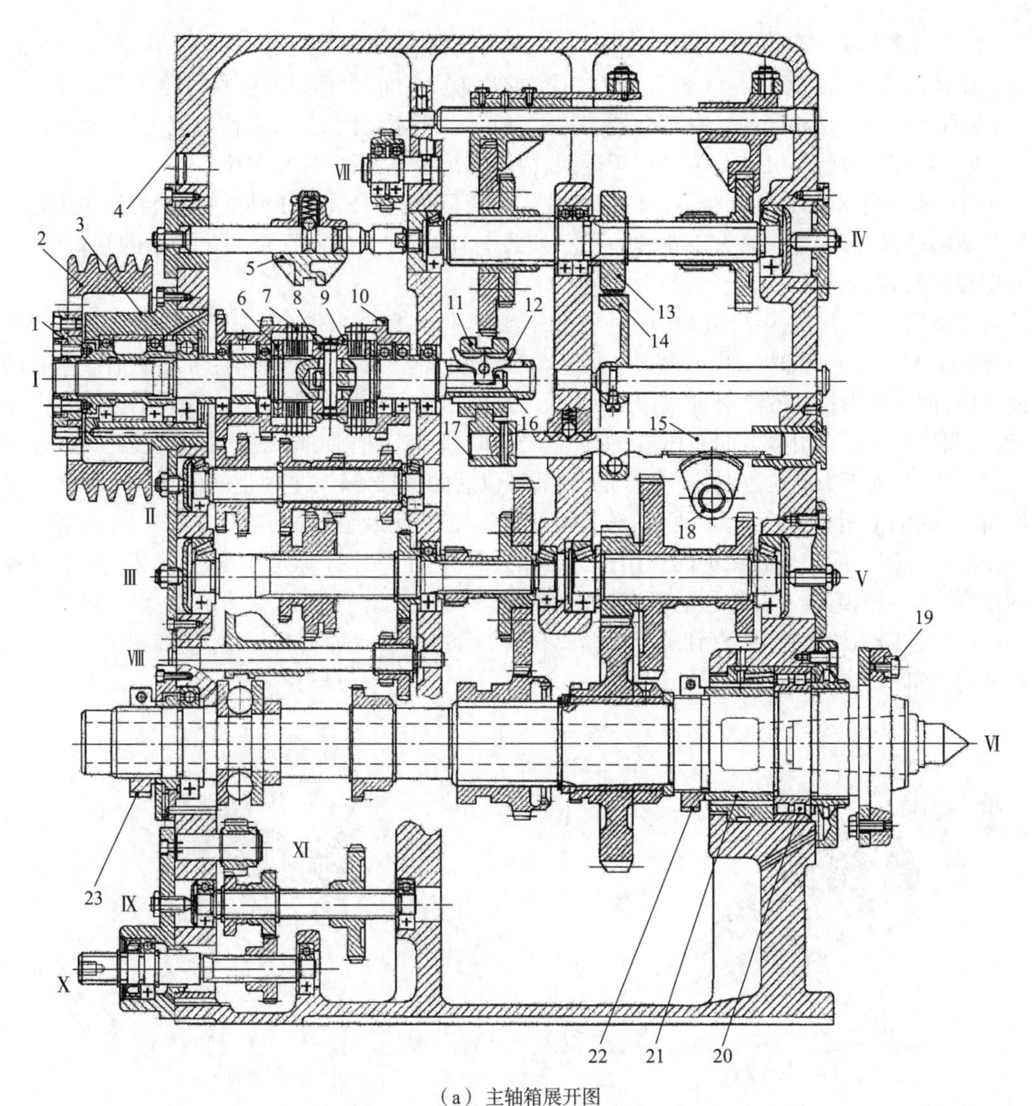

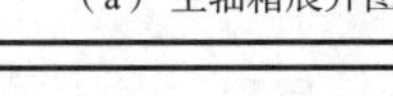
（a）主轴箱展开图

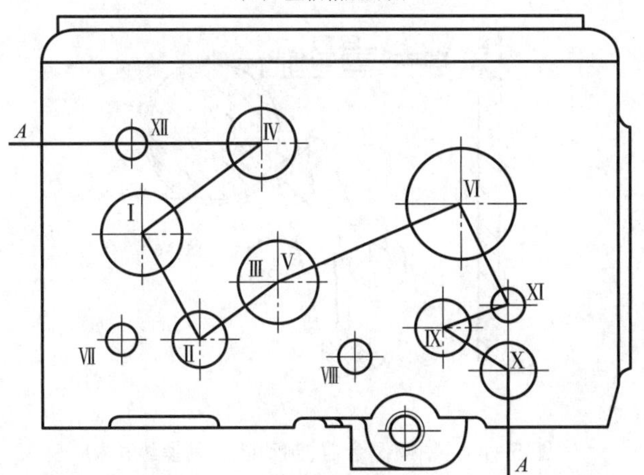

（b）主轴箱展开路线

图 5-12　CA6140 车床主轴箱展开图

1—花键套；2—带轮；3—法兰套；4—主轴箱体；5—钢球定位装置；6—止推环；7—摩擦片；8—滑套；9—调整螺圈；10—齿轮；11—滑套；12—元宝形摆块；13—制动盘；14—制动杠杆；15—齿条轴；16—拉杆；17—拨叉；18—扇形齿板；19—圆形端键；20—轴承；21—套筒；22、23—螺母

(2)双向多片摩擦离合器及其操纵机构。双向多片摩擦离合器装在Ⅰ轴上,其原理如图 5-13 所示。摩擦离合器由内摩擦片 3、外摩擦片 2、止推片 10 和 11、滑套 8 及双联齿轮 1 等组成。离合器左、右两部分结构是相同的。左离合器实现主轴正转,用于切削加工,需传递较大转矩,所以片数较多。右离合器实现主轴反转,主要用于退回,传递转矩较小,所以片数较少。

图 5-13(a)表示的是左离合器。内摩擦片 3 的孔是花键孔,装在Ⅰ轴的花键上,随轴旋转。外摩擦片 2 的孔是圆孔,直径略大于花键外径。外圆上有 4 个凸起,嵌在双联齿轮 1 的缺口中。内、外摩擦片相间安装。

离合器的位置,由图 5-13(b)中的手柄 18 操纵。向上扳,连杆 20 向外,使曲柄 21 和扇形齿板 17 作顺时针转动。齿条轴 22 向右移动,使拨叉 23 拨动滑套 12 也向右移动,将元宝形摆块 6 的右端向下压,使元宝形摆块 6 顺时针方向转动时,下端的凸缘便推动装在Ⅰ轴内孔中的拉杆 7 向左移动,通过圆柱销 5 带动滑套 8 向左压紧,主轴正转。同理,将手柄 18 向下扳,右离合器压紧,主轴反转。当手柄 18 处于中间位置时,离合器脱开,Ⅱ轴以后的各轴停转,主轴也就停止转动。为了操纵方便,在操纵轴 19 上装有两个手柄 18,分别位于进给箱右侧及溜板箱右侧。

摩擦离合器还能起过载保护的作用。当机床过载时,摩擦片打滑,就可避免损坏机床。摩擦片间的压紧力是根据离合器应传递的额定转矩确定的。摩擦片磨损后,压紧力减小,可将弹簧销 4 按下,并拧动滑套 8 上的螺母 9,直到螺母压紧离合器的摩擦片。调整好位置后,使弹簧销 4 重新卡入螺母 9 的缺口中,防止螺母松动。

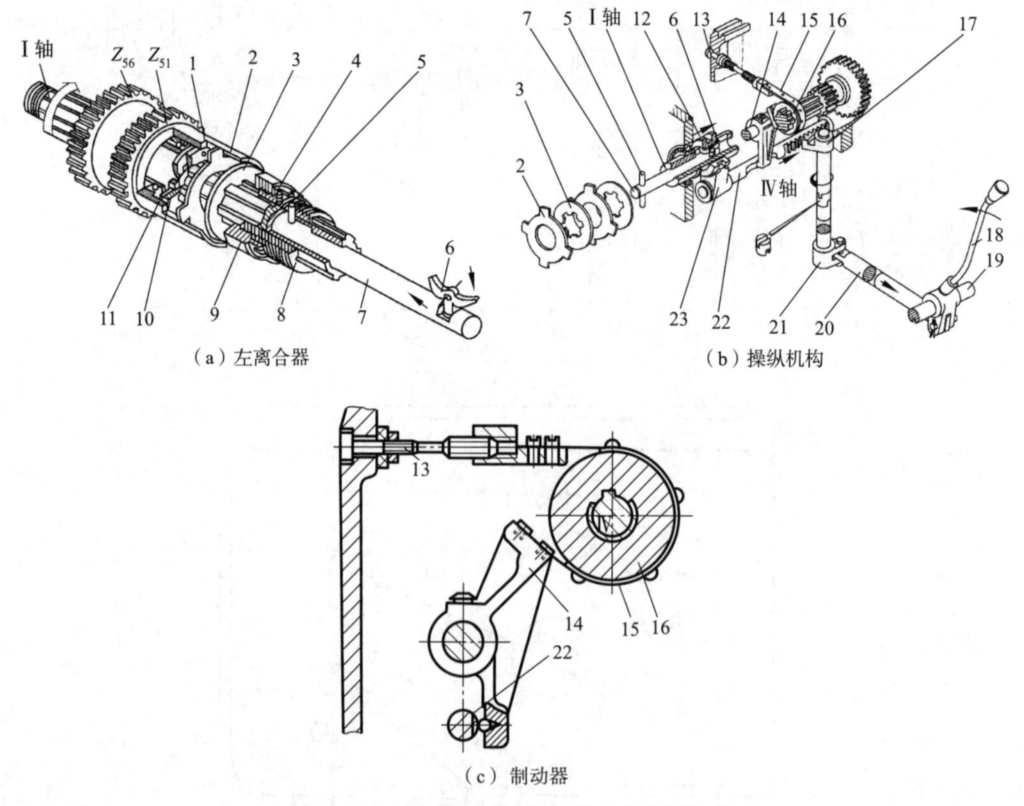

(a)左离合器

(b)操纵机构

(c)制动器

图 5-13 摩擦离合器、制动器及其操纵机构

1—双联齿轮;2—外摩擦片;3—内摩擦片;4—弹簧销;5—圆柱销;6—元宝形摆块;7—拉杆;8—滑套;9—螺母;10、11—止推片;12—滑套;13—调节螺钉;14—制动杠杆;15—制动带;16—制动盘;17—扇形齿板;18—手柄;19—操纵轴;20—连杆;21—曲柄;22—齿条轴;23—拨叉

(3)制动器及其操纵机构。制动器装在Ⅳ轴上,在离合器脱开时制动主轴,以缩短辅助时间。操纵机构和制动器如图 5-13(b)和(c)所示。制动盘 16 是钢制圆盘,与Ⅳ轴花键连接,周边围着制动带 15。制动带 15 是一条钢带,内侧有一层酚醛石棉以增加摩擦。制动带 15 的一端与制动杠杆 14 连接,另一端通过调节螺钉 13 等与箱体相连。为了操纵方便并避免出错,制动器和摩擦离合器共用一套操纵机构,也由手柄 18 操纵。当离合器脱开时,齿条轴 22 处于中间位置。这时齿条轴 22 上的凸起正与制动杠杆 14 下端相接触,使制动杠杆 14 向逆时针方向摆动,将制动带拉紧。齿条轴 22 凸起的左、右边都是凹槽。左、右离合器中任一个接合时,制动杠杆 14 的下端将落入凹槽中,并按顺时针方向摆动,使制动带 15 放松。制动带的拉紧程度由调节螺钉 13 调整。调整后应检查在压紧离合器时制动带是否松开。

(4)变速操纵机构。在Ⅱ轴上的双联滑移齿轮和Ⅲ轴上的三联滑移齿轮用一个手柄操纵。图 5-14 所示为变速操纵机构。变速手柄每转一转,变换全部 6 种转速,故手柄共有均布的 6 个位置。变速手柄装在主轴箱的前壁上,通过链传动至转轴 4。转轴 4 上装有盘形凸轮 3 和曲柄 2,两者的相对位置固定并随转轴 4 一起转动。盘形凸轮 3 上有一条封闭曲线槽,由两段不同半径的圆弧和直线组成,曲线槽上有六个变速位置。位置在 1、2、3 时,杠杆 5 上端的滚子处于大圆弧中,使拨叉 6 将Ⅱ轴上的双联齿轮左移。位置在 4、5、6 时,杠杆 5 上端的滚子处于小圆弧中,将双联齿轮右移。

曲柄 2 前端的滚子处于拨叉 1 的直线槽内,可带动拨叉 1 拨动Ⅲ轴上的三联齿轮,使其处于左、中、右三个位置,并与盘形凸轮 3 的 1、2、3 或 4、5、6 位置对应,从而顺次地转动手柄,就可使两个滑移齿轮的位置实现 6 种组合,使Ⅲ轴得到 6 种转速。滑移齿轮啮合后应定位,图 5-13 所示的件 5 是拨叉上的钢球定位装置。

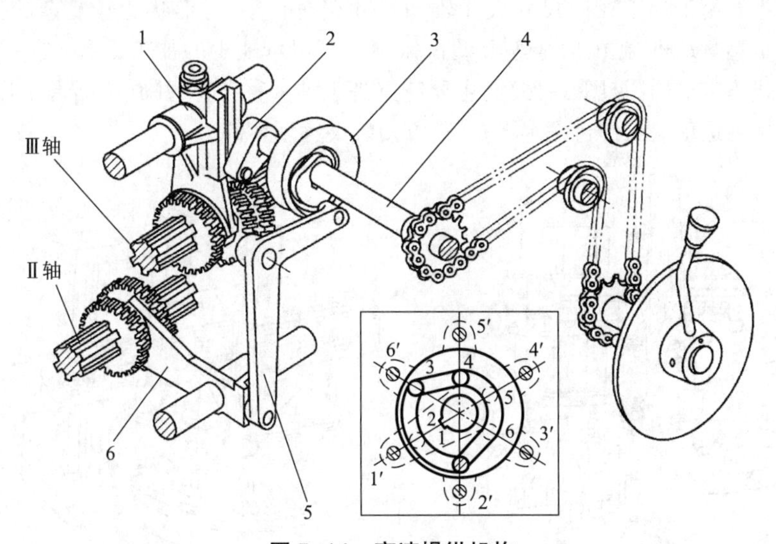

图 5-14　变速操纵机构

1、6—拨叉;2—曲柄;3—盘形凸轮;4—转轴;5—杠杆

(5)主轴和卡盘的连接。CA6140 车床主轴的前端为短圆锥面和法兰,用于安装卡盘或拨盘,如图 5-15 所示。拨盘或卡盘座 4 由主轴 3 的短圆锥面定位。安装时,使装在拨盘或卡盘座 4 上的四个双头螺柱 5 及其螺母 6 通过主轴法兰及环形锁紧盘 2 的圆柱孔。然后,将锁紧盘 2 转过一个角度,使双头螺柱 5 处于锁紧盘 2 的沟槽内。拧紧螺钉 1 和螺母 6。这种结构装卸方便,工作可靠,定心精度高,主轴前端的悬伸长度较短,有利于提高主轴组件的刚度,所以得到广泛的应用。主轴

法兰上的圆形端键(图 5-12 中的件 19)用于传递转矩。主轴尾部的圆柱面是安装各种辅具(气动、液压或电气装置)的安装基面。

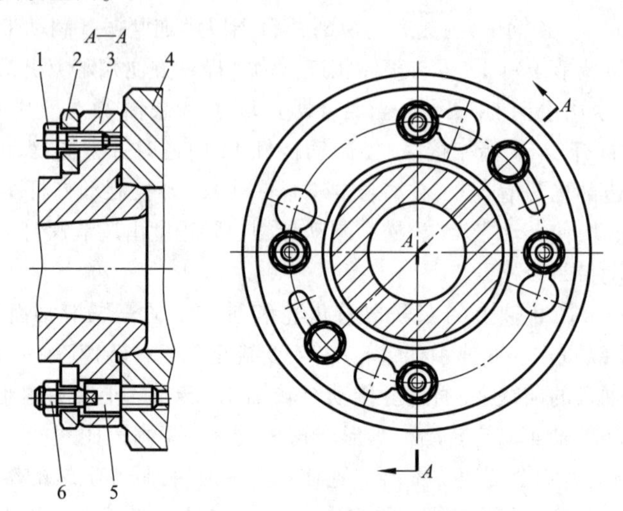

图 5-15　卡盘或拨盘的连接

1—螺钉;2—锁紧盘;3—主轴;

4—卡盘或拨盘座;5—双头螺柱;6—螺母

5.2.3　立式车床

立式车床主要用于加工径向尺寸大而轴向尺寸相对较小,且形状比较复杂的大型或重型零件,是汽轮机、重型电动机、矿山冶金等重型机械制造厂不可缺少的加工设备,在一般机械厂使用也较普遍。立式车床结构(见图 5-16)的主要特点是主轴垂直布置,并有一圆形工作台装夹工件,工作台转动产生主运动。工作台面水平布置,方便装夹大型零件。

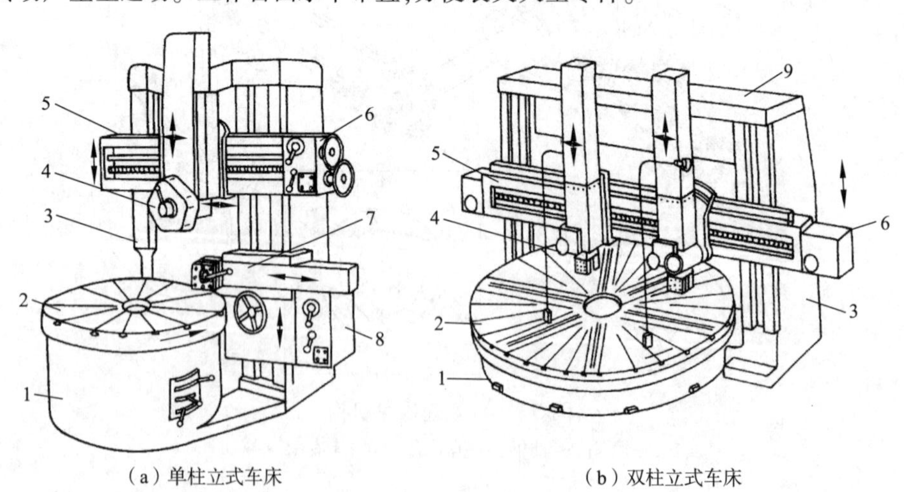

(a) 单柱立式车床　　(b) 双柱立式车床

图 5-16　立式车床外形

1—底座;2—工作台;3—立柱;4—垂直刀架;5—横梁;

6—垂直刀架进给箱;7—侧刀架;8—侧刀架进给箱;9—顶梁

5.3　铣削加工方法与铣床

5.3.1　铣削加工方法

1. 铣削加工工艺范围

铣削是用于加工平面、沟槽、台阶面、斜面、特形面等表面的常见方法,其典型加工工艺如图 5-17 所示。

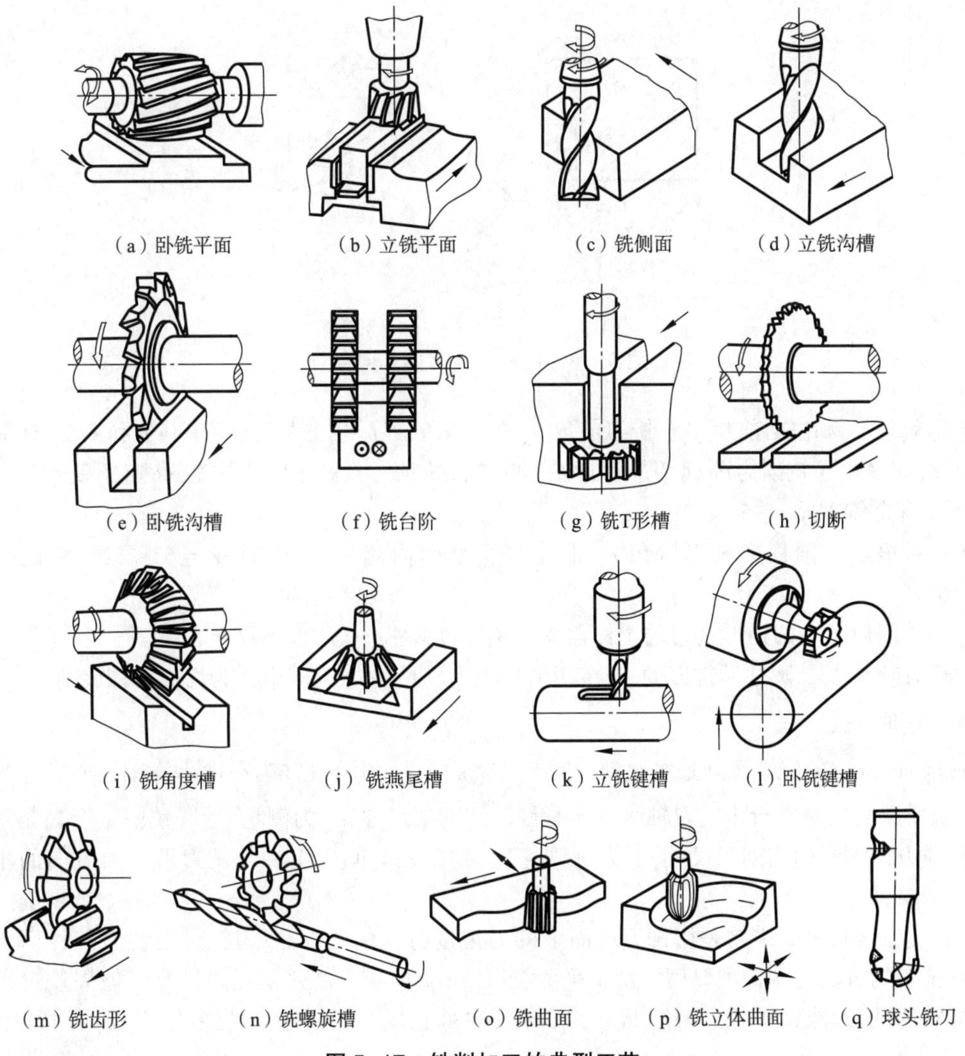

(a)卧铣平面　(b)立铣平面　(c)铣侧面　(d)立铣沟槽

(e)卧铣沟槽　(f)铣台阶　(g)铣T形槽　(h)切断

(i)铣角度槽　(j)铣燕尾槽　(k)立铣键槽　(l)卧铣键槽

(m)铣齿形　(n)铣螺旋槽　(o)铣曲面　(p)铣立体曲面　(q)球头铣刀

图 5-17　铣削加工的典型工艺

2. 铣削的工艺特点

(1)多刃切削。铣刀一般有多个刀齿(切削刃),铣削是多刃切削,刀齿依次切削,没有空程损失,且主运动为回转运动,可达到较高切削速度,故铣平面的生产效率一般都比刨平面高,其加工质量与刨平面相当,经粗铣-精铣后,尺寸精度可达 IT9~IT7 级,表面粗糙度 Ra 可达 6.3~1.6 μm。

(2)单个刀齿断续切削。铣削时,铣刀的每个刀齿,都是依次切入和切离工件,易产生周期性冲击振动，此外刀齿切削时温度升高，离开工件时温度降低，易产生热冲击。

(3)多种切削方式。铣削可以有卧铣、立铣、周铣、端铣、顺铣、逆铣、对称铣及不对称铣等切削方式，应根据实际情况合理选择，有助于提高刀具寿命和生产效率。

3. 铣刀的几何参数

铣刀的种类很多，按用途和结构可分为圆柱形铣刀、面铣刀、三面刃铣刀、立铣刀、键槽铣刀、角度铣刀、成形铣刀等。其中圆柱形铣刀的结构是切削刃排列在刀体圆周上，有高速钢整体圆柱形铣刀和镶焊硬质合金刀片的镶齿圆柱形铣刀。圆柱形铣刀一般采用螺旋切削刃，以提高切削工作的平稳性。图 5-18 所示给出了圆柱形铣刀的几何参数。

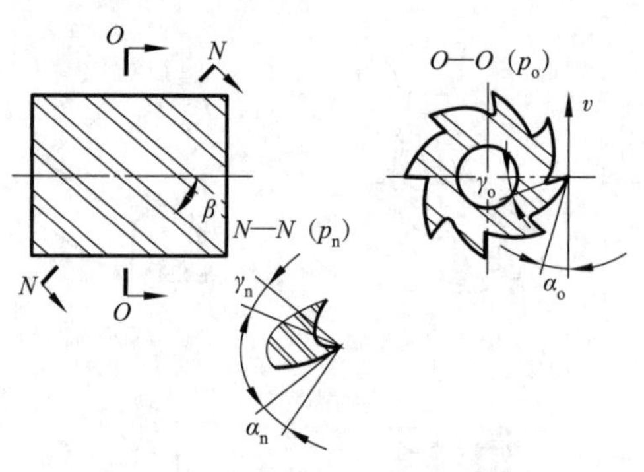

图 5-18　圆柱形铣刀的几何参数

(1)前角 γ_o 和法向前角 γ_n。铣刀前角 γ_o 在正交平面 p_o 内测量，为便于制造和测量，还要标注法向前角 γ_n。由于铣削为断续切削，可能有冲击和振动，为保证刀刃强度，高速钢铣刀 $\gamma_o=5°\sim20°$，硬质合金铣刀 $\gamma_o=-5°\sim10°$。

(2)后角 α_o。圆柱形铣刀后角 α_o 也在正交平面内测量，粗铣时 $\alpha_o=6°\sim12°$，精铣时 $\alpha_o=12°\sim16°$。

(3)主偏角 κ_r。圆柱形铣刀的主偏角 $\kappa_r=90°$，而圆柱形铣刀没有副偏角。

(4)刃倾角 λ_s。圆柱形铣刀的 λ_s 在切削平面内测量，$\lambda_s=\beta$，其中 β 为切削刃螺旋角。

4. 铣削方式

铣削时，铣刀的旋转运动是主运动。图 5-19(a)所示为卧式铣削平面示意图，图中 a_p 为背吃刀量(铣削深度)，是平行于铣刀轴线方向测量的切削层尺寸；a_e 为侧吃刀量(铣削宽度)，是垂直于铣刀轴线方向测量的切削层尺寸；v_f 为进给速度，是单位时间内工件与铣刀沿进给方向的相对位移量。

(1)端铣和周铣。端铣是用铣刀端面上的刀齿进行铣削的方法；周铣是用铣刀圆柱面上的刀齿进行铣削的方法。端铣主要用于加工平面，其加工质量和生产效率比周铣高。但周铣可以使用多种形式的铣刀，能铣平面、沟槽、成形表面等，并可在同一刀杆上安装多把刀具同时加工多个表面。

(2)逆铣和顺铣。周铣平面时，按主运动方向与进给运动方向的相对关系，分为逆铣和顺铣。如图 5-19(b)所示，若主运动方向与进给运动方向相反称为逆铣；如图 5-19(c)所示，若主运动方向与进给运动方向相同称为顺铣。

逆铣和顺铣各有特点，应根据加工的具体条件合理选择。

①从切屑截面形状分析。逆铣时，刀齿的切削厚度由零逐渐增加，刀齿切入工件时切削厚度为零，由于切削刃钝圆半径的影响，刀齿在已加工表面上滑擦一段距离后才能真正切入工件，因而

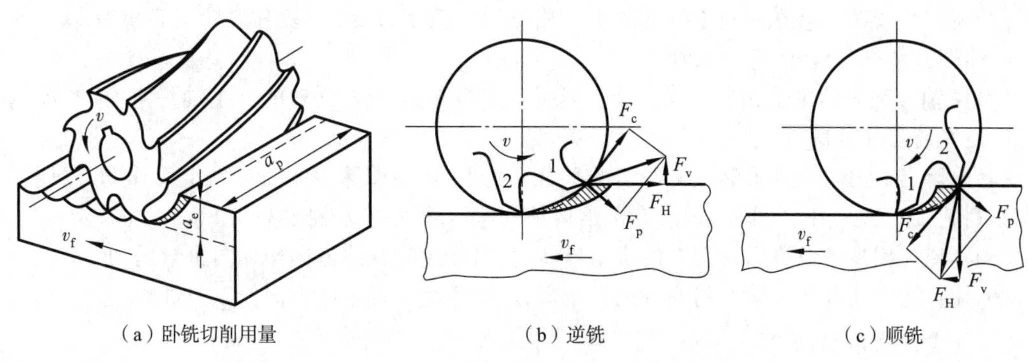

（a）卧铣切削用量　（b）逆铣　（c）顺铣

图 5-19　卧式铣削平面示意图

刀齿磨损快，加工表面质量较差。顺铣时则无此现象。实践证明，顺铣时铣刀寿命比逆铣高 2~3 倍，加工表面质量也比较好，但顺铣不宜铣带硬皮的工件。

②从工件装夹可靠性分析。逆铣时，刀齿对工件的垂直作用力 F_v 向上，容易使工件松动；顺铣时，刀齿对工件的垂直作用力 F_v 向下，使工件压紧在工作台上，加工比较平稳。

③从工作台丝杠、螺母间隙分析。图 5-20 中，螺母固定不动，丝杠回转带动工作台（与工件）作进给运动。如图 5-20（a）所示，逆铣时工件受到的水平铣削力 F_H 与进给速度 v_f 的方向相反，铣床工作台丝杠始终与螺母接触。如图 5-20（b）所示，顺铣时工件受到的水平铣削力 F_H 与进给速度 v_f 相同，由于丝杠与螺母间有间隙，铣刀会带动工件和工作台连同丝杠一起窜动，使铣削进给量突然增大，容易打刀。采用顺铣法加工时，必须采取措施消除丝杠与螺母间的间隙。

（3）对称铣和不对称铣。如图 5-21 所示，端铣时，当铣刀中心轴相对于工件的运动轨迹在铣削弧长的中心线上时称为对称铣；当铣刀中心轴相对于工件的运动轨迹偏出铣削宽度一侧时称为不对称铣。铣刀刀齿切入切出工件阶段会受到很大的冲击。在切入阶段，刀齿从接触工件到完全切入工件的时间可称为过渡时间，与刀具的切入角 β 有关，切入角 β 越小，过渡时间越短，刀齿受到的冲击就越大，β 趋于 0 时是最不利的情况。进而可知，从减小刀齿切入工件时受到的冲击考虑，不对称铣比对称铣更为有利。

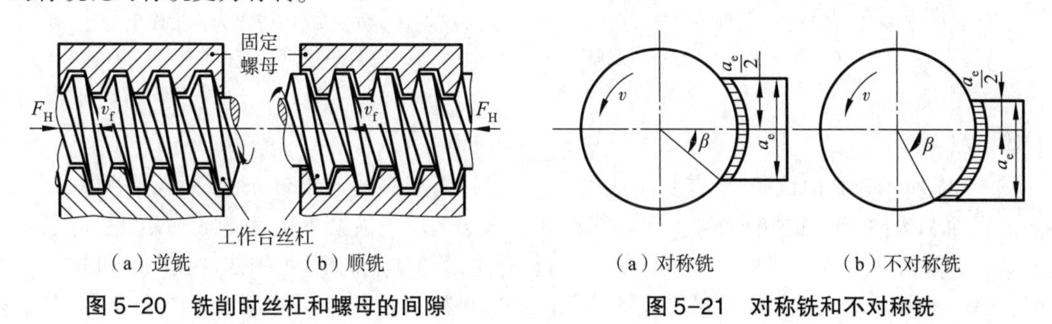

（a）逆铣　（b）顺铣

图 5-20　铣削时丝杠和螺母的间隙

（a）对称铣　（b）不对称铣

图 5-21　对称铣和不对称铣

5.3.2 铣　　床

1. 卧式升降台铣床

图 5-22 所示为卧式升降台铣床，其主轴为水平布置，主要用于单件及成批生产中加工平面、沟槽和成形表面。各组成部分及功用如下：

（1）床身。床身 1 安装在底座 8 上，用来支承和固定铣床各部分。床身内装有主运动变速传动机构、主轴部件以及操纵机构等。

(2)悬梁。悬梁2装在床身1顶部的水平燕尾形导轨上，悬梁上装有刀杆支架4，用以支持刀杆的悬伸端，以减少刀杆的弯曲和颤动。

(3)主轴。铣床的主轴3是用来安装刀具或刀杆并带动铣刀旋转的。主轴是空心的，前端有锥孔以便安装刀杆锥柄。

(4)升降台。升降台7安装在床身1的垂直导轨上，可沿着床身垂直导轨上下移动，以调整工作台面到铣刀间的距离。升降台内装有进给运动变速传动机构以及操纵机构等。

(5)滑座。滑座6装在升降台7的水平导轨上，可沿主轴轴线方向作横向进给运动。

(6)工作台。工作台5装在滑座6的导轨上，可沿垂直主轴轴线方向作纵向进给运动。

2. 立式升降台铣床

图5-23所示为立式升降台铣床，其主轴垂直于工作台面，主要适用于单件及成批生产。这种铣床可用端铣刀或立铣刀加工平面、斜面、沟槽、台阶，若采用分度头或圆形工作台等附件，还可铣削齿轮、凸轮以及螺旋面。立式升降台铣床工作台4和升降台6的结构与卧式升降台铣床相同。立铣头2可在垂直平面内调整角度，主轴3可沿其轴线方向进给或调整位置。

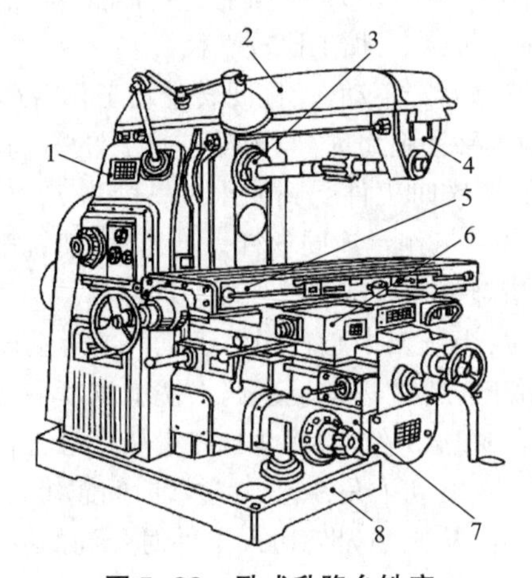

图5-22　卧式升降台铣床

1—床身；2—悬梁；3—主轴；4—刀杆支架；5—工作台；6—滑座；7—升降台；8—底座

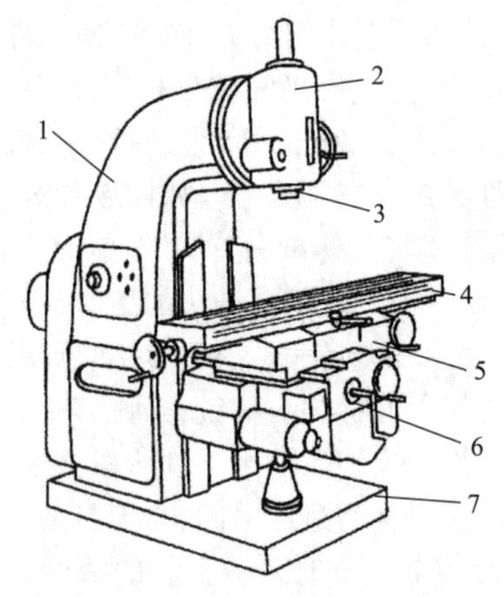

图5-23　立式升降台铣床

1—床身；2—立铣头；3—主轴；4—工作台；5—滑座；6—升降台；7—底座

3. 龙门铣床

图5-24所示为龙门铣床，具有龙门式框架，是一种大型高效通用铣床，主要用来加工大型工件上的平面和沟槽。两个立铣头4、8可在横梁3上水平运动。横梁3和两个卧铣头2、9可以在立柱5、7上升降。每个铣头部是一个独立部件，内装有主运动变速机构、主轴部件及操纵机构等。加工时，工作台10带动工件作纵向进给运动。龙门铣床可用多把铣刀同时加工多个表面，生产率较高，在成批和大量生产中广泛应用。

4. 工具铣床

图5-25所示为万能工具铣床，主轴的横向进给运动由主轴座4的移动实现，纵向及垂直方向进给运动由工作台3及升降台2移动实现。工具铣床除了能完成卧式铣床和立式铣床的加工外，常配备有回转工作台、可倾斜工作台、平口钳、分度头、立铣头和插削头等多种附件，因而扩大了机床的万能性，能完成镗、铣、钻、插等切削加工，适用于工具、机修车间，用来加工各种刀具、夹具、冲模、压模等中小型模具及其他复杂零件。

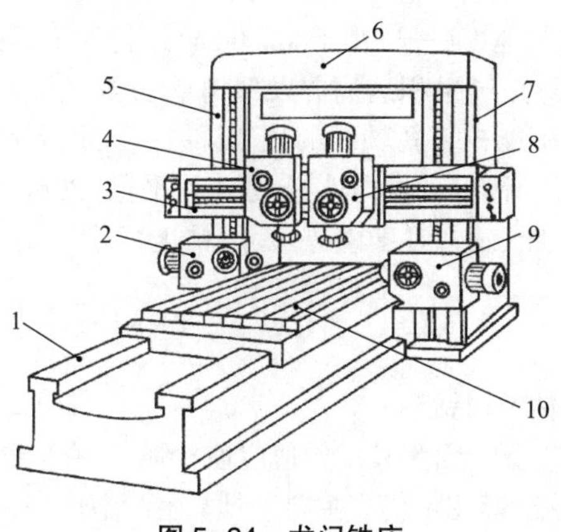

图 5-24　龙门铣床

1—床身;2、9—卧铣头;3—横梁;4、8—立铣头;
5、7—立柱;6—顶梁;10—工作台

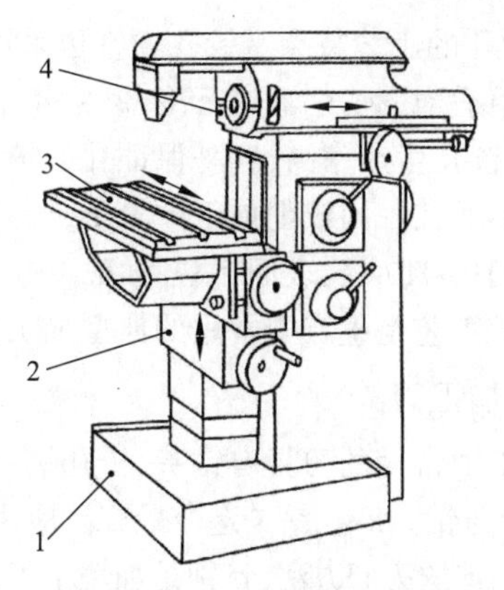

图 5-25　万能工具铣床

1—底座;2—升降台;
3—工作台;4—主轴座

5.4　钻削加工方法与钻床

5.4.1　钻削加工方法

1. 钻削加工工艺范围

钻孔主要用于加工箱体、机架等外形较复杂而没有对称回转轴线的工件上的孔。钻削时,工件不动,刀具作旋转运动,同时沿轴向进给运动。钻削加工的工艺范围如图 5-26 所示。

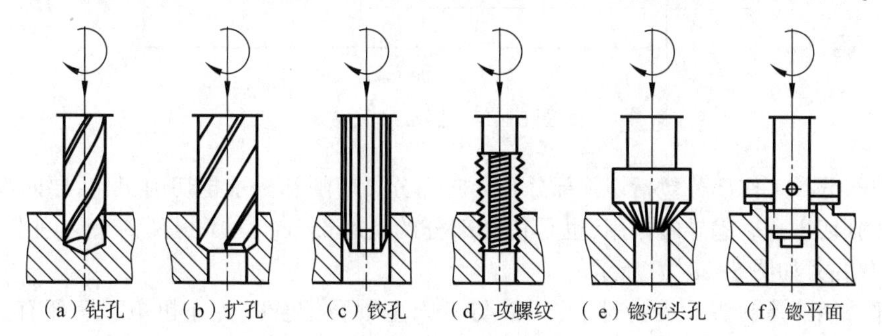

图 5-26　钻削加工的工艺范围

2. 孔加工的工艺特点

(1) 钻削加工的工艺特点。钻头在半封闭的状态下进行切削加工,金属切除量大,排屑困难。摩擦严重,产生热量多,散热困难,切削温度高。钻头很难磨成对称的切削刃,加工的孔径常会扩大。挤压严重,切削力大,容易产生孔壁冷作硬化。钻头细而悬伸长,刚性差,加工时容易发生引偏。钻孔精度低,一般为 IT13~IT12 级,表面粗糙度 Ra 值为 12.5~6.3 μm。

(2) 扩孔的工艺特点。扩孔钻齿数多(3~8 个齿),导向性好,切削比较稳定。扩孔钻没有横刃,切削条件好。加工余量较小,容屑槽可以做得浅些,钻芯可以做得粗些,刀体强度和刚性较好。扩孔加工的精度可达 IT11~IT10 级,表面粗糙度 Ra 可达 6.3~3.2 μm。扩孔常用于加工直径小于 ϕ100 mm 的孔。在钻直径较大的孔时($D\geqslant30$ mm),常先用小钻头(直径为孔径的 0.5~0.7 倍)预钻孔,然后再扩孔,可提高孔的加工质量和生产效率。

(3)铰孔的工艺特点。铰孔通常也采用较低的切削速度(一般小于8 m/min)进行加工,而且一般都要使用适当的切削液进行冷却、润滑和清洗,以防止产生积屑瘤并及时清除切屑。与磨孔和镗孔相比,铰孔生产率高,容易保证孔的精度;但铰孔不能校正孔轴线的位置误差。铰孔不宜加工阶梯孔和不通孔。因铰削加工余量小,铰刀齿数多,铰刀刚度和导向性好,故工作平稳,铰孔尺寸精度一般为IT9~IT7级,表面粗糙度 Ra 一般为3.2~0.8 μm。对于中等尺寸、精度要求较高的孔,钻—扩—铰工艺是生产中常用的典型加工方案。

3. 孔加工刀具

孔加工中常用的刀具有钻头、扩孔钻、铰刀、中心钻及锪钻等。

(1)麻花钻。麻花钻是迄今最广泛应用的孔加工刀具。因为其结构适应性较强,又有成熟的制造工艺及完善的刃磨方法,特别是加工小于φ30 mm的孔,麻花钻仍为主要工具。生产中也有将麻花钻作为扩孔钻使用的。如图5-27(a)和(b)所示,麻花钻由工作部分、柄部和颈部三部分组成。

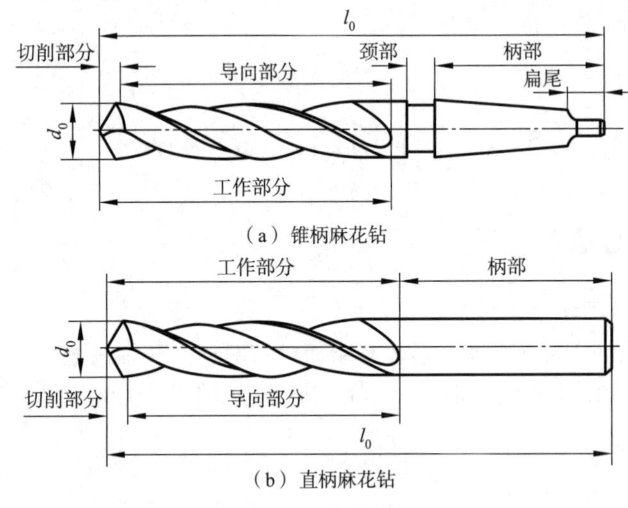

(a)锥柄麻花钻

(b)直柄麻花钻

图5-27 标准麻花钻

①工作部分。工作部分包括切削部分和导向部分。切削部分承担切削工作,导向部分的作用在于切削部分切入孔后起导向作用,也是切削部分的备磨部分。为了提高钻头的刚度,工作部分两刃瓣间的钻心,如图5-28(a)所示。

②柄部。柄部是钻头的夹持部分,用以与机床主轴孔配合并传递扭矩。柄部有直柄(小于φ20 mm的小直径钻头)和锥柄之分。柄部末端还作有扁尾。

③颈部。颈部位于工作部分与柄部之间,可供砂轮磨锥柄时退刀,也是打标记之处。为了方便制造,直柄钻头无颈部。

麻花钻切削部分[见图5-28(b)]由两个前刀面、两个后刀面、两个副后刀面、两条主切削刃、两条副切削刃和一条横刃组成。

①前刀面。前刀面即螺旋沟表面,起容屑、排屑作用,需抛光以使排屑流畅。

②后刀面。后刀面与加工表面相对,位于钻头前端,形状由刃磨方法决定,可为螺旋面、圆锥面或平面,手工刃磨的任意曲面。

③副后刀面。副后刀面是与已加工表面(孔壁)相对的钻头外圆柱面上的窄棱面。

④主切削刃。主切削刃是前刀面(螺旋沟表面)与后刀面的交线,标准麻花钻主切削刃为直线(或近似直线)。

⑤副切削刃。副切削刃是前刀面(螺旋沟表面)与副后刀面(窄棱面)的交线,即棱边。

⑥横刃。横刃是两个(主)后刀面的交线,位于钻头的最前端,又称钻尖。

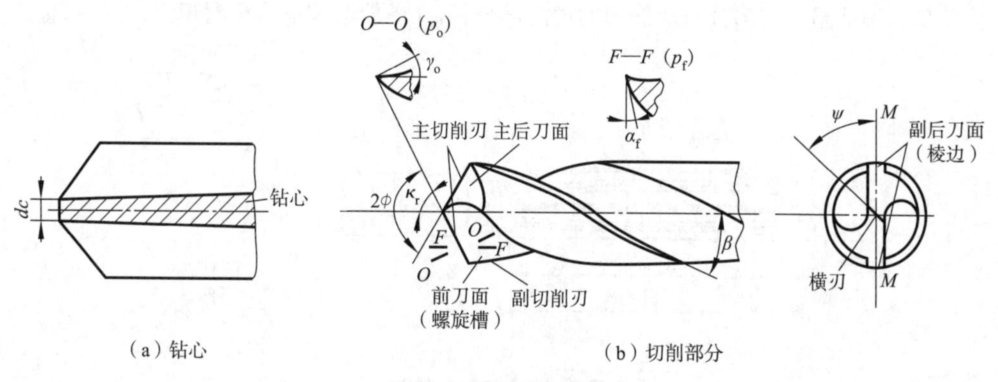

(a) 钻心　　　　(b) 切削部分

图 5-28　标准麻花钻

(2)扩孔钻。常用的扩孔钻如图 5-29 所示,有高速钢整体扩孔钻、高速钢镶齿套式扩孔钻及硬质合金镶齿套式扩孔钻等。

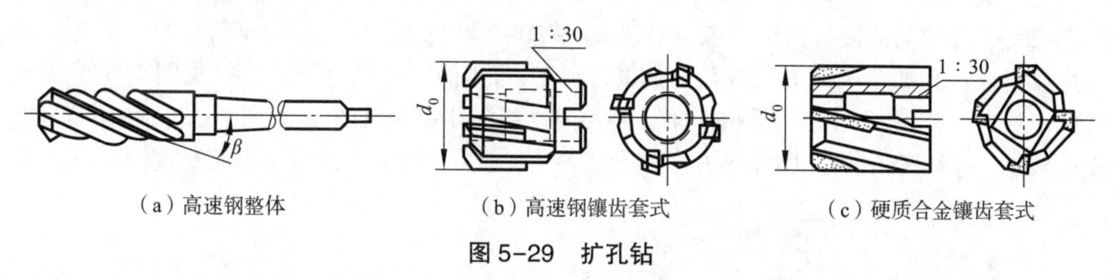

(a) 高速钢整体　　(b) 高速钢镶齿套式　　(c) 硬质合金镶齿套式

图 5-29　扩孔钻

(3)铰刀。铰刀用于中小直径孔的半精与精加工,铰刀的种类如图 5-30 所示。

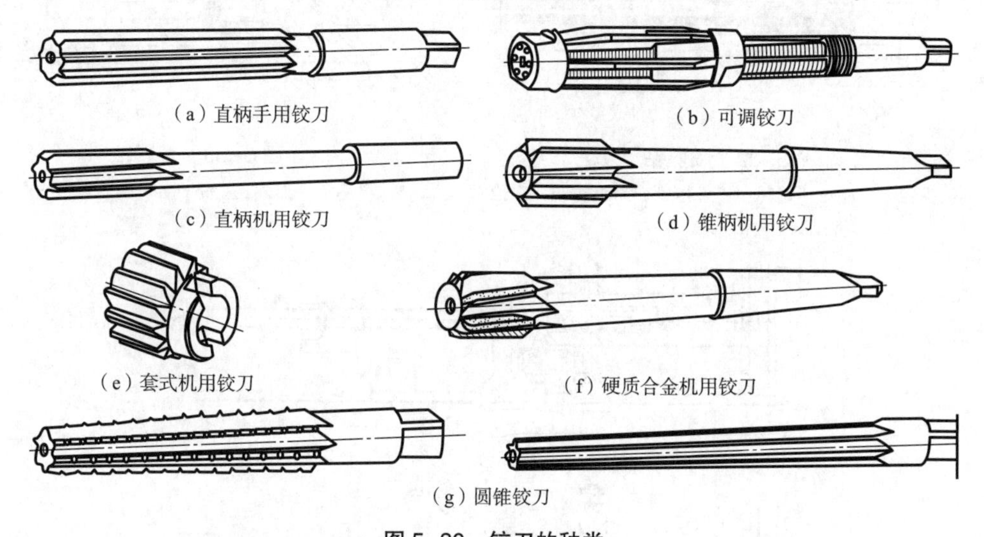

(a) 直柄手用铰刀　　(b) 可调铰刀

(c) 直柄机用铰刀　　(d) 锥柄机用铰刀

(e) 套式机用铰刀　　(f) 硬质合金机用铰刀

(g) 圆锥铰刀

图 5-30　铰刀的种类

高速钢铰刀是生产中最常用的,由工作部分、柄部和颈部三部分组成,如图 5-31 所示。

①工作部分。由引导锥、切削部分(切削锥)和校准部分组成。引导锥的作用在于使铰刀顺利导入孔内;切削部分完成主要切削任务,呈圆锥体;校准部分由圆柱和倒锥两部分组成:圆柱部分起校准、导向、修光作用,圆柱面上做出 0.05~0.3 mm 的刃带,以保证铰刀直径尺寸并加强导向作用;倒锥部分的作用在于减小与已加工孔壁间的摩擦。

②柄部。连接机床主轴、传递扭矩。

③颈部。颈部是工作部分与柄部间的过渡部分,可在砂轮磨校准部分时退刀,也可打标记。

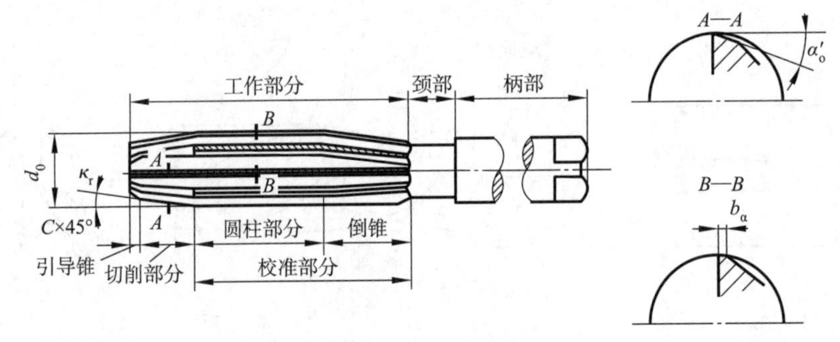

图 5-31　铰刀的结构

4. 深孔加工

深孔一般是指孔的"长径比"(即孔深 l 和孔径 d 之比)大于(5~10)的孔。对于普通的深孔,如 $l/d=5\sim20$,可将麻花钻接长实现加工。对于 $l/d\geqslant20\sim100$ 的特殊深孔(如枪管和液压筒等),则需在专用设备或深孔加工机床上用深孔刀具进行加工,常用的深孔钻有:喷吸钻(见图 5-32)、套料钻(见图 5-33)、外排屑深孔钻[见图 5-34(a)]及内排屑深孔钻[见图 5-34(b)]等。钻削直径大于 ϕ60 mm 的孔,采用套料钻可以将材料中心部分的料芯留下再予利用,减少了金属切削量,提高生产率。

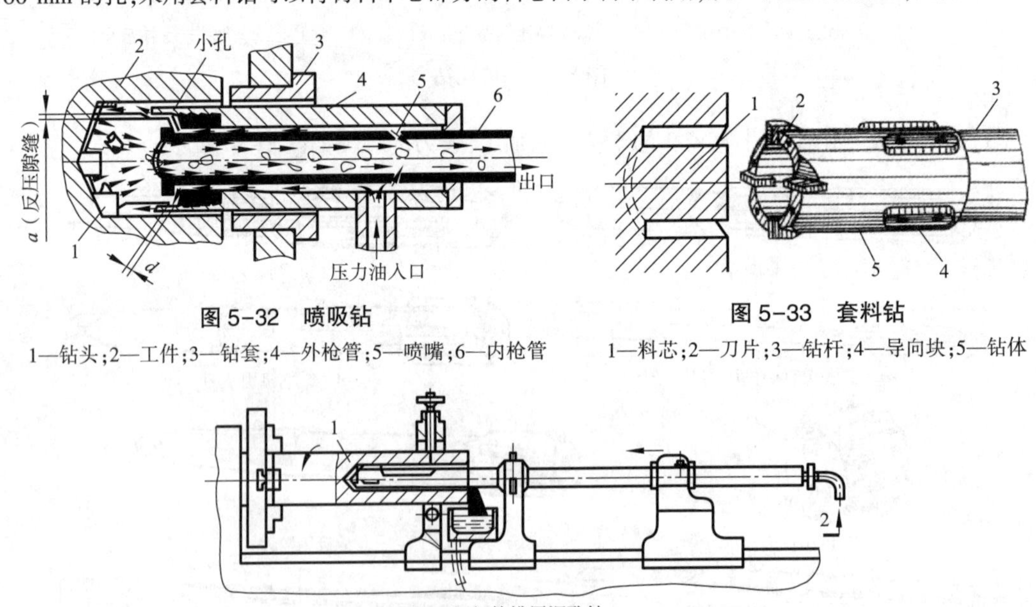

图 5-32　喷吸钻

1—钻头;2—工件;3—钻套;4—外枪管;5—喷嘴;6—内枪管

图 5-33　套料钻

1—料芯;2—刀片;3—钻杆;4—导向块;5—钻体

(a)外排屑深孔钻

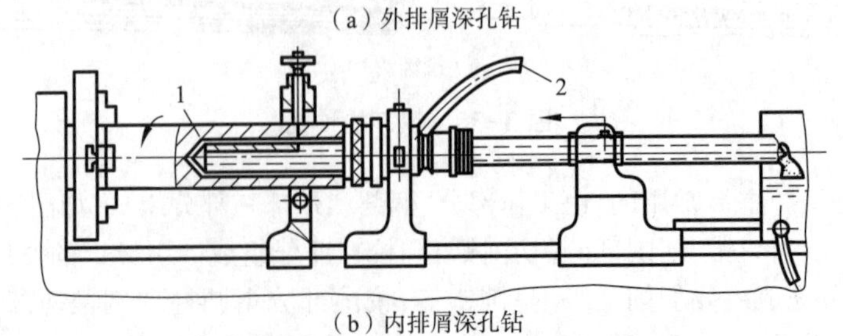

(b)内排屑深孔钻

图 5-34　深孔钻

1—工件;2—切削液入口

5.4.2 钻　床

1. 立式钻床

立式钻床结构如图 5-35 所示，变速箱 5 固定在立柱 6 顶部，装有主电动机和变速机构及其操纵机构。进给箱 4 内有主轴 3 和进给变速机构及操纵机构。进给箱右侧的手柄用于使主轴 3 升降。加工时，工件直接或利用夹具安装在工作台 2 上，主轴 3 由电动机带动既作旋转运动，又作轴向进给运动。进给箱 4、工作台 2 可沿立柱 6 的导轨调整上下位置，以适应加工不同高度的工件，当一个孔加工完再加工第二个孔时，需要重新移动工件，使刀具旋转中心对准被加工孔的中心。因此对于大而重的工件、操作不方便，适用于中小工件的单件、小批量生产。

2. 摇臂钻床

摇臂钻床如图 5-36 所示，工件固定在底座 1 的工作台 10 上，主轴 9 的旋转和轴向进给运动是由电动机 6 通过主轴箱 8 实现的。主轴箱 8 可在摇臂 7 的导轨上移动，摇臂借助电动机 5 及丝杠 4 的传动，可沿外立柱 3 上下移动。外立柱 3 可绕内立柱 2 在±180°范围内回转。由于摇臂钻床结构上的这些特点，可以很方便地调整主轴 9 到所需的加工位置上，而无须移动工件。所以，摇臂钻床广泛地应用于单件和中、小批生产中加工大中型零件。

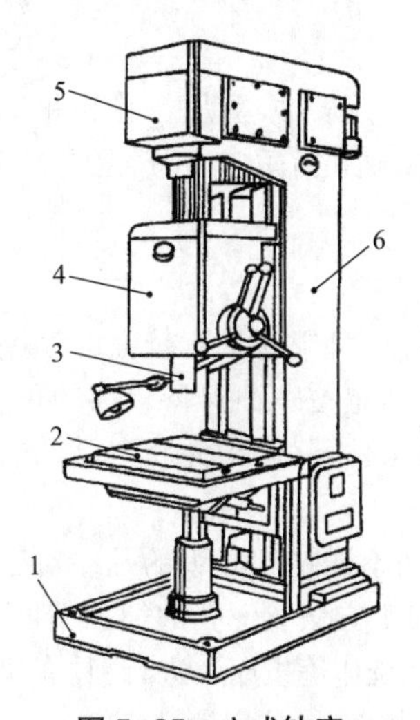

图 5-35　立式钻床

1—底座；2—工作台；3—主轴；4—进给箱；5—变速箱；6—立柱

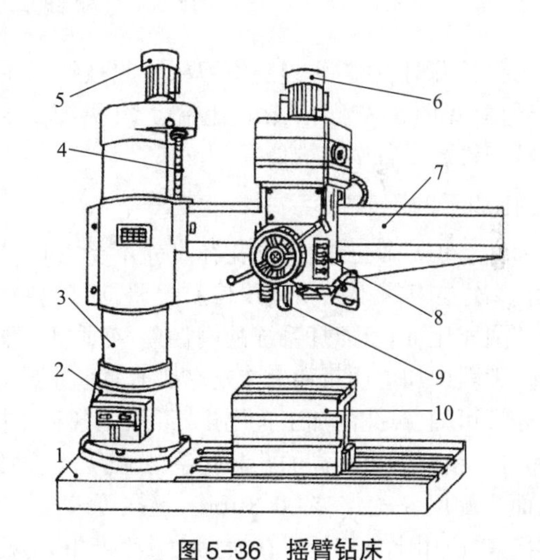

图 5-36　摇臂钻床

1—底座；2—内立柱；3—外立柱；4—丝杠；5、6—电动机；7—摇臂；8—主轴箱；9—主轴；10—工作台

5.5 镗削加工方法与镗床

5.5.1 镗削加工方法

镗孔是用镗刀对工件已有孔进行加工的一种工艺方法。这种加工方法的加工范围很广，可以对不同直径的孔进行粗加工、半精加工和精加工。

1. 镗削加工工艺范围

镗削加工的工艺范围较广，如图 5-37 所示，可以镗削单孔或孔系，锪、铣平面，镗盲孔及镗端面等。机座、机体、支架等外形复杂的大型工件上直径较大的孔,特别是有位置精度要求的孔系,常在镗床上利用坐标装置和镗模加工。当配备各种附件、专用镗杆后,在镗床上还可切槽、车螺纹、镗锥孔和加工球面等。

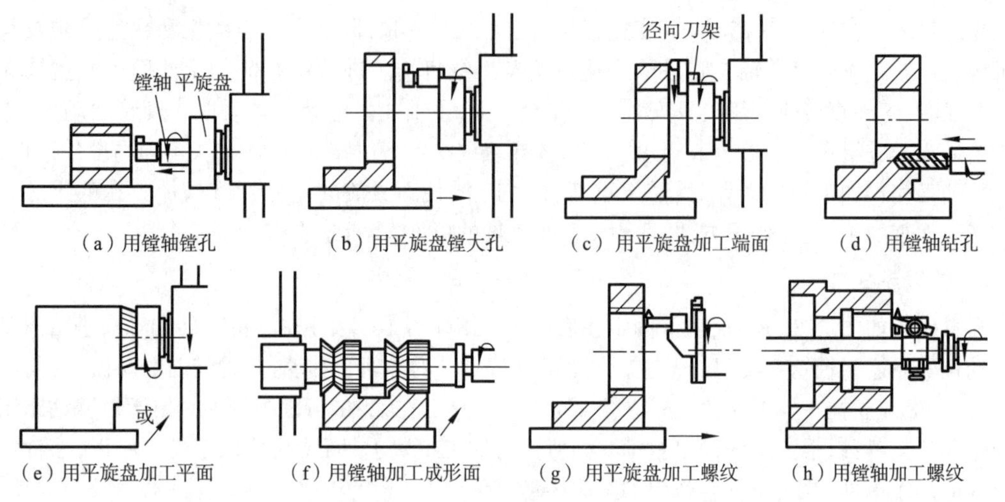

图 5-37 镗削的工艺范围

在镗床上镗孔时,通常镗刀随镗刀杆一起被镗床主轴驱动作旋转主运动,工作台带动工件作纵向进给运动[见图 5-37(b)],横向进给运动[见图 5-37(f)],主轴箱有垂向运动[见图 5-37(e)],可用此调整工件孔系各个孔的位置。

2. 镗孔加工的工艺特点

镗孔和钻—扩—铰工艺相比,孔径尺寸不受刀具尺寸的限制,且镗孔具有较强的误差修正能力,可通过多次走刀修正原孔轴线偏斜误差,而且能使所镗孔与定位表面保持较高的位置精度。镗孔和车外圆相比,由于刀杆系统的刚性差、变形大,散热排屑条件不好,工件和刀具的热变形比较大,因此,镗孔的加工质量和生产效率都不如车外圆高。

综上分析可知,镗孔的加工范围广,可加工各种不同尺寸和不同精度等级的孔。对于孔径较大、尺寸和位置精度要求较高的孔和孔系,镗孔几乎是唯一的加工方法。镗孔的加工精度为 IT9~IT7 级,表面粗糙度 *Ra* 为 3.2~0.8 μm。镗孔可以在镗床、车床、铣床等机床上进行,具有机动灵活的优点,生产中应用十分广泛。在大批大量生产中,为提高镗孔效率,常使用镗模。

3. 常见镗刀结构

镗刀种类很多,按工作切削刃数量,可分为单刃镗刀和多刃镗刀两大类。

(1)单刃镗刀。单刃镗刀的结构类似于车刀,孔的尺寸靠调整镗刀刀刃位置保证,生产率很低,多采用机夹式结构,如图 5-38 所示。图 5-39 所示为微调镗刀的结构,调整时,先将拉紧螺钉 5

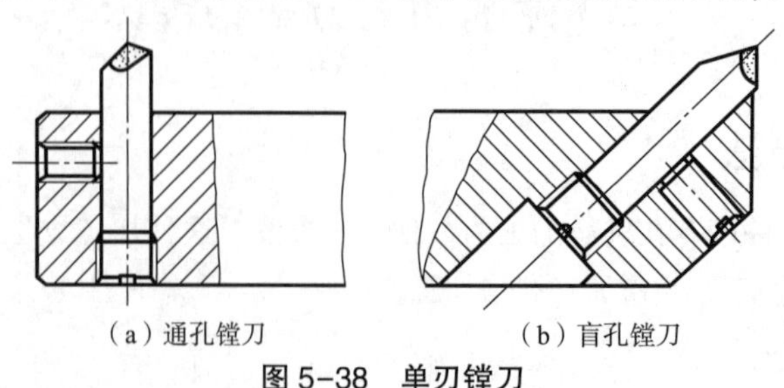

图 5-38 单刃镗刀

稍微松开一点，再旋转刻度盘（调整螺母）3，调定后再将拉紧螺钉 5 固紧。使镗刀头 1 斜向安装是为了镗削不通孔，但是，在改变径向尺寸的同时，也改变了轴向尺寸。

（2）双刃镗刀。双刃镗刀的特点是两条切削刃对称分布在镗杆直径的两端，加工时也是对称切削的，因而可以消除镗孔时背向力（径向力）对镗刀杆的弯曲作用，从而减小加工误差。常用的双刃镗刀有定直径式（直径尺寸不能调节）和浮动式（直径尺寸可以调节）两种。

①定直径双刃镗刀。图 5-40 所示为定直径双刃镗刀的镗刀片，安装在刀杆矩形槽内的镗刀片可用斜楔［见图 5-41(a)］、螺钉［见图 5-41(b)］或其他方式夹紧。

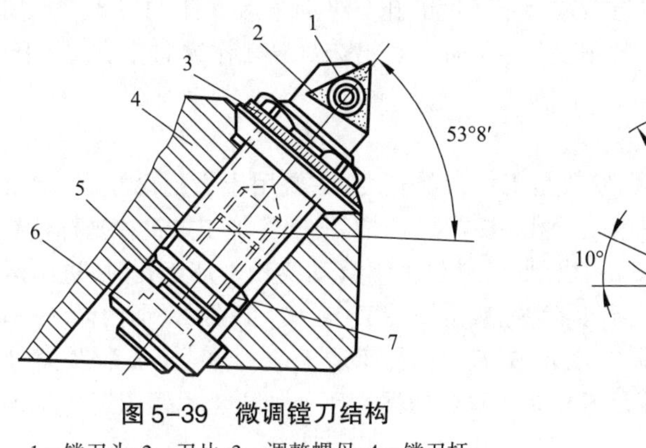

图 5-39　微调镗刀结构

1—镗刀头；2—刀片；3—调整螺母；4—镗刀杆；5—拉紧螺钉；6—垫圈；7—导向键

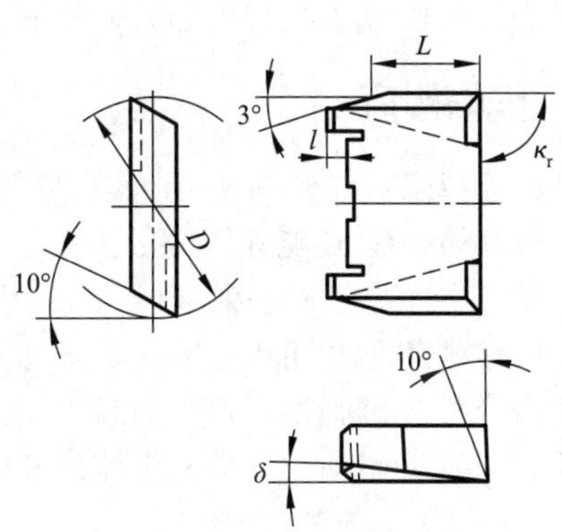

图 5-40　定直径式镗刀块

②浮动式双刃镗刀。图 5-42 所示为浮动镗刀，浮动镗刀与镗刀杆矩形槽之间采用较紧的间隙配合，无须夹紧，靠切削时所受到的对称的背向力（径向力）实现镗刀片的浮动定心，保持刀具轴心线与工件预制孔轴心线的一致性，所以，浮动镗孔不能校正预制孔轴线的歪斜，也不能校正孔的位置误差。浮动镗孔最主要的优点是，浮动镗刀是尺寸可调整的定尺寸刀具，能有效地保证较高孔的尺寸精度和形状精度，而且，其切削刃结构类似于铰刀，具有较长的修光刃，镗孔时对孔壁有挤刮作用，能有效地改善已加工表面的质量。

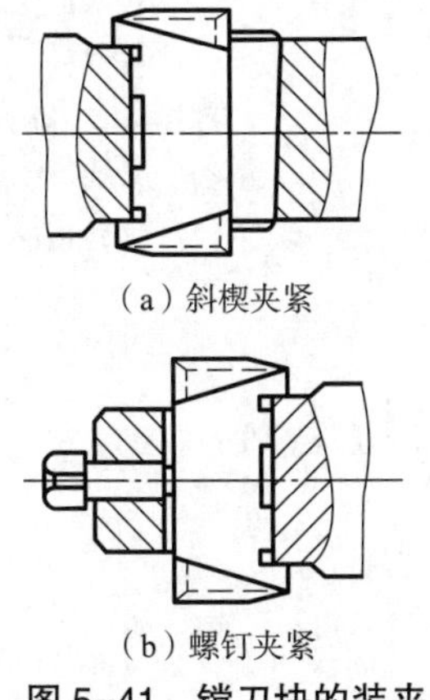

（a）斜楔夹紧

（b）螺钉夹紧

图 5-41　镗刀块的装夹

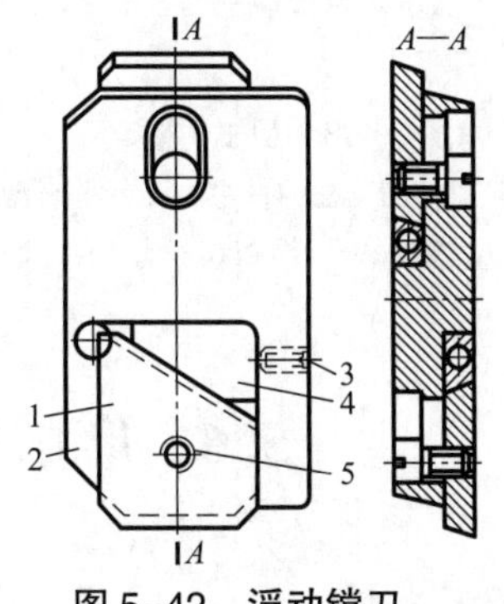

图 5-42　浮动镗刀

1—刀片；2—刀块；3—调节螺钉；4—斜面垫片；5—夹紧螺钉

5.5.2　卧式镗床

卧式镗床其工艺范围较广，可对大中型工件进行钻孔、镗孔、扩孔、铰孔、锪平面、车削内外螺纹、车削外圆柱面和端面以及铣平面等加工。工件一次装夹后，即可完成多种表面的加工，这对于加工大而重的工件很有利。但由于卧式镗床结构复杂,生产率较低,故在大批量生产中加工箱体零件时多采用组合机床和专用机床。

卧式镗床如图 5-43 所示,主轴箱 2 可沿前立柱 3 垂直导轨上下移动,主轴箱中安装有水平布置的主轴组件、主传动和进给传动的变速机构。加工时,刀具可以安装在主轴 4 前端的锥孔中,或装在平旋盘 5 的径向刀架上。主轴的旋转为主运动,还可沿轴向移动作进给运动。平旋盘只能作旋转主运动,而装在平旋盘导轨上的径向刀架,可作径向进给运动,这时可以车端面。工件安装在工作台 6 上,可与工作台一起随上下滑座 7 和 8 作横向或纵向移动。工作台也可在上滑座的圆导轨上绕垂直轴线转位,以便加工相互平行或成一定角度的孔与平面。后立柱 11 上装有支承架 10,用来支承悬伸较长的刀杆,以增加刀杆的刚度。后立柱还可沿床身导轨作纵向移动,以调整位置。

5.5.3 坐标镗床

卧式坐标镗床如图 5-44 所示,其主参数是工作台的宽度,主要用于镗削尺寸、形状及位置精度要求比较高的孔系,还能进行钻孔、扩孔、铰孔、锪端面、切槽、铣削等加工。镗孔坐标位置由下滑座 1 沿床身 7 导轨纵向移动和主轴箱 6 沿立柱 5 的导轨上下移动实现。加工孔时,进给运动可由主轴 4 轴向移动完成,也可由上滑座 2 横向移动完成。回转工作台 3 可在水平面内同转一定角度,以进行精密分度。坐标镗床有立式和卧式之分,立式坐标镗床适于加工轴线与安装基面(底面)垂直的孔系和铣削顶面,有立式单柱坐标镗床和立式双柱坐标镗床。卧式坐标镗床适用于加工与安装基面平行的孔系和铣削侧面。

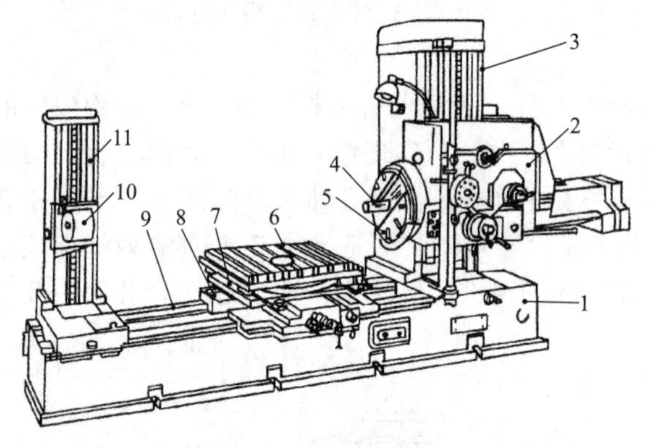

图 5-43 卧式镗床

1—床身;2—主轴箱;3—前立柱;4—主轴;5—平旋盘;6—工作台;7—上滑座;8—下滑座;9—导轨;10—支承架;11—后立柱

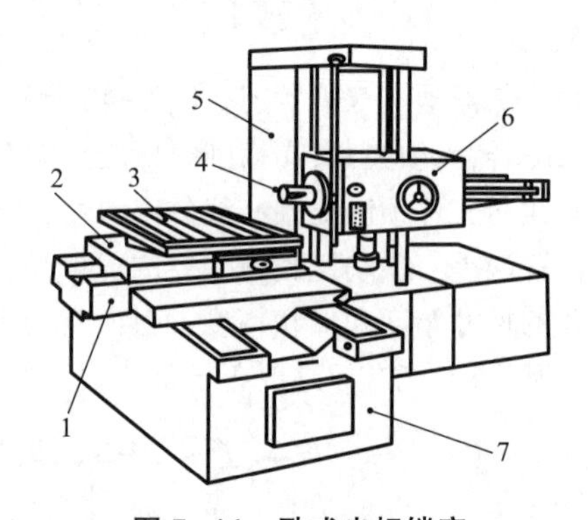

图 5-44 卧式坐标镗床

1—下滑座;2—上滑座;3—回转工作台;4—主轴;5—立柱;6—主轴箱;7—床身

5.6 磨削加工方法与磨床

5.6.1 磨削加工方法

1. 磨削加工工艺范围

磨削加工是用高速回转的砂轮或其他磨具以给定的背吃刀量(又称切深),对工件进行加工的方法。根据工件被加工表面的形状和砂轮与工件之间的相对运动,磨削分为外圆磨削、内圆磨削、平面磨削和无心磨削等主要加工类型。还有对凸轮、螺纹、齿轮等零件进行磨削加工的专用磨床。

(1)外圆磨削。外圆磨削是用砂轮外圆周面磨削工件外回转表面的,如图 5-45 所示。不仅能加工圆柱面，还能加工圆锥面、端面(台阶部分)、球面和特殊形状的外表面等。这种磨削方式按照不同的进给方向又可分为纵磨法和横磨法两种形式。

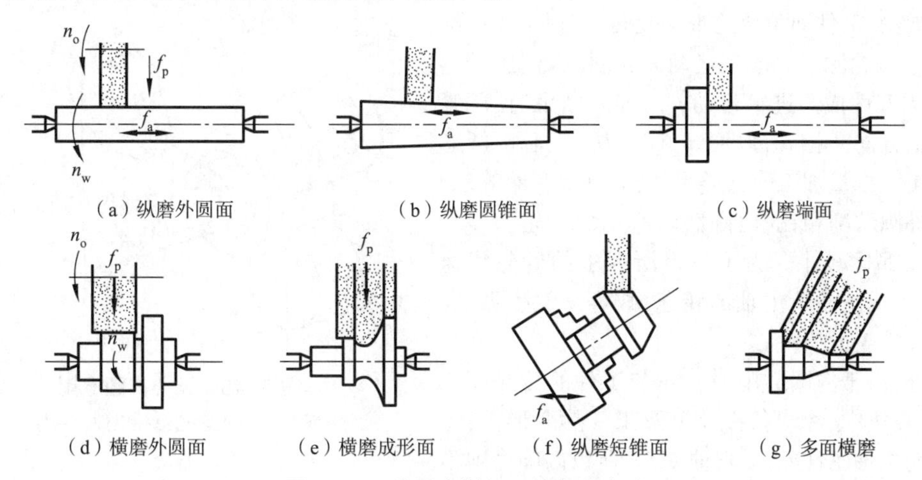

图 5-45　外圆磨削加工的各种方式

(2)内圆磨削。用砂轮磨削工件内孔的磨削方式称为内圆磨削，可以在专用的内圆磨床上进行，也能够在具备内圆磨头的万能外圆磨床上实现。内圆磨削可以分为普通内圆磨削、无心内圆磨削和砂轮作行星运动的磨削方式。在图 5-46 中，砂轮高速旋转作主运动 n_o，工件旋转作圆周进给运动 n_w，同时砂轮或工件沿其轴线往复移动作纵向进给运动 f_a，砂轮则作径向进给运动 f_p。

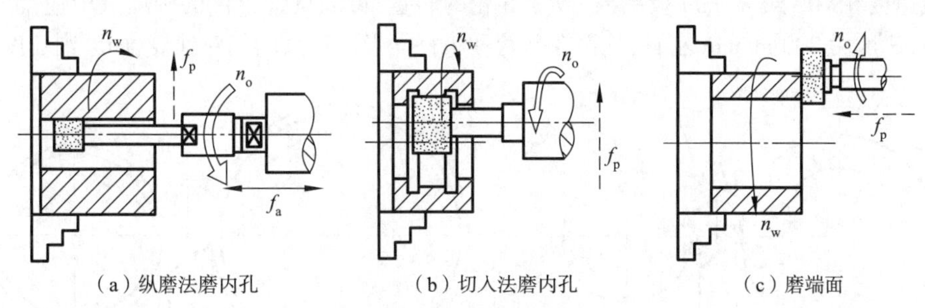

图 5-46　普通内圆磨床的磨削方法

(3)平面磨削。常见的平面磨削方式有卧轴矩台式平面磨、卧轴圆台式平面磨、立轴矩台式平面磨和立轴圆台式平面磨四种，如图 5-47 所示。工件安装在具有电磁吸盘的矩形或圆形工作台上，作纵向往复直线运动或圆周进给运动，用砂轮的周边或端面进行磨削。由于砂轮宽度限制，需要砂轮沿轴线方向作横向进给运动。为了逐步地切除全部余量，砂轮还需周期性地沿垂直于工件被磨削表面的方向进给。

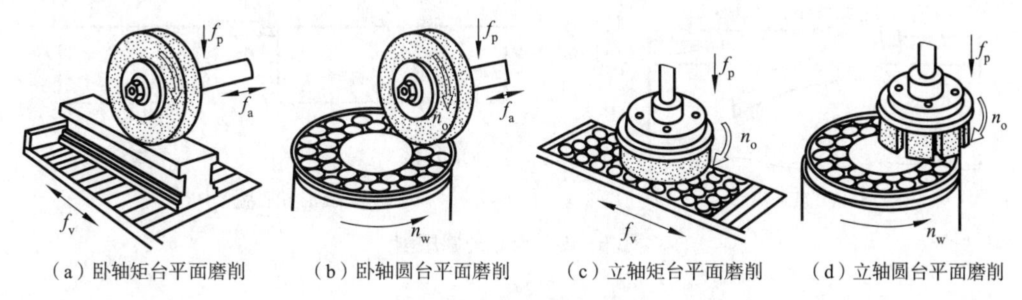

图 5-47　平面磨削方式

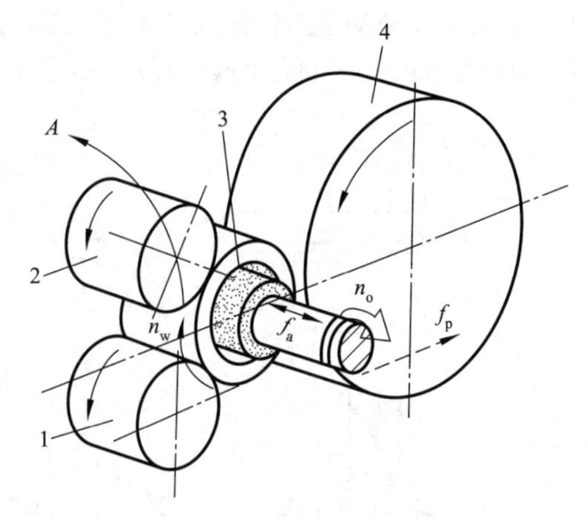

图 5-48　无心内圆磨削

1—滚轮；2—压紧轮；3—工件；4—导轮

(4)无心内圆磨削。无心内圆磨削，如图 5-48 所示，工件支承在滚轮 1 和导轮 4 上，压紧轮 2 使工件靠紧导轮，工件即由导轮带动旋转，实现圆周进给运动 n_w。砂轮除了完成主运动外，还作纵向进给运动 f_a 和周期性横向进给运动 f_p。加工结束时，压紧轮沿箭头方向 A 摆开，以便装卸工件。无心内圆磨削适用于大批量加工薄壁类零件，如轴承套圈等。

与外圆磨削相比，内圆磨削所用的砂轮和砂轮轴的直径都比较小。为了获得所要求的砂轮线速度，就必须提高砂轮主轴的转速，故容易发生振动，影响工件的表面质量。

此外，由于内圆磨削时砂轮与工件的接触面积大，发热量集中，冷却条件差以及工件热变形大，特别是砂轮主轴刚性差，易弯曲变形，所以内圆磨削不如外圆磨削的加工精度高。在实际生产中，常采用减少横向进给量，增加光磨次数等措施来提高内孔的加工质量。

(5)无心外圆磨削。无心外圆磨削，如图 5-49 所示，工件置于砂轮和导轮之间的托板上，以工件自身外圆为定位基准。导轮是用树脂或橡胶为黏结剂制成的刚玉砂轮，不起磨削作用，与工件之间的摩擦系数较大，靠摩擦力带动工件以接近于导轮线速度(转速 n_w)回转，实现圆周进给运动。导轮的线速度在 10~50 m/min 范围内，改变导轮的转速，可以调整工件的圆周进给速度。砂轮的转速很高，一般为 200 m/min 左右，从而在砂轮和工件间形成很大的相对速度，即磨削速度。

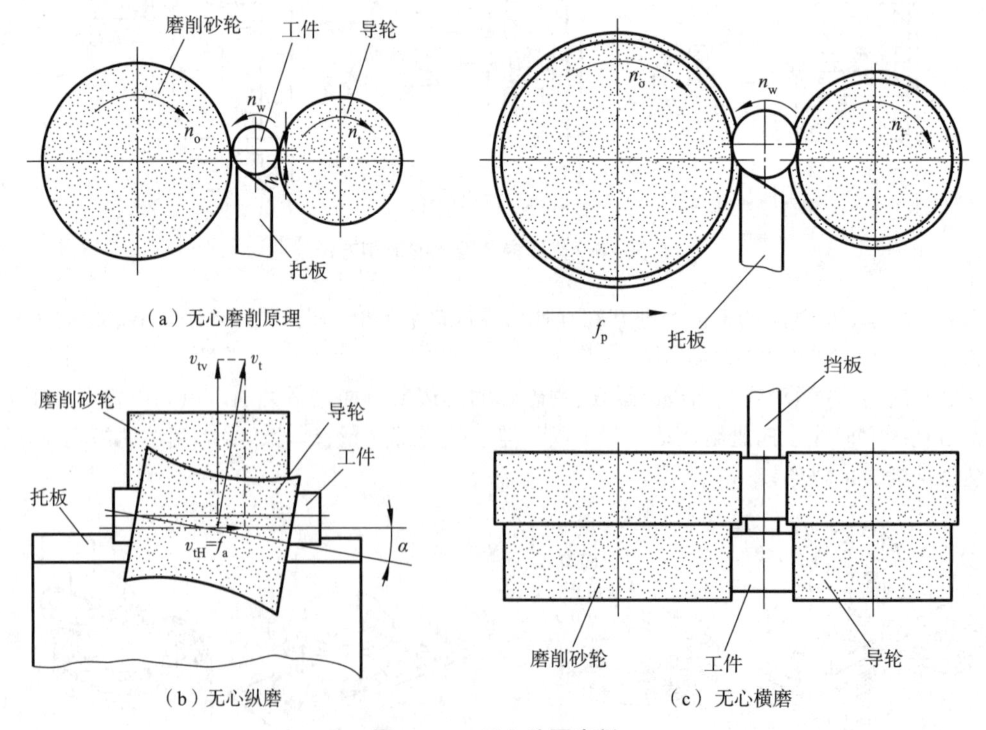

图 5-49　无心外圆磨削

为了减小工件的圆度和加快成圆过程,工件的中心须高于导轮和砂轮的中心连线,一般 $h=(0.15-0.25)d$,d 为工件直径。这样使工件和导轮、砂轮的接触相对于工件中心不对称,相当于是在假想的 V 形槽中转动,工件在多次转动中,逐步磨圆。

在无心外圆磨削过程中,由于工件是靠自身轴线定位,因而磨削出来的工件尺寸精度与几何精度都比较高,表面粗糙度小。如果配备适当的自动装卸料机构,就易于实现自动化。但是,无心外圆磨床调整费时,只适于大批大量生产。当工件外圆表面不连续(如有长键槽)或与其他表面有较高的同轴要求时,不适宜采用无心外圆磨削。

2. 磨削加工工艺特点

(1)砂轮上磨粒小而多,经过修整后砂轮表面得到锋利、等高的微刃,磨床的横向进给很小,每个微刃只切削极薄的一条微条切屑,半钝的磨粒还有抛光作用,而磨削速度又极高,因此磨削尺寸精度能达 IT7~IT5,表面粗糙度 Ra 能达到 0.8~0.1 μm。

(2)由于磨削速度高,且磨粒一般均为负前角,因此磨削时切屑变形很大,摩擦很严重,产生很多热量,磨削点的瞬时温度可达 800~1 000 ℃。磨屑在空气中氧化成火花飞出。为了避免工件热变形和表面被烧伤,必须使用充足的切削液,以降低工件表面的温度,并冲走磨屑和脱落的碎磨粒。切削液一般使用以冷却作用为主的水溶液。

(3)由于磨削时同时工作的磨粒很多,而磨粒又是负前角切削,所以径向切削力很大,一般为主切削力的 1.5~3 倍。因此,磨削时要用中心支架支承,以提高工件的刚性,减小因变形引起的加工误差。

5.6.2 磨　　床

外圆磨床主要用于磨削内、外圆柱和圆锥表面,以及阶梯轴的轴肩和端面。外圆磨床主要有万能外圆磨床、普通外圆磨床、无心外圆磨床、宽砂轮外圆磨床和端面外圆磨床等。

1. 万能外圆磨床

(1)机床结构。图 5-50 所示为 M1432A 万能外圆磨床。工作台 3 由上下两层组成,上工作台可相对于下工作台在水平面内转动很小的角度(±10°),用以磨削小锥度的圆锥面。上工作台面上装有头架 2 和尾座 6,用以夹持不同长度的工件,头架带动工件旋转。床身 1 内部装有液压系统,用来驱动工作台 3 沿床身导轨往复移动,实现工件纵向进给运动。砂轮架 5 装在滑鞍上,由砂轮主轴及其传动装置组成,用于支承并传动高速旋转的砂轮主轴。砂轮架 5 可在滑鞍 7 上转动一定的角

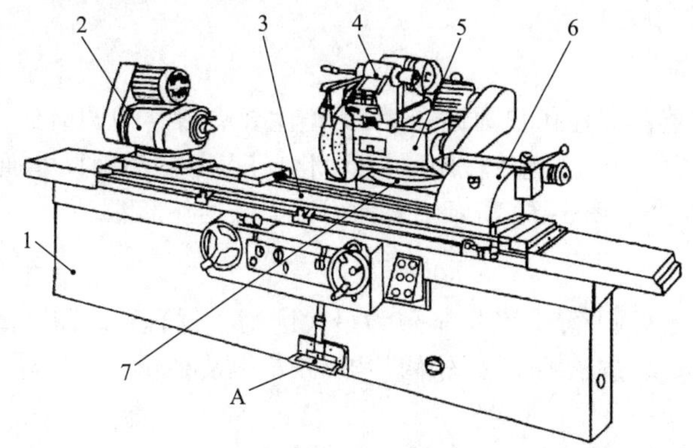

图 5-50　M1432A 万能外圆磨床

1—床身;2—头架;3—工作台;4—内圆磨具;5—砂轮架;6—尾座;7—滑鞍

度以磨削短圆锥。内圆磨具4用于支承磨内孔的砂轮主轴部件，由单独的电动机驱动，图5-50中内圆磨具处于抬起状态，当磨内圆时放下。

(2)机床的运动分析。图5-51所示为万能外圆磨床上典型加工示意图，由图5-50可知，为了实现磨削加工，机床应具有以下运动：

①砂轮旋转运动为磨削加工的主运动，用转速 n_o 表示。

②工件旋转运动，也是工件的圆周进给运动，用工件的转速 n_w 表示。

③工件纵向往复运动为磨出工件全长，必须有工件沿砂轮轴向的进给运动，用 f_a 表示。

④砂轮横向进给运动是沿砂轮径向的切入进给运动，用 f_p 表示。

此外，为了装卸和测量工件方便，机床还有两个辅助运动：砂轮架的横向快速进退运动和尾架套筒的伸缩移动。

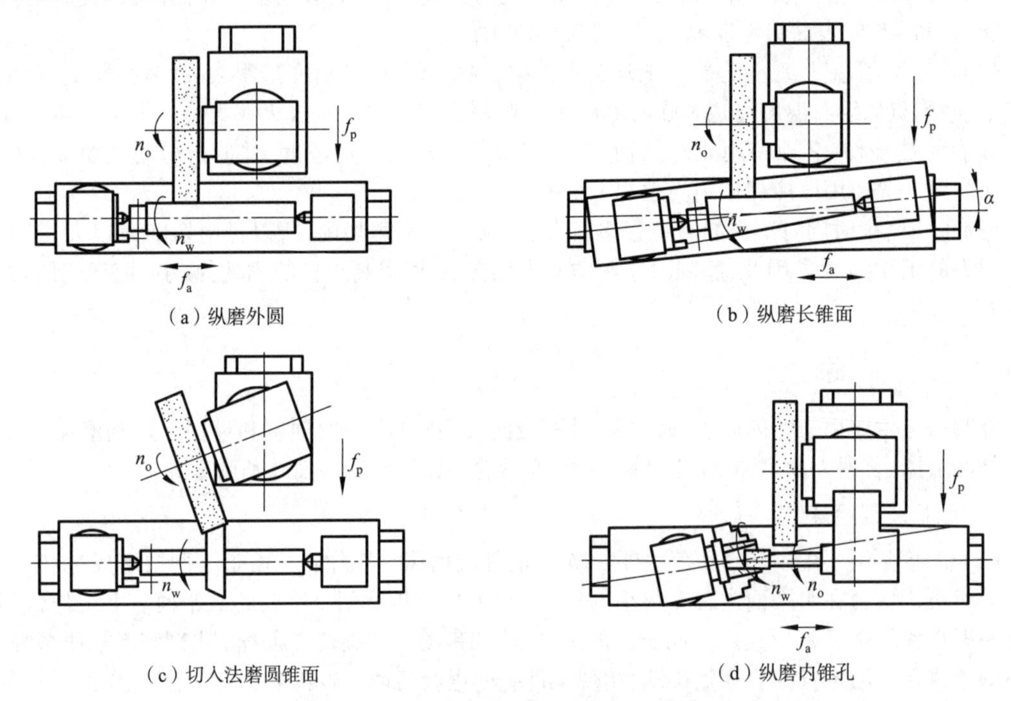

图5-51　万能外圆磨床上典型加工示意图

2. 内圆磨床

内圆磨床主要用于磨削圆柱孔和圆锥孔，其类型主要有普通内圆磨床、无心内圆磨床和行星内圆磨床等。其中，普通内圆磨床比较常用，其自动化程度不高，磨削尺寸通常是靠人工测量加以控制，适用于单件小批生产。图5-52所示为普通内圆磨床的外形图。

3. 无心磨床

无心磨床通常指无心外圆磨床，其主参数为最大磨削工件直径。图5-53所示为无心外圆磨床的结构简图，主要由床身、进给手轮、砂轮修整器、砂轮架及砂轮、托板、导轮修整器、导轮架及导轮等部分构成。

用无心磨床加工时，工件精度较高。由于工件无须打中心孔，且装夹省时省力，可连续磨削，所以生产率高。若配上自动装卸料机构，可实现自动化生产。无心磨床适于在大批量生产中磨削细长轴以及不带中心孔的轴、套、销等零件。

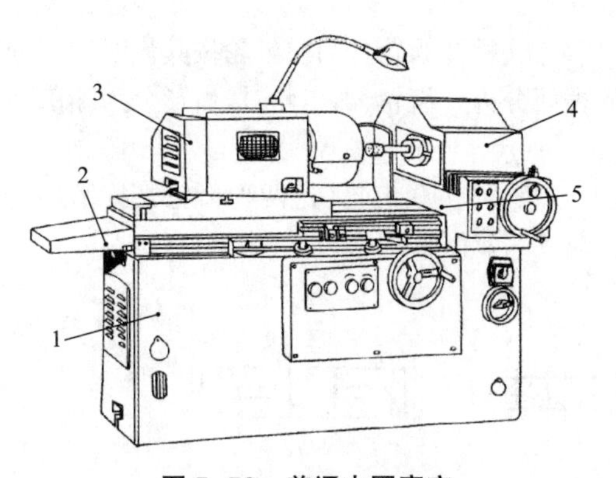

图5-52　普通内圆磨床

1—床身;2—工作台;3—头架;
4—砂轮架;5—滑座

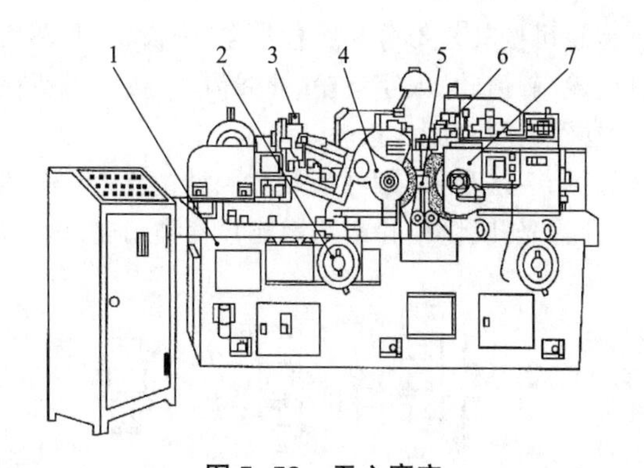

图5-53　无心磨床

1—床身;2—进给手轮;3—砂轮修整器;4—砂轮架及砂轮;
5—托板;6—导轮修整器;7—导轮架及导轮

4. 平面磨床

常见的平面磨床为卧轴矩台式平面磨床和立轴圆台式平面磨床,如图5-54所示。卧轴矩台式平面磨床的砂轮主轴是内连式异步电动机的轴,电动机的定子就装在砂轮架3的壳体内,砂轮架可沿滑座4的燕尾导轨作横向间歇进给运动(可手动或液动)。滑座4与砂轮架3一起可沿立柱5的导轨作间歇的垂直切入运动。工作台2沿床身1的导轨作纵向往复运动(液压传动)。

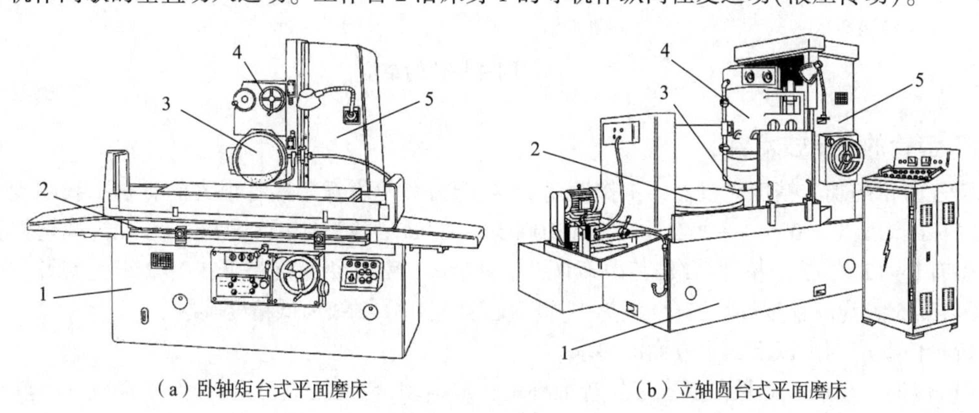

(a)卧轴矩台式平面磨床　　(b)立轴圆台式平面磨床

图5-54　平面磨床

1—床身;2—工作台;3—砂轮架;4—滑座;5—立柱

立轴圆台式平面磨床上的砂轮主轴竖直设置,用砂轮端面磨削工件,砂轮架可沿立柱的导轨作间歇的垂直进给运动。工件装在旋转的圆工作台上可连续磨削,生产效率较高。为了便于装卸工件,圆工作台还能沿床身导轨纵向移动。

5.7　齿轮加工方法及其机床

5.7.1　齿轮加工方法

1. 齿轮的结构与分类

齿轮是现代机器和仪器中传递运动和转矩的重要零件。由于齿轮传动具有传动准确、传递转矩大、效率高、结构紧凑、可靠耐用等优点,因此其应用非常广泛。

齿轮可按其外形分为圆柱齿轮、锥齿轮、非圆齿轮、齿条、蜗杆蜗轮。圆柱齿轮按其齿线形状分为直齿轮、斜齿轮、人字齿轮、曲线齿轮;按轮齿所在的表面分为外齿轮、内齿轮;按齿形分为渐圆柱齿轮、摆线齿轮和圆弧齿轮。

如图5-55所示,圆柱齿轮按照结构特点可分为:盘形齿轮、多联齿轮(这两种齿轮又称筒形齿轮,内孔为光孔、键槽孔或花键孔)、套类齿轮、内齿轮、齿圈、齿轮轴、扇形齿轮、齿条。

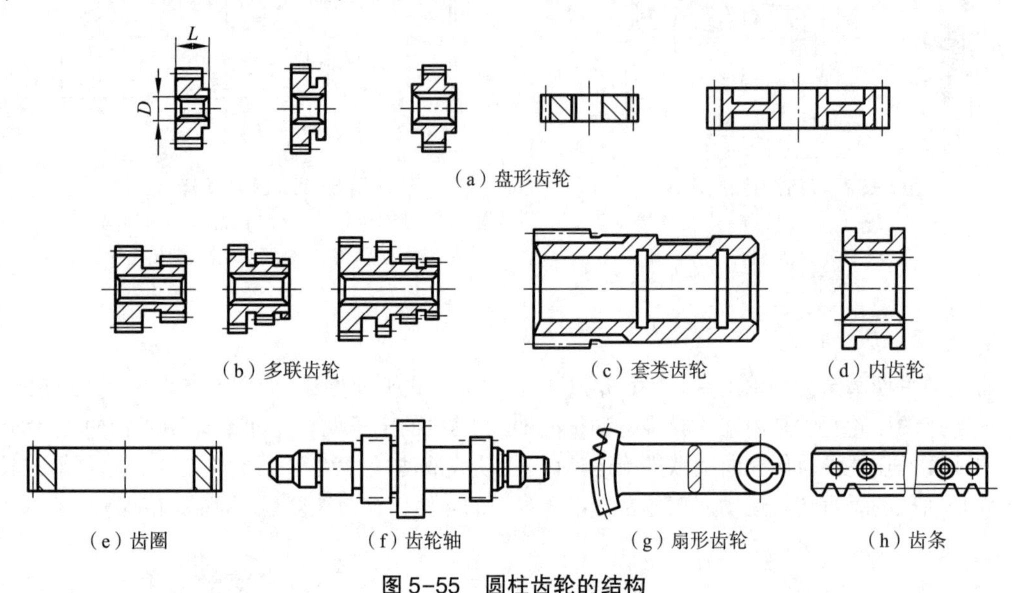

图5-55　圆柱齿轮的结构

2. 齿轮的主要技术要求

圆柱齿轮的加工精度对机器的工作性能、承载能力及使用寿命都有很大的影响。我国现行齿轮国家标准GB/T 10095.1—2022和GB/T 10095.2—2008等同采用了ISO国际标准,规定齿轮及齿轮副有0~12共13个精度等级,其中第0级精度最高,第12级精度最低。0~2级为待开发的精度等级,3~5级为高精度等级,6~9级为中等精度等级,10~12级为低精度等级。

齿轮传动应满足以下四个方面的要求。

(1)传递运动的准确性。要求齿轮较准确地传递运动,传动比应恒定,即要求齿轮在一转中的转角误差不得超过一定限度。

(2)传递运动的平稳性。要求齿轮传递运动平稳,以减小冲击、振动和噪声,要求限制齿轮转动时瞬时速比变化量。

(3)载荷分布的均匀性。要求齿轮工作时,齿面接触要均匀,避免局部接触应力过大,引起齿面过早磨损或破损。还要对接触面积和接触位置提出要求。

(4)齿侧具有间隙。两个相互啮合齿轮的工作齿面接触时,要求相邻的两非工作齿面间应留有一定的间隙,以存储润滑油,补偿因温度、弹性变形所引起的尺寸变化,防止齿轮在工作中发生齿面卡死或烧蚀。

除了上述各项精度外,还应对齿轮装配基准面的尺寸公差、几何公差和表面粗糙度等提出要求。

3. 圆柱齿轮齿面的加工方法

圆柱齿轮齿面的加工分为切削加工和无屑加工两大类。切削加工能获得良好的加工精度,是目前齿面加工的主要方法,见表5-4。

表 5-4　常见的齿形加工方法

齿形加工方法		刀具	机床	加工精度及适用范围
成形法	铣齿	模数铣刀	铣床	加工精度及生产率均较低，一般精度为 9 级以下
	拉齿	齿轮拉刀	拉床	精度和生产率均较高，但拉刀多为专用，制造困难，价格高，故只在大批量生产时使用，宜于拉内齿轮
展成法	滚齿	齿轮滚刀	滚齿机	通常加工 6~10 级精度齿轮，最高能达 4 级，生产率较高，通用性大，常用以加工直齿、斜齿的外啮合圆柱齿轮和蜗轮
	插齿	插齿刀	插齿机	通常能加工 7~9 级精度齿轮，最高达 6 级，生产率较高，通用性大，适于加工内外啮合齿轮（包括阶梯齿轮）、扇形齿轮、齿条等
	剃齿	剃齿刀	剃齿机	能加工 5~7 级精度齿轮，生产率高，主要用于齿轮滚插预加工后，淬火前的精加工
	冷挤齿轮	挤轮	挤齿轮	能加工 6~8 级精度齿轮，生产率比剃齿高，成本低，多用于齿形淬硬前的精加工，以代替剃齿，属于无切削加工
	珩齿	珩磨轮	珩齿机或剃齿机	能加工 6~7 级精度齿轮，多用于经过剃齿和高频淬火后，齿形的精加工
	磨齿	砂轮	磨齿机	能加工 3~7 级精度齿轮，生产率较低，加工成本较高，多用于齿形淬硬后的精密加工

用切削加工方法加工齿面有成形法和展成法两大类。前者包括用模数铣刀在铣床上铣齿、用成形拉刀拉齿和成形砂轮磨齿。展成法是应用一对齿轮相啮合的原理进行加工的，其中一个齿轮是被加工工件，另一个齿轮做成刀具，使其轮齿形成切削刃。用展成法加工出来的齿形轮廓是刀具切削刃运动轨迹的包络线。展成法加工的加工精度和生产率都较高，刀具的通用性好，在生产中应用十分广泛。

4. 齿轮加工原理与刀具结构

（1）齿轮刀具的分类。齿轮刀具按齿形形成原理分为成形齿轮刀具和展成齿轮刀具。

成形齿轮刀具的齿形或齿形的投影与被加工直齿齿轮端面槽形相同，如图 5-56 所示，常用的有盘状齿轮铣刀和指状齿轮铣刀。用盘状齿轮铣刀加工齿轮时，只需在万能铣床上加分度装置（万能分度头）即可。刀具回转为主运动，工件（工作台）作轴向进给运动，一个齿槽加工完毕由分度头分齿，加工下一个齿槽，直至加工完所有齿槽。

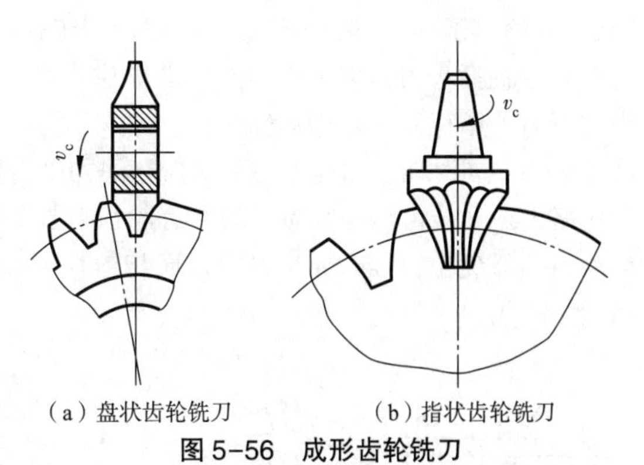

（a）盘状齿轮铣刀　（b）指状齿轮铣刀

图 5-56　成形齿轮铣刀

此法不需专用机床，铣刀成本也较低，但生产效率低，齿轮精度也不高（一般低于 9 级）。指状齿轮铣刀适于加工较大模数（m>10 mm）的直齿或斜齿圆柱齿轮、人字齿轮，特别是对多于两列齿的人字齿轮加工。

展成齿轮刀具齿形或齿形的投影，均不同于被切齿轮齿槽任何剖面的形状。切齿时，除刀具作切削运动外，还与工件齿坯作相应的啮合（展成）运动，被切齿轮齿形是由刀具齿形运动轨迹包络而成。这类刀具加工齿轮精度和生产效率均较高，通用性好，是生产中常用的齿轮刀具。齿轮滚刀、插齿刀、剃齿刀、花键滚刀、锥齿轮刨刀、弧齿锥齿轮铣刀盘等均属展成齿轮刀具。但展成法加工齿轮需专门的齿轮加工机床（如滚齿机、插齿机等），且机床调整也较复杂，故只宜在成批生产中使用。

（2）齿轮滚刀。齿轮滚刀采用展成原理加工齿轮，是齿轮制造中常用的展成刀具之一。齿轮滚刀工作时，以滚刀内孔和端面定位。加工过程中，滚刀相当于一个螺旋角很大的斜齿轮，同被加工齿轮成空间交轴螺旋齿轮啮合，如图 5-57 所示。

滚齿时，滚刀轴线安装成与被加工齿轮端面倾斜一个角度，滚刀回转形成主运动，同时沿工件轴线方向进给运动以切出全齿长。工件与滚刀以一定速比回转，保持齿轮副的啮合关系，形成展成运动。加工直齿轮时，滚刀转一转，工件相应转过一个齿（单头滚刀时）或数个齿（多头滚刀时），以包络出渐开线齿形；加工斜齿轮时，还应给工件一个附加转动。

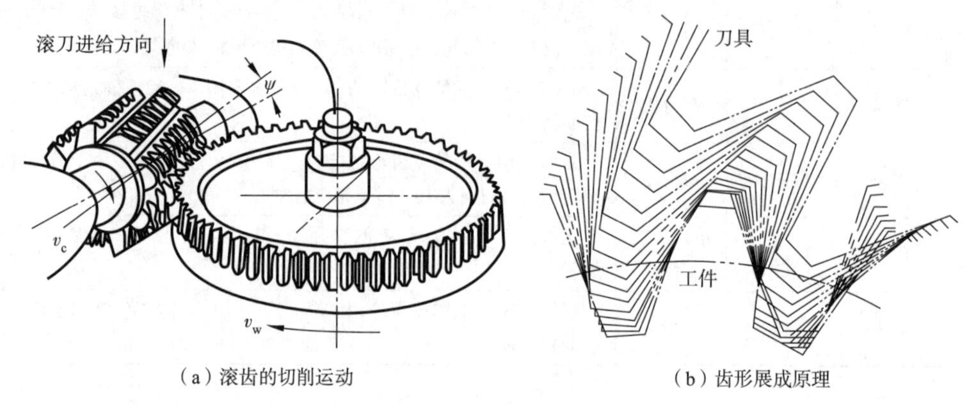

（a）滚齿的切削运动　　（b）齿形展成原理

图 5-57　滚齿加工

图 5-58 所示为齿轮滚刀，相当于一个齿数很少、螺旋角很大、齿宽很宽的斜齿圆柱齿轮，呈蜗杆状。为了使这个蜗杆能起切削作用，在蜗杆上开槽，形成前刀面及顶刃、侧刃和容屑槽，还要用铲齿的方法使刀齿具有一定的后角。

（3）插齿刀。插齿刀也是用展成原理加工齿轮的，是齿轮制造中应用很广泛的齿轮刀具之一。图 5-59 给出了插齿刀的工作原理。插齿刀工作时是以内孔与端面为定位基准的（对盘形、碗形插齿刀），锥柄插齿刀是以圆锥表面为定位基准的。插齿时，刀具作上下往复切削运动，称主运动，其中向下为工作行程，向上为空行程。工件与插齿刀以一定速比回转，保持齿轮副的啮合关系，形成展成运动。同时伴有插齿刀与被切齿坯间的啮合运动，称为分齿运动（或圆周进给运动）。分齿运动包络出渐开线齿形和圆周上的所有轮齿。要切至全部齿深，还必须有径向进给运动（又称切入运动）；为避免空行程时插齿刀后刀面与被切齿面间的摩擦，还必须有让刀运动，可由插齿刀或被切齿坯完成。

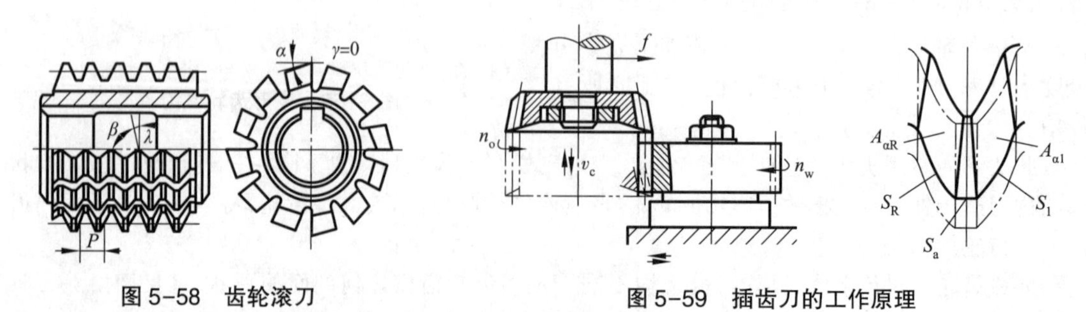

图 5-58　齿轮滚刀　　图 5-59　插齿刀的工作原理

插齿刀可分为标准插齿刀与专用插齿刀两类。图 5-60 为标准（直齿）插齿刀，其中盘状直齿插齿刀主要用于加工普通直齿外齿轮和大直径内齿轮；碗状直齿插齿刀主要用于加工塔形、双联直齿轮；锥柄直齿插齿刀主要用于加工直齿内齿轮。插齿刀可以加工直齿、斜齿外齿轮，还可以加工内齿轮;既可加工标准齿轮,也可加工变位齿轮;还可加工空刀槽很小的多联直齿、斜齿齿轮、扇形齿轮及无空刀的人字齿轮。

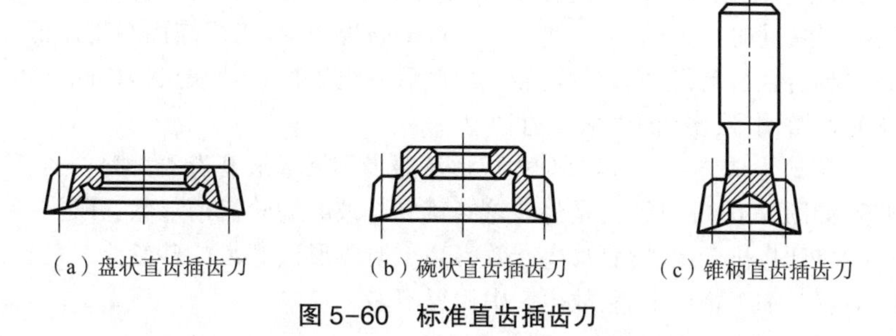

(a)盘状直齿插齿刀 (b)碗状直齿插齿刀 (c)锥柄直齿插齿刀

图 5-60 标准直齿插齿刀

(4)剃齿。剃齿是利用一对交错轴斜齿轮啮合时沿齿向存在相对滑动而形成的一种齿轮半精加工方法。如图 5-61 所示,剃齿刀安装在剃齿机主轴上,被剃齿轮安装在工作台心轴上,主轴与心轴交错成一角度,形成螺旋齿轮啮合状态,剃齿机主轴带动剃齿刀旋转,剃齿刀再带动工件齿轮旋转,剃齿刀与被剃齿轮啮合时在齿向上就有相对滑动发生,实现剃齿运动。剃齿刀的齿面上有许多切削刃,可在被剃齿面上剃下一层又薄又细的切屑。

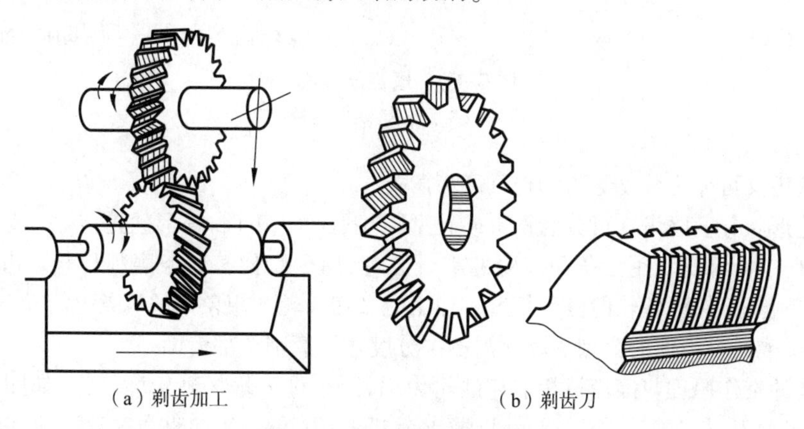

(a)剃齿加工 (b)剃齿刀

图 5-61 剃齿加工和剃齿刀

剃齿后的精度可提高 1 级。若滚齿加工达到 7~8 级精度,则剃齿后齿轮精度可达 6~7 级,齿面粗糙度 Ra 至 1.25~0.63 μm,所以生产中常用剃齿来提高齿轮的精度。剃齿的主要限制条件是剃齿刀不能加工淬硬齿轮,要求齿轮齿面的硬度低于 35 HRC,所以,剃齿一般在滚齿或插齿之后、热处理之前进行。剃齿刀使用寿命长,剃齿生产率高,剃齿机结构简单、调整方便,所以,剃齿加工得以广泛应用。

(5)珩齿。珩齿的加工方式与剃齿相同,珩轮形状也与圆柱形剃齿刀相似,但珩轮的金属基体的齿面上浇铸了一层以树脂作为黏结剂的磨料。当珩轮与工件齿面啮合转动并作 60~120 m/min 的相对滑移时,产生一种磨削、研磨和抛光的综合作用将工件齿面珩光。

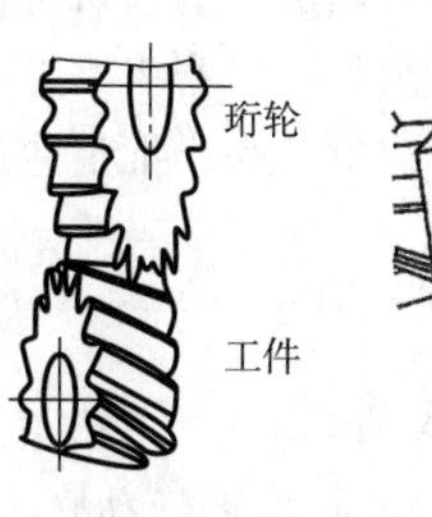

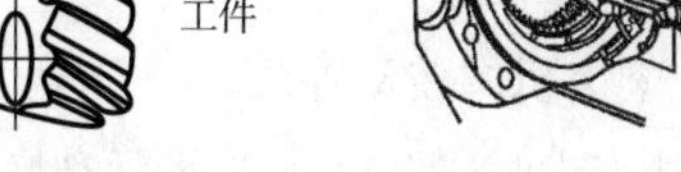

(a)外啮合珩齿 (b)内啮合珩齿

图 5-62 珩齿加工

根据珩磨轮形状和啮合方式,珩齿可分为外啮合齿轮形珩齿、内啮合齿轮形珩齿和蜗杆形珩齿。生产中主要采用内、外齿轮形珩齿,如图 5-62 所示。外啮合珩齿是一种淬火齿轮光整加工方法,主要用来降低淬火齿轮的表面粗糙度和传动时的噪声,而对精度提高有限。一般可使齿面粗糙度 Ra 低至 0.63~0.32 μm,并少量纠正热处理变形。

内啮合珩齿由于重叠系数高,具有较强的热处理变形纠正能力,对热处理后 7 级精度的齿轮,珩齿后精度提高 1 级,同时,由于加工后的齿轮相对于磨齿,具有齿面表面粗糙度低和传动时噪声低等优点,在许多场合代替磨齿,成为齿轮加工的最后一道工序。其缺点是内啮合珩齿机床较贵,且多为进口,珩轮修整困难,多用于大批量生产。

(6)磨齿。按齿廓形成方法,磨齿可分为成形法磨齿和展成法磨齿两大类。

成形法磨齿,如图 5-63(a)所示,是将砂轮修整成与被磨齿轮齿槽形状,并逐个对齿槽进行磨削。使用成形法磨齿时,机床运动简单,生产效率高。但成形法磨齿的砂轮修整复杂,磨齿过程中砂轮各点磨损不均匀,加工精度不高,故生产中用得不多。

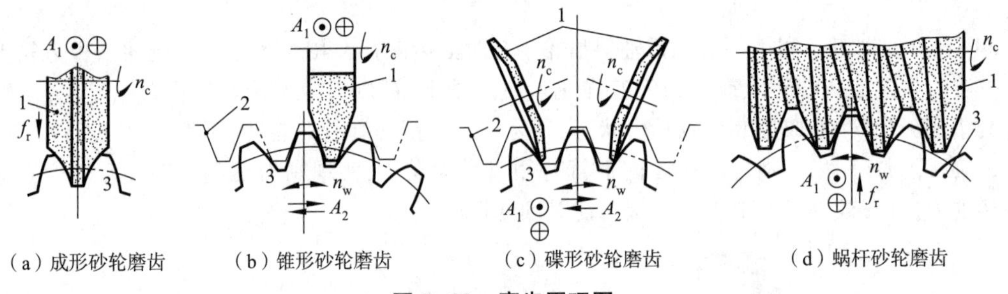

图 5-63 磨齿原理图

1—砂轮;2—假想齿条;3—被磨齿

展成法磨齿又可分为分度磨齿和连续磨齿两类。

根据砂轮形状分度磨齿又可分为锥形砂轮型[见图 5-63(b)]、蝶形砂轮型[见图 5-63(c)]和大平面砂轮型三种,都是利用齿条和齿轮的啮合原理,用砂轮代替齿条磨削齿轮。齿条的齿廓是直线,形状简单,易于保证砂轮的修整精度。加工时被切齿轮在想象中的齿条上滚动。每往复滚动一次,完成一个或两个齿面的磨削。因此需多次分度才能磨削全部齿面。

连续磨齿的工作原理与滚齿机相似。砂轮为蜗杆形,称为蜗杆砂轮磨齿机,如图 5-63(d)所示,砂轮相当于滚刀,相对工件作展成运动,磨出渐开线。工件作轴向直线往复运动,以磨削直齿圆柱齿轮的轮齿,如果作倾斜运动,即可磨削斜齿圆柱齿轮。砂轮的转速很高,展成链不能用机械方法联系砂轮和工件。

磨齿加工的质量高,磨齿可纠正各项齿轮误差,其加工精度比剃齿、珩齿高得多,磨齿的表面粗糙度 Ra 可达到 0.32~0.16 μm,而且能加工淬硬齿轮。加工 3~6 级精度的淬硬齿轮,磨齿是最有效的精加工方法。磨齿的主要缺点是生产率较低和成本较高。但自从出现了蜗杆砂轮磨齿机和立方碳化硼(CBN)砂轮成形磨齿机等新型磨齿机床,磨齿效率成倍提高,加工成本不断下降,这就使蜗杆砂轮磨齿工艺和成形磨齿工艺在大量生产中逐渐得到广泛应用。单片锥形砂轮磨齿和双片碟形砂轮磨齿只在单件和小批量生产中应用。

5.7.2 滚齿机

1. 滚齿机的传动原理

滚切直齿圆柱齿轮时,成形运动必须包括形成渐开线齿廓(母线)的展成运动($B_{11}+B_{12}$)和形成直线形齿宽的运动 A_2,如图 5-64 所示,因此滚切直齿圆柱齿轮需要 3 条传动链,即展成运动传动链、主运动传动链和轴向进给运动传动链,如图 5-65 所示。

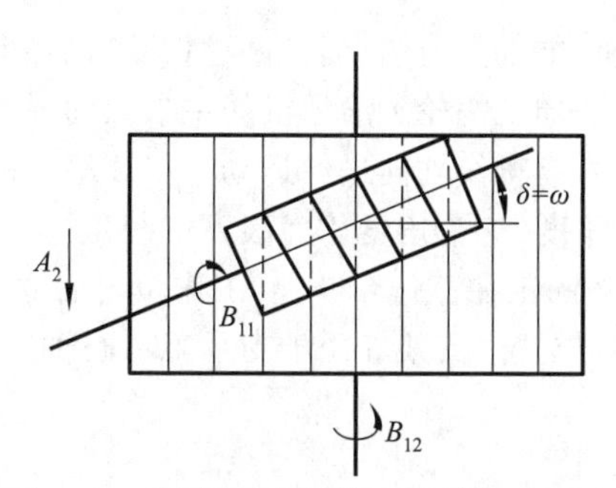

图 5-64　滚切直齿圆柱齿轮的运动原理

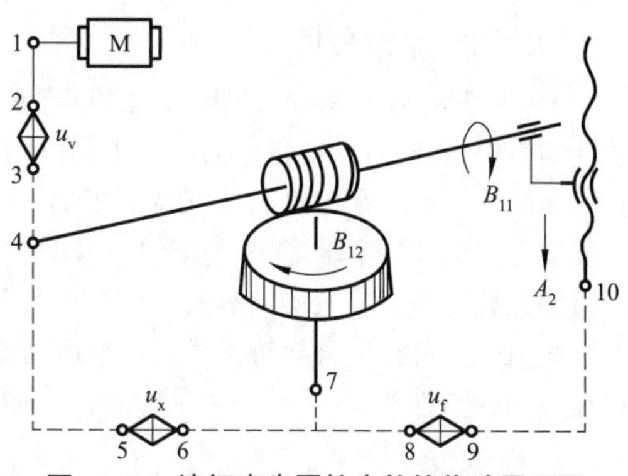

图 5-65　滚切直齿圆柱齿轮的传动原理图

展成运动传动链，由滚刀到工作台的运动构成，即滚刀—4—5—u_x—6—7—工作台。由于滚刀旋转运动 B_{11} 与工作台旋转运动 B_{12} 之间要保持严格的传动比关系，生成渐开线齿廓的展成运动是一个复合运动，即(B_{11}+B_{12})，因而联系 B_{11} 和 B_{12} 的展成运动传动链为一条内联系传动链。

主运动传动链，为滚刀的旋转及切削运动提供动力源，即电动机—1—2—u_v—3—4—滚刀，是外联系传动链。

为了滚切出整个齿宽，即形成完整的齿面，滚刀需要沿工件轴线方向作进给运动 A_2。轴向进给传动链，为工件—7—8—u_f—9—10—刀架，也是外联系传动链。

滚切斜齿圆柱齿轮时，与直齿圆柱齿轮相比，斜齿圆柱齿轮端面齿廓都是渐开线，但斜齿圆柱齿轮的齿宽方向不是直线，而是螺旋线。因此加工斜齿圆柱齿轮需要两个成形运动：一个是产生渐开线的展成运动，另一个是产生螺旋线的运动。前者与加工直齿圆柱齿轮时相同，后者则有所不同。加工直齿圆柱齿轮时，进给运动是直线运动，是一个简单运动；加工斜齿圆柱齿轮时，进给运动是螺旋运动，是一个复合运动。

如图 5-66 所示，由于在滚切斜齿圆柱齿轮时，工件的旋转运动 B_{12} 是由展成运动传动链传递的；而工件附加旋转运动 B_{22} 是由附加运动传动链传递的。为使 B_{12} 和 B_{22} 这两个运动同时传给工件又不发生干涉，需要在传动系统中配置运动合成机构，将这两个运动合成之后，再传给工件。所以，工件的旋转运动是由齿廓展成运动 B_{12} 和产生螺旋线的附加运动 B_{22} 合成的，产生螺旋线的内联系传动链，称为差动运动传动链，即图 5-67 中的丝杠—12—13—u_y—14—15—合成—6—7—u_x—8—9—工作台，又称差动链或附加运动链，其中合成代表运动合成机构，联系刀架与工作台的传动链。

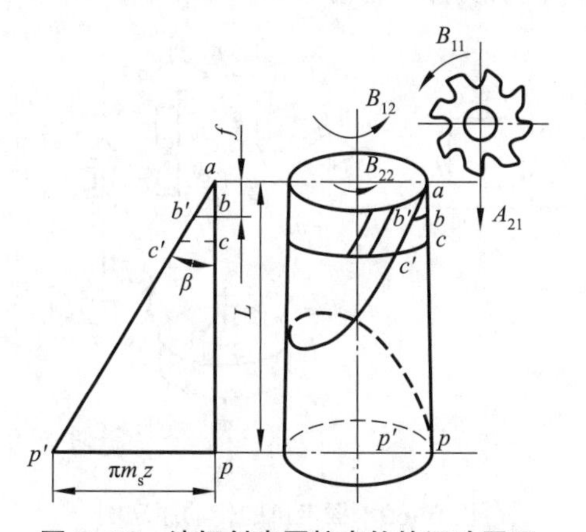

图 5-66　滚切斜齿圆柱齿轮的运动原理

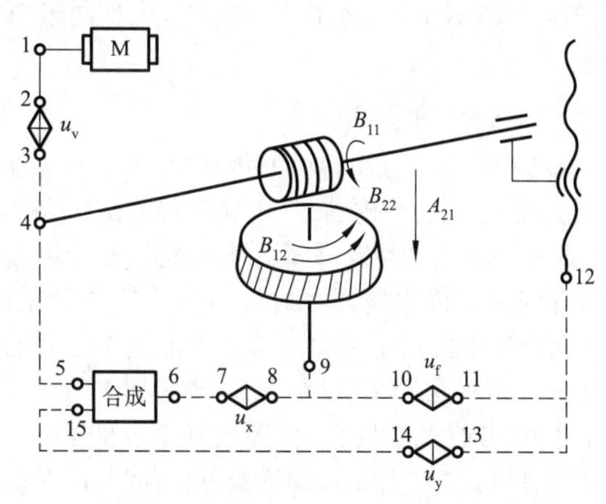

图 5-67　滚切斜齿圆柱齿轮的传动原理图

2. Y3150E 型滚齿机

图 5-68 所示为 Y3150E 滚齿机,该机床为中型滚齿机,能加工直齿、斜齿圆柱齿轮;用径向切入法能加工蜗轮,配备切向进给刀架后也可以用切向切入法加工蜗轮。滚齿机的主参数为最大工件直径。立柱 2 固定在床身 1 上,刀架溜板 3 可沿立柱上的导轨作轴向进给运动。安装滚刀的刀杆 4 固定在刀架 5 的主轴上,刀架能绕自身轴线倾斜一个角度,这个角度称为滚刀安装角,其大小与滚刀的螺旋升角大小及旋向有关。安装工件用的心轴 7 固定在工作台 9 上,工作台与后立柱 8 装在床鞍 10 上,可沿床身导轨作径向进给运动或调整径向位置。支架 6 用于支承工件心轴上端,以提高心轴的刚性。

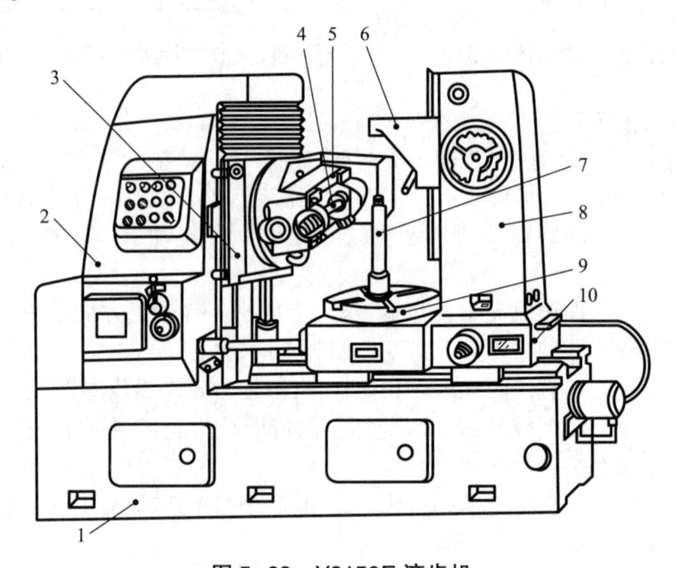

图 5-68 Y3150E 滚齿机

1—床身;2—立柱;3—刀架溜板;4—刀杆;5—刀架;6—支架;
7—心轴;8—后立柱;9—工作台;10—床鞍

5.7.3 插齿机

插齿机主要用于加工直齿圆柱齿轮,尤其适用于加工在滚齿机上不能加工的内齿轮和多联齿轮,但插齿机不能加工蜗轮。一次完成齿槽的粗和半精加工,其加工精度为 IT7 ~ IT8 级,表面粗糙度值 Ra 为 1.6 μm。

1. 插齿机的传动原理

图 5-69 所示为插齿机的传动原理图,图中点 8 到点 11 是范成运动传动链(内联系传动链);点 4 到点 8 是圆周进给传动链(外联系传动链);以上两条传动链分别用来确定渐开线成形运动的轨迹和速度。由电动机轴上的点 1 到曲柄偏心盘上点 4 之间的传动链是机床的主运动传动链,由其确定插齿刀每分钟上下往复的次数(速度)。由于让刀运动及径向切入运动不直接参与工件表面的形成过程,因此没有在图中表示。

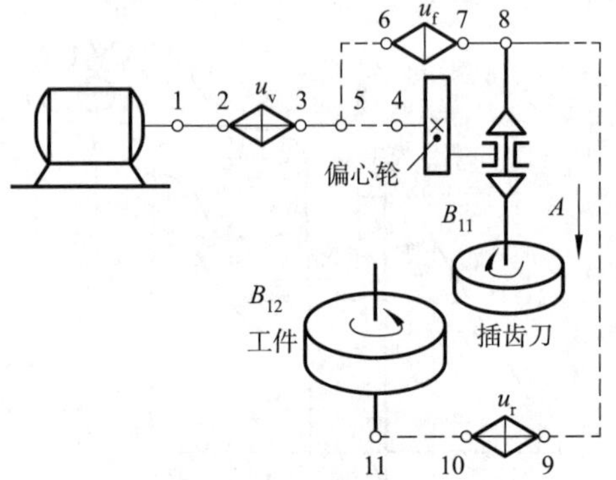

图 5-69 插齿机的传动原理图

2. 插齿机

插齿主要用于加工直齿圆柱齿轮,尤其适用于加工不能滚齿加工的内齿轮和多联齿轮中直径尺寸较小的齿轮。Y5132 插齿机如图 5-70 所示,立柱 2 固定在床身 1 上,插齿刀安装在刀具主轴 4 上,工件装夹在工作台 5 上,床鞍 7 可沿床身导轨作工件径向切入进给运动及快速接近或快速退出运动。

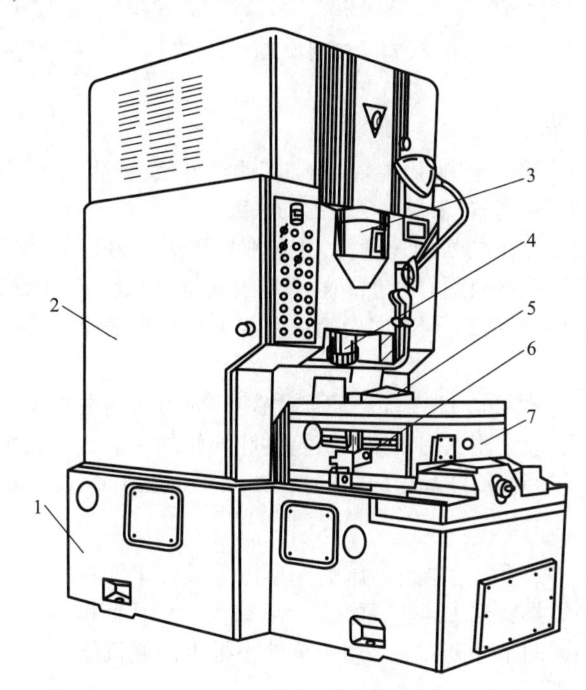

图 5-70　Y5132 插齿机外形图

1—床身;2—立柱;3—刀架;4—主轴;5—工作台;6—挡块支架;7—床鞍

5.8　刨、插、拉加工方法及其机床

5.8.1　刨削加工方法及刨床

1. 刨削加工工艺范围

在刨床上利用刨刀切削工件的加工方法称为刨削。刨削主要用来加工平面(水平面、垂直面、斜面)、槽(直槽、燕尾槽、T 形槽、V 形槽)及一些母线为直线的曲面。刨削过程中存在空行程、冲击和惯性力等,因此限制了刨削生产率和精度的提高。

刨床的主运动和进给运动均为直线移动。当工件尺寸和质量较小时,由刀具的移动实现主运动,由工件的移动实现进给运动,牛头刨床和插床就是这样的运动分配形式。而龙门刨床则是采用工作台带着工件作往复直线运动(主运动),而刀具作间歇的横向进给运动。图 5-71 所示为刨削加工的工艺范围。

2. 常见刨刀结构

刨刀的几何形状简单,其几何参数与车刀相似。由于刨削加工的不连续性,刨刀切入工件时会受到较大的冲击力,所以刨刀的刀杆横截面积较车刀大 1.25~1.5 倍。刨刀类型很多,按加工形式和用途不同分为平面刨刀、偏刀、切刀、角度偏刀及弯切刀等。

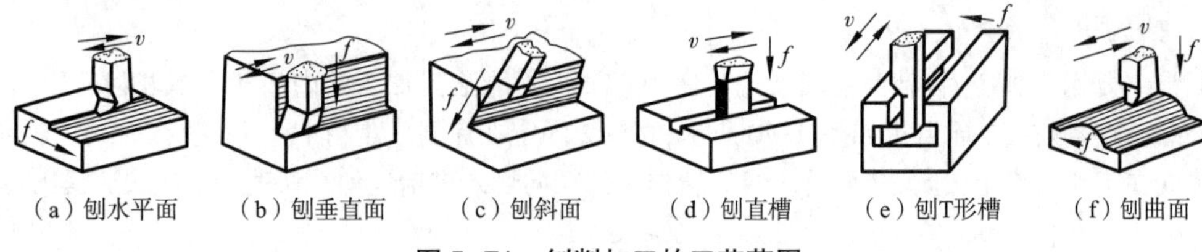

（a）刨水平面　（b）刨垂直面　（c）刨斜面　（d）刨直槽　（e）刨T形槽　（f）刨曲面

图 5-71　刨削加工的工艺范围

3. 刨削加工工艺特点

(1)机床和刀具的结构较简单,通用性较好,加工调整方便、灵活,刨削主要在单件生产和修配中,加工狭长平面,以及机座、箱体、床身等零件上的平面。

(2)生产率较低。由于刨削的切削速度低,并且常用单刃刨刀切削,刨削回程又不工作,所以刨削除加工狭长平面(如床身导轨面)外,生产效率均较低,在批量生产中常被铣削、拉削和磨削所取代,故一般仅用于单件小批生产。但在龙门刨床上加工狭长平面时,可进行多件或多刀加工,生产率有所提高。

(3)刨削的加工精度一般可达 IT8~IT7,表面粗糙度 *Ra* 可控制在 6.3~1.6 μm,但刨削加工可保证一定的相互位置精度,故常用龙门刨床加工箱体和导轨的平面。当在龙门刨床上进行平面的宽刀精刨时平面度公差可达到 0.02 mm/1 000 mm,*Ra* 可控制在 1.6~0.8 μm。

4. 刨床

(1)牛头刨床。图 5-72 所示为牛头刨床的外形图。滑枕 4 带着刀架 3 可沿床身导轨在水平方向作往复直线运动,使刀具实现主运动,而工作台 1 带着工件作间歇的横向进给运动。滑座 2 可在床身上升降,以适应不同的工件高度。多用于单件小批生产或机修车间中,用于加工中、小型零件的平面、沟槽或成形平面。

(2)龙门刨床。龙门刨床为“龙门”式框架结构,主要用于加工大型或重型零件上的各种平面、沟槽和各种导轨面。图 5-73 所示为龙门刨床的外形图。工作台 2 可在床身上作纵向直线往复运动,使刀具实现主运动。两个立刀架 5 可在横梁 3 的导轨上间歇地作横向进给运动,以刨削工件的水平平面。装在立柱 4 上的侧刀架 9 可沿立柱导轨作间歇移动,以刨削竖直平面。横梁 3 可沿立柱升降,以调整工件与刀具的相对位置。

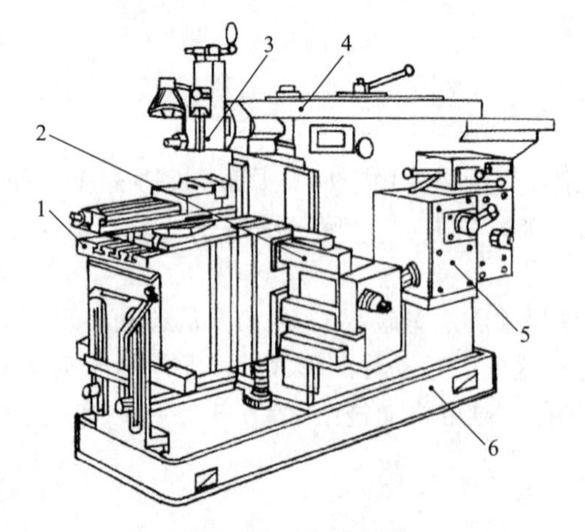

图 5-72　牛头刨床

1—工作台;2—滑座;3—刀架;
4—滑枕;5—床身;6—底座

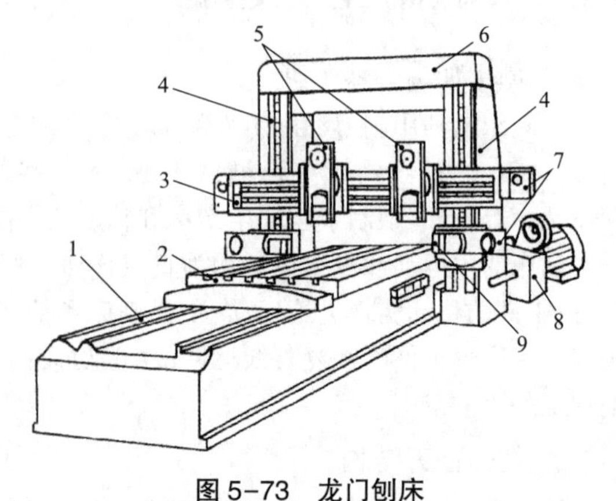

图 5-73　龙门刨床

1—床身;2—工作台;3—横梁;4—立柱;5—立刀架;
6—顶梁;7—进给箱;8—变速箱;9—侧刀架

5.8.2　插削加工方法及插床

1. 插削加工工艺范围

利用插刀在竖直方向上相对工件作往复直线运动，工件作径向或横向进给运动，加工沟槽和异型孔的切削加工方法称为插削加工。插削主要用于单件小批生产中零件某些内表面的加工，也可加工有特殊要求的外表面，如图 5-74 所示。

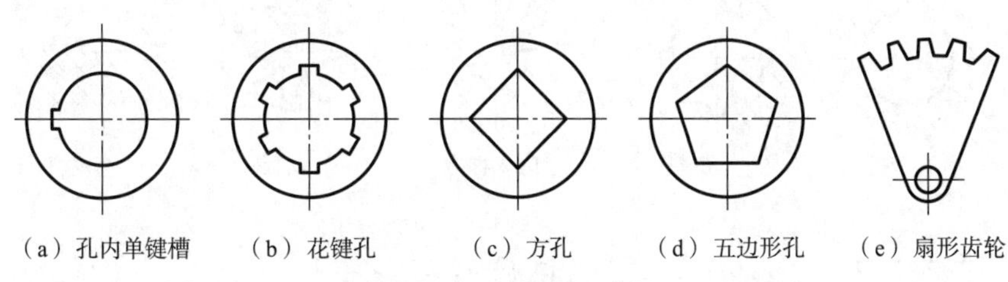

图 5-74　插削表面举例

插削孔内单键槽的方法如图 5-75 所示。首先，在工件孔的端面上划出键槽加工线，采用卡盘或压板螺栓装夹，将工件安装在插床圆形工作台上并找正，使工件孔的轴线与圆形工作台的回转轴线重合。键槽插刀一般采用平头成形插刀。当键槽宽度较小时，可用宽度等于槽宽的插刀，一次走刀插到槽宽尺寸，经多次进刀后插到槽深要求。

2. 插床

插削通常在插床上进行，插床可以看成立式刨床，主要用于单件小批量生产中插削与安装基面垂直的面，如孔中的键槽及多边形孔或内外成形表面。图 5-76 所示为插床的外形图。滑枕 2 前端有小刀架，安装刀具。插床工作时，滑枕 2 沿立柱 3 上的导轨上下往复运动，完成插削加工。

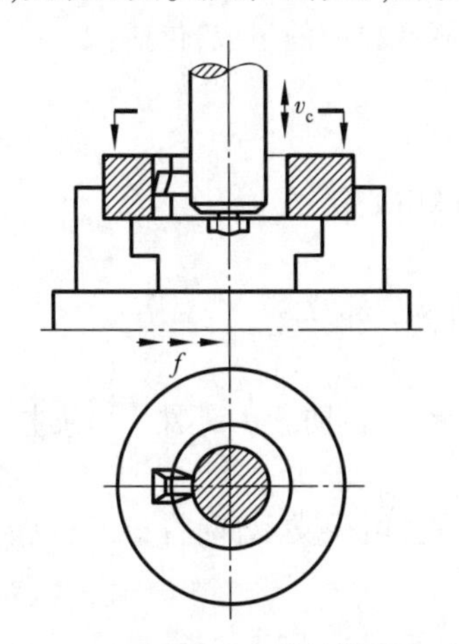

图 5-75　插削孔内单键槽的方法

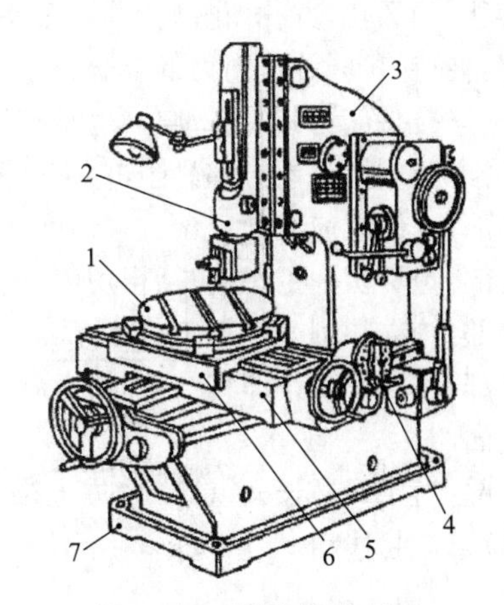

图 5-76　插床的外形图

1—工作台；2—滑枕；3—立柱；4—分度盘；5—下滑座；6—上滑座；7—底座

5.8.3　拉削加工方法及拉床

1. 拉削加工工艺范围

拉削是采用拉刀加工成形表面的加工方法，拉削加工工艺范围如图 5-77 所示。

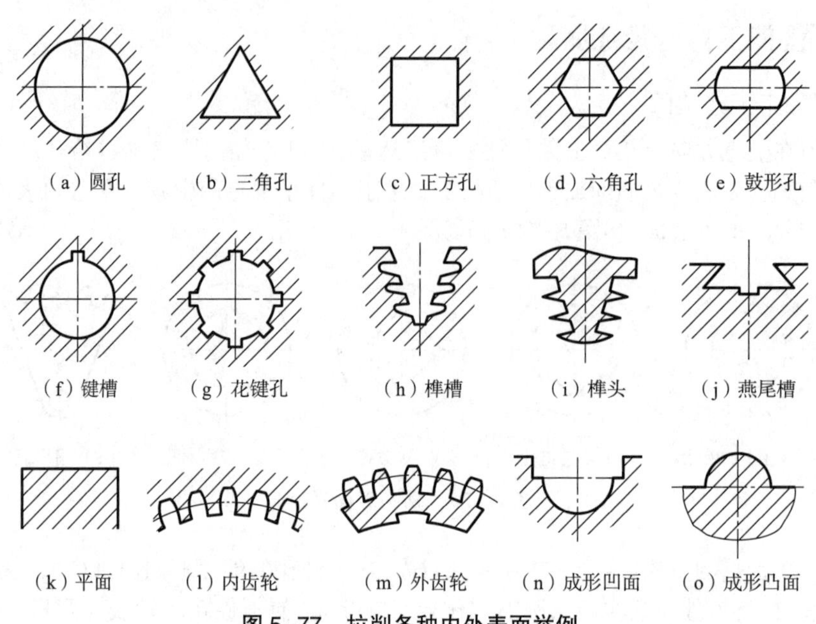

图 5-77 拉削各种内外表面举例

2. 常见拉刀结构

拉刀按结构可分为整体拉刀和组合拉刀,前者主要用于中小型高速钢拉刀,后者用于大尺寸和硬质合金拉刀,这样可节省贵重的刀具材料和便于更换不能继续工作的刀齿。按加工表面可分为内拉刀和外拉刀。按受力方式又可分为拉刀和推刀。

(1)内拉刀。内拉刀用于加工内表面,工件的预制孔通常呈圆形,经各齿拉削,逐渐加工出所需内表面形状,如圆孔、方孔、花键孔等。图 5-78 所示为圆孔拉刀的组成,包括:

①头部:夹持刀具、传递动力的部分。

②颈部:连接头部与其后各部分,也是打标记的部位。

③过渡锥部:使拉刀前导部易于进入工件孔中,起对准中心作用。

④前导部:工件以前导部定位进入切削部位。

⑤切削部:担负切削工作,包括粗切齿、过渡齿与精切齿三部分。

⑥校准部:校准和刮光已加工表面。

⑦后导部:在拉刀工作即将结束时,由后导部继续支承工件,防止因工件下垂而损坏刀齿和碰伤已加工表面。

⑧支承部:当拉刀又长又重时,为防止拉刀因自重下垂,增设支承部,将拉刀支承在滑动托架上,托架与拉刀一起移动。

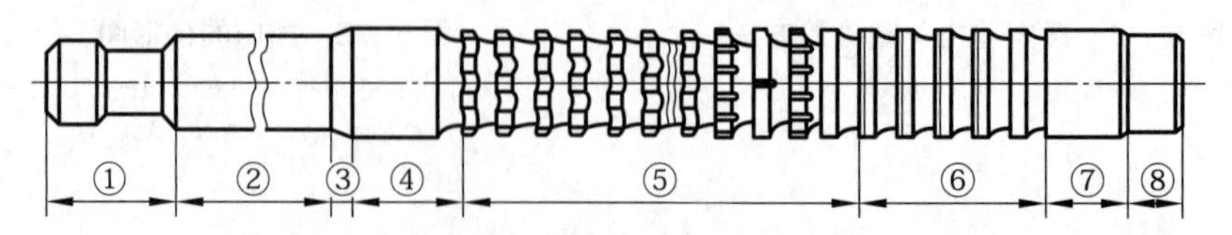

图 5-78 圆孔拉刀的组成

①—头部;②—颈部;③—过渡锥部;④—前导部;⑤—切削部;⑥—校准部;⑦—后导部;⑧—支承部

除了圆孔拉刀以外,还有方孔拉刀、花键拉刀、渐开线拉刀等,如图 5-79 所示。

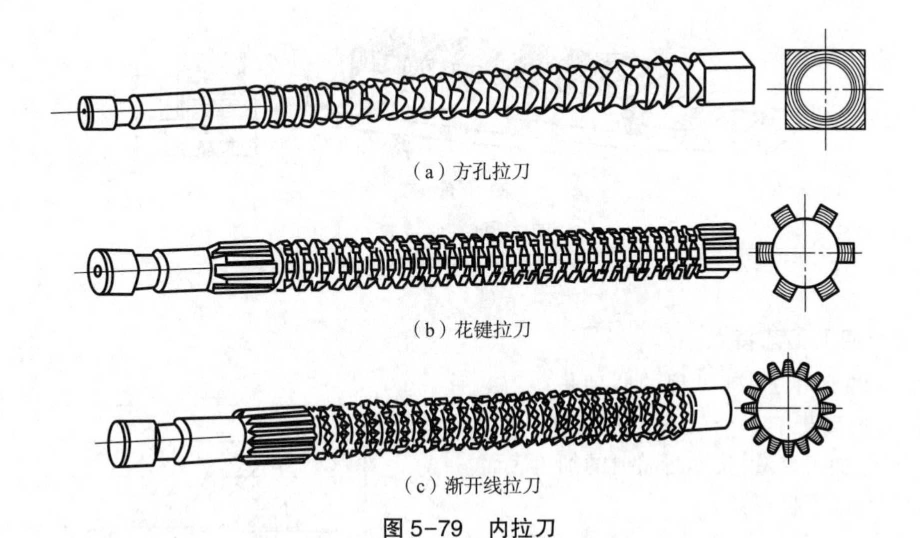
(a) 方孔拉刀

(b) 花键拉刀

(c) 渐开线拉刀

图 5-79　内拉刀

如图 5-80 所示,键槽拉刀拉削时,为保证键槽在孔中位置的精度,将工件套在导向心轴上定位,拉刀与心轴槽配合并在槽中移动。槽底面上可放垫片,用于调节所拉键槽深度和补偿拉刀重磨后刀齿高度的变化量。

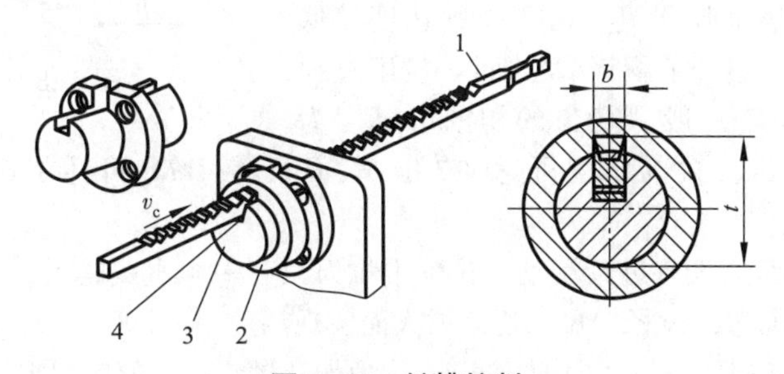

图 5-80　键槽拉削

1—键槽拉刀;2—工件;3—心轴;4—垫片

(2)外拉刀。外拉刀用于加工工件外表面,如图 5-81 所示。大部分外拉刀采用组合式结构,主要取决于拉床形式。为便于刀齿的制造,一般做成长度不大的刀块。为了提高生产效率,也可采用拉刀固定不动,被加工工件装在链式传动带的随行夹具上连续拉削。

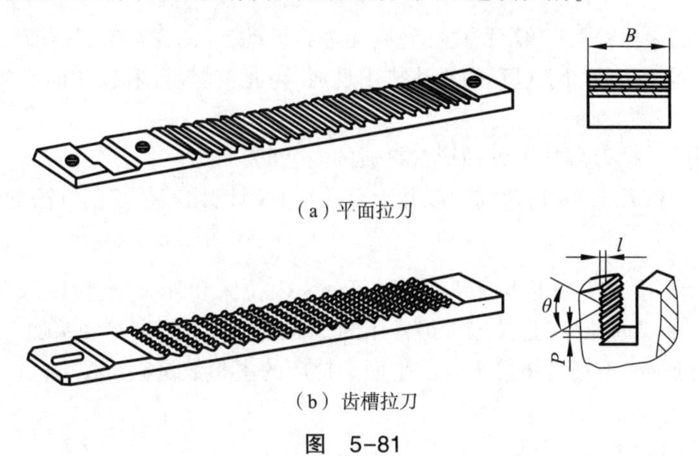

(a) 平面拉刀

(b) 齿槽拉刀

图　5-81

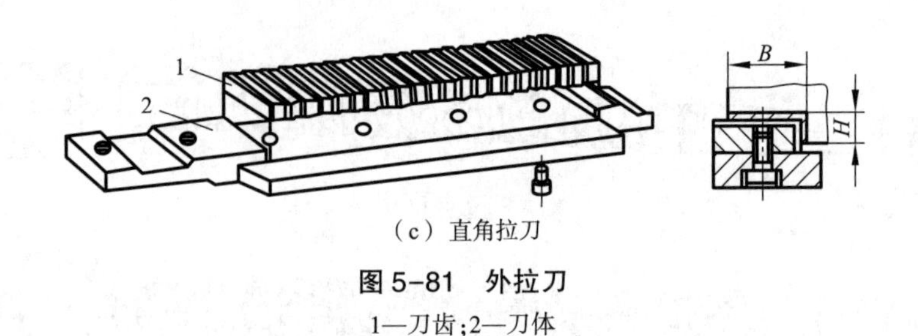

(c) 直角拉刀

图 5-81　外拉刀

1—刀齿;2—刀体

3. 拉削加工工艺特点

如图 5-82 所示,拉削过程的原理是拉刀的后一个(或一组)刀齿高于前一个(或一组)刀齿,从而可以一层一层地切除加工余量,获得所需要的加工表面。

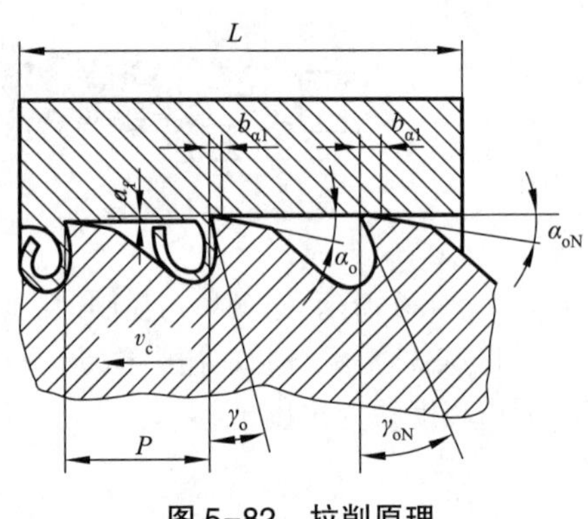

图 5-82　拉削原理

拉削具有以下特点:

(1)生产效率高。拉削时刀具同时工作齿数多,切削刃总长度大,拉刀刀齿又分为粗切齿、精切齿和校准齿,一次行程便能够完成粗、精加工。尤其是加工形状特殊的内外表面时,更能显示拉削的优点。

(2)加工精度与表面质量高。由于拉削速度较低(一般低于 10 m/min),避开了积屑瘤生成区,拉削过程平稳,切削层厚度很薄(一般精切齿的切削层厚度为 0.005~0.015 mm),因此,拉削精度可达 IT7 级,表面粗糙度 Ra 可达 1.6~0.8 μm,甚至可达 Ra0.2 μm。

(3)拉刀只有主运动,没有进给运动。拉削中拉刀只有一个直线运动,即为拉削的主运动,其进给是由后边刀齿比前边刀齿径向尺寸逐渐增大而实现。

图 5-82 中的 a_f 是相邻刀齿径向的高度差,称为齿升量。a_f 的值应根据加工条件选取,用普通拉刀拉削钢件圆孔时,粗切部分的 a_f 可选 0.015~0.03 mm/齿,精切部分的 a_f 可选 0.005~0.015 mm/齿。相邻刀齿之间的空间称为容屑槽,用于容纳切屑。

(4)拉刀寿命长,但结构复杂。由于拉削速度慢,切削温度低,且每个刀齿在工作行程中只切削一次,刀具磨损慢,因此,拉刀的使用寿命较长。但刀具结构复杂,制造与刃磨费用较高,因此常用于大批大量生产中。

(5)拉床结构简单。拉削一般只有主运动,无进给运动,因此,拉床结构简单,操作容易。

(6)封闭式容屑。拉刀切削过程中无法排出切屑,因此,在设计和使用时必须保证切削齿间有足够的容屑空间。

(7)加工范围广。拉刀可加工各种形状贯通的内、外表面。

(8)拉削力大。拉刀工作时,拉削力以几十至几百 kN 计,比其他切削方法的切削力都大。

4. 拉床

如图 5-83 所示,拉床按加工表面种类不同可分为内拉床和外拉床,按机床布局可分为卧式拉床和立式拉床等。卧式内拉床,是拉床中最常用的,用以拉花键孔、键槽和精加工孔。立式外拉床,用于汽车、拖拉机行业加工气缸体等零件的平面。拉床的主参数是额定拉力。

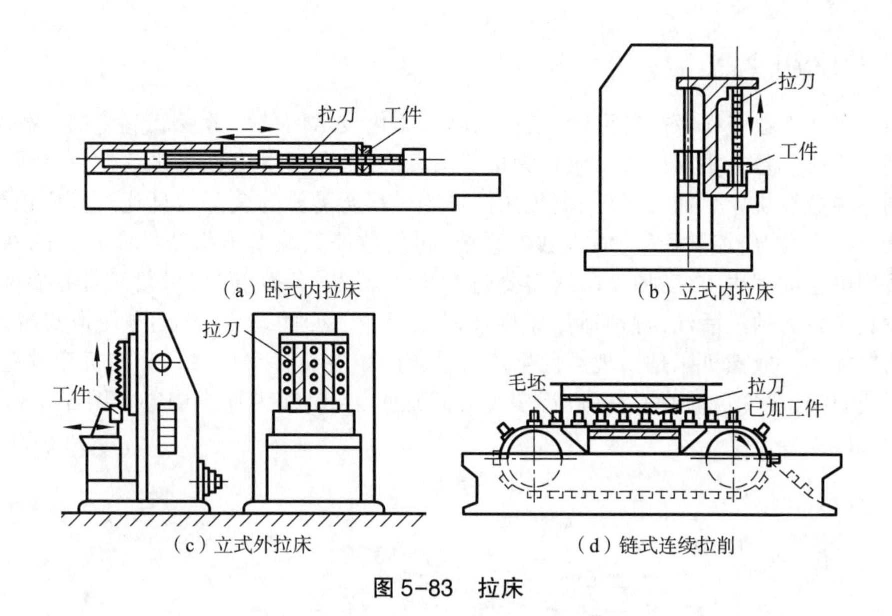

（a）卧式内拉床　（b）立式内拉床　（c）立式外拉床　（d）链式连续拉削

图 5-83　拉床

5.9　组合机床与数控机床

5.9.1　组合机床

组合机床是以系列化、标准化的通用部件为基础，配以少量的专用部件组成的专用机床，适宜于在大批、大量生产中对一种或几种类似零件的一道或几道工序进行加工。这种机床既具有专用机床的结构简单、生产率和自动化程度较高的特点，又具有一定的重新调整能力，以适应工件变化的需要。组合机床可以对工件进行多面、多主轴加工，一般是半自动的。图 5-84 所示为立卧复合式三面钻孔组合机床，用于同时钻工件的两侧面和顶面上的许多孔。

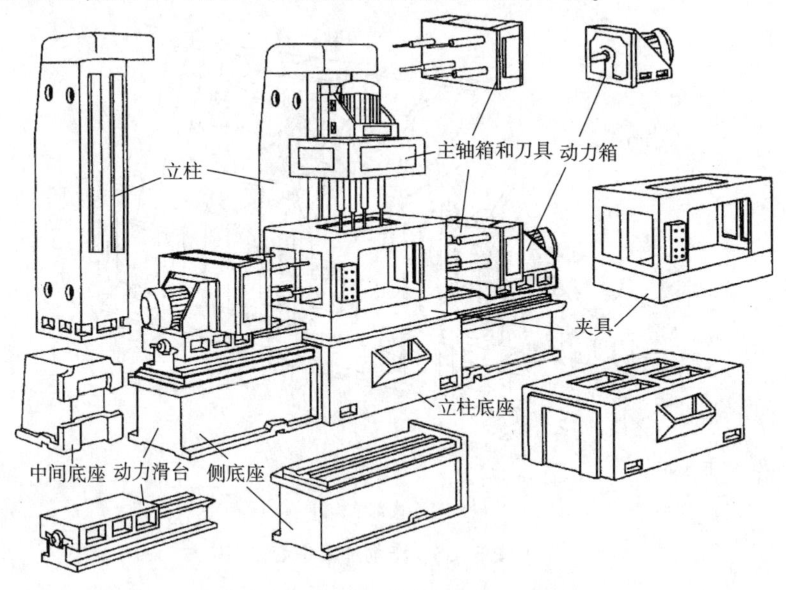

图 5-84　立卧复合式三面钻孔组合机床

5.9.2 数控机床

数控机床又称数字程序控制机床,是在机电一体化技术的基础上发展起来的一种灵活而高效的自动化机床。数控机床以数字量作为指令信息形式,通过电子计算机或专用电子计算装置进行控制。在数控机床上加工工件时,预先把加工过程所需要的全部信息通过数字或代码化的数字量表示出来,编出控制程序,输入数控系统,再由数控系统发出指令控制机床的执行元件,使机床按照给定的程序,自动加工出所需要的工件。加工对象改变时,一般只需更换加工程序。数字控制具有较大的灵活性,特别适用于生产对象经常改变的地方,并能方便地实现对复杂零件的高精度加工。数控机床是实现柔性生产自动化的重要设备。如果在数控机床的基础上,再安装刀库或刀架,实现自动换刀,可进行多种方式加工,此时称为加工中心。图 5-85 所示为车削加工中心。

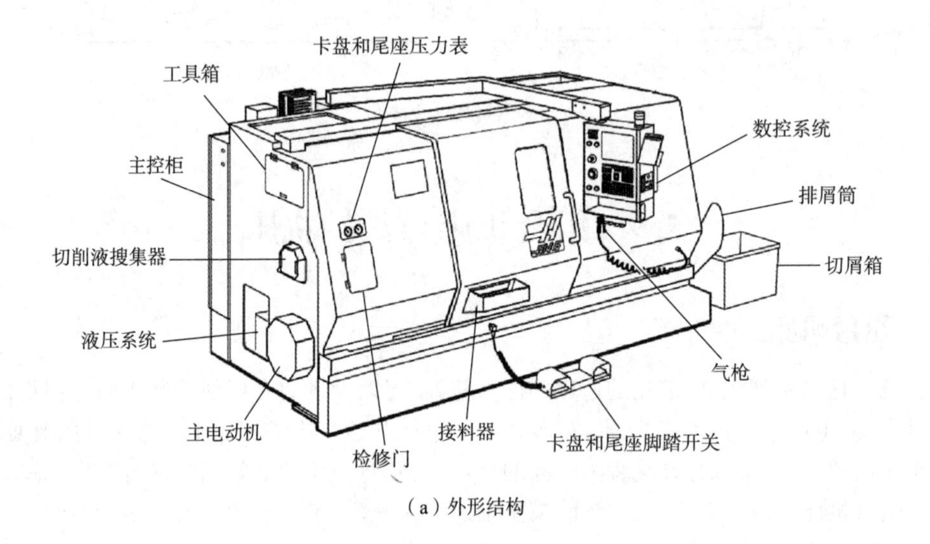

(a) 外形结构

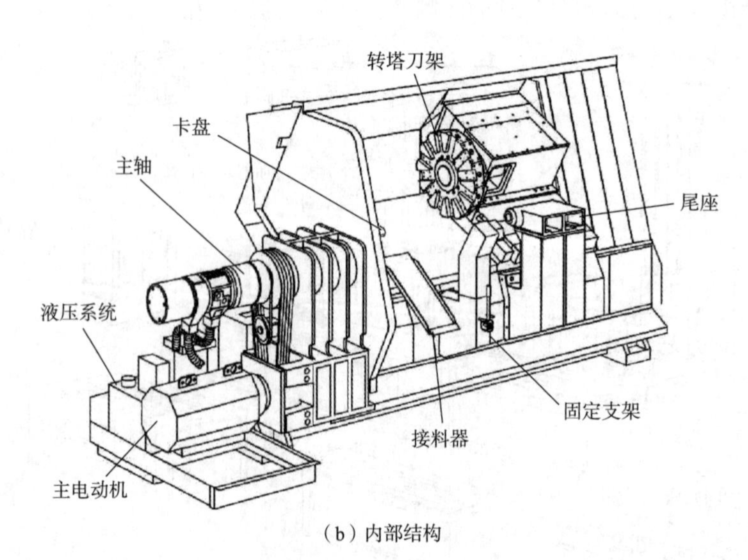

(b) 内部结构

图 5-85 车削加工中心

5.10　特种加工技术

特种加工方法是利用化学、物理(电、声、光、热、磁等)或电化学方法对工件进行去除或累积的一系列加工方法的总称。从能量转化角度看,传统机械加工多属于利用机械能进行加工,而特种加工方法多采用机械能以外的能量形式进行加工。特种加工技术还在发展中,目前较常见的电火花成形加工、电解加工、激光加工、超声波加工等是去除加工方法;快速成形、3D 打印、增材制造等是累积加工方法。

5.10.1　电火花成形加工

1. 加工原理

电火花成形加工是利用工具电极和工件电极间脉冲性电火花放电产生的高温去除工件上多余的材料,使工件获得预定的尺寸和表面粗糙度要求。

图 5-86 所示为电火花加工原理示意图,工件 1 与工具 4 分别与直流脉冲电源 2(电压为 100 V 左右,放电持续时间为 10^{-7} ~ 10^{-3} s)的两极相连接,自动进给调节装置 3 使工具和工件之间始终保持很小的放电间隙。当工具电极在进给机构的驱动下在工作液中靠近工件时,极间电压击穿间隙,产生电火花放电。电火花放电产生的瞬时局部高温使工件和工具表面各自电蚀成一个小坑,如图 5-87 所示。放电结束后,工作液恢复绝缘,下一个脉冲又在工具电极和工件表面之间重复上述过程。随着工具电极不断地向工件进给,就可将工具的形状复制在工件上,加工出所需要的尺寸和形状。工具电极虽然也会被电蚀,但其速度远小于工件被电蚀的速度,这种现象称为“极效应”。

生产中应用最广的电火花加工方法有两类:一类是用具有一定形状的工具电极(常用材料为石墨、铜及其合金)进行加工的电火花穿孔或电火花成形加工;另一类是用细丝(一般为钼丝、钨丝或铜丝)电极加工二维轮廓形状的电火花线切割加工。电火花线切割加工还可按电极丝的走丝速度分为快速走丝和慢速走丝两类。

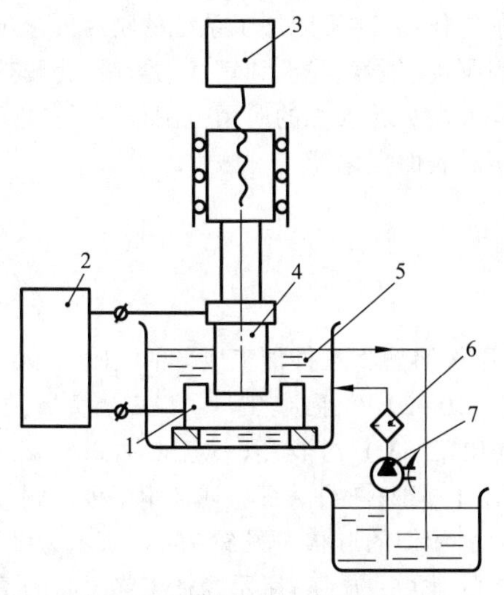

图 5-86　电火花加工原理示意图

1—工件;2—脉冲电源;3—自动进给调节装置;4—工具;5—工作液;6—过滤器;7—工作液泵

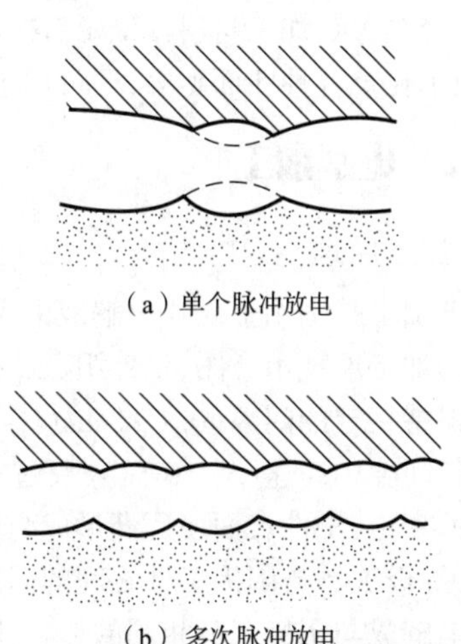

(a) 单个脉冲放电

(b) 多次脉冲放电

图 5-87　电火花加工表面局部放大图

电火花穿孔或成形加工时,需要根据被加工孔和型腔的形状制造形状复杂的工具电极,这是一件技术难度较大的工作。在数控四坐标电火花加工机床上(工具电极的转动为第四轴——C 轴),通过工具半径补偿,用工具电极加工二维型孔的技术目前已在生产中广泛应用(见图 5-88),可以大量节省电极制造费用。利用简单工具电极加工三维曲面型腔的数控电火花加工技术正在开发研究中。

图 5-89 所示为快速走丝电火花线切割加工原理图,卷丝筒 7 作正反向交替转动,使电极丝 4 相对工件 2 上下交替移动;脉冲电源 3 的两极分别接在工件 2 和电极丝 4 上,使电极丝 4 与工件 2 之间发生脉冲放电,对工件进行切割;装夹工件的数控工作台可在 x、y 轴两坐标方向各自移动,将工件切割成所需的形状;走丝速度为 10 m/s 左右,电极丝可反复使用,损耗到一定程度时须更换新丝。

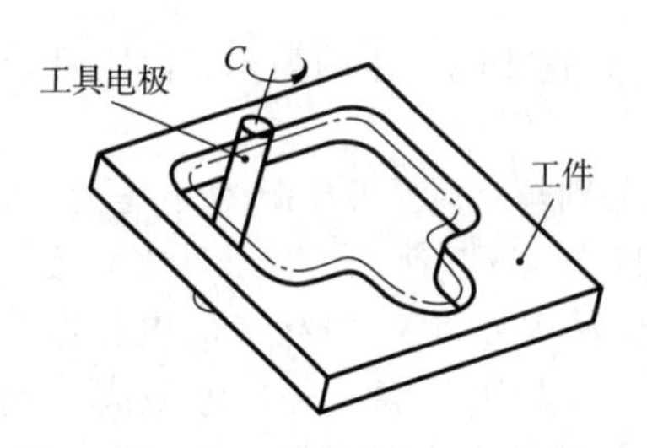

图 5-88 用工具电极加工二维型孔

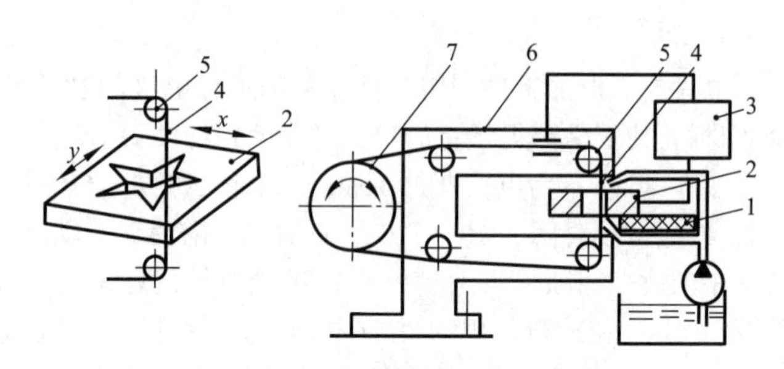

图 5-89 电火花线切割加工原理

1—绝缘板;2—工件;3—脉冲电源;4—电极丝;
5—导向轮;6—支架;7—卷丝筒

慢速走丝电火花线切割加工为单向慢速(2~8 m/min)连续走丝,用过的、已发生损耗的电极丝不断被新的电极丝替换,且走丝平稳,无振动,故慢速走丝电火花线切割的加工质量比快速走丝电火花线切割好,但生产率相对较低。

2. 工艺特点及应用范围

电火花加工工具不和工件直接接触,没有切削力作用,对机床加工系统的刚度要求不高;电火花加工可加工所有导电材料的工件,不受工件材料强度、硬度、脆性和韧性的影响,为耐热钢、淬火钢、硬质合金等难加工材料提供了有效的加工手段。电火花加工的应用范围很广,可加工型孔、曲线孔、微小孔及各种曲面型腔,还可用于切割、刻字和表面强化等。

5.10.2 电解加工

1. 加工原理

电解加工是利用金属在电解液中受到电化学阳极溶解将工件加工成形的。图 5-90 给出了电解加工的加工原理示意图,工件阳极 3 接直流电源(10~20 V)正极,工具阴极 2 接负极,加工时,两极之间保持一定的间隙(0.1~1 mm),电解液($NaCl$ 或 $NaNO_3$ 溶液)以一定压力(0.5~2.5 MPa)从两极间的间隙中高速(5~50 m/s)流过,在电场作用下,阳极工件表面金属产生阳极溶解,溶解产物被电解液带走,工件表面便逐渐形成与阴极工具表面相似的形状。图 5-91(a)所示为刚开始加工的情况,阴极工具与阳极工件之间的间隙是不均匀的;图 5-91(b)所示为加工终了时的情况,工件表面被电解成与阴极工具相同的形状,阴极工具与阳极工件间的间隙是均匀的。

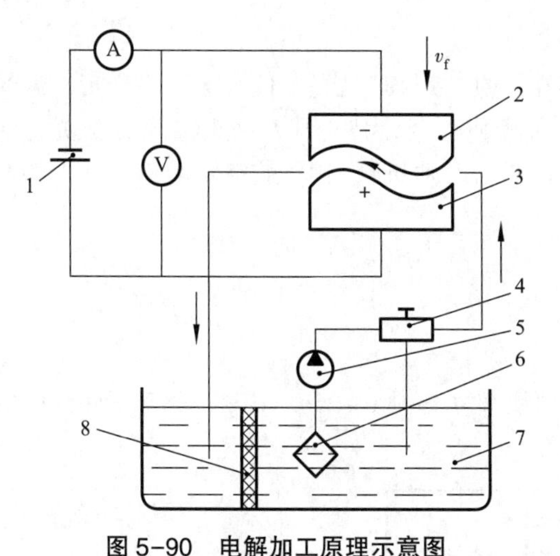

图 5-90　电解加工原理示意图

1—直流电源；2—工具阴极；3—工件阳极；4—调压阀；5—电解液泵；6—过滤器；7—电解液；8—过滤网

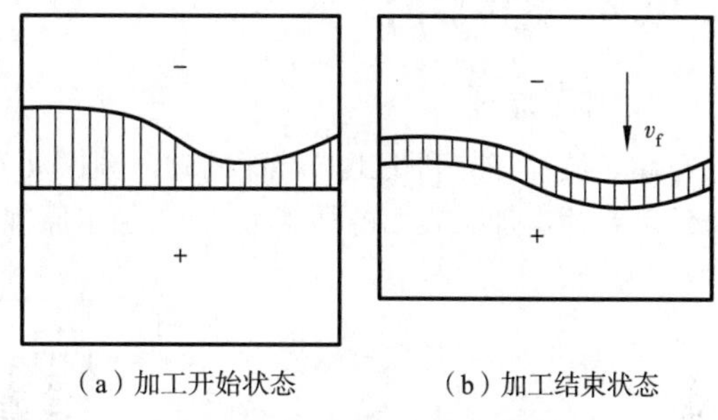

（a）加工开始状态　　（b）加工结束状态

图 5-91　电解加工成形原理

2. 工艺特点及应用范围

电解加工的生产效率极高，约为电火花加工的 5～10 倍；电解加工可以加工形状复杂的型面（如汽轮机叶片）或型腔（如模具）；电解加工中工具不和工件直接接触，加工中无切削力作用，加工表面无冷作硬化，无残余应力，加工表面周边无毛刺，能获得较高的加工精度和表面质量，表面粗糙度 Ra 可以达到 0.2～1.25 μm，工件的尺寸误差可控制在±0.1 mm 范围内；电解加工中工具电极无损耗，可长期使用。

电解加工存在的主要问题是：①电解液过滤、循环装置庞大，占地面积大；②电解液具有腐蚀性，须对机床设备采取周密的防腐措施。

电解加工广泛应用于加工型孔、型面、型腔、炮筒膛线等，并常用于倒角和去毛刺。另外，电解加工与切削加工相结合（如电解磨削、电解珩磨、电解研磨等），往往可以取得很好的加工效果。

5.10.3　激光加工

1. 加工原理

激光的亮度极高，方向性极好，波长的变化范围小，可以通过光学系统把激光聚集成一个极小的光束，其能量密度可达 10^8～10^{10} W/cm^2（金属达到沸点所需的能量密度为 10^5～10^6 W/cm^2）。激光照射在工件表面上，光能被加工表面吸收，并迅速转换成热能，使工件材料被瞬间熔化、汽化去除。

激光加工设备由电源、激光发生器、光学系统和机械系统等组成，如图 5-92 所示。激光发生器将电能转化为光能，产生激光束，经光学系统聚焦后照射在工件表面上；工件固定在可移动的工作台上，工作台由数控系统控制和驱动。

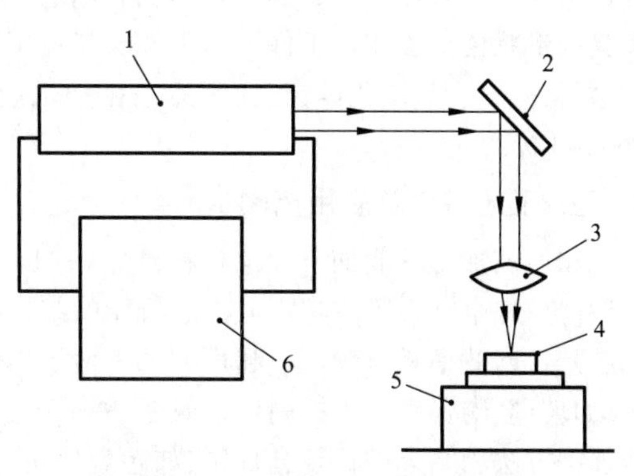

图 5-92　激光加工原理示意图

1—激光发生器；2—反射镜；3—聚焦镜；4—工件；5—工作台；6—电源

2. 工艺特点及应用范围

激光加工是利用高能激光束进行加工的,不存在工具的磨损问题,工件也无受力变形。激光束能量密度高,可加工各种金属材料和非金属材料,如硬质合金、陶瓷、石英、金刚石等。激光适于在硬质材料上打小孔,常用于打金刚石拉丝模、宝石轴承、发动机喷油嘴、航空发动机叶片上的小孔;除打孔外,激光还广泛用于切割、焊接和热处理。

5.10.4 超声波加工

1. 加工原理

超声波加工是利用工具端面的超声频振动(振动频率为 19 000~25 000 Hz),驱动工作液中的悬浮磨料撞击加工表面的加工方法,其加工原理如图 5-93 所示。

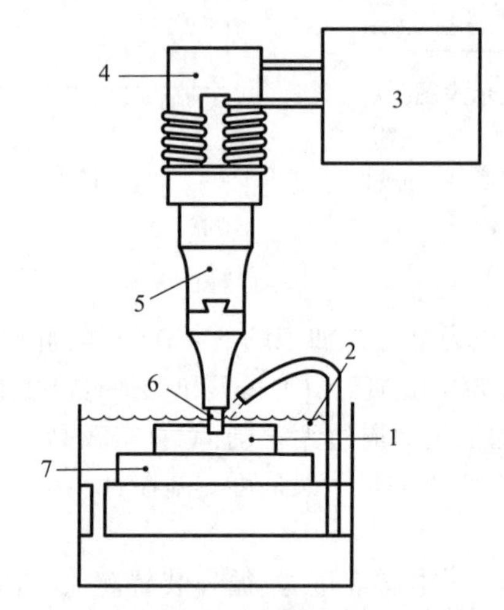

图 5-93 超声波加工原理示意图

1—工件;2—悬浮液;3—超声波发生器;4—换能器;
5—变幅杆;6—工具;7—工作台

加工时,液体(通常为水或煤油)和微细磨料混合的悬浮液被送入工件与工具之间。超声波发生器将工频交流电转变为具有一定功率输出的超声频电振荡能源,并由换能器转换成超声纵向机械振动,其振幅经变幅杆放大(为 0.05~0.1 mm)后驱动工具端面迫使悬浮液中的磨料以很大的速度撞击被加工表面,将加工区域的材料撞击成很细的微粒,由悬浮液带走;随着工具的不断进给,工具的形状便被复印在工件上。工件材料可用软的材料制造,例如黄铜、20 钢、45 钢等。悬浮液中的磨料为氧化铝、碳化硅、碳化硼等。粗加工选用粒度为 F180~F400 的磨粒,精加工选用粒度为 F600~F1000 的磨粒。

2. 工艺特点及应用范围

超声波加工既能加工导电材料,也能加工不导电体和半导体材料,如玻璃、陶瓷、石英、锗、硅、玛瑙、宝石、金刚石等。超声波加工机床的结构相对简单,操作维修方便。超声波加工存在的主要问题是生产效率相对较低。超声波加工适于加工脆硬材料,尤其适于加工不导电的非金属脆硬材料,如玻璃、陶瓷等。为提高生产效率,降低工具损耗,在加工难切削材料时,常将超声波振动和其他加工方法相结合进行复合加工,如超声波切削、超声波电解加工、超声波线切割等。

习　题

5-1　简述表面发生线的形成方法。

5-2　简述金属切削机床的基本结构及其作用。

5-3　简述机床的外联系传动链和内联系传动链及它们的特点。

5-4　分别简述车削外圆、卧铣平面、龙门刨床刨平面、摇臂钻床钻孔、卧式镗床镗孔及外圆磨床磨削外圆时的主运动和进给运动。

5-5　简述机床常用的技术性能指标。

5-6　简述机床精度及刚度。

5-7　简述从机床型号的编制中能获得的机床产品信息。

5-8　根据国家标准《金属切削机床　型号编制方法》(GB/T 15375—2008),简述下列机床型号的含义:(1)C6132;(2)Z3025;(3)Y3150E;(4)T68;(5)M1432A;(6)Z5625×4C;(7)X62W。

5-9　简述车刀的种类、结构特征及应用范围。

5-10　简述粗车、精车及细车的加工工艺特点。

5-11　根据CA6140型卧式车床的结构,简述(1)主传动链的传动路线;(2)主轴在主轴箱中的支承方式;(3)实现主轴正转、反转和制动的过程;(4)主轴箱Ⅰ轴上带轮的结构特点及作用;(5)主轴前轴承的径向间隙的调整方法;(6)主轴实现高速传动路线和低速传动路线的过程;(7)车削米制螺纹的方法;(8)主轴的结构特点;(9)三爪自定心卡盘怎样装夹到主轴上。

5-12　简述铣削、钻削、拉削及磨削的工艺范围。

5-13　简述铣削的加工方式、顺铣和逆铣的加工特点。

5-14　简述中心磨和无心磨外圆的工艺特点和应用范围。

5-15　分析比较钻头、扩孔钻和铰刀的结构特点和几何角度。

5-16　简述钻孔后的孔径一般都比钻头直径大的原因。

5-17　简述镗孔的加工方式及特点。

5-18　简述拉刀的结构特点,及拉削的切削速度不高但生产率较高的原因。

5-19　简述深孔加工方法及特点。

5-20　在IT5~IT8级范围内,相互配合的孔轴,通常孔的精度比轴的精度低一级,简述其原因。

5-21　简述齿轮传动的使用要求。

5-22　分别简述直齿圆柱齿轮滚齿加工和插齿加工时需要的基本运动。

5-23　简述插齿时需要插齿刀(或被切齿轮)作让刀运动的原因。

5-24　简述滚齿、插齿和剃齿的加工原理、工艺特点和应用范围。

5-25　简述剃齿前齿面的预加工采用滚齿比采用插齿更合理的原因。

5-26　简述特征加工的概念,及电火花加工、电解加工、激光加工和超声波加工的加工原理。

5-27　图1-1一级齿轮减速器中的“1”号件箱体、“6”号件箱盖的加工中可能用到哪些加工方式及机床。

5-28　图1-1一级齿轮减速器中的“34”号件齿轮轴、“39”号件输出轴可能用到哪些加工方式及机床。

5-29　图1-1一级齿轮减速器中的“41”号件大齿轮可能用到哪些加工方式及机床。

第6章 零件的热处理及表面处理工艺

阅读导入

我国是世界上最早发明和使用生铁的国家，早在春秋战国时代，人们就用生铁铸造生产工具和生活用具了，但生铁硬而脆却不能使用。为了改变其性能，古人发明了铸铁的柔化热处理方法，包括石墨化退火和脱碳退火等，在战国时期开始实施，到南北朝已很成熟。

热处理是将金属进行加热、保温、冷却以获得所需的组织结构与性能的工艺，目的是改变内部组织结构，改善多方面性能。表面处理是在基体表面上人工形成与基体机械、物理和化学性能不同的工艺。热处理和表面处理的作用都是要充分发挥材料的潜能；减小零件质量；提高品质；节约成本；延长零件的使用寿命；表面处理还可实现零件的再制造。

6.1 热处理工艺概述

机床、汽车、摩托车、火车、矿山、石油、化工、航空、航天等用的大量零部件需要通过热处理工艺改善其性能。据初步统计，在机床制造中，60%~70%的零件要经过热处理，在汽车、拖拉机制造中，需要热处理的零件多达70%~80%，而工、模具及滚动轴承，则要100%进行热处理。总之，凡是重要的零件都必须进行适当的热处理才能使用。材料中组织转变规律是热处理的理论基础，称为热处理原理。

1. 热处理工艺的组成

热处理过程有加热、保温及冷却三个阶段。热处理工艺由加热温度、保温时间、冷却方式等参数组成。钢在加热过程中组织转变的临界温度为：A_{c1}——珠光体向奥氏体转变的开始温度；A_{c3}——共析铁素体全部溶入奥氏体的终了温度；A_{ccm}——二次渗碳体全部溶入奥氏体的终了温度。钢在冷却过程中组织转变的临界温度为：A_{r1}——奥氏体向珠光体转变的开始温度；A_{r3}——奥氏体析出共析铁素体的开始温度；A_{rcm}——奥氏体析出二次渗碳体的开始温度。

加热是热处理的第一道工序。大多数热处理工艺的加热都是将钢加热至温度达到临界点 A_{c3} 或 A_{ccm} 以上，从而得到均匀的单相奥氏体组织，这一过程称为奥氏体化，然后再以适当方式或速度冷却，获得所需的组织和性能。

保温的目的是要保证工件烧透，防止脱碳、氧化等。保温时间和介质的选择与工件的尺寸和材质有直接关系。一般工件越大，导热性越差，保温时间就越长。

冷却是热处理的最终工序，也是热处理最重要的工序。钢在不同冷却速度下可以转变为不同的组织，从而获得不同的性能。

热处理能改变钢性能的根本原因是由于铁有同素异构转变，从而使钢在加热和冷却过程中，发生了组织与结构变化。

2. 热处理工艺的分类

根据加热、冷却方式的不同及组织、性能变化特点的不同，热处理可以分为下列几类：

(1)整体热处理。包括退火、正火、淬火、回火和调质等。

(2)表面热处理。包括感应加热表面淬火、火焰加热表面淬火、电阻加热表面淬火、渗碳、渗氮(氮化)和碳氮共渗等。

(3)其他热处理。包括可控气氛热处理、真空热处理和形变热处理等。

按照热处理在零件生产过程中的位置和作用不同，热处理工艺还可分为预备热处理和最终热处理。预备热处理是零件加工过程中的一道中间工序(又称为中间热处理)，其目的是改善锻、铸毛坯件组织、消除应力，为后续的机加工或进一步的热处理作准备。最终热处理后硬度较高，除磨削外不宜再进行其他切削加工。

3. 钢的加热过程

钢的加热工艺包含加热温度与加热时间。加热温度的选择，可根据钢的相图确定。实际生产中还要考虑加热方式，根据热处理类型以及钢的具体成分等因素进行必要调整。加热时间指的是升温与保温时间的总和。加热工件到要求的温度(实为零件表面温度)所需时间为升温时间。保温时间是工件表面与心部都达到要求的温度所需时间。一般碳素结构钢在温度 800 ℃左右的箱式电炉中加热，以每 1 mm 直径或 1 mm 厚度保温 1. 0~1. 5 min 为宜，若采用盐浴炉加热，保温时间可以缩短，每 1 mm 直径或 1 mm 厚度保温时间可为 0. 3~0. 45 min。

4. 钢的冷却过程

钢经加热保温获得奥氏体后，冷却至 A_{r1} 以下时，过冷奥氏体将发生组织转变。铁碳相图虽然揭示了在缓慢加热或冷却条件下，钢的成分、温度和组织之间的变化情况，但不能表示实际热处理冷却条件下钢的组织转变规律。热处理中采用不同的冷却方式，钢可转变为具有不同性能的多种组织。表 6-1 给出了 45 钢经 840 ℃加热经不同条件冷却后的力学性能。

表 6-1　45 钢经 840 ℃加热经不同条件冷却后的力学性能

冷却条件	力学性能				
	R_m/MPa	R_e/MPa	A/%	Z/%	硬度/HRC
随炉冷却	530	280	32. 5	49. 3	15~18
空气中冷却	670~720	340	15~18	40~50	18~24
油中冷却	900	620	18~20	48	40~50
水中冷却	1 100	720	7~8	12~14	52~60

6. 2　钢件的热处理

6. 2. 1　钢的退火处理

1. 退火的定义

将钢加热到适当温度，保温一定时间，然后缓慢冷却(一般随炉冷却)的热处理工艺。

2. 退火的目的

(1)降低钢的硬度，提高塑性，以利于切削加工及冷变形加工。

(2)细化晶粒,均匀钢的组织及成分,改善钢的性能。

(3)消除钢中的残余内应力,以防止变形和开裂。

3. 常用的退火工艺

(1)完全退火(重结晶退火)。将钢加热至 A_{c1} 以上 20~30 ℃,保温足够长时间,使组织完全奥氏体化,然后缓慢冷却,获得接近平衡组织的工艺。完全退火的目的是细化晶粒,均匀组织,消除内应力,降低硬度,改善可加工性。退火主要用于中碳钢及低、中碳合金结构钢的锻件、铸件热轧型材等。生产时,为了提高生产率,退火冷却至 600 ℃左右即可出炉空冷。

(2)球化退火。将钢加热到 A_{c1} 以上 20~30 ℃,保温一定的时间随炉缓慢冷却至 600 ℃后出炉空冷,得到球状珠光体组织。球化退火的目的是让其中的碳化物球化(粒化)改善可加工性,并为以后淬火做准备。球化退火适用于共析钢及过共析钢。例如,碳素工具钢、合金工具钢等这些钢在锻造加工以后,必须进行球化退火,才适于进行切削加工,同时也为最后的淬火处理做好组织准备。

(3)去应力退火。将工件随炉缓慢加热(100~150 ℃/h)至 500~650 ℃(低于 A_{c1} 点的温度),保温一段时间(1~3 h)后随炉缓慢冷却(50~100 ℃/h)至 200 ℃出炉空冷。钢及焊接件的去应力退火温度一般在 500~600 ℃,铸铁的去应力退火温度一般在 500~550 ℃。去应力退火主要用于消除铸件、锻件、焊接件、冷冲压件(或冷拔件)及机加工的残余内应力,否则将导致在随后的切削加工或使用中变形开裂,降低机器的精度,甚至会发生事故。

(4)均匀化退火。将工件加热到略低于固相线的温度(碳钢通常为 1 100~1 200 ℃),长时间保温(一般 10~20 h),然后随炉缓慢冷却到室温。均匀化退火的主要目的是均匀钢内部的化学成分,主要适用于铸造后的高合金钢。

6.2.2 钢的正火处理

1. 正火的定义

将亚共析钢加热到 A_{c1} 以上 30~50 ℃,过共析碳钢加热到 A_{ccm} 以上 30~50 ℃,保温一定时间,然后在空气中冷却的方法称为正火。

2. 正火的目的

与退火基本相同细化晶粒,均匀组织,调整硬度等。但正火冷却速度比退火稍快,故正火组织比退火更细,强度硬度比退火高。

3. 正火的工艺及应用

正火保温时间和完全退火相同,应以工件烧透,并考虑钢材、原始组织、装炉量和加热设备等因素。正火冷却方式最常用的是空气中自然冷却。对于大件也可采用吹风、喷雾和调节钢件堆放距离等方法控制钢件的冷却速度,达到要求的组织和性能。主要用于:

(1)改善低碳钢或低碳合金钢的可加工性。对于低碳钢或低碳合金钢,由于完全退火后硬度太低,一般在 170 HBW 以下,可加工性不好。而用正火,则可提高其硬度,从而改善可加工性。

(2)正火可以细化晶粒,对力学性能要求不高的结构钢零件,经正火后所获得的性能即可满足使用要求可作为最终热处理。

(3)消除过共析钢中的网状渗碳体,改善钢的力学性能,并为球化退火做组织准备。

(4)代替中碳钢和低碳合金钢的退火,改善其组织结构及可加工性。

(5)消除热加工缺陷。中碳结构钢铸、锻、轧件以及焊接件在加热加工后易出现粗大晶粒等过热缺陷和带状组织。通过正火处理可以消除这些缺陷组织,达到细化晶粒、均匀组织、消除内应力的目的。

4. 退火和正火的选择

如前所述,退火与正火在某种程度上有相似之处,在实际生产中又可替代,进而应分析退火和正火的选择原则。

(1)切削加工性。包括硬度、切削脆性、表面粗糙度及刀具磨损等。一般金属的硬度在170~230 HBW范围内,加工性能较好。硬度高,则难以加工,且刀具磨损快;硬度过低则切屑不易断,造成刀具发热和磨损,加工后的零件表面粗糙度很大。可见,对于低、中碳结构钢以正火作为预备热处理比较合适,高碳结构钢、中高碳合金钢和工具钢应以退火为宜。

(2)使用性能。如果工件性能要求不高,随后不再进行淬火和回火,那么可用正火提高其力学性能,但若零件的形状比较复杂,正火的冷却速度有形成裂纹的危险,应采用退火。

(3)经济性。正火比退火的生产周期短,耗能少,且操作简便,故在可能的条件下,应优先考虑以正火代替退火。

6.2.3 钢的淬火处理

1. 淬火的定义

将钢加热到A_{c3}或A_{c1}以上某一温度,保温一定时间,然后以大于临界冷却速度冷却,以获得马氏体或下贝氏体组织的热处理工艺。

2. 淬火的目的

获得马氏体组织以提高钢的强度与硬度和耐磨性,是强化钢材的重要手段。

3. 淬火加热温度

淬火温度即钢的奥氏体化温度,是淬火的主要工艺参数之一。选择淬火温度的原则是获得均匀细小的奥氏体组织。

(1)亚共析钢的淬火温度在A_{c3}以上30~50 ℃,这是为了得到细晶粒的奥氏体,以便淬火冷却获得细小马氏体组织。如果加热温度过高则引起奥氏体晶粒的粗化,淬火后马氏体组织粗大,使钢脆化。若加热温度太低(A_{c1}~A_{c3}),则淬火组织中含有未溶的铁素体将降低淬火工件的硬度及力学性能。

(2)过共析钢的淬火温度在A_{c1}以上30~50 ℃;淬火后形成在细小马氏体的基体上均匀分布着细小的渗碳体组织,能保证得到高的硬度和耐磨性,如果加热到A_{ccm}以上不仅使奥氏体晶粒粗化,淬火后得到粗大马氏体,增大脆性和变形开裂的倾向,而且残留奥氏体也多,降低了钢的硬度。

4. 淬火冷却介质

淬火冷却介质是工件淬火冷却时所使用的介质。常用的淬火介质有空气、油、水、盐水、碱水等,冷却能力依次增大。最常用的淬火冷却介质是水和油。

水在650~500 ℃范围内冷却能力不够强,而在300~200 ℃范围内冷却能力却又不够缓慢,很容易引起工件变形和开裂,主要用于形状简单、截面尺寸较大的碳钢工件。

油在650~550 ℃内冷却较慢,高温区的冷却能力太低,不适用于碳钢;在300~200 ℃范围内冷却很慢,低温区有比较理想的冷却能力,有利于降低淬火工件的组织应力,减少工件变形和产生裂纹的倾向,适用于对过冷奥氏体比较稳定的合金钢或小尺寸碳钢工件的淬火。

熔融状态的盐也可做淬火介质,称为盐浴。冷却能力在油和水之间,这种介质在高温区有较强的冷却能力,而接近介质温度时冷却能力下降,有利于减少工件变形,只适用于对形状复杂和变形要求严格的小件进行分级淬火或等温淬火。

5. 淬火工艺

淬火冷却介质不能完全满足淬火质量的要求,因而需要冷却方法加以配合。应根据零件的材料、尺寸、形状和技术要求合理选择淬火方法。表 6-2 为常用淬火方法、冷却方式及特点和应用。

表 6-2 常用淬火方法、冷却方式及特点和应用

淬火方法	冷却方法	特点和应用
单介质淬火	将奥氏体化后的工件放入一种冷却介质中冷却到室温	操作简单,已实现机械化与自动化,适用于形状简单的工件
双液淬火	将奥氏体化后的工件在冷水中冷却到接近马氏体转变的起始温度时,立即取出放入油水中冷却	防止低温马氏体转变时工件发生裂纹,常用于形状复杂的合金钢
分级淬火	将奥氏体化后的工件放入温度稍高于马氏体转变起始温度的盐浴中,使工件各部分与盐浴温度一致后,取出空冷	大大减小热应力、变形和开裂,但盐浴的冷却能力小,故只适用于截面尺寸小于 10 mm 的工件。如刀具、量具等
等温淬火	将奥氏体化的工件放入温度稍高于马氏体转变的起始温度的盐浴中等温保温,使过冷奥氏体转变为下贝氏体组织后,取出空冷	它常用来处理形状复杂、尺寸要求精确、强韧性高的工具、模具和弹簧等
局部淬火	对工件局部要求硬化的部位进行加热淬火	主要用于对零件的局部有高硬度要求的工件
冷处理	将淬火冷却到室温的钢继续冷却到-70~-80 ℃,使残留奥氏体转变为马氏体,然后低温回火,消除应力,稳定新生马氏体	提高硬度、耐磨性、稳定尺寸,适用于一些高精度的工件,如精密量具、精密丝杠、精密轴承等

6. 钢的淬透性与淬硬性

(1)淬透性。是指在规定条件下,钢在淬火冷却时获得马氏体组织深度的能力,是钢材本身固有属性。工程上规定淬透层的深度是从表面至半马氏体层(50%马氏体+50%托氏体)的深度。由表面至半马氏体层的深度越大,则钢的淬透性越高。

淬透性的实用意义是淬透可使组织性能均匀一致,未淬透会使钢的韧性降低。淬透性是合理选用钢材及制订热处理工艺的重要依据之一。淬透性大的钢在淬火冷却时可选用冷却能力较缓和的淬火介质,这对减小淬火应力、变形和开裂十分有利,尤其对形状复杂和截面尺寸变化大的工件更为重要。

淬透性低的钢材力学性能较差。因此机械制造中截面较大或形状较复杂的重要零件,以及应力状态较复杂的螺栓,连杆等零件,要求截面力学性能均匀,应选用淬透性较高的材料。而受弯曲和扭转力的轴类零件,应力在截面上的分布是不均匀的,其外层受力较大,心部受力较小,可考虑选用淬透性较低的,淬硬层较浅(如为直径的 1/3~1/2)的钢材。有些工件(如焊接件)不能选用淬透性高的钢件,否则容易在焊缝热影响区内出现淬火组织,造成焊缝变形和开裂。

(2)淬硬性。是指钢以大于临界冷却速度冷却时,获得的马氏体组织所能达到的最高硬度。钢的淬硬性主要决定于马氏体中碳的质量分数,即取决于淬火前奥氏体中碳的质量分数。低碳钢淬硬性差,高碳钢淬硬性好。

6.2.4 钢的回火处理

1. 回火的定义

回火是指钢件淬火后再加热到 A_{c1} 以下某一温度,保温一定时间,然后冷却到室温的热处理工

艺。淬火后的钢铁工件处于高的内应力状态,不能直接使用,必须即时回火,否则会有工件断裂的危险。

2. 回火的目的

(1)减小或消除工件在淬火时产生的内应力,防止工件在使用过程中变形或开裂。

(2)提高钢的韧性,适当调整钢的强度和硬度,使工件具有较好的综合力学性能。

(3)减少或消除残留奥氏体,稳定组织和尺寸。

3. 淬火钢在回火时组织与性能的变化

钢淬火后的组织为马氏体及少量残留奥氏体,都是不稳定组织,要向稳定组织发生转变。室温下转变速度极慢,温度升高组织转变速度加快。

(1)马氏体分解(80~200 ℃)。当钢加热到 200 ℃时,马氏体开始分解,内应力有所降低,此时的组织为回火马氏体。这一阶段的组织仍保持着高的硬度和耐磨性,韧性有所提高。

(2)残留奥氏体的溶解(200~300 ℃)。当钢加热到 200 ℃以上时,马氏体继续分解,残留奥氏体分解转变为下贝氏体或回火马氏体,到 300 ℃时分解结束。

(3)渗碳体的形成(300~400 ℃)。当加热到 300 ℃以上时,马氏体分解出的碳化物转变为颗粒状的渗碳体,当加热到 400 ℃以上时,α-Fe 中过饱和的碳已基本上析出,α-Fe 晶格恢复正常,钢的内应力基本消除,此时的组织为铁素体与细粒状渗碳体的混合物,称为回火托氏体。

(4)渗碳体的聚集长大(400 ℃以上时)。随着回火温度的升高,渗碳体颗粒不断长大,而数目不断减少,回火温度越高,渗碳体颗粒越粗,这种状态下的铁素体与渗碳体的混合物称为回火索氏体。

4. 回火的分类及应用

实际生产中,按回火温度的不同,通常将回火方法分为三类:

(1)低温回火(150~250 ℃)。低温回火的目的是降低淬火应力,提高工件韧性,保证淬火后的高硬度和高耐磨性。低温回火后得到的组织为回火马氏体,可使钢获得高的硬度、高的耐磨性和一定的韧性,硬度为 58~64 HRC。低温回火主要用于高碳钢,合金工具钢制造的刃具、量具、模具及滚动轴承,渗碳、碳氮共渗和表面淬火件等硬而耐磨的零件。

(2)中温回火(350~500 ℃)。中温回火后得到的组织为回火托氏体,钢具有高的弹性极限屈服点和适当的韧性,硬度为 35~50 HRC。中温回火主要用于弹性零件及热锻模。

(3)高温回火(500~650 ℃)。高温回火后得到的组织为回火索氏体,钢具有良好的综合力学性能,硬度为 25~40 HRC,主要用于连接、受力和传动的结构零件,如轴、连杆、螺栓等。

6.2.5　复合热处理

1. 调质处理

调质热处理工艺是淬火后,进行高温回火的复合热处理工艺。钢经正火后和调质后的硬度很相近,但重要的结构件一般都要进行调质而不采用正火。在抗拉强度大致相同的情况下,经调质后的屈服点、塑性和韧性指标均显著超过正火,尤其是塑性和韧性更为突出。

45 钢是中碳结构钢,冷热加工性能都较好,机械性能较好,且价格低、来源广,所以应用广泛。但最大弱点是淬透性低,截面尺寸大和要求比较高的工件不宜采用。

45 钢淬火温度在 A_{c3} 以上 30~50 ℃,在实际操作中,一般是取上限的。偏高的淬火温度可以使工件加热速度加快,表面氧化减少,且能提高工效。为使工件的奥氏体均匀化,就需要足够的保温时间。淬火介质采用冷却速度大的 10% 盐水溶液。45 钢调质件淬火后的硬度应该达到 56~

59 HRC,截面大的可能会低些,但不能低于 48 HRC。

45 钢淬火后的高温回火,加热温度通常为 560~600 ℃,硬度要求为 22~34 HRC。因为调质的目的是得到综合机械性能,所以硬度范围比较宽。图纸有硬度要求的,应按图纸要求调整回火温度,以保证硬度。

2. 时效处理

时效处理是指合金工件经固溶处理,冷塑性变形或铸造、锻造后在较高的温度或室温放置,其性能、形状、尺寸随时间变化的热处理工艺。时效处理的目的是消除工件的内应力,稳定组织和尺寸,改善机械性能等。例如为了消除精密量具或模具零件在长期使用中尺寸、形状发生变化,常在低温回火后精加工前,把工件重新加热到 100~150 ℃,保持 5~20 h,可以稳定精密制件质量。对在低温或动载荷条件下的钢材构件进行时效处理,以消除残余应力,稳定钢材组织和尺寸,尤为重要。

若采用将工件加热到较高温度,并较短时间进行时效处理的时效处理工艺,称为人工时效处理。若将工件放置在室温或自然条件下长时间存放而发生的时效现象,称为自然时效处理。在不加热也不像自然时效那样费时的情况下,给工件施加一定频率的振动使其内应力得以释放,从而达到时效的目的,称为振动时效处理。

6.3 铸铁件的热处理

6.3.1 白口铸铁的热处理

1. 去应力退火

高合金白口铸铁内部存在较大铸造应力,必须及时进行去应力退火,避免铸件出现裂纹或开裂。高合金白口铸铁去应力退火的加热温度一般为 800~900 ℃,保温 1~4 h,然后随炉冷却至 100~150 ℃出炉空冷。

2. 淬火与回火

白口铸铁的淬火与回火工艺主要应用于低碳、低硅、低硫、低磷的合金白口铸铁,加热温度一般为 850~880 ℃,保温 0.5~1 h,油冷淬火;回火时加热温度为 180~200 ℃,保温 1.5~2 h,出炉空冷。

3. 等温淬火

白口铸铁的等温淬火加热温度为(900±10) ℃,保温 1 h,等温温度为(290±10) ℃,等温时间 1.5 h,从而可使脆的莱氏体和渗碳体转变为综合力学性能较好的贝氏体,满足犁铧、饲料粉碎机锤头、抛丸机叶片及衬板等零件的性能要求。

6.3.2 灰铸铁的热处理

1. 去应力退火

一般,灰铸铁去应力退火的温度为:普通灰铸铁 550 ℃,低合金灰铸铁 600 ℃,高合金灰铸铁 650 ℃,加热速度为 60~120 ℃/h,冷却速度控制在 20~40 ℃/h,避免二次残余应力,冷却至 150~200 ℃以下时可出炉空冷。

2. 石墨化退火

灰铸铁的石墨化退火可以降低硬度,改善加工性能,提高铸铁件的塑性和韧性。当灰铸铁件中不含或含少量共晶渗碳体时,可采用低温石墨化退火,加热温度为 650~700 ℃,保温 1~4 h,然后随炉冷却。当灰铸铁件中含较多共晶渗碳体时,应采用高温石墨化退火,加热温度为 900~960 ℃,保温 1~4 h,然后随炉冷却至 300 ℃以下时可出炉空冷。

3. 正火

灰铸铁的正火可以提高铸件的强度、硬度和耐磨性,或作为表面淬火的预备热处理,改善基体组织。形状复杂的或较重要的灰铸铁零件正火后需要再进行去应力退火。一般灰铸铁的正火加热温度为 850~900 ℃,保温 1~3 h,然后可出炉空冷。

4. 淬火与回火

灰铸铁的淬火加热温度为 850~900 ℃,保温 1~3 h,然后淬火,通常采用油淬。对于形状复杂或大型灰铸铁件,应缓慢加热,必要时可进行 500~650 ℃的预热,避免加热不均导致开裂。灰铸铁淬火后应进行回火,回火温度一般不超过 550 ℃,避免石墨化,保温时间取(铸件厚度/25+1)小时。为减小淬火变形、提高综合力学性能,凸轮、齿轮、缸套等灰铸铁件可采用等温淬火,等温温度为 250~600 ℃。

6.3.3　球墨铸铁的热处理

1. 石墨化退火

当球墨铸铁中自由渗碳体≥1%(体积分数)时,必须进行高温石墨化退火,以提高塑性和韧性,改善切削加工性能,此时一般需要加热至 900~960 ℃,保温 1~4 h,然后可直接空冷,获得珠光体基体,也可随炉缓冷至 600 ℃出炉空冷,获得铁素体基体。

当球墨铸铁中自由渗碳体<3%(体积分数)时,可以进行低温石墨化退火,改善韧性,此时一般需要加热至 720~760 ℃,保温 2~8 h,然后随炉缓冷至 600~630 ℃出炉空冷。

2. 正火

球墨铸铁的正火分为高温完全奥氏体化正火和中温部分奥氏体化正火。高温完全奥氏体化正火的加热温度一般为 900~940 ℃,保温 1~3 h,然后空冷或风冷,从而改善加工性能,提高强度、硬度及耐磨性。中温部分奥氏体化正火的加热温度一般为 800~860 ℃,保温 1~2 h,然后空冷或风冷,从而获得较好的综合力学性能。正火后应进行回火,改善韧性和去内应力,加热温度一般为 550~650 ℃,保温 2~4 h,然后空冷。

3. 淬火与回火

球墨铸铁淬火可获得较高的耐磨性和较好的综合力学性能,加热温度一般为 860~900 ℃,保温 1~4 h,然后淬火。淬火后低温回火(140~250 ℃)可获得高的硬度和耐磨性,常用于液压泵心套及阀座等耐磨性能要求高的零件;淬火后高温回火(500~600 ℃)即是调质处理,可获得较高的综合力学性能。回火的保温时间也可取(铸件厚度/25+1)小时。

4. 等温淬火

球墨铸铁的等温淬火加热温度一般为 860~900 ℃,保温 0.5~1.5 h,等温温度 260~300 ℃,等温时间 1~2 h,然后空冷,可获得良好的综合力学性能。当要获得上贝氏体组织是加热温度为 900~950 ℃,保温 0.5~1.5 h,等温温度 350~400 ℃,等温时间 1~2 h,然后空冷。

6.3.4　可锻铸铁的热处理

1. 脱碳退火

白口铸铁在氧化介质中经长时间的加热退火,使铸件脱碳可形成白心可锻铸铁,此过程称为脱碳退火。此过程一般为 24 h 缓慢加热至 950~1 000 ℃,保温 40~70 h 后随炉缓慢冷却 20 h 至 550~650 ℃,然后出炉空冷。

2. 石墨化退火

白口铸铁经石墨化退火,可形成黑心可锻铸铁。升温方式及速度由加热炉型和铸件孕育条件决定。例如 KTH360-10 制的汽车拖拉机零件,采用 4~10 t 室式燃煤炉退火时,先经 6~8 h 的加热至 300 ℃,再经 3~5 h 加热至 350 ℃,然后经 15~20 h 加热至 910~940 ℃,保温 8~12 h,再经 2 h 降温至 750 ℃,然后经 16~22 h 降温至 700 ℃,而后随炉冷却至 650 ℃出炉空冷。

3. 珠光体可锻铸铁的热处理

珠光体可锻铸铁石墨化后可采用正火加回火、淬火加回火及球化退火三种热处理工艺。正火加回火适用于厚度不大的铸件,正火加热温度一般为 910~960 ℃,保温后降温至 840~880 ℃,再保温 1 h 后风冷,然后回火加热温度为 680~720 ℃,保温后空冷。淬火加回火,加热温度一般为 910~960 ℃,保温后降温至 840~880 ℃,再保温 1 h 后淬火,然后加热至 650 ℃,保温 2 h 后空冷回火。球化退火加热温度一般为 940~960 ℃,保温后风冷至 600~650 ℃,再加热至 670~700 ℃,保温 20~30 h 后空冷。

4. 球墨可锻铸铁的热处理

球墨铸铁的热处理主要目的是消除渗碳体,获得较高的韧性、强度及综合力学性能,可进行铁素体退火、高温石墨化退火、高温石墨化退火加正火、高温石墨化退火加中温回火、高温石墨化退火加等温淬火。

6.4 零件的表面处理工艺

零件表面处理工艺是在零件的基本形状和结构形成之后,通过不同的工艺方法对零件表面加工处理,使其获得与基体材料不同表面特性的专门技术。零件的表面处理技术在工业生产和人民生活中得到了广泛应用,对改善零件的使用性能和提高机器的寿命有着十分重要的意义。

6.4.1 表面强化

1. 机械强化

(1)喷丸。是利用高速喷射出的砂丸或铁丸,对工件表面进行撞击,以提高零件的部分力学性能和改变表面状态的工艺方法。喷丸通常是直径为 0.5~2 mm 的砂粒或铁丸,砂粒的材料多为 $A1_2O_3$ 或 SiO_2。表面处理的效果与丸粒的大小、喷射速度和持续时间有关。

喷丸的方法通常有手工操作和机械操作两种。手工操作时,工件放在喷丸机箱内,操作者手持喷枪从操作孔伸进工作箱,喷枪嘴对准工件表面喷射。通过透明的观察窗,可观察工件的处理状况。机械喷丸如图 6-1 所示,工件放在一个密闭的工作箱中,箱内装有一个或数个喷射头,根据需要喷射头可沿任何方向布置。工作时只需控制喷射时间和速度。

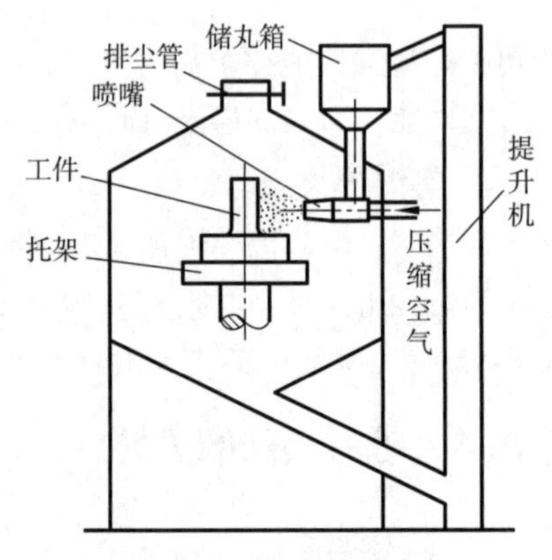

图 6-1 机械喷丸示意图

喷丸处理是工厂广泛采用的一种表面强化工艺,其设备简单、成本低廉,不受工件形状和位置限制,操作方便,但工作环境较差。喷丸广泛用于提高零件机械强度以及耐磨性、抗疲劳和耐腐蚀性等;还可用于表面消光、去氧化皮和消除铸、锻、焊件的残余应力等。

(2)滚压和挤压加工。是在常温下利用专门的滚压或挤压工具对工件表面施加一定压力,使其产生塑性变形,从而在工件表面形成冷硬层和残余压应力,以提高其硬度和强度的工艺方法。滚压和挤压的区别是工具与被加工表面接触时,工具(钢球、滚轮和滚针等)是否能绕其轴线旋转,可旋转的为滚压,不旋转的为挤压。

图6-2为滚压外圆及所用工具。滚压时,将杆体安装在车床刀架上,使滚轮与工件接触,然后拧紧螺塞,调整弹簧,通过加压杆使滚轮对工件表面产生一定压力,再横向进给实现滚压。为了提高单位面积滚压力,通常将滚轮轴线对工件轴线偏斜一定角度。

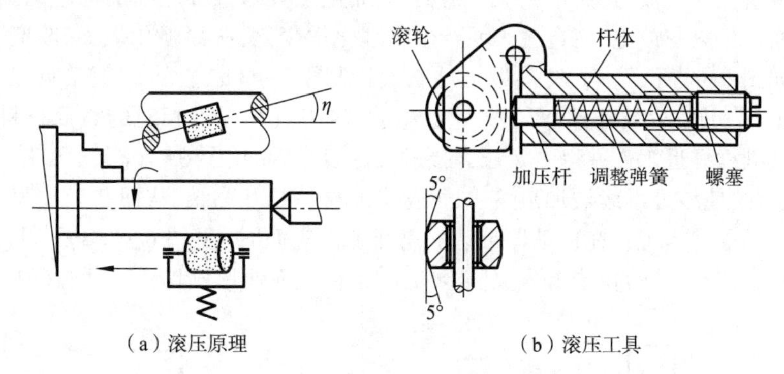

(a)滚压原理　　(b)滚压工具

图6-2　滚压外圆及所用工具

图6-3为挤压加工方式。挤压加工因挤压头通过内孔时表面被挤胀变大,故又称为胀孔。图6-3(a)所示为推挤加工,一般在压力机上进行。图6-3(b)所示为拉挤加工,通常在拉床上进行。用钢球挤压内孔时,因钢球本身不能导向,为获得较高的轴线直线度的孔,挤压前孔轴线应具有较高的直线度要求。此方法适用于加工较浅的孔。

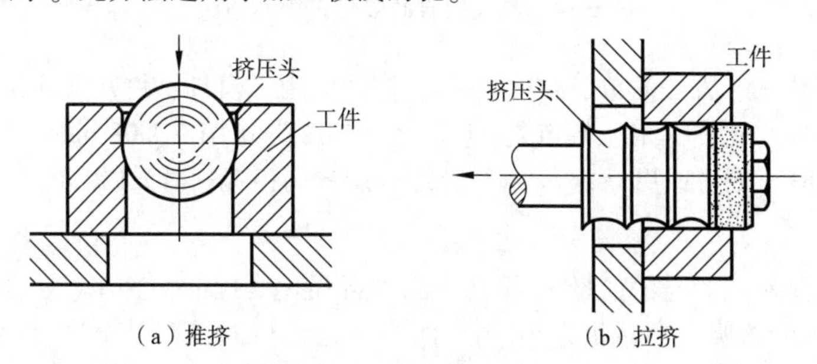

(a)推挤　　(b)拉挤

图6-3　挤压加工方式

滚压或挤压工艺广泛用于零件的表面强化和表面精整加工,其工艺特点主要为:①降低表面粗糙度 Ra 值,一般可从 Ra6.3~3.2 μm 减小至 Ra1.6~0.05 μm(甚至0.025 μm);②强化已加工表面,表面经滚挤压加工后产生残余压应力,降低了应力集中程度,疲劳强度可提高5%~30%;③提高生产率,与其他光整加工相比,生产率可提高3~10倍。

(3)金刚石压光。用金刚石工具挤压加工表面。金刚石压光头修整成半径为1~3 mm,表面粗糙度小于 Ra0.02 μm 的球面或圆柱面,由压光器内的弹簧压力压在工件表面上,可利用弹簧调节压力。金刚石压光头消耗的功率和能量小,生产率高。压光后表面粗糙度可达 Ra0.02~0.32 μm。一般压光前、后尺寸差别极小,约在1 μm以内,表面波纹度可能略有增加,物理力学性能显著提高。

(4)液体磨料喷射加工利用液体和磨料的混合物来强化零件表面。工作时将磨料在液体中形成的磨料悬浮液用泵或喷射器的负压吸入喷头,与压缩空气混合并经喷嘴高速喷向工件表面。液体在工件表面上形成一层稳定的薄膜。露在薄膜外面的表面粗糙度凸峰容易受到磨料的冲击和微小的切削作用而除去,凹谷则在薄膜下变化较小。加工后的表面是由大量微小凹坑组成的无光泽表面,表面粗糙度可达 Ra0.01~0.02 μm,表层有厚约 10 μm 的塑性变形层,具有残余压应力,可提高零件的使用性能。

2. 电火花强化

电火花不仅可以作为金属材料的一种特种加工方法,也可以用作金属的表面强化处理。在工具和工件之间接直流或交流电源,由于振动器的作用,使工具与工件之间的放电间隙频繁变化,在气体介质中不断产生火花放电,使金属表面产生物理化学变化,从而强化表面,改变表面性能。电火花强化过程如图 6-4 所示。工具接近工件表面[见图 6-4(a)],当间隙接近某一距离时[见图 6-4(b)],间隙中的空气被击穿,产生火花放电,此时工具和工件相对的表面材料局部熔化,甚至汽化。当工具继续靠近工件并以一定压力接触工件表面后[见图 6-4(c)],火花放电停止,在接触点流过短路电流,使该处继续被加热熔化,熔化了的材料相互黏结,从而在工件表面扩散形成一层工具材料的熔渗层。当工具在振动器带动下离开工件表面时[见图 6-4(d)],由于工件的热容量比工具大,使工件表面的熔化层首先急剧冷却,在工件表面便形成具有工具材料的硬化层。

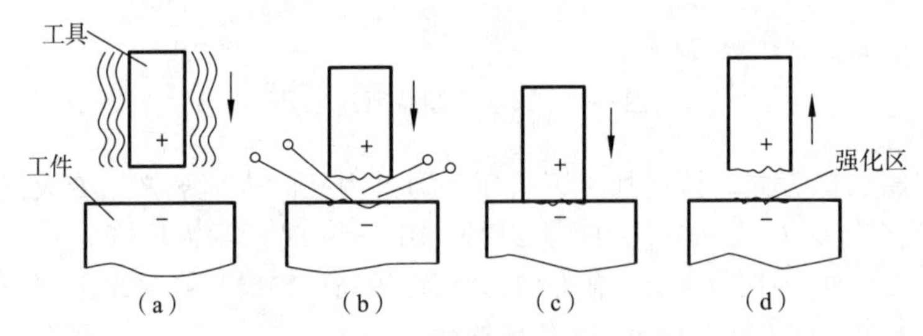

图 6-4　电火花表面强化过程示意图

表面电火花强化工艺方法简单、经济、效果好,广泛应用于模具、刃具、量具、凸轮、导轨、水轮机和涡轮机叶片的表面强化。其工艺特点是:①硬化层厚度为 0.01~0.08 mm;②硬度可达 1 100~1 400 HV(约 70 HRC 以上)或更高;③耐磨性比原表层提高;④耐腐蚀性提高;⑤疲劳强度提高。

3. 激光强化

表面激光强化是利用激光的能量,对金属表面进行强化处理的一种工艺方法。当激光束照射在金属表面时,其能量被吸收并转化为热,由于激光转化为热的速率是金属材料热传导率的数倍乃至数十倍,材料表面所获得的热量还来不及向基体扩散,就使得表面迅速达到相变温度以上。当激光束移开被处理表面的瞬间,表面热量很快被扩散传至基体,即自激冷却产生淬火效应。

激光表面强化的工艺特点:①热影响区小,表面变形极小;②一般不受工件形状及部位的限制,适应性较强;③加热与冷却均在正常的空气中进行,不用淬火介质,工件表面清洁,操作简便;④淬硬层组织细密,具有较高的硬度(达 800 HV)、强度、韧性、耐磨性及耐腐蚀性;⑤激光淬火后的硬化层较浅,通常为 0.3~1.1 mm;⑥激光淬火机床费用昂贵,使应用受到一定限制。

6.4.2　表面淬火

表面淬火是仅对工件的表层进行淬火热处理方法。表面淬火的目的是使表层获得硬而耐磨的马氏体组织,而心部仍保持原来塑、韧性较好的退火、正火或调质状态的组织。根据加热方法,表面淬火可分为火焰加热表面淬火和感应加热表面淬火。

1. 火焰加热表面淬火

火焰加热表面淬火是用氧—乙炔或煤气—氧等火焰直接快速加热工件表面，当达到淬火温度时立即喷水冷却的淬火方法(见图 6-5)。火焰加热温度很高(约 3 000 ℃以上)，能将工件迅速加热到淬火温度，通过调节烧嘴的位置和移动速度，可以获得不同厚度的淬硬层。由于火焰表面淬火方法简便，无须特殊设备，可适用于单件或小批量生产的大型零件和需要局部淬火的工具和零件，但火焰表面淬火较易过热，淬火质量不够稳定，工作条件差，因此限制了在机械制造业中的广泛应用。

2. 感应加热表面淬火

感应加热表面淬火是利用感应电流通过工件所产生的热效应，使工件表面局部加热，并进行快速冷却的热处理工艺，如图 6-6 所示。

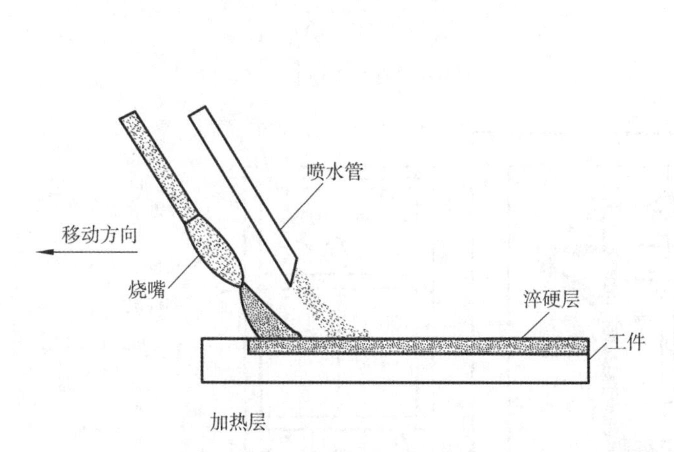

图 6-5　火焰加热表面淬火示意图

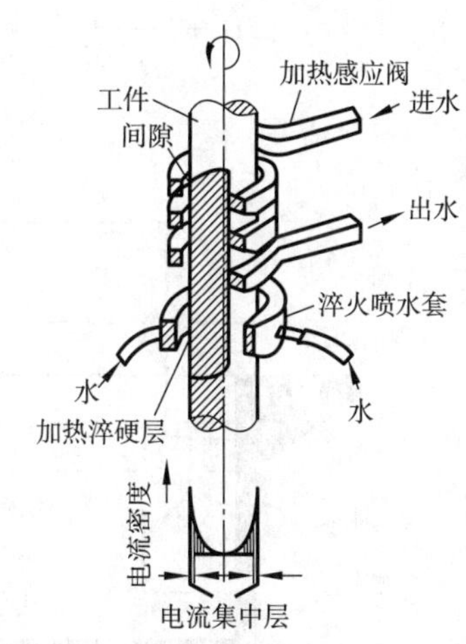

图 6-6　感应加热表面淬火示意图

感应线圈通以交流电时，将产生交变磁场。若把工件置于感应磁场中，工件内部就会产生频率相同、方向相反的感应电流(涡流)。在工件表层的感应电流密度最大，而心部几乎为零，大量的电阻热，使工件表层迅速达到淬火温度(心部温度仍接近室温)，随即快速冷却，就可以达到表层淬火的目的。感应加热表面淬火根据电流频率的不同，分为三类：

(1)高频感应加热表面淬火：频率范围为 200~300 kHz，一般淬硬层深度为 0.5~2.0 mm。适用于中小模数的齿轮及中小尺寸的轴类零件等。

(2)中频感应加热表面淬火：频率范围为 1~10 kHz，一般淬硬层深度为 2~8 mm。适用于较大尺寸的轴和大中模数的齿轮等。

(3)工频感应加热表面淬火：频率范围为 50 Hz，不需要变频设备，淬硬层深度可达 10~15 mm。适用于较大直径零件的穿透加热及大直径零件如轧辊、火车车轮等的表面淬火。

与普通淬火相比，感应加热表面淬火具有以下主要特点：

(1)加热速度快，生产率高，由室温加热至所需温度只需几秒或几十秒。

(2)淬火质量好，淬火后表面可获得细针状马氏体，硬度比普通淬火高 2~3 HRC。

(3)工件表面质量好。这是由于加热速度快，由于内部未被加热，淬火变形小。

(4)淬硬层深度易于控制，淬火操作易实现机械化和自动化，适用于大批量生产。

(5)设备昂贵、维修、调整困难、形状复杂的感应圈不易制造，不适于单件生产。

表面淬火主要适用于中碳钢及中碳合金钢。碳的质量分数太低则淬火后硬度太低，碳的质量分数过高则容易淬裂。

6.4.3 表面电镀

电镀是用电解的方法,在金属、非金属基体上沉积所需的金属或合金的过程,其实质是进行装饰性保护或获得新表面性能的一种电化学加工技术。电镀有槽镀、刷镀、流镀、摩擦电喷镀和脉冲镀等形式,在此介绍槽镀和刷镀。

1. 槽镀

槽镀就是作为阳极的镀层金属和作为阴极的工件,在装有电解液的电解槽中进行电镀(见图 6-7)。电镀时,在两极之间流过适当大小的直流电,电镀工作即开始进行,此时在电解槽中的阴极和阳极发生如下反应:

阴极(工件):$Ni^{2+}+2e \rightarrow Ni$

$2H^{+}+2e \rightarrow H_2\uparrow$

阳极(镍板):$Ni-2e \rightarrow Ni^{2+}$

$4OH^{-}-4e \rightarrow 2H_2O+O_2\uparrow$

$2Ni+3[O] \rightarrow Ni_2O_3$

$2Cl^{-}+2e \rightarrow Cl_2\uparrow$

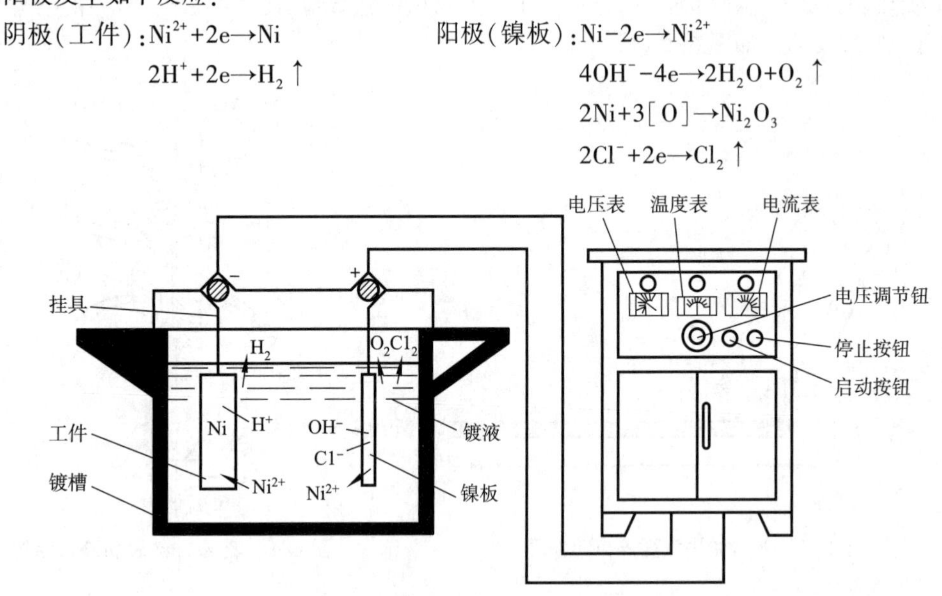

图 6-7 槽镀原理图

当上述过程反复进行时,被镀工件的表面上就形成一层厚度均匀、结晶致密、平滑而光亮的镀层。

在工业上常用的镀层有铜、锌、锡、铅、镍、铁、镉、金、银等单一金属,也有铜-锌、铜-锡、铅-锡、镍-钴、锌-镍-铁、铜-锡-镍等合金镀层。根据对镀层的用途不同,镀层可分为抗蚀层、反光层、耐磨层、润滑层、焊接层、导电层、磁性层、抗高温氧化层等。

槽镀一般适用于大批量生产,通常能在工件全部表面形成镀层。这种工艺在工业生产中得到广泛应用。

2. 刷镀

刷镀又称涂镀或无槽电镀,是在金属工件表面局部快速电化学沉积金属的新技术,图 6-8 所示为其加工示意图。工件接直流电源的负极,正极与镀笔相接。镀笔端部为不溶性石墨电极,并用脱脂棉套包住。镀液饱蘸在脱脂棉中或另行浇注。镀液中的金属正离子在电场作用下,在阴极(工件)表面获得电子而沉积涂镀在阴极表面,可得到 0.001~0.5 mm 以上的厚度。对于回转表面的工件,为了在长度方向能够获得均匀的镀层,工作时工件除转动外,镀笔和工件表面在工件轴线方向须有相对运动。

刷镀扩大了电镀技术的应用领域,其主要应用于修复零件磨损表面;填补零件表面划伤、凹坑、斑蚀、孔洞等缺陷;大型、复杂、单件小批生产的工件表面局部镀镍、铜、锌、镉、钨、金、银等防腐层、耐磨层等,以改善表面性能。

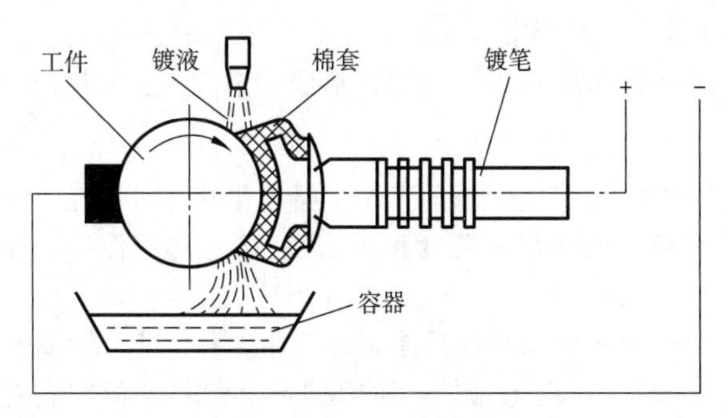

图 6-8　刷镀加工示意图

6.4.4　表面氧化

氧化处理能提高工件表面的抗蚀能力，有利于工件残余应力的消除，减少变形。还可以使工件表面光泽美观。氧化处理可分为化学法和电解法。化学法多用于钢铁零件的表面处理，又分为碱性法及无碱性法，碱性法应用最多。电解法多用于铝及铝合金零件的表面处理，其实质是阳极氧化法。

1. 钢铁的表面氧化处理（发蓝或发黑）

将钢铁零件放入一定温度的碱性溶液（如苛性钠、亚硝酸钠溶液）中处理，使零件表面生成 0.6~1.5 μm 致密而牢固的 Fe_3O_4 氧化膜的过程，称为钢铁的氧化处理。依处理条件的不同，该氧化膜呈现亮蓝色直至亮黑色，所以这种方法又称发蓝处理或者黑处理。

单独的发蓝膜耐蚀性较差，但经涂油涂蜡或涂清漆后，耐蚀性和耐摩擦性都有所改善。发蓝对工件的尺寸和表面粗糙度影响不大，常用于精密仪器、工具、硬度块等零件的防锈、防腐及装饰性保护。

2. 铝及其合金的氧化处理

将以铝（或铝合金）为阳极的工件置于电解液中，然后通电，使铝或铝合金发生化学和电化学溶解，结果在阳极表面形成一层氧化膜，所以，这种氧化处理方法又称阳极氧化法。

阳极氧化膜不仅具有良好的力学性能与抗蚀性能，而且还具有较强的吸附性。采用各种着色方法后，还可获得各种不同颜色的装饰外观。阳极氧化膜形成后，在强酸溶液中，由于电场等因素的作用，工件基体最外面的致密氢氧化合物（即阻挡层）开始溶解形成多孔的膜层。在此后的工艺安排中（或染色后），阳极氧化膜可用水煮，使氧化膜变成含水氧化铝，因体积膨胀而封死氧化膜松孔。也可用重铬酸钾溶液处理而封孔。封闭处理的目的是改善氧化膜的防蚀能力，增强牢固性，提高使用寿命。

6.4.5　表面化学热处理

表面化学热处理是将工件置于一定温度的活性介质中保温，使一种或几种元素渗入其表面，以改变其化学成分、组织与性能的工艺方法。化学热处理与其他热处理相比的特点是：不仅改变钢表层的组织，而且表层的化学成分也发生了变化，因而使零件表面具有某些特殊的力学性能或物理化学性能。

常用的化学热处理有渗碳、渗氮（又称氮化）、碳氮共渗等。还有渗硫、渗硼、渗铝、渗钒、渗铬等。任何一种方法都是通过以下三个基本过程完成的：

（1）分解：介质在一定温度下，发生化学分解，产生渗入元素的活性原子。

(2)吸收:活性原子被工件表面吸收。

(3)扩散:渗入的活性原子由表面向中心扩散,形成一定厚度的扩散层。

1. 钢的渗碳

将钢件在渗碳介质中加热、保温使碳原子渗入表层的化学热处理工艺。渗碳的目的是提高钢件表层碳的质量分数,使零件表面获得高硬度和耐磨性,而心部仍保持一定的强度和较高的塑性和韧性。

钢的渗碳包括气体渗碳、固体渗碳和盐浴渗碳。气体渗碳法生产率高,劳动条件较好,渗碳质量容易控制,并易于实现机械化、自动化,故在当前工业中得到极广泛的应用。

气体渗碳是将工件置于气体渗碳剂中进行渗碳的工艺,如图 6-9 所示。具体方法是将工件置于密封的加热炉中,加热到 900~950 ℃,即 A_{c_3} 以上 50~80 ℃,滴入渗碳剂,渗碳剂在高温下分解成活性碳原子,被工件表面吸收而溶入奥氏体中并向内部扩散形成一定深度的渗碳层。渗碳层深度主要取决于保温时间,可按每小时渗入 0.2~0.25 mm 的速度估算。渗碳后的零件都要进行淬火和低温回火处理,才能达到所要求的使用性能。

渗碳常用于低碳钢、低碳合金钢、热作模具钢制作的齿轮、轴、活塞、销、链条。再如汽车、机车、矿山机械、起重机械等用的传动齿轮,通过渗碳提高耐磨性。

2. 钢的渗氮(氮化)

在一定温度下,使活性氮原子渗入工件表面的化学热处理工艺称为钢的渗氮,其目的是提高零件表层含氮量以增强表面硬度和耐磨性、提高疲劳强度和耐蚀性。

(1)气体渗氮。将工件放入密闭炉内,加热至 500~600 ℃通入氨气,氨气分解出活性氮原子,$2NH_3 \rightarrow 2[N]+3H_2\uparrow$,被零件表面吸收与钢中的合金元素形成氮化物,并向心部扩散,渗氮层深度一般为 0.1~0.6 mm。气体渗氮主要用来处理重要的和复杂的精密零件。如精密丝杠、发动机的气缸、排气阀、高精度传动齿轮等。

(2)离子渗氮。在低于 1 个大气压的渗氮气氛中,利用工件与阳极之间产生的辉光放电进行渗氮的工艺,称为离子渗氮,如图 6-10 所示。离子渗氮的特点是速度快,生产周期短,渗氮质量高,工件变形小对材料的适应性强,但投资大,装炉量小,测温困难,质量不稳定。

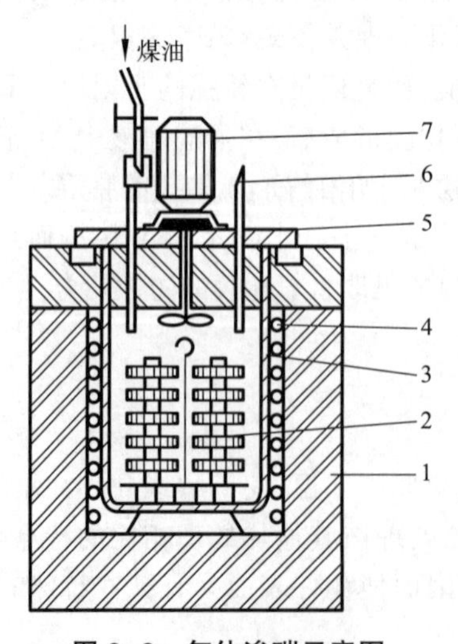

图 6-9 气体渗碳示意图

1—炉体;2—工件;3—耐热罐;4—电阻丝;5—炉盖;6—废气火焰;7—风扇电动机

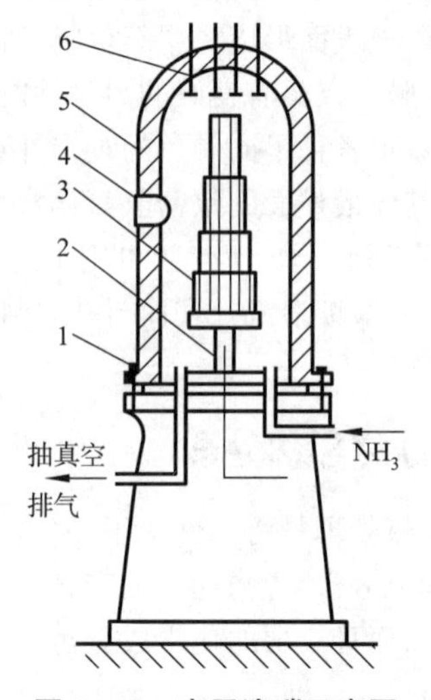

图 6-10 离子渗碳示意图

1—密封橡胶;2—阴极;3—工件;4—观测孔;5—真空室外壳;6—阳极

3. 碳氮共渗

在一定温度下,将碳、氮同时渗入工件表层奥氏体中,并以渗碳为主的化学热处理工艺称为碳氮共渗。常用的为气体碳氮共渗。碳氮共渗的加热温度低(与渗碳比),为 820~870 ℃,零件变形小,生产周期短,而且渗层具有较高的硬度耐磨性及疲劳强度。

碳氮共渗主要用于处理汽车和机床上的齿轮、蜗轮、蜗杆及轴类零件。以渗氮为主的氮碳共渗又称软氮化。加热温度低于 570 ℃,处理时间仅为 1.3 h。其特点是渗碳氮层硬度较低,脆性较小。常用来处理模具、量具、高速钢刀具等。

4. 渗金属

在 900 ℃左右采用固体或液体方式向钢中渗入硼(B)元素,钢表面形成几百微米厚以上的 Fe_2B 或 FeB 化合物层,其硬度较渗氮的还要高,一般为 1 300 HV 以上,有的高达 1 800 HV,抗磨损能力很高。

渗铬、渗钒等渗金属后,钢表层一般形成一层碳的金属化合物,如 Cr7C3V4C3 等,硬度很高,例如,渗钒后硬度可高达 1 800~2 000 HV,适合于工具、模具增强抗磨损能力。

6.5 零件的表面清理

零件在进入装配前,必须清洗掉表面的各种污物,如尘埃、金属粉粒、铁锈、油污等。机械加工后残留在工件表面上的毛刺不仅影响后续工序的进行和装配质量,而且是实现生产过程自动化的障碍,因此须加以去除。对产品质量有重大影响的关键零件,在加工过程中也要安排多道清洗工序。零件的去毛刺和清洗,都属于表面清理。

6.5.1 去毛刺

机械加工过程中产生的毛刺,其外观虽十分微小,但危害却很大,不仅影响零件和产品的精度和质量,而且妨碍零件的检测、装配、使用性能、工作寿命、安全等。

毛刺是切削加工过程中,在刀具的作用下,工件产生塑性变形而导致材料超出两个相邻表面理论交接处的多余金属,以及铸、锻件和冲压的飞边、焊接和塑料成形中的残料。

当工件出现毛刺后,就要采用相应方法将毛刺去除。去毛刺的方法很多,大约有 60 多种。一般分为机械的、磨料的、电的、化学的和热能的五大类。但是有不少去毛刺方法,从能量来源和作用原理来考虑,它兼有两种以上方法的属性。例如,电解倒棱去毛刺是建立在“电化学阳极溶化”的理论基础上;滚筒去毛刺则是利用了机械的、磨料的和化学的三种作用的综合效应。

(1)热能去毛刺。热能去毛刺又称热冲击去毛刺、高温去毛刺。其工作原理为:把工件放进封闭燃烧室内,并充入已成一定比例的氢(或其他可燃气体)和氧,再利用火花塞点燃混合气体;瞬时爆炸放出大量的热,使室内产生两三千摄氏度的高温和强烈的冲击波。爆炸时的瞬时压力很高,约为充气时初始压力的 16~20 倍,但持续时间只有 2~3 ms。毛刺在高温高压下被烧熔而去除。对于工件来说,由于其面积体积比相对很小,所以基体材料不会烧损。

(2)电解去毛刺。电解去毛刺是电解加工技术实际应用的一个方面。带毛刺的工件为阳极,工具电极为阴极。电解液通过工件上的毛刺与工具阴极之间的狭小缝隙(0.3~1 mm)时,在直流电压的作用下,工件的尖角和棱边部位的电流密度最大,从而使毛刺迅速被溶解去除,棱边也可获得倒圆。电解去毛刺一般用于黑色金属材料的中小型零件的成批生产和大量生产。曲轴给油孔、柴油机喷嘴内孔、液压阀阀体内的交叉孔以及连杆、气缸、齿轮等零件上的毛刺,常用电解法去除。

(3)喷射式去毛刺。这种去毛刺的方法是以一定压力的压缩空气或水为动力,以固体、液体或固-液体混合物为工作介质,用不同的方式(高速气流、液体射流等)对介质加速,使其具有足够的能量后再喷射到被加工工件的表面上,不仅可去除毛刺和飞边,而且还可以进行精整加工。喷射式去毛刺一般分为干喷射法和水喷射法两种。

(4)液体珩磨去毛刺。这种方法的基本原理是在水中加入细粒度的磨料(粒度40#左右的玻璃珠、合成树脂),搅拌均匀后以0.3~0.6 MPa压力的压缩空气为动力喷至工件表面,不仅可去除毛刺,而且有强化表面的功能,在工件表面形成残余压应力。这种方法生产效率较低,但设备费用不高,常用于中型尺寸工件上键槽、螺纹和轮齿的去毛刺,毛刺尺寸不能过大。

除了上述去毛刺的方法以外,还有用手工工具去除毛刺;近年来研制和发展起来的使用寿命长的金刚石工具去毛刺;兼有抛光功能的砂带去毛刺和振动去毛刺;适合于各种硬脆金属和非金属材料的超声波去毛刺和激光去毛刺等多种去毛刺方法。具体选择时,应根据工件材料、形状、尺寸、加工精度、表面质量、毛刺的形状大小和所在部位、生产纲领、现有生产条件和拟投入的费用、对环境保护和治理的能力等多种因素进行综合考虑。

6.5.2 清　洗

零件在完成全部机械加工后、装配前,一般都要进行表面清洗。在机械加工过程中也有清洗过程,称为工序间清洗。清洗工序安排在:

(1)热处理工序后。去除工件表面残留的浴盐或油垢。

(2)装配前和装配过程中。此时的清洗质量直接影响产品的清洁度和装配质量,因而要求较高。装配过程中既有零件的清洗,还有部件的清洗。

(3)机械加工过程中。这主要用于加工质量要求较高的精密加工工序前和后。

(4)涂镀和电镀前。此时必须把工件上的污垢尤其是油垢彻底去除,否则将影响工件被涂镀表面与涂镀层结合的牢固程度。

(5)防锈封存前。完成全部加工任务的零件,有时并不立即进入装配,还有的是作为维修使用的配件直接出厂的,此时要进行防锈封存,防锈前要进行清洗,以便在工件表面涂覆防锈油或防锈膏。

清洗方法种类较多,选用何种为宜,要取决于工件表面上污垢的类型和与之相适应的清洗液种类;工件的材料、形状及尺寸、质量大小;生产批量;生产现场的条件(包括对环境保护和劳动安全的要求)等因素。要对以上众多因素作综合考虑,然后作出合理的抉择。

(1)擦洗。使用石油系列溶剂或有机溶剂的清洗液和常温水基清洗液,采用手工操作,能去掉有机物和无机物两类污垢,但效果一般,效率低下,仅能用于单件小批生产和大工件的局部清洗。由于手工擦洗劳动强度大,且有害人体健康,现日趋淘汰。

(2)浸洗。把工件浸泡于清洗液中一定时间即可达到清洗目的,设备和操作都很简单,常见的各种清洗液都适用,主要用于大批量生产、形状复杂但油垢较轻的工件。通常清洗时配置传送和摇晃装置,使清洗、摇晃和传送同步进行,可提高清洗的效果和效率。

(3)高压喷射清洗。把工件置于清洗机中,针对工件表面需重点清洗的部位安置若干喷嘴。通过喷压泵将清洗液以高速射流喷至工件表面,利用高压液体的冲刷和清洗液的化学、物理作用,使工件表面的污垢得以清除。清洗效果好,能去除严重的油污和固态污垢,但设备比较复杂,一般用于批量较大的生产,工件形状不宜太复杂,尺寸也不宜过大。

(4)气相清洗。利用高温蒸气将黏附于工件表面的油污溶解并冲刷去除。气相清洗的工件高表面清洁度,但设备较复杂,一般用于清洗质量要求较高的中小工件和大、中批量生产。

(5)电解清洗。把工件作为电极浸入清洗液,借助电解所产生气体的机械作用冲刷和剥离工件表面的污垢。与此同时,清洗液本身的皂化、渗透、分散、乳化等理化作用,也产生着有力的清洗效果,由于这双重作用,故清洗质量较高。一般用于小型工件的最终清洗和电镀前清洗,适合大、中批生产。其缺点为投资和耗电大。

(6)超声波清洗。把工件置于清洗槽内,将超声波能量施加于清洗液。当超声波在清洗液中传播时,液体由于每秒爆炸上千次而成为数百万个亚微观的真空气泡,这称为"空化效应"。这些气泡释放后,猛烈地撞击工件,从而使工件表面上的污垢剥离。此外,由于真空气泡的强烈振荡,加速了液体的搅拌,从而强化了清洗液的乳化作用和增溶作用,加之适宜的清洗温度和清洗液与之相配合,其清洗质量相当高。

超声波清洗的优点是:工件表面的清洁度高;可供选择的清洗液范围广;尤其是适用于带有深孔、小孔、凹槽等复杂结构要素,用其他方法难以清洗的零件。缺点为设备投资较大,维护管理要求较高。其应用场合为清洁度要求较高,生产批量较大的中小型零件,而且在作为精洗工序的超声波清洗进行之前,一般须用其他方法先进行一次粗洗。

习 题

6-1 简述热处理的概念及其目的和作用。

6-2 简述热处理工艺的组成及分类。

6-3 简述钢退火的定义、目的及常用退火工艺。

6-4 简述钢正火的定义、目的及主要应用。

6-5 简述钢淬火的定义、目的及常用淬火工艺。

6-6 简述钢的淬透性和淬硬性的概念。

6-7 简述钢回火的定义、目的及常用回火工艺。

6-8 简述灰铸铁的热处理工艺。

6-9 简述表面处理工艺技术的概念。

6-10 简述表面强化的主要工艺方法。

6-11 简述表面淬火的概念及分类。

6-12 简述表面化学热处理的概念及其常用工艺方法。

6-13 简述调质处理的概念及主要应用。

6-14 现有一批45钢普通车床传动齿轮,主要加工工艺路线为锻造—热处理—切削加工—高频感应加热淬火—回火,简述:(1)锻造后应采用何种热处理工艺及其原因;(2)高频感应加热淬火是对工件上哪个部位进行的,有何作用;(3)加工工艺路线最后回火的作用。

6-15 若普通卧式车床床身采用灰铸铁制造,导轨面有耐磨性要求,简述其主要加工工艺路线,并指明应采用的热处理工艺方法。

6-16 图1-1一级齿轮减速器中的"1"号件箱体、"6"号件箱盖,可采用灰铸铁制造,简述其主要加工工艺路线,并指明应采用的热处理工艺方法。

6-17 图1-1一级齿轮减速器中的"34"号件齿轮轴、"41"号件大齿轮,可采用45钢制造,简述其主要加工工艺路线,并指明应采用的热处理工艺方法。

第 7 章 零件的检测技术

阅读导入

铁路钢轨在列车运行中会因摩擦和疲劳产生擦伤、裂纹等内部伤损,大型钢轨探伤车是目前钢轨检测的主流设备,是确保铁路运输安全必不可少的大型检测装备。2022 年 6 月,我国首台 GTC-80Ⅱ型重载铁路相控阵钢轨探伤车开启正线试验,最高持续探伤速度可达 80 km/h,缺陷检出率在 90% 以上,可以解决人工检测效率低、危险性高等问题。

检测是检验和测量的总称。测量是指将被测对象与标准量值进行比较,并得出被测量值的实验过程,是定量分析过程。而检验是指将被测对象与特定量值进行比较,并得出二者关系的实验过程,多用于判断零件是否合格,一般不需要测出具体数值,是定性分析过程。检测的目的主要包括判断零件是否达到精度要求、加工工艺系统是否稳定、装配工艺是否达到性能要求等方面。

7.1 零件外观的检测

零件外观的检测主要是检查零件加工后的各部分结构是否正确;检查局部是否有过切;检查零件标识是否正确;检查是否残留毛刺或切屑,并安排处理等。毛坯外观的检测主要是检查毛坯结构是否正确;检查毛坯表面是否存在较大缺陷等。

对于采购件,还应检查产品生产批次、出厂合格证、产品的型号、规格及数量等。

零件或毛坯外观的检测一般属于感官识别,只能判断局部正确性,而不能给出精度等级,从而用于初级检测。这种感官识别,一般不需要测量工具或仪器,或利用简单工具,可方便快捷地做出判断,但需要具有一定的实践经验。例如,火花法根据磨削火花鉴别钢种特性。

7.2 零件尺寸精度的检测

7.2.1 零件尺寸的单项检测

零件尺寸的单项检测广泛应用于生产过程的众多环节,可以方便快捷地判断零件尺寸是否合格。当图样上被测要素的尺寸公差和几何公差按独立原则标注时,一般使用通用计量器具分别测量。零件尺寸可分为轴类尺寸(外尺寸)和孔类尺寸(内尺寸)。

1. 轴类尺寸的单项检测

轴类尺寸(外尺寸)的单项检测,根据检测要求,可以采用表 7-1 中的方法检测。

表7-1　轴类尺寸(外尺寸)的单项检测方法

序号	名称	量具和量仪	特性
1	卡钳法	卡钳、钢直尺、游标卡尺	方法简单、精度低、应用较多
2	通用量具法	游标卡尺、千分尺、三沟千分尺、五沟千分尺、杠杆千分尺及量块等	测量力不能过大、操作简单、精度适中、应用广泛
3	测微仪法	机械式测微仪——百分表、千分表、扭簧测微仪等 光学式测微仪——立式、卧式光学比较仪、量块组等 电动测微仪——电容、电感式测微仪 其他——气动测微仪、接触式干涉仪等	一般与量块配合使用、精度较高、属于精密测量
4	测长仪法	立式测长仪、万能测长仪、量块组等	精度较高、属于精密测量
5	影像法	大型或万能工具显微镜	精度适中
6	轴切法	大型或万能工具显微镜、测量刀组件	精度较高、属于精密测量
7	干涉法	大型或万能工具显微镜	不常用
8	平晶干涉法	平晶、量块组	精度较高、不常用
9	光隙法	刀口直尺、量块组等	精度较高

2. 孔类尺寸的单项检测

孔类尺寸(内尺寸)的单项检测,根据检测要求,可以采用表7-2中的方法检测。

表7-2　孔类尺寸(内尺寸)的单项检测方法

序号	名称	量具和量仪	特性
1	卡钳法	卡钳、钢直尺、游标卡尺	方法简单、精度低、应用较多
2	通用量具法	游标卡尺、内径千分尺、内测千分尺、三爪内径千分尺等	测量力不能过大、测量面应与被测面垂直、精度适中、应用广泛
3	比较法	内径千分表、内径百分表	精度较高、属于精密测量
4	测长仪法	万能测长仪、量块组等	精度较高、属于精密测量
5	光学法	万能工具显微镜、孔径测量仪	精度适中

7.2.2 零件尺寸的综合检测

零件尺寸的综合检测是当单一要素的尺寸公差和几何公差按采用包容要求标注时,则应使用量规检验。量规的全称是光滑极限量规,是没有刻度的定尺寸专用量具,不能测出具体尺寸,只能判断被测零件是否在规定的范围内。使用量规综合控制尺寸误差和形状误差,迅速且方便,并能保证工件的互换性,因而在大批量生产中应用非常广泛。

在国家标准《光滑极限量规技术条件》(GB/T 1957—2006)中,量规按被测对象分为塞规(孔径检验)和环规(轴径检验)。如图7-1所示,量规成对使用,分为通规与止规,通规用“T”表示,公称尺寸应等于工件的最大实体尺寸(MMS),作用是防止工件尺寸超出最大实体尺寸;止规用“Z”表示,公称尺寸应等于工件的最小实体尺寸(LMS),作用是防止工件尺寸超出最小实体尺寸。

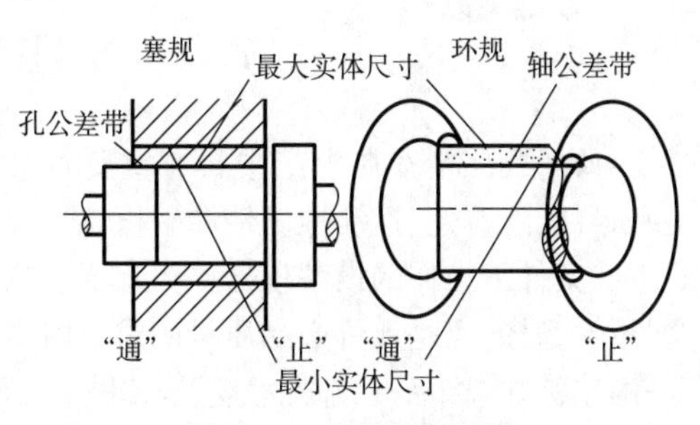

图7-1　光滑极限量规

光滑极限量规按用途分为三种：工作量规、验收量规、校对量规。工作量规是生产过程中检验工件使用的量规。验收量规是验收产品时使用的量规，一般不另行制造，通规是从磨损较多，但未超过磨损极限的工作量规中挑选出来的，止规应接近工件的最小实体尺寸，从而，用工作量规检验合格的工件，用验收量规检验时也一定合格。校对量规是对工作量规进行校验的量规，校验工作量规是否符合制造公差要求，以及在使用中是否达到磨损极限。

光滑极限量规按结构形式可分为塞规、卡规和环规。塞规用于检验孔的直径尺寸，只有工作量规和验收量规；卡规和环规都用于检验轴的直径尺寸，且都有工作量规、验收量规以及校对量规。

7.2.3 零件角度与锥度的检测

1. 角度的检测

角度检测的内容主要包括矩形零件的直角、零部件的定位角、锥体的锥角、零件结构的分度角以及转角等。角度检测的方法有相对测量、绝对测量、间接测量、小角度测量等。

(1)相对测量。相对测量用定值角度量具与被测角度相比较，用涂色法或光隙法估计被测角度或锥度偏差，或判断被检角度或锥度是否在允许的公差范围内。常用角度量具有角度量块、角度样板、直角尺和圆锥量规等。

(2)绝对测量。绝对测量是将被测角度同仪器的标准角度比较，直接读出被测角度数值的一种测量方法。对于精度不高的角度工件，常用万能角度尺进行测量，测量范围为 0°~320°，示值误差不超出±2′或±5′。对于高精度的角度工件，则需用光学分度头或测角仪进行测量，也可用万能工具显微镜、光学经纬仪测量、三坐标测量机。

(3)间接测量。一些工件的内角或外角，难以直接测量或测量精度不够时，可使用间接测量方法。常用的测量器具有正弦规、滚柱和钢球等。

(4)小角度测量方法。小角度测量的方法有：①水平仪测量角；②自准直仪测量角；③激光小角度测量仪测量角等。在某些精密零部件的直线度、平面度等形状误差和平行度、垂直度、倾斜度等位置误差的测量中，也需要将被测的量转换成小角度变化进行测量。

2. 锥度的检测

锥度检验的方法包括直接测量、间接测量和量规检验等。

(1)直接测量。采用万能角度尺、光学测角仪等计量器具测量实际圆锥角的数值。

(2)间接测量。间接测量是指测量与被测圆锥角有一定函数关系的若干线性尺寸，通过平板、量块、正弦规、指示计和滚柱(或钢球)等计量器具组合，测量锥度或角度有关的尺寸，按几何关系换算出被测的锥度或角度。

(3)量规检验。大批量生产条件下，圆锥的检验多用圆锥量规。内外圆锥的圆锥角实际偏差可分别用圆锥量规检验。

7.3 零件几何精度的检测

零件的几何精度在生产中具有重要意义。零件的几何误差将影响产品的工作精度、连接强度、密封性、耐磨性、运动准确性和平稳性、振动与噪声及使用寿命，特别对高速、高温(或低温)、高压、重载条件下工作的设备仪器更为重要。从而，零件的几何精度是满足使用要求、保证互换性的重要技术指标，也是评价产品质量的重要内容。

国家标准《产品几何技术规范(GPS)几何公差　形状、方向、位置和跳动公差标注》(GB/T 1182—2018)中规定了几何公差的特征项目分为形状公差、方向公差、位置公差和跳动公差四大类，共 19 个特征项目;并给出了标注方法。

国家标准《产品几何技术规范(GPS)几何公差　检测与验证》(GB/T 1958—2017)中给出了几何误差的检测条件、评定方法及检测与验证方案等。

形状误差是被测要素的提取要素对其理想要素的变动量。理想要素的形状由理论正确尺寸或参数化方程定义,理想要素的位置由对被测要素的提取要素进行拟合得到。拟合方法有最小区域法 C、最小二乘法 G、最小外接法 N 和最大内切法 X 等,应标注在工程同样上,如果未标注,获得理想要素位置的拟合方法一般默认为最小区域法。最小区域法是指采用切比雪夫法对被测要素的提取要素进行拟合得到理想要素位置的方法,即:被测要素的提取要素相对于理想要素的最大距离为最小。采用该理想要素包容被测要素的提取要素时,其有最小宽度或直径的包容区域称为最小包容区域(简称最小区域)。

方向误差是被测要素的提取要素对具有确定方向的理想要素的变动量,理想要素的方向由基准(和理论正确尺寸)确定。方向误差值用定向最小包容区域(简称定向最小区域)的宽度或直径表示。定向最小区域是指用由基准和理论正确尺寸确定方向的理想要素包容被测要素的提取要素时,其有最小宽度或直径的包容区域。

位置误差是被测要素的提取要素对具有确定位置的理想要素的变动量,理想要素的位置由基准和理论正确尺寸确定。位置误差值用定位最小包容区域(简称定位最小区域)的宽度或直径表示。定位最小区域是指用由基准和理论正确尺寸确定位置的理想要素包容被测要素的提取要素时,具有最小宽度或直径的包容区域。

跳动是一项综合误差,根据被测要素是线要素或是面要素分为圆跳动和全跳动。圆跳动是任一被测要素的提取要素绕基准轴线作无轴向移动的相对回转一周时,测头在给定计值方向上测得的最大与最小示值之差。全跳动是被测要素的提取要素绕基准轴线作无轴向移动的相对回转一周,同时测头沿给定方向的理想直线连续移动过程中,由测头在给定计值方向上测得的最大与最小示值之差。

几何公差特征项目的具体测量方法参见相关国家标准或手册。

7.4　零件表面粗糙度的检测

零件加工后表面会存在由微小波峰和波谷形成的微观形状,当波峰与波谷的间距小于 1 mm 时,称为表面粗糙度轮廓,可以采用表 7-3 中的方法检测。

表 7-3　表面粗糙度轮廓的检测方法

序号	名称	量具和量仪	适用范围 Ra/μm	特性
1	比较法	比较样块	1.25~10	方法简单、精度低、应用广泛
2	针描法	触针式表面粗糙度轮廓仪	0.025~100	可自动测量、效率较高、接触测量、应用较多
3	光切法	光切显微镜	0.8~100	非接触测量、方法繁杂、应用较少
4	干涉法	干涉显微镜	0.063~1	非接触测量、方法繁杂、应用较少
5	强光散射法	激光粗糙度仪	0.012~2	可自动测量、精度较高

7.5　零件的无损检测

无损检测是在不损伤被测零件的前提下,利用材料表面或内部缺陷对热、声、光、电或磁等物理量变化，探测零件表面或内部缺陷方法的统称。随着科技的发展，无损检测技术在产品设计、制造、检验及维护维修等阶段的应用日益广泛，对于控制和改进生产过程和产品质量，保证材料、零件和产品的可靠性及提高生产率起着关键作用，是发展现代工业必不可少的重要技术措施之一。

无损检测方法的基本原理几乎涉及现代物理学的各个分支，已经应用和正在研究的无损检测方法，多达 70 种，主要包括声学和超声波检测、射线检测、电学和电磁检测、力学和光学检测、热力学方法等。

7.5.1 超声波检测

1. 基本原理

在一般无损检测领域，超声检测通常用于宏观缺陷检测和材料厚度测量。超声波实质是机械波，是由机械振动在弹性介质中的传播过程，当频率大于 20 kHz 时称为超声波。超声波在工件中传播时，会发生反射、折射、透射和衍射等物理现象，从而对工件进行缺陷检测、几何特性测量、组织结构和力学性能变化的检测和表征，并进而对其特定应用性进行评价。超声波检测可探测零件表面和内部缺陷，可检测厚度较大的材料，具有检测速度快，可对缺陷进行定位和定量，对人体无害以及对危害性较大的面积型缺陷的检测灵敏度较高等优点。因此，超声波检测是最重要的无损检测方法之一，在生产中广泛应用。

超声波检测常用的工作频率在 0.5~10 MHz，较低频率用于粗晶材料和衰减较大材料的检测，较高频率用于细晶材料和高灵敏度检测。对于某些特殊要求的检测，工作频率可达 10~50 MHz。近些年来超声探头的工作频率，有的已高达 100 MHz。超声波检测中常用的超声波波形有纵波（压缩波）、横波（剪切波）、表面波（瑞利波）和板波（兰姆波）。

超声波检测对于平面状的缺陷（如裂纹），只要波束与裂纹平面垂直，就可以获很高的缺陷回波。但是，对于球状缺陷（如气孔），假如气孔不是很大，或者不是较密集，难以获得足够的回波。超声波检测的最大优点是对裂纹、夹层、折叠、未焊透等类型的缺陷具有很高的检测能力。

2. 超声波仪器

超声波仪器分为超声波检测仪器和超声处理（或加工）仪器。超声波检测仪器主要指超声波探伤仪。按缺陷显示方式，超声波探伤仪分为 A 型、B 型、C 型显示探伤仪，其中 A 型显示探伤仪采用波形显示；B 型、C 型探伤仪，采用图像显示。

目前，我国主要是采用 A 型脉冲反射式超声波探伤仪，其主要结构组成有电源、发射电路、同步电路、接收放大电路、扫描电路和显示电路等。图 7-2 所示为 A 型脉冲反射式超声波探伤仪的工作原理，其中同步电路产生触发脉冲，扫描电路受触发脉冲，产生锯齿波扫描电压，送至示波管在荧光屏上产生一条水平扫描基线；同时，发射电路受触发脉冲，产生高频窄脉冲，送至探头，并在工件中产生超声波，当遇到缺陷或底面将发生反射，返回探头，经接收电路放大和检波，送至示波管在水平扫描线的相应位置上产生缺陷波和底波。所以，荧光屏的横坐标代表声波的传播时间（或距离），纵坐标代表反射波的幅度，由反射波的位置可以确定缺陷位置，由反射波的幅度可以估算缺陷大小。

3. 探头

超声波的产生和接收过程是一种能量转换过程，探头的作用就是将电能转换为超声能（产生超声波）和将超声能转换为电能（接收超声波）。将能量从一种形式转换为另一种形式的器件称为换能器。探头是一种电声能量转换器件，因此探头又称超声换能器或电声换能器。

（1）直探头（纵波探头）。直探头用于发射和接收纵波，故又称纵波探头。直探头主要用于探测与探测面平行的缺陷，如板材、锻件检测。直探头的结构如图 7-3 所示。

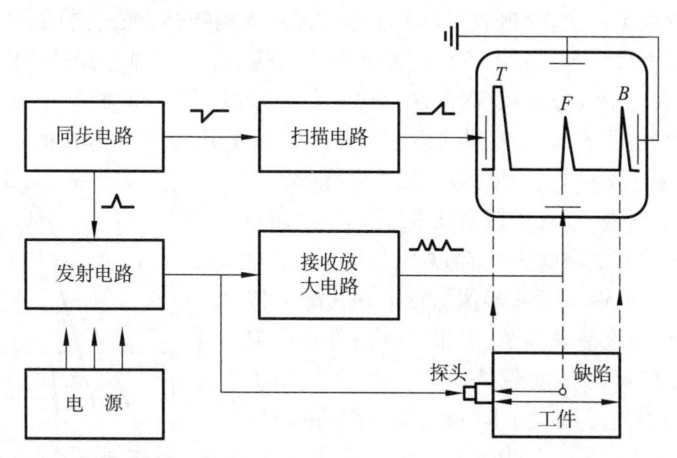

图 7-2　A 型脉冲反射式超声波探伤仪的工作原理

T—始脉冲；*F*—缺陷波；*B*—底波

(2)斜探头。斜探头又可分为纵波斜探头、横波斜探头和表面波斜探头。其中横波探头是利用横波检测，主要用于探测与探测面垂直或成一定角度的缺陷，如焊缝检测、汽轮机叶轮检测等。斜探头的结构如图 7-4 所示。

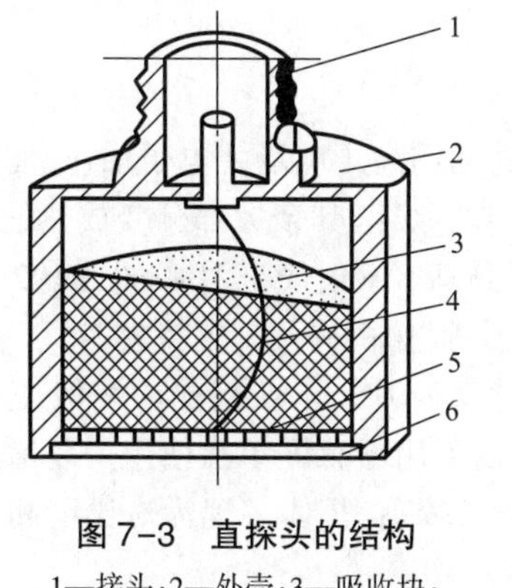

图 7-3　直探头的结构

1—接头；2—外壳；3—吸收块；
4—电缆线；5—压电晶片；6—保护膜

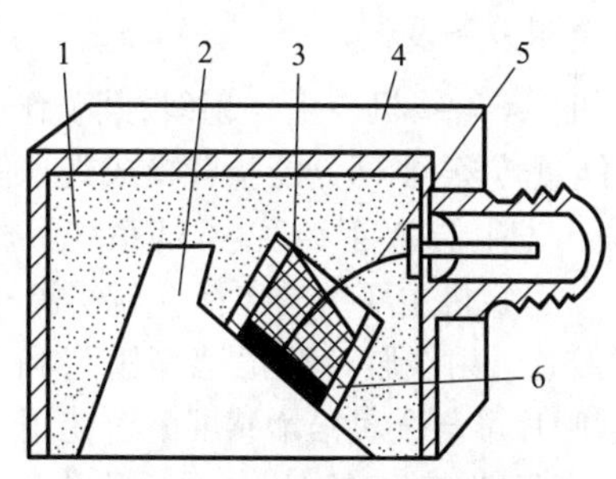

图 7-4　斜探头的结构

1—吸声材料；2—透声斜楔；3—阻尼声；
4—外壳；5—电缆线；6—压电晶片

4. 试块

试块是按一定用途设计制作的具有简单几何形状的人工反射体的试样。试块和仪器、探头一样，是超声波检测中的重要工具，其作用有：①确定检测灵敏度；②测试仪器和探头的性能；③调整扫描速度；④评判缺陷的大小。利用试块绘出的距离-波幅-当量曲线(即实用 AVG)来给缺陷定量，是目前常用的定量方法之一。

7.5.2　射线检测

1. 基本原理

射线就是指 *X* 射线、α 射线、β 射线、γ 射线、电子射线和中子射线等，其中易于穿透物质的有 *X* 射线、γ 射线以及中子射线三种。*X* 射线和 γ 射线都是波长很短的电磁波，只是发生的方法不同。中子在发生核反应时，从原子核内飞出核外，形成中子流，称为中子射线。

X 射线、γ 射线以及中子射线受吸收和散射作用,穿透物体后的强度将衰减。衰减的程度由材料、厚度以及射线的种类而定。将强度均匀的射线照射待测物体,使透过的射线在照相胶片上感光,把胶片显影后即可得到与材料内部结构和缺陷相对应的黑度不同的图像,即射线底片,通过观察来检查缺陷的种类、大小、分布状况等,这种检测称为射线检测。X 射线检测和 γ 射线检测是现代工业最常用的射线检测方法,γ 射线的穿透能力比 X 射线更大,常用来检测厚度较大的工件。

如图 7-5 所示,射线源 1 发出射线,进过铅光阑 2 控制射线范围并减少散射线,形成透照射线 3,到达厚度为 S 的工件 4 上表面,此时射线强度为 J,穿过工件后到达暗盒 6,使里面的胶片 5 感光,形成工件影像。在工件无缺陷位置射线透过工件后的强度衰减为 J_a,如果工件内部存在缺陷 C,则射线透过工件后的强度衰减为 J_c。由于 J_a 和 J_c 不同,使得胶片 5 的感光程度也不同,通过胶片影像即可判断缺陷的存在。

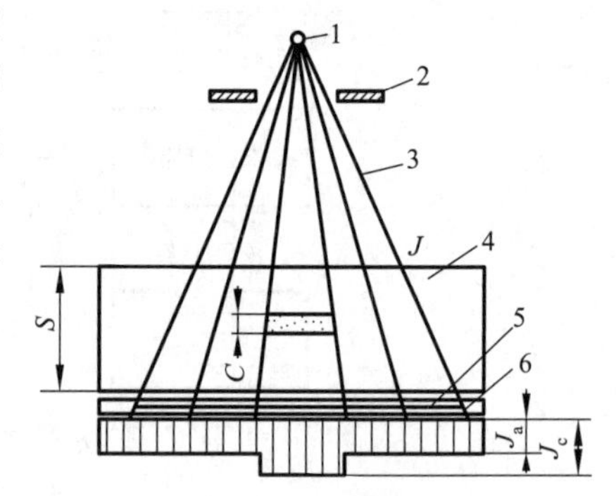

图 7-5　射线检测原理

1—射线源;2—铅光阑;3—透照射线;4—工件;5—胶片;6—暗盒

射线检测只适用于检测与射线束方向平行的厚度或密度上明显异常的部分,因此,检测平面型缺陷(如裂纹)的能力取决于被检测件是否处于最佳辐射方向。无论是金属还是非金属材料均可以进行检测,从而射线检测在石油、化工、机械、电力、飞机、宇航、核能、造船等工业中得到了广泛应用。

2. 射线检测设备及器材

(1)射线机。X 射线机产生 X 射线,其工作原理是利用高压电场将电子加速,使高速电子撞击金属靶,产生能量转换,小部分能量转换成光子能量(X 射线),其余大部分变成热能。X 射线机主要结构包括高压发生器、X 射线管、冷却系统及控制系统等。γ 射线是由 Co60、Ir192 等人工放射性同位素产生。γ 射线机主要结构包括 γ 射线源、源容器、操作机构及支撑装置等。

(2)射线胶片。射线胶片分增感型胶片和非增感型胶片。工业检测中一般使用非增感型胶片。非增感型胶片可与金属箔增感屏配合使用,也可以不用增感屏单独使用。非增感型胶片乳剂层中溴化银粒度很细,底片(胶片冲洗后称为底片)质量较高,具体表现为对比度高,图像清晰,底片灵敏度较高。

(3)增感屏。射线检测中的增感屏有金属增感屏、荧光增感屏和金属荧光增感屏三种,其中常用的是金属增感屏。金属增感屏由屏基和金属箔构成,金属箔常用铅合金或纯铅。增感屏的作用是使穿透工件的射线与金属箔原子相互作用,产生二次电子和能量较低的二次射线,增加胶片的感光量,从而使缺陷影像更清晰。

(4)像质计。像质计是底片上影像质量的指示器,评价射线检测的灵敏度。像质计是用与被检工件材料相同或相近的材料制作,类型有金属丝型、阶梯孔型及平板孔型等。常用的金属丝型像质计由多根直径成等比数列的金属丝组成,通过底片上能识别到的金属丝直径来判断检测灵敏度。

7.5.3　磁粉检测

1. 基本原理

磁粉检测是利用导磁金属在磁场中(或将其通以电流以产生磁场)被磁化,并通过显示介质来检测缺陷特性的一种方法,可以检测铁磁性材料和构件的表面或近表面的缺陷,对裂纹、发纹、折叠、夹层和未焊透等缺陷较为灵敏，具有设备简单、操作方便、检验速度快、观察缺陷直观和有较高的检测灵敏度等优点。铁磁性材料主要是铁、钴、镍及其合金，钢是铁碳合金，其磁性来自铁元素。由于钢和铁是工业的主要原料，所以磁粉检测适用范围较广。因此，在工业生产中得到了广泛应用。

磁粉检测过程是在铁磁材料工件表面撒上磁导率很高的磁性铁粉（或浇上铁粉悬浮液），再将工件置于磁场内磁化，如图 7-6 所示，磁化后工件无缺陷部位的磁导率无变化，磁力线的分布是均匀的。

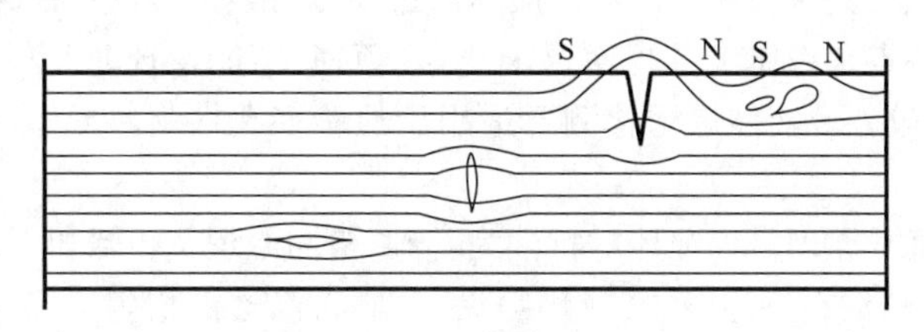

图 7-6　磁粉检测原理

如果工件有缺陷，则由于裂纹、气孔等缺陷本身的磁导率远远小于工件材料，即缺陷部位的磁阻很大，阻碍磁力线的通过，于是磁力线只能绕过缺陷而产生弯曲。当缺陷位于工件表面及近表面时，磁力线不但在内部产生弯曲，而且还有一部分磁力线因绕过缺陷而逸出工件表面，暴露在空气中。磁力线从一端到另一端就形成一个磁场，暴露在空气中从缺陷一端到另一端的磁力线也形成一个小磁场，称为漏磁场，则部分铁粉就会被有缺陷部位产生的漏磁场吸住，从而显示出缺陷。

2. 检测设备及方法

磁粉检测设备有固定式、移动式和手提式三种类型，对各种大小不同的零部件、结构件、装置和设备都可以进行检查。建立磁场的方式有恒磁法和电磁法，前者使用永久磁铁，后者利用电流的磁场。显示介质主要是磁粉和磁悬液。下面介绍几种常用磁化方法。

周向磁化又称环向磁化或横向磁化。磁化后获得与轴向垂直的磁力线，可检查与工件的中心线相平行的缺陷（纵向缺陷）。图 7-7 所示为周向磁化方法示意图，其中图 7-7（b）是用芯杆磁化，芯杆为铜、铝等非铁磁性金属，通电后磁力线沿周向闭合，适于检查管形工件。

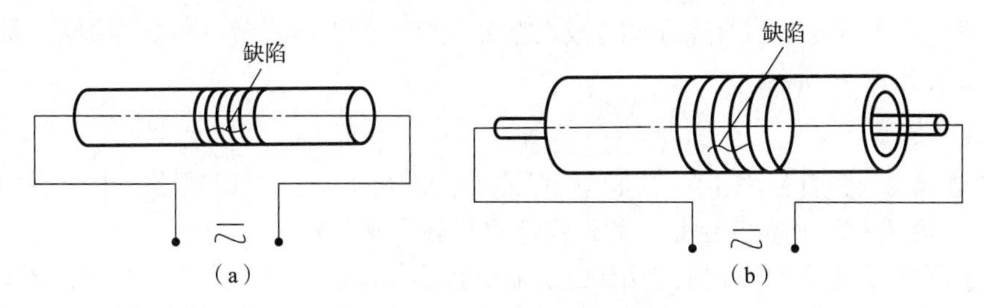

图 7-7　周向磁化方法示意图

横向磁化方法，用于检查焊缝上的纵向缺陷，也可检查大工件的表面缺陷。

轴向磁化方法，又称纵向磁化。磁化后工件获得与工件或焊缝中心线相平行的磁力线，可检查与工件的中心线相垂直或接近垂直的横向缺陷。

复合磁化方法，又称联合磁化，是用电流同时或先后在工件上施以两个相互垂直的磁场——纵向及周向磁场，可以一次完成工件纵向和环向缺陷的检查，而前两种方法则须分别进行一次才能检查出工件上的全部缺陷。

7.5.4 渗透检测

1. 基本原理

渗透检测是一种最古老的探伤技术,可以检查金属和非金属材料表面开口状缺陷,具有检测原理简单、操作容易、方法灵活、适应性强等特点。该方法可以检查各种材料,且不受工件几何形状、尺寸大小的影响,对于小零件可以采用浸液法,对大设备可采用刷涂或喷涂法,可检查任何方向的缺陷,基于这些优点,其应用极为广泛。液体渗透检测对表面裂纹有很高的检测灵敏度。

液体渗透检测的缺点是操作工艺程序要求严格、烦琐,不能发现非开口表面的皮下和内部缺陷,检验缺陷的重复性较差。液体渗透检测不适用于检验多孔性材料或多孔性表面缺陷,因为图像难以判断。

液体渗透检测的基本原理是以液体的特性为基础,检测原理及步骤如下。

(1)渗透。将工件浸渍在渗透液中,或用喷涂、毛刷将渗透液均匀地涂抹于工件表面,如工件表面存在开口状缺陷,渗透液就会沿缺陷边壁渗入缺陷内部,如图 7-8(a)所示。

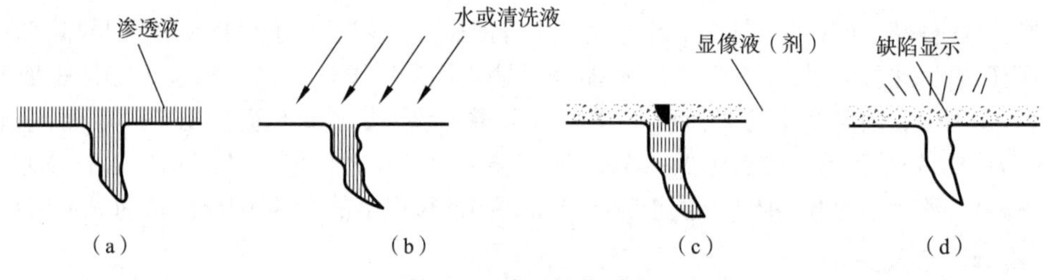

图 7-8 渗透探伤过程

(2)清洗。渗透液充分渗入缺陷内以后,用水或溶剂将工件表面多余的渗透液清洗干净,如图 7-8(b)所示。

(3)显像。将显像剂(氧化镁、二氧化硅)配制成显像液并均匀地涂敷在工件表面,形成显像膜,残留在缺陷内的渗透液通过毛细现象的作用被显像膜吸附,在工件表面显示放大的缺陷痕迹,如图 7-8(c)所示。

(4)观察。在自然光下(着色渗透法)或在紫外线灯照射下(荧光渗透法),检验人员用目视法进行观察,如图 7-8(d)所示。

2. 检测方法

液体渗透检测分为着色法和荧光法,就其原理是相同的,只是观察缺陷的形式不同。着色法是在可见光下观察缺陷,而荧光法是在紫外线灯的照射下观察缺陷。

着色渗透检测法使用的渗透液是用红色颜料配制成的红色油状液体。在自然光线(白色光线)下观察红色的缺陷显示痕迹。观察时不必使用任何辅助光源,只要在明亮的光线照射下便可进行观察。常用于奥氏体不锈钢焊缝(对接焊缝和表面堆焊层)的表面质量检验。着色渗透检测法按使用的渗透液不同可分成水洗型(自乳化)、后乳化和溶剂清洗型着色渗透检测法。若按显像方法的不同,每种方法又可分成干法显像和湿法显像。

荧光渗透检测法使用的检测液是用黄绿色荧光颜料配制而成的黄绿色液体。荧光渗透检测法的渗透、清洗和显像与着色渗透检测法相似,观察则在波长为 365 nm 的紫外线照射下进行,缺陷显示呈现黄绿色的痕迹。荧光渗透检测法检测灵敏度较高,缺陷容易分辨,常用于重要工业部门的零件面质量检验。荧光渗透检测法按清洗方法的不同可分成三种:水洗型(自乳化)、后乳化和溶剂清洗型。按显像方法不同,每种方法又可以进一步分成干法显像和湿法显像。

7.6　零件物理力学性能的检测

许多机械零件都是在拉伸、压缩、弯曲和扭转载荷作用下工作的，如紧固螺栓拧紧后受拉伸载荷、机床底座承受压缩载荷；齿轮根部、汽车大梁、活塞销等承受弯曲载荷；传动轴、弹簧、钻头、钻杆等主要承受扭转载荷。拉伸、压缩、弯曲及扭转试验在合理选材、确定热处理工艺等方面均有重要的意义。

1. 拉伸试验

金属材料拉伸试验方法在 GB/T 228.1~4 中有详细规定。拉伸试验在测试的范围（标距）内，受力均匀，应力应变及其性能指标测试稳定、可靠，理论计算方便。通过拉伸试验，可以得出金属材料在弹性变形、塑性变形和断裂过程中最基本的力学性能指标，如弹性模量、屈服强度、抗拉强度、断后伸长率及断面收缩率等。拉伸试验中获得的力学性能指标是金属材料固有的基本属性和工程设计中的重要依据。

拉伸试验机一般由机身、加载机构、测力机构、载荷伸长记录装置和夹持机构五部分组成。其中加载机构和测力机构是试验机的关键部件，这两部分的灵敏度及精度的高低能正确反映试验机质量。如图 7-9 所示，常用的拉伸试验机可分为机械式和液压式两种，还有电子拉伸试验机和自动试验机。如图 7-10 所示，测力机构一般有杠杆式测力，摆锤式测力或二者的综合。较先进的拉伸试验机大多采用传感器测力。拉伸试验机上常用的伸长仪有杠杆式、百分表式、光学（马丁）式和电子式（差动变压器或电阻应变片式）等。

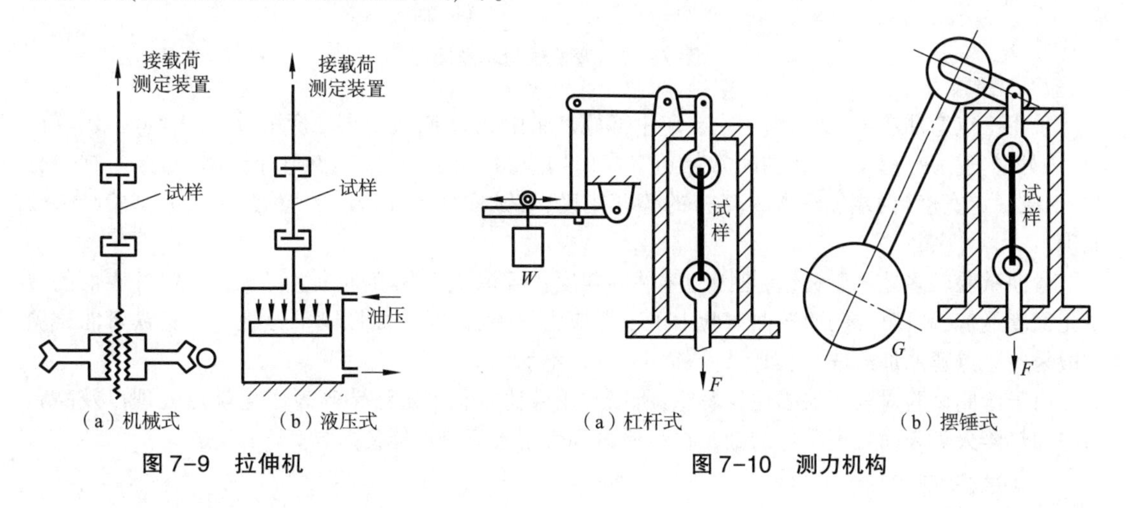

（a）机械式　（b）液压式

图 7-9　拉伸机

（a）杠杆式　（b）摆锤式

图 7-10　测力机构

2. 压缩试验

压缩试验是拉伸试验的反向加载，因此拉伸试验时所定义的性能指标和计算公式在压缩试验中形式都相同。不同的是压缩试样的变形不是伸长而是缩短，截面积不是缩小而是横向增大。压缩试验的应力-应变曲线有两种情况：①对于塑性金属材料，试样可以被压得很扁而仍然达不到破坏的程度，因此压缩试验对塑性金属材料很少应用；②对于脆性或低塑性金属材料，在拉伸、弯曲、扭转试验中不能较好地显示塑性时，采用压缩试验有可能使其转为韧性状态，较好地显示塑性。因此压缩试验对于评定脆性金属材料具有重要意义。

金属材料压缩试验方法在国家标准《金属材料　室温压缩试验方法》（GB/T 7314—2017）中有详细规定。压缩试验时，试样端部的摩擦阻力对试验结果影响很大。因此，试样端面应通过精整加工、涂油或涂石墨粉予以润滑,或者采用特殊设计的压头,使端面的摩擦阻力减至最小。另外,脆性金属材料的压缩试验在压缩破坏时易发生碎片飞出,为了防止危险,应加防护罩装置。

3. 弯曲试验

弯曲试验不受试样偏斜的影响,可以稳定地测定脆性和低塑性金属材料的抗弯强度,同时用挠度表示塑性,能明显地显示脆性或低塑性金属材料的塑性。所以这种试验很适用于评定脆性或低塑性金属材料,如铸铁、工具钢、渗碳钢、硬质合金及陶瓷等。另外,许多机件是在弯曲载荷下工作的,需要对这些机件的金属材料进行弯曲试验评定。弯曲试验具有试样形状简单(一般有圆形、方形和矩形三种)、操作方便、不受试样偏斜影响等优点。

弯曲加载的应力状态从受拉的一面看,基本上和静拉伸的应力状态相同。弯曲试验中常用两种加载方法,即三点弯曲法和四点弯曲法,如图7-11所示,其下方为对应弯矩图。

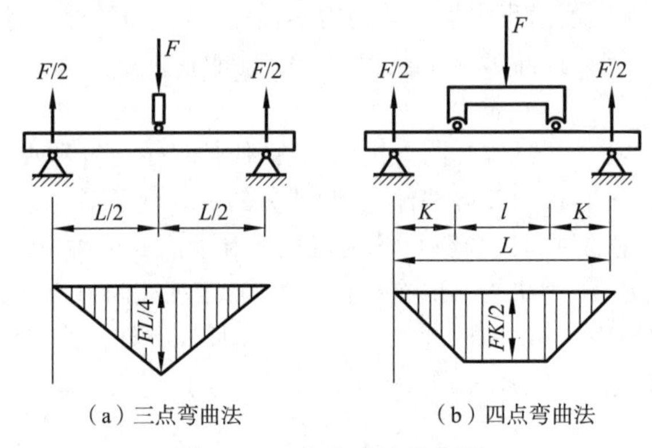

(a)三点弯曲法 (b)四点弯曲法

图7-11 弯曲试验示意图

采用三点弯曲法加载时,由于在支座中部施加集中载荷 F,故中央处弯矩最大(其值为 $M=FL/4$),该处易发生破断。三点弯曲时常伴随有横向切应力存在。采用四点弯曲法时,弯矩呈梯形分布,形成一定宽度(两端加载点距离 z)的等弯矩区,使试样处于纯弯曲的应力状态,故试验结果较准确。

弯曲试验较多地用于铸铁,是因为铸件的强度主要取决于其表面的组织状态。铸件表面的石墨化程度最低,硬度最高,而弯曲试验由于表面应力最大,故对表面性能十分敏感。铸铁弯曲试验一般采用三点弯曲加载法,表面保持原铸态形状,不加工。

由于弯曲试验对表面缺陷比较敏感,所以常用来比较和鉴定渗碳等表面化学热处理以及高频感应加热淬火等表面处理零件的金属材料质量和表层强度等性能的差异。

4. 扭转试验

国家标准《金属材料 室温扭转试验方法》(GB/T 10128—2007)中给出了金属室温静扭转试验方法,该方法具有以下特点:

(1)扭转时应力状态较软,在拉伸试验中表现为脆性的金属材料,在扭转时有可能处于韧性状态,便于进行力学性能指标的测定和比较。

(2)用圆柱形试样进行扭转试验时,试样始终保持均匀圆柱形,其截面和工作长度变化很小,这样便有可能很好地测定高塑性金属材料直至断裂前的形变能力和变形抗力。

(3)对于低塑性金属材料,扭转试验对反映其缺陷,特别是表面缺陷很敏感。如淬火低温回火工具钢检验其表面微裂纹等。

(4)扭转试验时截面上的应力分布不均匀,在表面处最大,越往心部越小。对于显示金属体积性缺陷,特别是心部缺陷不敏感。扭转试验的标准试样一般为实心圆柱形,其缺点是断面上的应力分布不均,影响真实切应力的测定。因此可采用薄壁空心圆筒试样,以减小内外壁之间的应力差,壁厚应尽可能地减小,但直径与壁厚之比不大于 20,否则会失稳扭曲。图 7-12 所示为实心扭转试样的断口形式。

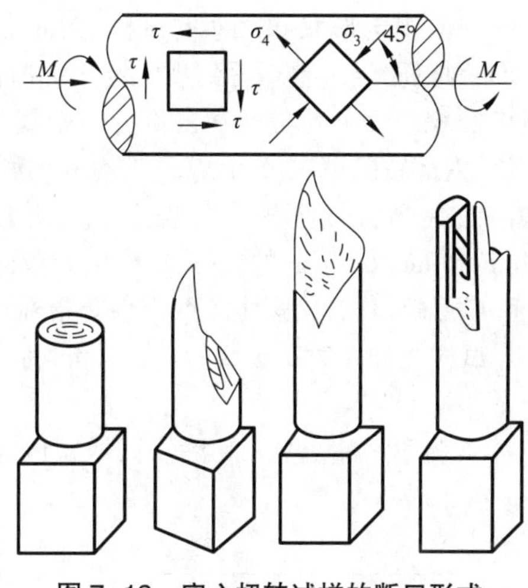

图 7-12　实心扭转试样的断口形式

5. 剪切试验

剪切试验主要有双剪切试验、单剪切试验及冲压剪切试验等,如图 7-13 所示。

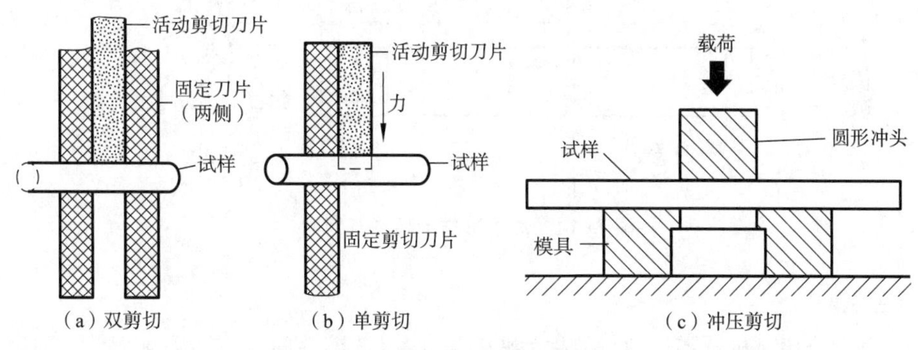

图 7-13　剪切试验示意图

剪切试验数据主要用于紧固体(如螺钉、铆钉等)、焊接体、胶接件、复合金属材料及轧制板材等的剪切强度设计。

(1) 双剪切试验。双剪切试验是以剪断圆柱状试样的中间段方式来实现的,其两侧支承距离应大于或等于中间被切断部分直径的 1/2,其特点是有两个处于垂直状态的剪切刀片,活动刀片(厚度为被剪切试样的直径大小)放置在上方,固定刀片都做成孔状,孔径等于试样直径。利用万能拉伸试验机即可进行双剪切试验,试验时,刀片应当平行、对中,剪切刀刃不应当有擦伤、缺口或不平整的磨损。

(2) 单剪切试验。单剪切试验的夹具使用两个剪切刀片,刀片中间带孔,当一个刀片固定不动时,另一个刀片在平行面内移动时产生单剪切作用,剪断试样。单剪切试验适合于测定长度很短,难以进行双剪切的紧固件的剪切值。单剪切试验的准确度低于双剪切试验,但非常接近,若发现单剪切值有问题时,可以用双剪切值作比较。

(3) 冲压剪切试验。剪切试验中更简单的方法是利用“冲头-模具”法,直接从板材或带材中冲出一小圆片的方法，主要用于铝工业中厚度小于或等于 1.8 mm 的金属材料。冲压剪切试验值低于双剪切试验值。

6. 冲击性能试验

冲击试验是把待测金属材料制成规定形状和尺寸的试样，在冲击试验机上一次冲断，根据冲断试样所消耗的功或试样断口形貌特征，经过整理得到规定定义的冲击性能指标，如冲击韧度、冲击吸收功以及纤维断口所占断口面积的百分比等。冲击试验对金属材料在使用中至关重要的脆性倾向问题和金属材料冶金质量、内部缺陷情况极为敏感，是检查金属材料脆性倾向和冶金质量非常方便的办法。因此，这种试验方法在产品质量检验、产品设计和科研工作中仍然得到广泛应用。

冲击试验所用试样为 10 mm×10 mm×55 mm 的方形试样，中间单面加工出 V 形或 U 形缺口，如图 7-14 所示。对于 V 形缺口和 U 形缺口试样，规定了两类性能指标：

(1) 冲击吸收功 A_{KV} 或 A_{KU}。试样被冲断时所吸收的功，新标准称为冲击吸收能量，用 KV 或 KU 表示，单位为 J 或 N · m。

(2) 冲击韧度 α_{KV} 或 α_{KU}。冲击韧度是冲击吸收功除以试样缺口底部处横截面面积所得的商，单位为 J/cm^2 或 N · m/cm^2。

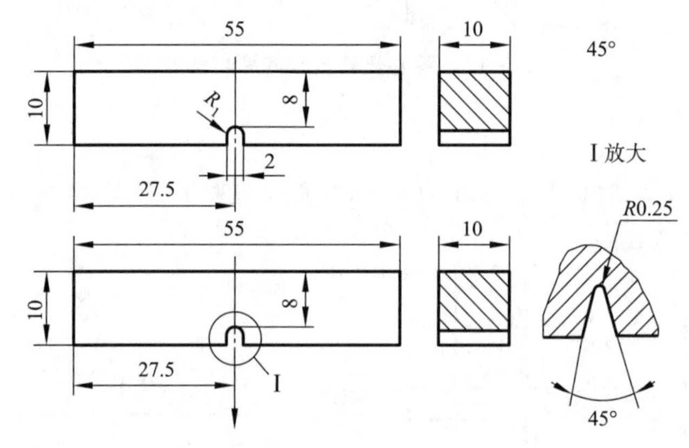

图 7-14 冲击试样的种类及尺寸

7. 疲劳试验

在交变载荷作用下机器零件的断裂称为疲劳失效，机器零件约有 80% 毁于疲劳。利用金属试样或模拟机件在工作条件下，经受交变载荷而测定其疲劳性能判据，并研究其断裂过程的试验，就是金属疲劳试验。

按破坏循环次数的高低，疲劳试验分为两类：

(1) 高周疲劳试验，对试件施加的循环应力水平较低，但频率很高。

(2) 低周疲劳试验，此时循环应力常超过材料的屈服极限，故通过控制应变实施加载。按材料性质分为金属疲劳试验和非金属疲劳试验。

按工作环境划分包括高温疲劳试验、热疲劳（由循环热应力引起）试验、腐蚀疲劳试验、微动摩擦疲劳试验、声疲劳（由噪声激励引起）试验、冲击疲劳试验、接触疲劳试验等。

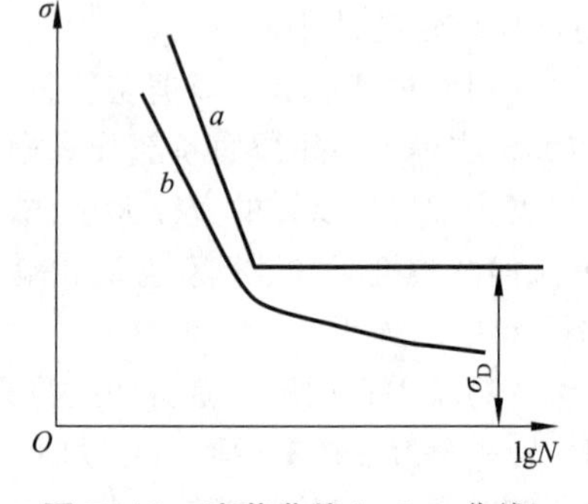

图 7-15 疲劳曲线（σ-lg$N$ 曲线）

零件或材料疲劳抗力性质的曲线称为疲劳曲线，即所加应力 σ 与断裂前循环次数 N（疲劳寿命）之间的关系曲线，通常用 σ-lg$N$ 表示，如图 7-15 所示。

疲劳曲线表明，应力 σ 高时，疲劳寿命 N 短；σ 低时 N 长。当应力低到某一定值时，虽经历很长的循环次数，也不再发生疲劳断裂，这样的应力称为疲劳极限，用 σ_{-1} 表示，下标-1 表示对称循环，如不是对称循环，则对称疲劳极限写为 σ_D。应力循环经过 10^7 次不发生疲劳断裂，即认为不再断裂，故 10^7 为一般疲劳试验的基数。对于高强度钢及铜、铝等金属材料，在腐蚀介质下以及大截面试件无明确的疲劳极限，规定经历 $5\times(10^6、10^7$ 或 $10^8)$ 次循环而不破断的最高应力为条件疲劳极限。

疲劳极限是对要求无限寿命的机件进行疲劳设计的重要依据，最常做的疲劳试验是平面弯曲、旋转弯曲和轴向拉压加载的疲劳试验。如未注明，则疲劳极限数据是在对称循环或旋转弯曲加载试验条件下得到的。

σ-lg$N$ 曲线的斜线部分称为过载持久值线，通常在坐标中用直线段近似表达，表示对有限寿命的疲劳抗力，是对要求有限寿命机件的疲劳设计依据。对于要求无限寿命的零件，在工作过程中，也有超载运行的情况，过载持久值线则表明材料承受这种偶然超载运行的能力。过载持久值所表示的过程是疲劳裂纹萌生、扩展以至断裂的过程，现在已广泛采用断裂力学方法表示材料疲劳裂纹的扩展行为。

8. 硬度检测

硬度是金属材料力学性能中最常用的性能指标之一，是表征金属在表面局部体积内抵抗变形或破裂的能力，对于控制材料的冷热加工工艺质量具有一定的参考意义。

硬度检测方法大致可分为压入法、弹性回跳法、划痕法三类。压入法、弹性回跳法是表征金属抵抗变形的能力，划痕法是表征金属抵抗破裂的能力。压入法应用较广，主要包括布氏硬度、洛氏硬度、维氏硬度、显微硬度及努氏硬度试验法；弹性回跳法为肖氏硬度试验法；划痕法为莫氏硬度试验法。上述硬度试验法均在不同的工业生产领域中得到了广泛应用。

（1）布氏硬度检测法。采用硬质合金压头（直径为 D），加载（F）后压入试样表面（见图 7-16），根据单位表面积上所受的载荷大小来确定布氏硬度值，用符号 HBW 表示，单位为 kgf/mm^2，若单位采用 MPa（或 MN/m^2）时，则乘以 0.102。在实际检测时，由于测定 h 较困难，而测定压痕凹陷直径 d 比较容易，试验时只要量出 d 值即可计算出 HBW 值。布氏硬度适宜于测定灰铸铁、轴承合金等具有粗大晶粒或粗大组成相的金属材料。对于大型铸锻件和钢材，可采用轻便的锤击式简易布氏硬度计，这种硬度计的构造和使用示意图如图 7-17 所示。

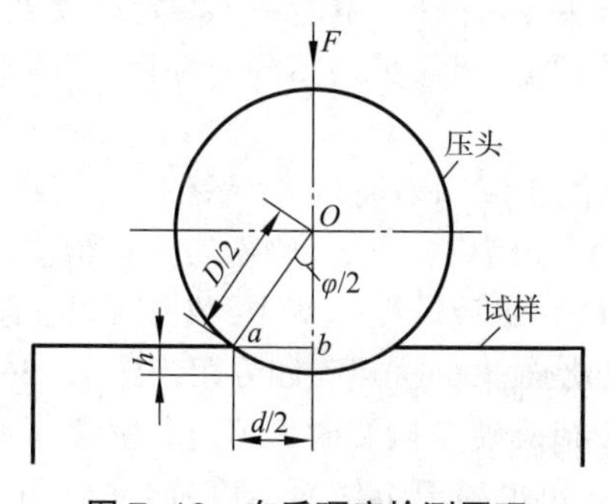

图 7-16　布氏硬度检测原理

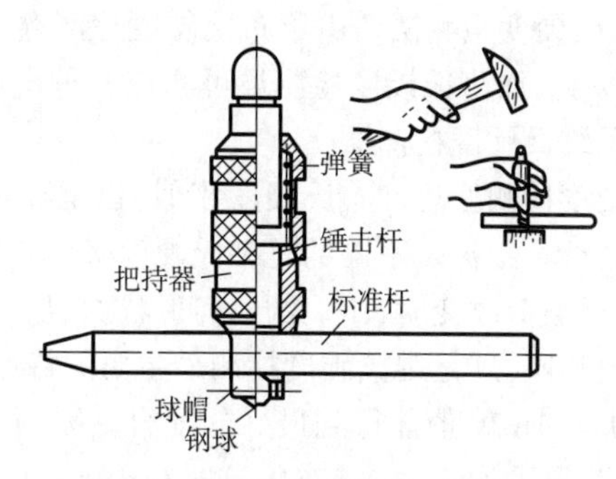

图 7-17　锤击式简易布氏硬度计

（2）洛氏硬度检测法。洛氏硬度检测法是目前应用最广泛的硬度检测方法。洛氏硬度测量压痕的深度，以深度值 h 表示金属材料的硬度指标，金属越硬则压痕深度 h 越小；反之则 h 越大。如果直接以 h 作为硬度指标，将与硬度概念相矛盾，为此取一常数 K 减去压痕深度 h，即（$K-h$）作为硬度值的指标，并规定每 0.002 mm 为一个洛氏硬度单位。使用金刚石锥体压头，在总载荷 1 471 N

(150 kgf)下测得的硬度值用符号 HRC 表示。为了能用同一硬度计测定从极软到极硬金属材料的硬度,可采用不同的压头和载荷,组成 HRA、HRB、HRC、HRD 等多种洛氏硬度标尺。

洛氏硬度的检测原理(以 HRC 为例)如图 7-18 所示。为了保证压头与试样表面接触良好,检测时首先加一预载荷(100 N),在金属表面得一压痕深度 h_0,此时指针在表盘上位置指零[见图 7-18(a)],这也表明 h_0 压痕深度不计入硬度值。然后再加上主载荷(1 400 N),压头压入深度为 h_1,表盘指针以逆时针方向转动到相应的刻度位置[见图 7-18(b)]。当主载荷卸去后,总变形中的弹性变形部分将恢复,压头将回升一段距离(h_1-h)[见图 7-18(c)],这时金属表面总变形中残留下来的塑性变形部分即为压痕深度 h,而在表盘上顺时针方向指针所指的位置,即代表 HRC 硬度值。

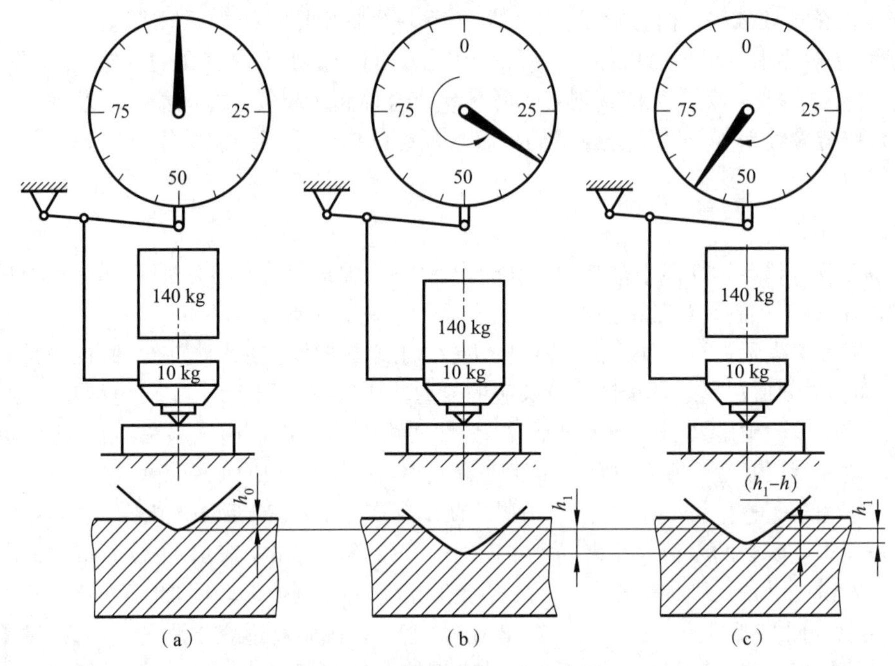

图 7-18　洛氏硬度的检测原理

(3)维氏硬度检测法。由于布氏硬度检测存在压头变形问题,不能用于测定高硬度金属材料(>650 HBW)。而洛氏硬度检测虽可测定各种金属的硬度,但需采用不同的标尺,不能直接换算,因此出现了维氏硬度检测法。

维氏硬度检测原理和布氏硬度相似,也是根据单位压痕凹陷面积上所受的载荷,即应力值作为硬度值的计量指标。不同的是维氏硬度采用了锥面夹角为 136°的金刚石四方角锥体,由于压入角恒定,使得载荷改变时,压痕的几何形状相似。因此,在维氏硬度检测中,载荷可以任意选择,而所得硬度值相同,这是维氏硬度检测最主要的特点,也是最大的优点。四方角锥选取 136°,是为了使所测数据与 HBW 值能得到最好的配合。因为一般布氏硬度检测时压痕直径 d 多半在(0.25~0.5)D 之间,取平均值为 0.375D,这时布氏硬度的压入角也等于 44°,而锥角为 136°的正四棱锥形压痕的压入角也等于 44°,所以在中低硬度范围内,维氏硬度与布氏硬度值很接近。此外,采用金刚石方角锥后,压痕为轮廓清晰的正方形,在测量压痕对角线长度 d 时误差小,同时不存在压头变形问题,故适用于任何硬度的金属材料。

习　　题

7-1　简述检测的概念及其主要目的。

7-2　简述外观检测的主要内容。

7-3　简述孔轴尺寸单项检测的主要方法。

7-4　简述孔轴尺寸综合检测的概念及其主要目的。

7-5　简述量规的分类及作用。

7-6　简述角度检测的内容和方法。

7-7　简述锥度检验的方法。

7-8　简述几何公差的特征项目分类及特征项目名称。

7-9　简述几何误差的检测原则。

7-10　简述表面粗糙度轮廓的主要检测方法。

7-11　简述无损检测的概念及主要方法。

7-12　简述超声波检测、磁粉检测、渗透检测、射线检测和涡流检测的基本原理。

7-13　简述零件力学性能检测的主要方法及原理。

7-14　对于重要的机械零件,材料制备过程中都会留有一些材料样件,简述留样的原因。

7-15　若普通卧式车床床身采用灰铸铁制造,在床身毛坯件铸造后、机械加工前,应安排怎样检测。

7-16　大批量生产图1-1一级齿轮减速器时,(1)在“39”号件输出轴的加工过程中,应采用何种方法检验某段轴径是否合格;(2)在“1”号件箱体、“6”号件箱盖的加工过程中,应采用何种方法检验箱体箱盖结合面的表面粗糙度是否合格。

7-17　简述(1)齿轮传动的使用要求;(2)CA6140车床主传动系统中的齿轮哪项使用要求更重要及其原因;(2)CA6140车床进给系统中的齿轮哪项使用要求更重要及其原因;(3)图1-1一级齿轮减速器中的齿轮哪项使用要求更重要及其原因;(4)机械式钟表里的传动齿轮哪项使用要求更重要及其原因。

7-18　某大型液压缸活塞杆工作时承受较大载荷,生产中要求其表面和内部不得存在裂纹、气孔及其他较大缺陷,简述应采用什么方法进行检测。

7-19　某大型鼓风机叶片长时间不停机地工作,要求叶片表面不能存在裂纹及其他缺陷,简述应采用什么方法进行检测。

7-20　某大型化工储罐,主要制造过程是钢板下料—各部成形加工—焊接,要求焊缝表面和内部不得存在裂纹、气孔及其他较大缺陷,对焊缝进行100%检测,其中10%采用射线检测,其余部分可采用什么方法进行检测。

7-21　在图1-1的减速器中,若要检测“41”号件大齿轮齿面是否有裂纹缺陷,应该采用哪种检测技术。

第8章 机械加工工艺规程设计

阅读导入

机械加工工艺规程是规定产品或零部件机械加工工艺过程和操作方法等的工艺文件，是产品设计和制造过程的中间环节，是企业生产活动的核心，也是进行生产管理的重要依据。工艺规程对保证加工质量、提高加工效率、降低加工成本具有重要意义。

中华人民共和国成立初期，沈阳重型机器厂接到国家生产任务，要求在2个月内生产10万把军镐。以当时的生产条件，这几乎是不可能完成的任务。但厂里的技术人员和生产工人们研究出"叠芯串铸"的铸造新工艺，大大提高了生产效率，又制定了铸造—切割—锻造—去毛刺—碾尖—磨扁—开刃—淬火—修整等加工工艺过程，克服了种种困难，仅用19天便完成了材料准备、工艺创新、制造军镐等任务。这就是"十万军镐"的故事，充分说明了机械加工工艺规程设计的重要作用。

机械加工工艺规程设计一般包括：零件加工的工艺路线，工序的加工内容，切削用量、工时定额以及所采用的设备和工艺装备等。

8.1 概　　述

8.1.1 工艺规程的组成

机械加工工艺过程中，根据零件的结构特点、精度要求及其他技术要求，选择加工方法、机床及工艺装备，按照一定的顺序逐步加工，才能完成由毛坯到零件的过程。

1. 工序

工序是指一个工人或一组工人，在一个工作地对同一工件或同时对几个工件所连续完成的那部分工艺过程。毛坯依次通过每道工序，就被加工成符合图样要求的零件。工序是机械加工工艺过程的基本组成部分，也是制订生产计划和进行成本核算的基本单元。工序内容还可细分为安装、工位、工步及走刀。

机械零件的要求一般包括零件结构及材料、尺寸精度、几何精度、表面粗糙度及热处理状态等，零件的加工过程就是要通过每道工序要达到这些要求。图8-1所示为花键轴，主要结构为8×46f5×54a11×9d8的外花键，根据国家标准采用小径定心，并给出精度要求；其材料为45钢，需要调质处理；两段φ45js6轴径要与滚动轴承内圈配合，故尺寸精度、几何精度及表面粗糙度要求都较高；外花键轴径两端面作为轴肩与滚动轴承内圈端面靠紧，故提出了几何精度及表面粗糙度要求。

加工中应根据零件要求及生产类型，安排合理的工序，对于该花键轴，在大批量生产中，可按表8-1所示的主要工艺过程进行加工。

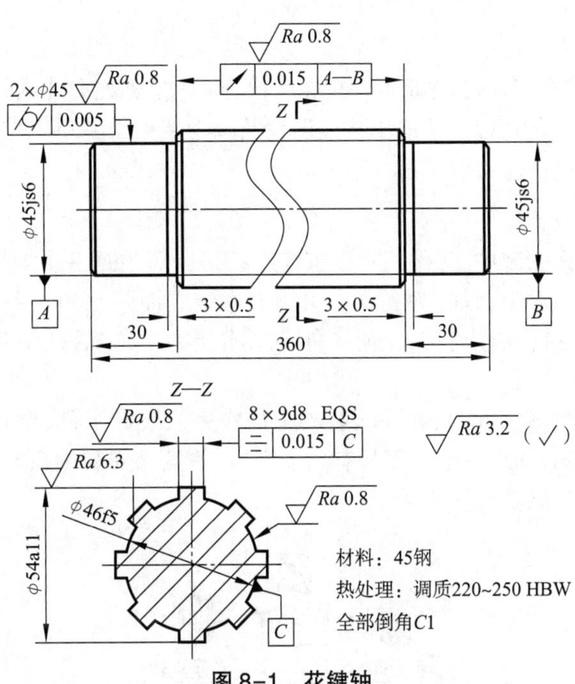

图 8-1　花键轴

在同一道工序中所完成的加工内容必须是连续的，例如，表 8-1 中工序 3，铣两端面，钻中心孔，在专用机床上完成，工件一次装夹后，先进行铣端面，然后不拆卸工件，只移动工位进行钻中心孔，这些加工是连续完成的，属于一道工序。

表 8-1 的加工工序，是按大批量生产类型设计的，可能不适用于单件小批生产，单件小批生产要根据实际生产条件安排加工过程。

表 8-1　花键轴大批量生产的主要工艺过程

工序号	工序内容	设备
1	下料（毛坯为热轧圆棒料）	锯床
2	正火	箱式炉
3	铣两端面，钻中心孔	专用机床
4	粗车外圆	卧式车床
5	粗车左右两端轴径	卧式车床
6	切退刀槽、车倒角	卧式车床
7	粗铣外花键	卧式铣床
8	调质处理	箱式炉
9	粗磨外花键	花键磨床
10	粗磨左右两端轴径	外圆磨床
11	磨中心孔	中心孔磨床
12	精磨花键的键侧和底面	花键磨床
13	精磨左右两端轴径	外圆磨床
14	去毛刺、锐边倒钝	钳工台
15	检验：尺寸精度、几何精度、表面粗糙度	检测台
16	清洗，涂油、包装、入库，或装配	—

2. 安装

在同一工序中,工件在工作位置可能只装夹一次,也可能要装夹几次。安装是工件经一次装夹后所完成的那一部分工艺过程。从减小装夹误差及减少装夹工件所花费的时间考虑,应尽量减少安装次数。

3. 工位

工位是在工件的一次安装中,工件相对于机床(或刀具)每占据一个确切位置中所完成的那一部分工艺过程。在同一工序中,有时为了减少由于多次装夹而带来的误差及时间损失,加工中常采用回转工作台、回转夹具或移动夹具,使工件在一次装夹中,先后处于几个不同的位置进行加工,称为多工位加工。

图 8-2 所示为利用回转工作台,在一次装夹中依次完成装卸工件、钻孔、扩孔、铰孔四个工位加工的例子。从图中可知,如果一个工序只有一个安装,并且该安装中只有一个工位,则工序内容既是安装内容,也是工位内容。

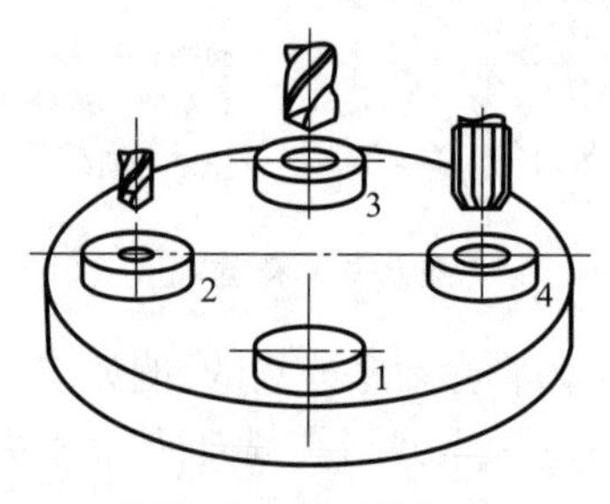

图 8-2 多工位加工

采用多工位加工方法,既可以减少装夹次数,提高加工精度,并减轻工人的劳动强度;又可以使各工位的加工与工件的装卸同时进行,提高劳动生产率。

4. 工步

一个工序(或一次安装或一个工位)中可能需要加工若干个表面,也可能只加工一个表面,但却要用若干把不同的刀具轮流加工,或只用一把刀具但却要在加工表面上切多次,而每次切削所选用的切削用量不全相同。

工步是在加工表面、切削刀具和切削用量(仅指机床主轴转速和进给量)都不变的情况下所完成的那一部分工艺过程。上述三个要素中只要有一个要素改变了,就不能认为是同一个工步。

为了提高生产效率,机械加工中有时用几把刀具同时加工几个表面,也被看作一个工步,称为复合工步。图 8-3 所示为复合工步示例。

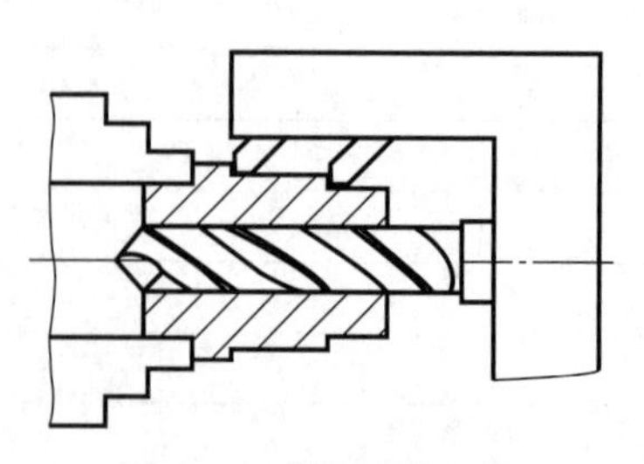

图 8-3 复合工步示例

5. 走刀

走刀是指刀具相对工件加工表面进行一次切削所完成的那部分工作。每个工步可包括一次走刀或几次走刀。在一个工步中,若需切去的金属层较厚,不能在一次走刀中完成,可以分为几次切削。走刀次数又称行程次数。

综上分析可知,工艺过程的组成较复杂,由许多工序组成,一个工序可能有几个安装,一个安装可能有几个工位,一个工位可能有几个工步等,需要工艺人员认真对待。

8.1.2　工艺规程的作用

1. 工艺规程是指导生产的主要技术文件

机械加工车间生产的计划、调度,工人的操作,零件的加工质量检验,加工成本的核算,都是以工艺规程为依据的。处理生产中的问题,也常以工艺规程作为共同依据。

2. 工艺规程是生产准备工作的主要依据

车间要生产新零件时,首先要制订该零件的机械加工工艺规程,再根据工艺规程进行生产准备。例如,新零件加工工艺中的关键工序的分析研究;准备所需的刀、夹、量具(外购或自行制造);原材料及毛坯的采购或制造;均必须根据工艺进行。

3. 工艺规程是新建机械制造厂(车间)的基本技术文件

新建(改、扩建)批量或大批量机械加工车间(工段)时,应根据工艺规程确定所需机床的种类和数量以及在车间的布置,再由此确定车间的面积大小、动力和吊装设备配置以及所需工人的工种、技术等级、数量等。

此外,先进的工艺规程还起着交流和推广先进制造技术的作用。典型工艺规程可以缩短工厂摸索和试制的过程。因此,工艺规程的制订对于工厂的生产和发展起着非常重要的作用,是工厂的重要技术文件。

8.1.3　工艺规程的设计过程

1. 工艺规程设计的原则

(1)所设计的工艺规程必须保证机器零件的加工质量和机器的装配质量,达到设计图样上规定的各项技术要求。

(2)工艺过程应具有较高的生产效率,使产品能尽快投放市场。

(3)尽量降低制造成本。

(4)注意减轻工人的劳动强度,保证生产安全。

2. 工艺规程设计的原始资料

(1)产品装配图、零件图。

(2)产品验收质量标准。

(3)产品的年生产纲领。

(4)毛坯材料与毛坯生产条件。

(5)制造厂的生产条件,包括机床设备和工艺装备的规格、性能和当前的技术状态,工人的技术水平,工厂自制工艺装备的能力以及工厂供电、供气的能力等有关资料。

(6)工艺规程设计、工艺装备设计所用设计手册和有关标准。

(7)国内外有关制造技术资料等。

3. 工艺规程设计的步骤和内容

(1)分析研究产品的装配图和零件图。了解、熟悉产品的用途、性能和工作条件,熟悉零件在产品中的作用、位置、装配关系和工作条件,搞清楚各项技术要求对零件装配质量和使用性能的影响,找出主要的和关键的技术要求,然后对零件图样进行分析。

(2)对装配图和零件图进行工艺审查。审查图纸上的尺寸、视图和技术要求是否完整、正确、统一,分析主要技术要求是否合理、适当,审查零件结构工艺性。

(3)选择毛坯。毛坯是由原材料加工成零件的第一步。正确确定毛坯有着重大的技术经济意义,不但影响毛坯制造的工艺和费用,而且对零件加工工艺过程有着极大影响,是保证工艺规程设计的重要环节。

确定毛坯的主要依据是零件在产品中的作用和生产纲领以及零件本身的结构、零件材料工艺特性、零件生产批量。常用毛坯的种类有铸件、锻件、型材、焊接件、冲压件等。

(4)拟订工艺路线。工艺路线的拟订是制订工艺规程的总体布局,包括选择定位基准、确定各表面的加工方法、划分加工阶段、确定工序的集中和分散的程度、合理安排加工顺序等;不但影响加工的质量和效率,而且影响工人的劳动强度、设备投资、车间面积和生产成本等。

一种零件,可以采用几种不同的加工方法进行。在编制工艺规程时,应根据不同需求对各种方法进行认真的分析研究,最后确定一种方便、可行的加工工艺路线,确定工序顺序和数量,以提高加工质量和精度,降低生产成本。

(5)确定各工序所采用的设备和工艺装备。工艺装备包括机床、夹具、刀具、量具、辅具等。工艺装备的选择在满足零件加工工艺的需要和可靠地保证零件加工质量的前提下,应与生产批量和生产节拍相适应,并应充分利用现有条件,优先采用标准化的工艺设备,以降低生产准备费用。对必须改装或重新设计的专用或成组工艺装备,应在进行经济性分析和论证的基础上提出设计任务书。

(6)确定各主要工序的技术要求及检验方法。

(7)确定各工序加工余量,计算工序尺寸和公差。

(8)确定切削用量。在单件、小批生产中,为简化工艺文件及生产管理,常不规定具体的切削用量,由操作工人结合具体生产情况确定。在大批、大量生产中,对自动机床、仿形机床、组合机床以及加工质量要求很高的工序,应科学、严格地选择切削用量,以保证生产节拍和加工质量。

(9)确定工时定额。目前,工时定额主要按照生产实践统计资料确定。对于流水线和自动线,由于有具体规定的切削用量,工时定额可以部分通过计算得出。

(10)对于数控加工工序编制数控加工程序。

(11)评价工艺路线。对所制定的工艺方案应进行技术经济分析,并应对多种工艺方案进行比较,或采用优化方法,以确定出最优工艺方案。

(12)编制工艺文件。

8.1.4 工艺文件的编制

1. 基本要求

用来表示工艺规程的图表、卡片和文字材料统称为工艺规程文件,简称工艺文件。工艺文件编制的基本要求有:

(1)工艺规程是直接指导现场生产的重要技术文件,应做到正确、完整、统一、清晰。

(2)在充分利用本企业现有生产条件基础上,尽可能采用国内外先进工艺技术和经验。

(3)在保证产品质量的前提下,能尽量提高生产率和降低消耗。

(4)设计工艺规程必须考虑安全和工业卫生措施。

(5)结构特征和工艺特征相近的零件应尽量设计典型工艺规程。

(6)各专业工艺规程在设计过程中应协调一致,不得相互矛盾。

(7)工艺规程的幅面、编号、术语、符号、代号、格式与填写方法按行业标准的规定。

(8)工艺规程中的计量单位应全部使用法定计量单位。

2. 工艺文件的基本形式

常见的工艺规程文件有机械加工工艺过程卡片和机械加工工序卡片。

1)机械加工工艺过程卡片(工艺卡)

机械加工工艺过程卡片是按零件编写,标明了零件加工路线、对毛坯性质、加工顺序、各工序所需设备、工艺装备的要求、切削用量、检验工具及方法、工时定额等内容,是对零件制造全过程作出描述。机械加工工艺过程卡片见表 8-2。

表 8-2 机械加工工艺过程卡片

<table>
<tr><td rowspan="6"></td><td colspan="3" rowspan="2">(厂名全称)</td><td colspan="2" rowspan="2">机械加工工艺过程卡片</td><td>产品型号</td><td></td><td>零件图号</td><td colspan="3"></td></tr>
<tr><td>产品名称</td><td></td><td>零件名称</td><td></td><td>共 页</td><td>第 页</td></tr>
<tr><td colspan="2">材料牌号</td><td></td><td>毛坯种类</td><td>毛坯外形尺寸</td><td></td><td>每毛坯可制作件数</td><td></td><td>每台件数</td><td>备注</td><td></td></tr>
<tr><td rowspan="2">工序号</td><td rowspan="2">工序名称</td><td colspan="3" rowspan="2">工序内容</td><td rowspan="2">车间</td><td rowspan="2">工段</td><td rowspan="2">设备</td><td rowspan="2">工艺装备</td><td colspan="2">工时</td></tr>
<tr><td>准终</td><td>单件</td></tr>
<tr><td></td><td></td><td colspan="3"></td><td></td><td></td><td></td><td></td><td></td><td></td></tr>
<tr><td>描图</td><td></td><td></td><td colspan="3"></td><td></td><td></td><td></td><td></td><td></td><td></td></tr>
<tr><td></td><td></td><td></td><td colspan="3"></td><td></td><td></td><td></td><td></td><td></td><td></td></tr>
<tr><td>描校</td><td></td><td></td><td colspan="3"></td><td></td><td></td><td></td><td></td><td></td><td></td></tr>
<tr><td></td><td></td><td></td><td colspan="3"></td><td></td><td></td><td></td><td></td><td></td><td></td></tr>
<tr><td>底图号</td><td></td><td></td><td colspan="3"></td><td></td><td></td><td></td><td></td><td></td><td></td></tr>
<tr><td></td><td></td><td></td><td colspan="3"></td><td></td><td></td><td></td><td></td><td></td><td></td></tr>
<tr><td>装订号</td><td></td><td></td><td colspan="3"></td><td></td><td></td><td></td><td></td><td></td><td></td></tr>
</table>

<table>
<tr><td></td><td></td><td></td><td></td><td></td><td></td><td></td><td></td><td></td><td></td><td></td><td rowspan="2">设计(日期)</td><td rowspan="2">审核(日期)</td><td rowspan="2">标准化(日期)</td><td rowspan="2"></td></tr>
<tr><td></td><td></td><td></td><td></td><td></td><td></td><td></td><td></td><td></td><td></td><td></td></tr>
<tr><td></td><td>标记</td><td>处数</td><td>更改文件号</td><td>签字</td><td>日期</td><td>标记</td><td>处数</td><td>更改文件号</td><td>签字</td><td>日期</td><td></td><td></td><td></td><td></td></tr>
</table>

2)机械加工工序卡片(工序卡)

机械加工工序卡片,是以指导工人操作为目的进行编制的,一般按零件分工序编号。工序卡要求画工序简图,须用定位夹紧符号表示定位基准、夹压位置和夹压方式;用加粗实线指出本工序的加工表面,标明工序尺寸、公差及技术要求。单件小批生产的一般零件只编制工艺过程卡,内容比较简单,个别关键零件可编制工艺卡;成批生产的一般零件多采用工艺卡片,对关键零件则需编制工序卡片;在大批大量生产中的绝大多数零件,则要求有完整详细的工艺文件,往往需要为每一道工序编制工序卡片。机械加工工序卡片见表 8-3。

表 8-3 机械加工工序卡片

(厂名全称)	机械加工工序卡片	产品型号		零件图号			
		产品名称		零件名称		共 页	第 页

工序简图				
	车间	工序号	工序名称	材料牌号
	毛坯种类	毛坯外形尺寸	每毛坯可制件数	每台件数
	设备名称	设备型号	设备编号	同时加工件数
	夹具编号	夹具名称	切削液	
	工位器具编号	工位器具名称	工时	
			准终	单件

	工步号	工步内容	工艺设备	主轴转速/(r/min)	切削速度/(m/min)	进给量/(mm/r)	背吃刀量/(mm)	进给次数	工步工时	
									机动	辅助
描图										
描校										
底图号										
装订号										

											设计(日期)	审核(日期)	标准化(日期)	
	标记	处数	更改文件号	签字	日期	标记	处数	更改文件号	签字	日期				

8.2 零件的加工工艺性分析

零件图是制造零件的主要技术依据,在制定机械加工工艺规程前,工艺人员必须在保证产品功能的前提下,根据生产要求和现有条件对零件图纸进行工艺性分析,了解零件的功用和工作条件,分析精度及其他技术要求,掌握零件构造特点和工艺关键,以保证加工过程的可行性和经济性。零件的加工工艺性是指所设计的零件在满足使用要求条件下进行制造、维修的可行性和经济性,主要有零件的结构工艺性和技术要求两方面内容。

8.2.1 零件的结构工艺性分析

零件的结构工艺性是指零件结构的铸造、锻造、冲压、焊接、热处理、切削加工等工艺性。零件的结构工艺性好,是指在现有工艺条件下既能方便制造和维修,又能控制生产成本。对零件进行结构工艺性分析时,应考虑以下几个方面。

1. 零件结构符合生产类型

零件的结构首先要符合生产类型。图 8-4 所示为箱体同轴孔系结构,二者对比,在大批量生产时,图 8-4(a)所示结构工艺性较好;在单件小批生产时,图 8-4(b)所示结构工艺性较好。这是因为在大批大量生产中可采用专用双面组合镗床加工,从箱体两端向中间进给镗孔,生产效率高。采用双面组合镗床,一次性投资虽然很高,但因产量大,分摊到每个零件上的工艺成本并不多,经济上仍是合理的。单件小批生产时,一般只能采用通用卧式镗床,从箱体一侧依次加工同轴孔系的各孔径。

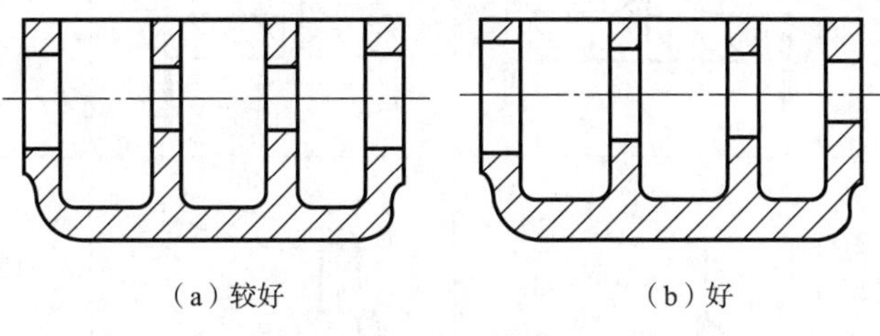
(a) 较好　　(b) 好

图 8-4　箱体同轴孔系结构

2. 零件上有便于装夹的定位基面和夹紧面

在设计零件图时,应充分考虑零件加工时可能采用的定位基面和夹紧面,应尽量选用在夹具中能够进行稳定定位的表面作设计基准。如果零件上没有合适的设计基准、装配基准能作定位基面,应考虑设置辅助定位基面,例如在轴件加工中设置顶尖孔、在箱体加工中设置定位销孔等。

3. 零件结构工艺性对比

对零件进行结构性分析时,应考虑局部结构工艺性和整体结构工艺性,表 8-4 列出了在常规工艺条件下零件结构工艺性对比的实例。

表 8-4　零件的机械加工结构工艺性对照

序号	零件结构			
	工艺性不好		工艺性好	
1	非国家标准尺寸,无法使用通用丝锥加工,装配时需要定制螺栓	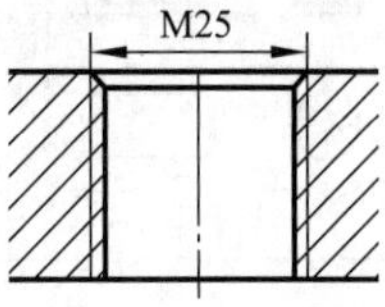 M25	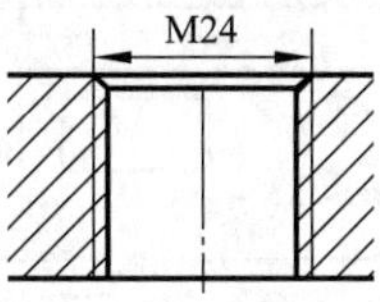 M24	国家标准尺寸,可使用通用丝锥加工,装配时可采用标准螺栓
2	车螺纹时,螺纹根部不易清根,且工人操作紧张,易打刀	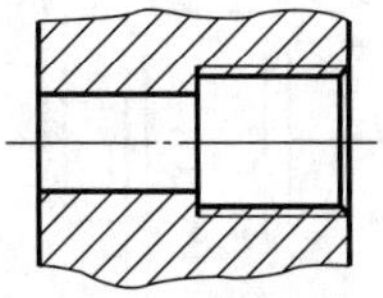	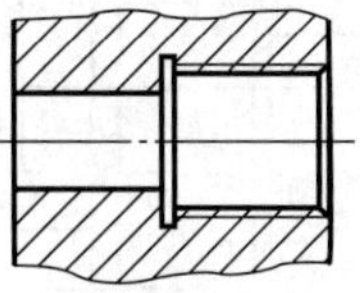	留有退刀槽,可使螺纹清根,工人操作相对容易,可避免打刀
3	插齿无退刀空间,小齿轮无法加工	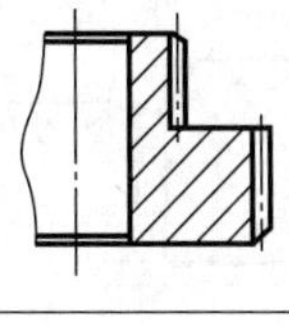	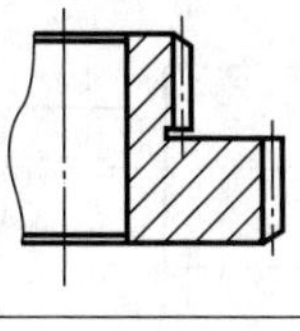	留出退刀空间,小齿轮可以插齿加工

续上表

序号	零件结构			
	工艺性不好		工艺性好	
4	螺栓孔端面全部加工，加工面积大，多余部分用不上，造成浪费	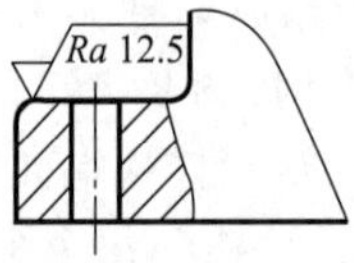	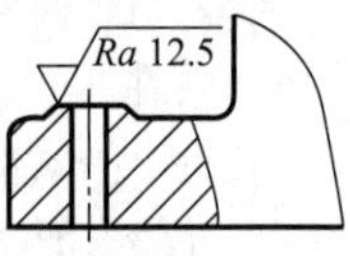	螺栓孔端面设置凸台，按使用要求设计加工面尺寸
5	斜面钻孔，钻头易引偏	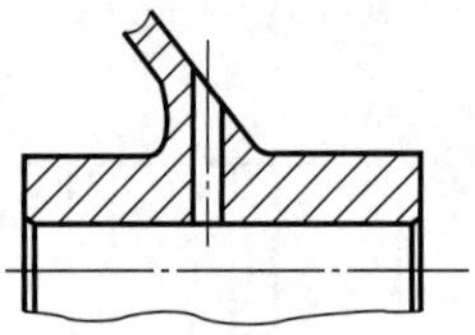	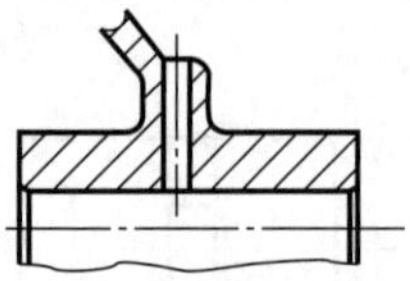	只要结构允许，留出平台，钻头不易偏斜
6	孔壁出口处有台阶面，钻孔时钻头易引偏，易折断	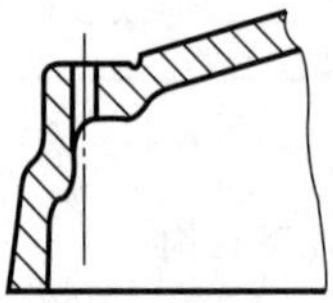	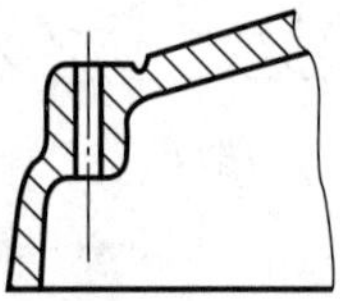	只要结构允许，内壁出口处作成平面，钻孔位置容易保证
7	孔距箱壁太近：需加长钻头才能加工；钻头在圆角处容易引偏		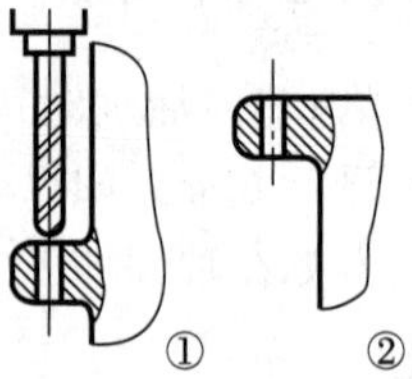	①加长箱耳，不需加长钻头即可加工 ②如结构上允许，可将箱耳设计在某一端，便不需加长箱耳
8	钻孔过深，加工量大，钻头损耗大，且钻头易偏斜	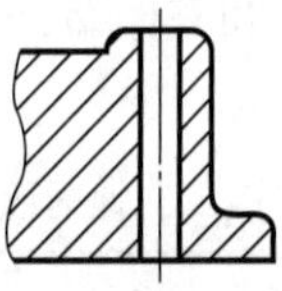	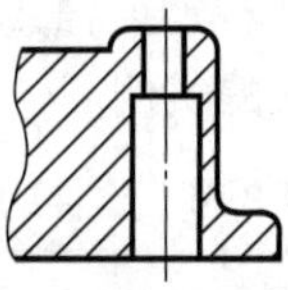	钻孔一端留空刀，减小钻孔工作量
9	加工面高度不同，需两次调整加工，影响加工效率	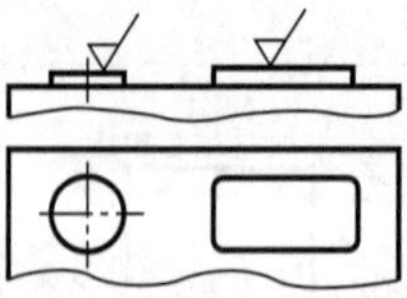	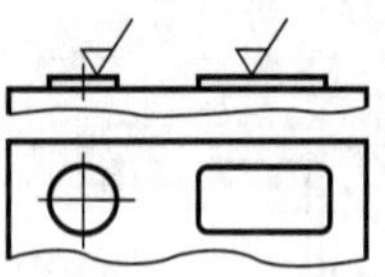	加工面在同一高度，一次调整可完成两个平面加工
10	两个空刀槽宽度不一致，需使用两把不同尺寸的刀具进行加工	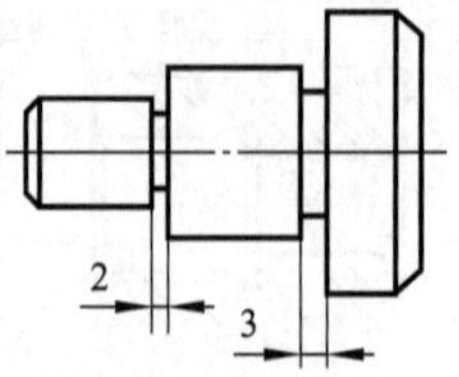	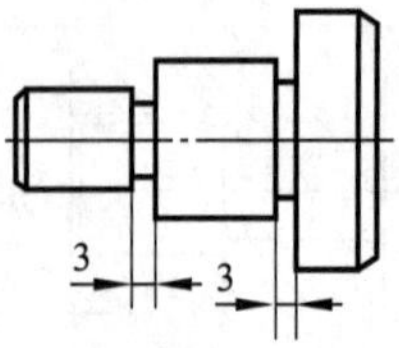	空刀槽宽度尺寸相同，使用一把刀具即可加工
11	键槽方向不一致，需两次装夹才能完成加工	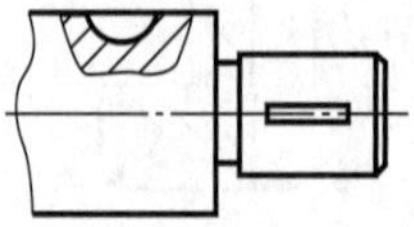	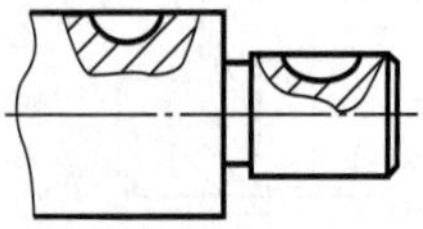	键槽方向一致，一次装夹即可完成加工

续上表

序号	零件结构			
	工艺性不好		工艺性好	
12	加工面大，加工时间长，平面度要求不易保证	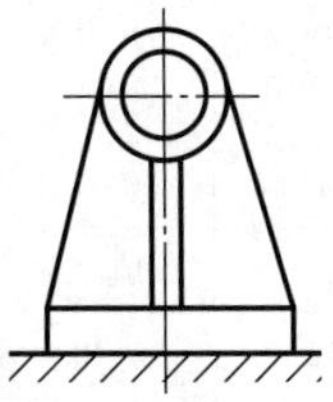	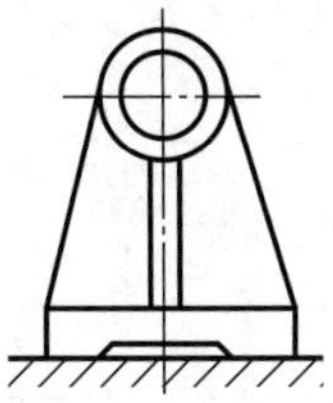	加工面减小，加工时间短，平面度要求容易保证

8.2.2　零件的技术要求分析

1. 零件的精度设计应合理

在机械加工过程中，零件的精度主要指加工精度，一般包括尺寸精度、几何精度和表面粗糙度。精度要求提高，必然会增加制造成本。精度要求过低会影响零件的工作性能，进而影响机器的性能。零件的精度是由其功能决定的，只要满足零件使用功能，精度越低，制造成本就越低，经济性就越好。在对零件结构工艺性分析时，必须对精度逐一校核。一般情况下，零件上的精度应选择加工经济精度。

2. 零件材料选用应适当

材料的选择既要满足产品的使用要求，又要考虑产品成本，尽可能采用常用材料，少用珍贵金属；尽可能采用切削性能好的材料，少用难加工材料。

3. 尽量采用标准件和通用件

标准件是指按照国家标准、部颁标准和企业标准制造的零件。通用件是指在同一类型不同规格的产品中或是不同类型产品中，部分零件相同，彼此可以互换通用的零件。采用标准件、通用件，不仅可以简化设计，避免重复的设计工作，而且还可以降低产品制造成本。

4. 热处理要求应适当

零件图上的热处理要求一般是零件使用时的技术要求，也就是零件加工过程中的最终热处理要求。热处理要求也要根据零件功能及材料特点选择，如整体热处理、局部热处理、表面热处理等。

8.3　零件毛坯的设计

零件毛坯的设计，主要是确定毛坯的种类、制造方法及其制造精度。毛坯的形状、尺寸越接近成品，切削加工余量就越少，从而可以提高材料的利用率和生产效率，然而这样往往会使毛坯制造困难，需要采用昂贵的毛坯制造设备，从而增加毛坯的制造成本。所以选择毛坯时应从机械加工和毛坯制造两方面出发，综合考虑以求最佳效果。

常用机械零件的毛坯有铸件、锻件、焊接件、型材、冲压件以及粉末冶金、成型轧制件等。常用毛坯种类和特点见表 8-5。

表 8-5　常用毛坯种类和特点

<table>
<tr><th>毛坯种类</th><th>毛坯制造方法</th><th>材料</th><th>形状复杂性</th><th>公差等级</th><th colspan="2">特点及适应的生产类型</th></tr>
<tr><td rowspan="2">型材</td><td>热轧</td><td rowspan="2">钢、有色金属(棒管、板、异形等)</td><td rowspan="2">简单</td><td>IT11、IT12</td><td colspan="2" rowspan="2">常用作轴、套类零件及焊接毛坯分件,冷轧坯尺寸精度高但价格昂贵,多用于自动机加工件坯料</td></tr>
<tr><td>冷轧（拉）</td><td>IT9、IT10</td></tr>
<tr><td rowspan="7">铸件</td><td>木模手工造型</td><td rowspan="3">铸铁、铸钢和有色金属</td><td rowspan="3">复杂</td><td>IT12、IT14</td><td>单件小批生产</td><td rowspan="7">铸造毛坯可获得复杂形状,其中灰铸铁因其成本低廉,耐磨性和吸振性好而广泛用作机架、箱体类零件毛坯</td></tr>
<tr><td>木模机器造型</td><td>IT12</td><td>成批生产</td></tr>
<tr><td>金属模机器造型</td><td>IT12</td><td>大批大量生产</td></tr>
<tr><td>离心铸造</td><td>有色金属、部分黑色金属</td><td>回转体</td><td>IT14~IT12</td><td>成批或大量生产</td></tr>
<tr><td>压铸</td><td>有色金属</td><td>复杂</td><td>IT9、IT10</td><td>大批大量生产</td></tr>
<tr><td>熔模铸造</td><td>铸钢、铸铁</td><td rowspan="2">复杂</td><td>IT10、IT11</td><td>成批以上生产</td></tr>
<tr><td>失腊铸造</td><td>铸铁、有色金属</td><td>IT9、IT10</td><td>大批大量生产</td></tr>
<tr><td rowspan="3">锻件</td><td>自由锻造</td><td rowspan="3">钢</td><td>简单</td><td>IT14~IT12</td><td>单件小批生产</td><td rowspan="3">金相组织纤维化且走向合理,零件机械强度高</td></tr>
<tr><td>模锻</td><td rowspan="2">较复杂</td><td>IT10、IT11</td><td rowspan="2">大批大量生产</td></tr>
<tr><td>精密模锻</td><td>IT9、IT10</td></tr>
<tr><td>冲压件</td><td>板料加压</td><td>钢、有色金属</td><td>较复杂</td><td>IT9、IT8</td><td colspan="2">大批大量生产</td></tr>
<tr><td rowspan="2">焊接件</td><td>普通焊接</td><td rowspan="2">铁、铜、铝基材料</td><td rowspan="2">较复杂</td><td>IT12、IT13</td><td colspan="2" rowspan="2">单件小批或成批生产,因其生产周期短,无须准备模具,刚性好及材料省而常用以代替铸件</td></tr>
<tr><td>精密焊接</td><td>IT10、IT11</td></tr>
</table>

8.4　零件的基准

用于确定生产对象几何要素间几何关系所依据的那些点、线、面,称为基准。零件的基准可分为设计基准和工艺基准两大类。

8.4.1　设计基准

设计图样上标注设计尺寸所依据的基准,称为设计基准。在图 8-5(a)中,A 与 B 互为设计基准;在图 8-5(b)中,ϕ40 mm 外圆中心线是ϕ60 mm 外圆的设计基准;在图 8-5(c)中,平面 1 是平面 2 与孔 3 的设计基准,孔 3 是孔 4 和孔 5 的设计基准;在图 8-5(d)中,内孔ϕ30H7 的中心线是分度圆ϕ48 mm 和顶圆ϕ50h8 的设计基准。

8.4.2　工艺基准

工艺过程中所使用的基准,称为工艺基准。按其用途不同,又可分为工序基准、定位基准、测量基准和装配基准。

1. 工序基准

在工序图上用来确定本工序加工表面尺寸、形状和位置所依据的基准,称为工序基准。图 8-6 所示为一个工序简图,端面 C 是端面 T 的工序基准,端面 T 是端面 A、B 的工序基准,大端外圆中心线为外圆 D 和内孔 d 的工序基准。为减少基准转换误差,应尽量使工序基准和设计基准重合。工序基准到加工面的尺寸,称为工序尺寸,如图 8-6 中的 L_0、L_1、L_2、D、d。

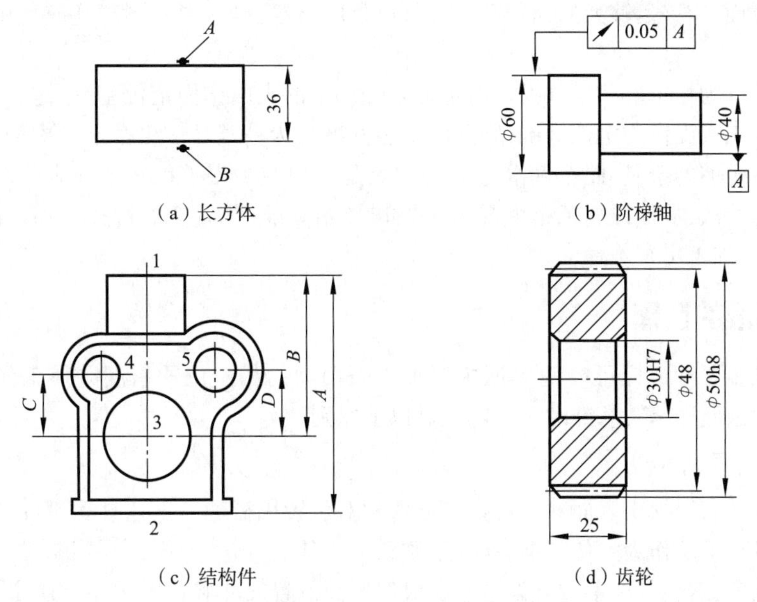

（a）长方体　（b）阶梯轴

（c）结构件　（d）齿轮

图 8-5　零件的设计基准

2. 定位基准

在加工中用作定位的基准,称为定位基准。作为定位基准的点、线、面,在工件上有时不一定具体存在(例如,孔的中心线、轴的中心线、平面的对称中心面等),而常由某些具体的定位表面体现,这些定位表面称为定位基面。例如,在图 8-6 中,工件被夹持在三爪自定心卡盘上,车外圆 D 和镗内孔 d,此时被加工尺寸 D 和 d 的设计基准和定位基准皆为中心线,定位基面为外圆面 E。为减少加工误差,应尽量使定位基准和工序基准重合。

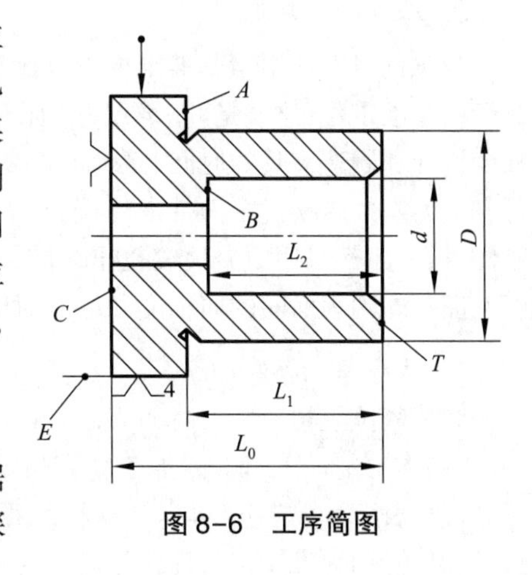

图 8-6　工序简图

3. 测量基准

工件在加工中或加工后,测量尺寸和几何误差所依据的基准,称为测量基准。在图 8-6 中,尺寸 L_1 和 L_2 可用深度卡尺来测量,端面 T 就是端面 A、B 的测量基准。

4. 装配基准

装配时用来确定零件或部件在产品中相对位置所依据的基准,称为装配基准。图 8-5(d)所示齿轮的内孔φ30H7 就是齿轮的装配基准。

此外还有辅助基准,即根据机械加工工艺的需要而专门设计的定位基准。

上述各种基准应尽可能重合,以消除由于基准不重合引起的误差。在设计机器零件时,应尽量选用装配基准作为设计基准;在编制零件的加工工艺规程时,应尽量选用工序基准作为定位基准;在加工及测量工件时,应尽量选用工序基准作为定位基准及测量基准。

8.5　定位基准的选择

定位基准的选择对于保证零件的尺寸精度和位置精度以及合理安排加工顺序都有很大影响,

所选的主要定位面，应有足够大的面积和精度，以保证定位准确、可靠，同时还应使夹紧机构简单、操作方便。

定位基准可分为粗基准和精基准。若选择未经加工的表面作为定位基准，这种基准称为粗基准。若选择已加工表面作为定位基准，则这种定位基准称为精基准。粗基准考虑的重点是如何保证各加工表面有足够的余量，而精基准考虑的重点是如何减少误差。在选择定位基准时，通常是根据零件的结构特点，从保证加工精度要求出发选择精基准，然后考虑选择毛坯上的表面作为粗基准，先把精基准加工出来。

8.5.1 精基准的选择

选择精基准主要考虑应可靠地保证主要加工表面间的相互位置精度并使工件装夹方便、准确、稳定、可靠。因此选择精基准时一般应遵循以下原则：

1. 基准重合原则

为了较容易地获得加工表面对其设计基准的相对位置机械加工工艺规程设计精度要求，应选择加工表面的设计基准作为定位基准，这一原则称为“基准重合”原则。采用基准重合原则，可以直接保证设计精度，避免基准不重合误差。在对加工面位置尺寸和位置关系有决定性影响的工序中，特别是当位置公差要求较严时，一般不应违反这一原则。否则，将由于存在基准不重合误差，而增大加工难度。

2. 基准统一原则

当工件以某一组精基准定位可以比较方便地加工其他各表面时，应尽可能在多数工序中采用此组精基准定位，这就是“基准统一”原则。采用基准统一原则可使各个工序所用的夹具统一，可减少设计和制造夹具的时间和费用，提高生产率。另外，多数表面采用同一组定位基准进行加工，可避免因基准转换过多而带来的误差，有利于保证各表面之间的相互位置精度。例如，加工轴类零件时，一般都采用两个顶尖孔作为同一精基准加工轴类零件上的所有外圆表面和端面，这样可以保证各外圆表面间的同轴度和端面对轴心线的垂直度。

3. 互为基准原则

对某些位置精度要求高的表面，可以采用互为基准、反复加工的方法保证其位置精度，这就是“互为基准”的原则。例如，加工精密齿轮，当高频淬火把齿面淬硬后，需进行磨齿，因其淬硬层较薄，所以磨削余量应小而均匀，这样就得先以齿形分度圆为基准磨内孔，再以内孔为基准磨齿形面，以保证齿面余量均匀，且孔与齿面间的相互位置精度也高；加工套筒类零件，当内、外圆柱表面的同轴度要求较高时，先以孔定位加工外圆，再以外圆定位加工孔，反复加工几次即可大大提高同轴度。

4. 自为基准原则

对一些精度要求很高的表面，在精密加工时，为了保证加工精度，要求加工余量小而且均匀，用精加工过的表面自身作为定位基准，就是“自为基准”原则。

如图 8-7 所示的床身导轨面磨削，在磨削前通过精刨或精铣已达到一定精度，磨削时希望余量小而均匀，安装时可以导轨面自身为定位基准，通过调整工件下面的四个楔铁，用千分表找正导轨面定位。

浮动镗刀镗孔、圆拉刀拉孔、珩磨及无心磨床磨轴的外圆表面，都是采用自为基准原则进行零件表面加工。应用这种精基准加工工件，只能提高加工表面的尺寸精度，不能提高表面间的相互位置精度，后者应由先行工序保证。

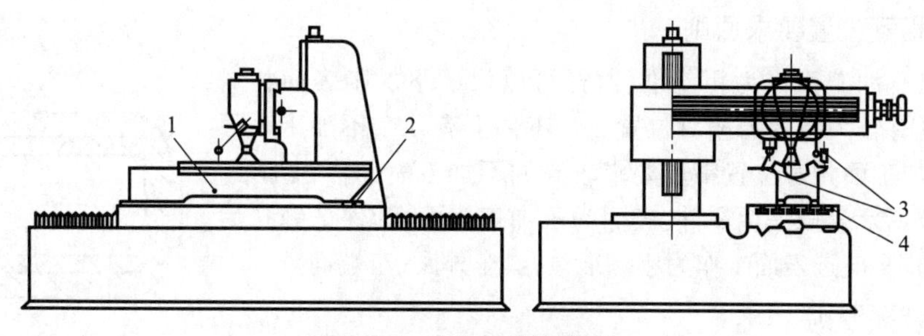

图 8-7　床身导轨面磨削

1—工件;2—楔铁;3—指针表;4—磨床工作台

按上述原则选择精基准时,不能单单考虑本工序定位、夹紧是否合适,而应结合整个工艺路线进行统一考虑,使先行工序为后续工序创造条件,使每个工序都有合适的定位基准和夹紧方式。

8.5.2　粗基准的选择

粗基准的选择对保证加工余量的均匀分配和加工面与非加工面(作为粗基准的非加工面)的位置关系具有重要影响。选择粗基准时重点考虑如何保证各加工表面有足够余量,使不加工表面和加工表面间的尺寸、位置符合零件图要求。具体选择时主要考虑以下原则:

1. 余量均匀分配原则

(1)应保证各加工表面都有足够的加工余量。为满足这个要求,应选择毛坯余量最小的表面作粗基准。如图 8-8 所示的阶梯轴,毛坯件存在同轴度误差,ϕ108 mm 外圆表面的余量比ϕ55 mm 外圆表面大,应选择ϕ55 mm 外圆表面作粗基准,否则会造成加工余量的不足。

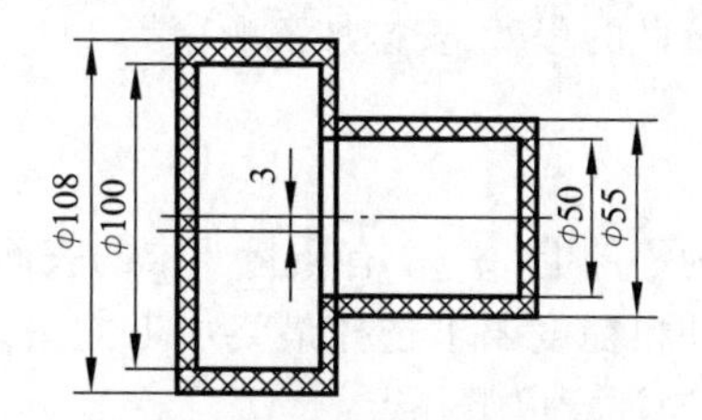

图 8-8　阶梯轴粗基准的选择(单位:mm)

(2)以加工余量小而均匀的重要表面为粗基准,以保证该表面加工余量分布均匀、表面质量高,如床身加工,先加工床腿再加工导轨面。在图 8-9 所示床身零件中,导轨面是最重要的表面,不仅精度要求高,而且要求导轨面具有均匀的金相组织和较高的耐磨性。由于在铸造床身时,导轨面是倒扣在砂箱的最底部浇铸成形的,导轨面材料质地致密,砂眼、气孔相对较少,因此加工床身时,应先按图 8-9(a)所示选择导轨面作粗基准加工床身底面,然后按图 8-9(b)所示以加工过的床身底面作精基准加工导轨面,此时从导轨面上去除的加工余量较小且均匀。

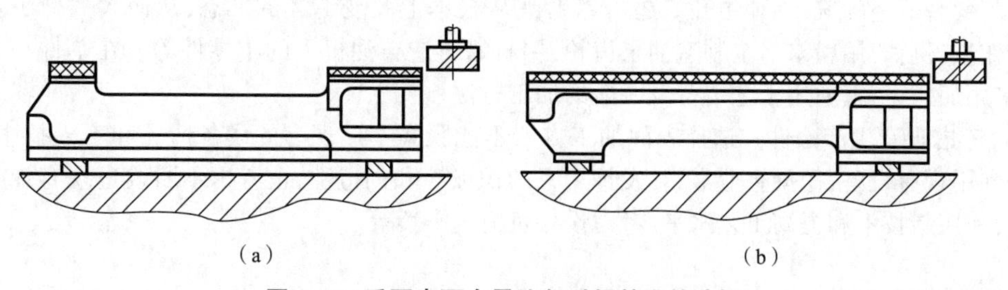

图 8-9　重要表面余量均匀时粗基准的选择

2. 保证相互位置要求原则

一般应以非加工面作为粗基准,这样可以保证不加工表面相对于加工表面具有较为精确的相对位置。当零件上有几个不加工表面时,应选择与加工面相对位置精度要求较高的不加工表面作粗基准。例如,图 8-10 所示套筒法兰零件,表面为不加工表面,为保证镗孔后零件的壁厚均匀,应选表面 1 作为粗基准镗孔、车外圆、车端面。

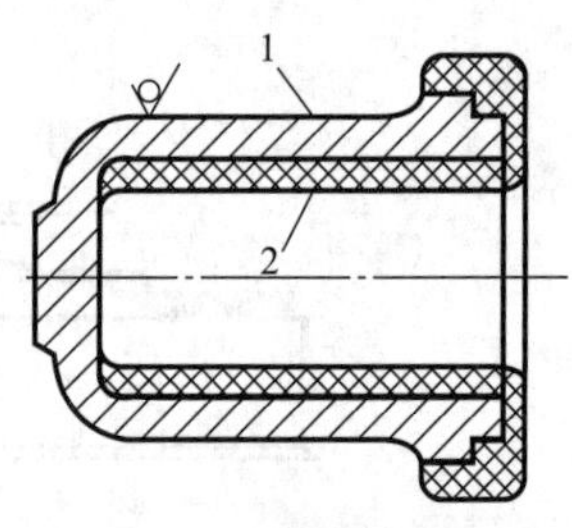

图 8-10　套筒法兰加工实例

3. 便于装夹原则

为了使定位稳定、可靠,夹具结构简单,操作方便,作为粗基准的表面应不是分型面,应尽可能平整光洁,且有足够大的尺寸,无浇口、冒口或飞边、毛刺等缺陷,必要时,应对毛坯加工提出修光打磨的要求。

4. 粗基准一般不得重复使用原则

在同一尺寸方向上粗基准通常只能使用一次,这是由于粗基准一般都很粗糙,重复使用同一粗基准所加工的两组表面之间位置误差会相当大,因此,粗基准一般不得重复使用。

粗、精基准选择的各项原则都是从不同方面提出的要求,有时这些要求会出现相互矛盾的情况,甚至在一条原则内也可能存在矛盾的情况。这就要求全面辩证地分析,分清主次,解决主要矛盾。

8.6　工艺路线的拟定

拟定零件机械加工工艺路线,要解决的主要问题有:零件各表面加工方法和加工方案的选择,划分加工阶段,确定工序集中与分散的程度,安排加工顺序等。

8.6.1　加工方法的选择

表面加工方法的选择,就是为零件上每一个有质量要求的表面选择一套合理的加工方法。在选择时,一般先根据表面的精度和粗糙度要求选择最终加工方法,然后再确定精加工前期工序的加工方法。选择表面加工方法时应注意以下几点:

(1)根据加工表面的技术要求,尽可能采用经济加工精度方案。

(2)根据工件材料的性质及热处理,选用相应的加工方法。例如,钢淬火后应用磨削方法加工,不能用镗削或铰削,而有色金属则不能用磨削,应采用金刚镗削或高速精细车削的方法进行精加工,因为有色金属易堵塞砂轮工作面。

(3)充分考虑工件的结构和尺寸。由于受结构的限制,回转体类零件的孔的加工常用车削或磨削;而箱体类零件的孔,一般采用铰削或镗削。孔径小时,宜采用铰削;孔径大时,用镗削。

(4)结合生产类型考虑生产率和经济性。大批量生产时,应采用高效的先进工艺,如平面和孔采用拉削代替普通的铣、刨和镗孔。还可以考虑从根本上改变毛坯的形态,从而大大减少切削加工的工作量,例如,用粉末冶金制造油泵齿轮,用石蜡铸造柴油机上的小零件等。在单件小批生产中,常采用通用设备、通用工艺装备及一般的加工方法。

(5)考虑现有生产条件。选择表面加工方法不能脱离本厂现有的设备情况和工人技术水平。要充分利用现有设备,挖掘企业潜力,发挥工人的积极性和创造性,也考虑不断改进现有加工方法和设备,采用新技术和提高工艺水平,考虑设备负荷的平衡等。

8.6.2　典型表面的加工方案

尽管机械零件的种类很多,形状各异,但都是由一些最基本的几何表面(外圆、孔、平面等)组成的,其中外圆、内孔和平面加工量大而面广,习惯上把机器零件的这些表面称为典型表面。根据这些表面的精度要求选择一个最终的加工方法,然后辅以先导工序的预加工方法,就组成一条加工路线。

一般情况下,在正常生产条件下能保证的加工精度,称为经济加工精度,简称经济精度。正常生产条件指的是采用符合标准的设备和工艺装备,达到标准技术等级的操作人员,不延长工作时间。因此,按经济加工精度选择加工方案进行生产时,可以获得较好的经济效益。

1. 外圆表面的加工路线

外圆表面是轴、套、盘等回转体类零件最基本的组成表面之一。外圆表面常用的加工方法有车削、磨削、研磨和超级光磨等。由于外圆表面的精度、表面粗糙度等技术要求和材料硬度、生产类型等条件不同,所采用的加工方案也不同,外圆表面加工方案如图 8-11 所示。

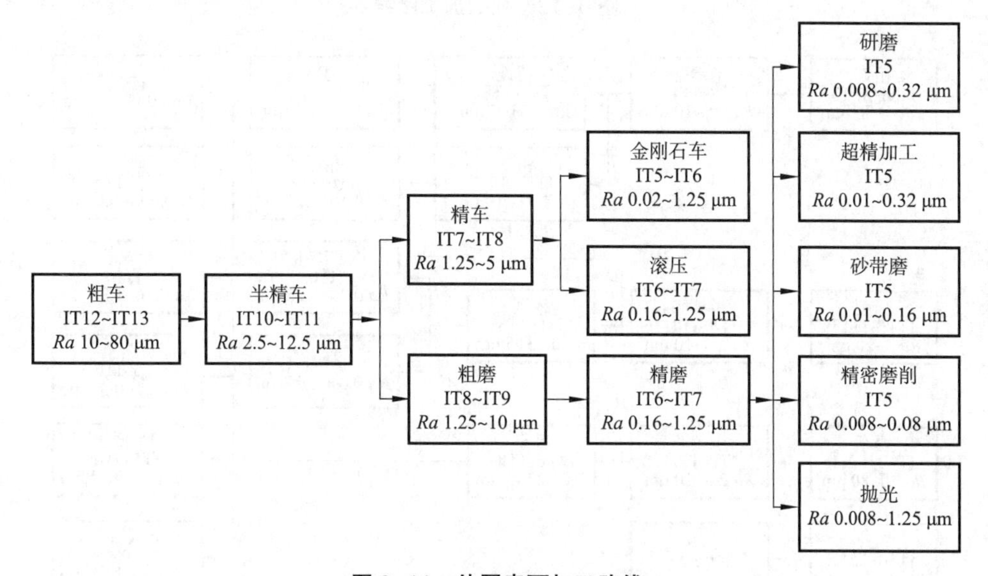

图 8-11　外圆表面加工路线

2. 孔的加工路线

由于受孔本身直径尺寸的限制,多采用的是固定尺寸刀具加工,刀具刚性差,排屑、散热、冷却、润滑都比较困难,因此一般加工条件比外圆差。选择孔的加工方法和加工方案应综合考虑孔的结构特点,直径和深度,尺寸精度和表面粗糙度,工件的外形和尺寸,工件材料的种类及加工表面的硬度,生产类型和现场条件等进行合理确定。图 8-12 所示为常见加工孔的加工路线框图。

3. 平面加工路线

平面是圆盘形、板形零件的主要表面,也是箱体零件的主要表面之一。平面的加工方法包括:车削、铣削、刨削、拉削、磨削和研磨等。图 8-13 所示为常见平面的加工路线框图。

8.6.3　加工阶段的划分

为了保证零件的加工质量、生产效率和经济性,通常在安排工艺路线时,将其划分成几个阶段。对于一般精度零件,可划分成粗加工、半精加工和精加工三个阶段。对精度要求高和特别高

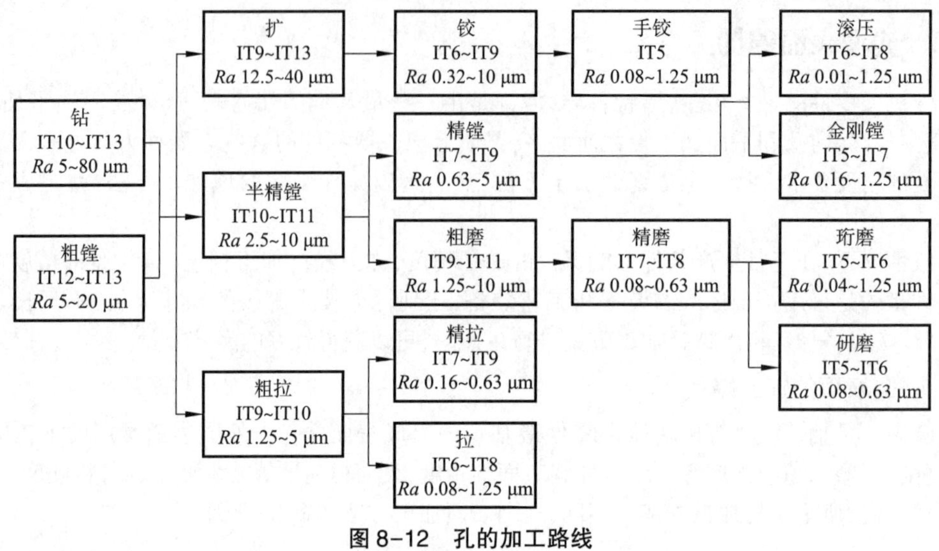

图 8-12　孔的加工路线

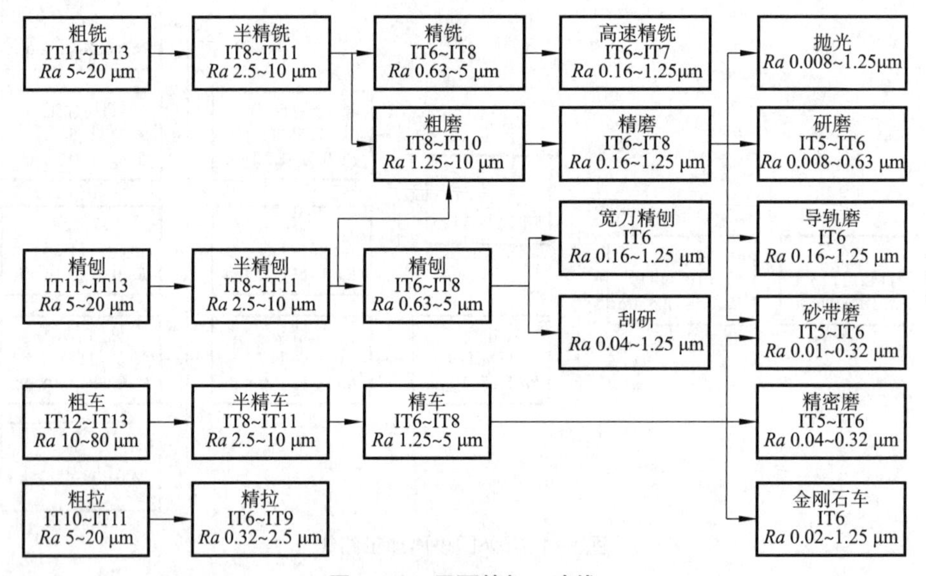

图 8-13　平面的加工路线

的零件,还需安排精密加工(含光整加工)和超精密加工阶段。

1. 各加工阶段的任务

(1)粗加工阶段。主要是为了去除各加工表面的大部分余量,并加工出精基准。这个阶段的主要目的是获得较高的生产率。

(2)半精加工阶段。减少粗加工阶段留下的误差,使加工面达到一定的精度,为精加工做好准备,并完成一些精度要求不高表面的加工,如钻孔、攻螺纹等。

(3)精加工阶段。主要是保证零件的尺寸、形状、位置精度及表面粗糙度,这是相当关键的加工阶段。大多数表面至此加工完毕,也为少数需要进行精密加工或光整加工的表面做好准备。

(4)精密和超精密加工阶段。精密和超精密加工采用一些高精度的加工方法,如精密磨削、珩磨、研磨、金刚石车削等,进一步提高表面的尺寸、几何精度,降低表面粗糙度,最终达到图纸的精度要求。

有时,由于毛坯余量特别大,表面特别粗糙,在粗加工之前还要有去皮加工阶段,称为荒加工阶段。为了及早发现毛坯废品以及减少运输工作量,常把荒加工放在毛坯准备车间。

2. 划分加工阶段的作用

(1)有利于保证加工质量。工件在粗加工时切除的余量大,产生的切削力和切削热也大,同时需要的夹紧力也较大,因而造成工件受力变形和热变形。另外,经过粗加工后工件的内应力要重新分布,也会使工件发生变形。若不分阶段连续进行加工,就无法避免和消除上述原因所引起的加工误差。

(2)便于合理使用设备。粗加工阶段可以使用功率大、刚性好、精度低、效率高的机床;精加工阶段则要求使用精度高的机床。这样有利于充分发挥粗加工机床的动力,又有利于长期保持精加工机床的精度。

(3)便于安排热处理工序。划分加工阶段可以在各个阶段中插入必要的热处理工序,使冷热加工配合得更好。实际上,加工中常常是以热处理作为加工分阶段的界线。如在粗加工之后进行去除内应力的时效处理,在半精加工后进行淬火处理等。

(4)便于及时发现毛坯缺陷,保护精加工表面。在粗加工阶段,由于切除的金属余量大,可以及早发现毛坯的缺陷(如夹渣、气孔、砂眼等),便于及时修补或决定报废,避免继续加工而造成工时和费用的浪费。而精加工表面安排在后面加工,可保护其不受损坏。

同时,加工阶段的划分也不是绝对的,例如,加工重型零件时,由于装夹吊运不方便,一般不划分加工阶段,在一次安装中完成全部粗加工和精加工。为提高加工精度,可在粗加工后松开工件,让其充分变形,再用较小的力夹紧工件进行精加工,以保证零件的加工质量。另外,如果工件的加工质量要求不高,工件的刚度足够,毛坯的质量较好且切除的余量不多,则可不必划分加工阶段。

8.6.4 工序集中与工序分散

在选定了各表面的加工方法和划分加工阶段之后,还要将工艺过程划分为若干工序。在划分零件加工工序时,有工序集中和工序分散两种方法。工序集中是将零件的加工集中在少数几道工序内完成,使每个工序中包括尽可能多的工步内容,从而总的工序数目减少,工艺路线较短。工序分散是将零件各个表面的加工分散在很多工序内完成,每个工序的工步内容相对较少,总的工序数目较多,工艺路线较长。

1. 工序集中的工艺特点

(1)减少设备数量,从而相应地减少操作工人和生产面积。

(2)有利于采用高生产率的先进或专用设备、工艺装备,提高加工精度和生产率。

(3)减少了工件装夹次数,在一次安装中加工出多个表面,有利于提高表面间的相互位置精度,减少工序间运输,缩短生产周期。

(4)因为使用的专用设备和专用工艺装备数量多而复杂,设备的一次性投资大,所以机床和工艺装备的调整、维修耗时,生产准备工作量大。

(5)工序数目少,减少了工件的运输工作量,简化了生产计划工作,生产周期短。

2. 工序分散的工艺特点

(1)工序分散的设备、工装比较简单,调整、维护方便。

(2)生产准备工作量少。

(3)每道工序的加工内容少,便于选择最合理的切削用量,有利于平衡工序时间,组织流水生产。

(4)设备数量多,操作人员多,占用生产面积大,组织管理工作量大。

(5)对操作工人的技术要求较低,或只经过较短时间的训练。

3. 工序集中与工序分散的选择

工序集中和分散的程度应对生产规模、零件的结构特点、技术要求和设备等具体生产条件综合考虑后确定。

在单件小批生产中,为简化生产计划工作,一般采用通用设备和工艺装备,尽可能在一台机床上完成较多的表面加工,尤其是对重型零件的加工,为减少装夹和往返搬运的次数,多采用工序集中的原则,这主要是为了便于组织管理。在大批、大量生产中,常采用高效率的设备和工艺装备,如多刀自动机床、组合机床及专用机床等,使工序集中,以便提高生产率和保证加工质量。但有些工件(如活塞、连杆等)可采用效率高、结构简单的专用机床和工艺装备,按工序分散原则进行生产,这样容易保证加工质量和使各工序的时间趋于平衡,便于组织流水线、自动线生产,提高生产率。面对多品种、中小批量的生产趋势,也多采用工序集中原则,选择数控机床、加工中心等高效、自动化设备,使一台设备完成尽可能多的表面加工。

在制订工艺规程时,只有具备以下条件,就应该提高工序集中程度:

(1)所集中进行的各项加工内容应是零件的结构形状所允许的,在一次装夹中能同时实现加工的内容。零件上各个同时或连续加工的部位,其加工过程既不相互干涉,也不互相影响各自的加工精度。

(2)工序集中时,有的加工内容可能是连续进行的,此时工序的生产节拍将会增长,而所增长的工序节拍也能保证完成生产纲领所提出的加工任务。

(3)工序集中时,机床结构的复杂性和调整的困难性将会有所增加,但增加的幅度是适当的。也就是说,这仍然不会妨碍稳定地保证加工精度,设备投资也不会太大,调整和操作也不是很困难。

8.6.5 加工顺序的安排

一个零件的较完整加工过程主要包括下列几类工序:机械加工工序、热处理工序、辅助工序等。

1. 机械加工工序

工件各表面的机械加工顺序,一般按照下述原则安排:

1)基准先行原则

此原则有两个含义,一是应首先安排被选作精基准的表面进行加工,再以加工出的精基准为定位基准,安排其他表面的加工。二是指为保证一定的定位精度,当加工面的精度要求很高时,精加工前应先修一下精基准。例如,精度要求高的轴类零件(如机床主轴、丝杠),第一道加工工序就是以外圆面为粗基准加工两端面及顶尖孔,再以顶尖孔定位完成各表面的粗加工;精加工开始前首先要修整顶尖孔,以提高轴在精加工时的定位精度,然后再安排各外圆面的精加工。

2)先面后孔原则

先加工平面,后加工孔,也有两个含义。一是当零件上有较大的平面可以作为定位基准时,先将其加工出来,再以面定位,加工孔。这样可以保证定位准确、稳定,装夹工件往往也比较方便。二是在毛坯面上钻孔或镗孔,容易使钻头引偏或打刀,先将此面加工好,再加工孔,则可避免上述情况的发生。

3)先粗后精原则

零件表面加工一般都需要分阶段进行,先安排各表面的粗加工,其次安排半精加工,最后安排主要表面的精加工和光整加工。

4)先主后次原则

先加工主要表面,后加工次要表面。主要表面一般指零件上的设计基准面和重要工作面。次要表面是指非工作表面,如紧固用的光孔和螺孔等。主要表面是决定零件质量的主要因素,对其进行加工是工艺过程的主要内容,因而在确定加工顺序时,要首先考虑加工主要表面的工序安排,以保证主要表面的加工精度。在安排好主要表面加工顺序后,常常从加工的方便与经济角度出发,安排次要表面的加工。

综合以上原则,常见的机械加工顺序为:定位基准的加工—主要表面的粗加工—次要表面的粗加工—主要表面的半精加工—次要表面的半精加工—修基准—主要表面的精加工。

2. 热处理工序

工艺过程中的热处理按其目的,大致可分为预备热处理(如退火、正火、调质等)和最终热处理(如淬火、回火、渗碳、渗氮等)两大类;前者可以改善材料切削加工性能,消除内应力和为最终热处理做准备;后者可使材料获得所需要的组织结构,提高零件材料的硬度、耐磨性和强度等性能。热处理工序在工艺路线中的安排,主要取决于零件的材料和热处理的目的要求。

1)预备热处理

(1)退火和正火。退火和正火用于经过热加工的毛坯。含碳量高于0.5%的碳钢和合金钢,为降低其硬度易于切削,常采用退火处理;含碳量低于0.5%的碳钢和合金钢,为避免其硬度过低切削时粘刀,而采用正火处理。退火和正火还能细化晶粒、均匀组织,为以后的热处理做准备。退火和正火常安排在毛坯制造之后、粗加工之前进行。

(2)时效处理。时效处理主要用于消除毛坯制造和机械加工中产生的内应力。为减少运输工作量,对于一般精度的零件,在精加工前安排一次时效处理即可。但精度要求较高的零件(如坐标镗床的箱体等),应安排两次或数次时效处理工序。简单零件一般可不进行时效处理。

(3)调质。调质是在淬火后进行高温回火处理,能获得均匀细致的回火索氏体组织,为以后的表面淬火和渗氮处理时减少变形做准备,因此调质也可作为预备热处理。由于调质后零件的综合力学性能较好,对某些硬度和耐磨性要求不高的零件,可作为最终热处理工序。

2)最终热处理

(1)淬火。淬火有表面淬火和整体淬火。其中表面淬火因为变形、氧化及脱碳较小而应用较广,而且表面淬火还具有外部强度高、耐磨性好,而内部保持良好的韧性、抗冲击力强等优点。为提高表面淬火零件的机械性能,常需进行调质或正火等热处理作为预备热处理。

(2)渗碳淬火。渗碳淬火适用于低碳钢和低合金钢,先提高零件表层的含碳量,经淬火后使表层获得高的硬度,而心部仍保持一定的强度和较高的韧性和塑性。渗碳分整体渗碳和局部渗碳。局部渗碳时对不渗碳部分要采取防渗措施(镀铜或镀防渗材料)。由于渗碳淬火变形大,且渗碳深度一般在0.5~2 mm,所以渗碳工序一般安排在半精加工和精加工之间。

当局部渗碳零件的不渗碳部分,采用加大余量后切除多余的渗碳层的工艺方案时,切除多余渗碳层的工序应安排在渗碳后,淬火前进行。

(3)渗氮处理。渗氮是使氮原子渗入金属表面获得一层含氮化合物的处理方法。渗氮层可以提高零件表面的硬度、耐磨性、疲劳强度和抗蚀性。由于渗氮处理温度较低、变形小、且渗氮层较薄(一般不超过0.6~0.7 mm),因此渗氮工序应尽量靠后安排,常安排在精加工之间进行。为减小渗氮时的变形,在切削后一般需进行消除应力的高温回火。

3. 辅助工序

辅助工序包括工件的检验、去毛刺、去磁、清洗和涂防锈油等。检验工序是主要的辅助工序,是监控产品质量的主要措施。为了确保零件的加工质量,在工艺过程中必须合理地安排检验工序。

除了各工序操作工人自行检验外，还必须在下列情况下安排单独的检验工序：

(1)不同加工阶段的前后，如粗加工结束、精加工前；精加工后、精密加工前。

(2)重要工序的加工前后。

(3)工件从一个车间转到另一个车间前后，特别是热处理前后。

(4)零件全部加工结束以后。

除了一般性的尺寸检查外，对于重要零件有时还需要安排超声检测、射线检测、磁粉检测、渗透检测、密封性试验等对工件内部或表面质量进行检查，根据检查的目的可安排在机械加工之前(检查毛坯)或工艺过程的最后阶段进行。

8.6.6 机床和工艺设备的选择

经工艺分析后，零件的机械加工工艺路线已确定下来，这时必须具体确定零件在每道工序中使用的机床、夹具、刀具和量具，确定各工序的加工尺寸及公差，并填写工艺文件。

1. 机床的选择

机床的规格尺寸应与工件的轮廓尺寸相适应。小型零件选用小机床，大型零件选用大机床，要避免大马拉小车的现象，做到设备的合理使用。加工阀体、阀盖等回转直径大、长度短的零件，应优先选择立式车床。即使采用普通车床，也应安排在床身短的机床上加工。

机床的生产率要与工件的生产类型相适应。单件小批生产时，可选用普通万能机床；中、大批生产时选用高效率的自动、半自动或数控加工中心机床。

确定了工序集中或工序分散的原则后，基本上也就确定了设备的类型。如采用工序集中，则宜选用高效自动加工设备；若采用工序分散，则通用加工设备可较简单。此外，选择设备时应考虑：机床精度与工件精度相适应；机床规格与工件的外形尺寸相适应；选择的机床应与现有加工条件相适应，如设备负荷的平衡状况等；如果没有现成设备供选用，经过方案的技术经济分析后，也可提出专用设备的设计任务书或改装旧设备。

2. 工艺装备的选择

工艺装备选择的合理与否，将直接影响工件的加工精度、生产效率和经济效益。应根据生产类型、具体加工条件、工件结构特点和技术要求等选择工艺装备。

(1)夹具的选择。单件、小批生产时，在保证加工精度要求的前提下，应首先采用各种通用夹具和机床附件，如卡盘、机床用平口虎钳、分度头等；对于大批和大量生产，为提高生产率应采用专用高效夹具；多品种中、小批量生产可采用可调夹具或成组夹具。

(2)刀具的选择。一般优先选用标准刀具或通用刀具，只有在不能使用标准刀具或为了提高生产率时，才使用专用刀具。

(3)量具的选择。单件、小批生产应广泛采用通用量具，如游标卡尺、百分尺和千分表等；大批、大量生产应采用极限量块和高效的专用检验夹具和量仪等。量具的精度必须与加工精度相适应。

8.6.7 加工余量及工序尺寸

工艺路线拟定以后，需要确定各工序合理的加工余量、工序尺寸及公差。这不仅可以保证零件加工精度，而且可以节省材料和节约工时。

1. 加工余量的概念

用去除材料方法制造机器零件时，一般都要从毛坯上切除一层层材料之后才能得到符合图样规定要求的零件。在机械加工过程中从加工表面切除的材料层厚度称为加工余量。毛坯经机械加工而达到零件图的设计尺寸，毛坯尺寸与零件图的设计尺寸之差，即从被加工表面上切除的材料层总厚度称为加工总余量。工序余量是指相邻两工序的尺寸之差,也就是某工序所切除的材料层厚度。

工件表面的加工总余量 Z_0 与该表面各工序余量 Z_i 之间的关系为

$$Z_0 = Z_1 + Z_2 + \cdots + Z_n = \sum_{i=1}^{n} Z_i \tag{8-1}$$

式中,n 为加工该表面的工序数。

对于图 8-14(a)所示的被包容面(轴)和图 8-14(b)所示的包容面(孔)的本工序余量 Z_b 可分别表示为

$$Z_b = l_a - l_b \tag{8-2}$$

$$Z_b = l_b - l_a \tag{8-3}$$

式中,l_a 为上道工序的公称尺寸;l_b 为本道工序的公称尺寸。

工序余量又可以分为单边余量和双边余量。单边余量是指若相邻两工序的工序尺寸之差等于被加工表面任一位置上在该工序切除的材料层厚度,如图 8-14(a)和(b)所示。

双边余量是指回转表面(如外圆、内孔等)和对称平面(如键槽等),在一个方向的材料层被切除时,对称方向上的材料层也同时等量地被切除掉,使相邻两工序的工序尺寸之差等于被加工表面任一位置上在该工序内切除的材料层厚度的两倍,如图 8-14(c)和(d)所示。

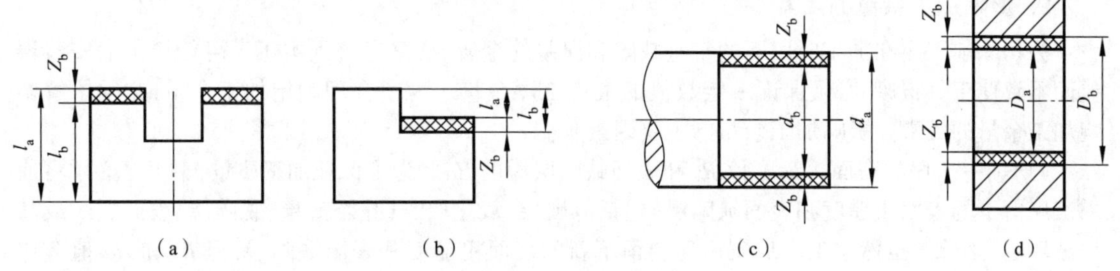

图 8-14　工序加工余量

双边余量用 $2Z_b$ 表示,对于图 8-14(c)的外圆柱面

$$2Z_b = d_a - d_b \tag{8-4}$$

对于图 8-14(d)的内圆柱面

$$2Z_b = D_b - D_a \tag{8-5}$$

由于工序尺寸有偏差,故实际切除的余量大小不等。因此,工序余量也是一个变动量。当工序尺寸用公称尺寸计算时,所得的加工余量称为基本余量或者公称余量。保证该工序加工表面的精度和质量所需切除的最小材料层厚度称为最小余量 Z_{min},该工序余量的最大值称为最大余量 Z_{max},与工序尺寸之间的关系如图 8-15 所示。

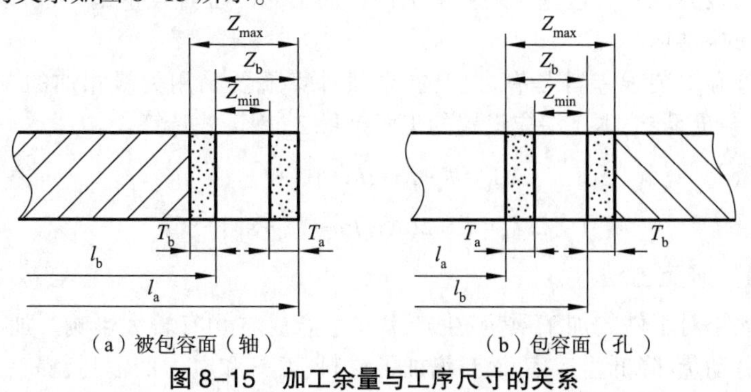

图 8-15　加工余量与工序尺寸的关系

由图 8-15 可知,被包容面(轴)的最大余量、最小余量、平均余量为

$$Z_{max}=l_{amax}-l_{bmin}$$
$$Z_{min}=l_{amin}-l_{bmax}$$
$$Z_{m}=l_{am}-l_{bm} \tag{8-6}$$

式中,Z_m 为平均余量;l_{amax}、l_{amin} 为前工序最大、最小尺寸;l_{bmax}、l_{bmin} 为本工序最大、最小尺寸;l_{am} 为前工序平均尺寸;l_{bm} 为本工序平均尺寸。

包容面(孔)的最大余量、最小余量、平均余量为

$$Z_{max}=l_{bmax}-l_{amin}$$
$$Z_{min}=l_{bmin}-l_{amax}$$
$$Z_{m}=l_{bm}-l_{am} \tag{8-7}$$

被包容面(轴)和包容面(孔)的余量公差 T_z 都为

$$T_z=Z_{max}-Z_{min}=T_{la}+T_{lb} \tag{8-8}$$

式中,T_{la} 为前工序尺寸公差;T_{lb} 为本工序尺寸公差。

工序尺寸公差带,一般规定按"入体原则"标注。对被包容面(轴),工序公称尺寸为最大极限尺寸,上偏差为零;对包容面(孔),工序公称尺寸即为最小极限尺寸,下偏差为零。孔与孔(或平面)之间的距离尺寸公差应按对称分布标注,毛坯尺寸公差通常按双向对称偏差形式标注。

2. 影响加工余量的因素

为切除前工序在加工时留下的带有缺陷和误差的金属层,又考虑到本工序可能产生的安装误差而不致使工件报废,必须保证一定数值的最小工序余量。为了合理确定加工余量,必须了解影响加工余量的因素。影响加工余量的主要因素有:

(1)前一工序的表面粗糙度值 Rz 和表面缺陷层深度 Ha。为了保证加工质量,本工序必须将前一工序留下的表面粗糙度和表面缺陷层(包括冷硬层、氧化层、气孔类渣层、脱碳层、表面裂纹或其他破坏层)切除。虽然本工序加工后还会留下新的表面粗糙度和表面缺陷层,但 Rz 和 Ha 值会比前工序降低,故此本工序的加工余量必须包括 Rz 和 Ha,以及工序安排时必须考虑使 Rz 和 Ha 达到设计要求。

(2)前一工序的尺寸公差 T_a。由于工序尺寸有公差,前一工序的实际工序尺寸有可能出现最大或最小极限尺寸。为了使前工序的实际工序尺寸在极限尺寸的情况下,本工序也能将上工序留下的表面粗糙度和表面缺陷层切除,本工序的加工余量应包括前一工序的公差 T_a。

(3)前一工序的形状和位置公差 e_a。当工件上有些形状和位置偏差不包括在尺寸公差的范围内时,这些误差必须在本工序加工纠正。本工序的加工余量应包括前一工序的形状和位置公差 e_a。

(4)本工序的安装误差 ε_b。安装误差包括工件的定位误差和夹紧误差。若用夹具装夹,还应有夹具在机床上的装夹误差。这些误差会使工件在加工时的位置发生偏移,所以加工余量还必须考虑安装误差 ε_b 的影响。

由于位置误差和安装误差都是有方向的,余量计算就要采用矢量相加的方法。综合以上因素,为保证各工序余量足够,本工序应设置的工序余量 Z_b 用下式计算:

对于单边余量
$$Z_b=T_a+Rz+Ha+|\vec{e}_a+\vec{\varepsilon}_b| \tag{8-9}$$

对于双边余量
$$2Z_b=T_a+2(Rz+Ha+|\vec{e}_a+\vec{\varepsilon}_b|) \tag{8-10}$$

3. 加工余量的确定方法

加工余量的大小对工件的加工质量、生产率和生产成本均有较大影响。加工余量过大,不仅增加机械加工的劳动量、降低生产率,而且增加了材料、刀具和电力的消耗,提高了加工成本;加工

余量过小,则既不能消除前道工序的各种表面缺陷和误差,又不能补偿本工序加工时工件的安装误差,造成废品。因此,应合理地确定加工余量。

确定加工余量的基本原则是:在保证加工质量的前提下,加工余量越小越好。

实际工作中,确定加工余量的方法有以下三种:

(1)计算法。在掌握上述各影响因素具体数据的条件下,用计算法确定加工余量是比较科学的;但目前所积累的统计资料尚不多,计算有困难且过程较为复杂,目前应用较少,一般只用于贵重材料零件的加工。

(2)经验估计法。加工余量由一些有经验的工程技术人员和工人根据经验确定。由于主观上会避免出现废品,故此估计的加工余量一般都偏大,此法一般只用于单件小批普通零件的生产。

(3)查表法。此法以工厂生产实践和实验研究积累的数据为基础制定的各种表格为依据,再结合实际加工情况加以修正。用查表法确定加工余量,方法简便,比较接近实际,生产上广泛应用。

4. 工序尺寸及其公差的确定

生产上绝大部分加工面都是在基准重合(工艺基准和设计基准重合)的情况下进行加工。工序尺寸及公差的确定,一般采用"逆推法",即采用由后向前推的方法,最后一道工序尺寸及公差可直接按零件图的要求来确定,然后一直向前推算到毛坯尺寸,再将各工序尺寸的公差按"入体原则"标注。

例如,某段轴径设计尺寸为ϕ50h5,表面粗糙度为*Ra*0.04 μm,要求高频淬火,毛坯为锻件,材料为 45 钢。制定加工方案时,首先确定最后工序的加工方法,查表可知通过研磨能在经济加工精度条件下加工达到设计要求,从而该轴径的主要加工过程为:粗车—半精车—高频淬火—粗磨—精磨—研磨。接下来确定各工序的工序尺寸及公差。

(1)通过机械加工工艺手册查得,研磨余量为 0.01 mm,精磨余量为 0.1 mm,粗磨余量为 0.3 mm,半精车余量为 1.1 mm,粗车余量为 4.5 mm,则加工总余量为 6.01 mm。

(2)计算得到各工序的公称尺寸,研磨后为 50 mm(设计尺寸),精磨后为ϕ50.01 mm,粗磨后为ϕ50.11 mm,半精车后为ϕ50.41 mm,粗车后为ϕ51.51 mm,毛坯为ϕ56.01 mm。

(3)确定工序尺寸公差,都在经济加工精度范围内取值,研磨后为 IT5,*Ra*0.04 μm(设计要求);精磨后为 IT6,*Ra*0.16 μm;粗磨后为 IT8,*Ra*1.25 μm;半精车后为 IT11,*Ra*3.2 μm;粗车后为 IT13,*Ra*16 μm。

(4)按"入体原则"进行尺寸标注,研磨后为$\phi 50_{-0.011}^{\ 0}$ mm,精磨后为$\phi 50.01_{-0.016}^{\ 0}$ mm,粗磨后为$\phi 50.11_{-0.039}^{\ 0}$ mm,半精车后为$\phi 50.41_{-0.16}^{\ 0}$ mm,粗车后为$\phi 51.51_{-0.39}^{\ 0}$ mm。

最后确定毛坯尺寸,查机械加工工艺手册,锻造毛坯公差为±2 mm,毛坯尺寸ϕ56.01±2 mm,此时毛坯尺寸可化整为ϕ56±2 mm。

在工艺基准和设计基准无法重合的情况下,确定了工序余量之后,还需要通过工艺尺寸链进行工序尺寸和公差的换算。

8.7 工艺尺寸链

加工过程中,工件的尺寸是不断变化的,由最初的毛坯尺寸到工序尺寸,最后达到设计尺寸。一方面,由于加工的需要,在工序图以及工艺卡上要标注专供加工用的工艺尺寸,工艺尺寸往往不是直接采用零件图上的尺寸,而是需要另行计算;另一方面,当零件加工时,有时需要多次转换工艺基准,因而引起工艺与设计基准不重合,需要利用工艺尺寸链原理进行工序尺寸及其公差的计算。

8.7.1 工艺尺寸链的基本概念

1. 工艺尺寸链的概念

在工件加工和机器装配过程中,由相互联系的尺寸,按一定顺序排列成的封闭尺寸组,称为尺寸链。对于图 8-16 所示工件,可先以 3 面作粗基准加工 1 面,再以 1 面作精基准加工 3 面,可得尺寸 $A_1=30_{-0.2}^{0}$,接着加工 2 面,得尺寸 A_2,同时要求保证 2 面到 3 面的尺寸 $A_0=10\pm0.3$。A_1、A_2 和 A_0 这三个尺寸构成了一个封闭尺寸组,就构成了一个尺寸链。尺寸链包含两层含义：其一是封闭性,尺寸链的各尺寸应构成封闭形式(并且是按照一定顺序首尾相接的);其二是关联性,尺寸链中的任何一个尺寸变化都将直接影响其他尺寸的变化。

把尺寸链中的尺寸按一定顺序首尾相接构成的封闭图形称为尺寸链图,如图 8-16(c)所示。把组成尺寸链的每个尺寸称为尺寸链的“环”。图中的 A_1、A_2 和 A_0 都是尺寸链的环。

在图 8-16 中,A_1 和 A_2 是在尺寸链中由加工直接得到的尺寸,称为组成环;而 A_0 是 A_1 和 A_2 加工后自然形成的尺寸,也就是在尺寸链中间接得到的尺寸,称为封闭环。从而封闭环是在零件加工或机器装配过程中,最后自然形成(即间接获得或间接保证)的尺寸,一般情况下尺寸链中只有 1 个封闭环。

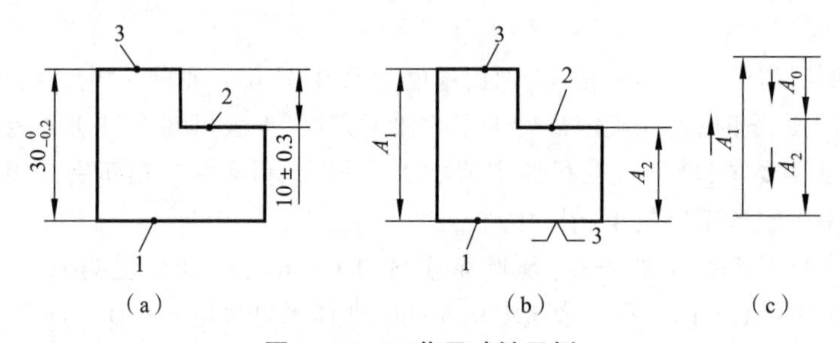

图 8-16 工艺尺寸链示例

组成环的实际尺寸可以在公差范围内变化,这就导致封闭环尺寸也随之变化。组成环按照其对封闭环的影响,可分为增环和减环。在尺寸链中,当其他组成环不变时,将某一组成环增大,封闭环随之增大,该组成环称为增环;反之,当其他组成环不变的情况下,将某一组成环增大,封闭环随之减小,该组成环称为减环。在图 8-16 中,若 A_2 固定不变,A_1 增大时,封闭环 A_0 随之增大,则 A_1 为增环;若 A_1 固定不变,A_2 增大时,封闭环 A_0 随之减小,则 A_2 为减环。

当组成环较多时,可通过画箭头的方法判断增减环,先在封闭环中画一箭头表示方向,然后由封闭环出发,依次经过各组成环,根据途径方向对组成环标注箭头,最后根据组成环的箭头方向判断增减环,其中与封闭环箭头方向相同的是减环,反之,与封闭环箭头方向相反的是增环。在图 8-16(c)中,若取封闭环 A_0 箭头向下,从 A_0 出发先经过 A_2,方向向下,再经过 A_1,方向向上,从而 A_2 与 A_0 方向相同,为减环,A_1 与 A_0 方向相反,为增环。

2. 工艺尺寸链图

将尺寸链中的封闭环和组成环的各个尺寸从零件上抽象出来,合并成为一个只有尺寸线的图形,称为尺寸链图,如图 8-16(c)所示。正确绘制尺寸链图是正确计算尺寸链的基础。尺寸链图的作图过程为:首先找出间接保证的尺寸,定为封闭环;然后从封闭环起,按照零件上表面间的联系,依次画出通过加工得到的尺寸,作为组成环,直到尺寸的终端回到封闭环的起端,形成一个封闭图形。必须注意的是,对于某些直径尺寸属于双边余量,无法形成封闭尺寸链,可以使用半径,将圆心作为封闭点使用。

3. 尺寸链的分类

按生产过程的不同,尺寸链可分为工艺尺寸链、装配尺寸链和工艺系统尺寸链。在零件加工工序中,由有关工序尺寸、设计尺寸或加工余量等所组成的尺寸链称为工艺尺寸链。在机器装配中,由机器或部件内若干个相关零件构成互相有联系的封闭尺寸链称为装配尺寸链。在零件生产过程中某工序的工艺系统内,由工件、刀具、夹具、机床及加工误差等有关尺寸所形成的封闭尺寸链称为工艺系统尺寸链。

按照各构成尺寸所处的空间位置,尺寸链可分为直线尺寸链、平面尺寸链和空间尺寸链。尺寸链全部尺寸位于两根或几根平行直线上,称为直线尺寸链(又称线性尺寸链)。尺寸链全部尺寸位于一个或几个平行平面内时,称为平面尺寸链。尺寸链全部尺寸位于几个不平行的平面内时,称为空间尺寸链。

按照构成尺寸链各环的几何特征可分为长度尺寸链和角度尺寸链。按照尺寸链的相互联系的形态可分为独立尺寸链和相关尺寸链。按其尺寸联系形态,又可分为并联尺寸链、串联尺寸链和混联尺寸链。

8.7.2 工艺尺寸链的计算方法

尺寸链的计算方法主要有极值法和概率法两种。目前生产中一般采用极值法。概率法主要用于生产批量大的自动化及半自动化生产中,但是当尺寸链的环数较多时,即使生产批量不大也宜采用概率法。无论采用哪种方法,再计算之后都要进行修正,得到完整的合格区间,避免实际加工中,出现“误判废”,而产生经济损失。

1. 极值法

从尺寸链中各环的极限尺寸出发,进行尺寸链计算的方法,称为极值法,又称极大极小值解法。其特点是简单易行,质量稳定,但在封闭环公差较小且组成环数较多时,各组成环的独立合格区公差将会更小,使加工困难,制造成本增加。需要综合分析动态合格区,以降低加工难度。极值法的主要计算公式如下

$$A_0 = \sum_{z=1}^{m} A_z - \sum_{j=1}^{n} A_j \tag{8-11}$$

$$ES_0 = \sum_{z=1}^{m} ES_z - \sum_{j=1}^{n} EI_j \tag{8-12}$$

$$EI_0 = \sum_{z=1}^{m} EI_z - \sum_{j=1}^{n} ES_j \tag{8-13}$$

$$T_0 = \sum_{i=1}^{m+n} T_i \tag{8-14}$$

式中,A_0、A_z、A_j 分别为封闭环、增环、减环的公称尺寸;ES_0、ES_z、ES_j 分别为封闭环、增环、减环的上偏差;EI_0、EI_z、EI_j 分别为封闭环、增环、减环的下偏差;m 为增环数;n 为减环数;T_0 为封闭环的公差;T_i 为组成环的公差。

可见,提高封闭环的精度(即减小封闭环的公差)有两个途径:一是减小组成环的公差,即提高组成环的精度;二是减少组成环的环数,这一原则称为“尺寸链最短原则”。在封闭环的公差一定的情况下,减少组成环的环数,即可相应放大各组成环的公差而使其易于加工,同时,环数减少也能够使结构简单,因而可降低生产成本。

2. 概率法

概率法又称统计法,是应用概率论原理进行尺寸链计算的一种方法,是假设各组成环处于极限尺寸的情况是小概率事件,进而处于极限尺寸的各组成环恰好集中到一起的概率更小,基于此

来确定封闭环和组成环关系的计算方法。当封闭环公差较小,环数较多时,则各组成环就相应地减小,造成加工困难,成本增加。此时为了扩大组成环公差,以便加工容易,此时可采用统计法(概率法)计算尺寸链以确定组成环公差,而不用极值法。

根据概率论,如果将各组成环视为随机变量,则封闭环(各随机变量之和)也为随机变量。由此可以引出采用概率法计算直线尺寸链的主要公式

$$A_{M0}=\sum_{z=1}^{m}A_{zM}-\sum_{j=1}^{n}A_{jM} \tag{8-15}$$

$$\Delta_0=\sum_{z=1}^{m}(\Delta_z+e_zT_z/2)\Delta_z-\sum_{j=1}^{n}(\Delta_j+e_jT_j/2) \tag{8-16}$$

$$T_0=\frac{1}{k_0}\sqrt{\sum_{i=1}^{m+n}k_i^2T_i^2} \tag{8-17}$$

$$ES_0=\Delta_0+\frac{T_0}{2} \tag{8-18}$$

$$EI_0=\Delta_0-\frac{T_0}{2} \tag{8-19}$$

式中,A_{0M}、A_{zM} 和 A_{jM} 为封闭环、增环和减环的平均尺寸;T_0 为封闭环平方公差;Δ_0、Δ_z、Δ_j 为封闭环、增环和减环的中间偏差;k 为尺寸相对分布系数;e 为尺寸分布曲线的不对称系数。

表 8-6 给出了相对分布系数与不对称系数的取值。

表 8-6　相对分布系数与不对称系数的取值

分布特征	正态分布	三角分布	均匀分布	瑞利分布	偏态分布	
					外尺寸	内尺寸
分布曲线	-3σ　3σ			$e\frac{T}{2}$	$e\frac{T}{2}$	$e\frac{T}{2}$
k	1	1.22	1.73	1.14	1.17	1.17
e	0	0	0	-0.28	0.26	-0.26

3. 工艺尺寸链计算的类型

(1)正计算。已知各组成环尺寸求封闭环尺寸,即根据各组成环公称尺寸及公差(或偏差),计算封闭环的公称尺寸及公差(或偏差),称为“尺寸链的正计算”。这种计算主要用于审核图纸,验证设计的正确性,其计算结果是唯一确定的。

(2)反计算。已知封闭环尺寸求各组成环尺寸,即根据设计要求的封闭环公称尺寸及公差(或偏差),反过来计算各组成环公称尺寸及公差(或偏差),称为“尺寸链的反计算”。由于组成环通常有若干个,所以反计算形式需将封闭环的公差值按照尺寸大小和精度要求合理地分配给各组成环,其实质是将封闭环公差分配给各组成环以及确定各组成环公差带的分布位置,使各组成环公差累积后的总和及分布位置与封闭环公差值及分布位置的要求相一致。公差分配可以采用等公差值分配法、等精度分配法、取协调环再分配法等。

(3)中间计算。已知封闭环尺寸和部分组成环尺寸求某一组成环尺寸。该方法应用最广,常用于加工过程中基准不重合时计算工序尺寸,如基准的换算,工序尺寸的确定等。尺寸链多属这种计算形式。

4. 工艺尺寸链计算结果的修正

通过反计算或中间计算后,得到的组成环公称尺寸及公差结果,可称为独立合格区,即增环和减环在各自尺寸公差范围无论如何变化,都可以使封闭环始终符合其尺寸公差要求。但如果组成环实际尺寸超出其公差范围时,也可能使封闭环合格,此时可称为条件合格区。独立合格区与条件合格区合在一起,称为动态合格区。

为了简化问题,在此以中间计算为例,假设要计算的是减环尺寸 A_{j1},且组成环中只有 A_{j1} 一个减环,增环数不限,例如图 8-16 中只有一个减环,根据尺寸链中的尺寸关系可得

$$ES'_{j1} = \sum_{z=1}^{m} ES_z - EI_0 = ES_{\sum j1} - EI_0 \tag{8-20}$$

$$EI'_{j1} = \sum_{z=1}^{m} EI_z - ES_0 = EI_{\sum j1} - ES_0 \tag{8-21}$$

式中,ES'_{j1}、EI'_{j1}、$ES_{\sum j1}$、$\mathrm{EI}_{\sum j1}$ 分别为 A_{j1} 的最小上偏差、最大下偏差、动态上偏差、动态下偏差。

零件加工之后各尺寸实际偏差 E_a 的关系为

$$E_{a0} = \sum_{z=1}^{m} E_{az} - \sum_{j=1}^{n} E_{aj} \tag{8-22}$$

再通过各尺寸的 $EI \leqslant E_a \leqslant ES$ 关系,可得到 A_{j1} 的动态合格区为

$$\begin{gathered} E_x - ES_0 \leqslant E_{aj1} \leqslant E_x - EI_0 \\ E_x \in [EI_{\sum j1}, ES_{\sum j1}] \end{gathered} \tag{8-23}$$

式中,E_x 为动态偏差变量。

图 8-17 所示为尺寸链动态公差图。用横坐标表示增环的尺寸偏差,纵坐标表示减环的尺寸偏差。通过极值法中间计算后,可得到矩形 $ABCD$ 的尺寸范围,即独立合格区。在尺寸链动态公差图上,把封闭环尺寸都相等的点连成线,称为封闭环等尺寸线,即图 8-17 中 AA'、DE、FB 等,此时延长 BC 与 DE 交于 E 点,延长 DA 与 BF 交于 F 点,则 $\triangle EDC$ 和 $\triangle FBA$ 是条件合格区,则 $\square BFDE$ 为动态合格区,即增环和减环的实际尺寸落在 $\square BFDE$ 内部及各边上时,封闭环尺寸始终合格。

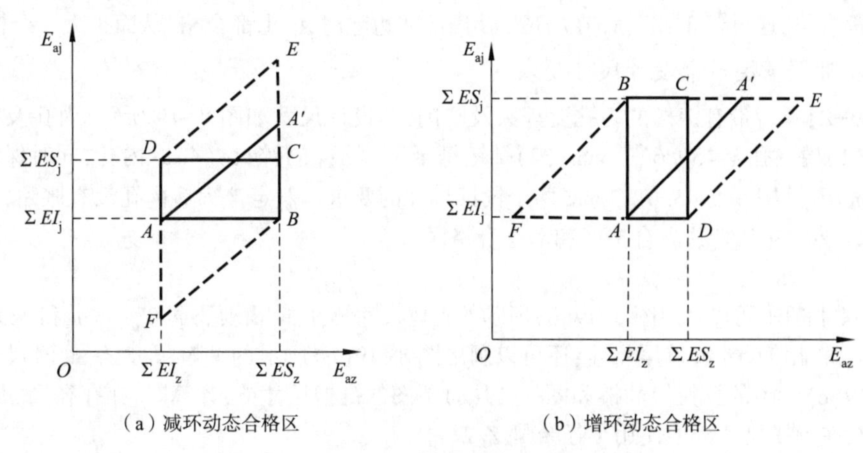

(a) 减环动态合格区　　(b) 增环动态合格区

图 8-17　尺寸链动态公差图

同理,如果所求的是增环且组成环中只有一个增环,则可按图 8-17(b)得到动态合格区为 $\square BFDE$。

当组成环中有多个增环和减环时,计算过程较复杂,可按实际尺寸校核封闭环尺寸。

8.7.3 工艺尺寸链的分析与计算

1. 定位基准与工序基准不重合

例题【8-1】 如图 8-16(a)所示零件及加工方案,$A_1=30_{-0.2}^{0}$ mm,$A_0=10\pm0.3$ mm。用极值法计算工序尺寸 A_2,得出独立合格区、动态合格区,画出 A_2 的动态公差图。

解:

(1)画尺寸链图,如图 8-16(c)所示;

(2)判断封闭环和增减环:A_0 是封闭环,A_1 是增环,A_2 是减环;

(3)使用简化公式:$A_{封}=\sum A_{增}-\sum A_{减}$,$ES_{封}=\sum ES_{增}-\sum EI_{减}$,$EI_{封}=\sum EI_{增}-\sum ES_{减}$;代入数据有:$10=30-A_2$,$+0.3=0-EI_2$,$-0.3=-0.2-ES_2$;计算得:$A_2=20$ mm,$EI_2=-0.3$ mm,$ES_2=+0.1$ mm;

(4)综上:得 $A_2=20_{-0.3}^{+0.1}$ mm,按入体原则标注为 $A_2=20.1_{-0.4}^{0}$ mm,此为独立合格区间。

(5)计算动态合格区:A_2 是减环,按照前述修正方法,由式(8-20)和式(8-21)得,$EI_2'=EI_1-ES_0=-0.2-(+0.3)=-0.5$ mm,$ES_2'=ES_1-EI_0=0-(-0.3)=+0.3$ mm,则 A_2 实际偏差 E_{a2} 的动态合格区为 $E_x-0.3\leqslant E_{a2}\leqslant E_x+0.3$,$E_x\in[-0.2,0]$,即 $A_2=20_{E_x-0.3}^{E_x+0.3}$,$E_x\in[-0.2,0]$。

(6)画动态公差图,可得到图 8-18 所示的动态合格区间▱$BFDE$,即 A_1 和 A_2 的实际尺寸落在▱$BFDE$ 内部或各边上时,A_0 始终合格。

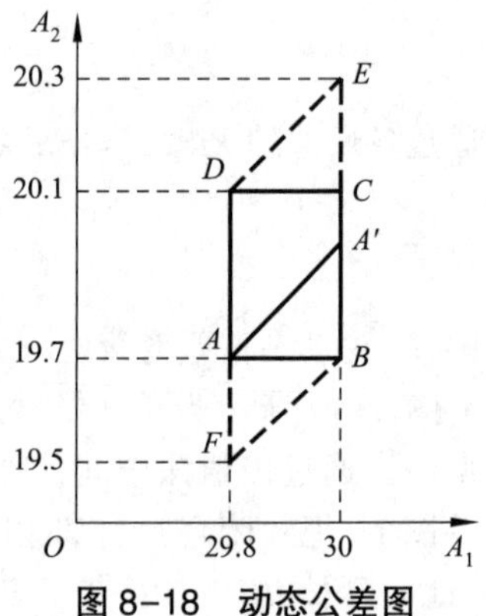

图 8-18 动态公差图

从图中可知,当 A_1 为最小值 30 mm 时,$E_x=-0.2$ mm,则 $A_2=20_{-0.5}^{+0.1}$ mm,即图中线段 FD,而当 A_1 为最大值 30.2 mm 时,$E_x=0$ mm,则 $A_2=20_{-0.3}^{+0.3}$ mm,即图中线段 BE。

从此题中可以看出,通过极值法式(8-11)~式(8-13)计算出的结果 A_1、A_2 在▱$ABCD$ 内部或边上时 A_0 都合格,通过修正,A_1、A_2 在▱$BFDE$ 内部或边上时 A_0 也都合格,从而扩大了合格范围。

2. 一次加工满足多个设计尺寸要求

例题【8-2】 一带有键槽的内孔要淬火及磨削,其设计尺寸如图 8-19 所示,内孔及键槽的加工顺序是:(1)镗内孔至 $\phi39.6_{0}^{+0.10}$ mm;(2)插键槽至尺寸 A;(3)淬火;(4)磨内孔,同时保证内孔直径 $\phi40_{0}^{+0.05}$ mm 和键槽深度 $43.6_{0}^{+0.34}$ mm 两个设计尺寸的要求。假定淬火后内孔没有胀缩,试确定工序尺寸 A 及其公差(计算独立合格区和动态合格区)。

解:

(1)画尺寸链图,可以画出图 8-19(b)所示的整体尺寸链,此时需要将 $\phi40_{0}^{+0.05}$ mm 和 $\phi39.6_{0}^{+0.10}$ mm 用半径表示,才能使尺寸链首尾相连;还可以画出图 8-19(c)所示的分解尺寸链,此时尺寸链被分解为图 8-19(c)上图的孔径尺寸链和图 8-19(c)下图的键槽尺寸链,计算时,在孔径尺寸链中使用双边余量 Z,在键槽尺寸链中使用半径余量 $Z/2$。

上述两种尺寸链的计算结果是相同的,在此采用整体尺寸链进行计算。

(2)判断封闭环和增减环:$43.6_{0}^{+0.34}$ 是封闭环,A、$20_{0}^{+0.025}$ 是增环,$19.8_{0}^{+0.05}$ 是减环。

(3)使用简化公式:$A_{封}=\sum A_{增}-\sum A_{减}$,$ES_{封}=\sum ES_{增}-\sum EI_{减}$,$EI_{封}=\sum EI_{增}-\sum ES_{减}$;代入数据有:$43.6=(A+20)-19.8$,$+0.34=(ES_A+0.025)-0$,$0=(EI_A+0)-(+0.05)$;计算得:$A=43.4$ mm,$ES_A=+0.315$ mm,$EI_A=+0.05$ mm。

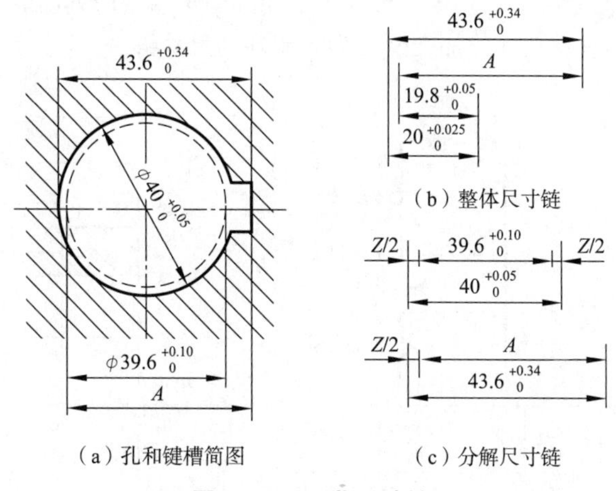

图 8-19 工艺尺寸链

(4)综上:得 $A=43.4^{+0.315}_{+0.050}$ mm,按入体原则标注为 $A=43.45^{+0.265}_{0}$ mm,此为独立合格区间。

(5)计算动态合格区:A 是增环,按照前述修正方法可知,$ES'_A=+0.34+0.05-0=+0.39$ mm,$EI'_A=0+0-(+0.025)=-0.025$ mm,则 A 实际偏差 E_{aA} 的动态合格区为 $E_x \leqslant E_{aA} \leqslant E_x+0.34$,$E_x \in [-0.025,+0.05]$,即 $A=43.4^{E_x+0.34}_{E_x}$,$E_x \in [-0.025,+0.05]$。

3. 工艺尺寸的图表跟踪法

对于同一位置尺寸方向上具有较多的尺寸,加工时工序基准(测量基准)又需多次转换的零件,由于工序尺寸相互联系关系复杂,其工序尺寸、公差和余量的确定需要从整个工艺过程的角度用尺寸链作综合计算。图表法是进行这种综合计算的有效方法,下面通过例题进行说明。

例题【8-3】 图 8-20 所示为一套筒零件及其轴向设计尺寸,毛坯是 45 钢棒料,其轴向尺寸的加工工艺过程主要为:

工序 1:(1)以端面 A 定位,粗车端面 D,保证工序尺寸为 $A_1 \pm (T_{A1}/2)$,并留 3 mm 精车余量;(2)车削外圆到端面 B,保证长度 $40^{0}_{-0.2}$ mm。

工序 2:(1)以端面 D 定位,精车端面 A,保证全长工序尺寸为 $A_2 \pm (T_{A2}/2)$,并留 0.2 mm 磨削余量;(2)镗大孔,保证到 C 面的孔深工序尺寸 $A_3 \pm (T_{A3}/2)$。

工序 3:以端面 D 定位,磨端面 A,保证全长尺寸 $A_4=50^{0}_{-0.5}$ mm。

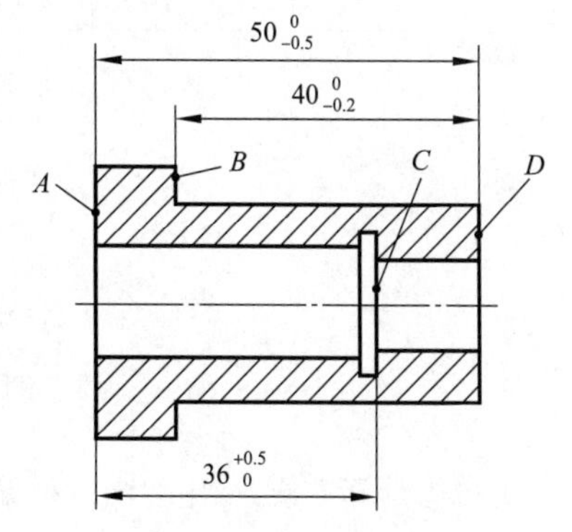

图 8-20 套筒零件简图

要求确定工序尺寸 A_1、A_2、A_3 和 A_4 及其公差,并验证磨削余量。用工艺尺寸链图表跟踪法计算工序尺寸的过程为:

解:(1)绘制加工过程尺寸联系图,如图 8-21 所示,并利用图例符号标定各工序的定位基准、测量基准、加工表面、工序尺寸和加工终结尺寸线,在左侧绘制与工序对应的工序尺寸数据表。

采用查表法可确定工序余量 $Z_1=3$ mm,$Z_2=3$ mm,$Z_3=2.8$ mm,$Z_4=3$ mm,$Z_5=0.2$ mm,从而零件上设计尺寸 $50^{0}_{-0.5}$ mm、$40^{0}_{-0.2}$ mm、$36^{+0.5}_{0}$ mm 的毛坯尺寸分别取 $55.8^{+1.2}_{-0.6}$ mm、$39.9^{+1.2}_{-0.6}$ mm、$36.3^{+0.6}_{-1.2}$ mm,填入工序尺寸数据表中。

(2)由终结尺寸或加工余量的两端分别向上作“跟踪线”,当遇到箭头时就沿箭头拐弯,经该尺寸线到末端黑圆点后继续垂直向上(或向下)跟踪,直至两条追迹路线汇合封闭为止。

图 8-21 中虚线就是以终结尺寸 $36^{+0.5}_{0}$ mm 为封闭环向上追迹所列出的一个尺寸链。采用同样的方法，可以列出所有的设计尺寸或加工余量为封闭环的尺寸链。

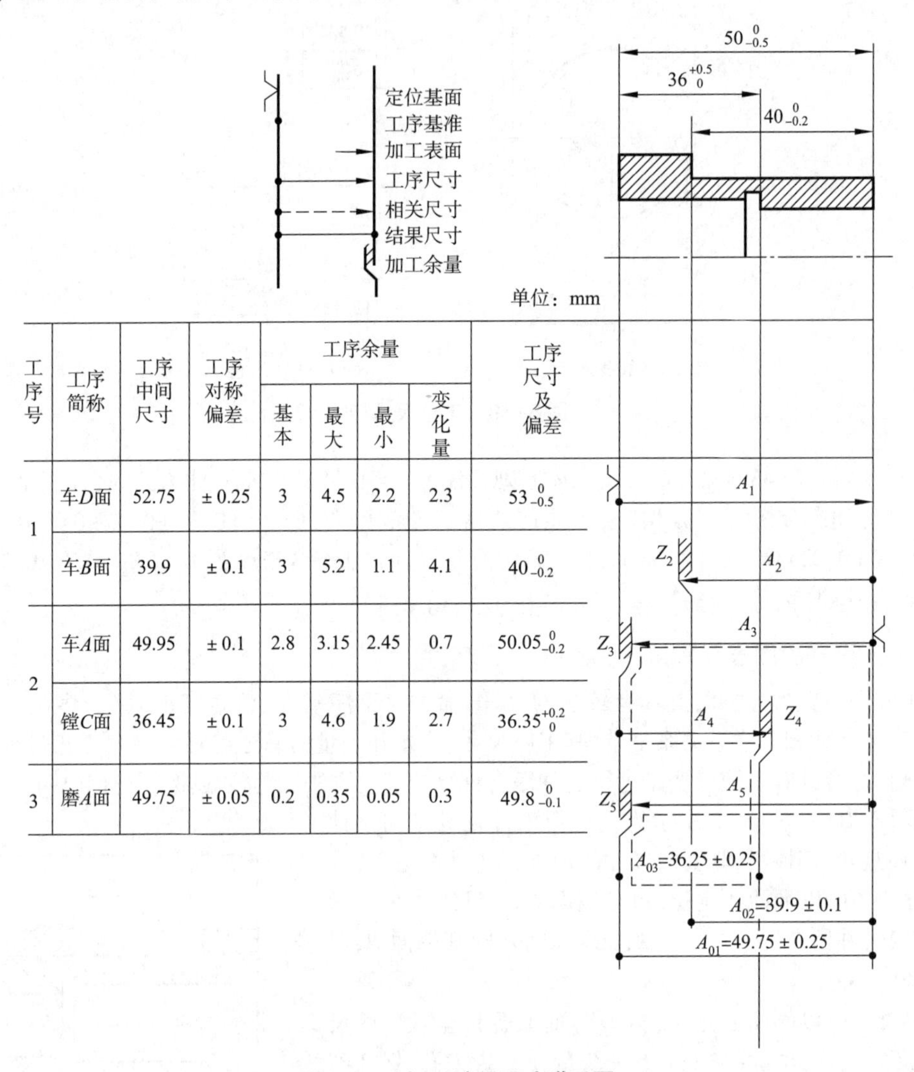

工序号	工序简称	工序中间尺寸	工序对称偏差	工序余量				工序尺寸及偏差
				基本	最大	最小	变化量	
1	车*D*面	52.75	± 0.25	3	4.5	2.2	2.3	$53^{\ 0}_{-0.5}$
	车*B*面	39.9	± 0.1	3	5.2	1.1	4.1	$40^{\ 0}_{-0.2}$
2	车*A*面	49.95	± 0.1	2.8	3.15	2.45	0.7	$50.05^{\ 0}_{-0.2}$
	镗*C*面	36.45	± 0.1	3	4.6	1.9	2.7	$36.35^{+0.2}_{\ 0}$
3	磨*A*面	49.75	± 0.05	0.2	0.35	0.05	0.3	$49.8^{\ 0}_{-0.1}$

图 8-21　加工过程尺寸联系图

(3)为计算方便，采用双向对称偏差标注尺寸，因此设计尺寸改写为：

$50^{\ 0}_{-0.5}$ mm = 49.75±0.25 mm，$40^{\ 0}_{-0.2}$ mm = 39.90±0.10 mm，$36^{+0.5}_{\ 0}$ mm = 36.25±0.25 mm

(4)计算工序尺寸的基本尺寸。由工艺过程可知工序尺寸 A_4 是设计尺寸，因此其平均尺寸为：$A_{5平均}$ = 49.75 mm；

其余环的基本尺寸需通过尺寸链求得：

由图 8-22(a)可求得 A_3 的平均尺寸为

$$A_{3平均} = 49.75\ \text{mm} + 0.2\ \text{mm} = 49.95\ \text{mm}$$

由图 8-22(b)可求得 A_1 的平均尺寸为

$$A_{1平均} = 49.95\ \text{mm} + 2.8\ \text{mm} = 52.75\ \text{mm}$$

由图 8-22(c)可求得 A_4 的平均尺寸为

$$A_{4平均} = A_0 + A_{3平均} - A_{5平均} = 36.25\ \text{mm} + 49.95\ \text{mm} - 49.75\ \text{mm} = 36.45\ \text{mm}$$

(5)公差的计算。A_5 的公差已经等于封闭环的公差,因此必须将封闭环 36.25±0.25 mm 的公差值重新分配给组成环 A_2、A_3 和 A_5,在此按加工经济精度分配,可得

$$\pm T_{A2}/2=\pm 0.1\ \text{mm}, \pm T_{A3}/2=\pm 0.1\ \text{mm}, \pm T_{A5}/2=\pm 0.05\ \text{mm}$$

这里可以看到重新分配后 A_5 的公差小于原设计公差,虽然能够保证原有的设计精度,但却提高了工序加工要求,这正是由于在加工过程中基准变换造成的问题。

还有 A_1 尺寸待求,由于仅与第二道工序余量有关,并且是粗车工序,按粗车的经济精度取 $\pm T_{A1}/2=0.25$ mm 得:$A_1\pm T_{A1}/2=52.75\pm 0.25$ mm。

实际应用中,为了方便,工序尺寸通常均按照入体原则进行标注,即变换为

$$A_1\pm T_{A1}/2=52.75\pm 0.25\ \text{mm}=53_{-0.5}^{\ 0}\ \text{mm}$$

$$A_2\pm T_{A2}/2=40\pm 0.10\ \text{mm}=40_{-0.2}^{\ 0}\ \text{mm}$$

$$A_3\pm T_{A3}/2=49.95\pm 0.10\ \text{mm}=50.05_{-0.2}^{\ 0}\ \text{mm}$$

$$A_4\pm T_{A4}/2=36.45\pm 0.10\ \text{mm}=36.35_{\ 0}^{+0.2}\ \text{mm}$$

$$A_5\pm T_{A5}/2=49.75\pm 0.05\ \text{mm}=49.8_{-0.1}^{\ 0}\ \text{mm}$$

至此,本问题基本解算完成,但为了安全起见,往往还需验算。

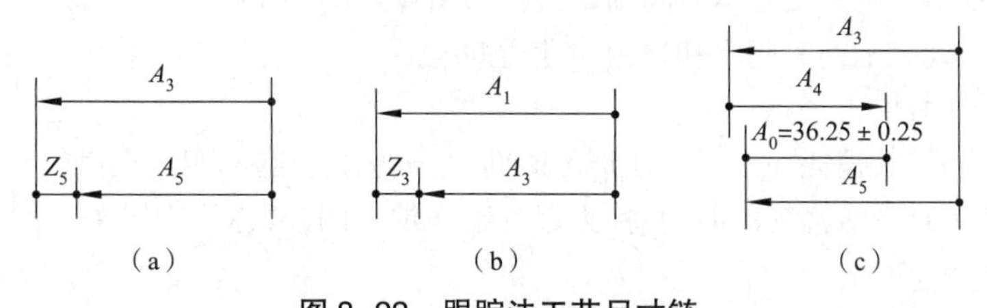

图 8-22　跟踪法工艺尺寸链

(6)验算。由题意需要验算磨削余量。工序 3 中已参照手册资料和现场生产经验取公称磨削余量 $Z_5=0.2$ mm,由图 8-22(a)可直接利用该尺寸链验算工序余量。

磨削余量:　　$Z_5=A_3-A_5=49.95\ \text{mm}-49.75\ \text{mm}=0.2\ \text{mm}$

最大磨削余量:　　$Z_{5\max}=0.2\ \text{mm}+0.15\ \text{mm}=0.35\ \text{mm}$

最小磨削余量:　　$Z_{5\min}=0.2\ \text{mm}-0.15\ \text{mm}=0.05\ \text{mm}$

可见磨削余量 $0.05\leqslant Z_5\leqslant 0.35$ 是安全的,其范围也较合理。经过以上验算后,工序尺寸及偏差可以完全确定。

8.8　工艺过程的生产率和经济分析

8.8.1　工艺过程的生产率

劳动生产率是指工人在单位时间内制造的合格产品数量,或者指制造单件产品所消耗的劳动时间。劳动生产率可表现为时间定额和产量定额两种基本形式。时间定额又称工时定额,是在生产技术组织条件下,规定一件产品或完成某一道工序需消耗的时间;产量定额是在一定的生产组织条件下,规定单位时间内生产合格产品的数量。

1. 时间定额

时间定额是在一定生产条件下,规定生产一件产品或完成一道工序所需消耗的时间。时间定额是安排生产计划、核算生产成本的重要依据,也是设计、扩建工厂或车间时计算设备和工人数量的依据。时间定额的组成有:

1）基本时间 t_j

基本时间是指直接改变生产对象的尺寸、形状、相对位置与表面质量或材料性质等工艺过程所消耗的时间。对于机械加工而言，基本时间就是切除金属所耗费的时间（包括刀具切入、切出的时间），可以根据切削用量和行程长度来计算，车削中的基本时间计算公式为

$$t_j = \frac{l + l_1 + l_2}{nf} i \tag{8-24}$$

式中，l 为加工长度（mm）；l_1 为刀具切入长度（mm）；l_2 为刀具切出长度（mm）；n 为机床主轴转速（r/min）；f 为进给量（mm/r）；i 为进给次数，$i=Z/a_p$，Z 为加工余量（mm），a_p 为背吃刀量（mm）。

2）辅助时间 t_f

辅助时间是为保证完成基本工作而执行的各种辅助动作需要的时间，包括：装卸工件的时间、开动和停止机床的时间、加工中变换刀具（如刀架转位等）时间、改变加工规范（如改变切削用量等）的时间、试切和测量等消耗的时间。

辅助时间的确定方法随生产类型而异。大批大量生产时，为使辅助时间规定得合理，需将辅助动作分解，再分别确定各分解动作的时间，最后予以综合。中批生产则可根据以往的统计资料来确定。单件小批生产则常用基本时间的百分比来估算。

通常把基本时间和辅助时间之和称为作业时间 t_B。

3）布置工作地时间 t_b

在工作进行期间内，消耗在照看工作地的时间，一般包括：更换刀具、润滑机床、清理切屑、修磨刀具、砂轮及修整工具等所消耗的时间，称为布置工作地时间，又称工作服务时间。通常按照作业时间的 2%～7% 估算。

4）休息与生理需要时间 t_x

工人在工作班内恢复体力和满足生理上需要所消耗的时间，称为休息与生理需要时间。一般按作业时间的 2% 估算。

单件时间为以上四部分时间的总和

$$t_d = t_j + t_f + t_b + t_x \tag{8-25}$$

5）准备与终结时间 t_z

准备与终结时间指为生产一批产品或零部件进行准备和结束工作所消耗的时间，又称调整时间。一批零件在加工前，工人需要熟悉工艺文件、领取毛坯、材料、工艺装备、安装刀具和夹具、调整机床和其他工艺装备等；这批工件加工结束后，工人需要拆下和归还工艺装备、送交成品等。若零件批量为 N，分摊到每个工件上的时间为 t_z/N，将这部分时间加到单件时间中，即为单件计算时间 t_{dj}

$$t_{dj} = t_d + t_z/N \tag{8-26}$$

2. 提高劳动生产率的工艺途径

劳动生产率是衡量生产效率的综合性指标，研究如何提高生产率，实际上是研究怎样才能减少工时定额。因此可以从时间定额的组成中寻求提高生产率的工艺途径。

1）缩减基本时间

（1）提高切削用量。增大切削速度、进给量和背吃刀量都可以缩短基本时间，但切削用量的提高受到刀具寿命、加工表面质量、机床功率及机床刚度等因素制约。随着机床及刀具的发展，切削用量可以随之提高。例如，高速加工中心主轴转速一般在 18 000～54 000 r/min，最高可达 160 000 r/min。高速滚齿机的切削速度可达 65～75 m/min，最高已超过 300 m/min。硬质合金刀具的切削速度可达 100～300 m/min；聚晶金刚石和聚晶立方氮化硼等新型刀具材料，切削速度可达 600～1 200 m/min。采用高速磨削或强力磨削可大大提高磨削生产率。磨削速度已超过 60 m/s，可达 90～120 m/s，而

高速磨削速度已达到 180 m/s。

(2)减少切削行程长度。如图 8-23 所示,采用多刀加工可以成倍地缩短切削行程长度,从而缩短基本时间,但多刀加工也要受到刀具寿命、机床功率及机床刚度等因素制约。

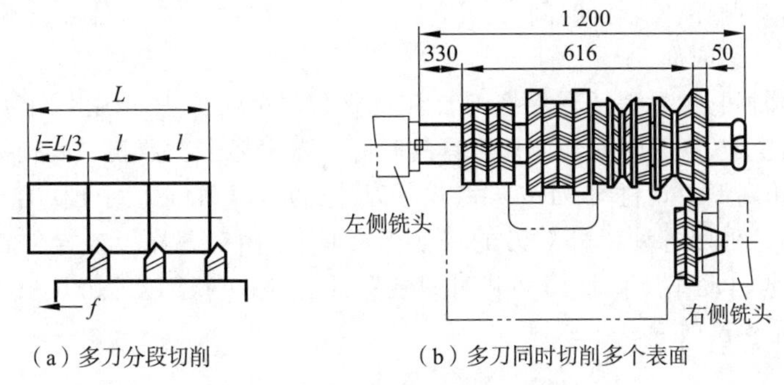

(a)多刀分段切削　　(b)多刀同时切削多个表面

图 8-23　减少或重合切削行程长度

(3)多件加工。单刀多件或多刀多件加工是将工件串联装夹或并联装夹进行切削加工,从而减少了刀具的切入、切出时间,可以有效地缩短基本时间。多件加工可分顺序加工、平行加工和平行顺序加工三种形式。顺序加工是指工件按进给方向一个接一个地顺序装夹,如图 8-24(a)所示。平行加工是指工件平行排列,一次进给可同时加工几个工件,如图 8-24(b)所示。平行顺序加工是上述两种形式的综合,常用于工件较小、批量较大的情况,如图 8-24(c)所示。但多件加工也受刀具寿命、机床工作台规格及行程、机床功率及机床刚度等因素制约。

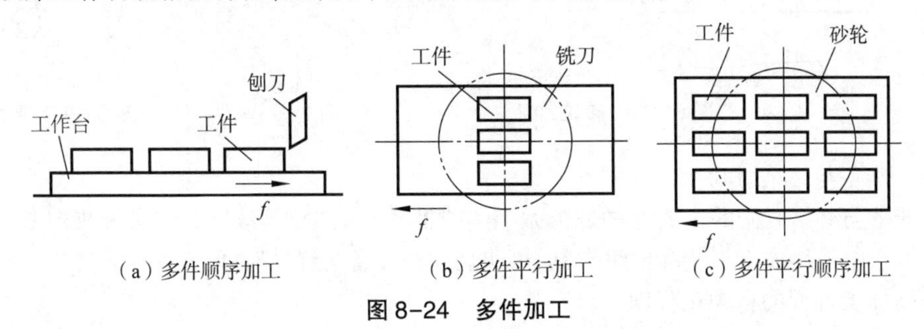

(a)多件顺序加工　　(b)多件平行加工　　(c)多件平行顺序加工

图 8-24　多件加工

2)缩短辅助时间

当辅助时间占单件时间的 50%~70% 时,若用提高切削用量来提高生产率就不会取得大的效果,此时应考虑缩减辅助时间。可以采取措施直接减少辅助时间,或使辅助时间与基本时间重叠来提高生产率。

(1)采用先进高效的夹具。这不仅能保证加工质量,还能大大减少装卸和找正工件的时间。例如,在大批大量生产中,可采用高效的气动或液压夹具。在成批生产中,采用组合夹具或可调夹具。单件小批生产常采用组合夹具。

(2)提高机床的自动化程度。提高机床操作的机械化与自动化水平,实现集中控制、自动调速与变速以缩短开、停机床和改变切削用量的时间。在近代数控机床和加工中心等高效自动化设备上,直接缩短辅助时间成为提高劳动生产率的主要研究方向。

(3)采用多工位加工或连续加工。在机床和夹具上采取措施,使辅助时间与基本时间完全重合或部分重合。如图 8-25(a)所示,采用可换夹具或可换工作台,机床内部加工过程中,在机床之外装卸工件。也可以采用转位夹具或转位工作台,在加工中完成工件的装卸。如图 8-25(b)所示,Ⅰ工位用于装夹工件,Ⅱ、Ⅲ工位用于加工,最后的Ⅳ工位用于拆卸工件。还可以采用连续加工方式,如图 8-26 所示,在双轴立式铣床上连续依次完成粗铣和精铣,在装卸区进行装卸工件,在加工区不停顿地加工工件。

(4)采用在线检测的方法控制加工过程中的尺寸,使测量时间与基本时间重叠。近代在线检测装置发展为自动测量系统,该系统不仅能在加工过程中测量并能显示实际尺寸,而且能用测量结果控制机床的自动循环,使辅助时间大为减少。

3)减少布置工作地时间

布置工作场地时间,主要消耗在更换刀具和调整刀具的工作上。因此,缩短布置工作场地时间主要是减少换刀次数、换刀时间和调整刀具的时间。减少换刀次数就是要提高刀具或砂轮的耐用度,为此推广应用新型刀具材料,如立方氮化硼刀片,刀具寿命可达到硬质合金的几十倍。而减少换刀和调刀时间可采用各种机外对刀的快换刀夹具、专用对刀样板或样件以及自动换刀装置等,例如多刀车床或自动车床快换刀夹和对刀装置,既能减少换刀次数,又减少了刀具的调整时间,从而大大提高了生产效率。

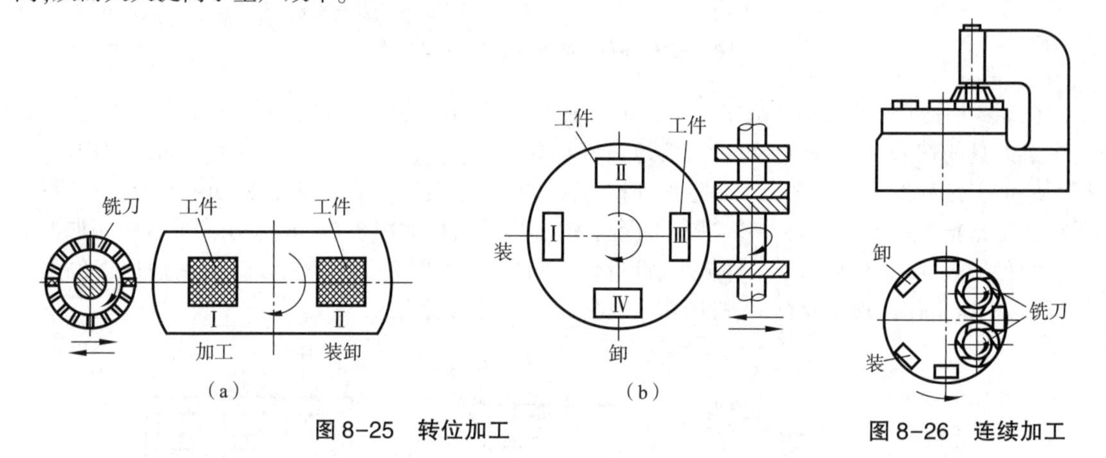

图 8-25 转位加工

图 8-26 连续加工

4)减少准备与终结时间

缩短准备与终结时间的主要方法是扩大零件的批量和减少调整机床、刀具和夹具的时间。在中小批量生产中采用成组工艺和成组夹具,可明显缩短准备与终结时间,提高生产率。

5)提高加工过程的自动化程度

对于大批大量生产,可采用刚性流水线、刚性自动线的生产方式,广泛采用专用自动机床、组合机床及工件自动输送装置,使零件加工的整个工作过程都是自动进行的。这种生产方式的生产率极高,在汽车、发动机、拖拉机、轴承等制造业中应用十分广泛。

对于成批生产,多采用数控机床、加工中心、柔性制造单元及柔性制造系统,进行部分或全部的自动化生产,实现多品种批量生产的自动化,提高生产效率。

对于单件小批生产,可以实行成组工艺,扩大成组批量,借助于数控机床、加工中心的灵活加工方式,最大程度地实现自动化加工方式。

8.8.2 工艺过程的经济分析

一般情况下,满足同一质量要求的加工方案可以有多种,其中必然有一个经济性最好的方案。所谓经济性好,就是指机械加工中能用最低的制造成本制造出合格的产品。这样就需要对不同的工艺方案进行技术经济分析,从技术和生产成本等方面进行比较。

1. 生产成本和工艺成本的定义

制造一个零件或一件产品所必需的一切费用的总和,称为该零件或产品的生产成本。生产成本分两类费用:一类是与工艺过程直接相关的费用,称为工艺成本。工艺成本约占生产成本的

70%~75%；另一类是与工艺过程没有直接关系的费用，如行政人员的开支、厂房的折旧费、取暖费等。因此，对不同的工艺方案进行经济分析和评价时，只需分析、评价与工艺过程直接相关的生产费用，即工艺成本。

2. 工艺成本的组成与计算

工艺成本由可变费用 V 和不变费用 C 两部分组成。可变费用 V 是与零件（或产品）年产量 N 有关，并与之成正比关系的费用，主要包括毛坯材料及制造费、操作工人工资、通用机床及工艺装备的折旧费和维护费以及能源与资源的消耗费等。不变费用 C 是与年产量无直接关系，不随年产量的变化而变化的费用，主要包括专用机床及工艺装备的折旧费和维护费、调整工人的工资等。

工艺成本计算时，可采用零件加工的全年工艺成本 S 或单件工艺成本 S_t

$$S=VN+C \tag{8-27}$$

$$S_t=V+C/N \tag{8-28}$$

图 8-27 给出了全年工艺成本与年产量的关系，可见 S 和 N 为线性关系，说明全年工艺成本随着年产量的变化而成正比变化。图 8-28 给出了单件工艺成本与年产量的关系，可见 S_t 和 N 成双曲线关系。在曲线的 A 段，N 值很小，设备使用率低，S_t 就高；若 N 有变化时，S_t 将有较大的变化。在曲线的 B 段，N 值很大，大多数采用专用设备（C 较大，V 较小），且 C/N 值小，故 S_t 较低，N 值对 S_t 变化影响较小。综上，当 C 值一定时（主要是指专用工装设备费用），就应有相适应的零件年产量 N。所以单件小批生产时，因 C/N 所占的比例大，为了控制 C 值，就不适合使用专用设备；在大批大量生产时，因 C/N 占的比例小，为了降低 V 值，最好采用专用工装设备。

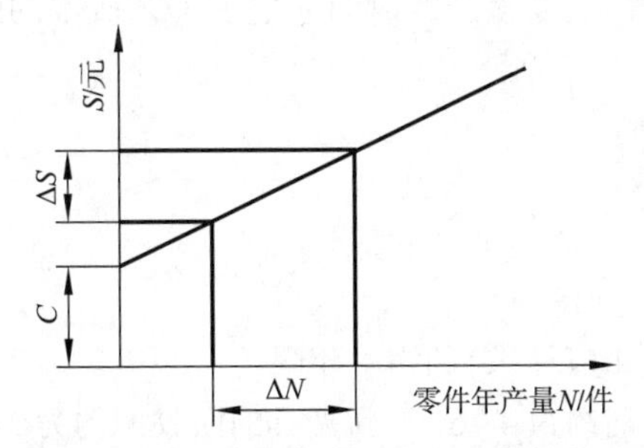

图 8-27　全年工艺成本与年产量的关系

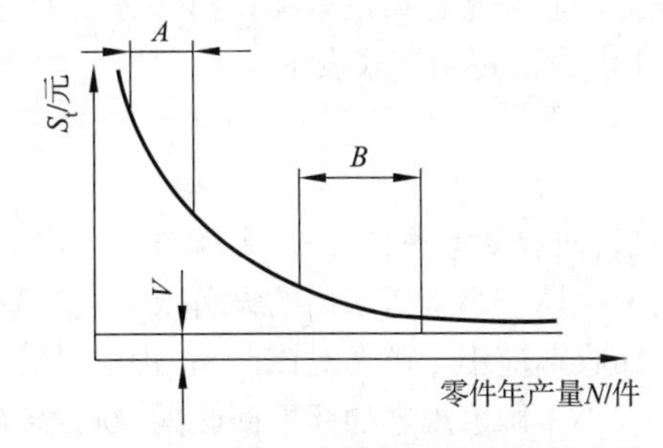

图 8-28　单件工艺成本与年产量的关系

3. 工艺方案的经济性比较

(1) 如果两种工艺方案基本投资相近，或在现有设备条件下，可比较其工艺成本。

①如两方案中只有少数工序不同，可比较其单件工艺成本，即

方案 1　　$S_{t1}=V_1+C_1/N$

方案 2　　$S_{t2}=V_2+C_2/N$

若产量 N 一定时，可根据两个方案直接计算出 S_{t1} 和 S_{t2}，取单件工艺成本低的方案即可。若产量 N 为变量时，可根据上述公式作图比较，如图 8-29 所示。由图可知，当 $N<N_K$ 时，宜采用方案 2；当 $N>N_K$ 时，宜采用方案 1。

②当两种工艺方案有较多工序不同时，应比较其全年工艺成本，即

方案 1　　$S_1=NV_1+C_1$

方案 2　　$S_2=NV_2+C_2$

若产量 N 一定时，可直接由上式算出 S_1 和 S_2。取全年工艺成本低的方案即可。若产量 N 为一变量时，可根据上述公式作图比较，如图 8-30 所示。由图可知，当 $N<N_K$ 时，宜采用方案 2；当 $N>N_K$ 时，宜采用方案 1。

图 8-29 和图 8-30 中的 N_K 为两方案全年工艺成本相等时的年产量,称为临界年产量,可由下式求得

$$N_K = \frac{C_2 - C_1}{V_1 - V_2} \tag{8-29}$$

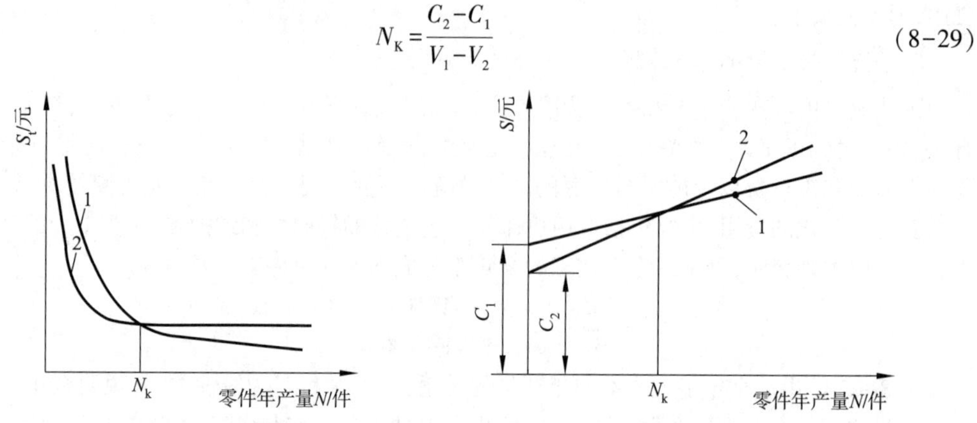

图 8-29 两种方案单件工艺成本的比较　　图 8-30 两种方案全年工艺成本的比较

(2)如果两种工艺方案的基本投资相差较大,则应比较不同方案的基本投资差额的回收期限。

假如方案 1 采用价格较昂贵的高效机床及工艺装备,基本投资 K_1 较大,但其工艺成本 S_1 较低;方案 2 则采用了生产率较低但价格较便宜的机床和工艺装备,所以基本投资 K_2 较小,工艺成本 S_2 较高。此时,单纯比较工艺成本难以评定其经济性,所以还应考虑不同方案的基本投资回收期。

投资回收期是指第二方案比第一方案多花费的投资,需多长的时间才能由工艺成本的降低而收回。回收期 τ 可用下式表示

$$\tau = \frac{K_1 - K_2}{S_2 - S_1} \tag{8-30}$$

显然,回收期愈短,经济效果就愈好。但回收期至少应满足以下要求:

①回收期应小于所采用的设备或工艺装备的使用年限。

②回收期应小于市场对该产品(由于结构性能或市场需求)的需求年限。

③应小于国家规定的标准回收期,新设备的回收期约为 4~6 年,新夹具的回收期约为 2~3 年。

在选择工艺方案时,经济分析不能只算投资账,还要看综合效益。如某一工艺方案虽然投资较大,工件的单件工艺成本也许相对较高;但若能使产品上市快,工厂可以从中取得较大的经济收益,从工厂整体经济效益分析,选取该工艺方案仍是可行的。

(3)相对技术经济指标。技术经济指标反映工艺过程中劳动的耗费、设备的特征和利用程度、工艺装备的需要数目,以及各种材料和电力的消耗等情况。当两种工艺方案成本相差不大时,可采用相对技术经济指标进行补充论证。常用的有:单位工人的平均年产量、产值和利润;单位设备的平均年产量;单位生产面积的平均年产量;单位产品所需的劳动量;设备构成比、工艺装备系数(专用工装与机床数量的比);工艺过程的分散与集中(单位零件的平均工序数);设备利用率和材料利用率。

8.9 典型零件的加工工艺

8.9.1 车床主轴的加工工艺

图 8-31 给出了 CA6140 车床主轴简图。车床主轴是一单轴线的阶梯轴、空心轴,其长径比小于 12,主要加工表面是内、外旋转表面,次要表面有键槽、花键、螺纹和端面结合孔等。机械加工方

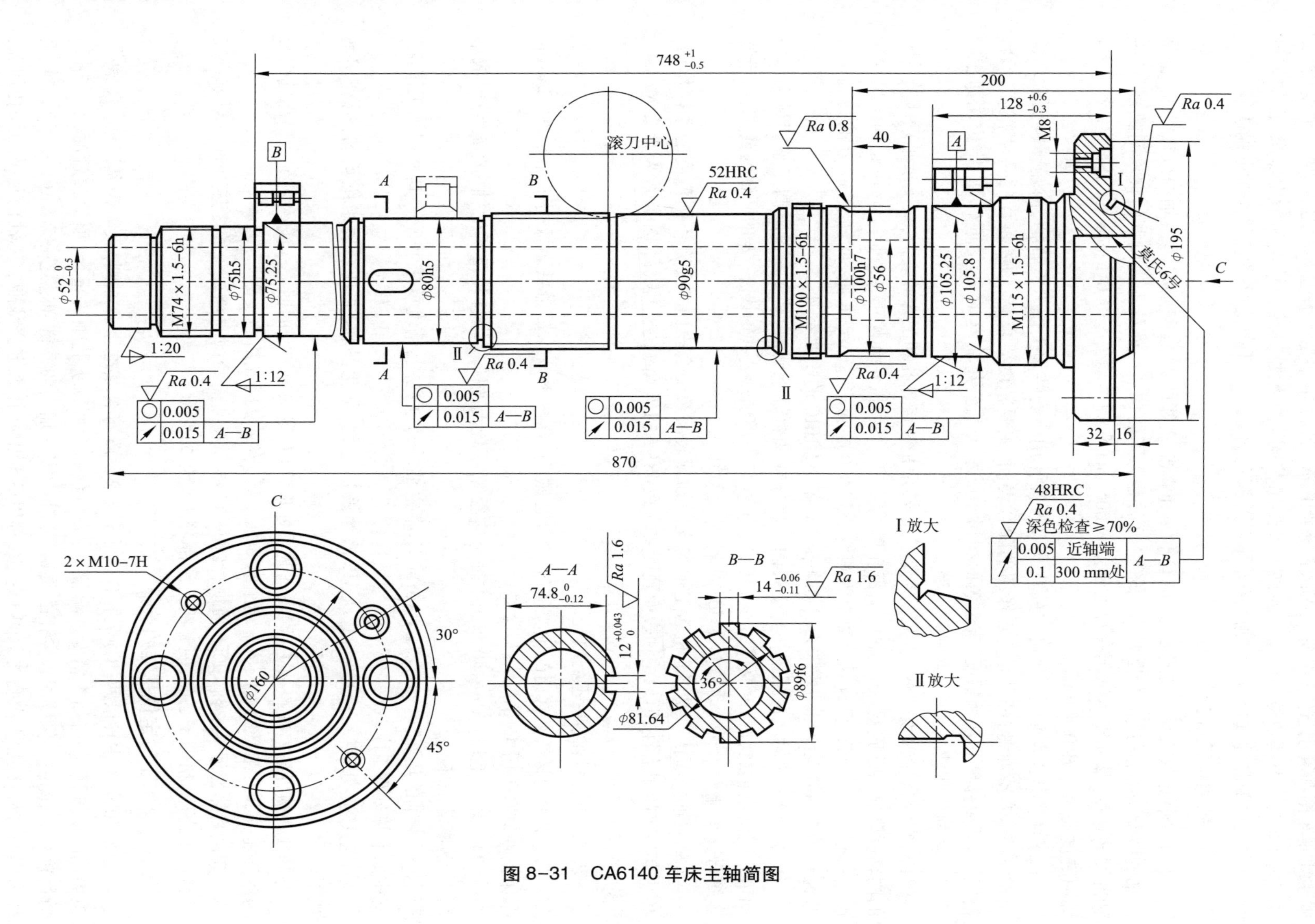

图 8-31　CA6140 车床主轴简图

式主要是车削和磨削,还有铣削、钻削、滚齿加工等。车床主轴是代表性零件之一,加工难度较大,工艺路线较长,涉及轴类零件加工的许多基本工艺问题。根据其结构特点和精度要求,在加工过程中,对定位基准的选择、加工顺序的安排以及深孔加工、热处理工序等均应给予足够的重视。

1. 主轴的工艺性分析

(1)主轴支承轴颈。在图 8-31 的基准 A 和基准 B 处即为支承轴颈,是主轴的设计基准,也是主轴的装配基准,采用锥度为 1∶12 的圆锥面,是为了使轴承内圈能涨大以调整轴承间隙,保证主轴的回转精度,从而支承轴颈有圆度公差 0.005 mm 和圆跳动公差 0.015 mm 的几何精度要求,表面粗糙度要求为 Ra0.4 μm。

(2)前端配合表面。主轴前端的莫式 6 号锥孔用于安装顶尖或刀具锥柄,前端圆锥面和端面用于安装卡盘或花盘,都是起定心作用的配合表面,主要精度要求有:内外锥面的尺寸精度、形状精度、表面粗糙度和接触精度;定心表面相对于支承轴颈公共轴线 $A—B$ 的同轴度;定位端面相对于支承轴颈公共轴线 $A—B$ 的圆跳动等。

(3)空套齿轮轴颈。ϕ90g5 处的空套齿轮轴颈是和齿轮孔相配合的表面,对支承轴颈应有一定的同轴度要求,否则会引起主轴传动齿轮啮合不良,产生振动和噪声。故此空套齿轮轴颈尺寸精度要求较高为 IT5 级,几何精度要求为圆度公差 0.005 mm、对支承轴颈公共轴线 $A—B$ 的圆跳动公差为 0.015 mm,表面粗糙要求为 Ra0.4 μm,还有 52 HRC 的硬度要求。

(4)螺纹。主轴上的螺纹一般用来固定零件或调整轴承间隙,其要求是限制压紧螺母端面跳动量。因此主轴螺纹精度要求为 6h;其中心轴线与支承轴颈公共轴线 $A—B$ 的同轴度要求,对于压紧螺母支承端面的圆跳动公差在 50 mm 半径上为 0.025 mm。

(5)主轴表面技术要求。机床主轴的支承轴颈表面及配合表面都受到不同程度的摩擦作用,必须有一定的耐磨性,所以主轴表面硬度要求在 48~52 HRC 时,主轴表面的粗糙度要求为 Ra0.4~0.8 μm。

2. 主轴的材料、毛坯及热处理

(1)主轴的材料。常用的轴类零件材料有碳钢、合金钢及球墨铸铁。根据工作条件,CA6140 车床主轴材料采用 45 钢。

(2)主轴的毛坯。CA6140 车床主轴是直径相差较大的阶梯轴且较重要的轴,批量生产,故采用 45 钢模锻毛坯。

(3)主轴的热处理。为保证 CA6140 车床主轴的力学性能,精度要求和改善其切削加工性能,安排如下热处理工序。

①毛坯热处理。一般进行正火,以消除锻造应力,细化晶粒,并使金属组织均匀,以利切削加工。

②预备热处理。在粗加工后,安排调质处理,以获得均匀细密的回火索氏体组织。提高其综合力学性能,同时,细微的索氏体金相组织经加工后,容易获得光洁的表面。

③最终热处理。主轴ϕ90g5 轴颈、锥孔及外锥等表面需经高频淬火。最终热处理一般安排在半精加工之后,精加工之前,便于纠正局部淬火产生的变形。

3. 主轴加工时定位基准的选择

CA6140 车床主轴以两端顶尖孔作为定位基准,既符合基准重合原则,又能使基准统一。两端顶尖孔的质量好坏,对加工精度影响很大,应尽量做到两顶尖孔轴线重合、顶尖接触面积大、表面质量较高,因此注意保持两顶尖孔的质量,是轴类零件加工的关键问题之一。CA6140 车床主轴毛坯为实心材料,在加工内孔之前的工序中,都以两端中心孔为定位基准。主轴内孔采用深孔加工,而后采用带顶尖孔的锥堵作为定位基准。

为了保证支承轴颈与两端锥孔锥面的圆跳动及同轴度要求,需要应用顶尖孔和外圆互为基准的原则。加工开始时,采用毛坯外圆作粗基准,钻顶尖孔;然后以顶尖孔作精基准,粗车外圆;再以外圆作精基准,进行深孔加工;接下来以带顶尖孔的锥堵作精基准,半精加工和精加工外圆;最后以支承轴颈作精基准,精磨莫式 6 号锥孔。需要注意的是,随着加工的进行,加工精度逐渐提高,在每次重装锥堵后必须修磨顶尖孔,以保证定位精度。

4. 主轴加工工艺路线

1) 主轴加工的主要工艺路线

CA6140 车床主轴是中碳钢调质的主轴,其工艺路线为:备料—锻造—正火或退火—铣端面钻顶尖孔—粗车—调质—半精车、精车—局部表面淬火—粗磨—次要表面加工—精磨(或精磨后超精加工)。

2) 主轴加工工序的安排

CA6140 车床主轴加工工艺过程划分为三个阶段,即粗加工阶段(包括铣端面、加工顶尖孔粗车外圆等);半精加工阶段(半精车外圆,钻通孔,车锥面、锥孔,钻大头端面各孔,精车外圆等);精加工阶段(包括精铣键槽,粗、精磨外圆、锥面、锥孔等)。

热处理工序为机械加工前安排正火或退火,使材料性能适合切削加工;粗加工后安排调质,使材料达到良好的综合性能;在精加工之后磨削之前,安排局部表面淬火,提高耐磨性。

加工工艺要满足工序安排原则,首先是基准先行,即第一道工序为铣端面钻顶尖孔,为后续工序准备好精基准;然后先主后次,先加工外圆、内孔等主要表面,再加工螺孔、键槽、螺纹等次要表面;接下来是先粗后精,通过粗加工、半精加工、精加工,逐步提高加工精度,直到满足设计要求;最后是先面后孔,先加工外表面,后加工内孔。

CA6140 车床主轴内孔为通孔,需要深孔加工,但深孔加工属于粗加工,切削余量大,发热多,工件变形也大,加工精度难以保持,从而一般安排在外圆粗车或半精车之后,通过外圆作精基准,加工出的内孔容易保证外圆内孔的同轴度及主轴壁厚的均匀。

3) CA6140 车床主轴大批生产的工艺过程

根据前述分析,表 8-7 给出了 CA6140 车床主轴大批生产的工艺过程。

表 8-7　CA6140 车床主轴成批生产的工艺过程

序号	工序内容	定位基准	设备
1	备料		
2	锻造:模锻		立式精锻机
3	热处理:正火		
4	锯头		
5	铣两端面,两端钻顶尖孔	毛坯外圆	专用机床
6	粗车外圆	顶尖孔	卧式车床
7	热处理:调质 220~240 HBS		
8	车大端各部:大端外圆、短锥、端面及台阶	顶尖孔	卧式车床
9	车小端各部		数控车床
10	钻深孔:钻 ϕ48 mm 通孔	支承轴颈	深孔钻床
11	车小端内锥孔(配 1∶20 锥堵),用涂色法检查 1∶20 锥孔,接触率≥50%	支承轴颈	卧式车床
12	车大端锥孔(配莫氏 6 号锥堵),用涂色法检查莫氏 6 号锥孔,接触率≥30%;车外短锥及端面	支承轴颈	卧式车床

续上表

序号	工序内容	定位基准	设备
13	钻大端端面各孔	大端短锥外圆及端面	钻床
14	热处理:局部高频淬火(短锥,φ90g5 轴颈及莫氏 6 号锥孔)		高频淬火设备
15	精车各外圆并切槽、倒角	锥堵顶尖孔	数控车床
16	粗磨φ75h5、φ90g5、φ105h5 外圆	锥堵顶尖孔	组合外圆磨床
17	粗磨大端锥孔(重配莫氏 6 号锥堵),用涂色法检查莫氏 6 号锥孔,要求接触率≥40%	支承轴颈	内圆磨床
18	粗铣和精铣φ89f6 花键	锥堵顶尖孔	花键轴铣床
19	铣 12f9 键槽	φ80h5 及 M100 外圆	立式铣床
20	车大端内侧面,车三处螺纹(配螺母)	锥堵顶尖孔	卧式车床
21	精磨各外圆及两端面	锥堵顶尖孔	外圆磨床
22	粗磨两处 1∶12 外锥面	锥堵顶尖孔	专用组合磨床
23	精磨两处 1∶12 外锥面和端面以及短锥面	锥堵顶尖孔	专用组合磨床
24	精磨大端莫氏 6 号内锥孔(卸堵),涂色法检查接触率≥70%	支承轴颈	专用磨床
25	钳工:端面 4 个φ23 mm 孔处锐边倒角,去毛刺		
26	检查,按检验卡片或图纸技术要求全部检查	支承轴颈	专用检具

8.9.2 车床主轴箱的加工工艺

箱体是机器的基础件,机器内部的轴、齿轮、轴承等零部件最终都装配到箱体上,保持正确的相对位置关系和相对关系运动。箱体是构成机器的重要零部件。图 8-32 给出了 CA6140 型车床主轴箱箱体简图。主轴箱箱体是主轴箱部件的基础件,主轴箱部件的装配精度在很大程度上取决于主轴箱的加工精度。

1. 主轴箱箱体的工艺性分析

主轴箱箱体零件的主要加工面是平面和孔。底面 A 和小侧面 N 既是主轴箱部件的装配基准,又是主轴孔Ⅵ的设计基准。主轴孔Ⅵ相对于 A、N 面的平行度要求为 0.1 mm/600 mm,各主要平面对 A、N 面的垂直度要求为 0.1 mm/300 mm。

主轴箱箱体上的孔大多是轴承的支承孔,不仅本身有 IT6~IT7 级的较高尺寸精度要求、圆度公差为 0.006~0.008 mm 的较高形状精度要求,及较高的位置精度要求。主轴箱箱体孔系中,技术要求最高的是主轴孔Ⅵ,其尺寸公差为 IT6 级,圆度公差为 0.006 mm,前后主轴承孔的同轴度要求为 0.012 mm。

重要孔和主要表面的表面粗糙度会影响连接面的配合性质或接触刚度。主轴孔Ⅵ的表面粗糙度要求为 $Ra0.4$ μm,其他纵向孔为 $Ra1.6$ μm,孔的内端面为 $Ra3.2$ μm,装配基准面和定位基准面为 $Ra0.63$~2.5 μm,其他平面为 $Ra2.5$~10 μm。

2. 主轴箱的材料及毛坯

箱体材料一般选用 HT200~400 的各种牌号的灰铸铁,而最常用的为 HT200,这是因为灰铸铁不仅成本低,而且具有较好的耐磨性、可铸性、可切削性和阻尼特性。在单件生产或某些简易机床的箱体,为了缩短生产周期和降低成本,可采用钢材焊接结构。此外,精度要求较高的坐标镗床主轴箱可选用耐磨铸铁,负荷大的主轴箱也可采用铸钢件。

毛坯铸造时,应防止砂眼和气孔的产生。为了减少毛坯制造时产生残余应力,应使箱体壁厚尽量均匀,箱体浇铸后应安排退火工序。

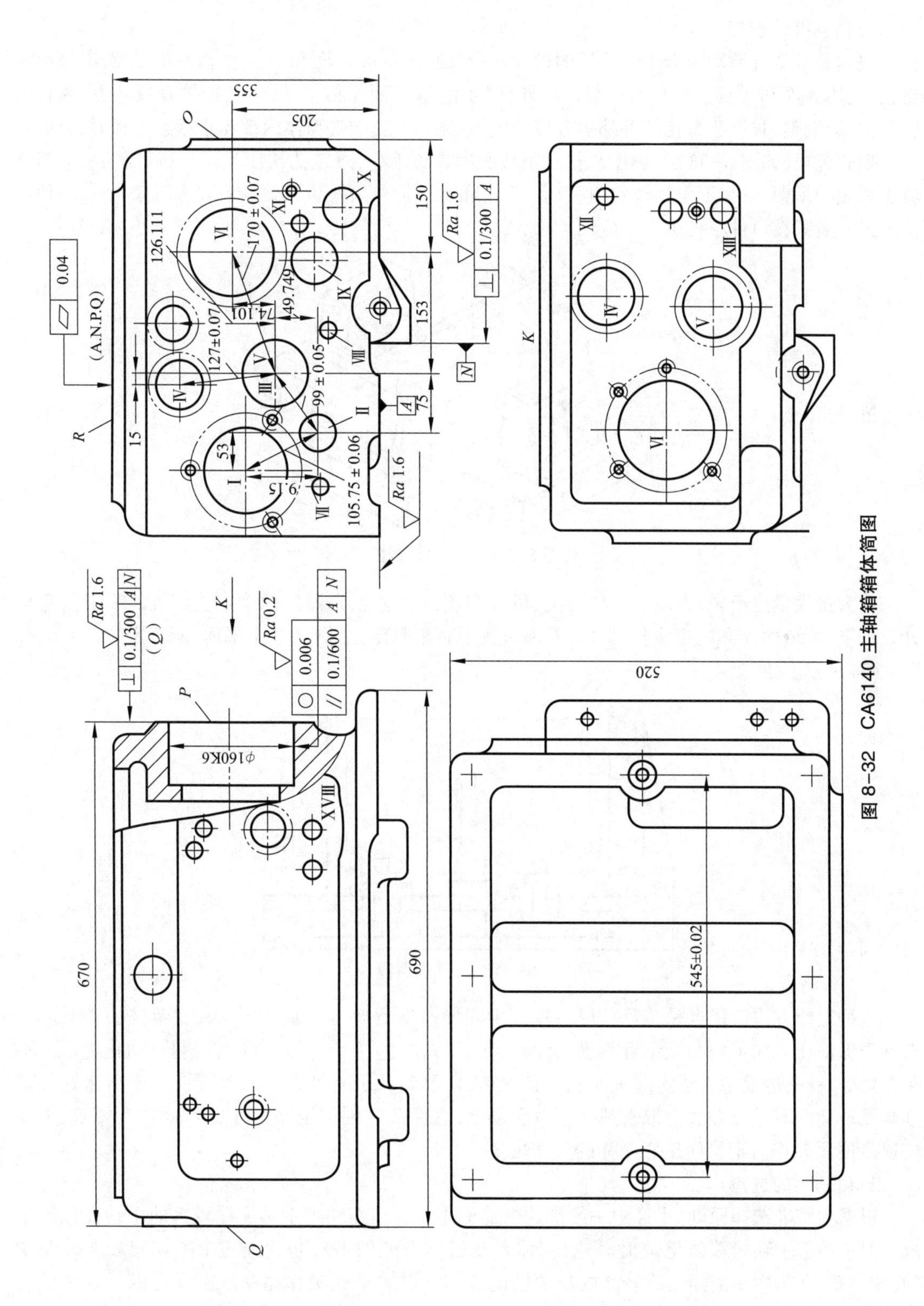

图 8-32　CA6140 主轴箱箱体简图

3. 定位基准的选择

1)精基准的选择

根据基准重合原则应选主轴孔Ⅵ的设计基准及装配基准 A 面和 N 面作精基准，A 面本身面积也较大，用 A 面和 N 面定位稳定可靠。此外，用 A 面和 N 面作精基准定位，箱体开口朝上，镗孔时安装刀具、调整刀具、测量孔径等都很方便。但不足之处是，加工箱体内部支承壁上的孔时，只能使用吊架式镗模，如图 8-33 示，由于悬挂式吊架刚度较支承差，故镗孔精度不高，且每加工一个箱体就需要装卸吊架一次，不仅操作费事费时，而且吊架的装夹误差也会影响孔的加工精度。这种定位方式一般只在单件小批生产中应用。

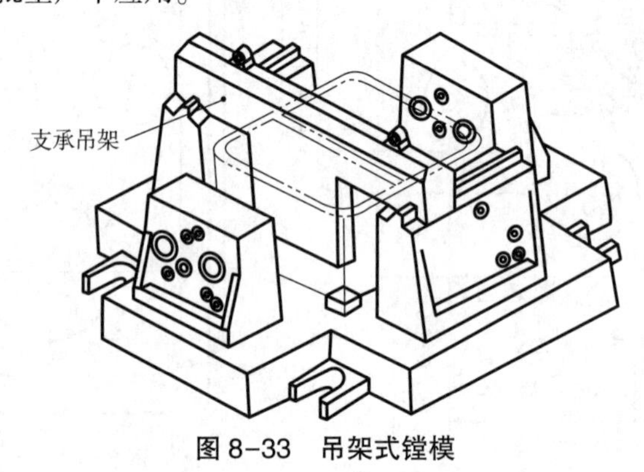

图 8-33　吊架式镗模

在大批大量生产中，为便于工件装夹，可以在顶面 R 上预先做出两个定位销孔；加工时，箱体开口朝下，用顶面 R 和两个定位销孔作精基准支承在夹具定位元件(一个平面、两个定位销)上，如图 8-34 所示。

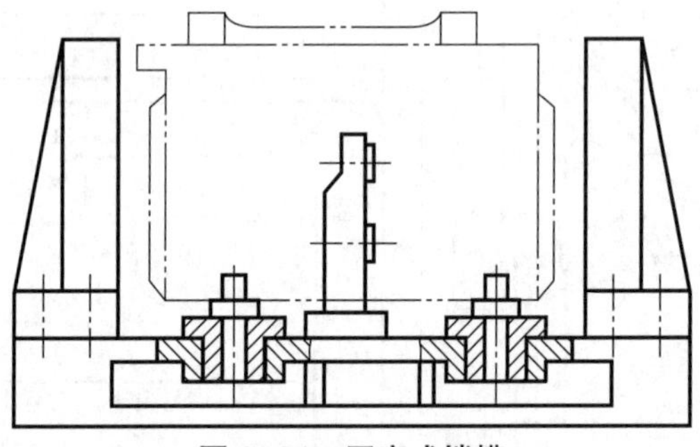

图 8-34　固定式镗模

这种定位方式的优点是，定位可靠；镗杆中间导向支承架可以直接固定在夹具体上，刚性好，有利于保证孔系加工的相互位置精度；且装卸工件方便，便于组织流水线生产和自动化生产。不足之处是，镗孔过程中无法实时观察加工情况，无法测量孔径和调整刀具；此外，由于所选定位基准与设计基准不重合必然会带来基准不重合误差，为保证主轴孔至底面 A 的尺寸精度要求，须相应提高顶面 R 作为定位面至底面 A 的尺寸精度。

2)粗基准的选择

根据粗基准选择原则，生产中一般都选主轴承孔的毛坯面和距主轴承孔较远的Ⅰ轴孔作粗基准。由于铸造主轴箱箱体毛坯时，形成箱体孔及箱体内壁的型芯是装成一个整体安装在砂箱中的，孔与孔、孔与内壁面间具有较高的位置精度，因此，以主轴孔Ⅵ作粗基准不仅可以保证主轴承孔的加工余量均匀，而且还可以保证箱体内壁(不加工面)与主轴箱部件中的齿轮等装配件之间具有足够的间距。

4. 加工方法的选择

1)平面加工

主轴箱箱体主要平面的平面度要求为0.04 mm,表面粗糙度要求为*Ra*1.6 μm。在大批大量生产中宜选用铣平面和磨平面加工方案;在单件小批生产中也可选用粗刨、半精刨和宽刃精刨平面加工方案。

2)孔系加工

主轴孔的加工精度要求为IT6,表面粗糙度要求为*Ra*0.2 μm,孔加工方法宜选用粗镗—半精镗—精镗—金刚镗的加工方案;其他轴孔选用粗镗—半精镗—精镗的加工方案。

5. 加工阶段的划分和工序先后顺序安排

主轴箱箱体加工精度要求高,宜将工艺过程划分为粗加工、半精加工和精加工三个阶段。根据工序先后顺序安排原则,在大批大量生产中主轴箱箱体的加工顺序可作如下安排:

(1)加工精基准面。铣顶面*R*和钻、铰*R*面上的两个定位孔,并顺便加工*R*面上的其他小孔。

(2)主要表面的粗加工。粗铣底平面*A*、侧平面*O*、*N*和两端面*P*、*Q*,粗镗、半精镗主轴孔和其他孔。

(3)人工时效处理。

(4)次要表面加工。在两侧面上钻孔、攻螺纹,在两端面上和底面上钻孔、攻螺纹。

(5)精加工精基准面。磨顶面*R*。

(6)主要表面精加工。精镗主轴孔Ⅵ及其他孔,金刚镗(高速细镗)主轴孔Ⅵ,磨箱体主要表面。

根据前述分析,表8-8给出了大批量生产CA6140型车床主轴箱箱体的机械加工工艺路线。在中小批生产条件下加工主轴箱箱体,可以考虑根据工序集中原则组织工艺过程,选用加工中心加工箱体。

表8-8　大批量生产CA6140型车床主轴箱箱体的机械加工工艺路线

序号	工 序 内 容	定位基准	设 备
1	铸造		
2	时效		
3	油漆		
4	粗铣顶面*R*	主轴孔Ⅵ与Ⅰ轴孔	铣床
5	钻、扩、铰顶面*R*上的工艺孔、螺栓孔	顶面*R*、主轴孔Ⅵ、内壁一端	摇臂钻床
6	粗铣*A*、*N*、*O*、*P*、*Q*面	顶面*R*及两工艺孔	龙门铣床
7	磨顶面*R*	底面*A*、侧面*Q*	平面磨床
8	粗镗纵向孔系	顶面*R*及两工艺孔	组合机床
9	时效处理		
10	半精镗、精镗纵向孔系,半精镗主轴孔	顶面*R*及两工艺孔	组合机床
11	精细镗(金刚镗)主轴孔	顶面*R*及两工艺孔	专用机床
12	钻扩铰横向孔及攻螺纹	顶面*R*及两工艺孔	专用机床
13	钻*A*、*P*、*Q*、*O*各面上的孔、攻螺纹	顶面*R*及两工艺孔	专用机床
14	磨*A*、*N*、*O*、*P*、*Q*面	顶面*R*及两工艺孔	组合磨床
15	清洗、去毛刺、倒角		
16	检验		

8.9.3 圆柱齿轮的加工工艺

渐开线圆柱齿轮传动由于具有传动比准确、结构紧凑、效率高及寿命长等优点，所以广泛应用于各种工业部门。因而圆柱齿轮也就成为各类机械中的重要零件之一。

1. 齿轮的材料及热处理

常用的齿轮材料及热处理方式如下：

(1)中碳钢，需要调质或表面淬火，例如45钢用于低速、轻载或中载的普通精度齿轮；40Cr适用于制造速度较高、载荷较大、精度较高的齿轮。

(2)渗碳钢，经渗碳后淬火，齿面硬度可达58~63 HRC，而心部又有较好的韧性，既耐磨又能承受冲击载荷，例如20Cr、20CrMnTi等，适于制造高速、中载或具有冲击载荷的齿轮。

(3)氮化钢，经氮化处理后，比渗碳淬火齿轮具有更高的耐磨性与耐蚀性，由于变形小，可以不磨齿，如38CrMoAlA，常用于制作高速传动的齿轮。

(4)铸铁及其他非金属材料，强度低，容易加工，如夹布胶木与尼龙等，适于制造轻载荷的传动齿轮。

2. 齿轮的毛坯

齿轮毛坯的制造形式取决于齿轮的材料、结构形状、尺寸大小、使用条件及生产类型等因素。齿轮毛坯形式有轧钢件、锻件和铸件。

(1)尺寸较小、结构简单而且对强度要求不高的钢制齿轮可采用轧制棒料做毛坯。

(2)强度、耐磨性和耐冲击性要求较高的齿轮多采用锻钢件，生产批量小或尺寸大的齿轮采用自由锻造，批量较大的中小齿轮采用模锻。

(3)尺寸较大且结构复杂的齿轮，常采用铸造毛坯，小尺寸且形状复杂的齿轮多采用精密铸造或压铸方法制造毛坯。

3. 齿轮加工工艺过程分析

1)工艺性分析

图8-35所示为双联齿轮零件图，其主体结构为回转体，主要表面为齿面和花键孔，齿轮Ⅰ和齿轮Ⅱ的精度都为7级，并给出了齿轮参数和检测指标及公差，两齿轮之间留有刀具越程槽；花键孔的规格为6×28H7×32H10×7H9，定心方式为小径定心，都符合国家标准，键侧和小径的表面粗糙度为Ra0.8 μm，并有对称度要求。小径的中心轴线A为设计基准，也是装配基准。齿轮的次要表面为各处端面及外圆柱面，其中16H11凹槽是拨叉叉口位置，通过拨叉使齿轮沿花键轴轴向移动，改变啮合齿轮齿数，从而改变传动比，所以在此有圆跳动及表面粗糙度Ra3.2 μm的要求。

2)定位基准的选择

对于齿轮定位基准的选择，常因齿轮的结构形状不同而有所差异。齿轮轴主要采用双顶尖定位，若中心孔径大时采用锥堵。带孔齿轮加工中也会用到互为基准原则，以外圆定位加工内孔，再以内孔定位加工外圆或齿形，其中加工齿形时常采用以下两种定位夹紧方式：

(1)以内孔和端面联合定位，采用定位心轴和底平面确定齿轮位置，并采用面向定位端面的夹紧方式，可使定位基准、设计基准、装配基准和测量基准重合，定位精度高，适于批量生产，但对夹具的制造精度要求较高，适用于批量生产。

(2)以外圆和端面联合定位，用千分表校正外圆以决定中心的位置，并以端面定位，从另一端面夹紧。每个工件都要校正，故生产效率低，对齿坯的内、外圆同轴度要求高，而对夹具精度要求不高，故适于单件、小批量生产。

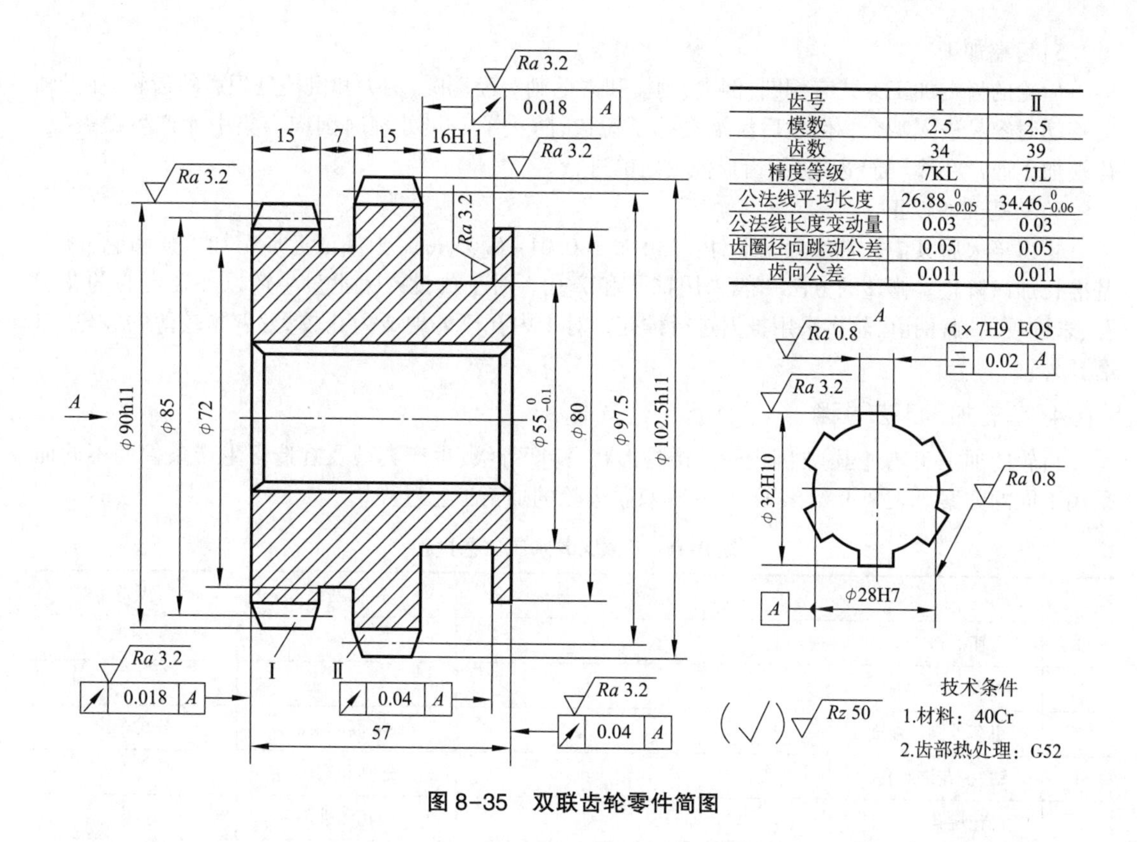

齿号	Ⅰ	Ⅱ
模数	2.5	2.5
齿数	34	39
精度等级	7KL	7JL
公法线平均长度	$26.88_{-0.05}^{0}$	$34.46_{-0.06}^{0}$
公法线长度变动量	0.03	0.03
齿圈径向跳动公差	0.05	0.05
齿向公差	0.011	0.011

图 8-35　双联齿轮零件简图

3)齿坯加工

齿形加工前的齿轮加工称为齿坯加工。齿坯的外圆、端面或内孔常作为齿形加工、测量和装配的基准,所以齿坯的精度对于整个齿轮的精度有重要影响。齿坯加工的主要内容包括:齿坯的孔加工(对于盘类、套类和圈形齿轮)、端面和顶尖孔加工(对于轴类齿轮)以及齿圈外圆和端面加工。

齿坯孔的主要加工方案有:①钻—扩—铰;②钻—扩—拉—磨;③镗—拉—磨。

齿坯外圆和端面主要采用车削加工。大批量生产时,常采用高生产率的机床加工齿坯。单件小批量生产时,一般采用通用车床加工,但必须注意内孔和基准端面的精加工应在一次安装内完成,并在基准端面上打有记号。

4)齿形加工

齿形加工是整个齿轮加工的核心与关键。齿轮加工过程尽管有许多工序,但都是为齿形加工作准备的,以便最终获得符合精度要求的齿轮。

(1)8 级精度以下齿轮。调质齿轮用滚齿或插齿就能满足要求。淬硬齿轮可采用滚齿或插齿—剃齿—齿面淬火。

(2)6~7 级精度齿轮。对于齿面无须淬硬的齿轮采用滚齿或插齿—剃齿。对于淬硬齿面的齿轮可采用滚齿或插齿—剃齿—齿面淬火—珩齿。这种方案生产率高、设备简单、成本较低,适于成批或大批大量生产齿轮。还可以采用滚齿或插齿—剃齿—齿面淬火—磨齿的加工方案,但生产率低、设备复杂、成本较高,一般只用于单件小批量生产。

(3)5 级以上精度的齿轮。一般采用粗滚齿—精滚齿—齿端加工—齿面淬火—校正基准—粗磨齿—精磨齿的加工方案。

5)齿端加工

齿轮的齿端加工方式有倒圆、倒尖、倒棱和去毛刺。经倒圆、例尖和倒棱处理后的齿轮,在沿轴向移动时容易进入啮合。倒棱后齿端去掉了锐边,防止了在热处理时因应力集中而产生微裂纹。齿端加工通常在滚(插)齿之后、齿形淬火之前进行。

6)精基准的校正

轮齿淬火后其内孔常发生变形,内径可缩小 0.01~0.05 mm,为保证齿形精加工质量,必须对基准孔加以修整。修整的方法一般采用推孔和磨孔。对于成批或大批量生产以外径定心的花键孔、未淬硬的圆柱孔齿轮多采用推刀进行推孔。对于内孔已淬硬或内孔较大、齿厚较薄的齿轮,以磨孔为宜。

4. 齿轮加工工艺过程

齿轮的加工工艺过程,常因齿轮的结构形状、精度等级、生产类型及制造厂生产条件的不同而采用不同的方案。表 8-9 给出了图 8-35 双联齿轮的加工工艺过程。

表 8-9　双联齿轮加工工艺过程

序号	工　序　内　容	定位基准	设备
1	毛坯锻造		
2	正火		
3	粗车外圆和端面	外圆和端面	卧式车床
4	钻、扩花键底孔	外圆和端面	卧式车床
5	拉花键孔	内孔和端面	拉床
6	精车外圆、端面及槽	花键孔和端面	车床
7	检验		
8	滚齿(z=39),留余量 0.06~0.08 mm	花键孔和端面	滚齿机
9	插齿(z=34),留余量 0.03~0.05 mm	花键孔和端面	插齿机
10	齿圈Ⅰ、Ⅱ倒角	花键孔和端面	铣床
11	钳工去毛刺		
12	粗磨花键小径孔	齿面Ⅱ和端面	内圆磨床
13	剃齿(z=39),留珩磨余量	花键孔和端面	剃齿机
14	剃齿(z=34),留珩磨余量	花键孔和端面	剃齿机
15	齿部高频淬火:G52		
16	精磨花键小径孔	齿面Ⅱ和端面	内圆磨床
17	珩齿	花键孔和端面	珩磨机床
18	检验		

8.10　数控加工工艺设计

数控加工工艺与传统加工工艺有许多相同之处,但在数控机床上加工零件比普通机床加工零件的工艺规程要复杂得多。在数控加工前,要将机床的运动过程、零件的工艺过程、刀具的形状、切削用量和走刀路线等都编入程序,这就要求工艺技术人员具有多方面的知识基础。

8.10.1 数控加工的基本过程

数控加工是指在数控机床或加工中心上进行零件加工的工艺过程。数控机床或加工中心的受控动作主要包括机床的起动、停止;主轴的起停、旋转方向和转速的变换;进给运动的方向、速度、方式;刀具的选择、长度和半径的补偿;刀具的更换,冷却液的开起、关闭等。图8-36所示为数控机床加工过程框图。由图可知,在数控机床上加工零件所涉及的范围比较广,与相关的配套技术有密切的关系。合格的编程员首先应该是一个很好的工艺员,应熟练掌握工艺分析、工艺设计和切削用量的选择,能正确地选择刀辅具并提出零件的装夹方案,了解数控机床的性能和特点,熟悉程序编制方法和程序的输入方式。

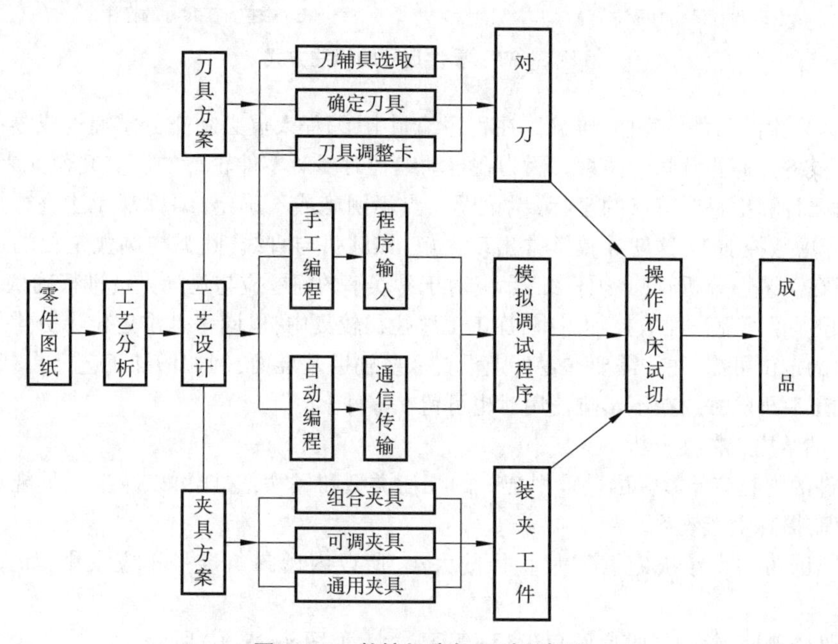

图8-36 数控机床加工过程框图

数控加工程序编制方法分为手工编程和自动编程。手工编程中,全部程序内容是由人工按数控系统所规定的指令格式编写。自动编程即计算机编程,可分为以语言和以绘画为基础的自动编程方法。

8.10.2 数控加工工艺设计的主要内容

数控加工工艺设计是对工件进行数控加工的前期工艺准备工作,必须在程序编制工作开始以前完成。数控机床具有高精度、高柔性、高效率等特点,应充分发挥数控加工的优势,防止把数控机床降格为普通机床使用。

1. 数控加工工艺性分析

零件的数控加工工艺性分析主要包括产品的零件图样分析和结构工艺性分析两部分。

1)零件图样分析

(1)尺寸标注应符合数控加工的特点。在数控编程中,所有点、线、面的尺寸和位置都是以编程原点为基准的。因此零件图样上最好直接给出坐标尺寸,或尽量以同一基准引注尺寸,如图8-37所示。由于数控加工精度及重复定位精度很高,统一基准标注不会产生较大累积误差。

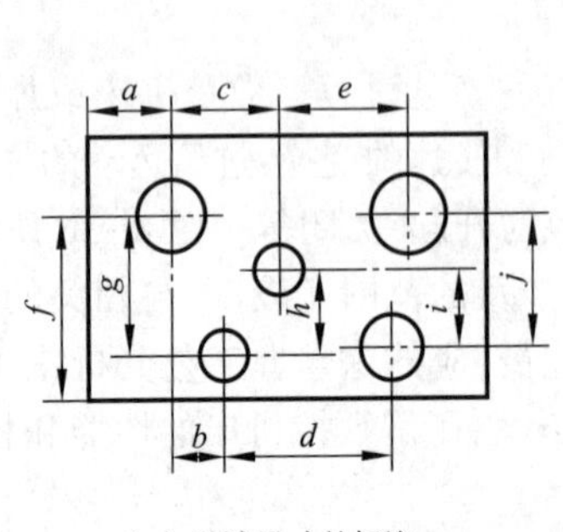

(a) 设计尺寸的标注

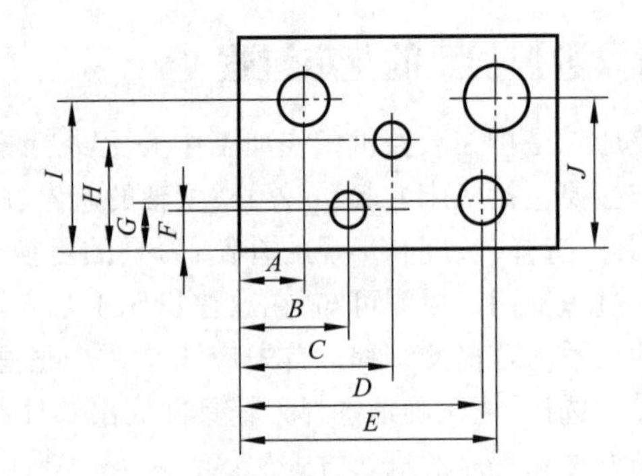

(b) 数控加工尺寸的标注

图 8-37　零件尺寸的标注方式

(2)几何要素的条件应完整、准确。在程序编制中,编程人员必须充分掌握构成零件轮廓的几何要素参数及各几何要素间的关系。因为在自动编程时要对零件轮廓的所有几何元素进行定义,手工编程时要计算出每个节点的坐标,无论哪一点不明确或不确定,编程都无法进行。一般在零件设计时,考虑数控加工,这就导致常常出现误解,如圆弧与直线、圆弧与圆弧是相切还是相交或相离。所以在工艺性分析时,必须仔细核算,对于易误解的问题应与设计人员进行确认。

(3)定位基准可靠。在数控加工中,加工工序往往较集中,以同一基准定位十分重要。因此为了确保零件的定位可靠,往往需要在零件上设置一些辅助基准面,例如增加工艺凸台或工艺孔,在完成定位加工后再除去或在不影响使用时也可留在零件上。

2)零件的结构工艺性分析

(1)零件的内腔与外形应尽量采用统一的几何类型和尺寸,这样可以减少刀具规格和换刀次数,方便编程,提高生产效益。

(2)内槽圆角的大小决定着刀具直径的大小,所以内槽圆角半径不应太小,如图 8-38(a)所示。

(3)零件铣槽底平面时,槽底圆角半径 r 不要过大,如图 8-38(b)所示。

(4)应尽可能在一次装夹中完成所有能加工表面的加工,为此要选择便于各个表面都能加工的定位方式;若需要二次装夹,应采用统一的基准定位。

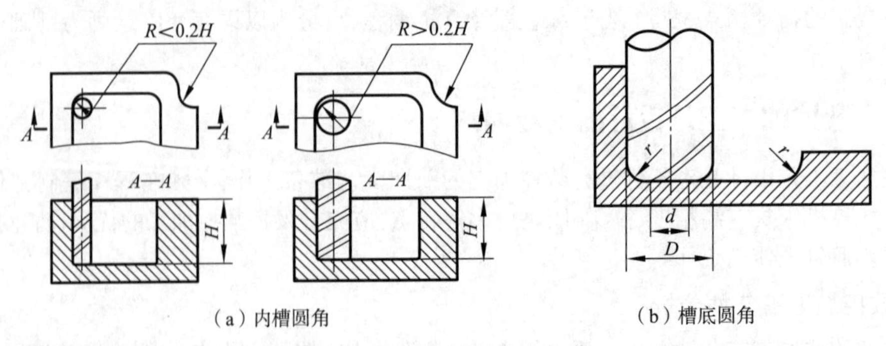

(a) 内槽圆角　　(b) 槽底圆角

图 8-38　圆角的结构工艺性

2. 数控加工工艺路线的设计

数控加工工艺路线设计与通用机床加工工艺路线设计的主要区别在于往往不是指从毛坯到成品的整个工艺过程,而仅是几道数控加工工序。因此在数控工艺路线设计中一定要注意,由于数控加工工序一般都穿插于零件加工的整个工艺过程中,因而要与其他加工工艺衔接好。

1)加工方法的选择

对于轴类零件,一般考虑采用数控车削加工;对于平面轮廓,一般考虑采用数控铣削加工或在加工中心上加工;对于复杂曲面,可以考虑在四轴或五轴加工中心上加工;对于精度要求较高的表面,可以考虑采用数控磨削加工;对于同方向上有较多孔的工件,可以考虑采用数控钻削加工。对于尺寸较小、平面轮廓的金属零件,可考虑采用数控线切割、数控电火花方式加工。

2)合理选用数控机床

在数控机床上加工零件,一般有以下两种情况:一种是有零件图样和毛坯,要选择适合加工该零件的数控机床;另一种是已经有了数控机床,要选择适合该机床加工的零件。无论哪种情况,考虑的因素主要有毛坯的材料和类型、零件轮廓形状复杂程度、尺寸大小、加工精度、零件数量、热处理要求等。概括起来,机床的选用应该能保证加工零件的技术要求,能够加工出合格产品;有利于提高生产率;可降低生产成本。

由于数控机床的类型不同,工艺范围、技术规格、加工精度、生产率及自动化程度也有差异。为了正确地为每一道工序选择适合数控机床,要充分了解机床的性能,使机床的类型与工序内容相适应,使机床的加工范围与工件尺寸相适应,使机床精度与零件加工精度相适应。

3)确定定位和夹紧方案及夹具

工件的定位基准与夹紧方案的确定,应遵循前面所述有关定位基准的选择原则与工件夹紧的基本要求。数控加工中夹具要满足:一保证夹具的坐标方向与机床的坐标方向相对固定;二能协调零件与机床坐标系的尺寸。单件小批量生产时,优先选用组合夹具、可调夹具和其他通用夹具,以缩短生产准备时间和节省生产费用;在成批生产时,才考虑采用专用夹具,并力求结构简单。

4)刀具的选择

与传统加工方法相比,数控加工对刀具的要求,尤其在刚性和耐用度方面更为严格。应根据机床的加工能力、工件材料的性能、加工工序、切削用量以及其他相关因素正确选用刀具及刀柄。刀具选择总的原则是:既要求精度高、强度大、刚性好、耐用度高,又要求尺寸稳定,安装调整方便。在满足加工要求的前提下,尽量选择较短的刀柄,以提高刀具的刚性。

5)工序的划分

在数控机床上加工零件,工序应比较集中,在一次装夹中尽可能完成大部分或全部加工内容。应根据零件图样,优先考虑在一台数控机床上完成整个零件的加工。如不能,则应选择哪部分零件表面需用数控机床加工,哪部分在其他机床上完成,对零件进行加工工序的划分。工序划分方式可以按零件装夹定位方式划分;可以按粗、精加工划分;还可以按所用刀具划分工序。

3. 编制加工程序,进行加工仿真,校验与修改程序

当数控加工工艺路线设计完成后,各道数控加工工序的内容已基本确定,对刀具、夹具、量具、安装方式等也已初步确定,接下来便可以进行数控加工程序编制。

1)确定走刀路线和安排加工顺序

加工路线的设定是很重要的环节,加工路线是刀具在切削加工过程中刀位点相对于工件的运动轨迹,不仅包括加工工序的内容,也反映加工顺序的安排,因而加工路线是编写加工程序的重要依据。确定走刀路线时应确定合适的切入切出方向,使走刀路线最短,减少刀具空行程时间,提高加工效率;最终轮廓一次走刀完成。

2)确定刀具与工件的相对位置

对于数控机床来说,在加工开始时,确定刀具与工件的相对位置是很重要的,这一相对位置是通过确认对刀点来实现的。对刀点是指通过对刀确定刀具与工件相对位置的基准点。对刀点可以设置在被加工零件上,也可以设置在夹具上与零件定位基准有一定尺寸联系的某一位置,对刀

点往往选择在零件的加工原点。

3)确定切削用量

切削用量包括主轴转速(切削速度)、背吃刀量和进给量(进给速度)。数控加工程序中的切削用量的确定方法与普通机床加工时相似,切削用量的合理选择将直接影响加工精度、表面质量、生产率和经济性,其确定原则与普通加工相似。具体数据应根据机床使用说明书、切削用量手册,并结合实际经验加以修正确定,数控加工中也要考虑断屑、排屑问题。

4)程序代码的编写

数控加工程序代码的编写方式,也就是数控编程方式,有手工编程和自动编程。手工编程是由人工编写的数控加工程序代码。对于简单零件可采用手工编程,但对于较复杂零件,手工编程很难实现,这就需要采用计算机辅助进行自动编程。自动编程是利用计算机软件根据零件模型及加工条件的参数,由软件自动生成数控加工程序代码的过程。

随着计算机及应用软件的发展,目前很多三维建模软件中就自带了数控加工模块。在完成三维实体建模后,就可以在建模软件中生成数控程序,如图 8-39 所示。

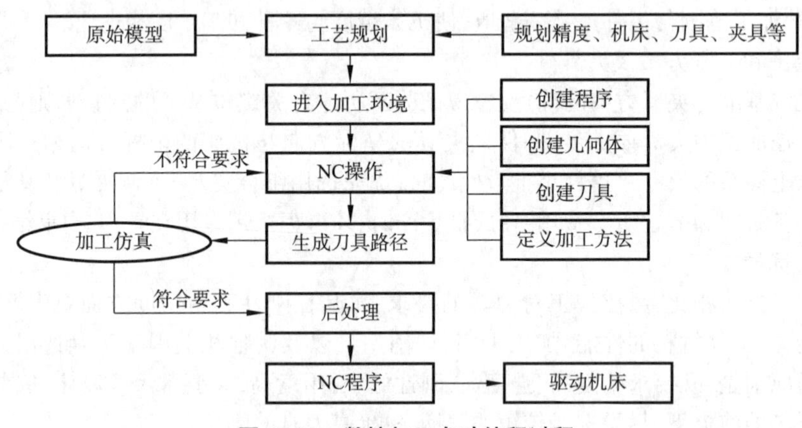

图 8-39　数控加工自动编程过程

5)数控程序仿真校验及完善

数控加工过程是自动进行的,对于工件过切、少切,零件、刀具、夹具、机床干涉或碰撞等问题事先难以预料,很可能导致工件出现废品,有时还会损坏机床、刀具。再者随着数控编程的日趋复杂化,代码出现错误的风险也越来越高。因此,零件的数控加工程序在实际加工前,必须进行仿真、校验及完善,确保实际应用的数控加工程序正确。目前数控程序检验方法主要有:试切、刀具轨迹仿真、三维动态切削仿真和虚拟加工仿真等方法。

4. 数控加工工艺文件的编制

数控加工工艺文件与普通加工工艺文件的作用是一样的,属于工艺规程,是进行数控加工及零件验收的依据,是设计人员、工艺人员、生产人员都必须遵守的规则。数控加工工艺文件主要有:数控加工编程任务书、数控加工工序卡、数控加工走刀路线图、数控机床及刀具调整单、数控程序单等。

8.11　计算机辅助工艺规程设计(CAPP)

在现代机械制造系统中,计算机辅助工艺规程设计(Computer Aided Process Planning,CAPP)是产品设计与车间生产的纽带,是连接 CAD 和 CAM 的桥梁。

8.11.1　CAPP的基本概念

计算机辅助工艺规程设计(CAPP)是通过计算机技术辅助工艺设计人员,以系统、科学的方法确定零件的加工工艺规程。具体地说,CAPP就是利用计算机的信息处理和信息管理优势,采用先进的信息处理技术和智能技术,帮助工艺设计人员完成工艺设计中的各项任务,如选择定位基准、拟定零件加工工艺路线、确定各工序的加工余量、计算工艺尺寸和公差、选择加工设备和工艺装置、确定切削用量、确定重要工序的质量检测项目和检测方法、计算工时定额、编写各类工艺文件等,最后生成产品生产所需的生产工艺流程图、加工工艺过程卡、加工工艺卡或加工工序卡、工艺管理文档等工艺文件和数控加工编程、生产计划制订和作业计划制订所需的相关数据信息,作为数控加工程序的编制、生产管理与运行控制系统执行的基础信息。

CAPP的基本组成模块,主要包括:

(1)控制模块。协调各模块的运行,实现人机之间的信息交流,控制产品设计信息获取方式。

(2)零件信息获取模块。用于产品设计信息输入,有人工交互输入、从CAD系统直接获取或自集成环境下统一的产品数据模型输入两种方式。零件设计信息是系统进行工艺设计的对象和依据。由于计算机目前还不能像人一样对零件图上的所有信息进行识别,所以CAPP系统必须有一种专门的数据结构对零件信息进行描述。如何描述和输入有关的零件信息一直是CAPP发展最关键的问题之一。

(3)工艺过程设计模块。进行加工工艺流程的决策,生成工艺过程卡。

(4)工序决策模块。选定加工设备、定位安装方式、加工要求,生成工序卡。

(5)工步决策模块。选择刀具轨迹、加工参数,确定加工质量要求,生成工步卡及提供形成NC指令所需的刀位文件。

(6)输出模块。可输出工艺流程卡、工序和工步卡、工序图等各类文档,并可利用编辑工具对生成的文件进行修改后得到所需的工艺文件。

(7)产品设计数据库。存放由CAD系统完成的产品设计信息。

(8)制造资源数据库。存放企业或车间的加工设备、工装工具等制造资源的相关信息,如名称、规格、加工能力、精度指标等信息。

(9)工艺知识数据库。是CAPP系统的基础,用于存放产品制造工艺规则、工艺标准、工艺数据手册、工艺信息处理的相关算法和工具等。如加工方法、排序规则、机床、刀具、夹具、量具、工件材料、切削用量、成本核算等。

(10)典型案例库。存放各零件族典型零件的工艺流程图、工序卡、工步卡、加工参数等数据。

(11)编辑工具库。存放工艺流程图、工序卡、工步卡等系统输入/输出模板、手册查询工具和系统操作工具集等,用于有关信息输入、查询和工艺文件编辑。

(12)制造工艺数据库。存放由CAPP系统生成的产品制造工艺信息,供输出工艺文件、数控加工编程和生产管理与运行控制系统使用。

工艺过程设计模块、工序决策模块、工步决策模块是CAPP系统控制和运行的核心,作用是以零件信息为依据,按预定的规则或方法,对工艺信息进行检索和编辑处理,提取和生成零件工艺规程所要求的全部信息。

8.11.2　CAPP的类型及工作原理

按照CAPP的工艺决策方法,可将其分为检索式、派生式和创成式,如图8-40所示。

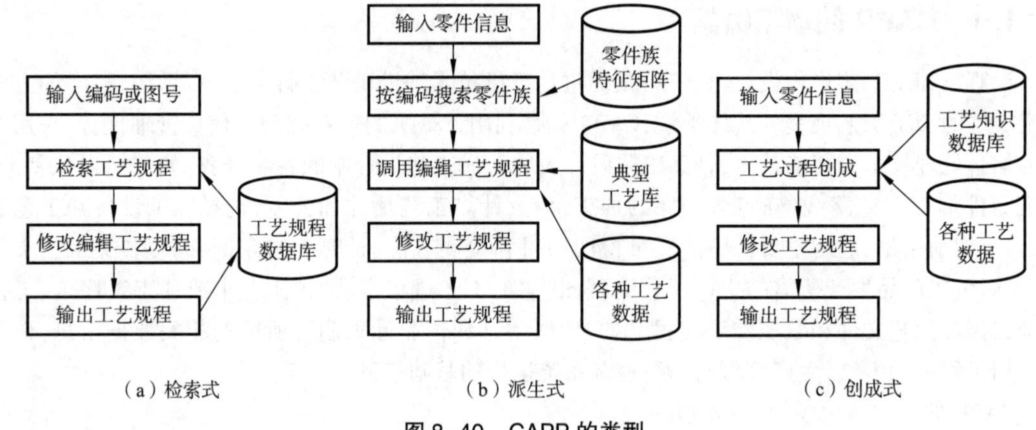

图 8-40　CAPP 的类型

1. 检索式 CAPP 系统

如图 8-40(a)所示,检索式 CAPP 系统是将企业现行各类工艺文件,根据产品和零件图号,存入计算机数据库中。进行工艺设计时,可以根据产品或零件图号,在工艺文件库中检索类似零件的工艺文件,由工艺人员采用人机交互方式进行修改,最后由计算机按工艺文件要求进行输出。

检索式 CAPP 系统,实际上是一个工艺文件数据库的管理系统,其功能较弱、自动决策能力差,工艺决策完全由工艺人员完成,有人认为其不是严格意义上的 CAPP 系统。但实际上,任何一个企业的产品或零部件,都有很大的相似性,因而其工艺文件也有很大相似性,因此在实际中采用检索式 CAPP 系统会大大提高工艺设计的效率和质量。此外,检索式 CAPP 系统的开发难度小,操作方便,实用性强,与企业现有设计工作方式一致,因此也具有较高的推广价值。

2. 派生式 CAPP 系统

如图 8-40(b)所示,派生式 CAPP 系统,又称变异式 CAPP 系统,可以看成是检索式 CAPP 系统的发展。其基本原理是利用零件 GT(成组技术)代码(或企业现行零件图编码),将零件根据结构和工艺相似性进行分组,然后针对每个零件组编制典型工艺,又称主样件工艺。

工艺设计时,首先根据零件的 GT 代码或零件图号,确定该零件所属的零件族,然后检索出该零件族的标准加工路线或典型工艺文件,最后根据该零件的 GT 代码和其他有关信息对标准工艺或典型工艺进行自动化或人机交互式修改,生成符合要求的工艺文件。这种系统的工作原理简单,容易开发,目前企业中实际投入运行的系统大多是派生式系统。这种系统的局限性是柔性差,只能针对企业具体产品零件的特点开发,可移植性差,不能用于全新结构零件的工艺设计。由于同一企业不同产品的零件一般都具有结构相似性和工艺相似性特点,所以派生式 CAPP 系统一般能满足企业绝大部分零件的工艺设计,具有很强的实用性。

3. 创成式 CAPP 系统

如图 8-40(c)所示,创成式方法的基本原理与检索式和派生式方法不同,不是直接对相似零件工艺文件的检索与修改,而是根据零件的信息,通过逻辑推理规则、公式和算法等,做出工艺决策而自动地“创成”一个零件的工艺规程。

创成式方法,接近人类解决问题的创新思维方式,但由于工艺决策问题本身的复杂性,还离不开人的主观经验,大多数工艺过程问题还不能建立实用的数学模型和通用算法,工艺规程的知识难以形成程序代码,因此此类 CAPP 系统只能处理简单的、特定环境下的某类特定零件。因此要建立通用化的创成式系统,还需克服众多的关键技术才能实现。

在实用化的 CAPP 系统开发中，应根据企业的实际情况，向用户提供多种工艺决策方法，既能提供检索式或派生式工艺设计方法，又能提供创成式工艺设计方法。

习　题

8-1　简述工艺过程和工艺规程的概念及其区别。

8-2　简述工艺规程的设计原则、设计内容及设计步骤。

8-3　简述拟订工艺路线需完成的工作内容。

8-4　简述基准的概念及分类。

8-5　简述粗、精基准的选择原则。

8-6　简述在同一尺寸方向上粗基准通常只允许用一次的原因。

8-7　简述加工工艺过程划分若干阶段进行的原因。

8-8　简述按工序集中原则、工序分散原则组织工艺过程的工艺特征，以及应用场合。

8-9　简述机械加工工序先后顺序安排的原则。

8-10　简述加工余量的概念及其影响因素。

8-11　简述工艺尺寸链的概念及如何判断封闭环、增减环。

8-12　简述生产成本、工艺成本、可变费用、不变费用的概念。

8-13　简述在市场经济条件下，如何正确运用经济分析方法合理选择工艺方案。

8-14　简述时间定额的概念及组成部分。

8-15　简述数控加工工艺设计的基本内容。

8-16　简述计算机辅助工艺设计(CAPP)的概念、分类及工作原理。

8-17　如图 8-41 所示，分析各零件的机械加工工艺性，指出是否存在工艺性问题，并给出改进方案。

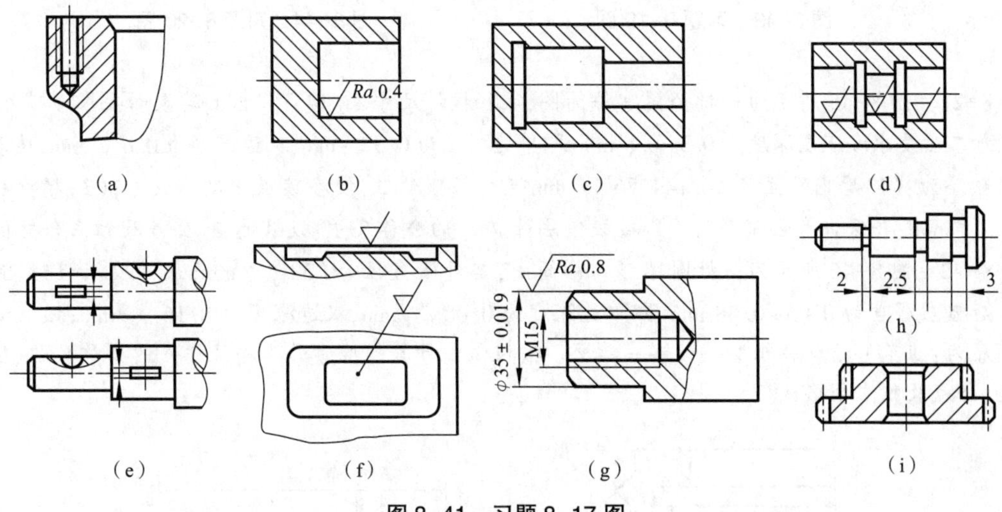

图 8-41　习题 8-17 图

8-18　加工图 8-42 所示零件，简述如何选择粗基准、精基准。图中标有粗糙度符号的表面为加工面，其余为非加工面，铸造圆角 $R3$。图 8-42(a)所示零件要求内孔和外圆同轴，端面与内孔中心线垂直，壁厚尽量均匀；图 8-42(b)所示零件毛坯孔已铸出，要求孔加工余量尽可能均匀；图 8-42(c)所示零件毛坯为实心锻件。

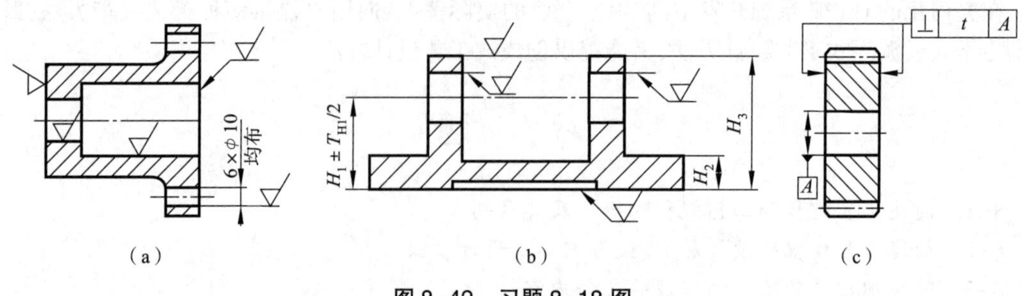

图 8-42　习题 8-18 图

8-19　在图 8-43 所示的尺寸链中，A_0 为封闭环，说明哪些组成环是增环，哪些是减环。

8-20　图 8-44 所示为一批套筒零件简图，外圆及端面 A、B 已加工完毕，现要加工 C 面，保证设计尺寸 L_{AC} 为 $10_{-0.36}^{\ 0}$ mm，但该尺寸不便测量，改用 L_{BC} 作为工序尺寸，调整机床进行加工。试完成：(1)按极值法计算 L_{BC} 的公称尺寸、极限偏差及公差；(2)画出动态公差图，指出独立合格区和动态合格区；(3)加工后测得一零件的 $L_{BC}=40.26$ mm，$L_{AB}=49.9$ mm，判断该零件是否合格；(4)加工后测得另一零件的 $L_{BC}=39.9$ mm，$L_{AB}=49.95$ mm，判断该零件是否合格，若不合格，能否用机械加工方法修复。

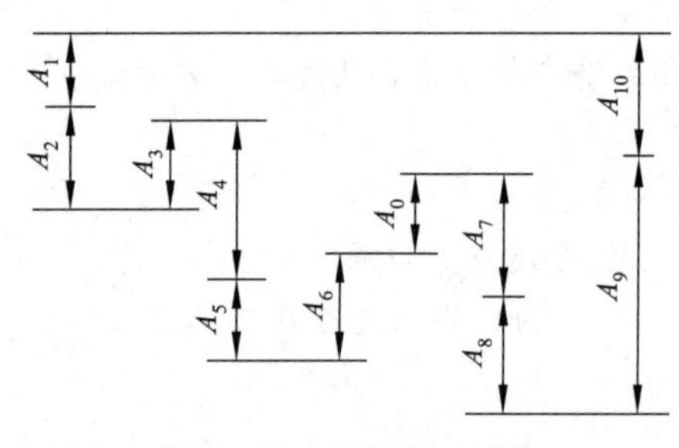

图 8-43　习题 8-19 图

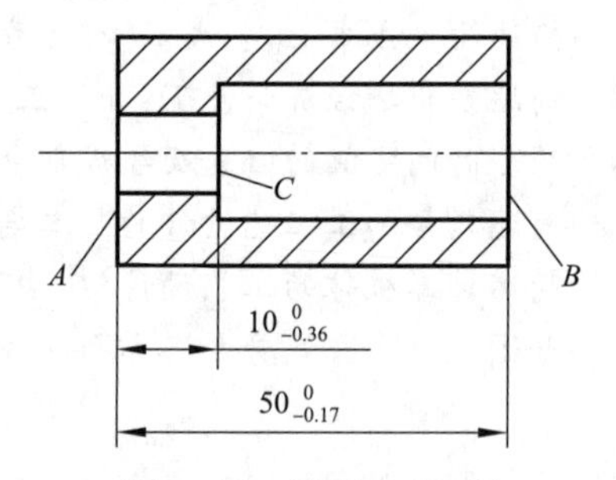

图 8-44　习题 8-20 图

8-21　图 8-45 所示为一批套筒零件简图，孔径设计尺寸为 $\phi145_{\ 0}^{+0.04}$ mm，其表面要求渗碳处理，且精加工后要求渗碳层深度为 0.3~0.5 mm，即单边深度为 $0.3_{\ 0}^{+0.2}$ mm，双边深度为 $0.6_{\ 0}^{+0.4}$ mm；该表面加工顺序为：(1)磨内孔至尺寸 $\phi144.76_{\ 0}^{+0.04}$ mm；(2)渗碳处理，使渗碳层深度达到 t_1；(3)精磨孔至 $\phi145_{\ 0}^{+0.04}$ mm，并保证渗层深度为 t_0。按极值法计算 t_1 的公称尺寸、极限偏差、公差及独立合格区。

8-22　图 8-46 所示为一批圆环形工件简图，其外圆直径为 $\phi28_{-0.015}^{\ 0}$ mm，表面要求镀铬，且精加工后镀层深度为 0.05~0.08 mm，即单边深度为 $0.08_{-0.03}^{\ 0}$ mm，双边深度为 $0.16_{-0.06}^{\ 0}$ mm；该表面加工顺序为：粗车—精车—粗磨—镀铬—精磨。按极值法计算粗磨时的工序尺寸 A 的公称尺寸、极限偏差、公差及独立合格区。

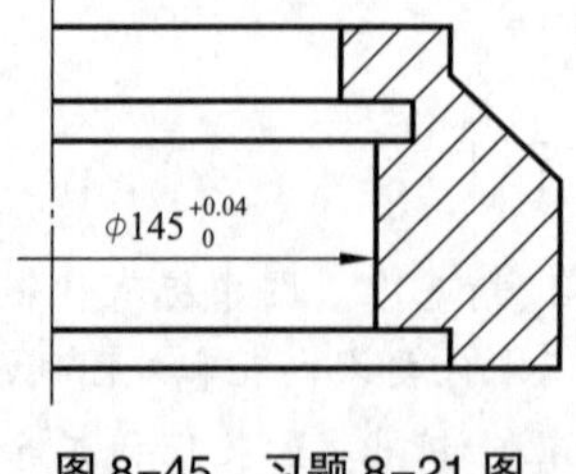

图 8-45　习题 8-21 图

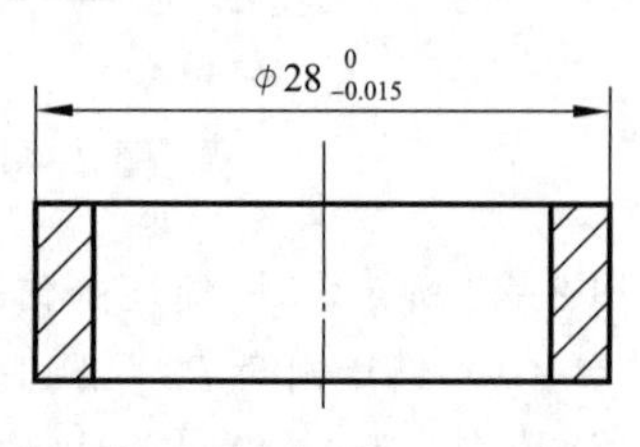

图 8-46　习题 8-22 图

8-23　图8-47所示为一批套筒零件及加工方案示意图。此时零件外圆、内孔及端面均已加工完毕，现在需要安排钻孔工序，保证其尺寸为10±0.1 mm。根据如图所示三种方案，按极值法分别计算工序尺寸A_1、A_2、A_3的公称尺寸、极限偏差、公差，并分析其合格区间。

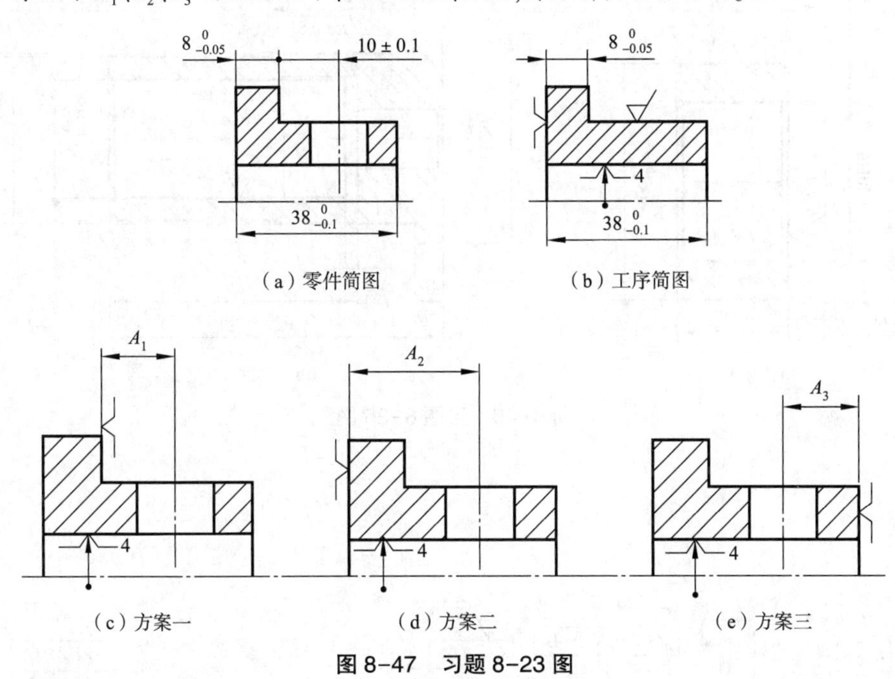

图8-47　习题8-23图

8-24　图8-48所示为零件及加工过程简图，大批量生产，假设外圆已加工完毕，现在需要加工该零件的轴向尺寸及内孔，其工艺过程为：工序Ⅰ半精铣上下端面至尺寸A；工序Ⅱ钻通孔、锪沉孔至尺寸B；工序Ⅲ精铣下端面至尺寸C，精铣余量为1 mm，精铣时的经济精度为0.05 mm。试计算工序尺寸A、B、C及其公差。

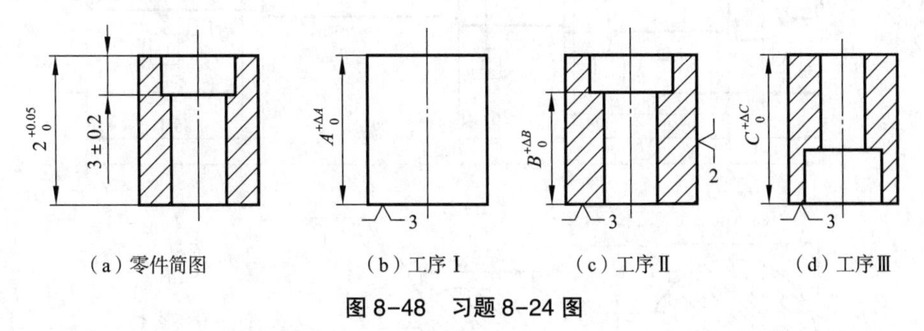

图8-48　习题8-24图

8-25　图8-49所示两种零件，材料均为45钢，大批量生产，图中未注倒角均为C1，未注表面粗糙度要求均为机械加工Ra3.2 μm，均要求调质处理，毛坯均可采用圆棒料。试对两种零件分别进行：(1)加工工艺性分析；(2)精基准和粗基准选择；(3)加工工艺规程设计。

8-26　大批量生产图1-1一级齿轮减速器时，试分析“1”号件箱体、“6”号件箱盖的主要加工工艺过程，指明加工顺序、加工内容及方法、定位基准及使用的机床。

8-27　大批量生产图1-1一级齿轮减速器时，根据图8-50的“39”号件输出轴和“41”号件大齿轮的零件图，试对两种零件分别进行：(1)加工工艺性分析；(2)精基准和粗基准选择；(3)加工工艺规程设计。

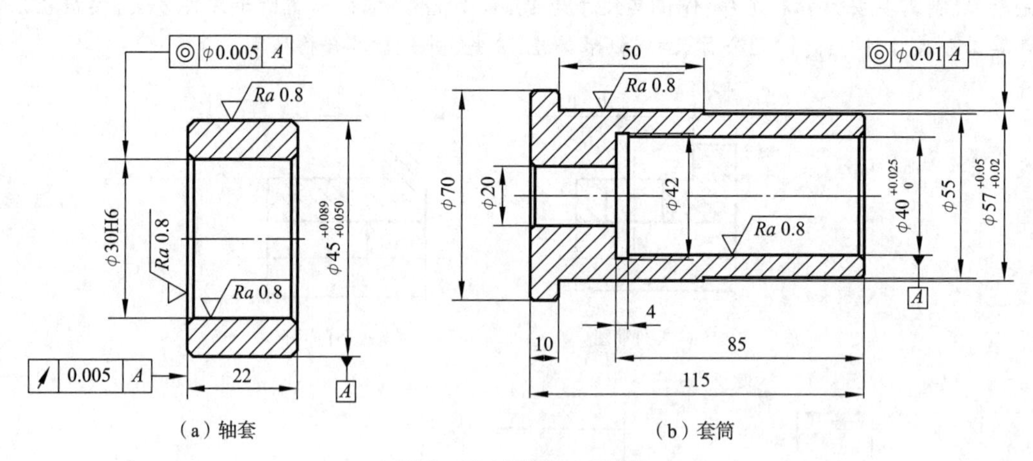

（a）轴套　　（b）套筒

图 8-49　习题 8-25 图

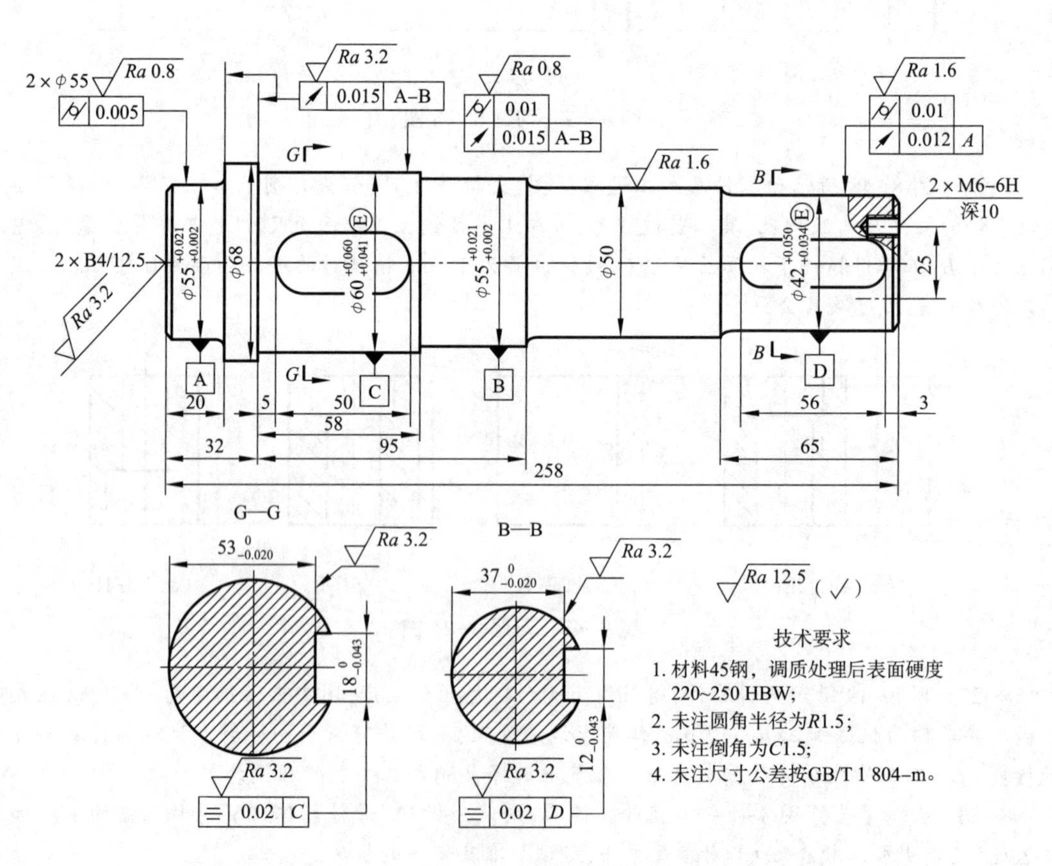

（a）“39”号件输出轴零件图

图　8-50

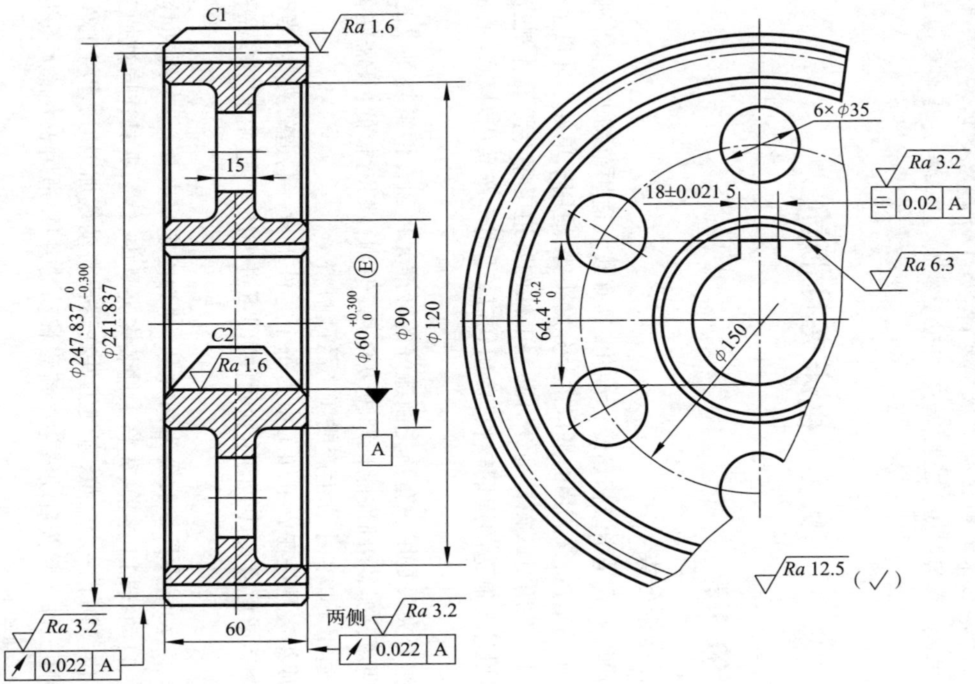

C1　Ra 1.6　15　C2　Ra 1.6　$\phi 60^{+0.300}_{0}$ Ⓔ　$\phi 90$　$\phi 120$　A　$\phi 247.837^{0}_{-0.300}$　$\phi 241.837$　60　Ra 3.2　0.022 A　两侧　Ra 3.2　0.022 A

6×ϕ35　18±0.021 5　Ra 3.2　0.02 A　Ra 6.3　$64.4^{+0.2}_{0}$　ϕ150　Ra 12.5（√）

法向模数	m_n	3
齿数	z	79
法向压力角	a_n	20°
齿顶高系数	h_{an}^*	1
顶隙系数	c_n^*	0.25
螺旋角	β	8°6′34″
旋向	右	
径向变位系数	x	0
精度等级	8 GB/T 10095.1—2008 8 GB/T 10095.2—2008	
齿轮副中心距及其极限偏差	150 ± 0.031 5	
配对齿轮	图号	
	齿数	20
检验项目	代号	允许值（mm）
单个齿距极限偏差	$\pm f_{pt}$	± 0.018
齿距累积总公差	F_p	0.070
齿廓总公差	F_α	0.025
螺旋线总公差	F_β	0.029
公法线平均长度及其偏差	W_{nk}	$87.551_{-0.248}^{-0.165}$
跨测齿数	K	10

技术要求

1. 材料45钢，正火处理后齿面硬度170~210 HBW;
2. 未注圆角半径为$R3$;
3. 未注倒角为$C1.5$。

（b）“41”号件大齿轮的零件图

图 8-50　输出轴和大齿轮零件图

第9章 机床夹具原理与设计

工件上的外圆、内孔、平面及曲面等几何结构都要在对应的机床上通过切削加工得到，同时还要达到尺寸精度、几何精度及表面粗糙度等设计要求。工件在加工前要能够正确且方便地安装到机床上，加工后能方便地取下，加工中要维持正确的加工状态不变，这就需要机床上有能够在满足加工精度要求的条件下夹持工件完成加工过程的辅助装置。这个辅助装置称为机床夹具，是一种工艺装备，是工艺系统的重要组成部分，应用十分广泛。机床夹具可认为是机床的"手"，我国制造业正在向"中国智造"迈进，为了实现智能制造，机床夹具需要向自动化和智能化方向发展。

9.1 机床夹具概述

9.1.1 机床夹具的分类

1. 按夹具的应用范围分类

(1)通用夹具。通用夹具是指结构已经标准化，且有较大适用范围的夹具，例如，车床用的三爪自定心卡盘和四爪单动卡盘，铣床用的平口钳及分度头等，适用于单件小批量生产。

(2)专用机床夹具。专用机床夹具是针对某一工件的某道工序专门设计制造的夹具，定位准确，装卸工件迅速，但设计与制造的周期较长、费用较高，适用于产品相对稳定的成批生产和大量生产。

(3)组合夹具。组合夹具是用一套预先制造好的标准元件和合件组装而成的夹具，结构灵活多变，设计和组装周期短，夹具零部件能长期重复使用；但刚性相对较低，且需储备大量的标准零部件，一次性投资大，适用于单件小批生产或新产品试制。

(4)成组夹具。成组夹具是在成组加工中为每个零件组设计制造的夹具，当改换加工同组内另一种零件时，只需调整或更换夹具上的个别元件，即可进行加工，适用于在多品种生产和中小批生产。

(5)自动线夹具。自动线夹具一般分为两种：一种为固定式夹具，与专用夹具类似；另一种为随行夹具，在工件进入自动线加工之前，先将工件装在夹具中，然后夹具连同被加工工件一起沿着自动线依次从一个工位移到下一个工位，直到工件在退出自动线加工时，才将工件从夹具中卸下。随行夹具是一种始终随工件一起按自动线生产流程移动的夹具，适用于大批大量生产。

2. 按使用机床类型分类

机床类型不同，夹具结构各异，由此可将夹具分为车床夹具、钻床夹具、铣床夹具、镗床夹具、磨床夹具和组合机床夹具等类型。

3. 按夹具动力源分类

按夹具所用夹紧动力源,可将夹具分为手动夹紧夹具、气动夹紧夹具、液压夹紧夹具、气液联动夹紧夹具、电磁夹紧夹具和真空夹紧夹具等。

9.1.2　机床夹具的组成

在大批量生产中,经常会用到专用机床夹具。图 9-1 所示为套筒钻孔夹具,就属于专用夹具,是根据工件的加工要求(在套筒上钻孔)而专门设计的。夹具上的定位销 6 能使工件相对机床与刀具迅速占有正确位置,不需要划线或找正就能保证工件的定位精度;夹具上的夹紧螺母 5、开口垫圈 4 和定位销 6 上的轴肩和螺杆配合,对已定位的工件实施夹紧;钻套 1、衬套 2 和钻模板 3 组成对刀导向装置,能快速、准确地确定刀具(钻头)的位置。这种安装方式效率高,能准确确定工件与机床、刀具之间的相对位置,定位精度高,稳定性好,还可以减轻工人的劳动强度和降低对工人技术水平的要求。

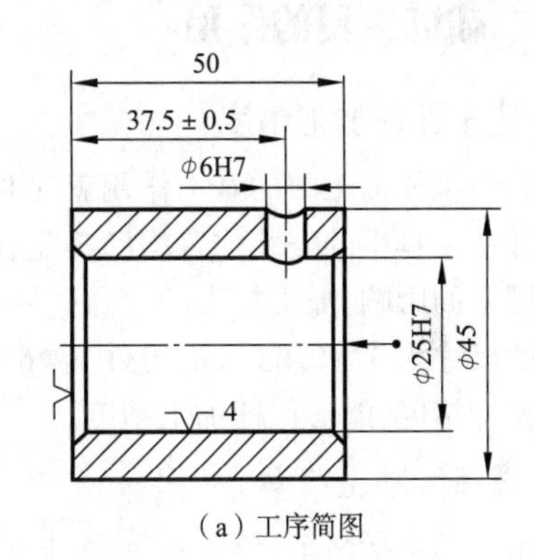

(a) 工序简图

机床夹具,特别是专用机床夹具的主要组成部分有:

1. 定位元件

定位元件是夹具上用来确定工件正确位置的零部件,工件在加工前必须先找到正确的位置。对于图 9-1(a)所示的工件要加工φ6H7 孔,应采用钻削加工,其正确位置是待加工孔的轴线处于钻头下方,且与钻头轴线重合,钻头边旋转边向下进给,即可完成钻孔加工。图 9-1(b)所示的夹具上,定位销 6 即是定位元件,通过其外圆柱面和轴肩端面与工件的内孔和左端面的接触,使工件找到正确位置。

2. 夹紧装置

夹紧装置是夹具上使工件在加工过程中保持正确位置不变的零部件。夹紧装置通常由力源装置、中间传力机构和夹紧元件三部分组成。图 9-1(b)所示的夹具上,夹紧螺母 5 和开口垫圈 4 以及定位销 6 右侧的螺柱组成了夹紧装置,可将工件固定在定位销 6 上,并能保持正确位置不变。

3. 对刀及导向装置

对刀及导向装置是确定刀具与工件之间相对位置的零部件,从而防止加工过程中刀具发生偏斜。图 9-1 所示的夹具上,钻套 1 安装在钻模板 3 上,在钻头向下进给过程中引导钻头在正确位置上钻孔。

(b) 钻床夹具

图 9-1　套筒钻孔专用夹具

1—钻套;2—衬套;3—钻模板;4—开口垫圈;5—夹紧螺母;6—定位销;7—夹具体

4. 夹具体

夹具体是机床夹具的基础件,将夹具的所有组成部分连接成一个整体。图 9-1(b)所示的夹具上,7 号件即是夹具体,其他零部件都安装在夹具体 7 上。

5. 其他装置或元件

按照工序的加工要求,有些夹具上还设置有如用作分度的分度元件、动力装置的操纵系统、自动上下料的上下料装置、夹具与机床的连接元件等其他装置或元件。

9.1.3 机床夹具的作用

1. 便于保证加工精度

夹具在机械加工中的基本作用就是保证工件的相对位置精度。由于夹具在机床上的安装位置和工件在夹具中的安装位置均已确定,所以工件在加工中的正确位置易于得到保证,且不受各种主观因素的影响,加工精度稳定。图 9-1(b)所示的夹具上,定位销 6 上的定位端面至钻套 1 中心轴线的尺寸为 37±0.03 mm,工件上 ϕ6H7 孔距离左端面的尺寸为 37±0.05 mm,夹具上的精度高于工件设计精度,能够保证加工精度。

2. 提高劳动生产率

使用夹具包括两个过程:一是夹具在机床上的安装与调整;二是工件在夹具中的安装。前者可以依靠夹具上的专门装置(如定位键、对刀块等)快速实现,或通过找正、试切等方法实现。工件在夹具中的安装由于有了专门定位用的元件(如形块、定位环等),因此也能够迅速实现。图 9-1(b)所示的夹具,工件安装在夹具上,不需要测量即可找到正确位置,加工后 ϕ6H7 孔的精度可以满足设计要求。另外,开口垫圈 4 可以从工件和夹紧螺母 5 之间抽出,只要设计选用的夹紧螺母 5,既能保证夹紧,又能在尺寸上比工件 ϕ25 孔小,就可以实现松开夹紧螺母 5 抽出开口垫圈 4 来更换工件,不必将夹紧螺母 5 完全拧下,这样就提高了劳动生产率。

3. 减轻劳动强度

机床夹具采用机械、气动和液动等夹紧装置,可以减轻工人的劳动强度。很多提高生产率的做法也可以减轻劳动强度,例如前述的开口垫圈 4 及夹紧螺母 5 的设计方案。

4. 扩大机床的工艺范围

利用机床夹具,能扩大机床的加工范围,例如,在车床或钻床上使用镗模可以代替镗床镗孔,使其具有镗床的功能。

9.2 工件在夹具上的定位

9.2.1 定位方式

在前面章节中已经介绍了,工件在加工前先要在夹具或机床上找到正确的位置,即定位过程。要实现工件的定位,就要研究物体在空间中的运动形式。

1. 六点定位原理

一个物体在空间中可以有 6 个独立的运动,如图 9-2 所示,长方体在直角坐标系中可以有 3 个平移运动和 3 个旋转运动。3 个平移运动分别是沿 x、y、z 轴的平移运动,记为 $\vec{x}$,$\vec{y}$,$\vec{z}$;3 个转动分别是绕 x、y、z 轴的旋转运动,记为 $\overset{\frown}{x}$,$\overset{\frown}{y}$,$\overset{\frown}{z}$。习惯上,把上述 6 个独立的运动称作六个自由度。如果采取一定的约束措施，限制物体的六个自由度，则称物体被完全定位。定位图 9-3 所示的长方体工件时，可以在其底面设置 3 个不共线的约束点 1，2，3；在侧面设置两个约束点 4，5 并在端面设置一个约束点 6，则约束点 1，2，3 可以限制三个自由度，即$\vec{z}$，$\overset{\frown}{x}$，$\overset{\frown}{y}$；约束点 4，5 可以限制两个自由度，即$\vec{y}$，$\overset{\frown}{z}$；约束点 6 可以限制一个自由度，即$\vec{x}$。在实际应用中，常把接触面积很小的支承钉看作约束点，即按上述位置布置 6 个支承钉，可限制长方体工件的 6 个自由度。

采用 6 个按一定规则布置的约束点，可以限制工件的 6 个自由度，实现完全定位，称为六点定位原理。常用定位元件限制的自由度见表 9-1。

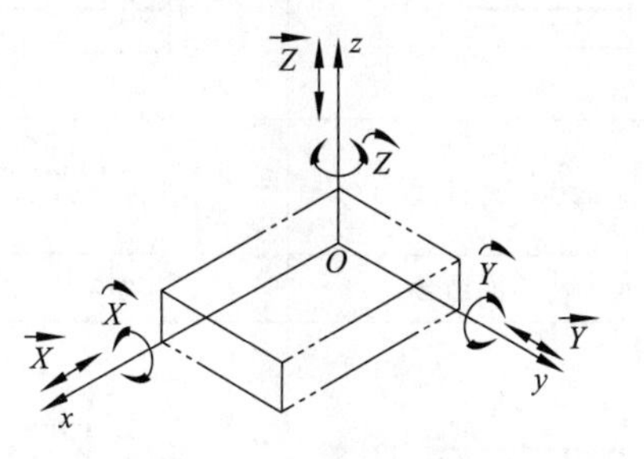

图 9-2　自由度示意图

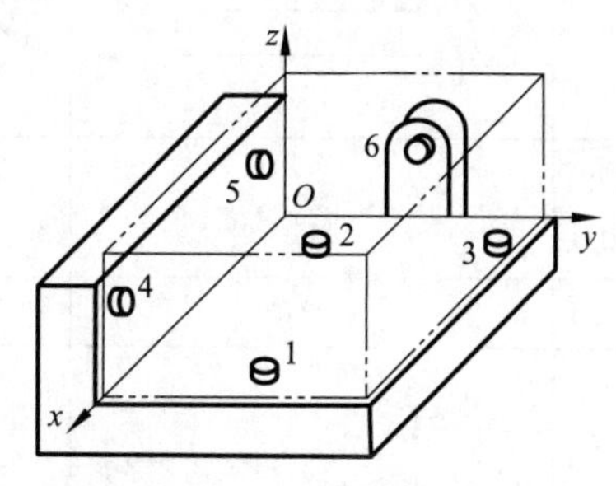

图 9-3　长方体工件的定位分析

表 9-1　常用定位元件限制的自由度

定位面	定位元件				
平面	支承钉	定位件	1 个支承钉	2 个支承钉	3 个支承钉
		图示			
		限制的自由度	$\vec{y}$	$\vec{x}$，$\overset{\frown}{z}$	$\vec{z}$，$\overset{\frown}{x}$，$\overset{\frown}{y}$
	支承板	定位件	1 块条形支承板	2 块条形支承板	1 块矩形支承板
		图示			
		限制的自由度	$\vec{x}$，$\overset{\frown}{z}$	$\vec{z}$，$\overset{\frown}{x}$，$\overset{\frown}{y}$	$\vec{z}$，$\overset{\frown}{x}$，$\overset{\frown}{y}$

续上表

定位面	定位元件				
圆孔	圆柱销	定位件	短圆柱销	长圆柱销	两段短圆柱销
		图示	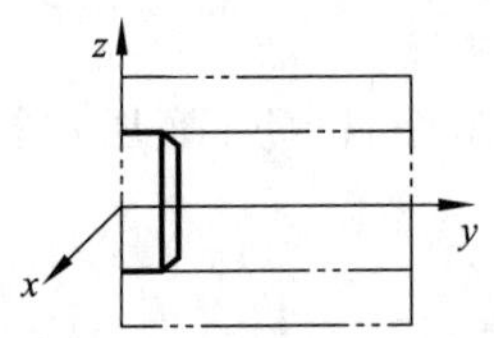	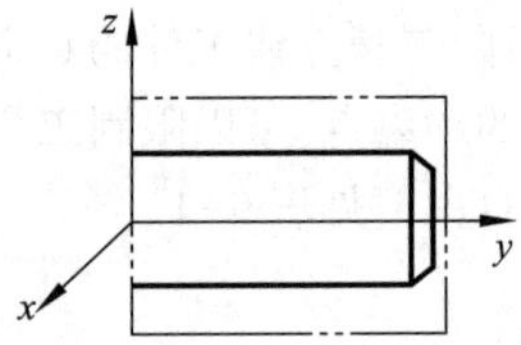	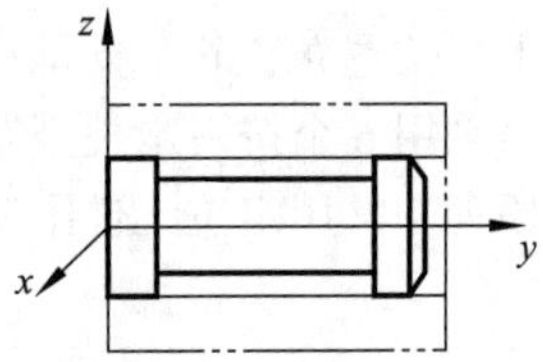
		限制的自由度	$\vec{x},\vec{z}$	$\vec{x},\vec{z},\overset{\curvearrowright}{x},\overset{\curvearrowright}{z}$	$\vec{x},\vec{z},\overset{\curvearrowright}{x},\overset{\curvearrowright}{z}$
		定位件	菱形销	长销小平面组合	短销大平面组合
		图示	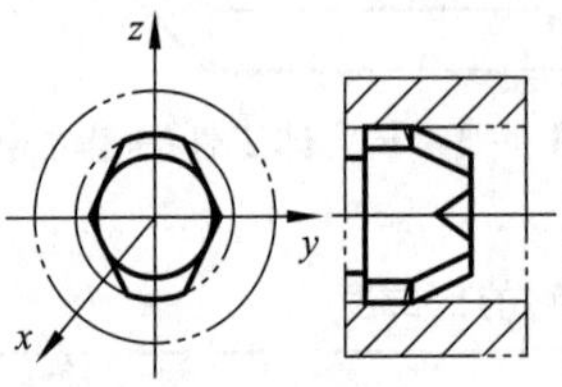	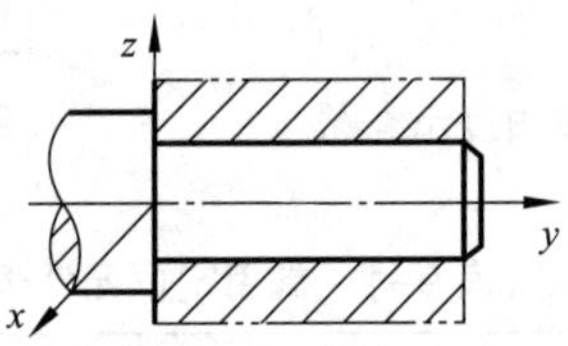	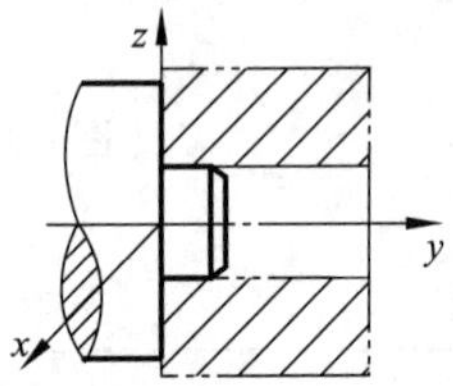
		限制的自由度	$\vec{z}$	$\vec{x},\vec{y},\vec{z},\overset{\curvearrowright}{x},\overset{\curvearrowright}{z}$	$\vec{x},\vec{y},\vec{z},\overset{\curvearrowright}{x},\overset{\curvearrowright}{z}$
	圆锥销	定位件	固定锥销	浮动锥销	固定锥销与浮动锥销组合
		图示	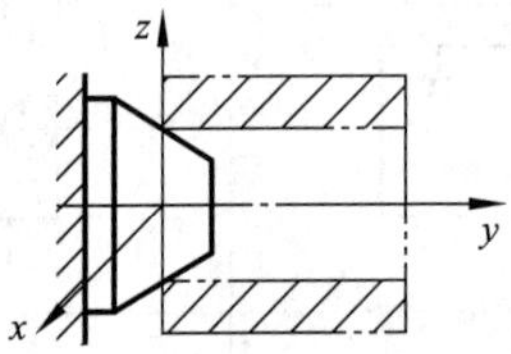	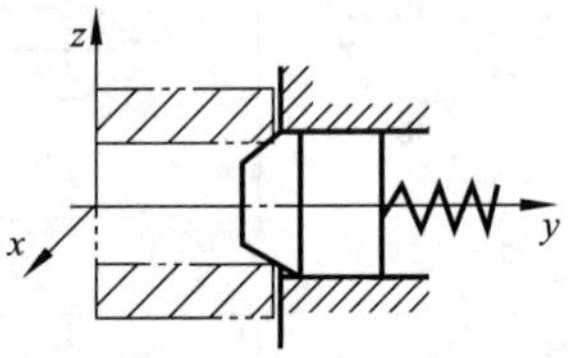	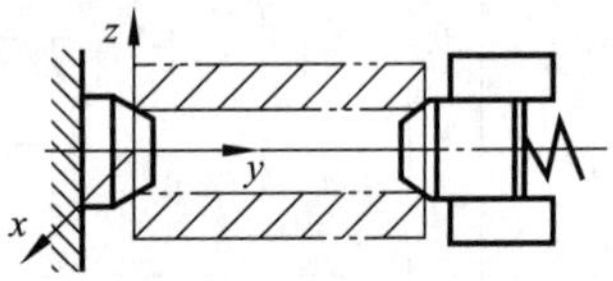
		限制的自由度	$\vec{x},\vec{y},\vec{z}$	$\vec{x},\vec{z}$	$\vec{x},\vec{y},\vec{z},\overset{\curvearrowright}{x},\overset{\curvearrowright}{z}$
	心轴	定位件	长圆柱心轴	短圆柱心轴	小锥度心轴
		图示	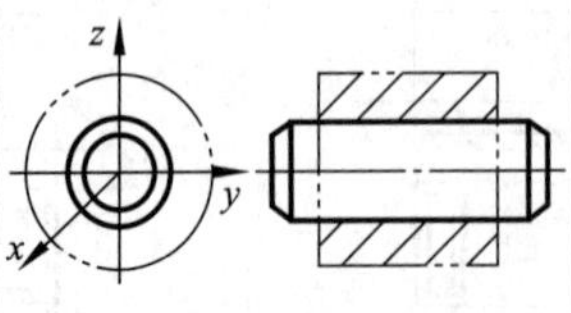	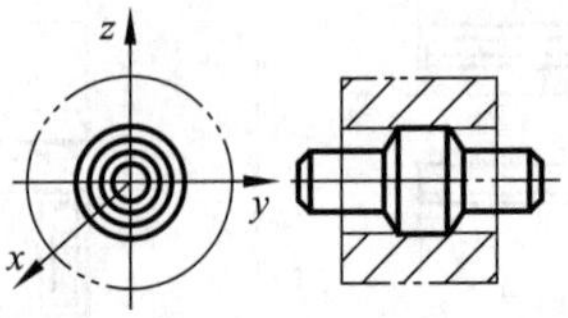	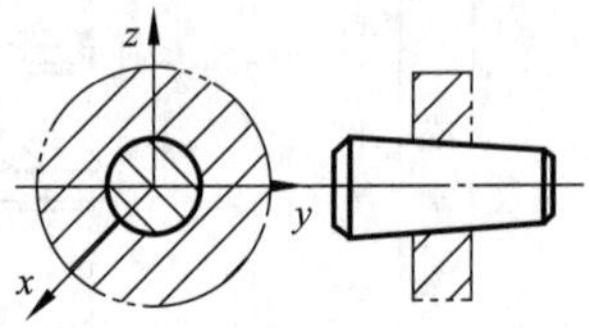
		限制的自由度	$\vec{y},\vec{z},\overset{\curvearrowright}{y},\overset{\curvearrowright}{z}$	$\vec{y},\vec{z}$	$\vec{x},\vec{y},\vec{z},\overset{\curvearrowright}{y},\overset{\curvearrowright}{z}$

续上表

定位面	定位元件				
外圆柱面	V 形块	定位件	一个短 V 形块	两个短 V 形块	一个长 V 形块
		图示	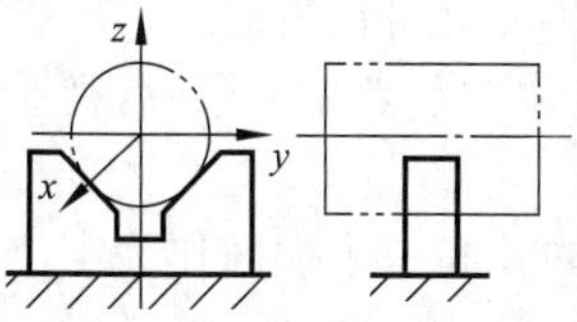	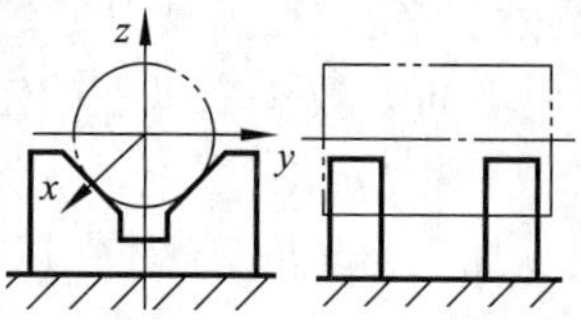	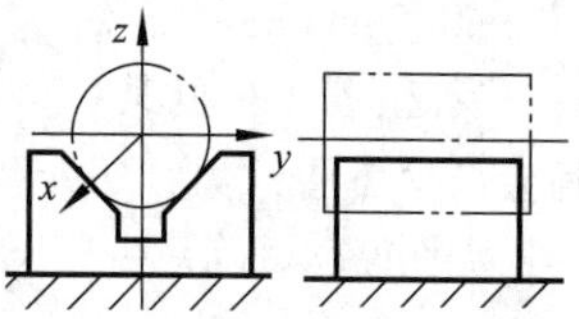
		限制的自由度	$\vec{y},\vec{z}$	$\vec{y},\vec{z},\overset{\frown}{y},\overset{\frown}{z}$	$\vec{y},\vec{z},\overset{\frown}{y},\overset{\frown}{z}$
	定位套	定位件	一个短定位套	两个短定位套	一个长定位套
		图示	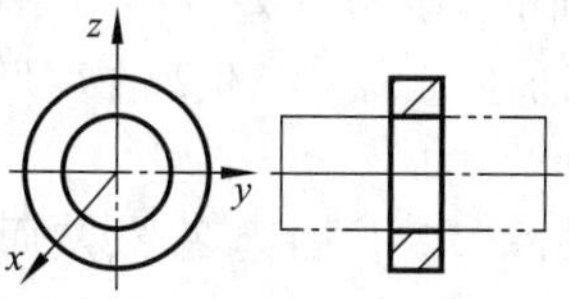	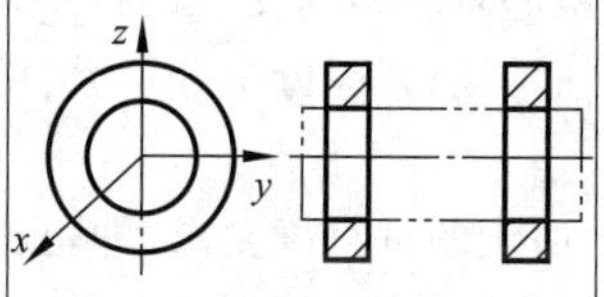	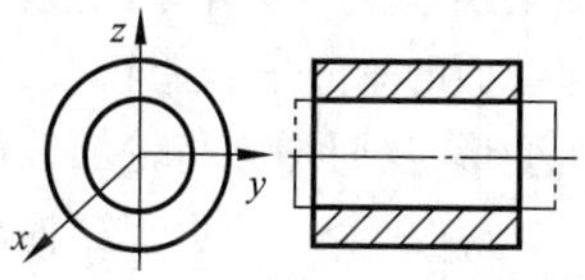
		限制的自由度	$\vec{y},\vec{z}$	$\vec{y},\vec{z},\overset{\frown}{y},\overset{\frown}{z}$	$\vec{y},\vec{z},\overset{\frown}{y},\overset{\frown}{z}$
圆锥孔	顶尖和锥心轴	定位件	固定顶尖	浮动顶尖	锥心轴
		图示	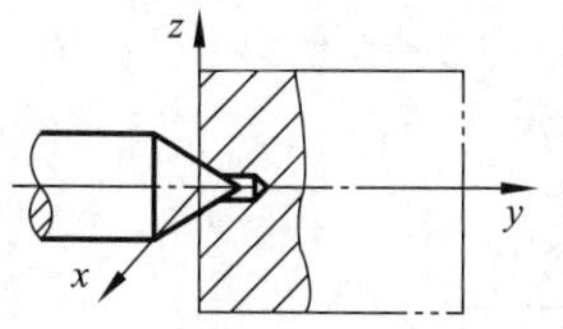	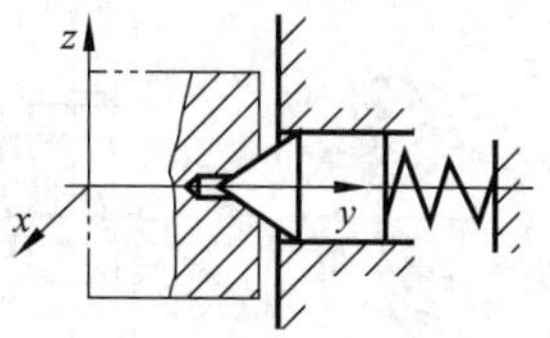	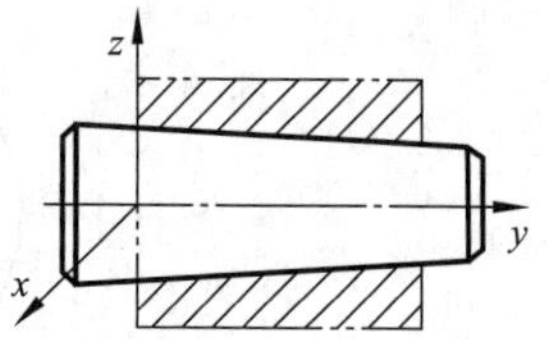
		限制的自由度	$\vec{x},\vec{y},\vec{z}$	$\vec{x},\vec{z}$	$\vec{x},\vec{y},\vec{z},\overset{\frown}{x},\overset{\frown}{z}$

2. 定位基面与定位基准

定位基面是工件上与定位元件接触的表面,分为主要定位基面和次要定位基面,被限制自由度个数最多的定位基面为主要定位基面,其他为次要定位基面。例如,加工套筒外圆时,零件上有外圆与内孔的同轴度要求,应采用表 9-1 中的长销小平面组合定位方案,以内孔作为主要定位基面。

定位基准是由定位基面所体现出来的几何要素,可以是工件上的组成要素,也可以是中心要素。表 9-1 中,用支承钉定位时,工件平面既是定位基面又是定位基准;用 V 形块定位时,工件外圆柱面为定位基面,而外圆柱面的中心轴线为定位基准。

3. 完全定位与不完全定位

在图 9-3 中,xoy 平面上的支承点限制了工件的 3 个自由度$\vec{z}$、$\overset{\frown}{x}$、$\overset{\frown}{y}$;xoz 平面上的支承点限制了工件的 2 个自由度$\overset{\frown}{z}$、$\vec{y}$;yoz 平面上的支承点限制了 1 个自由度$\vec{x}$。因而,工件的全部 6 个自由度都被限制了,称为“完全定位”。

然而,工件在夹具中并非都需要完全定位,可根据具体加工要求确定限制自由度个数。例如铣削长方体工件上表面,只需限制三个自由度$\vec{z}$、$\overset{\frown}{x}$、$\overset{\frown}{y}$,显然,此情况的定位方式也是合理的。这种允许少于六点的定位称为“不完全定位”或“部分定位”。

4. 过定位与欠定位

在加工中,如果工件的定位支承点数少于应限制的自由度数,称为“欠定位”,这种情况必然导致达不到所要求的加工精度。例如,在图 9-1 中,若工件左端面不设置定位支承点,则难以保证 37.5±0.5 mm 的尺寸要求。显然,欠定位在夹具中是绝对不允许出现的。

反之,若工件的某一个自由度同时被一个以上的定位支承点重复限制,则对这个自由度的限制会产生矛盾,称为“过定位”或“重复定位”。

如图 9-4 所示,在滚齿机上加工齿轮时,工件是以内孔和一个端面作为定位基面装夹在滚齿机心轴 1 和支承凸台 3 上,其中心轴 1 限制了工件的$\vec{x}$、$\vec{y}$、$\widehat{x}$、$\widehat{y}$四个自由度,支承凸台 3 限制了工件的$\vec{z}$、$\widehat{x}$、$\widehat{y}$三个自由度,可见$\widehat{x}$和$\widehat{y}$两个自由度被重复限制了,出现了过定位现象。

一般来说,工件过定位可能出现定位困难,或者也可能在夹紧后使工件或夹具产生变形,增大加工误差。图 9-4 中的滚齿机心轴轴线与支承凸台平面的垂直度误差较小,而工件内孔中心轴线与端面的垂直度误差较大,从而当压紧螺母 7 拧紧后,可能使工件 4 产生翘曲变形或心轴 1 产生弯曲变形,从而增大齿轮加工误差。

此时,若在前道工序提出适当的垂直度要求,即可消除过定位引起变形,从而支承凸台 3 可以有足够的支承工作面积和支承刚度,避免切削中工件变形。故此,在定位方案设计时,一般不允许出现过定位的情况;而只有在需要增强工艺系统刚度且工件各定位面之间具有较高位置精度时才允许采用过定位方案。

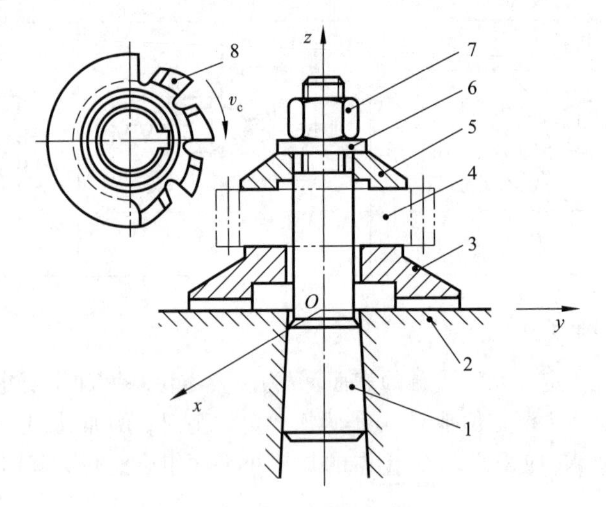

图 9-4 过定位示例

1—心轴;2—工作台;3—支承凸台;4—工件;
5—压块;6—垫圈;7—压紧螺母;8—齿轮滚刀

当出现过定位时,消除过定位及其干涉有两种途径:①改变定位元件的结构,以减少支承点的数目,消除被重复限制的自由度;②提高工件定位基面之间的位置精度,以消除过定位引起的干涉。

9.2.2 常见定位方式与定位元件

1. 工件以平面定位

工件以平面定位时,定位基准就是与定位元件接触的平面,常用的定位元件有支承钉、支承板、可调支承和自位支承。

(1)支承钉。常用支承钉的结构形式如图 9-5 所示。

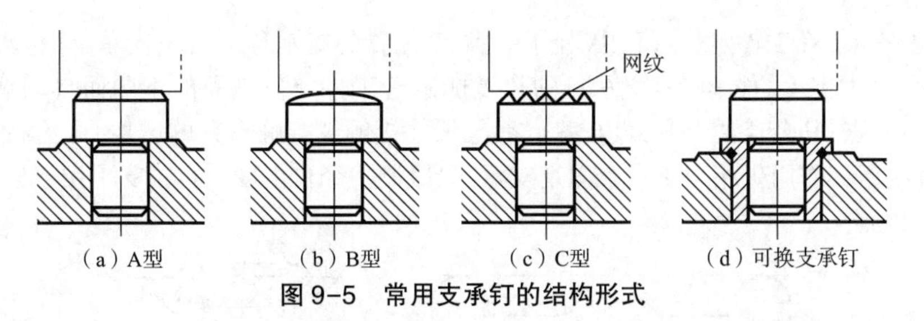

图 9-5　常用支承钉的结构形式

A 型为平头支承钉,用于支承精基准面;B 型为球头支承钉,用于支承粗基准面;C 型为网纹顶面支承钉,能产生较大的摩擦力,但网槽中的切屑不易清除,常用在工件以粗基准定位且要求产生较大摩擦力的侧面定位场合;支承钉在使用过程中,会因磨损而导致定位精度下降,从而在粗加工或大批量生产中,应设计成可换支承钉。当工件尺寸远大于支承钉尺寸时,一个支承钉相当于一个支承点,限制 1 个自由度;在一个平面内,两个支承钉限制 2 个自由度;不在同一直线上的三个支承钉限制 3 个自由度。

(2)支承板。常用支承板的结构形式如图 9-6 所示。A 型为平面型支承板,结构简单,但沉头螺钉处清理切屑比较困难,适于做侧面和顶面定位;B 型为带斜槽型支承板,在带有螺钉孔的斜槽中允许容纳少许切屑,适于作底面定位。当工件定位平面较大时,常用多块支承板组合成一个平面。一般情况下,一个支承板相当于两个支承点,限制 2 个自由度;两个(或多个)支承板组合,相当于一个平面,可以限制 3 个自由度。

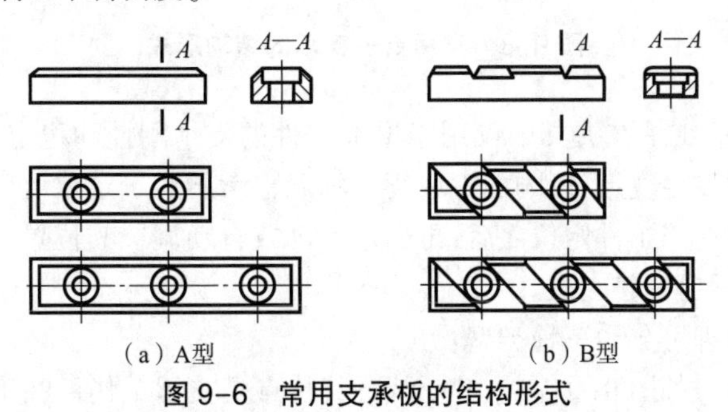

图 9-6　常用支承板的结构形式

(3)可调支承。常用可调支承如图 9-7 所示,可调支承的支承面高度可以适当调整,调整好后再锁紧,其作用相当于一个固定支承,常用于工件定位基面形状复杂(如台阶面、成形表面)或毛坯尺寸、形状变化较大的场合。可调支承的可调性完全是为了弥补粗基准面的制造误差而设计的。一般每加工一批毛坯时,先根据粗基准的误差变化情况,调整支承钉 1 的位置,调整好后,再用锁紧螺母 2 锁紧。因此,可调支承在一批工件加工前调整好以后,在同批工件加工时,其作用与固定支承相同。

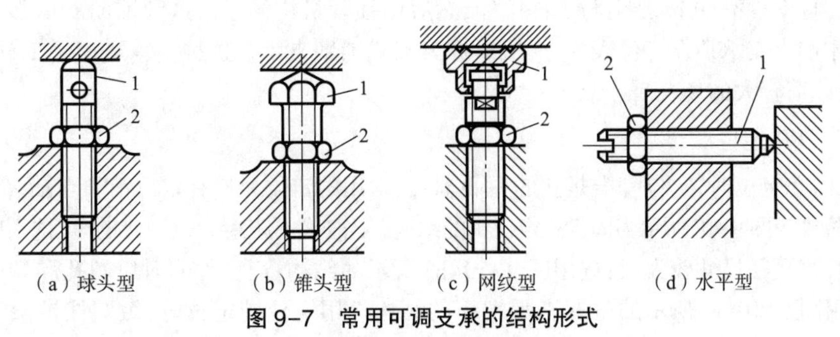

图 9-7　常用可调支承的结构形式

1—可调支承钉;2—锁紧螺母

(4)自位支承。在工件定位过程中,能自动调整位置的支承称为自位支承,又称浮动支承,如图9-8所示。这类支承的特点是:支承点的位置能随着工件定位基面的不同而自动调节,工件定位面压下其中一点,其余点便上升,直至各点都与工件接触。接触点数的增加,可提高工件的装夹刚度和稳定性,但其作用仍相当于一个固定支承,只限制1个自由度。自位支承用于以毛坯面定位或刚度不足的场合。

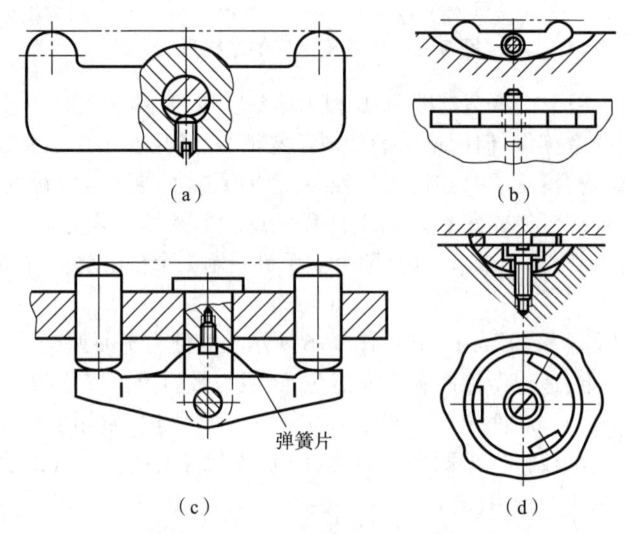

图9-8 常用自位支承的结构形式

(5)辅助支承。辅助支承在夹具中仅用于增加工件的支承刚性和稳定性,以防止在切削时因切削力的作用导致工件发生变形,影响加工精度。辅助支承不属于定位元件,不起定位作用,即不限制工件的自由度。只有当工件定位之后,再通过手动或自动调节其位置,使之与工件表面接触,因而每更换一次工件,需要调整一次。

辅助支承按工作原理可分为三种类型:

①螺旋式辅助支承。如图9-9(a)、(b)所示,其特点是支承工作面在工件定位前低于工作位置,不与工件接触。当工件定位夹紧后,向上拧动支承螺钉2,使其与工件接触而起到辅助支承的作用,以承受夹紧力、切削力等。

②弹性辅助支承。如图9-9(c)所示,其支承工作面在工件定位前高于工作位置,在工件定位的过程中,借助弹簧5产生的弹簧力使支承销6的工作面与工件保持接触。当工件定位后,先转动手柄9使顶柱将支承销6锁紧,然后再夹紧工件。

③推式辅助支承。如图9-9(d)所示,其支承工作面在工件定位前低于工作位置,不与工件接触。工作时,将支承滑柱11推上与工件接触,然后用锁紧机构锁紧。这种辅助支承都是在工件定位夹紧后,才推出支承顶在工件表面上,所以称为推式辅助支承。这种支承适用于工件较重、垂直作用的切削载荷较大的场合。

2. 工件以孔定位

工件以内孔定位时,定位基准是孔的中心轴线,常用的定位元件有定位销和心轴。

(1)定位销。图9-10所示为固定式定位销的结构。当工件的孔径尺寸较小时,可选用图9-10(a)所示的结构;当孔径尺寸较大时,选用图9-10(b)所示的结构;当工件同时以圆孔和端面组合定位时,则应选用图9-10(c)所示的带有支承端面的结构。用定位销定位时,短圆柱销限制2个自由度;长圆柱销可以限制4个自由度;图9-10(d)中的短圆锥销限制3个自由度。

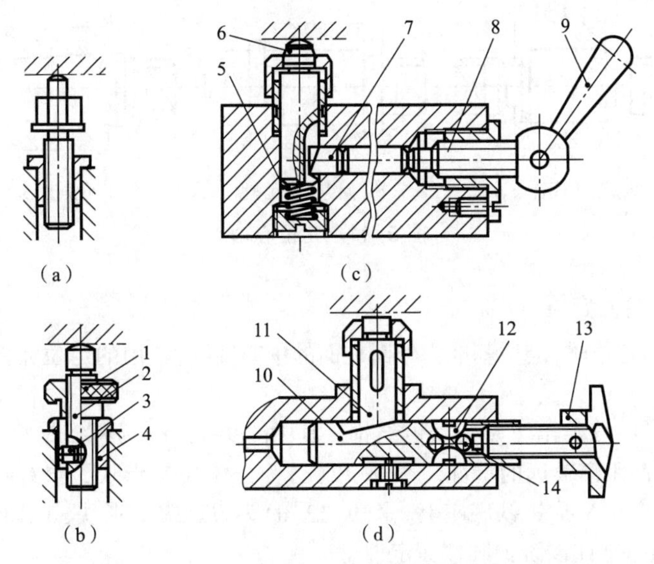

图 9-9　常用辅助支承的结构形式

1—螺母;2—支承螺钉;3—止动销;4—套筒;5—弹簧;
6—支承销;7—顶销;8—锁紧螺钉;9、13—手柄;
10—推杆;11—支承滑柱;12—半圆键;14—钢球

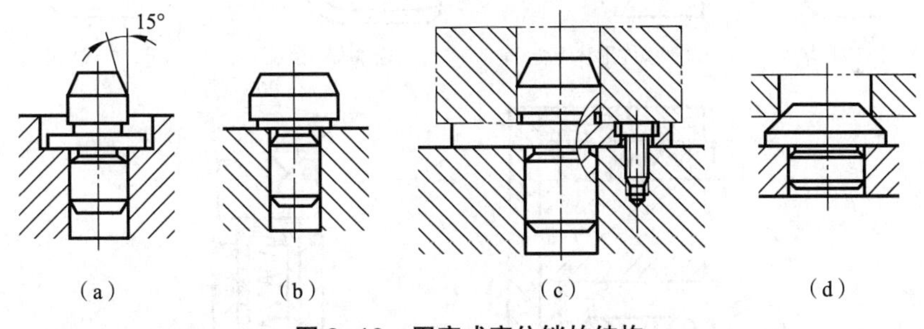

图 9-10　固定式定位销的结构

(2)心轴。定位心轴种类很多,主要用于车、铣、磨等机床上加工套筒类和空心盘类工件的定位。常用的有圆柱心轴及锥度心轴等。

①过盈配合心轴。如图 9-11(a)所示,由引导部分、工作部分、传动部分组成,两边的凹槽是车削端面时的退刀槽。过盈心轴可限制 4 个自由度,制造简单,定心准确,不用另设夹紧装置,但装卸工件不便,易损伤工件定位孔,因此,多用于定心精度要求高的精加工,并可由过盈传递切削力矩。

②间隙配合心轴。如图 9-11(b)所示,间隙较小时,可限制 4 个自由度;间隙较大时,只限制 2 个移动自由度。为了减少因配合间隙而造成的工件倾斜,常以孔和端面联合定位,因而要求工件定位孔与定位端面有较高的垂直度,最好能在一次装夹中加工出来,此时心轴限制 5 个自由度。间隙配合心轴定心精度不高,但使用开口垫圈夹紧工件,可实现快速装卸。当工件内孔与端面垂直度误差较大时,应改用球面垫圈。

③小锥度心轴。当工件要求定心精度高且装卸方便时,可采用图 9-11(c)所示的小锥度心轴来实现圆柱孔的定位,锥度通常为 1∶1 000~1∶5 000。小锥度心轴可限制工件除绕轴线旋转以外的其余 5 个自由度。锥度心轴定心精度较高,但由于工件孔径的公差将引起工件轴向位置变化很大,且不易控制。

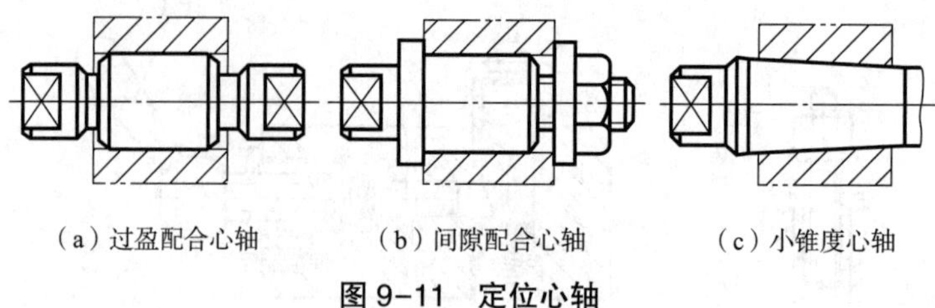

（a）过盈配合心轴　（b）间隙配合心轴　（c）小锥度心轴

图 9-11　定位心轴

3. 工件以外圆柱面定位

工件以外圆柱面定位时，定位基准为外圆柱面的中心轴线，常用的定位元件有 V 形块、定位套和半圆孔等。

(1)V 形块。图 9-12 给出了 V 形块的结构。其中图 9-12(b)为两短 V 形块组合，用于长工件的定位，或两定位基面距离较远的情况。图 9-12(c)为分体式 V 形块，定位面为淬硬钢或硬质合金的镶块，用螺钉固定在 V 形铸铁底座上。图 9-12(d)为刃口式 V 形块，工作面的宽度一般为 2~5 mm，用于工件以粗基准或以阶梯圆柱面定位。

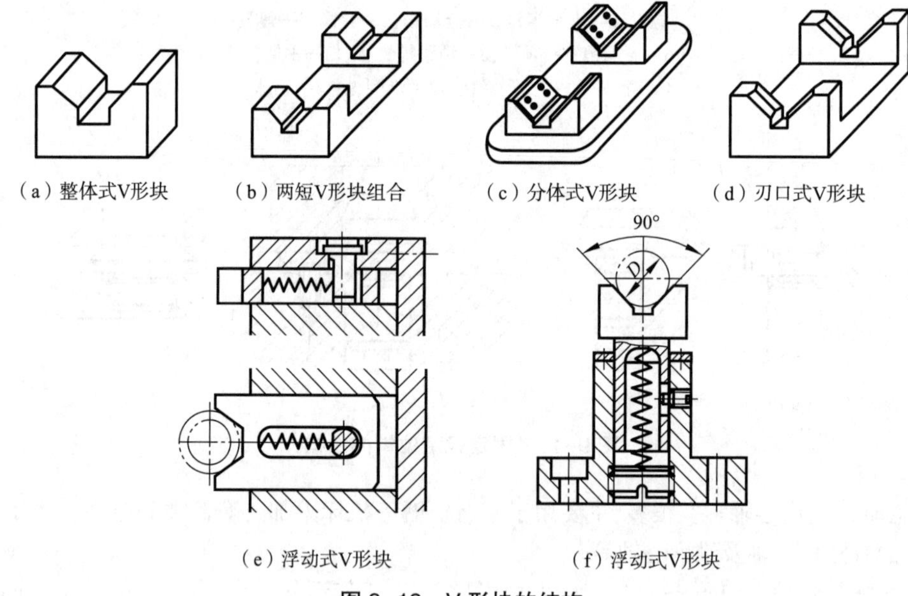

（a）整体式V形块　（b）两短V形块组合　（c）分体式V形块　（d）刃口式V形块

（e）浮动式V形块　（f）浮动式V形块

图 9-12　V 形块的结构

用 V 形块定位，工件的定位基准始终在 V 形块两定位面的对称中心平面内，对中性能好。一个短 V 形块限制 2 个自由度；两个短 V 形块组合或一个长 V 形块限制 4 个自由度；浮动式 V 形块只限制 1 个自由度。

(2)定位套。工件以外圆柱面在圆孔中定位所用的定位元件多制成套筒式固定在夹具体上，如图 9-13 所示。定位套定位的优点是简单方便，但定位时有间隙，定心精度不高。如图 9-13(a)所示，工件以端面为主要定位基准面，则短定位套只限制 2 个自由度；如图 9-13(b)所示，工件以外圆柱面为主要定位面时，则长定位套限制 4 个自由度；如图 9-13(c)所示，工件以圆柱面的端面定位，则锥套限制 3 个自由度。

(3)半圆孔。图 9-14 所示为半圆孔定位装置。当工件尺寸较大，用圆柱孔定位不方便时，可将圆柱孔改成两半，下半孔用作定位，上半孔用于压紧工件。短半圆孔定位限制工件的 2 个自由度；长半圆孔定位限制工件的 4 个自由度。

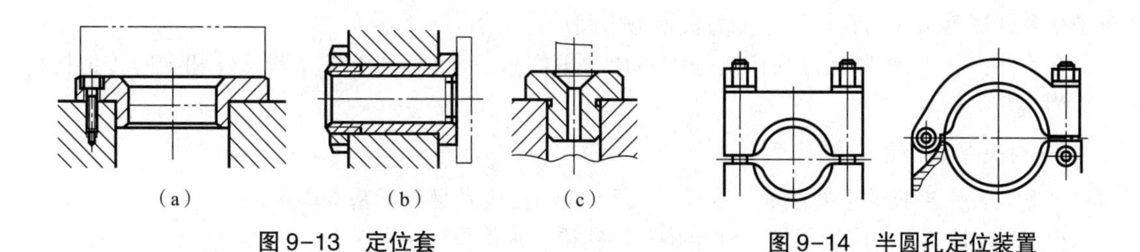

图 9-13　定位套　　　　图 9-14　半圆孔定位装置

4. 工件以组合表面定位

在实际生产中,为满足加工要求,有时采用几个定位面相组合的方式进行定位。常见的组合形式有:两顶尖孔、一端面一孔、一端面一外圆、一面两孔等,与之相对应的定位元件也是组合式的。例如,长轴类零件采用双顶尖组合定位;箱体类零件采用一面双销组合定位。

9.2.3　定位方案的设计

1. 定位方案设计的基本原则

(1)遵循基准重合原则。使定位基准与工序基准重合。在多工序加工时,还应遵循基准统一原则,具有一定的定位精度。但考虑到实际情况,定位基准也可以不选用工序基准。

(2)合理选择主要定位基准。主要定位基准应有较大的支承面,较高的精度。

(3)装夹方便。便于工件的装夹和加工,并使夹具的结构简单。

2. 对定位元件的要求

(1)足够的定位精度。由于定位误差的基准位移误差直接与定位元件的定位表面有关,因此,定位元件的定位表面应有足够的精度和较小的表面粗糙度值,以保证工件的加工精度。

(2)足够的耐磨性和储备精度。由于定位是通过工件的定位基面与定位元件的定位表面相接触来实现的,而工件的装卸将会使定位元件磨损,为了提高夹具的使用寿命,定位表面应有较高的硬度和耐磨性。特别是在大批量生产中,应提高定位元件的耐磨性,并使夹具有足够的储备精度。

(3)足够的强度和刚度。通常对定位元件的强度和刚度是不作校核的,在设计时可用类比法保证定位元件的强度和刚度,以缩短夹具设计的周期。

(4)应协调好与有关元件的关系。在定位方案设计时,应处理、协调好与夹具体、夹紧装置、对刀导向元件的关系。有时定位元件需留出空间,以便配制内装式夹紧机构。有时定位元件还需留出排屑空间等。

(5)良好的结构工艺性。定位元件的结构应符合一般标准化要求,并应满足便于加工、装配、维修等工艺性要求。通常,标准化的定位元件有良好的工艺性,设计时应优先选用标准定位元件。

9.3　工件在夹具中的夹紧

9.3.1　夹紧装置的组成和要求

1. 夹紧装置的组成

工件在夹具中定位后,再由夹紧装置将工件夹紧。夹紧装置的组成有:(1)动力装置,以产生夹紧动力;(2)夹紧元件,即直接用于夹紧工件的元件;(3)中间传力机构,是将原动力传递给夹紧元件的机构。图 9-15 所示为气动夹紧装置,其中气缸 1 为动力装置,压板 4 为夹紧元件,由斜楔 2、滚子 3 和杠杆等组成的斜楔铰链传力机构为中间传力机构。

在有些夹具中,夹紧元件往往就是中间传力机构的一部分,通常将夹紧元件和中间传力机构统称为夹紧机构。

2. 对夹紧装置的要求

夹紧装置是夹具的重要组成。在设计夹紧装置时,应满足以下基本要求。

(1)在夹紧过程中应能保持工件定位时所获得的正确位置。

(2)夹紧应可靠和适当。夹紧机构一般要有自锁作用,保证在加工过程中不会产生松动或振动。夹紧工件时,不允许工件产生不适当的变形和表面损伤。

(3)夹紧装置应操作方便、省力、安全。

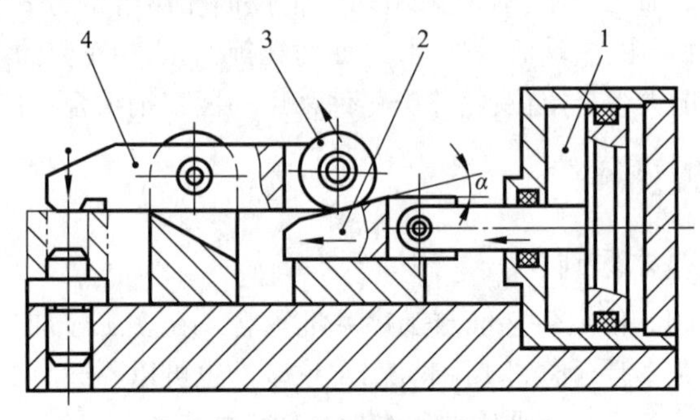

图 9-15　气动夹紧装置

1—气缸;2—斜楔;3—滚子;4—压板

(4)夹紧装置的复杂程度和自动化程度应与工件的生产批量和生产方式相适应。结构设计应力求简单、紧凑,并尽可能采用标准化元件。

9.3.2　夹紧力的确定

夹紧力包括大小、方向和作用点三个要素,是夹紧机构设计中首先要解决的问题。

1. 夹紧力作用点的选择

夹紧力作用点的选择是指在夹紧力作用方向已定的情况下,确定夹紧元件与工件接触点的位置和接触点的数目。一般应注意以下几点:

(1)夹紧力作用点应正对支承元件或位于支承元件所形成的支承面内,以保证工件已获得的定位不变。如图 9-16 所示,夹紧力作用点没有正对支承元件,出现了倾覆力矩,影响了工件的定位。夹紧力作用点的正确位置应如图中箭头指引线所示位置,此时不会出现倾覆力矩,定位稳定。

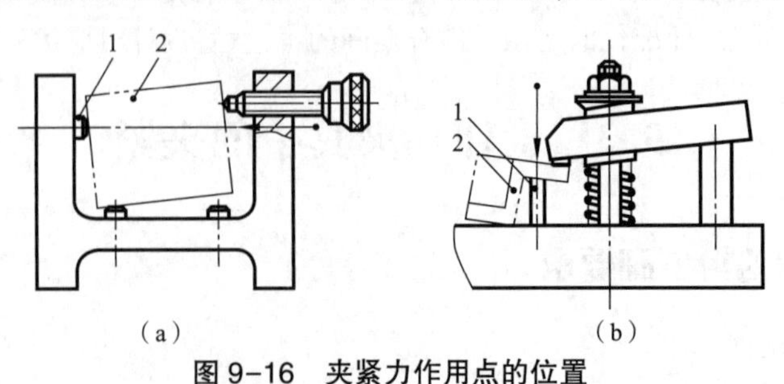

图 9-16　夹紧力作用点的位置

(2)夹紧力作用点应处在工件刚性较好的部位,以减小工件的夹紧变形。如图 9-17(a)所示,采用套筒螺母结构夹紧薄壁工件。如图 9-17(b)所示,夹紧力作用点处于工件刚度较好,而且夹紧力均匀分布在环形接触面上,可使工件整体及局部变形都最小。如图 9-17(c)所示,夹紧力通过一厚度较大的锥面垫圈作用点在工件的薄壁上,使夹紧力均匀分布,防止了工件的局部压陷。

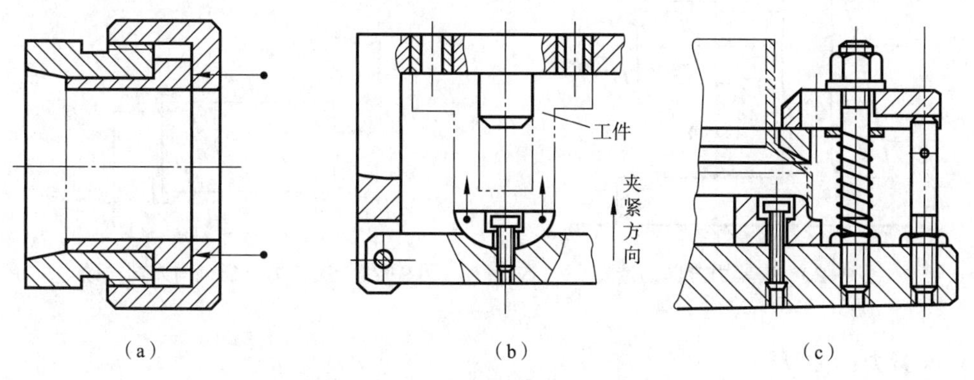

图 9-17　夹紧力作用点与工件变形

(3)夹紧力作用点应尽可能靠近被加工表面,以便减小切削力对工件造成的翻转力矩。必要时应在工件刚度差的部位增加辅助支承并施加夹紧力,以减小切削过程中的振动和变形。如图 9-18 所示,滚齿时支承板与压板边缘尽量靠近齿根部。如图 9-19 所示,在靠近切削部位处增加辅助支承并施加附加夹紧力。

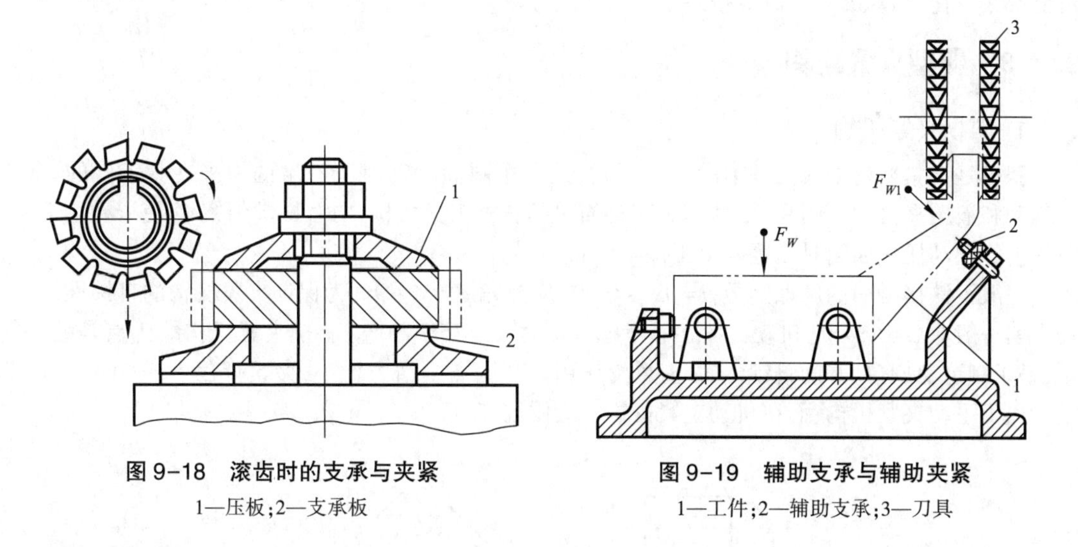

图 9-18　滚齿时的支承与夹紧

1—压板;2—支承板

图 9-19　辅助支承与辅助夹紧

1—工件;2—辅助支承;3—刀具

2. 夹紧力方向的选择

夹紧力方向的选择,一般应遵循以下原则:

(1)夹紧力的作用方向应有利于工件的准确定位,而不能破坏定位。为此一般要求主要夹紧力应垂直指向主要定位面。如图 9-20 所示,在直角支座零件上镗孔,要求保证孔与端面的垂直度,则应以端面 A 为第一定位基准面,此时夹紧力作用方向应如图中实线 F_{j1} 所示。若要求保证被加工孔轴线与支座底面平行,应以底面 B 为第一定位基准面,此时夹紧力方向应如图中 F_{j2} 所示。

(2)夹紧力的作用方向应与工件刚度最大的方向一致,以减小工件的夹紧变形。如图 9-17(a)所示轴向夹紧方式,由于工件轴向刚度大,夹紧变形较小。

(3)夹紧力作用方向应尽量与工件的切削力、重力等的作用方向一致,可减小所需夹紧力值,如图 9-21 所示。

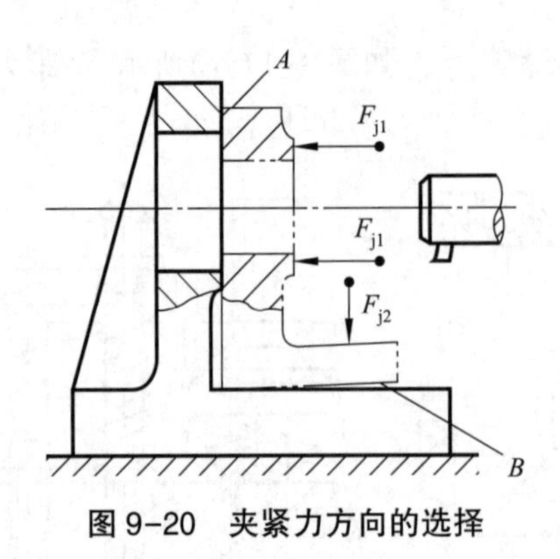

图 9-20　夹紧力方向的选择

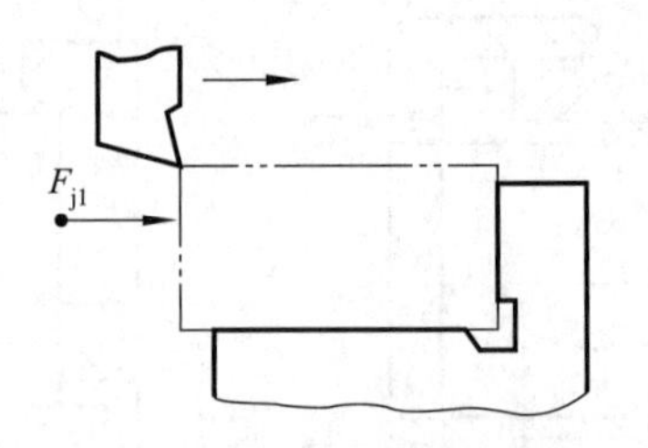

图 9-21　夹紧力与切削力方向一致

3. 夹紧力的估算

设计夹具时，夹紧力过大，会增大工件的夹紧变形，还会增大夹紧装置，造成浪费；夹紧力过小，工件夹不紧，加工中会影响定位，甚至切削力会使工件飞出而发生安全事故。

在确定夹紧力时，可将夹具和工件看成一个整体，将作用在工件上的切削力、夹紧力、重力和惯性力等，根据静力平衡原理列出静力平衡方程式，即可求得夹紧力。为使夹紧可靠，应再乘以安全系数 k，粗加工时取 $k=2.5\sim3$，精加工时取 $k=1.5\sim2$。加工过程中切削力的作用点、方向和大小可能都在变化，估算夹紧力时应按最不利的情况考虑。

9.3.3　典型夹紧机构

1. 斜楔夹紧机构

斜楔是夹紧机构中最为基本的一种形式，是利用斜面移动时所产生的力来夹紧工件的，常用于气动和液压夹具中。图 9-22 所示为一种简单的斜楔夹紧机构，向右推动斜楔 1，使滑柱 2 下降，滑柱上的摆动压板 3 同时压紧两个工件 4。

一般钢铁接触面的摩擦因数 $\mu=0.1\sim0.15$，摩擦角 $\beta=5°\sim9°$，为保证夹紧机构的自锁性能，手动夹紧一般取 $\alpha=6°\sim8°$，机动夹紧在不考虑自锁时，$\alpha=15°\sim30°$。斜楔夹紧机构的优点是结构简单，易于制造，具有良好的自锁性，并有增力作用。其缺点是增力比小，夹紧行程小，效率低。因此很少用于手动夹紧机构，而在机动夹紧机构中应用较广。

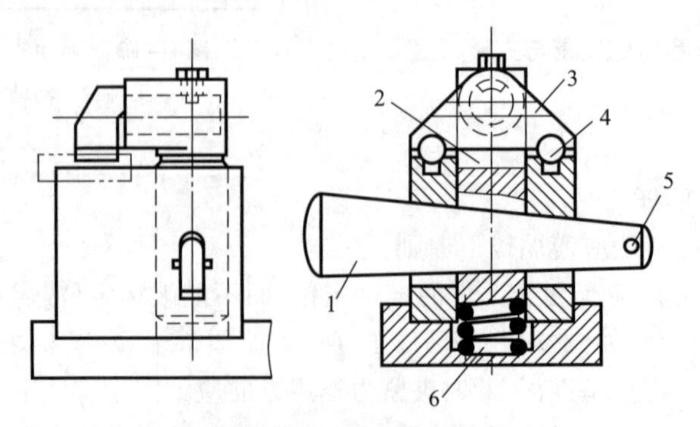

图 9-22　斜楔夹紧机构

1—斜楔；2—滑柱；3—摆动压板；4—工件；5—挡销；6—弹簧

2. 螺旋夹紧机构

由螺钉、螺母、垫圈、压板等元件组成的夹紧机构称为螺旋夹紧机构。螺旋夹紧机构不仅结构简单,容易制造,而且自锁性好,夹紧力大,是夹紧机构中应用最广泛的一种机构。螺旋夹紧机构的工作原理与斜楔相似。由于螺纹升角小,螺旋夹紧机构的自锁性能好,夹紧力和夹紧行程都较大,在手动夹具上应用较多。

图 9-23 中的螺旋夹紧机构,其螺杆头部通过活动压块 5 与工件 4 表面接触,拧螺杆时,压块不随螺杆转动,故不会带动工件转动;用压块 5 压工件,由于承压面积大,故不会压坏工件表面;采用衬套 2 可以提高夹紧机构的使用寿命,螺纹磨损后通过更换衬套 2 可迅速恢复螺旋夹紧功能。

图 9-24 中,拧动螺母 1 通过压板 4 压紧工件表面。采用螺旋压板组合夹紧时,由于被夹紧表面的高度尺寸有误差,压板 4 的位置不可能一直保持水平,在螺母端面和压板之间设置球面垫圈 2 和锥面垫圈 3,可防止在压板倾斜时,螺栓不致因受弯矩作用而损坏。

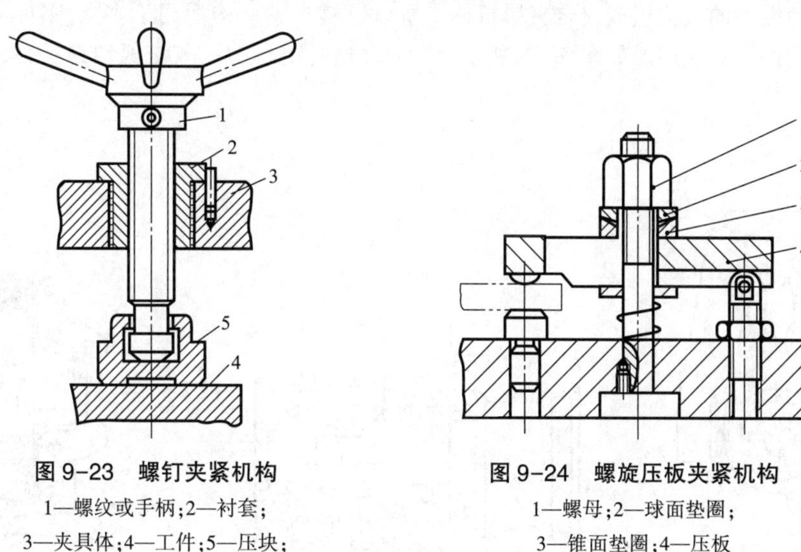

图 9-23　螺钉夹紧机构

1—螺纹或手柄;2—衬套;
3—夹具体;4—工件;5—压块;

图 9-24　螺旋压板夹紧机构

1—螺母;2—球面垫圈;
3—锥面垫圈;4—压板

3. 偏心夹紧机构

图 9-25 所示的偏心夹紧机构是斜楔夹紧机构的一种变形,是通过偏心轮直接夹紧工件或与其他元件组合夹紧工件的。常用的偏心件有圆偏心和曲线偏心,圆偏心夹紧机构具有结构简单,夹紧迅速等优点;但其夹紧行程小,增力倍数小,自锁性能差,故一般只在被夹紧表面尺寸变动不大和切削过程振动较小的场合应用。

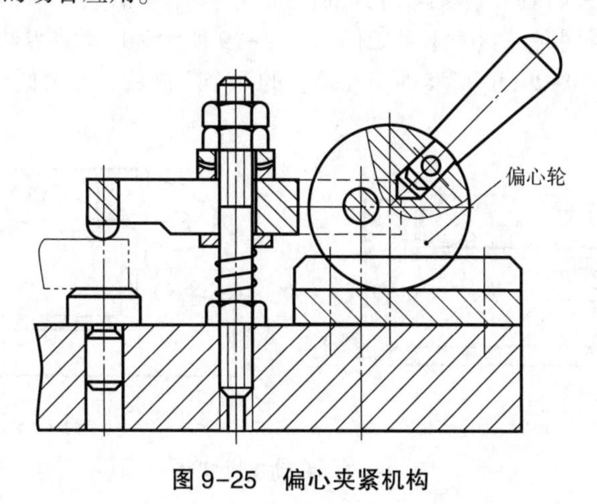

图 9-25　偏心夹紧机构

4. 定心夹紧机构

定心夹紧机构是指能够在实现工件定心作用的同时,又起着夹紧工件作用的夹紧机构。定心夹紧机构中与工件定位基面相接触的元件,既是定位元件,又是夹紧元件。图 9-26 所示为机械定心夹紧机构,是利用偏心轮 2 推动卡爪 3、4 同时向里夹紧工件,实现定心夹紧。图 9-27 所示为弹性定心夹紧机构,工件以外圆柱面定位,旋转螺母 4,螺孔端面推动弹性筒夹 2 向左移动,锥套 3 内锥面迫使弹性筒夹 2 上的簧瓣向里收缩,将工件定心夹紧。

5. 铰链夹紧机构

铰链夹紧机构是一种增力机构,其结构简单,增力比大,摩擦损失小,但一般不具备自锁性能,常与具有自锁性能的机构组成复合夹紧机构。所以铰链夹紧机构适用于多点、多件夹紧,在气动、液压夹具中获得广泛应用。如图 9-28 所示,压缩空气进入气缸后,气缸经铰链扩力机构推动压板同时将工件夹紧。

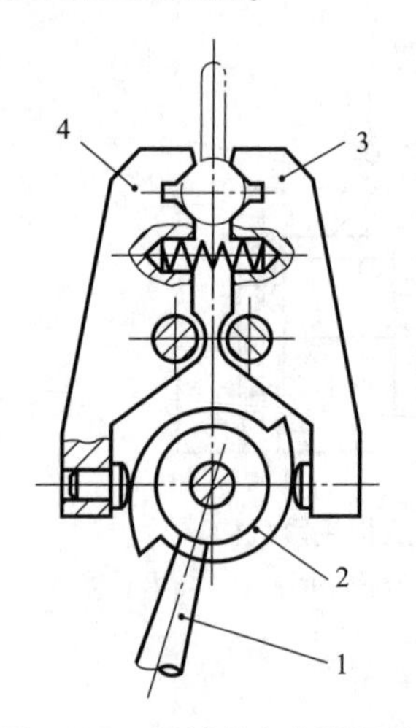

图 9-26 机械定心夹紧机构

1—手柄;2—偏心轮;3、4—卡爪

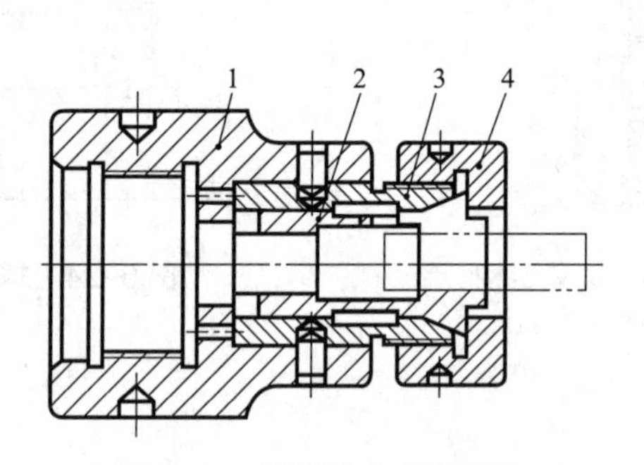

图 9-27 弹性定心夹紧机构

1—夹具体;2—弹性筒夹;3—锥套;4—螺母

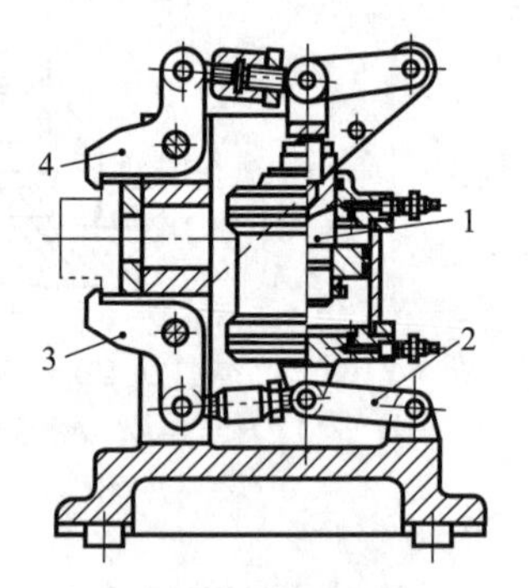

图 9-28 铰链夹紧机构

1—气缸;2—铰链;3、4—压板

6. 联动夹紧机构

联动夹紧机构是一种高效夹紧机构,它可通过一个操作手柄或一个动力装置,对一个工件的多个夹紧点实施夹紧,或同时夹紧若干个工件。图 9-29 所示为联动夹紧机构,其中图 9-29(a)可实现多工件同时夹紧,图 9-29(b)可实现相互垂直的两个方向的夹紧力同时作用。

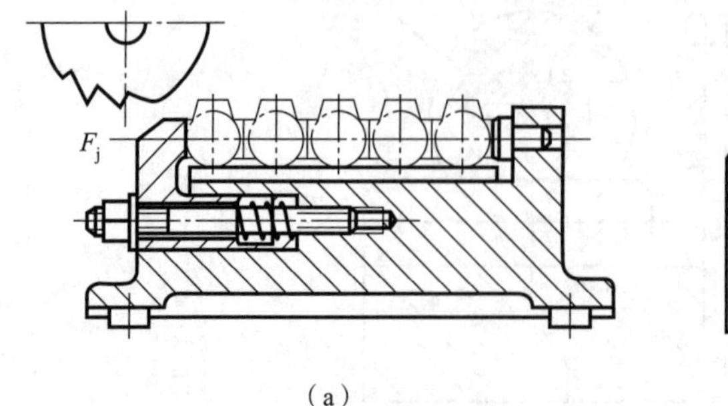

(a)

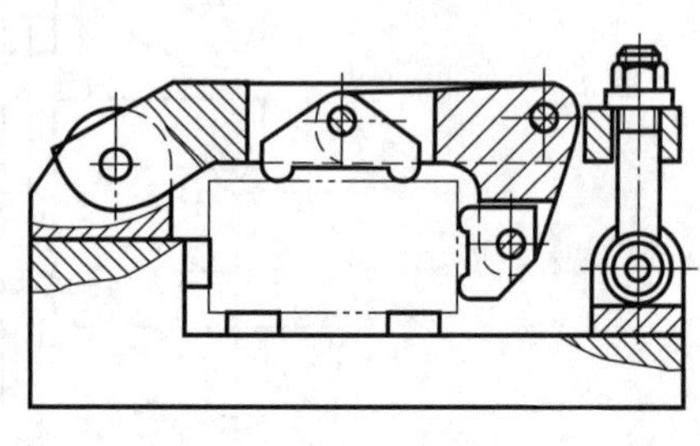

(b)

图 9-29 联动夹紧机构

9.3.4　夹紧的动力装置

在大批大量生产中，为提高生产率和降低工人劳动强度，大多数夹具都采用机动夹紧装置，驱动方式有气动、液动、气液联动，电(磁)驱动，真空吸附等多种形式。

1. 气动夹紧装置

气动夹紧装置以压缩空气作为动力源推动夹紧机构夹紧工件。进入气缸的压缩空气的压力为0.4~0.6 MPa。常用的气缸结构有活塞式和薄膜式两种。活塞式气缸按照气缸装夹方式分类有固定式、摆动式和回转式三种，按工作方式分类有单向作用和双向作用两种。图 9-28 所示为双作用固定式气缸的应用。图 9-30 所示为回转式气缸，常用于车床，夹具体 8 经过渡盘 7 装夹在车床主轴 6 的前端，气缸 3 经过渡盘 4 固定在车床主轴后端；活塞 2 拖动活塞杆 5 推动夹紧装置将工件夹紧；气缸 3 连同活塞 2、活塞杆 5 与夹具体 8 将一同随车床主轴回转，而导气接头 1 则固定不动。图 9-31 所示为导气接头结构图，配气轴 1 用螺母紧固在气缸的后盖上并与气缸一同随车床主轴回转；阀体 2 固定不动，接头 3、4 分别与气缸左右两腔相连。

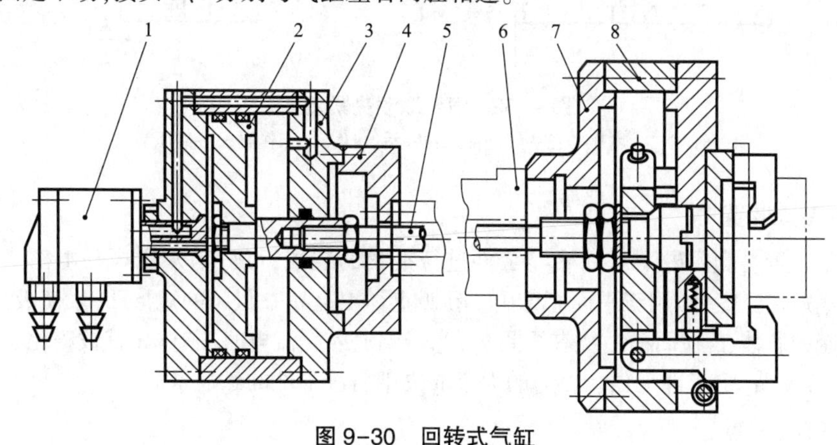

图 9-30　回转式气缸

1—导气接头；2—活塞；3—气缸；4、7—过渡盘；5—活塞杆；6—主轴；8—夹具体

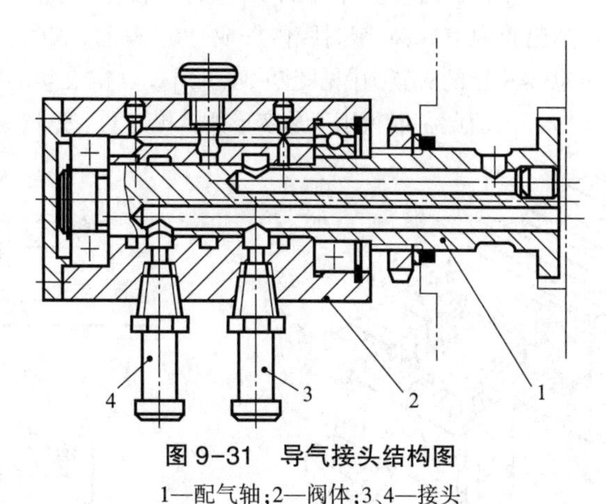

图 9-31　导气接头结构图

1—配气轴；2—阀体；3、4—接头

2. 液压夹紧装置

液压夹紧装置的结构和工作原理与气动夹紧装置基本相同，所不同的是工作介质是压力油，工作压力可达 5~6.5 MPa。与气压夹紧装置相比，液压夹紧具有以下优点：传动力大，夹具结构相

对比较小;油液不可压缩,夹紧可靠,工作平稳;噪声小。不足之处是须设置专门的液压系统,应用范围受限制,一般在没有液压系统的单台机床上不宜使用。

3. 气液联动夹紧装置

为了综合利用气压和液压装置的优点,可在没有液压系统的机床上采用气液联动夹紧装置,如图 9-32 所示,压缩空气进入气缸 1 的右腔,推动气动活塞 3 和活塞杆 4 左移,因活塞杆 4 的截面面积远小于气动活塞 3 的截面面积,使增压缸 2 和工作缸 5 内的油压增加,并推动工作缸中的液压活塞 6 上抬,将工件夹紧。气液联动夹紧装置的油压可达 10~20 MPa,结构简单,传动效率较高、制造成本较低,已制成通用部件,可方便地与夹具组合使用。

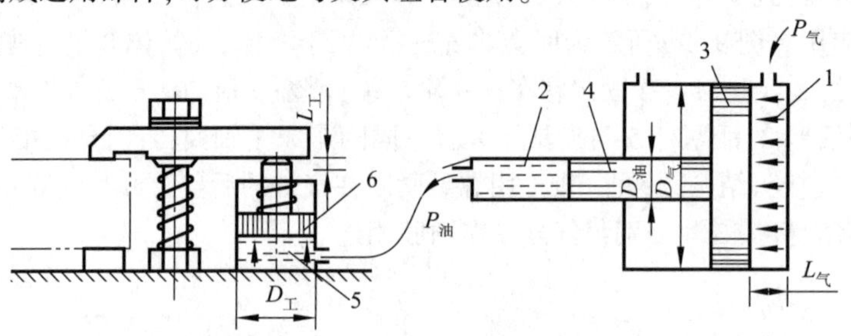

图 9-32 气液联动夹紧装置

1—气缸;2—增压缸;3—气动活塞;4—活塞杆;5—工作缸;6—液压活塞

4. 磁力夹紧装置

磁力夹紧装置是利用磁力对铁磁类工件进行夹紧的装置,可分为永磁式和电磁式。图 9-33 所示为电磁式矩形吸盘,常用于平面磨床中。在吸盘体 1 上有一封闭的矩形凹槽,使吸盘体中间部分形成一凸起的芯体 *A*,在凹槽中绕有线圈 2。当线圈通入直流电时,芯体 *A* 就被磁化,形成封闭磁力线,构成闭合磁路,将工件吸住。磁力的大小取决于通过工件的磁通量。

5. 真空夹紧装置

图 9-34 所示为真空夹紧原理,通过夹具的密闭空腔产生真空,依靠大气压力将工件压紧。图 9-34(a)所示为放松状态,夹具体上有橡胶密封圈 B,工件放在密封圈上,使工件与夹具体形成密封腔 A,然后用真空泵通过孔道 C 抽出腔内空气,使密封腔内形成一定真空度,在大气压力作用下,工件定位基准面与夹具支承面接触,并获得一定的夹紧力[见图 9-34(b)]。真空夹紧的特点是压力均匀,但单位有效面积上的压力只有 6~8 N/cm^2,故此一般只用于易变形的薄壁工件,或非铁磁性材料的工件。

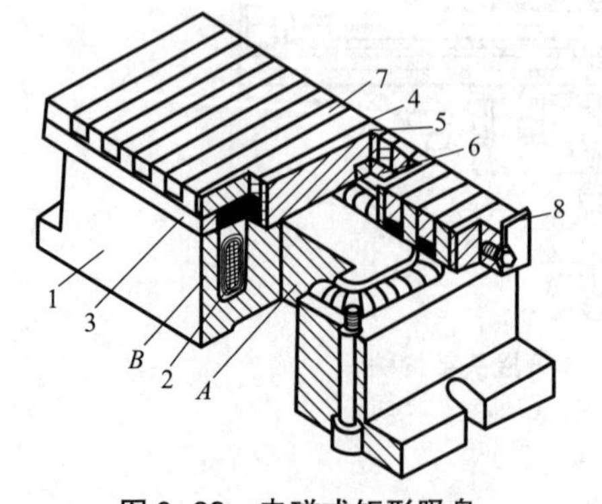

图 9-33 电磁式矩形吸盘

1—吸盘体;2—线圈;3、5、6、7—方铁;4—绝磁层;8—挡板

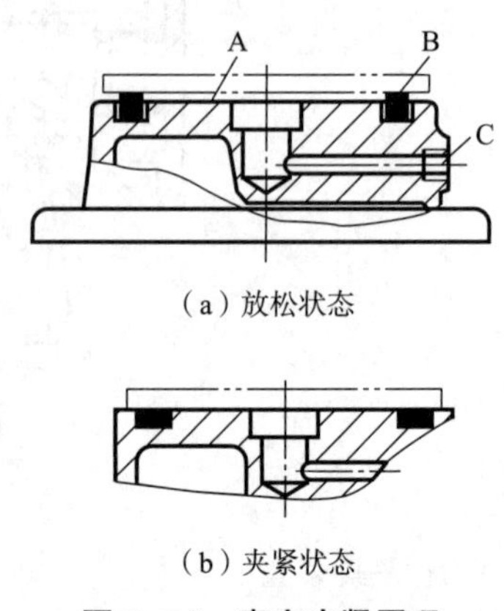

(a) 放松状态

(b) 夹紧状态

图 9-34 真空夹紧原理

9.4　装夹误差

工件的装夹过程分为定位过程与夹紧过程,这两个过程中都可能使工件偏离所要求的正确位置,而产生定位误差与夹紧误差,即装夹误差包括定位误差与夹紧误差两部分。

9.4.1　定位误差的定义与产生原因

1. 定位误差的定义

大批量生产采用调整法加工,机床、夹具、刀具调整好以后,工件通过夹具装夹,一般不需要测量校对即可开始加工。但一批工件从毛坯料开始,就存在尺寸和几何误差,再者夹具也存在制造误差,从而使得每个工件在夹具中的位置很难保持绝对一致,最终将产生加工误差。定性地说,定位误差是因定位不准确而引起工序尺寸变化,进而引起的加工误差。由于刀具与夹具的相对位置已调整确定,所以从定量的角度说,定位误差是由定位不准确引起的工序基准沿工序尺寸方向上的最大变动量。

使用夹具装夹大批量生产时,定位误差是引起加工误差的主要因素之一,为了能够保证加工精度,以及判断定位方案是否合理,一般取

$$\Delta_{dw}<\frac{1}{3}T_{工} \tag{9-1}$$

式中,Δ_{dw} 为定位误差(mm);$T_{工}$为工序尺寸公差(mm)。

2. 定位误差产生的原因

(1)基准不重合误差,是由于定位基准与工序基准不重合,引起的工序基准沿工序尺寸方向上的最大变动量,用 Δ_{jb} 表示。如果工序基准的变动方向与工序尺寸方向之间存在夹角 β,应取工序尺寸方向上的投影值,则有 $\Delta_{jb}=\delta_{jb}\cos\beta$,其中 δ_{jb} 为工序基准的变动量。

(2)基准位移误差,是由于定位基面或定位支承面的制造误差,使定位基准产生位移,进而引起的工序基准沿工序尺寸方向上的最大位移量,用 Δ_{jw} 表示。如果工序基准的位移方向与工序尺寸方向之间存在夹角 γ,则有 $\Delta_{jw}=\delta_{jw}\cos\gamma$,其中 δ_{jw} 为工序基准的位移量。

9.4.2　定位误差的分析与计算

1. 定位误差的定义法计算

定义法又称图解法或几何法,是按定位误差的定义计算工序基准在工序尺寸方向上的最大变动量;计算时,先找出工序基准相对于刀具(或机床)的两个极限位置,再根据几何关系求出这两个极限位置在工序尺寸方向上的距离,就是定位误差。

例9-1　采用图9-35所示的定位方式,在一批工件上加工$\phi 20^{+0.021}_{0}$ mm的内孔,并要求该孔中心轴线与外圆中心轴线的同轴度公差为0.015 mm。若外径尺寸为$\phi d=\phi 70^{0}_{-0.030}$ mm,平面距中心$b=(20\pm0.010)$ mm都已加工且合格。试计算此方案的定位误差。

解:

(1)分析加工要求及定位方案。由题意可知,工序尺寸为同轴度,工序尺寸公差 $T_{工}=0.015$ mm,工序尺寸方向为截面内任意方向,工序基准外圆中心轴线。由图9-35可知,工序基准会因工件外径ϕd和尺寸b存在误差而发生变动,这两个尺寸是相互独立的。当ϕd和b都为上极限尺寸时,O点最高;当ϕd和b都为下极限尺寸时,O点最低。这两个极限位置也就是工序基准的最大变动范围。

(2)确定工序基准的极限位置。假设图9-35(a)中的ϕd和b都为上极限尺寸,先固定b不变

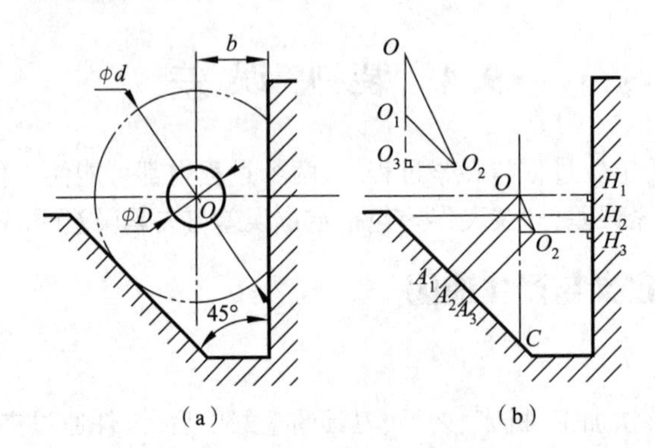

图 9-35　定义法计算定位误差

而让ϕd由最大值变到最小值,此时O点竖直下降至O_1点,再让b由最大值变到最小值,此时O_1点将沿斜面下降至O_2点。从而OO_2的距离即为所求的定位误差。

(3)计算定位误差。按图 9-35(b)连辅助线,由于斜面夹角为45°,从而可知$O_2O_3=O_1O_3=T_b=0.02$ mm。再计算$OO_1=CO-CO_1=(OA_1-O_1A_2)/\sin 45°=T_d/(2\sin 45°)=0.03/(2\sin 45°)=0.011$ mm。则定位误差$\Delta_{dw}=\sqrt{O_2O_3^2+(O_1O_3+OO_1)^2}=\sqrt{0.02^2+(0.02+0.011)^2}=0.012$ mm。

(4)校核。$T_{工}=0.015$ mm,$\Delta_{dw}=0.012$ mm,则$\Delta_{dw}>T_{工}/3$,定位误差过大,应提高ϕd和b的加工精度,使Δ_{dw}减小至$T_{工}/3$以下。

2. 定位误差的合成法计算

合成法,即将产生定位误差的两个原因合成为

$$\Delta_{dw}=\Delta_{jb}\pm\Delta_{jw}=\delta_{jb}\cos\beta\pm\delta_{jw}\cos\gamma \tag{9-2}$$

计算过程及式(9-2)中"+""-"号的确定方法如下:

(1)分析加工要求及定位方案。明确工序尺寸及其公差、工序尺寸方向、工序基准、定位基面、定位基准。

(2)分析计算基准不重合误差。若定位基准与工序基准重合,则$\Delta_{jb}=0$;若不重合,可假设定位基准不变,使工序基准面的尺寸由最大变最小(或由最小变最大),从而计算基准不重合误差Δ_{jb},并确定工序基准的变动方向。

(3)分析计算基准位移误差。使定位基面的尺寸由最大变最小(或由最小变最大)或与工序基准面作同样变化,从而计算基准位移误差Δ_{jw},并确定工序基准的位移方向。

(4)判断"+""-"号。若工序基准的变动与位移独立时,应考虑最不利的情况,从而取"+"号。若工序基准的变动与位移有关时,即二者同时变化,则当二者变化方向相同时取"+"号;二者变化方向相反时,取"-"号。

(5)校核。Δ_{dw}是一个相对量,计算中一般取正值,根据式(9-1)判断合理性。

3. 工件以平面定位时的定位误差

例 9-2　如图 9-36(a)所示的工件,M面到G面的距离已加工至尺寸$A\pm T_A/2$,现要加工N面,标注尺寸为$B\pm T_B/2$,若采用图 9-36(b)、(c)两种定位方案进行加工。铣刀位置根据定位基准调整,在加工一批工件过程中始终保持不变,计算这两种定位方案的定位误差。

解:由图 9-36(a)可知,工序尺寸为B,公差为$T_{工}=T_B$,工序尺寸方向为竖直方向,工序基准为G面,其变动方向也为竖直方向,即$\beta=\gamma=0°$。

(1)对于图 9-36(b)中的方案,定位基准和工序基准都是G面,故基准重合,则有$\Delta_{jb(b)}=0$。若假设G面和定位元件的平面度误差的代数和为δ_1,故$\Delta_{jw(b)}=\delta_1$。从而定位误差$\Delta_{dw(b)}=\Delta_{jb(b)}+\Delta_{jw(b)}=$

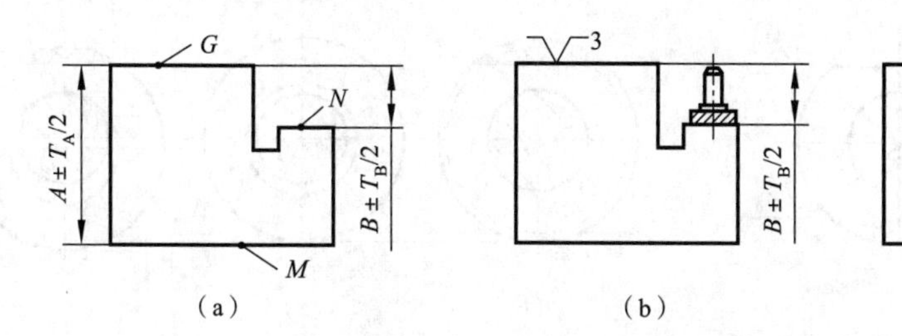

图 9-36　工件以平面定位时定位误差

$0+\delta_1=\delta_1$(变动与位移独立,取"+"号)。若 $\delta_1<T_B/3$,则方案合理。

(2)对于图 9-36(c)中的方案,定位基准为 M 面,而工序基准是 G 面,故基准不重合,则 $\Delta_{jb(c)}=T_A$。若假设 M 面和定位元件的平面度误差的代数和为 δ_2,则 $\Delta_{jw}=\delta_2$。从而定位误差 $\Delta_{dw}=\Delta_{jb}+\Delta_{jw}=T_A+\delta_2$。若 $T_A+\delta_2<T_B/3$,则方案合理。

2. 工件以内孔定位时的定位误差

工件以内孔定位时,定位元件可以是圆柱销或心轴,为方便装卸,工件内孔和定位元件设计为小间隙配合。

(1)心轴水平放置,且基准重合。

例 9-3　如图 9-37 所示,采用水平心轴定位在零件外圆上铣削平面 M,并保证尺寸 $A\pm T_A/2$。已知工件内孔直径为 $\phi D_0^{T_D}$,外圆直径为 $\phi d_{-T_d}^{\ 0}$,心轴直径为 $\phi d_{轴\,-T_{轴}}^{\ \ \ 0}$,计算定位误差。

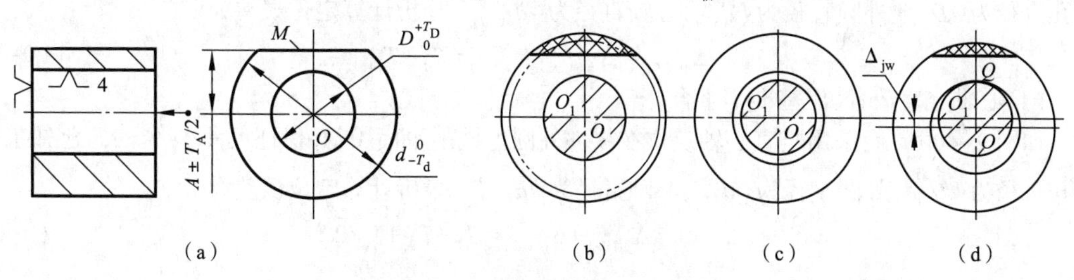

图 9-37　心轴水平放置但基准重合

解:

①由图 9-37 可知,工序尺寸为 A、$T_工=T_A$,定位基准和工序基准都为内孔中心线 O、方向都为竖直方向。

②定位基准与工序基准重合,则 $\Delta_{jb(A)}=0$。

③当工件内孔和定位心轴处于最大实体状态时,内孔中心线 O 的位置最高,当二者处于最小实体状态时,O 的位置最低。则 $\Delta_{jw(A)}=(T_D+T_轴)/2$

④定位误差为

$$\Delta_{dw(A)}=\Delta_{jb(A)}+\Delta_{jw(A)}=(T_D+T_轴)/2 \tag{9-3}$$

⑤校核。若 $\Delta_{dw(A)}<T_A/3$,则方案合理。

(2)心轴水平放置,但基准不重合。

例 9-4　如图 9-38 所示,采用水平心轴定位在零件外圆上铣削平面 M,并保证尺寸 $B\pm T_B/2$。已知工件内孔直径为 $\phi D_{\ 0}^{-T_D}$,外圆直径为 $\phi d_{-T_d}^{\ 0}$,心轴直径为 $\phi d_{轴\,-T_{轴}}^{\ \ \ 0}$,计算定位误差。

解:

①由图 9-38 可知,工序尺寸为 B、$T_工=T_B$,工序基准都为下母线 P、方向为竖直方向,定位基面

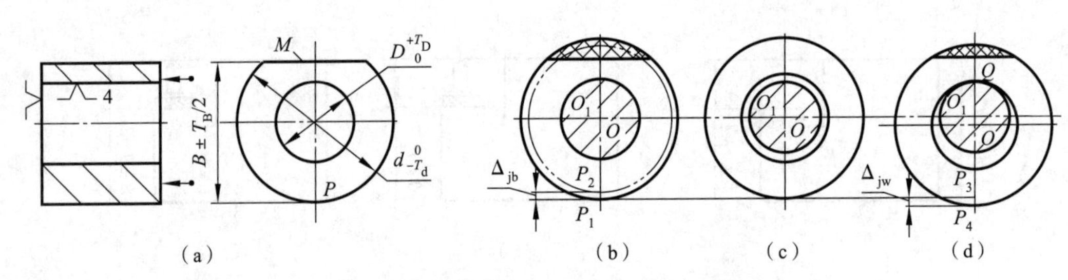

图 9-38　心轴水平放置但基准不重合

为内孔，定位基准内孔中心线 O。

②显然定位基准与工序基准不重合。如图 9-38(b)所示，假设定位孔径和心轴直径相等，当工件外圆直径由最大值变为最小值时，工序基准由 P_1 变到 P_2，则 $\Delta_{jb(B)}=T_d/2$。

③假设外圆直径不变，当工件内孔和定位心轴由最大实体状态变到最小实体状态时，工序基准由 P_3 变到 P_4，则 $\Delta_{jw(B)}=(T_D+T_{轴})/2$。

④由于工件外圆、内孔和心轴直径相互独立，故取"+"号，即定位误差为

$$\Delta_{dw(B)}=\Delta_{jb(B)}+\Delta_{jw(B)}=(T_d+T_D+T_{轴})/2 \qquad (9-4)$$

⑤校核。若 $\Delta_{dw(B)}<T_B/3$，则方案合理。

(3)心轴竖直放置，且基准重合。

如图 9-39 所示，采用竖直心轴定位在零件外圆上铣削平面 M，并保证尺寸 $C\pm T_C/2$。已知工件内孔直径为 $\phi D^{+T_D}_{0}$，外圆直径为 $\phi d^{0}_{-T_d}$，心轴直径为 $\phi d_{轴}{}^{0}_{-T_{轴}}$，分析计算定位误差为

$$\Delta_{dw(C)}=\Delta_{jb(C)}+\Delta_{jw(C)}=T_D+T_{轴} \qquad (9-5)$$

(4)心轴竖直放置，但基准不重合。

如图 9-40 所示，采用竖直心轴定位在零件外圆上铣削平面 M，并保证尺寸 $E\pm T_E/2$。已知工件内孔直径为 $\phi D^{+T_D}_{0}$，外圆直径为 $\phi d^{0}_{-T_d}$，心轴直径为 $\phi d_{轴}{}^{0}_{-T_{轴}}$，分析计算定位误差为

$$\Delta_{dw(E)}=\Delta_{jb(E)}+\Delta_{jw(E)}=T_D+T_{轴}+T_d/2 \qquad (9-6)$$

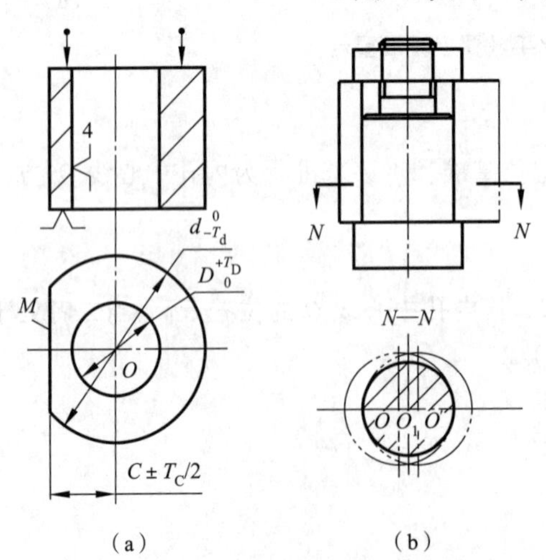

图 9-39　心轴竖直放置且基准重合

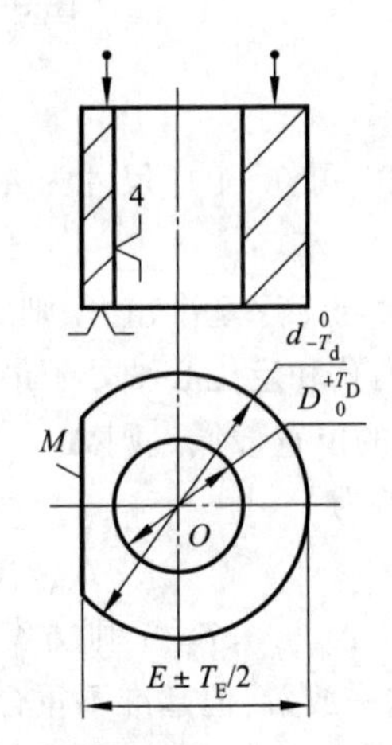

图 9-40　心轴竖直放置且基准重合

3. 工件以外圆表面定位时的定位误差

根据图 9-38(a)所示的工序简图，在套筒型零件外圆上铣削平面 M，除了采用内孔表面定位，

还可以通过外圆表面采用 V 形块定位,此时定位基准为工件外圆的中心线,而工序基准可以是外圆的下母线、中心轴线或上母线。设 V 形块的两工作面的夹角为 α。假设工件内孔为 $\phi D_{0}^{+T_D}$ 和外圆直径为 $\phi d_{-T_d}^{0}$,工序尺寸为 $H_{-T_H}^{0}$。

(1)工序基准为外圆下母线 P。

例 9-5 如图 9-41 所示,工件采用 V 形块定位,计算定位误差。

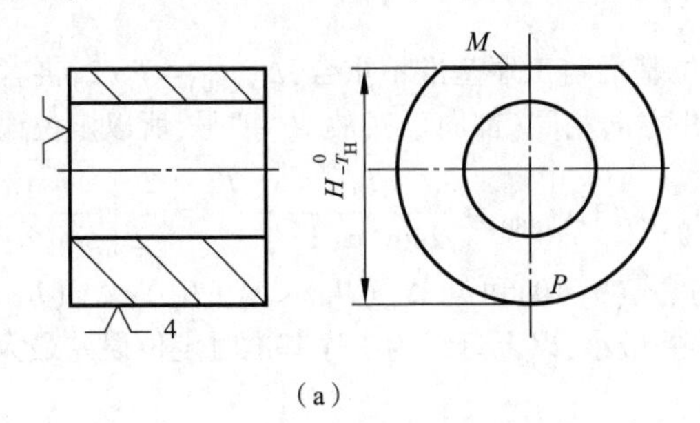

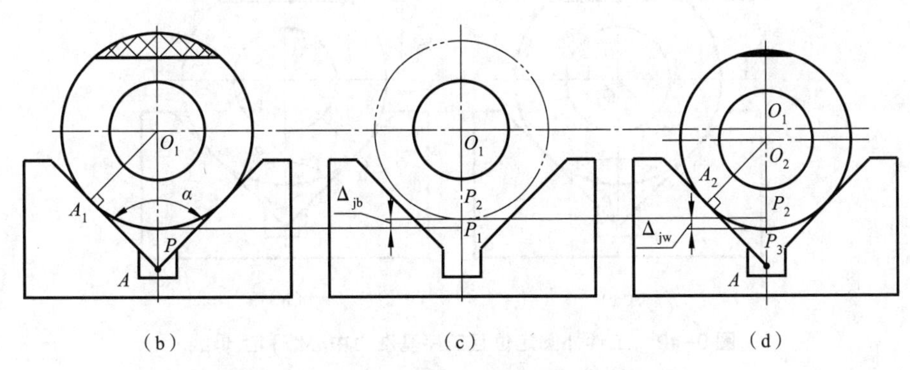

图 9-41 工件外圆定位且工序基准为下母线

解:

①由图 9-41 可知,工序尺寸为 H、$T_{工}=T_H$,工序基准为外圆下母线 P、方向为水平方向,定位基准为工件外圆中心轴线 O_1。工件外圆直径的变化将引起工序基准的上下变动。

②显然定位基准与工序基准不重合。假设定位基准 O_1 不变,使工件外圆直径 d 由最大变到最小,如图 9-41(b)、(c)所示,则工序基准将由 P_1 位置向上变动至 P_2 位置,即出现了基准不重合误差,进而易知 $\Delta_{jb(HP)}=T_d/2$。

③基准位移误差。如图 9-41(c)所示,实际中受重力作用,工件会下落至与 V 块接触至图 9-41(d)位置,从而定位基准从 O_1 向下位移至 O_2,进而导致工序基准从 P_2 随之向下位移至 P_3,即产生基准位移误差,从而有

$$\Delta_{jw(HP)}=P_2P_3=O_1O_2=AO_1-AO_2=\frac{A_1O_1}{\sin(\alpha/2)}-\frac{A_2O_2}{\sin(\alpha/2)}=\frac{d-(d-T_d)}{2\sin(\alpha/2)}=\frac{T_d}{2\sin(\alpha/2)} \quad (9-7)$$

④定位误差。基准不重合误差和基准位移误差都是在外圆直径 d 由最大变到最小的过程中产生的,从而二者是相关的,且变化方向相反(P_1 至 P_2 向上、P_2 至 P_3 向下),故定位误差合成时,取"-"号,所以此时的定位误差为

$$\Delta_{dw}(H_P)=\Delta_{jw(HP)}-\Delta_{jb(HP)}=\frac{T_d}{2\sin(\alpha/2)}-\frac{T_d}{2}=\frac{T_d}{2}\left[\frac{1}{\sin(\alpha/2)}-1\right] \quad (9-8)$$

⑤校核。若式(9-8)中的 $\Delta_{dw}(H_P)<T_H/3$,则该定位方案合理。

(2)工序基准为外圆中心线 O。

如图 9-42(a)所示,定位基准与工序基准均为外圆中心线,基准重合,从而 $\Delta_{jb(HO)}=0$,此外 $\Delta_{jw(HO)}=O_1O_2$,所以定位误差为

$$\Delta_{dw}(H_O)=\Delta_{jw(HO)}+\Delta_{jb(HO)}=\frac{T_d}{2\sin(\alpha/2)} \tag{9-9}$$

(3)工序基准为上母线 Q。

如图 9-42(b)所示,定位基准与工序基准不重合,$\Delta_{jb(HQ)}=T_d/2$,再者 $\Delta_{jw(HQ)}=O_1O_2$,$\Delta_{jb(HQ)}$ 与 $\Delta_{jw(HQ)}$ 是相关联的,二者变化方向相同(都向下),故取"+"号,所以定位误差为

$$\Delta_{dw}(H_Q)=\Delta_{jw(HQ)}+\Delta_{jb(HQ)}=\frac{T_d}{2\sin(\alpha/2)}+\frac{T_d}{2}=\frac{T_d}{2}\left[\frac{1}{\sin(\alpha/2)}+1\right] \tag{9-10}$$

比较式(9-8)、式(9-9)、式(9-10)可知 $\Delta_{dw}(H_P)<\Delta_{dw}(H_O)<\Delta_{dw}(H_Q)$,在以上三种情况中,以下母线为工序基准时定位误差最小,以上母线为工序基准时定位误差最大。

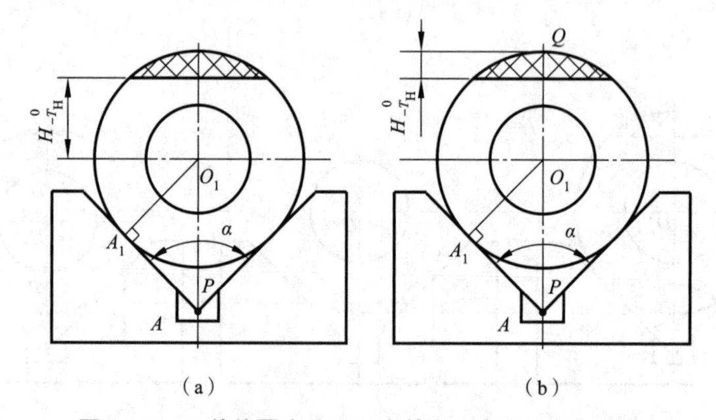

图 9-42　工件外圆定位且工序基准为中心线和上母线

4. 工件以"一面两孔"组合定位时定位误差的分析计算

图 9-43 所示箱体零件采用"一面两孔"组合定位,支承平面限制 $\vec{z}$、$\widehat{x}$ 和 $\widehat{y}$ 3 个自由度,短圆柱销Ⅰ限制 $\vec{x}$ 和 $\vec{y}$ 两个自由度,短圆柱销Ⅱ限制 $\widehat{z}$ 和 $\vec{x}$ 两个自由度。两个短圆柱销同时限制 $\vec{x}$ 自由度,出现了过定位。所以为了防止出现过定位,可采用菱形销(削边销)代替其中一个短圆柱销,如图 9-44 所示。菱形销的削边部分必须位于两销连线方向上,保证菱形销不限制 $\vec{x}$ 自由度。

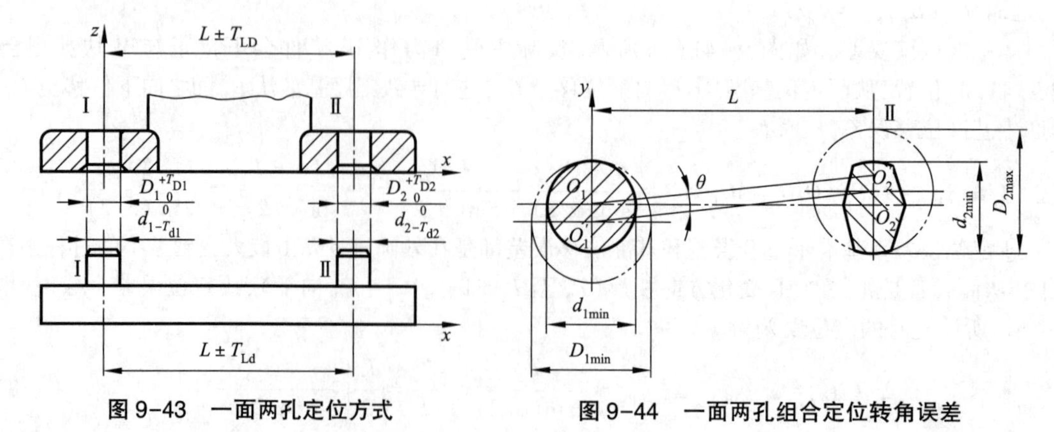

图 9-43　一面两孔定位方式　　　　图 9-44　一面两孔组合定位转角误差

工件以一面两孔定位，有可能出现图 9-44 所示工件轴线偏斜的极限情况，即左边定位孔 Ⅰ 与圆柱销在上母线接触，而右边定位孔 Ⅱ 与菱形销在下母线接触，工件轴线相对于两销圆心轴线的偏转角

$$\theta = \arctan \frac{O_1O'_1 + O_2O'_2}{L} \tag{9-11}$$

其中，$O_1O'_1 = (T_{D1} + T_{销Ⅰ} + \Delta_{s1})/2$，$O_2O'_2 = (T_{D2} + T_{销Ⅱ} + \Delta_{s2})/2$，$\Delta_{s1}$、$\Delta_{s2}$ 分别为孔 Ⅰ 与孔 Ⅱ 的最小配合间隙，代入上式得

$$\theta = \arctan \frac{T_{D1} + T_{销Ⅰ} + \Delta_{s1} + T_{D2} + T_{销Ⅱ} + \Delta_{s2}}{2L} \tag{9-12}$$

9.4.3 夹紧误差

在夹具上，夹紧工件时，夹紧力通过工件传到定位装置，造成工件、定位基面及夹具变形，从而使工件加工面产生加工误差，即由夹紧而引起的加工误差，称为夹紧误差。夹紧误差主要包括弹性变形和接触变形两个方面。

1. 工件的弹性变形

当工件、夹具刚度不足，或夹紧力作用方向、作用点选择不当时，夹紧力都会使工件或夹具产生弹性变形，造成加工误差。例如，用三爪卡盘装夹薄壁套筒镗孔时，夹紧前工件内外圆都是圆的，夹紧后工件呈图 9-45(a)所示的三棱圆形；镗孔后，内孔呈图 9-45(b)所示的圆形；松开卡盘后，外圆弹性恢复为圆形，而内孔则变为图 9-45(c)所示的三棱圆形，产生了加工误差。为此，可在工件外圆套上一个图 9-45(d)所示的开口薄壁过渡环，使夹紧力沿工件外圆均匀分布。

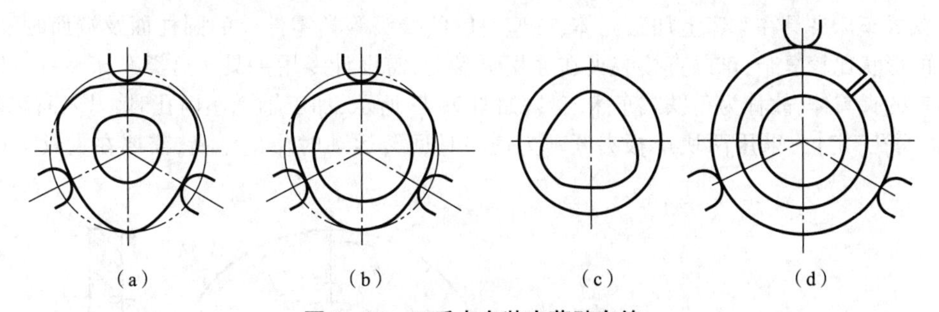

图 9-45　三爪卡盘装夹薄壁套筒

2. 工件定位基面与夹具定位面之间的接触变形

接触变形是由工件定位基面和夹具定位面的形状误差和粗糙度造成的。因为工件夹紧后，表面少数波峰开始沉陷，随着夹紧力的增加，沉陷范围及数值也逐渐增大，同时两个表面的实际接触面积也逐渐扩大，接触状态才渐趋于稳定。这种表面沉陷的数值，与两接触件材料的性质、硬度、表面粗糙度以及所施加的单位正压力等因素有关，但是，由于工件弹性变形的计算很复杂，而目前接触变形可供实际应用的资料很少，所以在设计夹具时，对夹紧误差一般不作定量计算，而是采取各种措施减少夹紧误差对加工精度的影响。

3. 减少夹紧误差的措施

(1)合理选择夹紧力的作用点、方向和大小。

(2)合理选择或设计定位和夹紧元件及传动机构。例如，对刚性较差的工件，设置辅助支承或采用浮动夹紧装置等，以提高工件的装夹刚度，从而减少工件和夹具的弹性变形。

(3)增大接触面的面积,降低接触应力;提高接触面的硬度、光洁度,降低表面粗糙度,必要时经过预压,以减少接触变形。

9.5 典型机床夹具

机床夹具是根据机床、工件、刀具及加工方式的特点而设计的专用装置,其结构变化多样,在此主要介绍车床夹具、铣床夹具、钻床夹具、组合夹具及随行夹具,关于机床夹具的详细内容可参考机床夹具设计手册。

9.5.1 车床夹具

车床夹具连接在车床主轴上,并随主轴回转,用于加工回转体零件。车床夹具根据结构特点可分为心轴式、角铁式、卡盘式等。

1. 心轴式车床夹具

心轴式车床夹具用于加工有内孔的轴类、套类、盘类零件的外圆表面。工件以内孔作定位基面,内孔中心线为定位基准,可保证内孔与外圆的同轴度要求。常见的心轴有圆柱心轴、顶尖式心轴、锥心轴及弹簧心轴等。图 9-46 所示为顶尖式心轴,工件以两端孔口 60°角定位,车削外圆面。当旋转螺母 6,活动顶尖套 4 左移,使工件定心夹紧。顶尖式心轴的结构简单、夹紧可靠、操作方便,适用于加工内、外圆无同轴度要求,或只需加工外圆的套筒类零件。工件的内径 d_s 一般为 30~110 mm,长度 L_s 为 120~800 mm。

2. 角铁式车床夹具

角铁式车床夹具在车床上加工壳体、支座、杠杆、接头等类零件上的圆柱面及端面时,由于这些零件的形状比较复杂,难以直接装夹在通用卡盘上,需设计专用夹具。这类车床夹具一般具有类似角铁的夹具体,故称为角铁式车床夹具,如图 9-47 所示,加工轴承座内孔时,以底面和两螺栓孔(一面两孔)定位,采用两块压板夹紧。为使夹具回转运动时质量平衡,需要在夹具上设置平衡块。

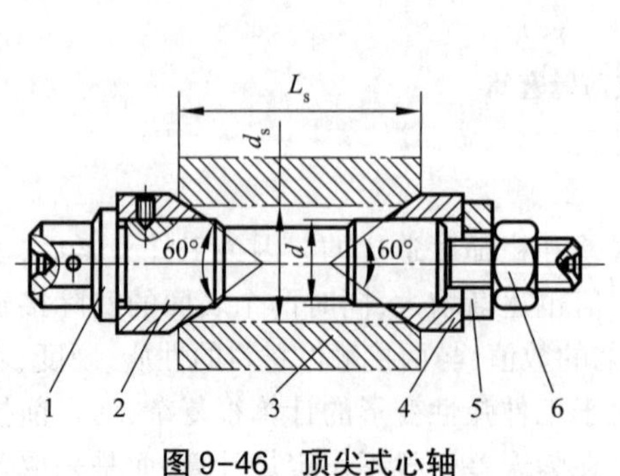

图 9-46 顶尖式心轴

1—心轴;2—固定顶尖套 3—工件;
4—活动顶尖套;5—快换垫圈;6—螺母

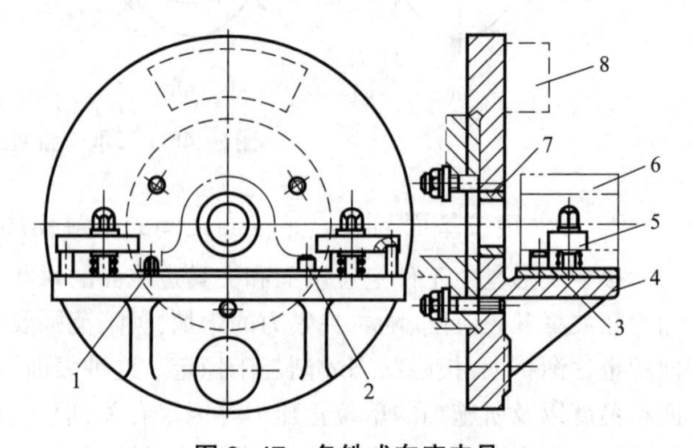

图 9-47 角铁式车床夹具

1—菱形销;2—圆柱销;3—支承板;4—夹具体;5—压板;
6—工件;7—校正套;8—平衡块

3. 卡盘式车床夹具

通用的车床夹具有三爪自定心卡盘、四爪卡盘等,使用中需要手动调整,大批量生产中可设计成自动装夹卡盘。

9.5.2 钻床夹具

钻床夹具的明显特点是设有引导钻头的钻套，钻套安装在钻模板上，所以习惯上将钻床夹具称为“钻模”。根据工件上被加工孔的分布情况和工件的生产类型，钻模在结构上有固定式、回转式、翻转式、盖板式和悬挂式等多种形式。

1. 固定式钻模

加工中钻模相对于工件的位置保持不变的钻模称为固定式钻模，可以与夹具体做成一体，也可以用螺钉与夹具体相连接。采用这种钻模板钻孔，位置精度较高，多用于立式钻床、摇臂钻床和多轴钻床上。

图 9-48 所示为用于加工拨叉轴孔的固定式钻模。夹具上的圆支承板 1 和长 V 形块 2 为定位元件，V 形压头 5 为夹紧元件。工件以外圆表面和底平面定位，共限制了工件的 5 个自由度；旋转手柄 8，可带动转轴 7 旋转，其轴径上的螺旋槽在螺钉 6 的作用下，使转轴 7 推动 V 形压头 5 夹紧工件；钻头通过钻模板 3 上的钻套 4 导向。为了提高工作效率，转轴 7 上的螺旋槽前端设计有一段直槽，可通过手柄 8 直接将转轴 7 拉出一段距离，使 V 形压头 5 快速退回，让出上下料空间。转轴 7 和 V 形压头 5 之间通过球头螺钉连接，并可调整伸出长度，以适应不同批次零件外圆直径尺寸的较大差异，此外 V 形压头 5 不受转轴 7 的限制，可以横向微量移动，只起夹紧作用。

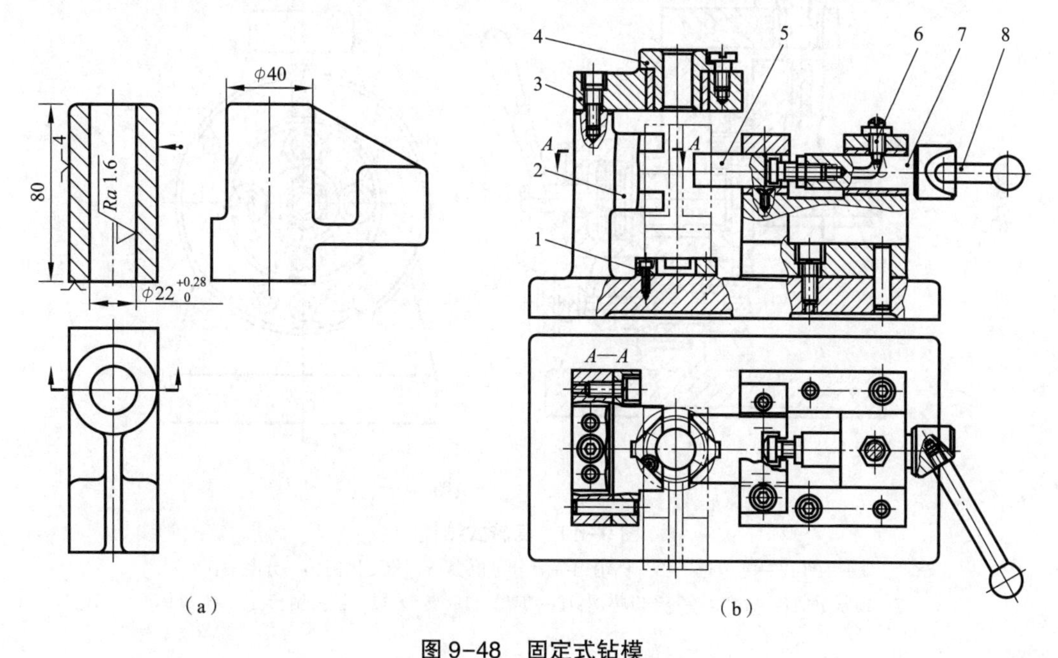

图 9-48　固定式钻模

1—圆支承板；2—长 V 形块；3—钻模板；4—钻套；5—V 形压头；6—螺钉；7—转轴；8—手柄

2. 回转式钻模

回转式钻模用于加工分布在同一圆周上的平行孔系或径向孔系。图 9-49 所示为用于加工扇形工件上三个等分径向孔的回转式钻模。工件以内孔、底面和侧平面为定位基面，分别通过定位短销 2、转盘 11 上的支承板和挡销 3 定位，限制了 6 个自由度。由螺母 10 和开口垫圈 9 夹紧工件。分度装置由转盘 11、等分定位套 4、分度拔销 5 和锁紧手柄 7 组成；工件分度时，先松锁紧手柄 7，通过分度手钮 6 拔出分度拔销 5，旋转转盘 11 带动工件一起分度，当转至下一个定位套时，再通过分度手钮 6 将分度拔销 5 插入等分定位套 4，然后用锁紧手柄 7 锁紧转盘 11，即可加工另一个孔。

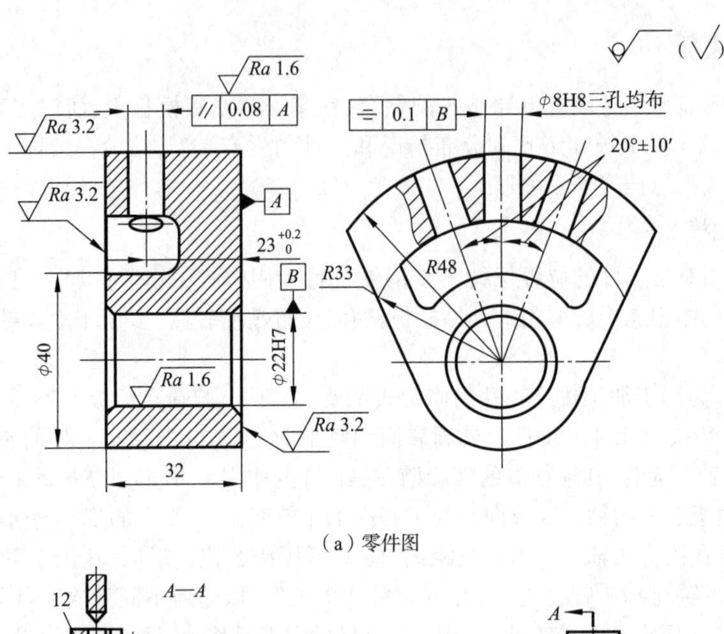

(a) 零件图

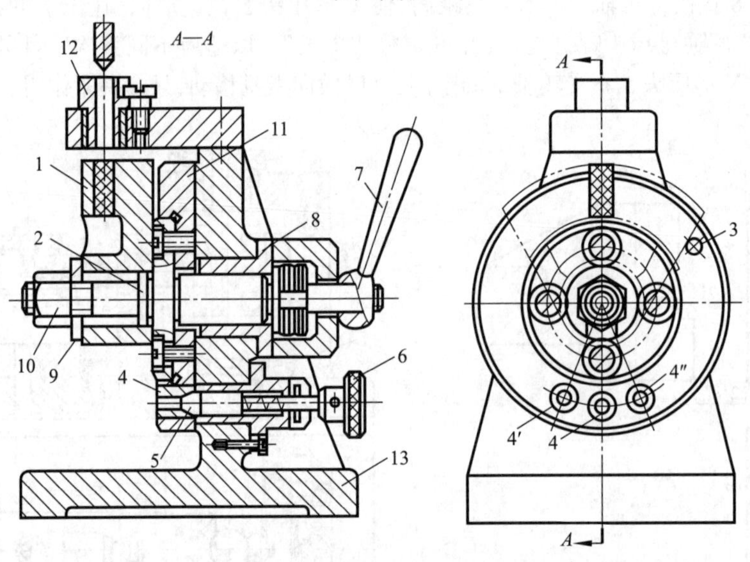

(b) 夹具图

图 9-49 回转式钻模

1—工件;2—定位短销;3—挡销;4—等分定位套;5—分度拔销;6—分度手钮;
7—锁紧手柄;8—衬套;9—开口垫圈;10—螺母;11—转盘;12—快换钻套;13—夹具体

3. 盖板式钻模(可卸钻模板式钻模)

盖板式钻模没有夹具体,在一般情况下,钻模板上除了钻套外,还装有定位元件及夹紧元件。在加工大、中型工件上的小孔时,因工件笨重装夹很困难,可采用图 9-50 所示的盖板式钻模,其用于加工车床溜板箱上的孔系。该钻模板以圆柱短销 2、菱形销 3 和三个支承钉 4 在工件上进行定位。

4. 翻转式钻模

翻转式钻模主要用于加工小型工件上多个不同方向的孔。加工时,将工件连同夹具一起靠手工翻转,因此夹具和工件的总质量不能太大,一般不超过 10 kg 为宜。图 9-51 所示为用于加工锁紧螺母上径向孔的翻转式钻模。工件以内孔和端面在弹簧胀套 3 和圆支承板 4 上定位。拧紧大螺母 5 时，锥头螺栓 2 向左移动，使弹簧胀套 3 胀开，将工件内孔胀紧，同时使工件端面贴紧圆支承板 4。在夹具 4 个侧面都安装有钻套 1 进行导向。在钻床上依次翻转夹具，即可完成 4 个径向孔的加工。

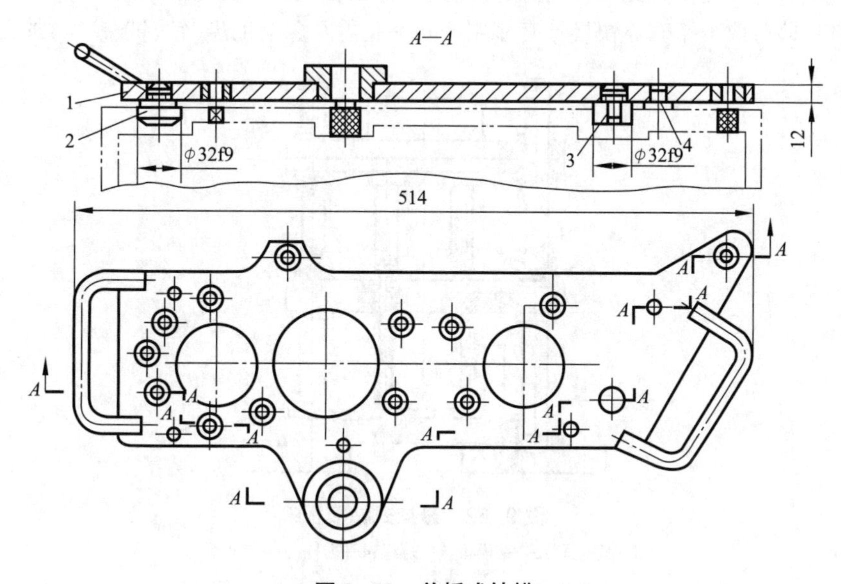

图 9-50　盖板式钻模

1—钻模版；2—圆柱短销；3—菱形销；4—支承钉

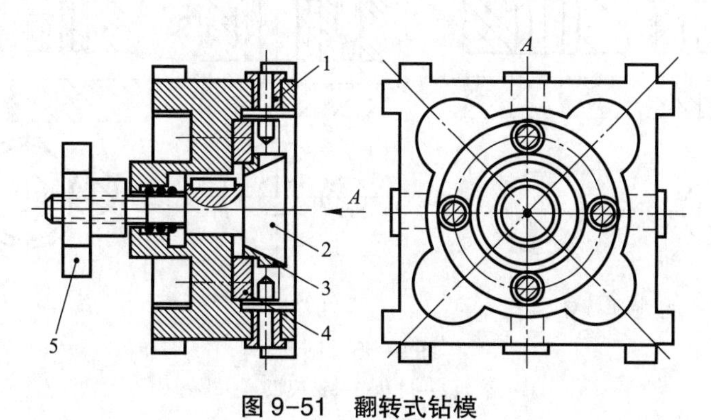

图 9-51　翻转式钻模

1—钻套；2—锥头螺栓；3—弹簧胀套；4—圆支承板；5—大螺母

5. 悬挂式钻模

悬挂式钻模一般由夹具体、滑柱、升降钻模板和锁紧机构等组成，钻模板可沿滑柱上下升降，其结构已通用化和规格化，通用部分主要是夹具体和钻模板。如图 9-52 所示，钻模板 2 与夹具体的相对位置是通过夹具体上的两个定位套 1 和两个滑柱 4 确定的。悬挂式钻模板随机床主轴箱 5 上下升降，同时可利用悬挂式钻模板下降动作夹紧工件。悬挂式钻模板通常在用多轴传动头加工平行孔系时采用，生产效率高，适用于大批大量生产，但钻孔的垂直度和孔距精度不太高。

6. 钻床夹具上的钻套

钻套是引导刀具的元件，用以保证孔的加工位置，并防止加工过程中刀具的偏斜。如图 9-53 和图 9-54 所示，钻套按其结构特点可分为 4 种类型，即固定钻套、可换钻套、快换钻套和特殊钻套。

固定钻套直接压入钻模板或夹具体的孔中，位置精度较高，但磨损后不易拆卸，故多用于中、小批量生产。可换钻套以间隙配合安装在衬套中，而衬套则压入钻模板或夹具体的孔中。为防止钻套在衬套中转动，加一固定螺钉。可换钻套在磨损后可以更换，故多用于大批量生产。快换钻套具有快速更换的特点，更换时无须拧动螺钉，而只要将钻套逆时针方向转动一个角度，使螺钉头部对准钻套缺口，即可取下钻套。快换钻套多用于同一孔需经多个工步（钻、扩、铰等）加工的情况。

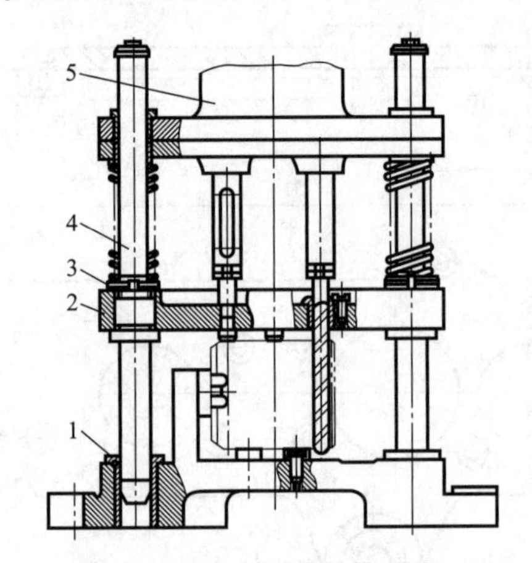

图 9-52 悬挂式钻模板

1—定位套；2—钻模板；3—螺母；4—滑柱；5—主轴箱

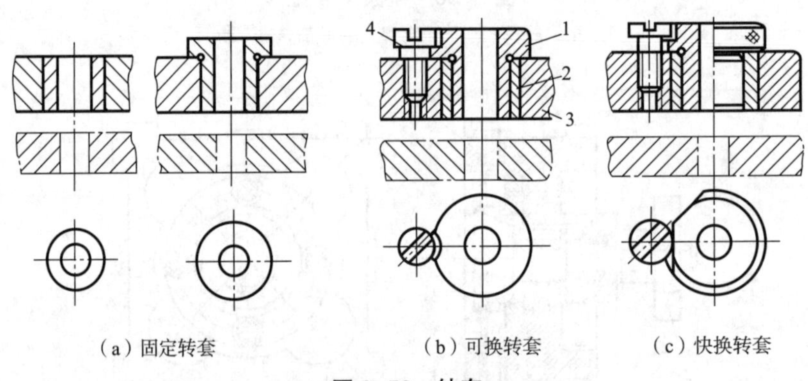

（a）固定转套　　（b）可换转套　　（c）快换转套

图 9-53 钻套

1—钻套；2—衬套；3—钻模板；4—螺钉

当钻削中心距比较近的多个孔时，可采用小孔距钻套；当钻孔表面距离钻模板较远时，可采用加长钻套；当在斜面上钻孔时，可采用斜面钻套。

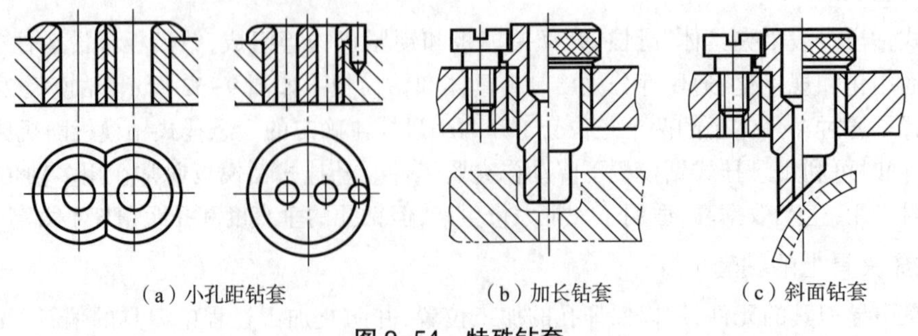

（a）小孔距钻套　　（b）加长钻套　　（c）斜面钻套

图 9-54 特殊钻套

9.5.3　铣床夹具

铣削加工属断续切削,易产生振动,铣床夹具的受力部件要有足够的强度和刚度,夹紧机构所提供的夹紧力应足够大,且要求有较好的自锁性能。

1. 铣床夹具的结构特点

图 9-55 所示为用于加工摇臂上通槽的铣床夹具,工件先以外圆和端面在定位套 6 上定位,然后通过双头左右螺柱 9 带动左右夹紧螺母 8 上的两个网纹压块 7 等速移动,定心夹紧通槽外侧表面,工件 6 个自由度都被限制。再由压板 5 压紧工件。由于加工面为通槽两侧面和底面,为了夹紧可靠,避免铣削过程中产生振动,通过手柄带动手柄螺柱 2 进而推动滑柱 4 与工件底部接触,起到辅助支承的作用。采用三面刃铣刀一次走刀完成加工,通过对刀块 3 的侧面和底面进行对刀,其与加工表面留有 3 mm 的空隙,要使用塞尺辅助完成对刀。为方便操作,压板 5 上加工有长槽,螺母松开后,压板 5 可向侧面移动,为工件上下料让出空间。

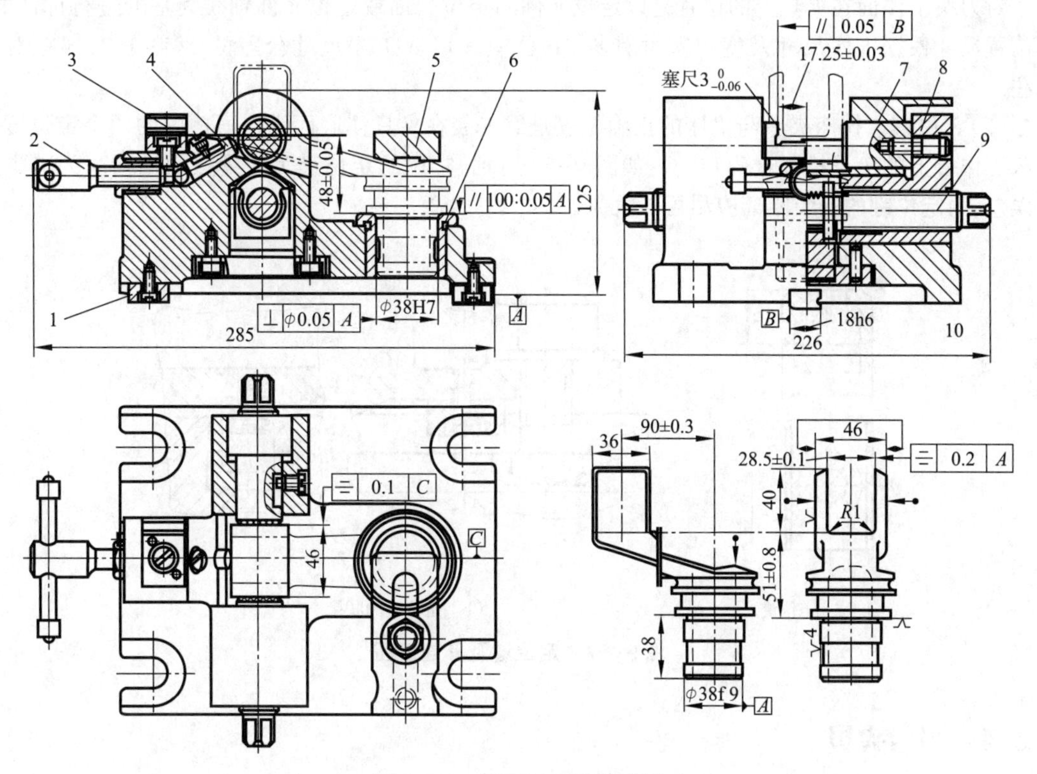

图 9-55　拨叉叉口铣床夹具

1—定位键;2—手柄螺柱;3—对刀块;4—滑柱;5—压板;6—定位套;7—网纹压块;8—夹紧螺母;9—双头左右螺柱;10—夹具体

2. 铣床夹具的设计要点

对刀块和定位键是铣床夹具的特有元件。对刀块是用来确定铣刀相对于夹具定位元件位置关系的;定位键是用来确定夹具相对于机床位置关系的。

(1)对刀块。图 9-56 给出了常见对刀块结构,其中,高度对刀块用于圆柱铣刀、立铣刀的校对,如图 9-56(a)所示;直角对刀块用于盘状两面刃、三面刃铣刀的校对,如图 9-56(b)所示;成形对刀块用于成形铣刀的校对,如图 9-56(c)所示。采用对刀块时,为防止损坏切削刃和使对刀块过早磨损，刀具与对刀面一般都不直接接触，在对刀面移近刀具时，在对刀面和铣刀之间塞入具有规定厚度（2~3 mm）的塞尺，凭抽动的松紧感觉判断刀具的正确位置。

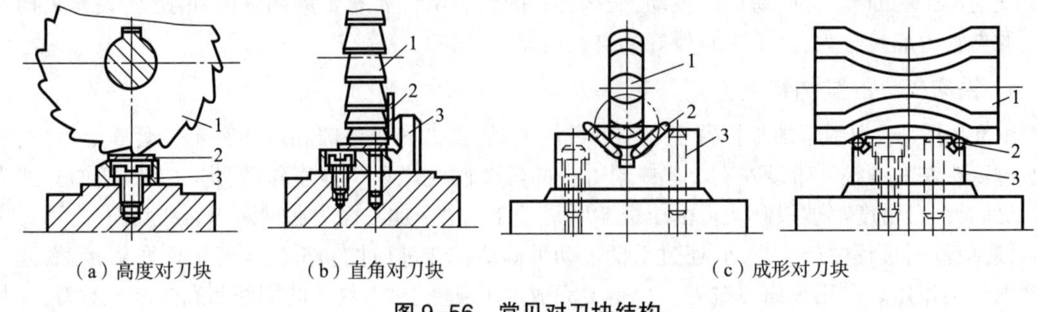

（a）高度对刀块　（b）直角对刀块　（c）成形对刀块

图 9-56　常见对刀块结构

1—铣刀；2—塞尺；3—对刀块

对刀块工作面在夹具上的位置是以定位元件的定位表面或定位元件轴线为基准进行标注的，其位置尺寸根据工序尺寸及塞尺尺寸计算，其公差一般取工序尺寸公差的 1/5 ~ 1/2，偏差对称标注。

（2）定位键。铣床夹具与机床的正确位置是靠安装在夹具体底面纵向通槽中的两个定位键与铣床工作台上的 T 形槽配合确定的。如图 9-57 所示，常用的定位键为矩形截面结构。为减少定位误差，两定位键的安装距离应尽可能大。

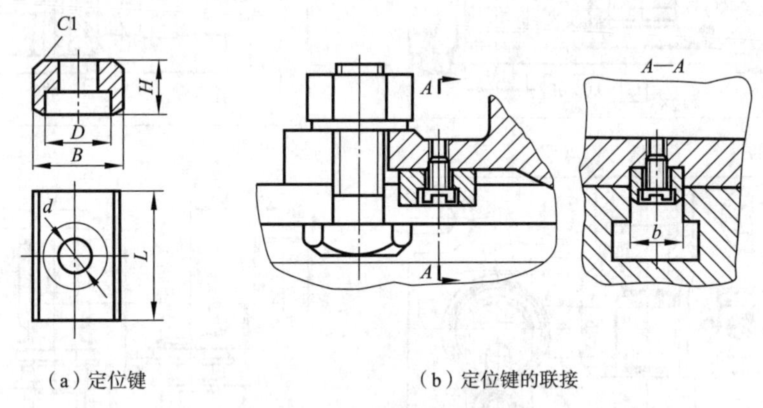

（a）定位键　（b）定位键的联接

图 9-57　定位键及其连接图

9.5.4　组合夹具

组合夹具是用一套预先制造好的标准元件和合件组装而成的夹具。图 9-58 所示为一个用槽系组合元件组装成的移动式钻模夹具。

组合夹具把传统专用夹具的“设计—制造—使用—报废”过程，改变为“组装—使用—拆卸—再组装—再拆卸”的循环过程。从而在生产实践中，组合夹具具有灵活多变、拆装迅速、节省工时等特点，但组合夹具的主要缺点是一般体积和质量较大、刚度稍差、一次性投入成本较多。

9.5.5　随行夹具

随行夹具是用于自动生产线上的一种移动式夹具。首先，工件在随行夹具上定位夹紧；然后，由传送带将随行夹具按加工工艺过程，运送到每台机床的加工位置；接下来，由各台机床加工位置的机床夹具将随行夹具进行定位和夹紧，并开始加工；最后，在加工完成后，机床夹具松开随行夹具,随行夹具由传送带运送至下一台机床的加工位置。完成所有加工工序后,将工件从随行夹具上卸下。

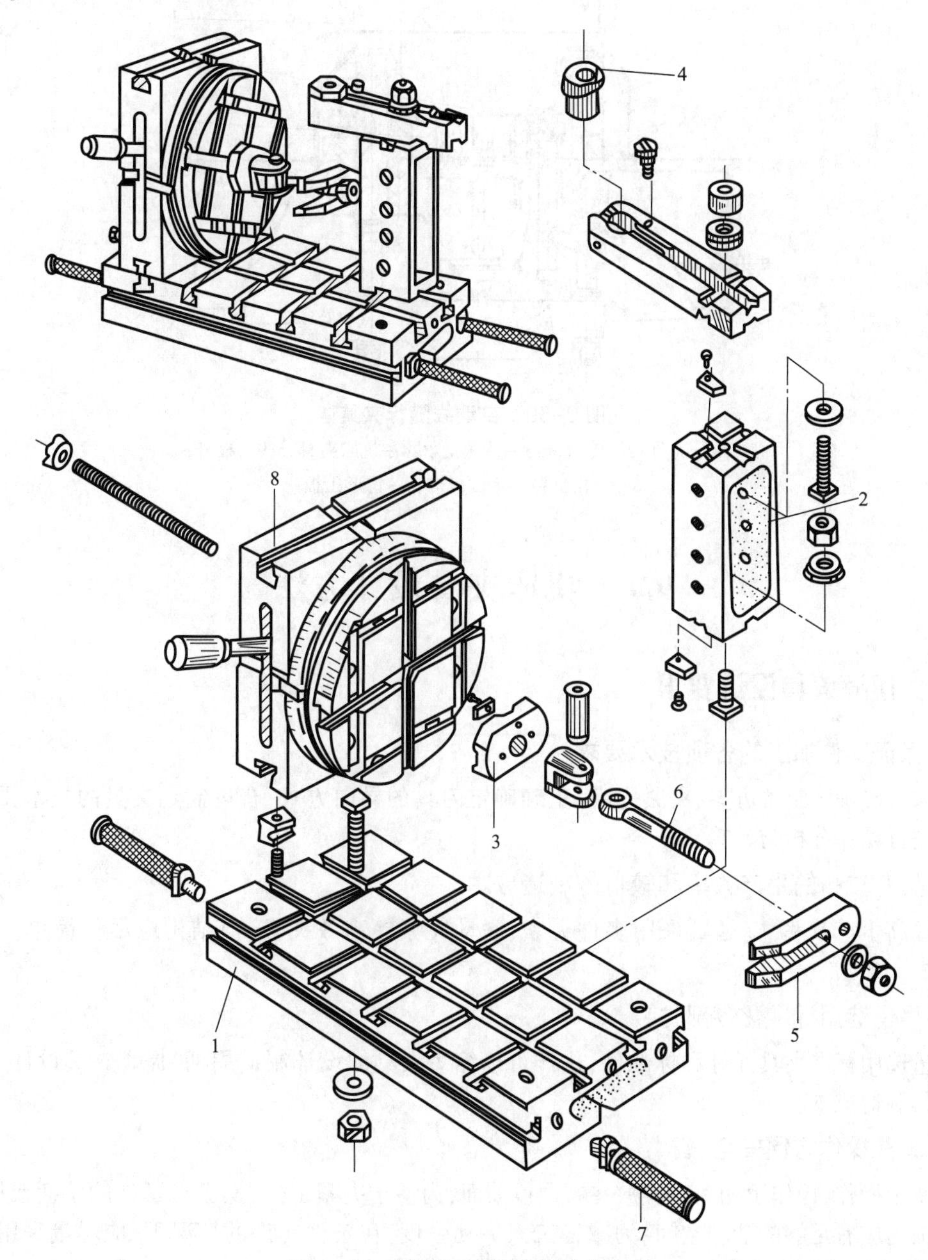

图 9-58　槽系组合钻模元件分解图

1—基础件;2—支承件;3—定位件;4—导向件;5—夹紧件;6—紧固件;7—其他件;8—合件

图 9-59 所示为自动线随行夹具,在传送支承 3 上,由带棘爪的步伐式传送带 2 运送到机床加工位置的机床夹具 4 处,利用杠杆 9 启动工作过程;棘爪松开使随行夹具 1 停止运行,同时定位机构 7 动作,通过一面两孔进行定位,再通过液压缸 6 推动杠杆 5 拉动 4 个可旋转的钩形压板 8 进行夹紧;然后开始加工,加工完成后,夹紧机构 6、9、8,定位机构 7 及杠杆 9 都回原位,棘爪再次勾住传送带 2,向下一加工位置运行。

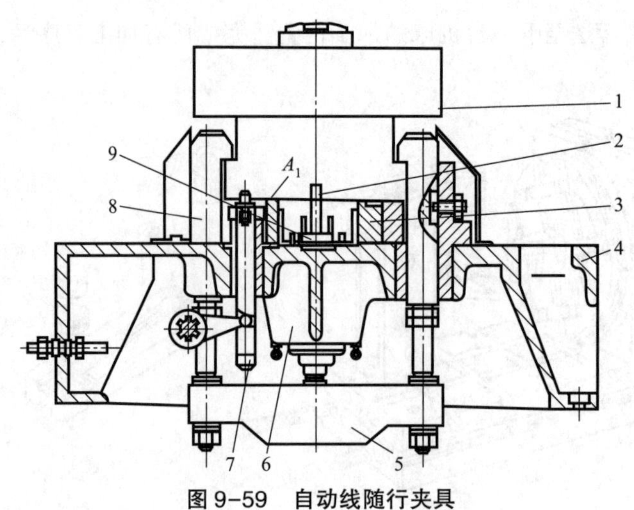

图 9-59 自动线随行夹具

1—随行夹具;2—传送带;3—传送支承;4—机床夹具;5、9—杠杆;6—液压缸;7—定位机构;8—钩形压板

9.6 机床夹具设计方法

9.6.1 机床夹具设计要求

1. 保证工件加工的各项技术要求

要求正确确定定位方案、夹紧方案,正确确定刀具的导向方式,合理制定夹具的技术要求,必要时要进行误差分析与计算。

2. 具有较高的生产效率和较低的制造成本

为提高生产效率,应尽量采用多件夹紧、联动夹紧等高效夹具,但结构应尽量简单,造价要低廉。

3. 尽量选用标准化零部件

尽量选用标准夹具元件和标准件,这样可以缩短夹具的设计制造周期,提高夹具设计质量和降低夹具制造成本。

4. 夹具操作方便安全、省力

为便于操作,操作手柄一般应放在右边或前面;为便于夹紧工件,操纵夹紧件的手柄或扳手在操作范围内应有足够的活动空间;为减轻工人劳动强度,在条件允许的情况下,应尽量采用气动、液压等机械化夹紧装置。

5. 夹具应具有良好的结构工艺性

所设计的夹具应便于制造、检验、装配、调整和维修。

9.6.2 机床夹具设计内容及步骤

1. 研究原始资料,明确设计要求

在接到夹具设计任务书后,首先要仔细阅读被加工零件的零件图和装配图,清楚地了解零件的作用、结构特点、材料及技术要求;其次要认真研究零件的工艺规程,充分了解本工序的加工内容和加工要求。必要时还应了解同类零件所用过的夹具及其使用情况,作为设计时的参考。

2. 拟定夹具结构方案,绘制夹具结构草图

拟定夹具结构方案时应主要考虑以下问题:

(1)工艺分析。研究零件加工面的结构特点,尺寸精度和几何精度要求,表面粗糙度要求,以及其他技术要求。

(2)定位设计。根据零件图或工序图上的工序基准,选择定位基准;根据六点定位原理,确定工件的定位方法,并选择相应的定位元件。

(3)确定刀具引导方式,并设计引导装置或对刀装置。

(4)确定工件的夹紧方法,并设计夹紧机构。

(5)确定其他元件或装置的结构形式。

(6)考虑各种元件和装置的布局,确定夹具体的总体结构。

(7)精度分析。计算夹具定位误差、制造误差等,估算夹紧力及夹紧误差。

为使设计的夹具先进、合理,常需拟定几种结构方案,进行比较,从中择优。在构思夹具结构方案时,应绘制夹具结构草图,以帮助构思,并检查方案的合理性和可行性,同时也为进一步绘制夹具总图作好准备。

3. 绘制夹具装配图,标注有关尺寸及技术要求

夹具装配图应按国家标准绘制,比例尽量取1∶1,使夹具图具有良好的直观性。对于很大的夹具,可使用1∶2或1∶5的比例;夹具很小时可使用2∶1的比例。夹具装配图在清楚表达夹具工作原理和结构的情况下,视图应尽可能少,主视图应取操作者实际工作位置。

绘制夹具装配图可参照如下顺序进行:用假想线(双点划线)画出工件轮廓(注意将工件视为透明体,不挡夹具),并应画出定位面、夹紧面和加工面;画出定位元件及刀具引导元件;按夹紧状态画出夹紧元件及夹紧机构(必要时用假想线画出夹紧元件的松开位置);绘制夹具体和其他元件,将夹具各部分连成一体;标注必要的尺寸、配合、技术条件;对零件进行编号,填写零件明细表和标题栏。

4. 绘制零件图

对夹具总图中的非标准件均应绘制零件图,零件图视图的选择应尽可能与零件在总图上的工作位置相一致。

5. 编写夹具设计说明书

在设计说明书中,应给出设计思路、设计过程及相关计算过程等内容。

9.6.3 机床夹具设计示例

图9-60所示为机床夹具设计示例,该夹具是用于加工连杆零件小头孔的钻床夹具。图9-60(a)为工序简图。零件材料为45钢,毛坯为模锻件,年生产纲领为3 000件,所用机床为立式钻床Z525。设计主要过程如下。

1. 零件的工艺分析

本工序孔径尺寸精度要求为IT7级,并有一定中心距和位置精度要求,应采用“钻—扩—粗铰—精铰”的加工工艺。根据年生产纲领,该零件属于批量生产,应使用夹具装夹。但考虑到生产批量不是很大,因而夹具结构应尽可能简单,以减小夹具制造成本。

2. 定位设计

本工序孔径尺寸精度的获得方法是定尺寸刀具法,即通过钻孔、扩孔,最后由铰刀保证尺寸精

度；中心距(120±0.08) mm 和平行度 0.05 mm 的精度要求应由夹具保证，二者的工序基准都是大头ϕ36H7 孔的中心线。

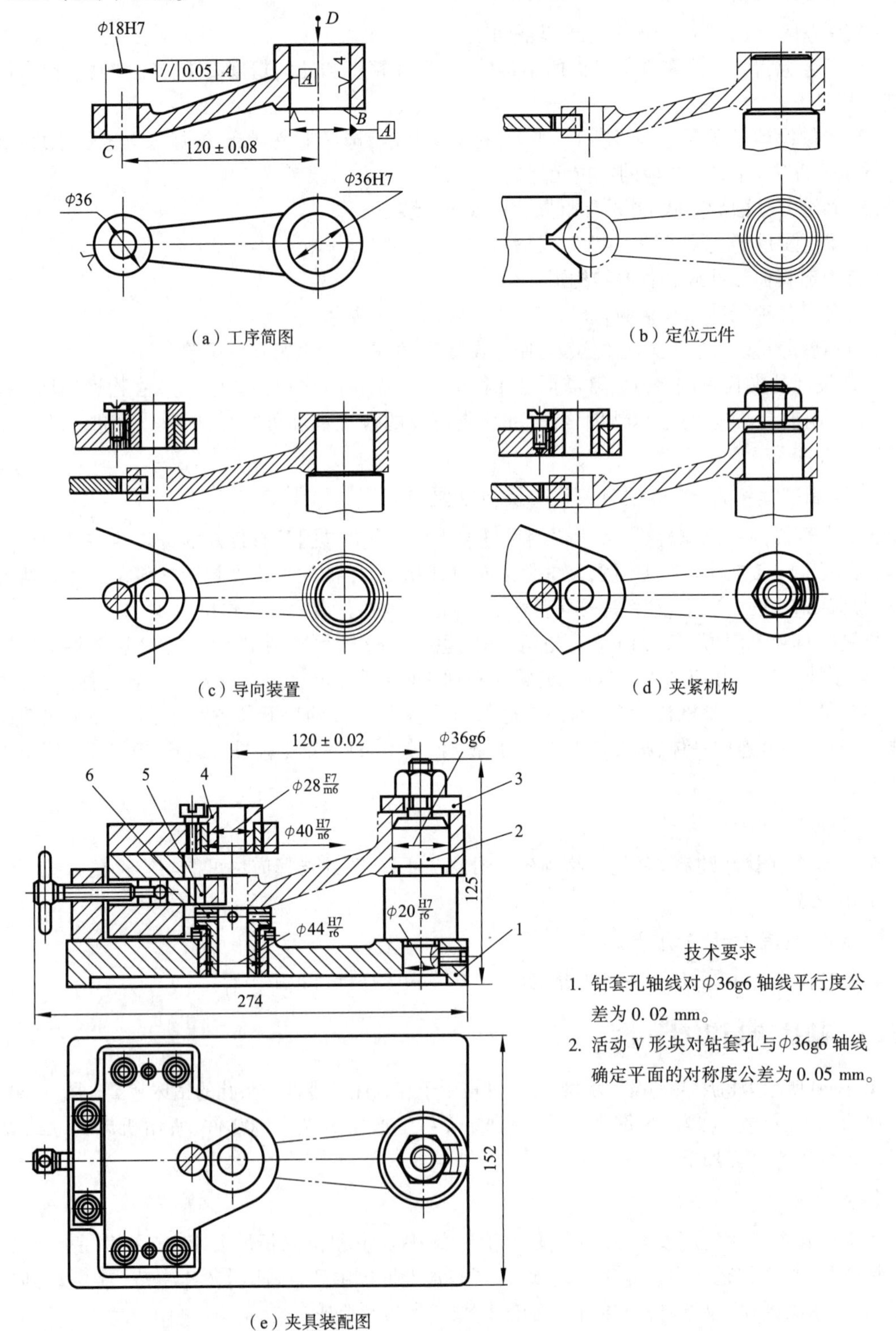

(a) 工序简图　(b) 定位元件

(c) 导向装置　(d) 夹紧机构

(e) 夹具装配图

图 9-60　机床夹具设计示例

1—夹具体；2—定位销；3—开口垫圈；4—钻套；5—V 形块；6—辅助支承

根据基准重合原则，选大头 ϕ36H7 内孔为主要定位基准，即工序简图中通过大头内孔限制4 个自由度，选用间隙配合的刚性心轴作定位元件。为使夹具结构简单，将心轴做成阶梯轴，利用小轴肩端面限制工件轴向移动自由度，若小轴肩端面与大头内孔的垂直度误差较大，则应加球面垫圈，形成自位支承。再者，为保证小头孔的壁厚均匀，采用活动 V 形块限制工件的转动自由度，如图 9-60(a)、(b)所示。

3. 确定刀具引导方式，并设计引导装置或对刀装置

本工序小头孔径的加工精度为 IT7 级，一次装夹要完成钻、扩、粗铰、精铰过程，故采用快换钻套(机床上相应地采用快换夹头)；又考虑到要求结构简单且能保证精度，采用固定式钻模板，如图 9-60(c)所示。

4. 夹紧设计

理想的夹紧方式应使夹紧力作用在主要定位面上，本例采用可涨心轴、液塑心轴等，但这样做夹具结构较复杂，制造成本较高。为简化结构，采用螺纹夹紧，即在心轴上直接做出一段螺纹，并用螺母和开口垫圈锁紧，如图 9-60(d)所示。

5. 其他元件或装置设计

为了保证加工时工艺系统的刚度和减小加工时工件的变形，应在靠近工件的加工部位增加辅助支承。夹具体的设计应综合考虑，将各部分机构或元件联系起来，形成完整的夹具。此外，还应考虑夹具与机床的连接。因为是在立式钻床上使用，夹具安装在工作台上可直接用钻套找正并用压板固定，故只需在夹具体上留出压板压紧的位置即可。又考虑到夹具的刚度和安装的稳定性，夹具体底面设计成周边接触的形式，如图 9-60(e)所示。

6. 夹具总体结构设计

在绘制夹具草图的基础上绘制夹具总图，标注尺寸和技术要求，如图 9-60(e)所示。对零件进行编号，填写明细表和标题栏，绘制零件图。

7. 精度分析

1)影响加工精度的误差因素

夹具的主要功能是用来保证工件的加工精度。使用夹具加工时，影响加工精度的误差因素主要有三个方面：

(1)夹具装夹误差。如前述，装夹误差包括定位误差和夹紧误差，其中定位误差是工件在夹具上位置的不准确或不一致性，用 Δ_{dw} 表示；夹紧误差是夹紧时夹具或工件变形所产生的误差，可用 Δ_{jj} 表示；从而装夹误差 $\Delta_{zj}=\Delta_{dw}+\Delta_{jj}$。

(2)夹具制造与安装误差。包括夹具制造误差(定位元件与导向元件的位置误差、导向件本身的制造误差、导向元件之间的位置误差、定位面与夹具安装面的位置误差等)、导向误差(对刀误差、刀具与引导元件偏斜误差等)以及夹具安装误差(夹具安装面与机床安装面的配合误差，装夹时的找正误差等)。该项误差用 Δ_{zz} 表示。

(3)加工过程误差。在加工过程中由于工艺系统(除夹具外)的几何误差、受力变形、热变形磨损以及各种随机因素所造成的加工误差，用 Δ_{jg} 表示。

这些误差中，第 1、第 2 项与夹具有关，第 3 项与夹具关系不大。显然，为了保证零件的加工精度，应使

$$\Delta_{zj}+\Delta_{zz}+\Delta_{jg}\leqslant T \tag{9-13}$$

式中，T 为工序尺寸与几何公差。

上式即为确定和检验夹具精度的基本公式。通常要求给 Δ_{jg} 预留 1/3 的工序公差，即应将与

夹具有关的误差限定在2/3工序公差的范围内。当零件生产批量较大时,为了保证夹具的使用寿命,在夹具的制造公差中还应留有一定的磨损公差。

2)验算

根据图9-60所示的夹具设计过程,小头孔孔径尺寸、中心距尺寸及平行度要求,三者属于公差原则中的独立原则,即尺寸要求与几何要求彼此无关,达到各自的公差要求即可。

(1)验算孔径尺寸ϕ18H7。通过工艺规程设计,选用较高精度的铰刀,进行精加工即可到达该尺寸精度要求。

(2)验算工件上两孔中心距(120±0.08) mm。

①装夹误差。因为该夹具在大头孔轴向夹紧,小头加工部位只有定位元件和辅助支承元件,从而夹紧误差可忽略不计,即取$\Delta_{jj}=0$。

对于定位误差,中心距尺寸的定位基准与工序基准都是大头孔中心线,基准重合,即基准不重合误差$\Delta_{jb}=0$。基准位移误差取决于定位心轴与工件大头孔的配合间隙。由配合尺寸为ϕ36H7/g6,可求出最小配合间隙$\Delta s=+0.009$ mm。工件定位时,为了定位准确,应使V形块的两工作面与小头外圆面接触紧密,需要通过手柄推动V形块右移,并带动工件也略右移,而后夹紧,从而定位心轴与工件大头孔在左母线接触,如图9-60(e)所示,所以基准位移误差$\Delta_{jw}=(T_{孔}+T_{轴}+\Delta s)/2=(0.025+0.016+0.009)/2$ mm$=0.025$ mm。所以定位误差$\Delta_{dw}=0.025$ mm,从而,装夹误差$\Delta_{zj}=0.025$ mm。

②夹具制造与安装误差。其中制造误差包括:a. 钻模板衬套轴线与定位心轴轴线距离误差,为±0.02 mm;b. 钻套与衬套的配合间隙,由配合尺寸ϕ28H6/g5可确定其最大间隙为0.029 mm;c. 钻套孔与外圆的同轴度误差,假定为0.01 mm。导向误差为刀具引偏量,即采用钻套引导刀具时,如图9-61所示,刀具引偏量e可按下式计算

$$e=\left(\frac{H}{2}+h+B\right)\frac{\Delta_{max}}{H} \tag{9-14}$$

式中,H为钻套高度(mm);h为排屑间隙(mm);B为钻孔深度(mm);Δ_{max}为刀具与钻套之间的最大间隙(mm)。

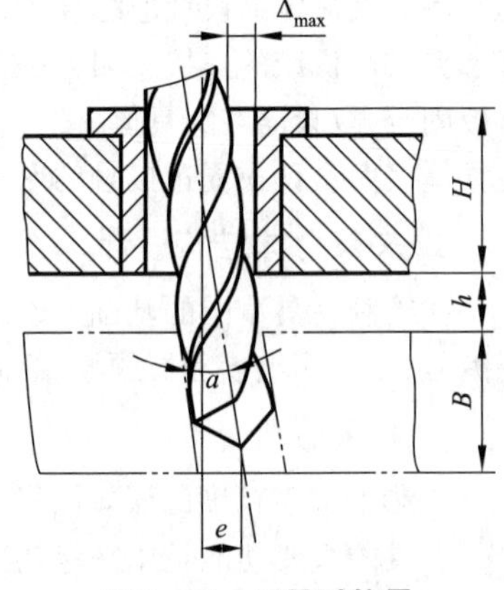

图9-61 刀具引偏量

本例中,精铰刀与钻套配合取ϕ18H6/g5,可得$\Delta_{max}=0.025$ mm。再取$H=30$ mm,$h=12$ mm,$B=18$ mm,代入刀具引偏量公式中,可求得$e=0.0375$ mm。

安装误差主要受夹具体底面和钻床工作台面的平面度影响,可以在夹具体底面一侧增加薄垫片,通过改变其厚度减小安装误差,即安装误差也可忽略不计。

③误差合成。上述各项误差都是按最大值计算。实际上,各项误差彼此独立,且大小与方向存在随机性,可采用概率方法计算与夹具有关的加工误差合成值,即

$$\Delta_{\Sigma}=\sqrt{\sum\Delta_i^2}=\sqrt{0.025^2+0.02^2+0.029^2+0.01^2+0.0375^2}\ \text{mm}\approx 0.058\ \text{mm}$$

式中,Δ_{Σ}为与夹具有关的加工误差合成值;Δ_i为与夹具有关的各项误差。

可见,Δ_{Σ}值(0.058 mm)小于工序尺寸(120±0.08) mm公差(0.16 mm)的2/3,即留给加工过程的误差还有0.042 mm,夹具可满足中心距尺寸的加工精度要求。

(3)验算两孔平行度0.05 mm。

①装夹误差。其中夹紧误差仍可忽略不计。对于定位误差,本例中定位基准与工序基准重合,从而只有基准位移误差,其值为工件大头孔轴线对定位心轴轴线的最大偏转角,即

$$\alpha_1=\frac{\Delta_{1max}}{H_1} \tag{9-15}$$

式中，α_1 为孔轴间隙配合时，轴线最大偏转角（rad）；$\Delta_{1\max}$ 为工件大头孔与夹具心轴最大配合间隙（mm）；H_1 为夹具心轴长度（mm）。

本例中，$\Delta_{1\max}=0.029$ mm，取 $H_1=36$ mm，则 $\alpha_1=0.029:36$。

②夹具制造与安装误差。其中安装误差也可忽略不计。制造误差为钻套孔中心线对心轴中心线的平行度误差，由夹具标注的技术要求可知该项误差值为 $\alpha_2=0.02:30$。导向误差为刀具引偏量，如图 9-61 所示，即刀具最大偏斜角，则有 $\alpha_3=\Delta_{\max}/H=0.025:30$。

③误差合成。如前述采用概率方法计算与夹具有关的加工误差合成值 α_Σ，即

$$\alpha_\Sigma=\sqrt{\sum\alpha_i^2}=\sqrt{(0.029:36)^2+(0.02:30)^2+(0.025:30)^2}\approx 0.024:18$$

其中，小头孔轴向尺寸为 18 mm，则 α_Σ 值小于平行度要求（0.05 : 18）的 2/3，夹具设计合理。

需要说明的是上述精度分析方法仍然是近似的，可供设计时参考，正确性仍需通过实践加以检验。

习　题

9-1　机床夹具由哪几部分组成？各组成部分的作用是什么？

9-2　简述六点定位原理、完全定位、不完全定位、过定位、欠定位的概念。

9-3　简述滚齿加工时可能会对工件过定位，是否合理并分析其原因。

9-4　根据六点定位原理，分析图 9-62 定位方案中，定位元件限制的自由度，是否存在过定位和欠定位，若存在如何改正。

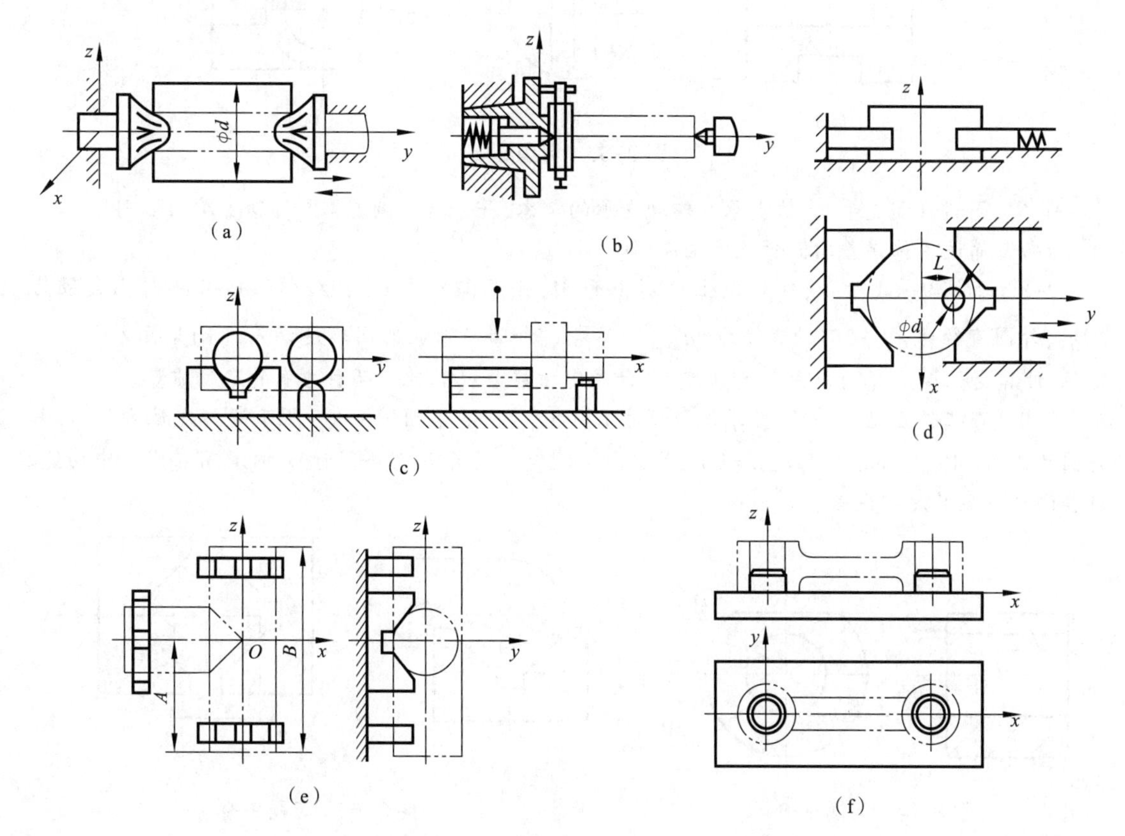

图　9-62

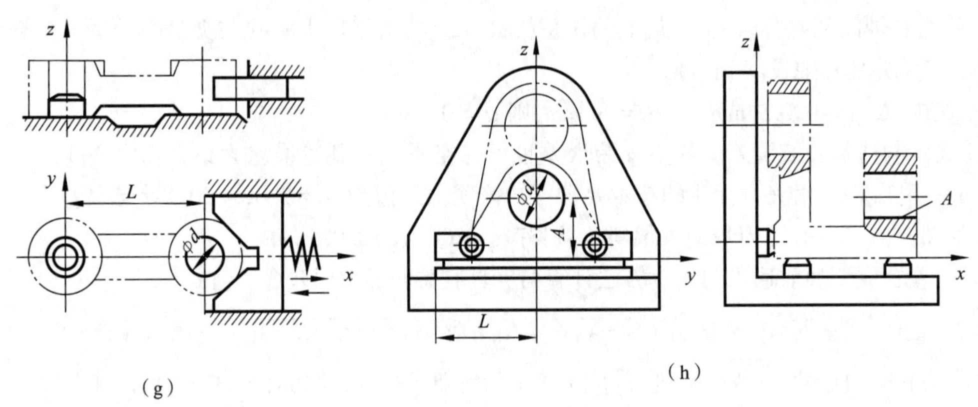

图 9-62　习题 9-4 图

9-5　分析图 9-63，为满足加工要求，应如何限制工件自由度，画出定位符号。

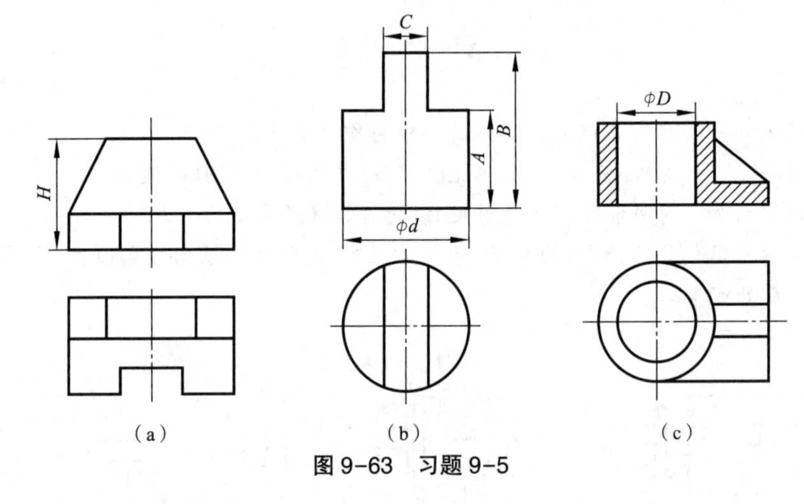

图 9-63　习题 9-5

9-6　简述可调支承、自位支承及辅助支承的概念，并分析可调支承与辅助支承的区别。

9-7　简述定位误差的概念及产生原因。

9-8　如图 9-64 所示，在外圆上铣削平面 M，并保证尺寸 $C\pm T_C/2$。已知工件内孔直径为 $\phi D_0^{T_D}$，外圆直径为 $\phi d_{-T_d}^{\ 0}$，心轴直径为 $\phi d_{轴\,-T_轴}^{\ \ \ 0}$，不考虑外圆与内孔的同轴度误差，(1) 采用水平心轴定位，计算定位误差；(2) 采用 V 形块定位，计算定位误差；(3) 比较两种方案的定位质量。

9-9　在工件上钻一小孔，要求保证尺寸 $L=35_{-0.05}^{\ 0}$ mm，采用图 9-65 所示两种定位方案，已知外圆尺寸为 $\phi 40_{-0.08}^{\ 0}$ mm，V 形块 $\alpha=90°$，第二种方案两个计算 V 形块同时移动，具有自动对中功能。计算两种方案的定位误差。

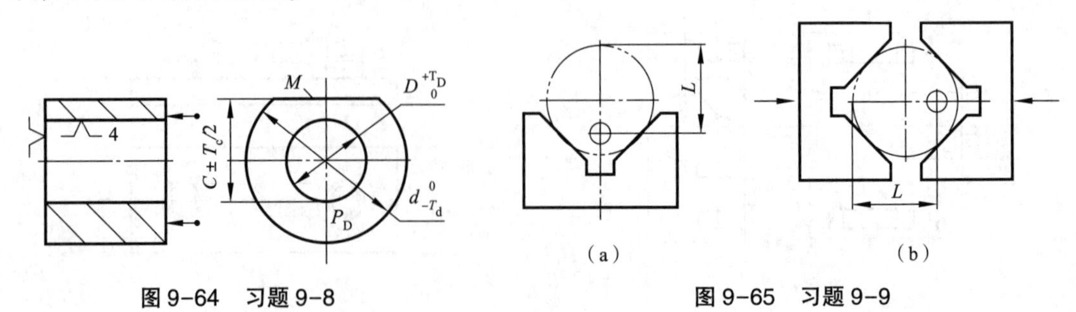

图 9-64　习题 9-8　　　　图 9-65　习题 9-9

9-10　如图 9-66 所示，已知工件外径 $d=\phi 50_{-0.02}^{0}$ mm，内孔直径 $D=\phi 25_{0}^{+0.025}$ mm，用 V 形块定位在内孔上加工键槽，要求保证工序尺寸 $H=28.5_{0}^{+0.2}$ mm。若不计内孔和外径的同轴度误差，计算此工序的定位误差，并分析定位质量。

9-11　如图 6-67 所示，用 V 形块定位工件小径铣平面，要求保证工序尺寸 $H=35_{-0.3}^{-0.1}$ mm，已知工件上 $d_1=\phi 40_{-0.03}^{+0.01}$ mm，$d_2=\phi 60_{-0.01}^{+0.03}$ mm。计算 H 的定位误差，并分析定位质量。

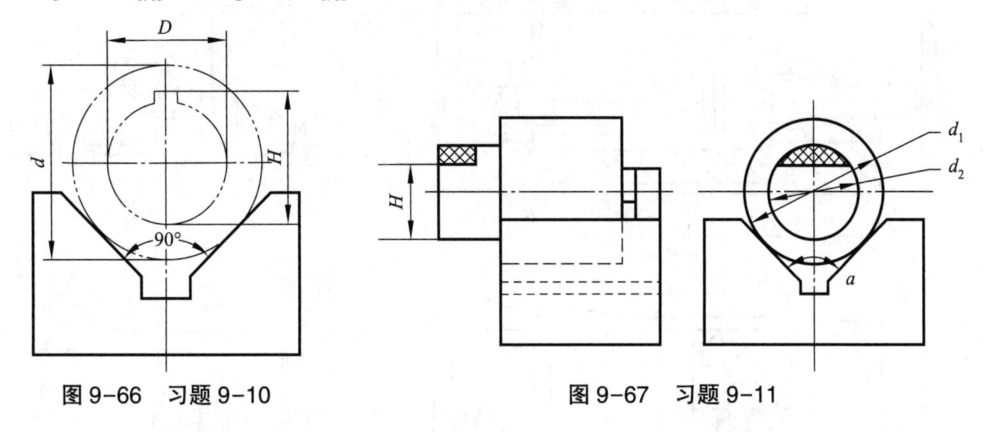

图 9-66　习题 9-10　　图 9-67　习题 9-11

9-12　图 9-68(a) 所示为铣削键槽的加工要求，已知轴径尺寸为 $\phi 80_{-0.1}^{0}$ mm，试分别计算图 9-68(b)、(c) 两种定位方案的定位误差。

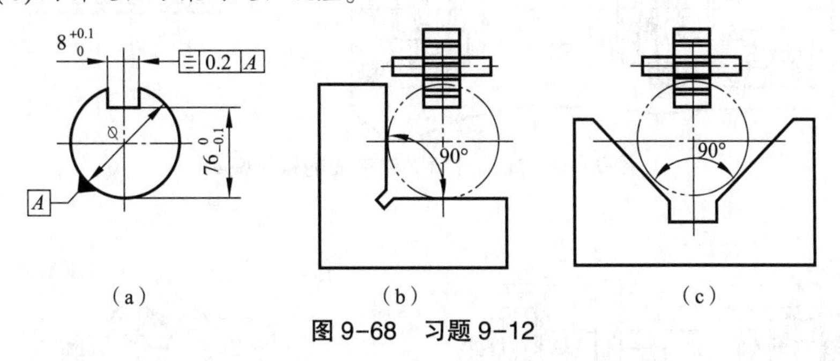

图 9-68　习题 9-12

9-13　如图 9-69 所示，在立式铣床上铣槽，采用图中方案进行定位，工件上外圆和内孔均已加工至设计要求，计算定位误差。

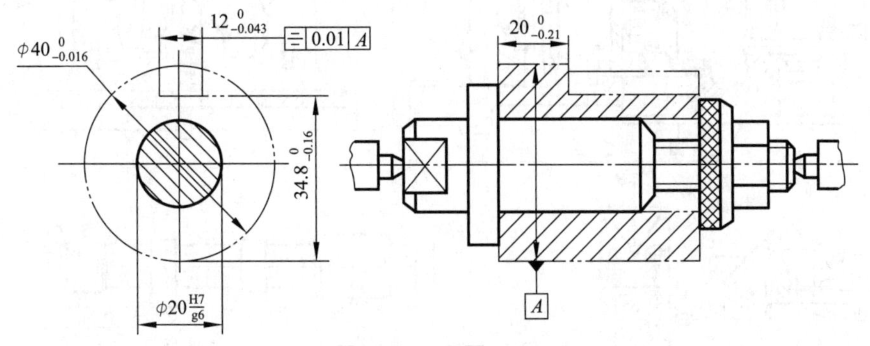

图 9-69　习题 9-13

9-14　图 9-70 所示为加工分离叉内侧面的机床夹具、图 9-71 所示为加工凸轮轴半圆槽的机床夹具。分别回答(1)按使用机床类型，该夹具属何种机床夹具；(2)列举该夹具上的定位元件，并说明如何限制工件自由度；(3)指出该夹具上的夹紧元件，并简述如何夹紧工件；(4)指出该夹具上的对刀或导向装置;(5)举例说明该夹具上的结构设计可以提高工作效率或减轻劳动强度。

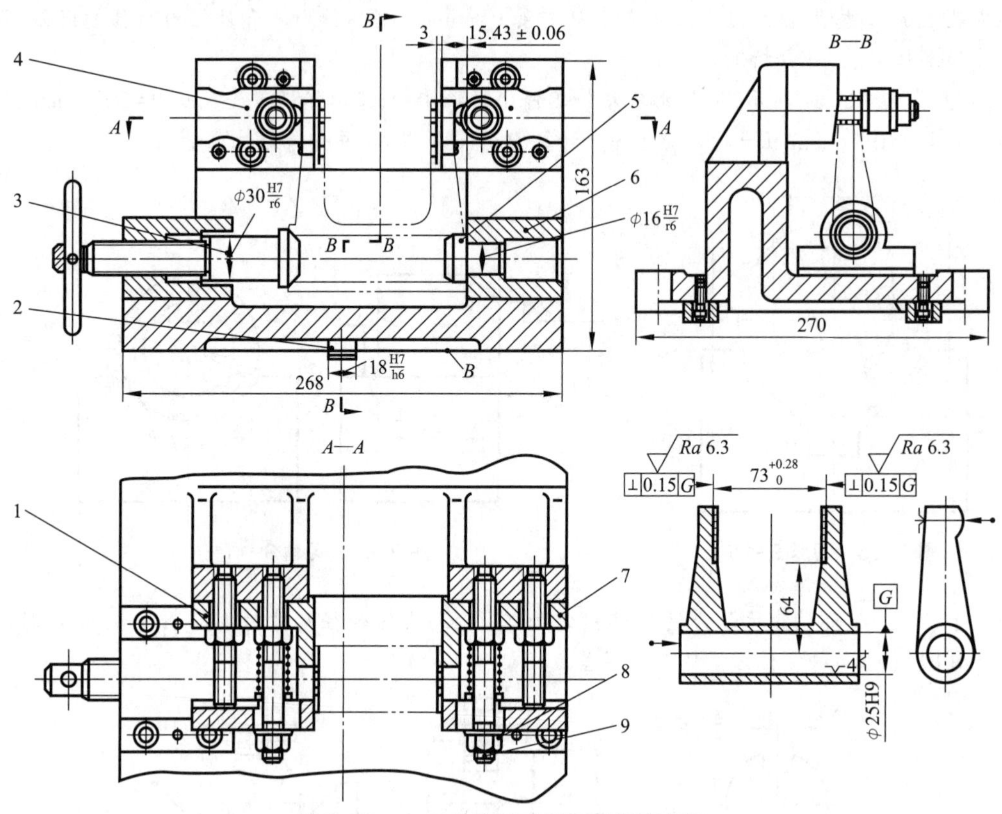

图 9-70　加工分离叉内侧面的机床夹具

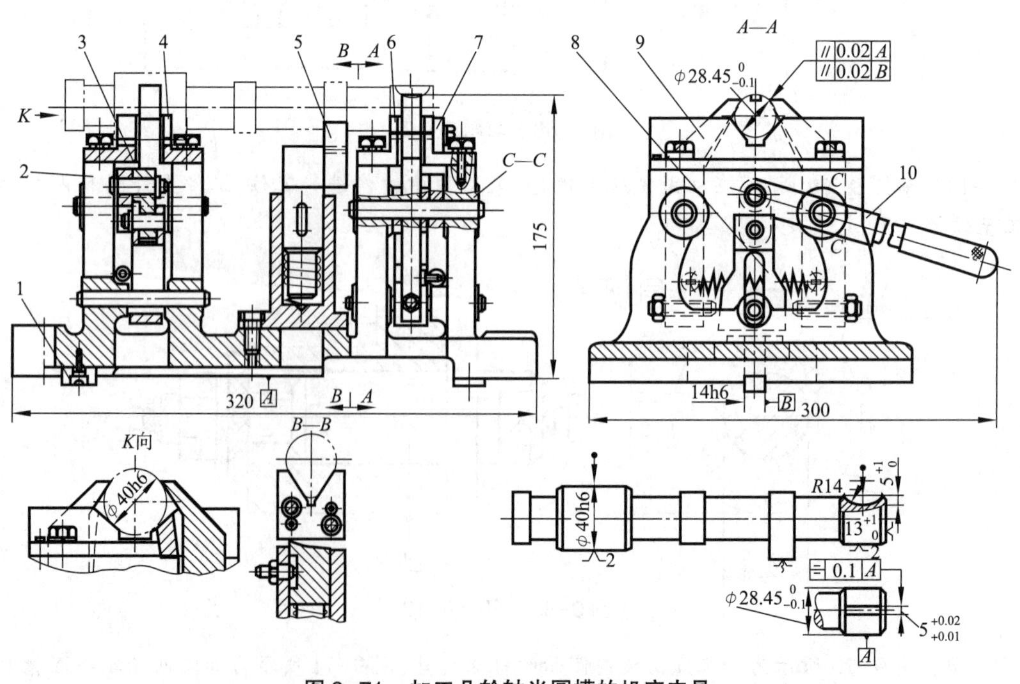

图 9-71　加工凸轮轴半圆槽的机床夹具

1—定位键;2—夹具体;3—铰链板;4、6—V 形块;5—浮动 V 形块;7—挡块;8—楔块;9—压板;10—手柄

第 10 章 机械加工质量及控制

2008 年 4 月,我国第一台具有自主知识产权的复合式盾构机“中国中铁 1 号”在中铁工业旗下中铁装备盾构车间下线,该盾构机直径 6.3 m,具有较强的地质适宜性,实现了从盾构机关键技术到整机制造的跨越,填补了我国在复合式盾构机制造领域的空白,技术达到了国际领先水平。2020 年,中铁装备自主研制的第 1 000 台盾构机成功下线,成为国内第一家下线隧道掘进机突破千台的领军企业。2021 年 9 月,中铁装备获得中国质量领域最高奖——中国质量奖,成为我国隧道掘进机行业首家获此奖项的企业。可见,产品质量是企业的生命,是企业乃至行业得以发展的根基。

10.1 加工质量与加工精度

10.1.1 产品质量与机械产品质量

产品质量是指用户对产品的满意程度。对于生产企业而言,产品质量就是企业的生命,而生产技术是企业的灵魂。产品质量一般包括三方面:产品的设计质量;产品的制造质量;产品的服务质量。其中产品的制造质量,是产品实物与设计的符合程度,在以往的企业质量管理中,常常被等同于产品质量。

机械产品质量也同样包括这三方面,以机械制造过程的角度说,机械产品的制造质量一般包括两个方面:零件的机械加工质量和机器的装配质量。零件的加工质量是保证制造质量的基础,机器的装配质量是制造质量的体现。

10.1.2 机械加工质量

1. 加工精度与加工误差

零件的加工精度是指零件加工后的实际几何参数(尺寸、形状及相互位置等)与理想几何参数的接近程度。实际值越接近理想值,加工精度就越高。零件加工后的实际几何参数(尺寸、形状及相互位置等)对理想几何参数的偏离程度称为加工误差。由于加工误差几乎是不可避免的,零件实际几何参数可以存在加工误差,但必须控制在一定范围内。零件尺寸、形状和表面间相互位置允许的变动范围,称为公差。在设计时,必须规定公差,在加工时,必须设法保证实际几何参数在公差范围内,即零件达到了加工精度要求。加工精度越高,加工误差也就越小。

从产品质量方面看,在加工时,只要达到设计精度要求,即可停止加工,也就是保证加工质量,不必追求过高的加工精度。生产实践证明,确实无须把每个零件都加工得绝对精确,只要在公差范围内变动,就能满足设计要求。

零件加工精度的具体内容包括尺寸精度和几何精度：

(1)尺寸精度。指机械加工后零件的直径、长度和表面间距离等尺寸的实际值与理想值的接近程度。尺寸精度通过尺寸公差给出,国家标准规定了20个标准公差等级。

(2)几何精度。指机械加工后零件的实际几何形状及关系与理想状态的接近程度。几何精度通过几何公差给出,国家标准规定了形状、方向、位置及跳动4大类几何公差。

2. 加工表面质量

零件的加工表面质量主要指零件加工表面层的几何形貌和物理力学性能变化。零件加工表面层的几何形貌,主要指表面粗糙度轮廓。加工表面的物理力学性能变化,主要包括表面层的冷作硬化、金相组织变化和残余应力。

3. 零件加工精度与表面质量的关系

零件的尺寸公差、几何公差、表面粗糙度及表面物理力学性能在设计时应具有一定的对应关系。一般情况下,重要配合表面的尺寸公差等级较高(公差值较小)时,几何公差等级也较高,表面粗糙度及表面物理力学性能的要求也较高。但生产中也有几何精度和表面质量要求很高而尺寸精度要求不高的零件表面,如机床床身导轨表面。在数值上,零件的几何公差值一般应为相应尺寸公差值的1/2~1/3。

10.1.3 获得加工精度的方法

1. 获得尺寸精度的方法

机械加工中,获得尺寸精度的方法有试切法、调整法、定尺寸刀具法和自动控制法。

(1)试切法。试切法是通过对工件进行试切,然后对所切表面进行测量,并与设计尺寸比较,若超差,再进刀试切,再测量,如此反复,直至达到公差要求。试切法需要多次试切、测量及调试刀具(或工件)位置,所以生产效率低、劳动强度较大;工件尺寸误差的大小取决于操作者的技术水平。试切法主要用于单件、小批生产。

(2)调整法。调整法是利用样件或对刀块,预先调整好刀具与工件在机床上的相对位置,并在加工一批工件时保持这个位置不变。用调整法加工,工件的尺寸精度在很大程度上取决于调整的精度。调整法可使加工精度稳定可靠,生产效率高,劳动强度低,对操作者技术水平要求不高,但对工艺人员的调整技术水平要求高,广泛应用于成批、大量及自动化生产中。

(3)定尺寸刀具法。定尺寸刀具法是利用刀具的相应尺寸来保证工件被加工部位尺寸精度的方法。如用麻花钻、扩孔钻、铰刀等定尺寸刀具,直接保证工件被加工孔的尺寸精度。用定尺寸刀具法加工,工件的尺寸精度主要取决于刀具的制造质量、磨损情况。定尺寸刀具法生产效率较高,但刀具成本高,常用于孔、螺纹和成形表面加工。

(4)自动控制法。在自动机床、半自动机床和数控机床上,利用测量装置、进给机构和控制系统自动获得规定加工尺寸精度的方法称为自动控制法。自动控制法生产率高,加工精度高,但装备较复杂,适于在成批、大量生产中应用。

2. 获得几何精度的方法

如前面章节所述,零件的表面形成方法就是获得形状精度的方法,有轨迹法、成形法、相切法和展成法。

方向、位置及跳动精度,主要由机床精度、夹具精度和工件的装夹精度保证。例如,在平面上钻孔,孔中心线对平面的垂直度,主要取决于钻头进给方向与工作台或夹具定位面的垂直度。

3. 获得表面质量的方法

如前所述,零件的加工表面质量包括零件加工表面的表面粗糙度轮廓和物理力学性能。获得零件的加工表面质量的方法可以分为同步法和强化法。

(1)同步法。随着加工的进行,零件从毛坯到成品的过程中,尺寸精度和几何精度不断提高,与此同时,表面粗糙度轮廓精度也同步提高,直至达到精度要求。

(2)强化法。对于有特殊使用要求的零件,在保证尺寸精度和几何精度的同时,还需要对零件加工表面的表面粗糙度轮廓和物理力学性能作进一步的强化,例如,通过滚压或挤压提高表面粗糙度轮廓精度,通过表面淬火提高工件表面硬度等。

10.1.4　原始误差与误差敏感方向

1. 原始误差

机械加工中,工件的尺寸、几何形状和表面间相互位置的形成,取决于工件和刀具在切削运动过程中相互位置的关系。在机械加工工艺系统中,能直接引起加工误差的因素都称为原始误差。这些因素包括工艺系统自身结构和状态、操作过程、加工过程中物理力学现象等。原始误差可分为以下两大类。

一类是零件加工前,工艺系统本身所具有的,与原始状态有关的误差,可称为静态误差或几何误差,主要包括:机床、刀具及夹具的几何误差,工件的装夹误差,原理误差,调整误差等。

另一类是零件加工过程中,因工艺系统受力、受热、磨损等影响,以及原有精度被破坏而产生的附加误差,称为动态误差,主要包括:工艺系统受力变形、受热变形,工件内应力重新分布而产生变形,刀具磨损,测量误差等。

2. 误差敏感方向

工艺系统中,在不同方向上的原始误差,对加工误差的影响程度也不完全相同。如图 10-1 所示,车外圆时,若刀具相对正确位置出现 A 至 A'的偏移量 δ(原始误差),将引起工件半径尺寸的变化,即产生加工误差 ΔR。设 AA'与 OA 之间的夹角为 φ,则加工误差为

$$\Delta R = R' - R = \sqrt{R^2 + \delta^2 + 2R\delta\cos\varphi} - R \qquad (10-1)$$

在 0°~90°范围内,当 $\varphi = 0°$时,ΔR 有最大值,即 $\Delta R_{max} = \delta$,此时原始误差方向在加工表面的法线方向上;当 $\varphi = 90°$时,ΔR 有最小值,即 $\Delta R_{min} \approx \delta^2/(2R)$,此时原始误差方向在加工表面的切线方向上。

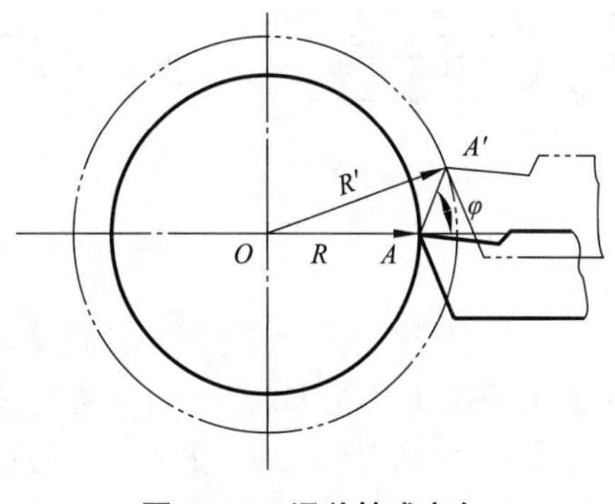

图 10-1　误差敏感方向

从而,将原始误差对加工精度影响最大的方向,称为误差敏感方向。由上述分析可知,原始误差方向在加工表面的法线方向上时,引起的加工误差最大;原始误差方向在加工表面的切线方向上时,引起的加工误差最小,甚至可以忽略。

10.2　原始误差对加工精度的影响

10.2.1　工艺系统几何误差对加工精度的影响

1. 机床的几何误差

机械加工中,工件的加工精度在很大程度上取决于机床的精度。机床制造误差对工件加工精度影响较大的有:主轴回转误差、导轨误差和传动链误差。

(1)主轴回转误差。机床主轴是装夹工件或刀具的基准,并将运动和动力传给工件或刀具的重要零部件。主轴回转误差是指主轴实际回转轴线相对其平均回转轴线的变动量。主轴回转误差将直接影响被加工工件的形状精度、位置精度。为便于研究,可以将主轴回转误差分解为径向圆跳动、轴向窜动和角度摆动三种基本形式,如图 10-2 所示。

①径向圆跳动[见图 10-2(a)]。径向圆跳动是主轴瞬时回转轴线相对于平均回转轴线在径向的变动量。产生径向圆跳动误差的主要原因有:主轴支承轴颈的圆度误差和同轴度误差、轴承本身的误差、轴承孔之间的同轴度误差及主轴挠度等。主轴的径向跳动会使工件产生圆度误差和圆柱度误差。

②轴向窜动[见图 10-2(b)]。轴向窜动是主轴瞬时回转轴线沿平均回转轴线方向的变动量。产生轴向窜动的主要原因有:推力轴承滚道端面的几何误差、滚子的尺寸和形状误差及主轴轴向定位端面与轴肩端面对中心轴线的垂直度误差等。主轴的轴向窜动对圆柱面的加工精度影响很小;车削端面时,会使端面与圆柱面中心轴线不垂直;加工螺纹时,将使单个螺距产生周期误差。因此,对机床主轴轴向窜动的幅值通常都有严格的要求,如精密车床的主轴端面圆跳动允许值规定为 2~3 μm,甚至更严。

③角度摆动[见图 10-2(c)]。角度摆动是主轴瞬时回转轴线相对平均回转轴线成一倾斜角度且交点位置不变的运动。产生角度摆动的主要原因有:主轴前后轴颈与轴承配合的间隙不等及前后轴承的受力或受热变形不等。主轴的角度摆动可视为径向圆跳动与轴向窜动的综合,车削外圆时,得到的是锥体而不是圆柱面;在镗床上镗孔时,得到的是椭圆形锥孔。

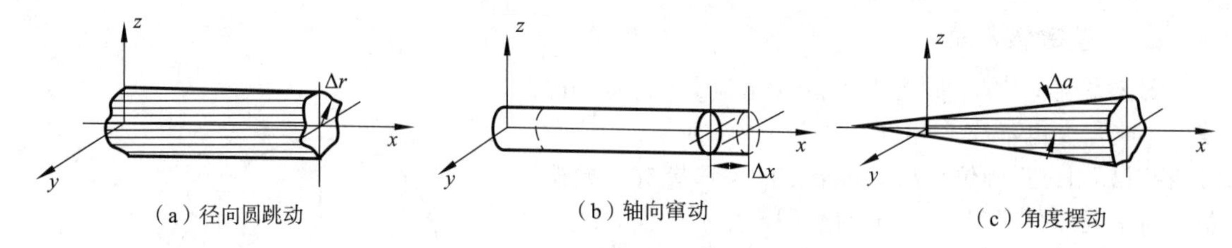

图 10-2 主轴回转误差的三种基本形式

主轴回转误差是上述三种形式误差的合成,对加工精度的影响也是综合结果。为了保证加工精度,必须保证主轴回转精度,主要措施有:保证主轴及箱体轴承孔的制造精度;选用较高精度的轴承;保证主轴部件的装配精度,并进行静平衡和动平衡;对滚动轴承适当预紧,消除间隙,提高接触刚度等。例如,采用液体或气体静压轴承,由于无磨损、高刚度,以及对主轴轴颈的形状误差有均化作用,可以大幅度地提高主轴回转精度。

此外,也可改变主轴与工件或刀具的装夹或连接方式,使主轴回转误差与加工面隔离。例如,采用双顶尖定位磨外圆,加工精度主要取决于工件顶尖孔的精度,而主轴回转误差的影响很小;采用镗模镗孔时,可使镗杆与主轴浮动连接,加工精度主要取决于镗模支承孔的精度,主轴回转误差的影响也很小。

(2)导轨误差。机床导轨是确定机床主要部件相对位置和运动的基准。机床导轨的制造和装配精度将直接影响直线运动精度,进而影响零件的加工精度。机床导轨误差将导致刀尖相对于加工表面的位置变化,从而对加工精度,主要是对形状精度产生影响。以卧式车床导轨为例,分析机床导轨误差对加工精度的影响。

①导轨在水平面内的直线度误差对加工精度的影响。导轨在水平面内有直线度误差 Δy 时[见图 10-3(a)],在导轨全长上刀具相对于工件的正确位置将产生 Δy 的偏移量,使工件半径产生 $\Delta R=\Delta y$ 的误差。导轨在水平面内的直线度误差将直接反映在误差敏感方向上,对加工精度的影响最大。

②导轨在垂直平面内的直线度误差对加工精度的影响。导轨在垂直平面内有直线度误差 Δz 时[见图 10-3(b)],也会使车刀在水平面内发生位移,则 $\Delta R \approx \Delta z^2/(2R)$。$\Delta R$ 比 Δz 小很多,故此导轨在垂直平面内的直线度误差对加工精度影响很小,可忽略不计。

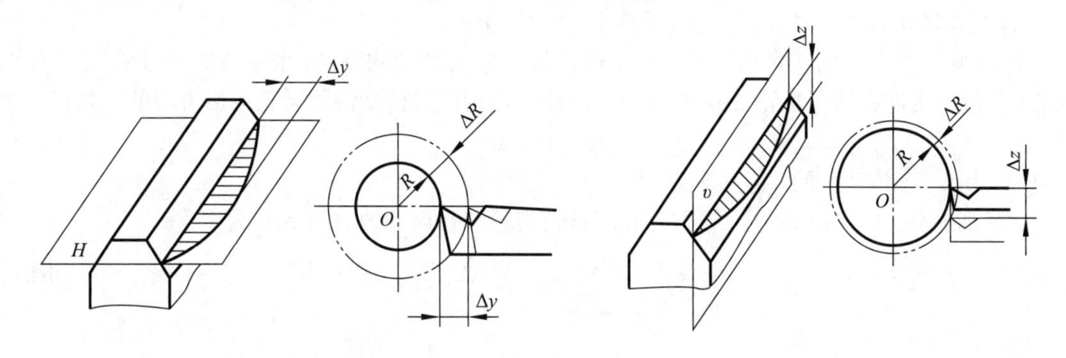

(a) 导轨水平面内的直线度误差　　(b) 导轨垂直面内的直线度误差

图 10-3　导轨的直线度误差对加工精度的影响

③导轨间的平行度误差对加工精度的影响。当前后导轨在垂直平面内有平行度误差(扭曲误差)时,刀架沿床身导轨作纵向进给运动时,将产生摆动,刀尖的运动轨迹是一条空间曲线,使加工表面产生圆柱度误差。若导轨间在垂直方向有平行度误差 Δ_3 时(见图 10-4),使工件与刀具的正确位置在误差敏感方向产生 $\Delta y \approx (H/B) \times \Delta_3$ 的偏移量,使工件半径产生 $\Delta R = \Delta y$ 的误差,对加工精度影响较大。

除了导轨本身的制造误差之外,导轨磨损是造成机床精度下降的主要原因。选用合理的导轨形状和导轨组合形式;采用耐磨合金铸铁、镶钢导轨、贴塑导轨、滚动导轨、导轨表面淬火等措施,均可提高导轨的耐磨性。

(3)传动链误差。传动链误差是指传动链始末两端传动元件间相对运动的误差。一般用传动链末端元件的转角误差来衡量。车螺纹、滚齿、插齿等加工方法,要求刀具与工件之间必须具有严格的传动比关系,传动链误差是影响这类表面加工精度的主要原因之一。

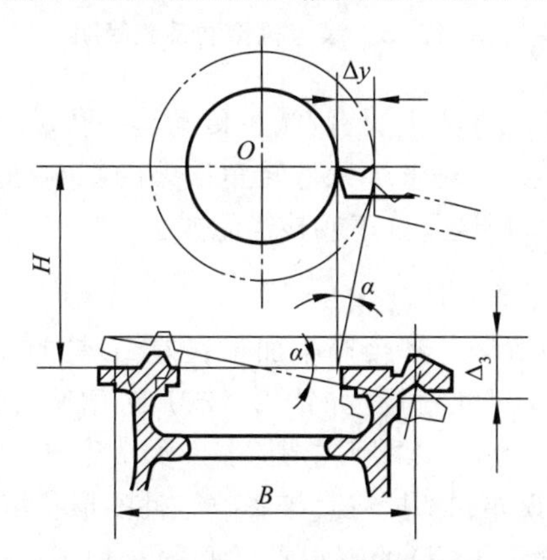

图 10-4　导轨间的平行度对加工精度的影响

图 10-5 所示为滚齿机传动系统简图,被切齿轮装夹在工作台上,与蜗轮同轴回转。由于传动链中各传动件制造与安装都会存在一定的误差,每个传动件的误差都将通过传动链影响被切齿轮的加工精度。各传动件在传动链中所处的位置不同,从而对工件加工精度的影响程度不相同。

假设滚刀轴均匀旋转,齿轮 z_1 有转角误差 $\Delta\varphi_1$,其他各传动件无误差;则由 $\Delta\varphi_1$ 产生的工件转

角误差为

$$\Delta\varphi_{1n}=\Delta\varphi_1\times\frac{80}{20}\times\frac{28}{28}\times\frac{28}{28}\times\frac{28}{28}\times\frac{42}{56}\times i_{差}\times\frac{e}{f}\times\frac{a}{b}\times\frac{c}{d}\times\frac{1}{72}=K_1\Delta\varphi_1 \tag{10-2}$$

式中，$i_{差}$为差动机构的传动比；K_1 为 z_1 到工作台的传动比。

K_1 反映了齿轮 z_1 的转角误差对终端工作台传动精度的影响程度，称为误差传递系数。同理，若第 j 个传动元件有转角误差 $\Delta\varphi_j$，则该转角误差通过相应的传动链传递到被切齿轮的转角误差为

$$\Delta\varphi_{jn}=K_j\Delta\varphi_j \tag{10-3}$$

式中，K_j 为第 j 个传动件的误差传递系数。

由于所有传动件都可能存在误差，因此，被切齿轮转角误差的总和 $\Delta\varphi_{\Sigma}$ 为

$$\Delta\varphi_{\Sigma}=\sum_{j=1}^{n}\Delta\varphi_{jn}=\sum_{j=1}^{n}K_j\Delta\varphi_j \tag{10-4}$$

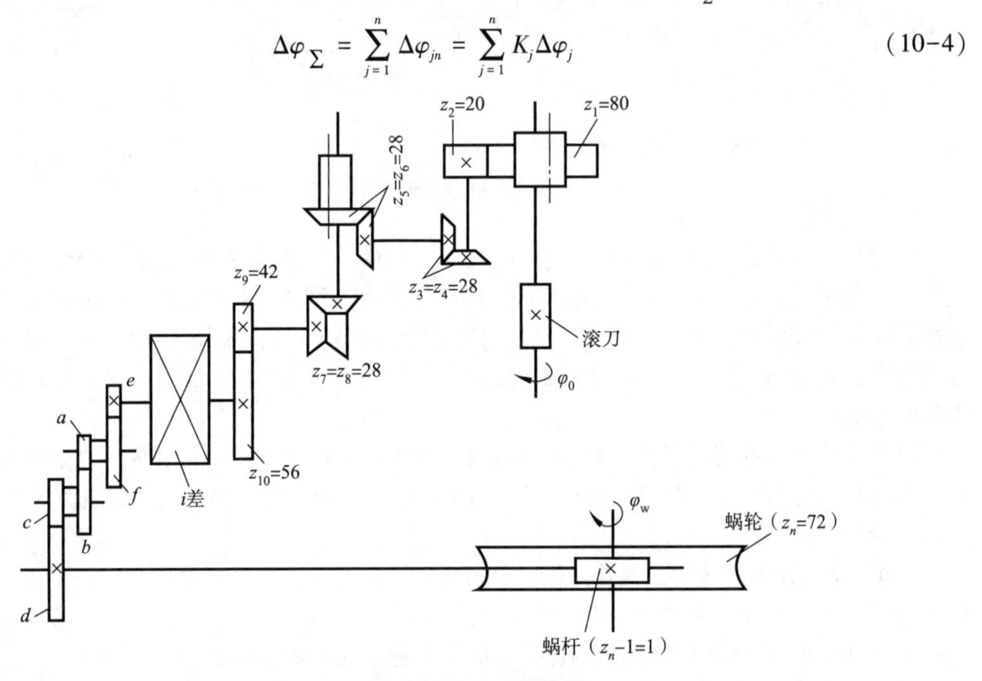

图 10-5　滚齿机传动系统简图

分析可知，提高传动链精度的方法主要有：减少传动链中传动件数目，缩短传动链长度；采用降速传动链，以减小传动链中各元件对末端元件转角误差的影响；提高传动元件的制造精度和装配精度，特别是末端传动元件；采用误差校正或补偿的方法。

2. 刀具的几何误差

刀具的尺寸、形状及相互位置误差都会产生加工误差，刀具的几何误差对加工精度的影响随刀具种类的不同而不同。采用定尺寸刀具（如钻头、铰刀、键槽铣刀、拉刀等）加工时，刀具的尺寸误差和磨损将直接影响工件尺寸精度。采用成形刀具（如成形车刀、成形铣刀、齿轮模数铣刀、成形砂轮等）加工时，刀具的形状误差和磨损将直接影响工件的形状精度。采用展成法加工时，展成刀具（如齿轮滚刀、花键滚刀、插齿刀等）的刀刃形状必须是加工表面的共轭曲线。因此，刀刃的形状误差和尺寸误差会影响加工表面的形状精度。对于一般刀具（如车刀、镗刀、铣刀等），其制造误差对工件加工精度无直接影响，但刀具几何参数和形状将影响刀具寿命，因此间接影响加工精度。

刀具磨损是切削加工中不可避免的，在磨损的过程中，刀具切削刃的尺寸、形状及位置都发生变化，将影响工件的加工精度。从而，在加工中为减少刀具磨损，应正确选用刀具材料、选用新型耐

磨的刀具材料、合理选用刀具几何参数和切削用量、正确地刃磨刀具、正确采用冷却润滑液等。必要时还可采用补偿装置对刀具尺寸磨损进行自动补偿。

3. 夹具的几何误差与工件的装夹误差

夹具的作用是使工件相对于刀具和机床占有正确的位置，夹具的几何误差对工件的加工精度特别是位置精度，影响很大。如图 10-6 所示，影响工件加工孔的中心轴线 a 与底面 B 间的尺寸 L 和平行度的因素有：钻套轴心线 f 与夹具定位元件支承平面 c 间的距离和平行度误差；夹具定位元件支承平面 c 与夹具体底面 d 的垂直度误差；钻套孔的直径误差等。在设计夹具时，对影响工件加工精度的有关因素必须给出严格的技术要求。精加工用夹具一般可取工件上相应尺寸或位置公差的 1/2～1/3，粗加工用夹具则可取为工件上相应尺寸或位置公差的 1/5～1/10。

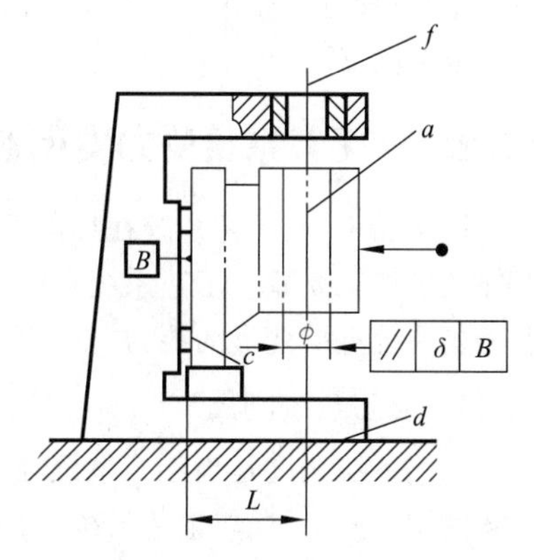

图 10-6　夹具的几何误差

夹具磨损将使夹具误差增大。为了保证工件的加工精度，除了要严格保证夹具的制造精度外，还必须注意提高定位和导向元件的耐磨性。

工件的装夹误差包括定位误差和夹紧误差，这部分是机床夹具设计的内容。

4. 调整误差

在机械加工过程中，为了保证加工精度，需要对机床、夹具和刀具进行调整，例如，调整夹具在机床上的位置，调整刀具相对于工件的位置等。由于调整不准确产生的误差，称为调整误差。工艺系统的调整有试切法调整和调整法调整两类基本方式，产生调整误差的原因各不相同，分述如下：

（1）试切法中的调整误差。单件小批量生产中，通常采用试切法调整。试切中往往需要多次微量调整刀具的位置，由于机床进给系统中存在间隙，刀具调整的实际位移与刻度盘所显示的数值不一致，从而产生误差。此外，试切的最后一刀背吃刀量如需作微量吃刀，受切削刃刃口钝圆半径的限制，往往达不到预期要求，也会产生调整误差。

（2）调整法中的调整误差。成批生产和大量生产采用调整法调整。用定程机构调整时，调整精度取决于行程挡块、靠模及凸轮等机构的精度和刚度，以及与之配合使用的离合器、控制阀等的灵敏度。用样件或样板调整时，调整精度主要取决于样件或样板的制造、安装和对刀精度。刀具相对于样件（或样板）的位置初步调整好之后，一般要先试切几个工件，并以其平均尺寸判断调整是否准确。由于试切加工的工件数（称为抽样件数）不可能太多，不能完全反映整批工件加工中各种随机误差的作用，由此也会产生调整误差。

5. 测量误差

测量误差是工件的测量尺寸与实际尺寸的差值。加工一般精度的零件时，测量误差可占工序尺寸公差的 1/5～1/10；加工精密零件时，测量误差可占工序尺寸公差的 1/3 左右。

产生测量误差的原因主要有：量具量仪本身的制造误差及磨损，测量过程中环境温度的影响，测量者的读数误差，测量者施力不当引起量具量仪的变形等。

6. 原理误差

原理误差是指由于采用了近似的加工方法、近似的成形运动或近似的切削刃轮廓等原因而产生的加工误差。例如，用模数铣刀铣齿，理论上要求加工不同模数、齿数的齿轮，应该用相应模数、齿数的铣刀。但在生产中，为了减少模数铣刀的数量，每种模数只设计制造有限几把（如 8 把、15

把、26把)模数铣刀,用以加工同一模数不同齿数的齿轮。当被加工齿轮的齿数与所选模数铣刀切削刃所对应的齿数不同时,就会产生齿形误差,即原理误差。

机械加工中,采用近似的成形运动或近似的切削刃形状进行加工,虽然会由此产生一定的原理误差,但却可以简化机床结构和减少刀具种类和数量。只要能够将加工误差控制在允许的制造公差范围内,就可采用近似加工方法。

10.2.2 工艺系统受力变形对加工精度的影响

机械加工中,工艺系统在切削力、夹紧力、传动力、惯性力和重力等作用下,将出现相应变形,使工件产生加工误差。工艺系统在外力作用下产生变形的大小,不仅取决于作用力的大小,还取决于工艺系统抵抗变形的能力。

1. 工艺系统刚度

工艺系统刚度是指工艺系统在外力作用下抵抗变形的能力。定义垂直作用于工件加工表面的径向切削分力 F_y 与工艺系统在该方向上的变形 y 的比值,称为工艺系统刚度 $k_{系}$(N/mm),即

$$k_{系}=\frac{F_y}{y} \tag{10-5}$$

式中,$y=y_{F_y}+y_{F_c}+y_{F_x}$,其中 y_{F_y}、y_{F_c}、y_{F_x} 为分别在 F_y、F_c、F_x 切削分力作用下工艺系统在 y 方向产生的变形量。

F_y 为背向力 F_p 和进给力 F_f 在平行于基面并垂直于机床主轴中心线方向上投影之和;F_x 为 F_p 和 F_f 在机床主轴中心线方向上投影之和。y_{F_c} 与 y_{F_x} 有可能与 y_{F_y} 同向,也有可能反向,所以就有可能出现 $y>0$、$y=0$ 和 $y<0$ 三种情况,与此相对应,工艺系统刚度 $k_{系}$ 有可能出现 $k_{系}>0$、$k_{系}\to\infty$,$k_{系}<0$ 三种情况。

从物理概念分析工艺系统刚度 $k_{系}$ 不可能出现负数或趋于无穷大的情况,这是由于工艺系统刚度的定义造成的。如果将工艺系统刚度 $k_{系}$ 定义为 F_y/y_{F_y} 则将不会出现 $k_{系}<0$ 或 $k_{系}\to\infty$ 的情况。由于单独测量 y_{F_y}、y_{F_c}、y_{F_x} 非常困难,而总变形 $y_{系}$ 易于测量,故此从简单实用考虑,工艺系统刚度以式(10-5)定义。但在应用中所给定的工艺系统刚度的定义分析工艺问题时,必须了解该定义不严格的一面,并对由此可能产生的一些异常情况有一个正确的认识。图 10-7 给出了一个按工艺系统刚度定义计算可能会出现负刚度情况的实例。刀架在 F_c 作用下引起 y 方向的变形为 y_{F_c},而在 F_y 力作用力引起的 y 方向的变形为 y_{F_y},二者方向相反,如果 $|y_{F_c}|>|y_{F_y}|$,就将出现 $y<0$ 的负刚度情况,此时车刀刀尖将扎入工件。

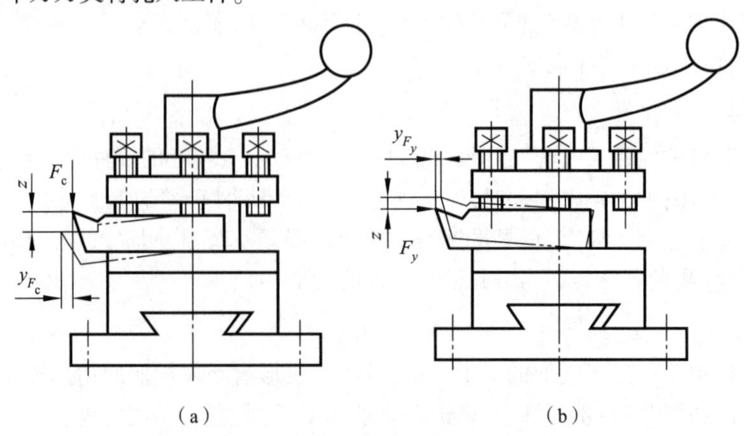

图 10-7 负刚度现象

工艺系统在某一位置的总变形量 $y_{系}$ 应为工艺系统各组成环节在此位置变形量的代数和。即

$$y_{系}=y_{机床}+y_{刀具}+y_{夹具}+y_{工件} \tag{10-6}$$

根据刚度定义知 $k_{机床}=F_y/y_{机床}$，$k_{刀具}=F_y/y_{刀具}$，$k_{夹具}=F_y/y_{夹具}$，$k_{工件}=F_y/y_{工件}$，代入式(10-6)得

$$\frac{1}{k_{系}}=\frac{1}{k_{机床}}+\frac{1}{k_{刀具}}+\frac{1}{k_{夹具}}+\frac{1}{k_{工件}} \tag{10-7}$$

由式(10-7)可知，工艺系统刚度的倒数等于系统各组成环节刚度的倒数之和。若已知各组成环节的刚度，即可求得工艺系统刚度。工艺系统刚度主要取决于薄弱环节的刚度。

2. 机床刚度

机床由许多零、部件组成，结构较为复杂，其受力与变形关系迄今尚无合适的简易计算方法，目前主要还是用实验方法进行测定。图 10-8 给出了采用静测定法测定机床刚度的示意图，在卧式车床上，刚性心轴 1 装在前后顶尖上，螺旋加力器 5 装在刀架上，测力环 4 放在加力器 5 与心轴 1 之间。若加力器 5 位于心轴的中点，转动加力螺钉时，从测力环的指示表中即可显示出刀架与心轴之间产生作用力 F_y 的大小。该力一方面作用到刀架上，另一方面经过心轴和顶尖分别传到主轴箱和尾座上，各承受 $F_y/2$ 力的作用。主轴箱、尾座和刀架的变形 $y_{主轴}$、$y_{尾座}$、$y_{刀架}$ 可分别由千分表 2、3、7 读出，由此可求得各部件刚度 $k_{主轴}=F_y/2y_{主轴}$、$k_{尾座}=F_y/2y_{尾座}$ 及 $k_{刀架}=F_y/y_{刀架}$。

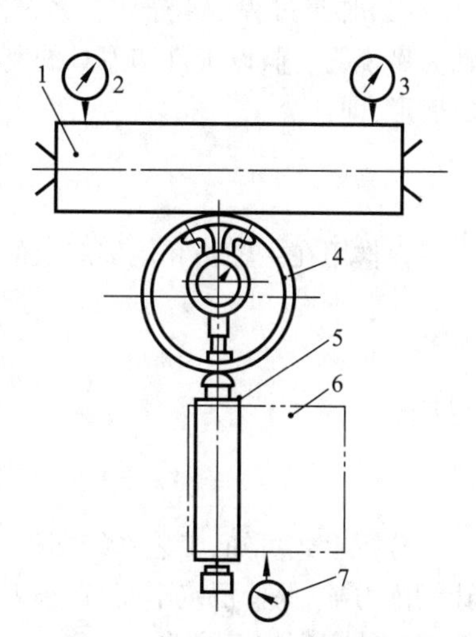

图 10-8　车床部件静刚度的测定

1—轴；2、3、7—千分表；
4—测力环；5—加力器；
6—刀具

测得了机床部件刚度 $k_{主轴}$、$k_{尾座}$、$k_{刀架}$ 之后，就可通过计算求得机床刚度。当刀架处于图 10-8 所示位置时，工艺系统的变形量

$$y_{系}=y_{刀架}+\frac{1}{2}(y_{主轴}+y_{尾座}) \tag{10-8}$$

由刚度定义可将式(10-8)写为

$$\frac{F_y}{k_{系}}=\frac{F_y}{k_{刀架}}+\frac{1}{2}\left[\frac{F_y}{2k_{主轴}}+\frac{F_y}{2k_{尾座}}\right] \tag{10-9}$$

因 $k_{工件}$、$k_{夹具}$、$y_{刀具}$ 相对较大，由式(10-5)知 $k_{系}\approx k_{机床}$，代入上式即可求得刀架处于图 10-8 所示位置的机床刚度

$$\frac{1}{k_{机床}}\approx\frac{1}{k_{刀架}}+\frac{1}{4k_{主轴}}+\frac{1}{4k_{尾座}} \tag{10-10}$$

分析式(10-10)可知，机床刚度取决于其组成部件的刚度，并主要取决于薄弱环节的刚度，提高机床刚度要从提高弱刚度部件的刚度入手。

3. 影响机床部件刚度的因素

(1)连接表面间的接触变形。零件表面存在宏观和微观的几何形状误差，结合表面的实际接触面积只是名义接触面的一小部分，真正处于接触状态的，只是一些凸峰。当外力作用时，这些接触点处将产生较大的接触应力，并产生接触变形，其中有表面层的弹性变形，也有局部塑性变形。

(2)薄弱零件本身的变形。在机床部件中，薄弱零件受力变形对部件刚度的影响很大。例如，溜板部件中的楔铁，由于其结构细长，加工时又难以做到平直，以至装配后与导轨配合不好，容易产生变形。

(3)零件表面间摩擦力的影响。机床部件受力变形时，零件间连接表面会发生错动，加载时摩

擦力阻碍变形的发生,卸载时摩擦力阻碍变形的恢复,故表面间摩擦力是造成加载和卸载刚度曲线不重合的重要原因之一。

(4)结合面的间隙。零件间如果有间隙,那么只要受到较小的力(克服摩擦力)就会使零件相互错动。如果载荷是单向的那么在第一次加载消除间隙后对加工精度的影响较小;如果工作载荷不断改变方向(如镗床、铣床的切削力),那么间隙的影响就不容忽视。而且,因间隙引起的位移,在去除载荷后不会恢复。

4. 工艺系统刚度对加工精度的影响

(1)加工过程中由于工艺系统刚度发生变化引起的误差。以图 10-9 所示在前后顶尖上车光轴为例说明。假设工件和刀具的刚度很大,其变形可忽略不计,工艺系统的变形主要取决于机床的变形,即

$$y_{系} = y_{刀架} + y_x = y_{主轴} + [y_{尾座} - y_{主轴}]\frac{x}{l} \tag{10-11}$$

设作用在主轴箱和尾架座上的径向力分别为 $F_{主轴}$、$F_{尾座}$,不难求得

$$F_{主轴} = F_y\frac{l-x}{l},\ F_{尾座} = F_y\frac{x}{l}$$

则有

$$y_{系} = y_{刀架} + y_x = F_y\left[\frac{1}{k_{刀架}} + \frac{1}{k_{主轴}}\left(\frac{l-x}{l}\right)^2 + \frac{1}{k_{尾座}}\left(\frac{x}{l}\right)^2\right] \tag{10-12}$$

分析上式可知,工艺系统变形 $y_{系}$ 随刀架位置 x 变化而变化。在图 10-9 所示车削条件下,即使让切削力 F_y 保持恒定不变,在车刀自右向左进行车削过程中工艺系统变形 $y_{系}$ 也是处处不同的,这会使工件产生加工误差。

令 $y_{系}$ 对 x 的一阶导数等于零,可求得工艺系统最大变形 $y_{系\max}$ 和最小变形 $y_{系\min}$ 为

$$\begin{cases} y_{系\max} = \dfrac{F_y}{k_{刀架}} + \dfrac{F_y}{k_{尾座}} \\ y_{系\min} = \dfrac{F_y}{k_{刀架}} + \dfrac{F_y}{k_{主轴} + k_{尾座}} \end{cases} \tag{10-13}$$

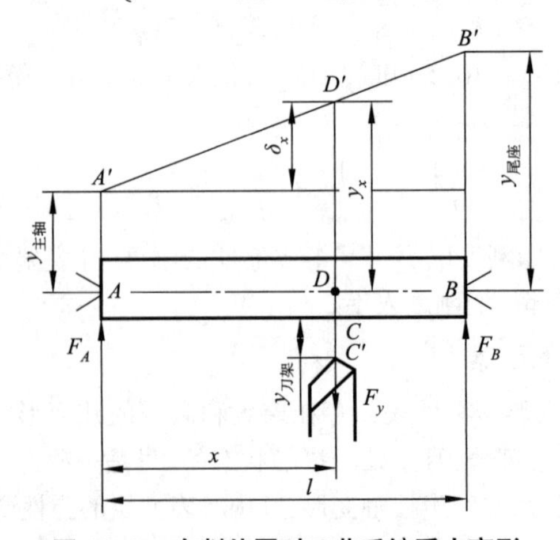

图 10-9 车削外圆时工艺系统受力变形

在图 10-9 所示车削条件下,在车刀自右向左进给进行车削过程中,由于工艺系统刚度变化产生的加工误差

$$\Delta_y = y_{系\max} - y_{系\min} = \frac{F_y}{k_{尾座}} - \frac{F_y}{k_{主轴} + k_{尾座}} \tag{10-14}$$

【例 10-1】 已知车床的 $k_{主轴}=300\ 000\ \text{N/mm}$，$k_{尾座}=56\ 600\ \text{N/mm}$，$k_{刀架}=30\ 000\ \text{N/mm}$，径向切削分力 $F_y=400\ \text{N}$，设工件刚度、刀具刚度、夹具刚度相对较大，试计算加工一长为 l 的光轴由于工艺系统刚度发生变化引起的圆柱度误差。

解：由式(10-13)可求得

$$y_{系\max} = F_y\left(\frac{1}{k_{刀架}} + \frac{1}{k_{主轴}}\right) = 400 \times \left(\frac{1}{30\ 000} + \frac{1}{56\ 600}\right) = 0.020\ 4(\text{mm})$$

$$y_{系\min} = \frac{F_y}{k_{刀架}} + \frac{F_y}{k_{主轴} + k_{尾座}} = 400 \times \left(\frac{1}{30\ 000} + \frac{1}{300\ 000 + 56\ 600}\right) = 0.014\ 4(\text{mm})$$

从而工艺系统刚度变化引起的工件圆柱度误差为

$$\Delta_y = y_{系\max} - y_{系\min} = (0.020\ 4 - 0.014\ 4) = 0.006(\text{mm})$$

再者，根据工艺系统刚度的定义，式(10-12)可改写为

$$k_{系} = \frac{F_y}{y_{系}} = \frac{1}{\dfrac{1}{k_{刀架}} + \dfrac{1}{k_{主轴}}\left(\dfrac{l-x}{l}\right)^2 + \dfrac{1}{k_{尾座}}\left(\dfrac{x}{l}\right)^2} \tag{10-15}$$

分析上式可知，工艺系统的刚度 $k_{系}$ 在不同加工位置上是各不相同的；工艺系统刚度在工件全长上的差别越大，则工件在轴截面内的几何形状误差也越大；可以证明，当主轴箱刚度与尾座刚度相等时，工艺系统刚度在工件全长上的差别最小，工件在轴截面内几何形状误差最小。

需要说明的是，上述公式是在假设工件刚度很大的情况下得到的，若不能忽略工件刚度的影响时，式(10-15)应改写为

$$k_{系} = \frac{F_y}{y_{系}} = \frac{1}{\dfrac{1}{k_{刀架}} + \dfrac{1}{k_{主轴}}\left(\dfrac{l-x}{l}\right)^2 + \dfrac{1}{k_{尾座}}\left(\dfrac{x}{l}\right)^2 + \dfrac{(l-x)^2x^2}{3EIl}} \tag{10-16}$$

式中，E 为工件材料的弹性模量(N/mm^2)；I 为工件截面的惯性矩(mm^4)。

(2)由于切削力变化引起的加工误差。加工过程中，由于毛坯加工余量和工件材质不均等因素，会引起切削力变化，使工艺系统受力变形不一致，从而产生加工误差。

如图 10-10 所示，车削带有椭圆形状误差的毛坯件外圆柱面 A，让刀具预先调整到虚线位置，椭圆长轴方向和短轴方向的背吃刀量分别为 a_{p1} 和 a_{p2}。

由于 $a_{p1}>a_{p2}$，从而刀具在长轴方向时的切削力大，工艺系统变形也大。若 a_{p1} 和 a_{p2} 产生的变形分别为 y_1 和 y_2，则 $y_1>y_2$，从而已加工件表面 B 仍是椭圆，只是更接近于圆，椭圆形状误差由 $\Delta_{待加工面}=a_{p1}-a_{p2}$，减小到 $\Delta_{已加工面}=y_1-y_2$。

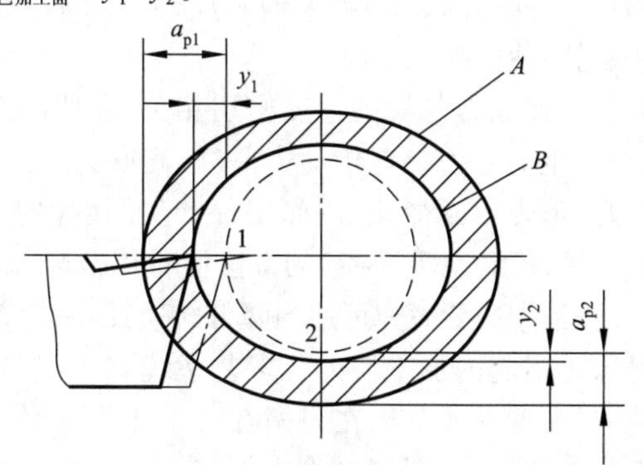

图 10-10　毛坯形状误差的复映

由于工艺系统刚度不足而使待加工表面原有误差被遗留到已加工表面的现象，称为误差复映。$\Delta_{加工面}$与$\Delta_{待加工面}$的比值ε称为误差复映系数，代表误差复映的程度。通常$\varepsilon<1$。

$$\varepsilon=\frac{\Delta_{加工面}}{\Delta_{待加工面}}=\frac{y_1-y_2}{a_{p1}-a_{p2}}=\frac{F_{y1}-F_{y2}}{k_{系}(a_{p1}-a_{p2})} \tag{10-17}$$

式中，F_y为径向切削力，$F_y=C_{F_y}a_P^{x_{F_y}}f^{y_{F_y}}v_c^{n_{F_y}}K_{F_y}$。

在一次走刀中，工件材料及切削条件基本不变，根据切削力经验公式，式(10-17)可化简得

$$\varepsilon=\frac{C(a_{p1}-a_{p2})}{k_{系}(a_{p1}-a_{p2})}=\frac{C}{k_{系}} \tag{10-18}$$

式中，$C=C_{F_y}f^{y_{F_y}}v_c^{n_{F_y}}K_{F_y}$为常数。

从而可知，ε与$k_{系}$成反比，说明工艺系统刚度越大，误差复映系数越小，加工后复映到工件上的误差值就越小。尺寸误差和几何误差都存在复映现象。如果知道某加工工序的复映系数，就可以通过测量待加工表面的误差统计值来估算加工后工件的误差统计值。当工件表面加工精度要求高时，须经多次切削才能达到加工要求，该加工表面总的复映系数

$$\varepsilon_{总}=\varepsilon_1\varepsilon_2\varepsilon_3\cdots\varepsilon_n \tag{10-19}$$

因每个复映系数均小于1，故总的复映系数将是一个很小的数值。

【例10-2】 在车床上用硬质合金刀具半精镗大直径短孔，加工前内孔的圆度误差为0.5 mm，要求加工后圆度误差小于0.01 mm；已知主轴箱刚度$k_{主轴}$=40 000 N/mm，刀架刚度$k_{刀架}$=3 000 N/mm，走刀量f=0.05 mm/r，工件材料硬度为190 HBS。如只考虑机床刚度对加工精度的影响，问此镗孔工序能否达到预定的加工要求？

解：镗大直径短孔时，工件刚度与镗杆刚度均相对较大，工艺系统刚度为

$$k_{系}\approx\frac{1}{1/k_{主轴}+1/k_{刀架}}=\frac{k_{主轴}\times k_{刀架}}{k_{主轴}+k_{刀架}}=\frac{40\ 000\times3\ 000}{43\ 000}=2\ 790(\text{N/mm})$$

由式(10-18)可知，$\varepsilon=\dfrac{C}{k_{系}}=\dfrac{C_{F_p}f^{y_{F_p}}v_c^{n_{F_p}}K_{F_p}}{k_{系}}$

查切削用量手册可得：$C_{F_y}=530$，$y_{F_y}=0.75$，$n_{F_y}=0$；设$K_{F_y}=1$，代入上式得$\varepsilon=\dfrac{530\times0.05^{0.75}}{2\ 790}=0.02$，由此知$\Delta_{加工面}=\Delta_{待加工面}\ \varepsilon=0.5\times0.02=0.01(\text{mm})$。

从而计算结果表明，该镗孔工序能够达到预定的加工要求。

(3)其他作用力引起的误差。

①传动力引起的加工误差。当车床上用双顶尖夹紧、单爪拨盘带动工件时，传动力在拨盘的每一转中不断改变方向，有时与径向切削力相同，有时相反，从而工件产生圆度误差。精密加工时，可改用双爪拨盘或柔性连接装置，使传动力平衡。

②惯性力引起的加工误差。惯性力与切削速度密切相关，在切削速度较高时，如果工艺系统中有不平衡的旋转构件，就会产生离心力。与传动力一样，离心力在工件的每一转中不断改变方向，从而引起工艺系统的受力变形也不断变化，进而工件产生圆度误差。周期变化的惯性力还常常引起工艺系统的强迫振动。可采用“对重平衡”的方法消除其影响，即在不平衡质量的反方向加装重块，使两者的离心力相互抵消。必要时亦可适当降低转速，以减少离心力的影响。

③机床部件和工件本身重力引起的加工误差。工艺系统有关零部件自身的重力所引起的相应变形，也会造成加工误差。如大型立式车床在刀架在自重作用下引起了横梁变形，造成了工件端面的平面度误差和外圆上的锥度。对于大型工件的加工，工件自重引起的变形有时成为产生加

工形状误差的主要原因。在实际生产中,装夹大型工件时,恰当地布置支承可以减小自重引起的变形。

5. 减小工艺系统受力变形的途径

由工艺系统刚度表达式可知,减小工艺系统变形的途径为:提高工艺系统刚度;减小切削力及其变化。

(1)提高工艺系统刚度。提高工艺系统刚度应从提高其各组成部分薄弱环节的刚度入手,这样才能取得事半功倍的效果。提高工艺系统刚度的主要途径是:

①合理设计零部件结构。设计机械制造装备时应切实保证关键零部件的刚度,例如在机床和夹具中应保证支承件(如床身、立柱、横梁、夹具体等)、主轴部件和传动件有足够的刚度。在设计工艺装备时,应尽量减少连接面数目,并注意刚度的匹配,防止有局部低刚度环节出现。在设计基础件、支承件时,应合理选择零件结构和截面形状。一般地说,截面积相等时,空心截形比实心截形的刚度高,封闭的截形又比开口的截形好。在适当部位增添加强肋也有良好的效果。

②提高接触刚度。提高接触刚度是提高工艺系统刚度的关键。减少组成件数,提高接触面的表面质量,均可减少接触变形,提高接触刚度。对于相配合零件,可以通过适当预紧消除间隙,增大实际接触面积。

③采用辅助支承。如图 10-11 所示,加工细长轴时,工件的刚性差,采用中心架或跟刀架有助于提高工艺系统的刚度,保证工件的加工精度。

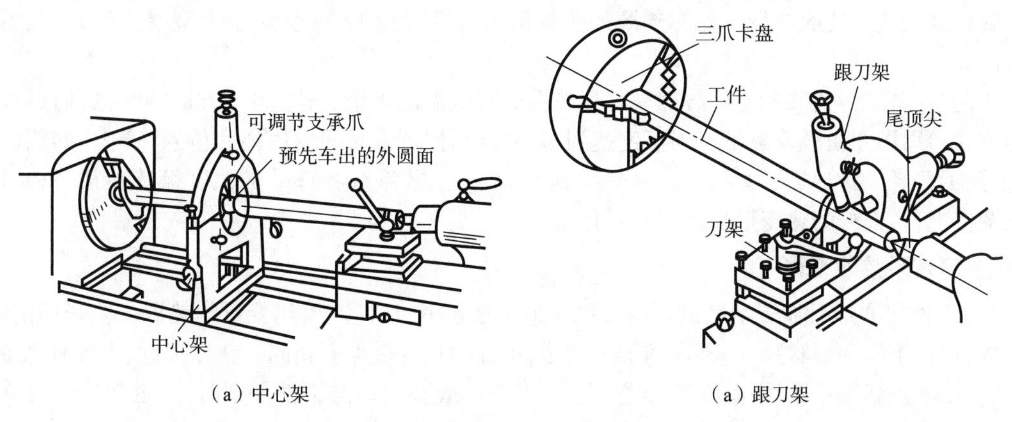

(a)中心架　　(a)跟刀架

图 10-11　中心架与跟刀架的应用

④采用合理的装夹方式和加工方法。提高工件的装夹刚度,应从定位和夹紧两个方面采取措施。例如,在卧式铣床上铣一零件的端面,采用图 10-12(a)所示装夹方式和铣削方式,工艺系统的刚度就低;如果将工件平放,改用端铣刀加工,如图 10-12(b)所示,不但增大了定位基面的面积,还使夹紧点更靠近加工面,可以显著提高工艺系统刚度。

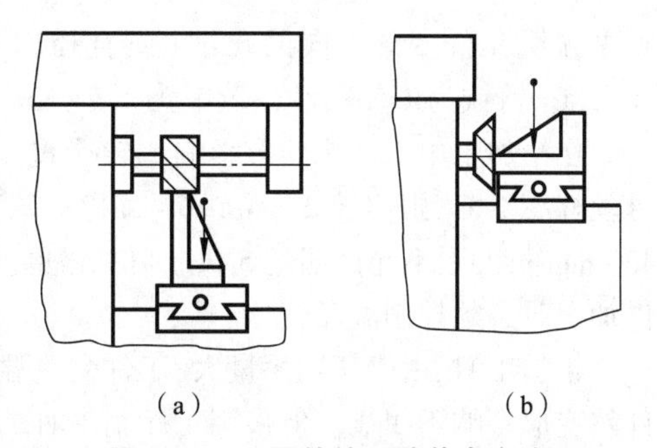

(a)　　(b)

图 10-12　零件的两种装夹方法

(2)减小切削力及其变化。采取适当的工艺措施如合理选择刀具几何参数(如增大前角、让主偏角接近 90°等)和切削用量(如适当减少进给量和背吃刀量)以减小切削力(特别是背向力 F_p),就可以减小受力变形。将毛坯分组,使一次调整中加工的毛坯余量比较均匀,就能减小切削力的变化,从而减小复映误差。

10.2.3 工艺系统受热变形对加工精度的影响

工艺系统在切削热、摩擦热和能量损耗热、外部热源等热作用下产生的局部变形,会破坏刀具与工件的正确位置关系,使工件产生加工误差。热变形对加工精度影响较大,特别是在精密加工和大件加工中,热变形所引起的加工误差通常会占到工件加工总误差的 40%～70%。随着高精度、高效率及自动化加工技术的发展,工艺系统热变形问题变得日益突出。

1. 工艺系统的热源

引起工艺系统热变形的热源可分为内部热源和外部热源两大类。内部热源主要是切削热和摩擦热,外部热源主要是环境热源和热辐射。

(1)切削热。切削加工过程中,消耗于切削层弹性、塑性变形及刀具与工件、切屑间摩擦的能量,绝大部分转化为切削热。切削热将传入工件、刀具、切屑和周围介质,是工艺系统中工件和刀具热变形的主要热源。

(2)摩擦热。工艺系统中的摩擦热,主要是机床和液压系统中运动部件产生的,如电动机、轴承、齿轮、丝杠副、导轨副、离合器、液压泵、阀等。尽管摩擦热比切削热少,但摩擦热在工艺系统中是局部发热,会引起局部温升和变形,破坏了系统原有的几何精度,对加工精度也会带来严重影响。摩擦热是机床热变形的主要热源。

(3)外部热源。主要是指周围环境温度通过空气的对流以及日光、照明灯具、加热器等热源通过辐射传到工艺系统的热量。外部热源的热辐射及环境温度的变化,对于大型、精密加工是不可忽视的。

工艺系统在工作状态下,一方面受各种热源的影响温度逐渐升高,另一方面,同时也通过各种传热方式向周围介质散发热量。当温度达到某一数值时,单位时间内散出和传入(产生)的热量趋于相等,工艺系统达到热平衡状态。在热平衡状态下,工艺系统各部分的温度保持在某一相对固定的数值上,各部分的热变形将趋于相对稳定。

2. 工艺系统热变形

(1)工件热变形对加工精度的影响。机械加工过程中,工件产生热变形的热源主要是切削热。不同的材料、不同的形状尺寸、不同的加工方法,工件的热变形也不相同。在加工铜、铝等有色金属零件时,由于热膨胀系数大,其热变形尤为显著。车削或磨削轴类工件外圆时,可近似看成是均匀受热的情况。工件均匀受热影响工件的尺寸精度,其变形量可按下式估算

$$\Delta L = aL\Delta\theta \tag{10-20}$$

式中,L 为工件变形方向的长度(或直径)(mm);α 为工件的热膨胀系数(1/℃),如钢为 1.17×10^{-5}/℃、铸铁为 1×10^{-5}/℃、黄铜为 1.7×10^{-5}/℃;$\Delta\theta$ 为工件的平均温升(℃)。

在精加工中工件热变形影响比较严重。例如磨削长 400 mm 的丝杠螺纹时,若其温度比机床母丝杠高 1 ℃,则伸长 $\Delta L = aL\Delta\theta = 1.17\times10^{-5}\times400\times1 = 0.0047$ mm。而 5 级丝杆的螺距累积误差在 400 mm 长度上不允许超过 5 μm,可见被磨丝杠温度升高 1 ℃,误差就接近允许值了,故此精密零件加工时必须控制温度变化。

粗加工时,由于切削用量大,工件受热温升较大。若采用工序分散,工件在工序间可以冷却,工件热变形影响不明显。但采用工序集中时,工件热变形影响较大。例如,一台组合机床,有装卸工件、钻孔、扩孔和铰孔四个工位。在 ϕ40 mm×40 mm 的铸铁工件上加工 ϕ20H7 的中心通孔。钻孔时温升可达 100 ℃,铸铁的膨胀系数为 $\alpha_1 \approx 1.05\times10^{-5}\ \mathrm{K}^{-1}$,则工件钻孔后直径变形量 $\Delta D = \alpha_1 D\Delta t = 1.05\times10^{-5}\times20\times100 = 0.021$ mm。钻孔后紧接着扩孔铰孔,卸下工件并完全冷却后,孔径收缩量已与 ϕ20 mm 的 IT7 级标准公差值相等了,加工精度难以保证。此时,必须控制工件温升,可以使用冷

却性能好的切削液。

对于大型精密板类零件，在铣、刨、磨加工时，工件受热不均匀。如磨削薄壁类零件的平面，工件单面受到切削热的作用，上下表面间的温差将导致工件向上拱起，加工时中间凸起部分被磨削去除，冷却后工件变成下凹，导致平面度误差过大。加工中可以利用切削液进行冷却；也可以使工件装夹时产生微凹的夹紧变形，进行误差补偿。

(2) 刀具热变形对加工精度的影响。刀具产生热变形的热源主要是切削热，虽然传入刀具的切削热比例较少(车削时约 5%)，但由于刀具体积小，热容量小，所以刀具切削部分的温升仍较高。例如，车削时，高速钢刀具刀刃部位温度可达 700~800 ℃，刀具的热伸长量可达 0.03~0.05 mm；硬质合金刀具刀刃部位温度可达 1 000 ℃。

图 10-13 所示为车刀的热变形曲线。刀具热变形量在切削初期增加很快，随着车刀温度的增高，散热量逐渐加大，车刀热伸长逐渐变慢，当车刀达到热平衡时车刀不再伸长。切削停止后，车刀温度立即下降，开始时冷却较快，以后逐渐变慢。实际加工中，刀具往往作间断切削，有短暂的冷却时间，热变形量相对较小。

粗加工时，刀具热变形的影响一般可忽略不计。精加工时，对于加工要求较高的零件，刀具热变形的影响较大，若控制不当，将使加工表面产生尺寸误差或形状误差。

(3) 机床热变形对加工精度的影响。机床产生热变形的热源主要是摩擦热、传动热、切削热和外界环境热源传入的热量。

一般机床的体积较大，热容量大，虽温升不高，但变形量不容忽视。且由于机床结构较复杂，加之达到热平衡的时间较长，使其各部分的受热变形不均，从而会破坏原有的相互位置精度，造成工件的加工误差。由于机床结构形式和工作条件不同，引起机床热变形的热源和变形形式也不相同。

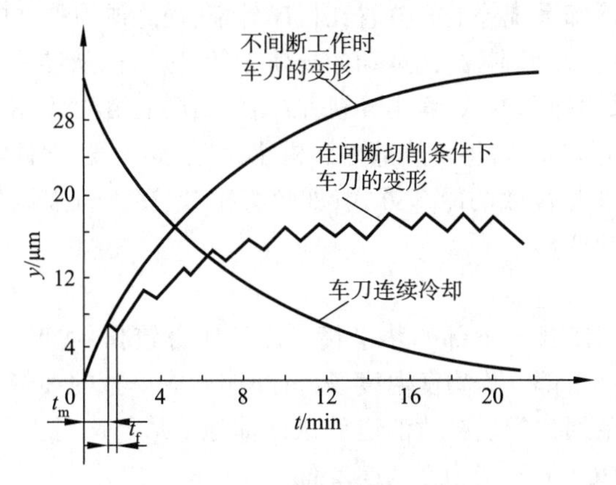

图 10-13 车刀的热变形曲线

对于车、铣、钻、镗类机床，主轴箱中的齿轮、轴承摩擦发热和润滑油发热是其主要热源，使主轴箱及与之相连部分(如床身或立柱)的温度升高而产生较大变形。例如，车床主轴发热使主轴箱在垂直面内和水平面内发生偏移和倾斜，如图 10-14 所示。在垂直平面内，主轴箱的温升将使主轴升高；又因主轴前轴承的发热量大于后轴承发热量，主轴前端将比后端高。图 10-14(b)所示为车床主轴温升、位移随运转时间变化而变化的情况，由图可见主轴在水平方向的位移 Δx 约为 10 μm，而垂直方向的位移 Δy 可达 150~200 μm。虽然 Δy 较大，但在非误差敏感方向上，对加工精度影响较小，而 Δx 由于是在误差敏感方向上，因而对加工精度影响较大。

龙门铣床、龙门刨床、导轨磨床等大型机床的床身较长，如导轨面与底面间有温差，就会产生较大的弯曲变形，从而影响加工精度。磨床通常都有液压传动系统和高速回转磨头，并且使用大量的切削液，这些都是热源，将导致机床产生热变形。

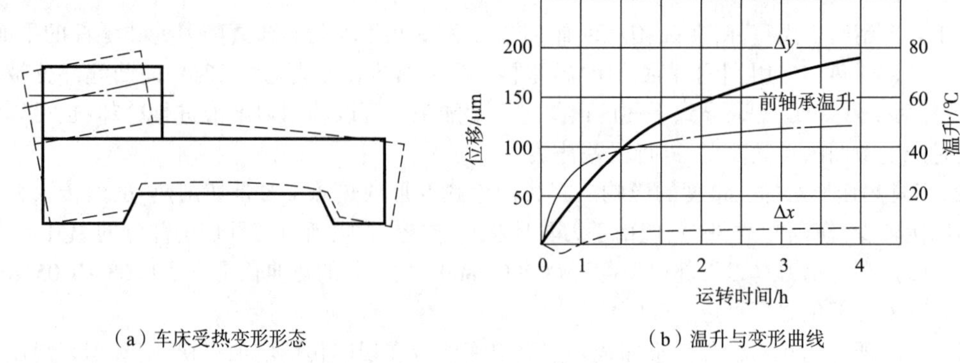

（a）车床受热变形形态　（b）温升与变形曲线

图 10-14　车床受热变形

3. 减小工艺系统热变形的途径

1）减少发热和隔离热源

（1）减少切削热或磨削热。在精加工中，为了减少切削热和降低切削区域温度，应合理选择切削用量和刀具几何参数，并给予充分冷却和润滑。如果粗、精加工在一个工序内完成，粗加工的热变形将影响精加工精度。一般可以在粗加工后停机一段时间使工艺系统冷却，同时还应将工件松开，待精加工时再夹紧。这样就可减少粗加工热变形对精加工精度的影响。当零件精度要求较高时，则粗、精加工分开为宜。

（2）隔离热源。为了减少工艺系统中机床的发热，凡是有可能从主机中分离出去的热源，如电动机、变速箱、液压系统、冷却系统等最好放置在机床外部，使之成为独立单元。对于不能和主机分离的热源，如主轴轴承、丝杠螺母副、高速运动的导轨副等，则可以从结构、润滑等方面改善其摩擦特性，减少发热。例如，采用静压轴承、静压导轨，改用低黏度润滑油、锂基润滑脂，或使用循环冷却润滑、油雾润滑等；也可用隔热材料将发热部件和机床大件（如床身、立柱等）隔离开来。

（3）加强散热能力。采用高效的冷却方式，如喷雾冷却、冷冻机强制冷却等，加速系统热量的散出，有效地控制系统的热变形。

2）均衡温度场

图 10-15 所示为磨床床身上下部的热平衡。由于床身较长，加工时工作台纵向运动速度较高，所以床身上部温升高于下部。为均衡温度场，将油池做成单独的油箱；在床身下部配置热补偿油道，使一部分带有余热的回油经热补偿油道后送回油池。从而床身上下部温差降至 1～2 ℃，导轨的中凸量由原来的 0.026 5 mm 降为 0.005 2 mm。

图 10-16 所示为立式平面磨床立柱前后壁的热平衡。加工时，主电动机发热导致立柱前壁温升较快，导致立柱向后倾斜。为此，将主电动机风扇排出的热空气，用软管引向立柱后壁空间，利用热空气加热立柱后壁，以均衡立柱前后壁的温升，减小立柱倾斜变形。从而磨削平面时平面度误差可降到未采取措施前的 1/4～1/3。

3）采用合理的机床结构

（1）采用热对称结构。在变速箱中，将轴、轴承、传动齿轮等对称布置，可使箱壁温升均匀，箱体变形减小。机床大件的结构和布局对机床的热态特性有很大影响。以加工中心机床为例，在热源影响下，单立柱结构会产生较大的扭曲变形，而双立柱结构由于左右对称，仅产生垂直方向的热位移，很容易通过调整的方法予以补偿。

（2）合理选择机床零部件的装配基准。图 10-17 所示为外圆磨床横向进给传动示意图，图 10-17（b）中控制砂轮架横向位置的丝杠长度比图 10-17（a）短，因热变形造成丝杠的螺距累积误差要小，所以砂轮的定位精度较高。

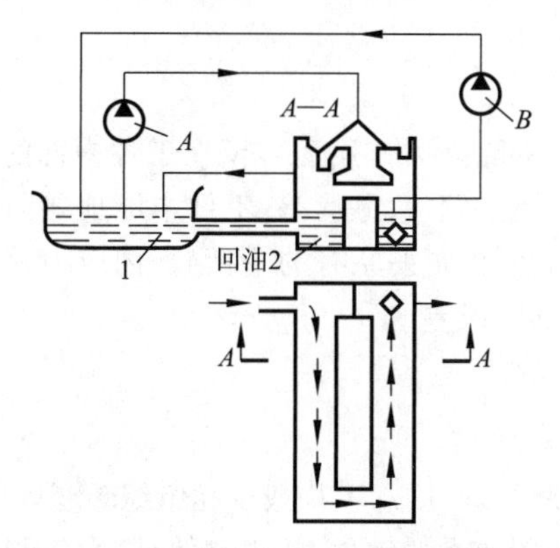

图 10-15　磨床床身上下部的热平衡

A、B—油泵；1—油箱；2—热补偿油沟

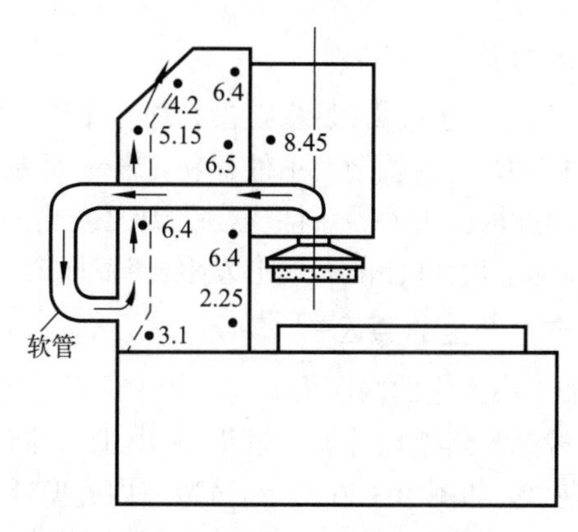

图 10-16　磨床立柱前后壁的热平衡

图 10-18 所示为车床主轴箱在床身上的两种不同定位方式。由于主轴部件是车床主轴箱的主要热源，故在图 10-18(a)中，主轴轴心线相对于装配基准 H 而言，主要在方向 y 产生热位移，对加工精度影响较小。而在图 10-18(b)中，方向 x 的受热变形直接影响刀具与工件的法向相对位置，故造成加工误差较大。

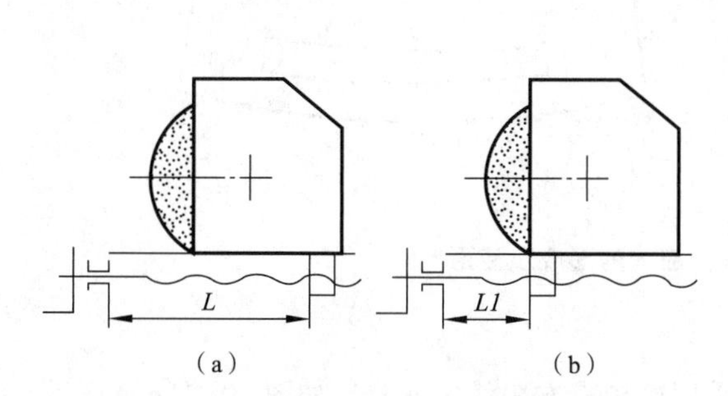

图 10-17　支承距对砂轮架热变形的影响

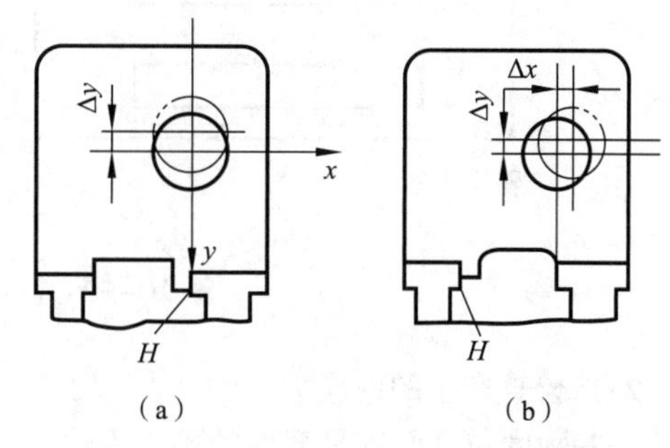

图 10-18　定位面位置对热变形的影响

(3)采用可补偿的结构合理地选择热变形部分材料、长度和方向，从而抵消部分热变形。如为了解决双端面磨床主轴热伸长超差(0.08 mm)问题，除改善主轴轴承润滑条件外，在前轴承和壳体之间增设了一个过渡套筒 3，如图 10-19 所示，这个套筒与壳体 2 仅在前端接触，后端与孔壁不接触。当主轴 1 因轴承发热而向前伸长时，套筒 3 则向后伸长，并使整个主轴也向后移动，自动补偿了主轴的向前伸长量。

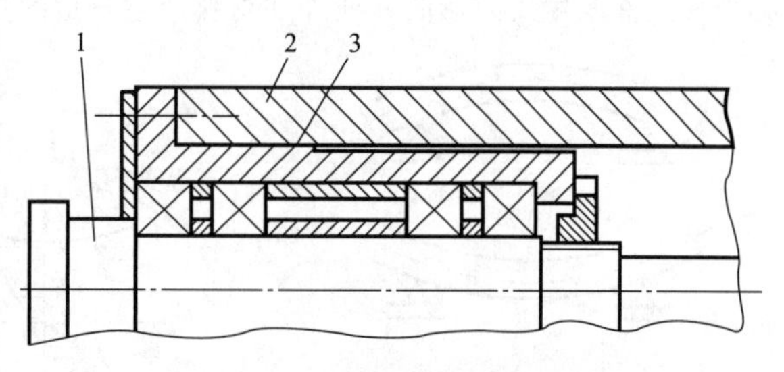

图 10-19　双端面磨床主轴热补偿

1—主轴；2—壳体；3—过渡套筒

4)控制环境温度

精密机床应安装在恒温车间，其恒温精度一般控制在±1 ℃ 以内，精密级机床为±0.5 ℃。恒温室平均温度一般为 20 ℃。

10.2.4 工件内应力对加工质量的影响

1. 内应力及其特点

内应力又称残余应力，是指在没有外力作用下或去除外力作用后残留在工件内部的应力。工件一旦有内应力产生，就会使工件材料处于一种高能位的不稳定状态，工件本能地要向低能位转化，转化的速度取决于外界条件。当受到力或热的作用而失去原有的平衡时，内应力就将重新分布以达到新的平衡，并伴随有变形发生，使工件产生加工误差。

2. 内应力产生的原因

1)热加工中产生的内应力

在铸、锻、焊、热处理等加工过程中，由于工件壁厚不均、冷却不均或金相组织转变等原因，使工件产生内应力。如图 10-20 所示，铸造一内外壁厚相差较大的铸件，铸件浇铸后，由于壁 A 和 C 较薄，冷却速度较中部 B 处快，当壁 A、C 从塑性状态冷却到弹性状态时，B 处仍处于塑性状态，A、C 继续收缩，B 不起阻碍作用，故不会产生内应力。当 B 亦冷却到弹性状态时，B 的收缩将受到 A、C 的阻碍，使 B 产生拉应力，相应地壁 A、C 内就产生与之平衡的压应力。如果在 A 上开一缺口，A 上的压应力消失，平衡状态被破坏，工件将通过变形使内应力重新分布并达到新的平衡状态。

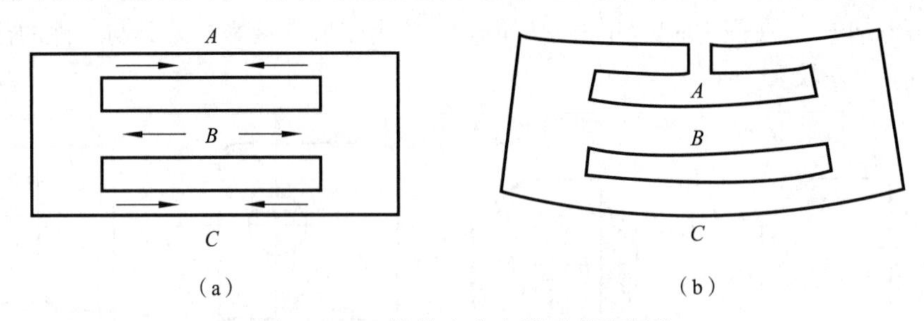

图 10-20　铸件内应力的形成及变形

2)冷校直产生的内应力

一些刚度较差而容易变形的轴类零件，常采用冷校直方法使之变直。如图 10-21(a)所示，在室温状态下，将有弯曲变形的轴放在两个 V 形块上，使凸起部位朝上；然后对凸起部位施加外力 F，必须使工件产生反向弯曲并使外层材料产生一定的塑性变形才能取得校直效果。

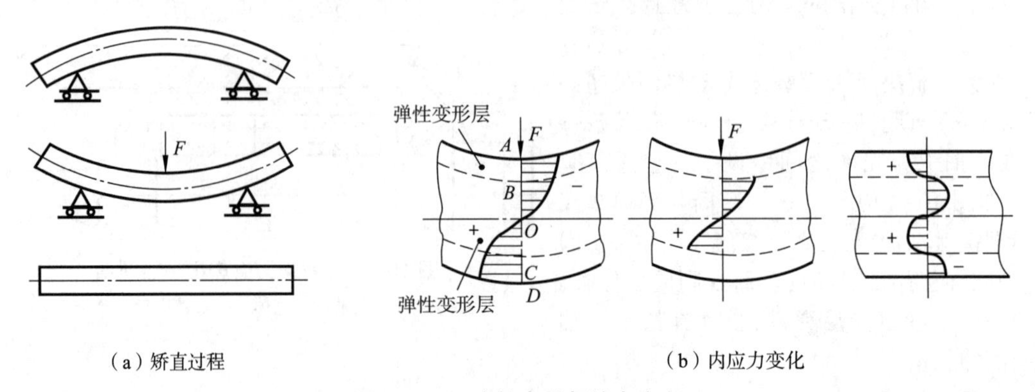

图 10-21　冷校直引起的内应力

图 10-21(b)是其内应力变化，工件外层材料(CD、AB 区)的应力分别超过了各自的拉压屈服极限并有塑性变形产生，塑性变形后，塑性变形层的应力自然就消失了；内层材料(OC、OB 区)的拉

压应力均在弹性极限范围内。卸载后,弹性变形层的材料力求使工件恢复原状,但塑性变形层阻止其恢复原状,于是工件中产生了内应力。综上分析可知,一个外形弯曲但没有内应力的工件,经冷校直后外形是校直了,但在工件内部却产生了附加内应力。应力平衡状态一旦被破坏之后(或由于切掉一层材料或由于其他外界条件变化),工件还会朝原来的弯曲方向变回去。

3. 内应力重新分布引起的变形

如果工件内部存在拉、压平衡的内应力,经过加工后,原有的内应力平衡状态受到破坏,工件就将通过变形重新建立新的应力平衡。

有一机座铸件,其内应力分布如图 10-22(a)所示。在机座的上平面加工去除一层金属后,上层材料的拉应力减少[见图 10-22(b)],内应力处于不平衡状态,将通过变形向新的平衡状态转变,如图 10-22(c)所示。比较工件变形前应力分布图与通过工件变形建立的应力平衡图可知,工件应朝着“使上层材料压应力增加、下层材料压应力减少”的方向变形,如图 10-22(d)双点划线所示。

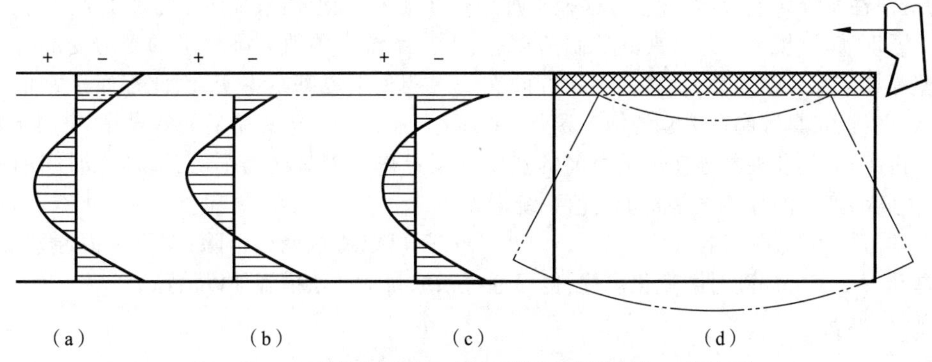

图 10-22　铸件加工由内应力重新分布引起的工件变形

经冷校直过的轴,内部产生了附加内应力,如图 10-23(a)所示。若继续加工,从外圆上去除一层材料,内应力处于图 10-23(b)所示的不平衡状态,将通过变形向图 10-23(c)所示的平衡状态转变,而又产生变形。

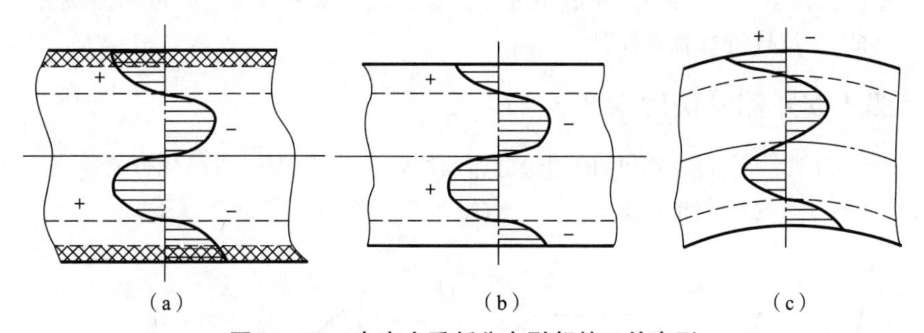

图 10-23　内应力重新分布引起的工件变形

4. 减小或消除内应力变形误差的途径

(1)合理设计零件结构。在设计零件结构时,应尽量做到壁厚均匀、结构对称,以减小内应力的产生。

(2)合理安排工艺过程。工件中如有内应力产生,必然会有变形发生,这就应使内应力重新分布引起的变形,能在进行机械加工之前或在粗加工阶段尽早完成,不让内应力变形发生在精加工阶段或精加工之后。因此,铸件、锻件、焊接件在进入机械加工之前,应安排退火、回火等热处理工序;对箱体、床身等重要零件,在粗加工之后尚需适当安排一次时效工序。此外,工件上一些重要表面的粗、精加工工序要分阶段安排,使工件在粗加工之后有更多的时间进行内应力重新分布,待工件充分变形之后再进行精加工,以减小其对加工精度的影响。

10.3 加工误差的统计与分析

10.3.1 加工误差的性质

按照误差的表现形式,加工误差可分为系统误差和随机误差。

1. 系统误差

系统误差可分为常值性系统误差和变值性系统误差两种。在顺序加工一批工件时,大小和方向都不变的加工误差,称为常值性系统误差;在顺序加工一批工件时,按一定规律变化的加工误差,称为变值性系统误差;常值性系统误差与加工顺序无关,变值性系统误差与加工顺序有关。

加工原理误差,机床、刀具、夹具的制造误差,工艺系统在均值切削力下的受力变形等引起的加工误差等均与加工时间无关,其大小和方向在一次调整中也基本不变,因此都属于常值系统误差。机床、夹具、量具等磨损引起的加工误差,在一次调整的加工中无明显的差异,故也属于常值系统误差。机床、刀具和夹具等在热平衡前的热变形误差以及刀具的磨损等,随加工时间而有规律的变化,由此而产生的加工误差属于变值系统误差。

对于常值性系统误差,若能掌握其大小和方向,就可以通过调整消除;对于变值性系统误差,若能掌握其大小和方向随时间变化规律,也可通过采取自动补偿措施加以消除。

2. 随机误差

在顺序加工一批工件时,大小和方向都是随机变化的加工误差,称为随机误差。这是工艺系统中随机因素所引起的加工误差,是由许多相互独立的工艺因素微量的随机变化和综合作用的结果。如毛坯的余量大小不一致或硬度不均匀,将引起切削力的变化,在变化切削力作用下由于工艺系统的受力变形而导致的加工误差就带有随机性,属于随机误差。此外,定位误差、夹紧误差、多次调整的误差、残余应力引起的工件变形误差等都属于随机误差。生产中可以通过分析随机误差的统计规律,对工艺过程进行有效控制。

10.3.2 加工误差的分布规律

研究加工误差时,常用数理统计中的理论分布曲线代替实验曲线,以简化分析过程。如图 10-24 所示,加工误差的分布规律主要有正态分布、平顶分布、双峰分布和偏态分布。

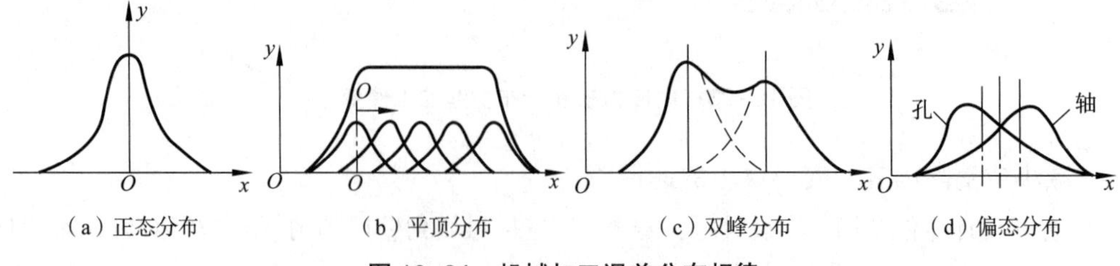

(a)正态分布　(b)平顶分布　(c)双峰分布　(d)偏态分布

图 10-24　机械加工误差分布规律

(1)正态分布。在机械加工中,若同时满足以下三个条件,工件的加工误差就服从正态分布。①无变值性系统误差,或有但不显著;②各随机误差之间是相互独立的;③在随机误差中没有一个是起主导作用的误差因素。

(2)平顶分布。在影响机械加工的诸多误差因素中,如果刀具尺寸磨损的影响显著,变值性系统误差占主导地位时,工件的尺寸误差将呈现平顶分布。平顶误差分布曲线可以看成是随着时间而平移的众多正态误差分布曲线组合的结果。

(3)双峰分布。若将两台机床所加工的同一种工件混在一起,由于两台机床的调整尺寸不尽相同,两台机床的精度状态也有差异,则工件的尺寸误差就呈双峰分布。

(4)偏态分布。采用试切法车削工件外圆或镗内孔时,为避免产生不可修复的废品,操作者主观上有使轴径加工的宁大勿小,使孔径加工的宁小勿大的意向。再者当工艺系统存在显著的热变形时,由于热变形在开始阶段变化较快,以后逐渐减弱,直至达到热平衡状态。按照以上加工方式加工得到的一批零件的加工误差呈偏态分布。

10.3.3 分布图分析法

1. 数据取样与处理

成批产生时,抽取其中一定数量工件进行测量与分析,这些工件称为样本,其数量 n 称为样本容量。测得的加工尺寸或偏差是在一定范围内变动的随机变量,用 x 表示。样本尺寸或偏差的最大值 x_{max} 与最小值 x_{min} 之差称为极差,用 R 表示,即 $R=x_{max}-x_{min}$。

为了分析该工序的加工精度情况,可在直方图上标出该工序的公差带位置,以及该样本的统计数字特征:平均值 $\bar{x}$ 和标准差 σ。

平均值 $\bar{x}$ 表示该样本的尺寸分散中心,主要取决于调整尺寸和常值系统误差

$$\bar{x}=\frac{1}{n}\sum_{i=1}^{n}x_i \tag{10-21}$$

式中, x_i 为各工件的实测尺寸(或偏差)。

标准差 σ 反映该样本的尺寸分散程度,主要取决于变值系统误差和随机误差

$$\sigma=\sqrt{\frac{1}{n}\sum_{i=1}^{n}(x_i-\bar{x})^2} \tag{10-22}$$

在测量数据中有时可能会有个别异常数据,会影响数据的统计性质,在作统计分析之前应剔除。异常数据都具偶然性,与测量数据均值之间的差值往往很大。若满足如下不等式, x_i 就被认为是异常数据,应剔除

$$|x_i-\bar{x}|>3\sigma \tag{10-23}$$

当样本数 n 较小时, σ 可用无偏估计量 s 代替,即

$$s=\sqrt{\frac{1}{n-1}\sum_{i=1}^{1}(x_i-\bar{x})^2} \tag{10-24}$$

将样本尺寸或偏差按大小顺序排列,并将其分成 k 组,组距为 h, h 可按式(10-25)计算

$$h=R/(k-1) \tag{10-25}$$

选择组数 k 和组距 h 要适当。组数过多,组距太小,分布图会被频数随机波动所歪曲;组数太少,组距太大,分布特征将被掩盖。k 值一般根据样本容量来选择,见表 10-1。

表 10-1　分组数 k 的选定

n	25~40	40~60	60~100	100	100~160	160~250	250~400	400~630
k	6	7	8	10	11	12	13	14

同一尺寸或同一误差组的零件数量 m_i 称为频数。频数 m_i 与样本容量 n 之比称为频率,用

f_i 表示，即 $f_i = m_i / n$。

以工件尺寸(或误差)为横坐标，以频数或频率为纵坐标，就可做出该批工件加工尺寸(或误差)的实际分布图。

为了使实际分布图能代表工序的加工精度，而不受组距和样本容量的影响，纵坐标应改为频率密度，即

$$\text{频率密度} = \frac{\text{频率}}{\text{组距}} = \frac{\text{频数}}{\text{样本容量} \times \text{组距}} = \frac{m_i}{n \times h}$$

图 10-25 给出了实际分布图，可以直观地看出工件尺寸的分布情况，还可看出工件尺寸与公差带的关系，从而可分析出工艺系统是否能满足加工精度要求。

2. 正态分布

(1)正态分布的数学模型。机械加工中，工件的尺寸误差是由很多相互独立的随机误差综合作用的结果，如果其中没有一个随机误差是起决定作用的，则加工后工件的尺寸将呈正态分布，如图 10-26 所示，其概率密度为

$$y(x) = \frac{1}{\sigma\sqrt{2\pi}} \exp\left[-\frac{(x-\bar{x})^2}{2\sigma^2}\right] \quad (-\infty < x < +\infty, \sigma > 0) \tag{10-26}$$

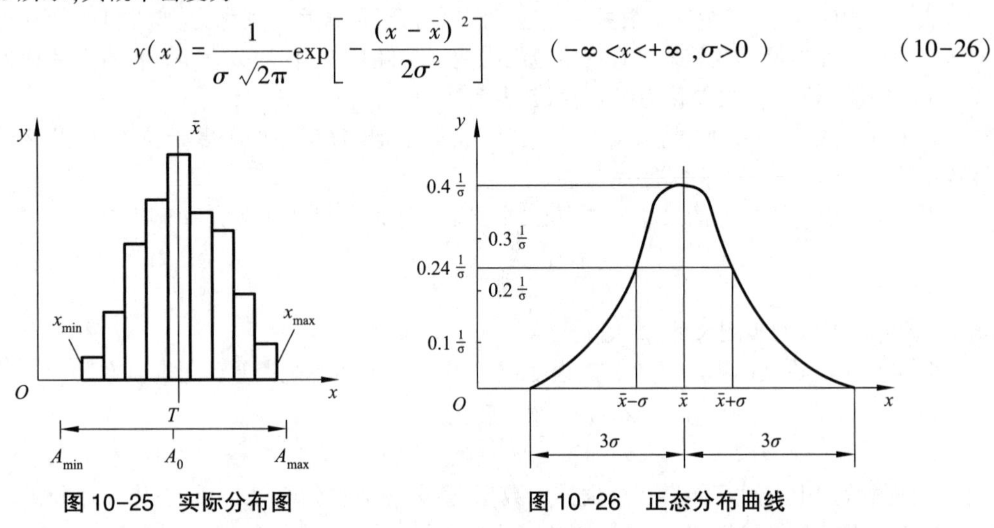

图 10-25　实际分布图　　　　图 10-26　正态分布曲线

在图 10-26 中 $\bar{x}$ 只影响曲线的位置，而不影响曲线的形状；σ 只影响曲线的形状，而不影响曲线的位置，σ 越小，尺寸分布范围就越小，加工精度就越高。图 10-27 给出了 $\bar{x}$ 与 σ 对正态分布曲线的影响。

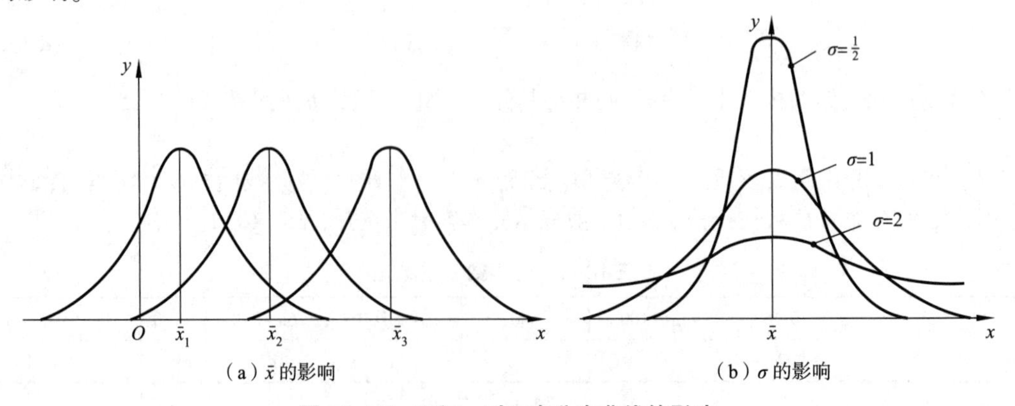

图 10-27　$\bar{x}$ 和 σ 对正态分布曲线的影响

(2)标准正态分布。$\bar{x}=0$、$\sigma=1$ 的正态分布称为标准正态分布,其概率密度

$$y(x)=\frac{1}{\sqrt{2\pi}}\exp\left(-\frac{x^2}{2}\right) \tag{10-27}$$

在生产实际中,$\bar{x}$ 不等于 0,σ 也不等于 1,为查表计算方便,需将非标准正态分布通过标准化变量代换,转换为标准正态分布。令 $z=(x-\bar{x})/\sigma$,则有

$$y(x)=\frac{1}{\sigma\sqrt{2\pi}}\exp\left[-\frac{(x-\bar{x})^2}{2\sigma^2}\right]=\frac{1}{\sigma\sqrt{2\pi}}\exp\left(\frac{-z^2}{2}\right)=\frac{1}{\sigma}y(z) \tag{10-28}$$

上式就是非标准正态分布概率密度函数与标准正态分布概率密度函数的转换关系式。图 10-28 给出了正态分布曲线的标准化过程。

(3)工件尺寸落在某一尺寸区间内的概率。工件加工尺寸落在区间($x_1 \leqslant x \leqslant x_2$)内的概率为图 10-29 所示阴影部分的面积 $F(x)$,即

$$F(x)=\int_{x_1}^{x_2}y(x)\mathrm{d}x=\int_{x_1}^{x_2}\frac{1}{\sigma\sqrt{2\pi}}\exp\left[-\frac{(x-\bar{x})^2}{2\sigma^2}\right]\mathrm{d}x \tag{10-29}$$

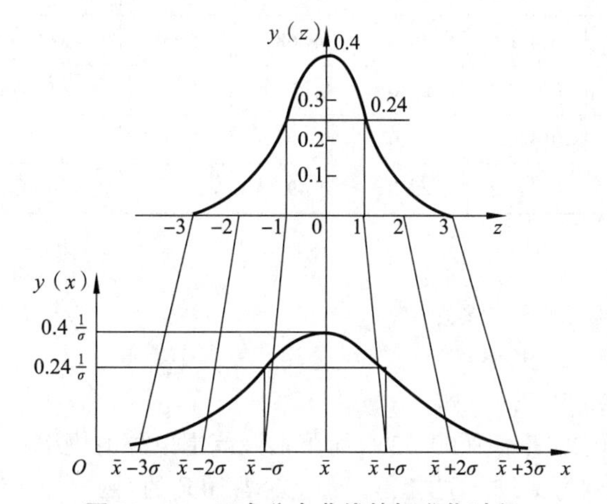

图 10-28　正态分布曲线的标准化过程

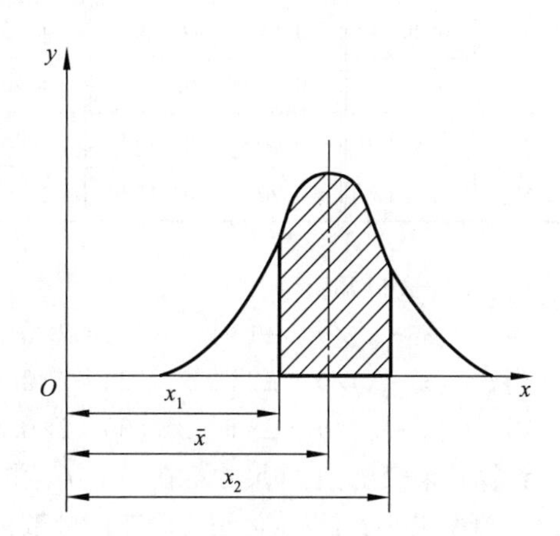

图 10-29　工件尺寸概率分布

令 $z=(x-\bar{x})/\sigma$,则 $\mathrm{d}x=\sigma\mathrm{d}z$,代入式(10-29)得

$$F(x)=\Phi(z)=\int_0^z\frac{1}{\sigma\sqrt{2\pi}}\exp\left(-\frac{z^2}{2}\right)\sigma\mathrm{d}z=\frac{1}{\sqrt{2\pi}}\int_0^z\exp\left(-\frac{z^2}{2}\right)\mathrm{d}z \tag{10-30}$$

上述分析表明,非标准正态分布概率密度函数的积分经标准化变换后,可用标准正态分布概率密度函数的积分表示。表 10-2 列出了标准化正态分布概率密度函数积分值。

表 10-2　标准化正态分布概率密度函数积分值

z	$\Phi(z)$	z	$\Phi(z)$	z	$\Phi(z)$	z	$\Phi(z)$	z	$\Phi(z)$
0.01	0.004 0	0.06	0.023 9	0.11	0.043 8	0.16	0.063 6	0.22	0.087 1
0.02	0.008 0	0.07	0.027 9	0.12	0.047 8	0.17	0.067 5	0.24	0.094 8
0.03	0.012 0	0.08	0.031 9	0.13	0.051 7	0.18	0.714 0	0.26	0.102 3
0.04	0.016 0	0.09	0.035 9	0.14	0.055 7	0.19	0.079 3	0.28	0.110 3
0.05	0.019 9	0.10	0.039 8	0.15	0.059 6	0.20	0.079 3	0.30	0.117 9

续上表

z	φ(z)	z	φ(z)	z	φ(z)	z	φ(z)	z	φ(z)
0.32	0.125 5	0.62	0.232 4	0.92	0.321 2	1.55	0.439 4	2.60	0.495 3
0.34	0.133 1	0.64	0.238 9	0.94	0.326 4	1.60	0.445 2	2.70	0.496 5
0.36	0.140 6	0.66	0.245 4	0.96	0.331 5	1.65	0.449 5	2.80	0.497 4
0.38	0.148 0	0.68	0.251 7	0.98	0.336 5	1.70	0.455 4	2.90	0.498 1
0.40	0.155 4	0.70	0.258 0	1.00	0.341 3	1.75	0.459 9	3.00	0.498 65
0.42	0.162 8	0.72	0.264 2	1.05	0.363 1	1.80	0.464 1	3.20	0.499 31
0.44	0.170 0	0.74	0.270 3	1.10	0.364 3	1.85	0.467 8	3.40	0.499 37
0.46	0.177 2	0.76	0.276 4	1.15	0.374 9	1.90	0.471 3	3.60	0.499 841
0.48	0.184 4	0.78	0.282 3	1.20	0.384 9	1.95	0.474 4	3.80	0.499 928
0.50	0.191 5	0.80	0.288 1	1.25	0.394 4	2.00	0.477 2	4.00	0.499 968
0.52	0.198 5	0.82	0.293 9	1.30	0.403 2	2.1	0.482 1	4.50	0.499 997
0.54	0.205 4	0.84	0.299 5	1.35	0.411 5	2.20	0.468 1	5.00	0.499 999 7
0.56	0.212 3	0.86	0.305 1	1.40	0.419 2	2.30	0.489 3	6.00	≈0.5
0.58	0.219 0	0.88	0.310 6	1.45	0.426 5	2.40	0.491 8		
0.60	0.225 7	0.90	0.315 9	1.50	0.433 2	2.50	0.493 8		

由表 10-2 可知：

当 $z=(x-\bar{x})/\sigma=\pm 1$ 时，$2\phi(1)=2\times 0.3413=68.26\%$；

当 $z=(x-\bar{x})/\sigma=\pm 2$ 时，$2\phi(2)=2\times 0.4772=95.44\%$；

当 $z=(x-\bar{x})/\sigma=\pm 3$ 时，$2\phi(3)=2\times 0.49865=99.73\%$。

计算结果表明，工件尺寸落在 $\bar{x}\pm 3\sigma$ 范围内的概率为 99.73%，而落在该范围以外的概率只占 0.27%，概率极小，可以认为正态分布的分散范围为 $\bar{x}\pm 3\sigma$，这就是工程上经常用到的"$\pm 3\sigma$ 原则"，或称"6σ 原则"。

【例 10-3】 在卧式镗床上镗削一批箱体零件的内孔，孔径尺寸要求为 $\phi 70^{+0.2}_{0}$ mm，已知尺寸按正态分布，$\bar{x}=70.08$ mm，$\sigma=0.04$ mm，试计算这批工件的合格品率和不合格品率。

解：作图 10-30，进行标准化变换，令

$$z_{右}=(x_{max}-\bar{x})/\sigma=(70.2-70.08)/0.04=3$$

$$z_{左}=(\bar{x}-x_{min})/\sigma=(70.08-70.00)/0.04=2$$

查表 10-2 得 $\phi(2)=0.4772$；$\phi(3)=0.49865$。

偏大不合格品率 $P_{大}=0.5-\phi(3)=0.5-0.49865=0.00135=0.135\%$，不可修复；

偏小不合格品率 $P_{小}=0.5-\phi(2)=0.5-0.4772=2.28\%$，可修复；

合格品率为 $P_{合}=1-P_{大}-P_{小}=1-0.135\%-2.28\%=97.585\%$。

3. 工艺过程的稳定性

工艺过程的稳定性是指工艺过程在时间历程上保持工件均值 $\bar{x}$ 和标准差值 σ 稳定不变的性能。如果工艺过程中工件加工尺寸的瞬时分布中心（或 $\bar{x}$）和标准差 σ 基本保持不变或变化不大，就认为工艺过程是稳定的；如果工艺过程中工件加工尺寸的瞬时分布中心（或 $\bar{x}$）和标准差 σ 有明显变化，就认为工艺过程是不稳定的。在图 10-31 中，瞬时分布中心由 O 变到 O_1 的过程，工艺过

程是稳定的;瞬时分布中心由 O 变化至 O_1' 的过程,$\bar{x}$ 值发生了明显变化,σ 值也明显增大了,该工艺过程是不稳定的。

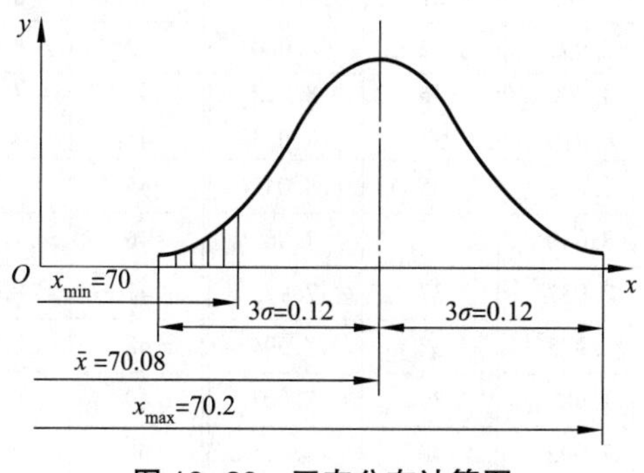

图 10-30　正态分布计算图

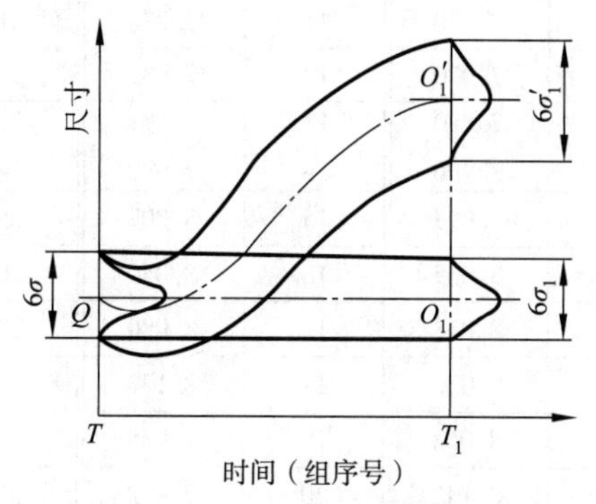

图 10-31　工艺过程稳定性分析图

4. 工序能力及其等级

工艺能力,是指工序处于稳定状态(指均值和标准差稳定不变的性能,取决于变值系统误差)时,本工序所能加工出产品质量的实际能力。当一批工件加工后的尺寸符合正态分布,可以用该工序的尺寸分散范围 6σ 与尺寸公差 T 的关系表示其工艺能力。一般地,确定一个工序的工艺能力是否满足加工精度的要求,可用工序能力系数表示,即

$$C_p = \frac{T}{6\sigma} \tag{10-31}$$

当 T 确定时,σ 越小,C_p 就越大。工序能力分为 5 级,见表 10-3。

表 10-3　工序能力系数与等级

工序能力系数	工序能力等级	说　明
$1.67<C_p$	特级	工序能力过高,可以允许有异常波动
$1.33<C_p\leqslant 1.67$	一级	工序能力足够,可以允许有一定的异常波动
$1.00<C_p\leqslant 1.33$	二级	工序能力勉强,必须密切注意
$0.67<C_p\leqslant 1.00$	三级	工序能力不足,可能出现少量不合格品,需要采取措施改进
$C_p\leqslant 0.67$	四级	工序能力很差,不能继续生产

生产中工序能力等级不得低于二级,即要求 $C_p>1$。若加工中存在常值系统性误差,即分布中心 $\bar{x}$ 与公差中心 A_0 不重合,则需 $T-2|\bar{x}-A_0|>6\sigma$ 才不会出废品。

5. 分布图法的分析过程

通过工艺过程分布图分析,可以确定工艺系统的加工能力系数、机床调整精度系数和加工工件的合格率,并能分析出产生废品的原因。下面以销轴加工为例,介绍工艺过程分布曲线分析法的内容及步骤。

(1)采集样本。在自动车床上加工一批销轴零件,要求保证工序尺寸 $\phi(8\pm0.09)$ mm。在销轴加工中,按顺序连续抽取 50 个加工件作为样本(样本容量一般取为 50~200 件),并逐一测量其轴颈尺寸,将测量数据列于表 10-4 中。

表 10-4　测量数据表

（单位：mm）

序号	尺寸	序号	尺寸	序号	尺寸	序号	尺寸	序号	尺寸
1	7.920	11	7.970	21	7.985	31	7.945	41	8.024
2	7.970	12	7.982	22	7.992	32	8.000	42	8.028
3	7.980	13	7.991	23	8.000	33	8.012	43	7.965
4	7.990	14	7.998	24	8.010	34	8.024	44	7.980
5	7.995	15	8.007	25	8.022	35	8.045	45	7.988
6	8.005	16	8.040	26	8.040	36	7.960	46	7.995
7	8.018	17	8.080	27	7.957	37	7.975	47	8.004
8	8.030	18	8.130	28	7.975	38	7.994	48	8.027
9	8.068	19	7.965	29	7.985	39	8.002	49	8.055
10	8.142	20	7.972	30	7.992	40	8.015	50	8.017

（2）剔除异常数据。根据测量数据，经计算，$\bar{x}\approx 8.0053$ mm，$s\approx 0.0404$ mm，逐一校核知，$x_{10}=8.142$ mm 和 $x_{18}=8.130$ mm 为异常数据，应将其剔除。剔除异常数据后，分析样本数 $n=50-2=48$，$\bar{x}=7.9999$ mm，$s=0.0309$ mm。

（3）确定尺寸分组数和组距。由 $n=48$，查表 10-1，取 $k=7$，则组距为

$$h=\frac{x_{max}-x_{min}}{k}=\frac{8.080-7.920}{7}=0.023(\text{mm})$$

（4）画工件尺寸实际分布图。根据分组数和组距，统计各组中尺寸的频数，列出频数分布表，见表 10-5。根据表中数据即可画出实际分布图，如图 10-32 所示。

表 10-5　频数分布表

组号	尺寸间隔 Δx/mm	尺寸间隔中值 x_k/mm	频数 m_k
1	7.920~7.943	7.931 5	1
2	7.943~7.966	7.954 5	5
3	7.966~7.989	7.977 5	11
4	7.989~8.012	8.000 5	15
5	8.012~8.035	8.023 5	10
6	8.035~8.058	8.046 5	4
7	8.058~8.081	8.069 5	2

（5）判别加工误差性质。如前所述，假如加工过程中没有明显的变值系统误差，其加工尺寸分布接近正态分布（形位误差除外），这是判别加工误差性质的基本方法之一。

生产中抽样后算出 $\bar{x}$ 和 s，绘出分布图，如果 $\bar{x}$ 值偏离公差带中心，则加工过程中，工艺系统有常值系统误差，其值等于尺寸分布中心与公差带中心的偏移量 ε。例如，在图 10-32 中，常值系统误差：$\varepsilon=8-7.9999=0.0001$ mm，应属于调整误差。

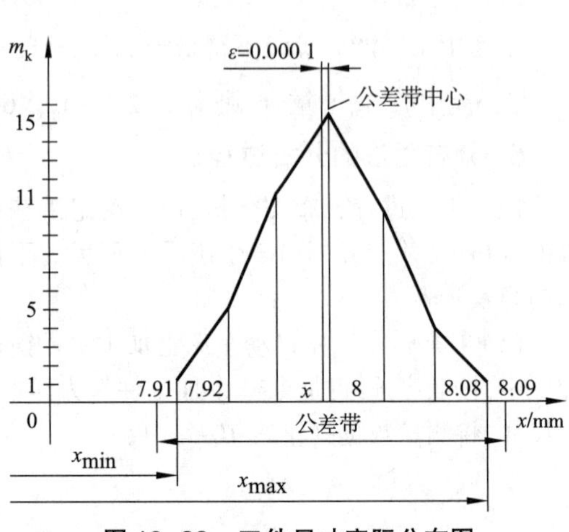

图 10-32　工件尺寸实际分布图

正态分布的标准差 σ 的大小表明随机变量的分散程度。如样本的标准差 s 较大，说明工艺系统

随机误差影响显著。

(6)计算工序能力系数和确定工序能力。本例中,$C_p=T/(6\sigma)=0.18/(6\times0.0309)=0.97$,工序能力等级为三级,说明工序能力不足,可能出现少量不合格品,需要改进。

(7)确定机床调整精度系数 E。机床调整精度系数 E 按式(10-32)计算

$$E=\varepsilon/T \tag{10-32}$$

本例中,$E=\varepsilon/T=0.0001/0.18=0.00056$。

欲使工艺过程没有不合格品,则 ε 应尽量小,其允许值为

$$\varepsilon_{允许}=(T-6\sigma)/2 \tag{10-33}$$

本例中,$\varepsilon_{允许}=(T-6\sigma)/2=(0.18-6\times0.0309)/2=0.0027$ mm,计算结果表明,尺寸分布中心相对于公差带中心的偏移量小于其允许值,即 $\varepsilon<\varepsilon_{允许}$,机床调整精度符合要求。

(8)确定合格品率及不合格品率。计算标准正态分布变量得:

$$z_{右}=(x_{max}-\bar{x})/\sigma=(8.08-7.9999)/0.0309=2.592$$

$$z_{左}=(\bar{x}-x_{min})/\sigma=(7.9999-7.92)/0.0309=2.585$$

查表并插值计算可得:$\phi(2.592)=0.49518$,$\phi(2.585)=0.49508$,由此求得合格品率为 $P_{合}=0.49518+0.49508=99.02\%$;不合格品率 $P_{不}=1-P_{合}=1-99.02\%=0.98\%$。

本工序常值系统性误差 $\varepsilon=0.0001$ mm,其值很小,产生废品的主要原因是工艺系统内的随机性误差超量,使加工尺寸分散范围超过了规定的公差带范围。

分布曲线分析法能比较客观地反映工艺过程总体情况,且能把工艺过程中存在的常值性系统误差从误差中区分开来;但使用该方法要等一批工件加工结束并逐一测量其尺寸作统计分析后,才能对工艺过程的运行状态作出分析,不能在加工过程中及时提供控制精度的信息,从而只适于在工艺过程较为稳定的场合应用。

10.3.4　点图分析法

对于不稳定的工艺过程,需要在工艺过程进行中及时发现工件出现不合格品的趋势,以便及时调整工艺系统,保证加工精度。由于点图分析法能够反映质量指标随时间变化的情况,故既可以用于稳定的工艺过程,也可以用于不稳定的工艺过程。

1. 点图的基本形式

点图分析法所采用的样本是顺序小样本,即每隔一定时间抽取样本容量 $n=5\sim10$ 的小样本,并计算小样本的算术平均值和极差,即

$$\begin{cases}\bar{x}=\dfrac{1}{n}\sum\limits_{i=1}^{n}x_i\\ R=x_{max}-x_{min}\end{cases} \tag{10-34}$$

点图的种类很多,目前用得最多的是 $\bar{x}$-R 图,其横坐标是按时间先后采集的小样本的组序号,纵坐标分别为小样本的算术平均值 $\bar{x}$ 和极差 R。$\bar{x}$-R 图是每一小样本的平均值 $\bar{x}$ 控制图和级差 R 控制图联合使用时的通称,前者控制工艺过程质量指标的分布中心,后者控制工艺过程质量指标的分散程度。

稳定的工艺过程,必须同时具有均值变化不显著和标准差变化不显著两种特征。$\bar{x}$ 点图是控制分布中心变化的,R 点图是控制分散范围变化的,综观这两个点图的变化趋势,才能对工艺过程的稳定性作出评价。一旦发现工艺过程有向不稳定方面转化的趋势,就应及时采取措施,使不稳定的趋势得到控制。

2. $\bar{x}$-R 图控制线的确定

在 $\bar{x}$ 图和 R 图上各有三根线,即中心线和上、下控制线。

由概率论可知，当总体是正态分布时，其样本的平均值 $\bar{x}$ 也服从正态分布，即 $\bar{x} \sim N\left(\lambda, \dfrac{\sigma^2}{n}\right)$，其中 λ、σ 是总体的均值和标准偏差，$\bar{x}$ 的分散范围是$\left(\lambda \pm \dfrac{3\sigma}{\sqrt{n}}\right)$。

当 $n<10$ 时，R 近似服从正态分布，即 $R \sim N(\bar{R}, \sigma_R^2)$，而 R 的分散范围也可取为 $\bar{R} \pm 3\sigma_R$，$\bar{R}$、σ_R 分别是 R 分布的均值和标准差，而且 $\sigma_R = d\sigma$，d 为系数。

总体的均值 λ 和标准差 σ 通常是不知道的。但由数理统计可知，总体的均值 λ 可以用 $\bar{\bar{x}}$ 估计，而总体的标准差 σ 可以用 $a_n\bar{R}$ 估计，a_n 为系数。$\bar{\bar{x}}$ 和 $\bar{R}$ 分别用下式计算

$$\begin{cases} \bar{\bar{x}} = \dfrac{1}{k}\sum\limits_{i=1}^{k} \bar{x}_i \\ \bar{R} = \dfrac{1}{k}\sum\limits_{i=1}^{k} R_i \end{cases} \tag{10-35}$$

从而，$\bar{x}$ 点图中的中线、上控制线以及下控制线则分别为

$$\mathrm{UCL} = \bar{x} + 3\frac{\sigma}{\sqrt{n}} = \bar{x} + 3\frac{a_n\bar{R}}{\sqrt{n}} = \bar{\bar{x}} + A\bar{R} \tag{10-36}$$

$$\mathrm{LCL} = \bar{x} - 3\frac{\sigma}{\sqrt{n}} = \bar{x} - 3\frac{a_n\bar{R}}{\sqrt{n}} = \bar{\bar{x}} - A\bar{R} \tag{10-37}$$

而 R 点图中的中线、上控制线以及下控制线则分别为

$$\mathrm{UCL} = \bar{R} + 3\sigma_R = \bar{R} + 3da_n\bar{R} = (1 + 3da_n)\bar{R} = D_1\bar{R} \tag{10-38}$$

$$\mathrm{LCL} = \bar{R} - 3\sigma_R = \bar{R} - 3da_n\bar{R} = (1 - 3da_n)\bar{R} = D_2\bar{R} \tag{10-39}$$

表 10-6 给出了系数 d、a_n、A、D_1、D_2 的数值。

表 10-6　系数 d、a_n、A、D_1、D_2 的数值

n	d	a_n	A	D_1	D_2
5	0.864 1	0.429 9	0.576 8	2.114 4	0
6	0.848 0	0.394 6	0.483 3	2.003 9	0
7	0.833 0	0.370 2	0.419 3	1.925 1	0.074 9
8	0.820 0	0.351 2	0.372 6	1.864 0	0.136 0
9	0.808	0.336 7	0.336 7	1.816 2	0.183 8
10	0.797	0.324 9	0.308 2	1.776 8	0.223 2

3. $\bar{x}$–R 图分析法的应用

点图分析法是全面质量管理中用以控制产品加工质量的主要方法之一，在实际生产中应用很广。主要用于工艺验证、分析加工误差和加工过程的质量控制。工艺验证的目的，是判定某工艺是否稳定地满足产品的加工质量要求。其主要内容是通过抽样调查，确定其工艺能力和工艺能力系数，并判别工艺过程是否稳定。

在点图上做出平均线和控制线后，就可根据图中点的情况判别工艺过程是否稳定（波动状态是否属于正常），表 10-7 表示正常波动与异常波动的标志判别。

表 10-7　正常波动与异常波动的标志

正常波动	异常波动
(1)没有点子超出控制线 (2)大部分点子在平均线上下波动,小部分在控制线附近 (3)点子没有明显的规律性	(1)有点子超出控制线 (2)点子密集分布在平均线上下附近 (3)点子密集分布在控制线附近 (4)连续 7 点以上出现在平均线一侧 (5)连续 11 点中有 10 点出现在平均线一侧 (6)连续 14 点中有 12 点出现在平均线一侧 (7)连续 17 点中有 14 点以上出现在平均线一侧 (8)连续 20 点中有 16 点以上出现在平均线一侧 (9)点子有上长或下降倾向 (10)点子有周期性波动

【例 10-4】　在数控车床上加工ϕ(12±0.013)mm 销轴。现按时间顺序,先后抽检 20 个样组,每组取样 5 样件。在千分比较仪上测量,比较仪按ϕ11.987 mm 调整零点,测量数据列于表 10-8 中,单位为 μm。试作出 $\bar{x}-R$ 图,并判断该工序工艺过程是否稳定。

解:(1)计算各样组的平均值和极差,列于表 10-8 中。

表 10-8　测量数据　　(单位:μm)

组号	样件测量值					$\bar{x}$	R	组号	样件测量值					$\bar{x}$	R
	x_1	x_2	x_3	x_4	x_5				x_1	x_2	x_3	x_4	x_5		
1	28	20	28	14	14	20.8	14	11	16	21	14	15	16	16.4	7
2	20	15	20	20	15	18	5	12	16	17	14	15	15	15.4	3
3	8	3	15	18	18	12.4	15	13	12	12	10	8	12	10.8	4
4	14	15	15	15	17	15.2	3	14	10	10	7	18	15	13.6	11
5	13	17	17	17	13	15.4	4	15	14	15	18	24	10	16.2	14
6	20	10	14	15	19	15.6	10	16	19	18	13	14	24	17.6	11
7	10	15	20	10	13	15.4	10	17	28	25	20	23	20	23.2	8
8	18	18	20	25	20	20.4	7	18	18	17	25	28	21	21.8	11
9	12	8	12	15	18	13	10	19	20	21	19	21	30	22.2	11
10	10	5	11	15	9	10	10	20	18	28	22	18	20	21.2	10

(2)计算 $\bar{x}-R$ 图控制线,分别为:

$\bar{x}$ 图:中心线 CL = $\bar{\bar{x}}$ = 16.73 μm;上控制线 UCL = $\bar{\bar{x}}+A\bar{R}$ = 21.86 μm;下控制线 UCL = $\bar{\bar{x}}+A\bar{R}$ = 11.60 μm。

R 图:中心线 CL = $\bar{R}$ = 8.9 μm;上控制线 UCL = $D_1\bar{R}$ = 18.82 μm;下控制线 UCL = $D_2\bar{R}$ = 0 μm。

(3)根据以上结果作出 $\bar{x}-R$ 图,如图 10-33 所示。

(4)判断工艺过程稳定性。由图可以看出,有 4 个点越出控制线,表明工艺过程不稳定,应查找出原因,并加以解决。

任何一批工件的加工尺寸都有波动性,因此各样组的平均值 $\bar{x}$ 和极差 R 也都有波动性。假如加工误差主要是随机性误差,且系统性误差的影响很小时,那么这种波动属于正常波动,加工工艺是稳定的。假如加工中存在着影响较大的变值系统性误差,或随机性误差的大小有明显变化时,那么这种波动属于异常波动,这个加工工艺就被认为是不稳定的。

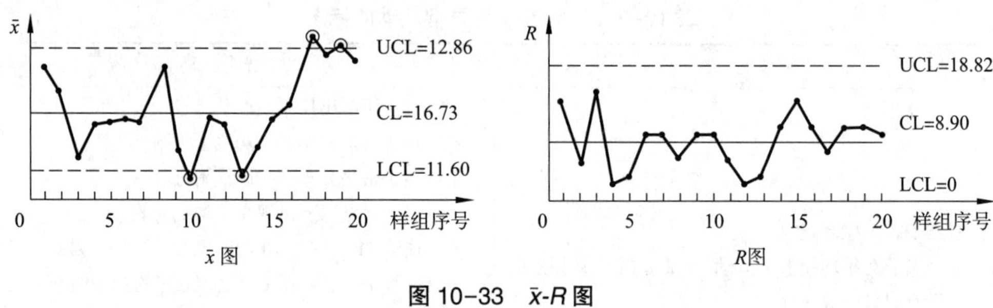

图 10-33　$\bar{x}$-R 图

10.3.5　因果关系图分析法

1. 因果关系图分析法的含义

因果关系图分析法是针对某个质量问题,查找导致该问题出现的原因及主要影响因素,并通过关系图形表示出来的质量管理工具,也是一种发现问题"根本原因"的分析方法。因果关系分析图又称特性要因图、树枝图或鱼刺图,如图 10-34 所示。

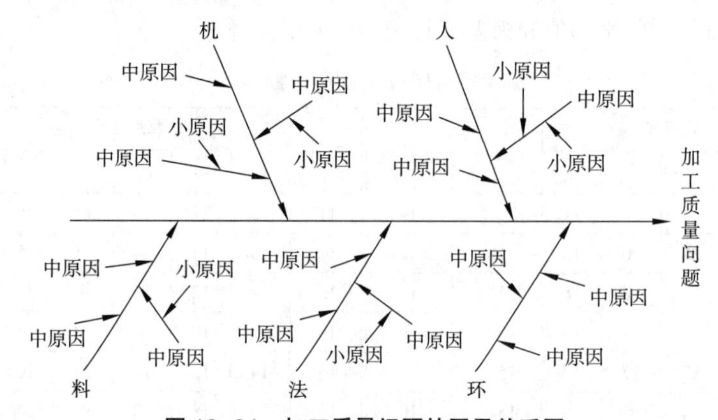

图 10-34　加工质量问题的因果关系图

2. 因果关系图的绘制步骤

(1)确定所要分析的加工质量问题。

(2)针对上述问题,采用头脑风暴法分门别类地找出所有可能的原因或影响因素。

(3)将列出的原因归纳、整理,确定其层次和隶属关系。

(4)分类归纳大原因、中原因和小原因等因素。确定大原因时,生产质量问题通常从"人、机、料、法、环"五个方面分析;管理类问题通常从"人、事、时、地、物"五个方面分析。大原因必须用中性词描述,不说明好坏,一般直接采用"人、机、料、法、环"五个字。中小原因必须是导致出现质量问题的影响因素,且必须给出判断性分析,例如机床主轴圆跳动误差过大、刀具磨损过快等。

(5)绘制因果关系图。先将质量问题列在最右侧,画出主干箭头线,且箭头指向质量问题;然后在主干两侧画出"人、机、料、法、环"五个方面分支作为大原因的箭头线,且箭头指向主干,并预留足够中小分支空间;接下来画出中小原因的箭头线,且箭头指向上一层次分支。

(6)使用一种特殊符号将主要因素加以标注,如"△、○、*"等。

3. 因果关系图分析法的应用

【例 10-5】　现有一个套筒零件,在卧式车床上镗孔,加工中测量发现孔径尺寸超差,试采用因果关系图分析问题原因。

解：该套筒零件的加工属于单件生产，镗孔加工后出现孔径尺寸超差，要从“人、机、料、法、环”五个方面查找原因。结合本章主要内容，分析如下：

人员因素中可能性较大的是操作不当，如背吃刀量调错、测量错误等；可能性较小的是结构设计或工艺设计不当，也就是零件的加工工艺性有问题。

机器设备因素中，机床主轴的径向圆跳动误差过大、角度摆动误差过大，卡盘与主轴的同轴度误差过大，导轨的空间扭曲误差过大等都能导致镗孔尺寸超差。

物料因素中，可能性较大的是工件原有误差，如原始形状误差过大，加工后误差复映过大；或工件内应力过大，加工后内应力重新分布，导致工件变形过大。可能性较小的是刀具磨损过大。

工艺方法因素中，可能性较大的是工件受力变形大，如夹紧力过大，切削力过大等；可能性较小的是装夹方式不当，走刀路线错等。

环境因素中，可能性较大的是工艺系统受热变形大，外界的振动大，可能性较小的是环境波动大。

综上可以画出图 10-35 所示的内孔尺寸超差的因果关系图，为了确定导致孔径尺寸超差的根本原因，还要对因果关系图中列出的可能原因一一排查。

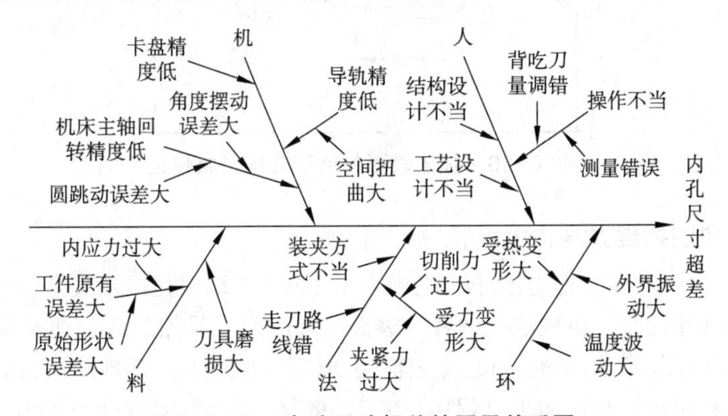

图 10-35　内孔尺寸超差的因果关系图

10.4　机械加工表面质量

10.4.1　表面质量及其对零件使用性能的影响

1. 加工表面的微观几何形貌

零件加工表面存在宏观几何形状和微观几何形状，其中宏观几何形状由尺寸精度和几何精度控制，属于加工精度。微观几何形状包括表面粗糙度、波度、纹理方向、伤痕，如图 10-36 所示。

(1)表面粗糙度。机械加工的零件表面总会存在间距很小的微观波峰、波谷几何形状，称为表面粗糙度轮廓，其误差属于微观几何形状误差，称为表面粗糙度。表面粗糙度轮廓有波长 λ 和波高 H_{λ} 两个主要参数，当 $\lambda/H_{\lambda}<50$ 时，或当间距小于 1 mm 时，属于表面粗糙度范畴。按我国现行标准表面粗糙度一般采用轮廓算术平均偏差 R_a 和轮廓的最大高度 R_z 来评定，单位均为 μm。

(2)波度。当 $\lambda/H_{\lambda}=50\sim1\,000$ 时，称为波度，是介于宏观几何形状误差与微观表面粗糙度之间的周期性几何形状误差，主要由加工系统的振动所引起的。当 $\lambda/H_{\lambda}>1\,000$ 时，属于宏观形状。

(3)表面加工纹理。表面加工纹理是指表面切削加工刀纹的形状和方向，取决于表面形成过程中所采用的机加工方法及其切削运动的规律。

(4)伤痕。伤痕是指在加工表面个别位置上出现的缺陷,如砂眼、气孔、裂痕、划痕等,大多随机分布。

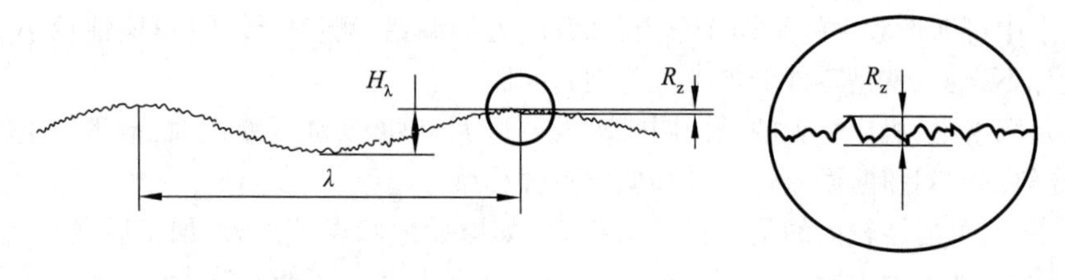

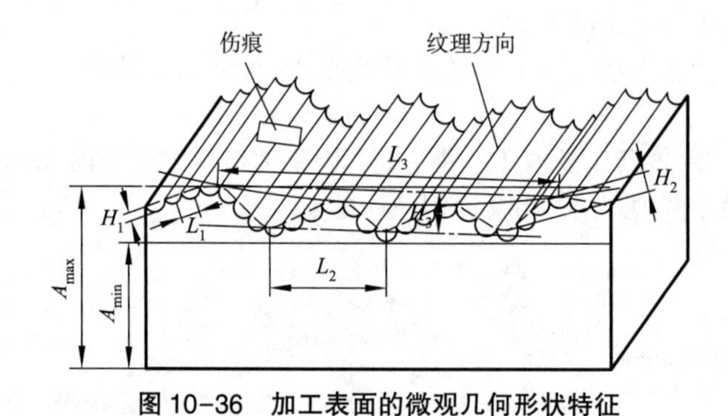

图 10-36　加工表面的微观几何形状特征

2. 表面层材料的物理力学性能变化

表面层材料的物理力学性能变化,包括冷作硬化、金相组织变化以及残余应力。

(1)表面层的冷作硬化。机械加工过程中表面层金属产生强烈的冷态塑性变形,使晶格扭曲、畸变,晶粒间产生剪切滑移,晶粒被拉长,使表面层金属的硬度增加,塑性减小,称为冷作硬化。

(2)表面层金相组织。机械加工过程中,在工件的加工区域,温度会急剧升高,当温度升高到超过工件材料金相组织变化的临界点时,就会发生金相组织变化。

(3)表面层残余应力。机械加工过程中由于切削变形和切削热等的影响,工件表面层材料中产生的内应力,称为表面层残余应力。一般体现为拉应力,经表面强化处理后,为压应力。

3. 表面质量对机械零件使用性能的影响

1)表面质量对耐磨性的影响

摩擦副的两个接触表面,最初阶段只在表面粗糙度的峰部接触,实际接触面积远小于理论接触面积,在相互接触的峰部有非常大的单位应力,使实际接触面积处产生塑性变形、弹性变形和峰部之间的剪切破坏,引起严重磨损。

(1)表面粗糙度对耐磨性的影响。一般来说,表面粗糙度值越小,其耐磨性愈好,但也不是表面粗糙度越小越耐磨。表面粗糙度太大,接触表面的实际压强大,粗糙不平的凸峰相互啮合、挤裂、切断等作用,使磨损加剧;表面粗糙度太小,也会导致磨损加剧,因为表面太光滑,存不住润滑油,接触面容易发生分子黏结而加剧磨损。在一定的工作条件下,一副摩擦表面通常有一个最佳表面粗糙度的配对关系,如图 10-37 所示。

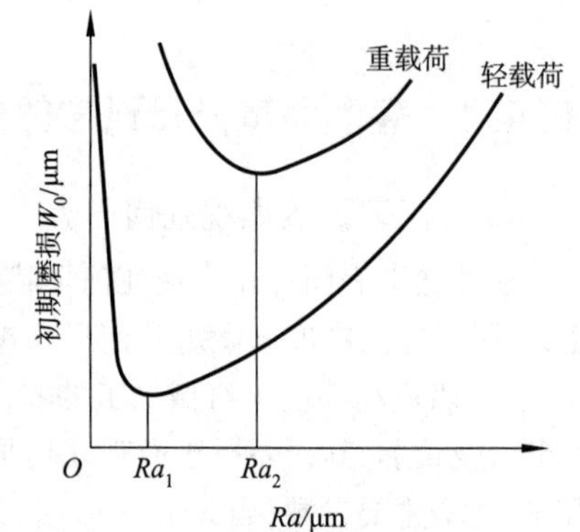

图 10-37　表面粗糙度与磨损量的关系

(2)表面冷作硬化对耐磨性的影响。加工表面的冷作硬化使摩擦副表面层金属的显微硬度提高,故可使耐磨性提高。但也不是冷作硬化程度愈高,耐磨性就愈高,这是因为过分的冷作硬化将引起金属组织过度疏松,甚至出现裂纹和表层金属的剥落,使耐磨性下降。

(3)表面纹理对耐磨性的影响。轻载时,两相对运动的零件表面的纹理方向与相对运动方向一致时,磨损最小;当两相对运动的零件表面纹理方向与相对运动方向垂直时,磨损最大。但在重载情况下,由于压强、分子亲和力和润滑液的储存等因素的变化,两相对运动的零件表面的纹理方向与相对运动方向一致时容易发生咬合,磨损量较大;当两相对运动的零件表面纹理方向相互垂直,与运动方向平行于下表面的刀纹方向时,磨损量较小。

2)表面质量对疲劳强度的影响

表面的粗糙度对零件疲劳强度的影响很大。在交变载荷作用下,零件表面微观不平的凹谷处容易产生应力集中,当应力超过材料疲劳极限时,就会产生疲劳裂纹,裂纹扩展将可能造成疲劳破坏。表面粗糙度值越大,表面的纹痕愈深,纹底半径越小,抗疲劳破坏的能力就愈差。表面的纹路方向对疲劳强度也有较大影响,当纹路方向与受力方向垂直时,疲劳强度明显降低。一般加工硬化则可提高疲劳强度,但硬化过度则会所得其反。表面层残余拉应力将使疲劳裂纹扩大,加速疲劳破坏;而表面残余压应力能够阻止疲劳裂纹的扩展,延缓疲劳破坏的发生。实验表明,零件表层的残余应力不相同时,其疲劳强度可能相差数倍至数十倍。滚压加工,可减小粗糙度值、强化表面层,使表层呈压应力状态,从而有利于防止产生微裂纹,提高疲劳强度。

3)表面质量对耐蚀性的影响

表面粗糙度对零件的耐蚀性也有很大影响。表面粗糙度值越大,腐蚀性物质(气体、液体)越容易渗透到表面的凹谷中,聚积的腐蚀性物质也就越多,从而产生化学或电化学作用而被腐蚀,抗蚀性就越差。尤其是当表面有微裂纹时,腐蚀作用就越强烈。如零件表面有残余压应力,能阻止微裂纹的扩展,从而可在一定程度上提高零件的耐蚀性。

4)表面质量对配合质量的影响

对于间隙配合表面,经初期磨损后,间隙会有所增大。表面粗糙度值越大,初期磨损量越大,严重时会影响密封性能或导向精度。对于过盈配合,表面粗糙度值越大,两配合表面的凸峰在装配时易被挤掉,造成过盈量减小,从而可能影响过盈配合的连接强度。

10.4.2　加工表面粗糙度

切削加工的表面粗糙度值主要取决于切削残留面积的高度。而影响残留面积高度的主要因素有进给量 f、主偏角 κ_r、副偏角 κ_r'、刀尖圆弧半径 r_ε。如图 10-38 所示,对于尖刃刀具,工件表面残留面积的高度

$$H=\frac{f}{\cot\kappa_r+\cot\kappa_r'} \tag{10-40}$$

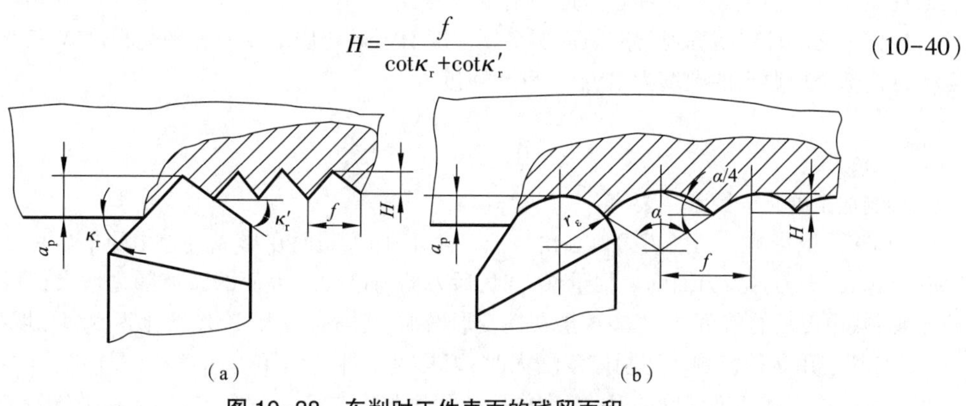

图 10-38　车削时工件表面的残留面积

对于圆弧形刀具，工件表面残留面积的高度

$$H=r_{\varepsilon}(1-\cos\alpha)=2r_{\varepsilon}\sin^{2}\alpha/2\approx f^{2}/8r_{\varepsilon} \tag{10-41}$$

分析可知，减小f、κ_{r}、κ_{r}'及加大r_{ε}，可减小残留面积的高度。

切削加工表面粗糙度的实际轮廓形状，一般都与纯几何因素形成的理论轮廓有较大差别，这是由于切削加工中有塑性变形发生的缘故。

加工塑性材料时，切削速度对加工表面粗糙度的影响如图10-39示。在图示某一切削速度范围内，容易生成积屑瘤，使表面粗糙度增大。加工脆性材料时，切削速度对表面粗糙度的影响不大。

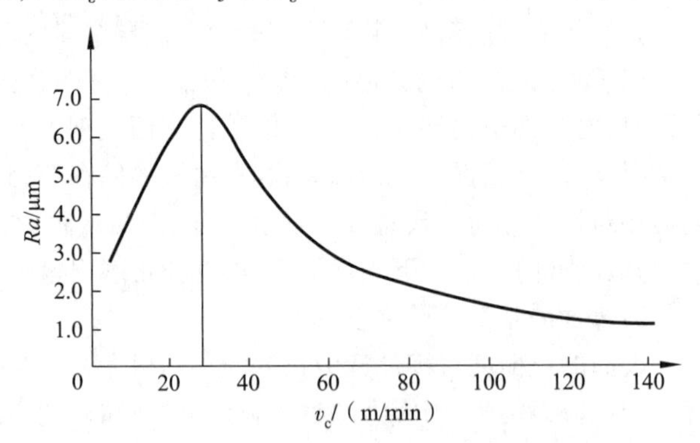

图10-39 切削速度对表面粗糙度的影响

对于相同的材料，晶粒越粗大，切削加工后的表面粗糙度也越大。为减小切削加工后的表面粗糙度值，常在加工前或精加工前对工件进行正火、调质等热处理，目的在于得到均匀细密的晶粒组织，并适当提高材料的硬度。

适当增大刀具的前角，可以减少被切削材料的塑性变形，仔细刃磨刀具前刀面和后刀面，可以抑制积屑瘤和鳞刺的生成；增大刀具后角，可以减少刀具和工件的摩擦；合理选择冷却润滑液，可以减少材料的变形和摩擦，降低切削区的温度；这些均有利于减小加工表面的粗糙度。

磨削加工表面粗糙度的形成也是由几何因素和表面层材料的塑性变形决定的。表面粗糙度的高度和形状是由起主要作用的某一类因素或是某一个别因素决定的。例如，当所选取的磨削用量不至于在加工表面上产生显著的热现象和塑性变形时，几何因素就可能占优势，对表面粗糙度高度起决定性影响的可能是砂轮的粒度和砂轮的修正用量；与此相反，如果磨削区的塑性变形相当显著时，砂轮粒度等几何因素就不起主要作用，磨削用量可能是影响磨削表面粗糙度的主要因素。

10.4.3 加工表面的物理力学性能

1. 冷作硬化及评定参数

被冷作硬化的金属处于高能位的不稳定状态，只要有可能，金属的不稳定状态就要向比较稳定的状态转化，这种现象称为弱化。弱化作用的大小取决于温度的高低、温度持续时间的长短和强化程度的大小。由于金属在机械加工过程中同时受到力和热的作用，因此，加工后表层金属的最后性质取决于强化和弱化综合作用的结果。

冷作硬化的评定指标通常有表面层金属硬度HV、硬化层深度h和硬化程度N三个指标衡量。若工件内部金属原来的硬度为HV_{0}，则硬化程度N为

$$N=\frac{HV-HV_{0}}{HV_{0}}\times100\% \tag{10-42}$$

影响加工硬化的因素主要有：

(1)刀具的影响。切削刃刃口圆角半径越大，已加工表面在形成过程中受挤压程度越大，加工硬化也越大；当刀具后刀面的磨损量增大时，后刀面与已加工表面的摩擦随之增大，冷作硬化程度也增加；减小刀具的前角，加工表面层塑性变形增加，切削力增大，冷作硬化程度和深度都将增加。

(2)切削用量的影响。切削速度增大时，刀具对工件的作用时间缩短，塑性变形不充分，随着切削速度的增大和切削温度的升高，冷作硬化程度将会减小。背吃刀量a_{p}和进给量f增大，塑性

变形加剧,冷作硬化加强。

(3)加工材料的影响。被加工工件材料的硬度愈低、塑性越大时,冷硬现象愈严重。有色金属的再结晶温度低,容易弱化,切有色合金比切钢冷硬倾向小。

2. 表面层材料金相组织变化

机械加工时,切削所消耗的能量绝大部分转化为热能而使加工表面出现温度升高。当温度升高到超过金相组织变化的临界点时,就会产生金相组织的变化。切削加工,由于单位切削热量不高,故产生金相组织变化的现象较少。但磨削加工中单位切削面积产生的切削热远大于切削加工,且大部分将传入工件表面,使工件表面层的金相组织发生变化,引起表面层的硬度和强度下降,产生残余应力甚至引起显微裂纹,这种现象称为磨削烧伤。根据磨削烧伤时温度的不同,可分为以下三种烧伤:

①如果磨削区的温度未超过淬火钢的相变温度,但已超过马氏体的转变温度,工件表层金属的回火马氏体组织将转变成硬度较低的回火组织(索氏体或托氏体),这种烧伤称为回火烧伤。

②如果磨削区温度超过了相变温度,再加上冷却液的急冷作用,表层金属发生二次淬火,使表层金属出现二次淬火马氏体组织,其硬度比原来的回火马氏体的高,下层因冷却较慢,出现了硬度比原先的回火马氏体低的回火组织(索氏体或托氏体),这种烧伤称为淬火烧伤。

③如果磨削区温度超过了相变温度,而磨削区域又无冷却液进入,表层金属将产生退火组织,表面硬度将急剧下降,这种烧伤称为退火烧伤。

磨削烧伤时,表面会出现黄、褐、紫、青等烧伤色。这是工件表面在瞬时高温下产生的氧化膜颜色,不同烧伤色表面烧伤程度不同。较深的烧伤层,虽然在加工后期采用无进给磨削可除掉烧伤色,但烧伤层却未除掉,成为将来使用中的隐患。

磨削热是造成磨削烧伤的根源,故改善磨削烧伤有两个途径:一是合理选择砂轮和磨削用量,减少磨削热的产生;二是改善冷却条件,减少热量传入工件。

图 10-40 所示为改善磨削冷却条件示例。图 10-40(a)所示为一种砂轮内冷却装置,经过滤的切削液通过中空主轴法兰套引入砂轮的中心腔内,由于离心力的作用,切削液通过砂轮内部的孔隙甩出,直接进入磨削区进行冷却,解决了外部浇注切削液时切削液进不到磨削区的难题。在图 10-40(b)中,为减轻高速旋转的砂轮表面的高压附着气流的作用,加装了空气挡板,以使冷却液能顺利地喷注到磨削区,这对于高速磨削更为必要。

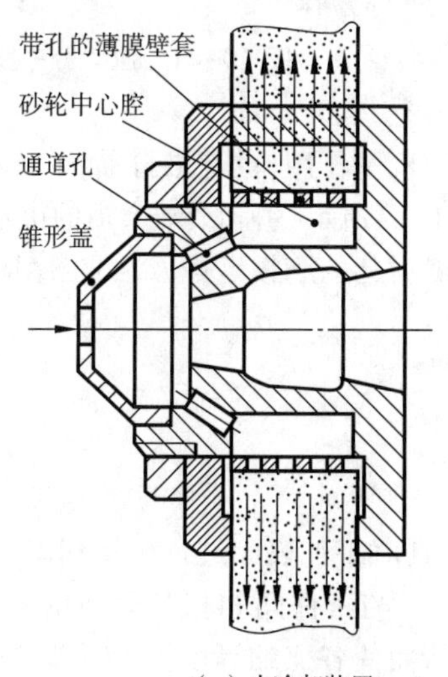

(a) 内冷却装置

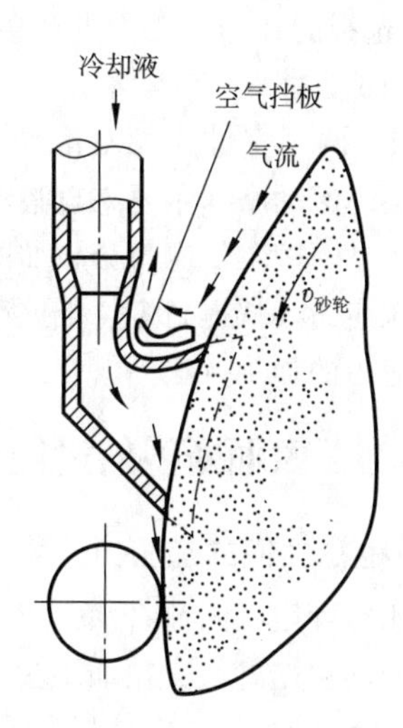

(b) 改进切削液喷嘴

图 10-40　改善磨削冷却条件示例

3. 表面层的残余应力

1)加工表面产生残余应力的原因

(1)冷态塑性变形引起的残余应力。在切削力作用下,已加工表面受到强烈的冷塑性变形,其中以刀具后刀面对已加工表面的挤压和摩擦产生的塑性变形最为突出,此时基体金属受到影响而处于弹性变形状态。切削力除去后,基体金属趋向恢复,但受到已产生塑性变形的表面层的限制,恢复不到原状,因而在表面层产生残余压应力。

(2)热态塑性变形引起的残余应力。工件加工表面在切削热作用下产生热膨胀,此时基体金属温度较低,因此表层金属产生热压应力。当切削过程结束时,表面温度下降较快,故收缩变形大于里层,由于表层变形受到基体金属的限制,故而产生残余拉应力。切削温度越高,热塑性变形越大,残余拉应力也越大,有时甚至产生裂纹。磨削时产生的热塑性变形比较明显。

(3)金相组织变化引起的残余应力。切削时产生的高温会引起表面层的金相组织变化。不同的金相组织有不同的密度,表面层金相组织变化的结果造成了体积的变化。表面层体积膨胀时,因为受到基体的限制,产生了压应力;反之,则产生拉应力。

2)零件主要表面最终工序加工方法的选择

零件的最终工序加工方法与其失效形式密切相关,因为最终工序在被加工工件表面上留下的残余应力将直接影响零件的使用性能。零件失效形式主要有:

(1)疲劳破坏。在交变载荷的作用下,零件表面开始出现微观裂纹,之后在拉应力的作用下使裂纹逐渐扩大,最终导致零件断裂。从提高零件抵抗疲劳破坏能力的角度考虑,最终工序应选择能在加工表面(尤其是应力集中区)产生压缩残余应力的加工方法。

(2)滑动磨损。两个零件作相对滑动,滑动面将逐渐磨损。滑动磨损的机理十分复杂,既有滑动摩擦的机械作用,又有物理化学方面的综合作用(如黏结磨损、扩散磨损、化学磨损)。滑动摩擦工作应力分布如图 10-41(a)所示,当表面层的压缩工作应力超过材料的许用应力时,将使表层金属磨损。从提高零件抵抗滑动摩擦引起的磨损考虑,最终工序应选择能在加工表面上产生拉伸残余应力的加工方法。

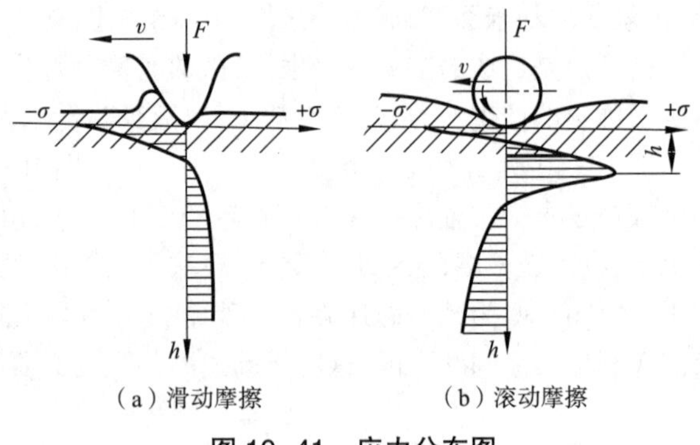

图 10-41 应力分布图

(3)滚动磨损。两个零件作相对滚动,滚动面会渐渐磨损。滚动磨损主要来自滚动摩擦的机械作用,也有来自黏结、扩散等物理、化学方面的综合作用。滚动摩擦工作应力分布如图 10-41(b)所示,引起滚动磨损的决定性因素是表面层下 h 深处的最大拉应力。从提高零件抵抗滚动摩擦引起的磨损考虑,最终工序应选择能在表面层下 h 深处产生压应力的加工方法。

10.4.4 提高加工表面质量的途径

1. 降低表面粗糙度值的加工方法

光整加工采用粒度很细的油石、磨料等作为工具对工件表面进行微量切削、挤压和抛光,以有效地减小加工表面的粗糙度值。在加工过程中,磨具与工件间的相对运动相当复杂,工件加工表面上的高点比低点受到磨料更多、更强烈的作用,从而使各点的高度误差逐步均化,并获得很低的表面粗糙度值。

(1)超精加工。超精加工是用细粒度的磨条为磨具,并将其以一定的压力压在工件表面上,可以加工平面、圆柱面、锥面和球面等结构。超精加工后可使表面粗糙度值不大于 *Ra*0.08 μm,表面加工纹路为相互交叉的波纹曲线,这有利于形成油膜,提高润滑效果,且轻微的冷塑性变形使加工表面呈现残余压应力,提高了抗磨损能力。

(2)珩磨。珩磨加工的运动方式一般为工件静止,珩磨头相对于工件既作旋转又作往复运动。珩磨是最常用的孔光整加工方法,也可以加工外圆。珩磨条一般较长,多根磨条与孔表面接触面积较大,加工效率较高。珩磨头本身制造精度较高,珩磨时多根磨条的径向切削力彼此平衡,加工时刚度较好。因此,珩磨对尺寸精度和形状精度也有较好的修正效果。加工精度可以达到 IT5~IT6 级精度,表面粗糙度值为 *Ra*0.01~0.16 μm,孔的椭圆度和锥度修正到 3~5 μm 内。珩磨头与机床浮动连接,故不能提高位置精度。

(3)研磨。研磨是用研磨工具和研磨剂从工件上研去一层极薄表面层的精加工方法。研磨剂一般由极细粒度的磨料、研磨液和辅助材料组成。研具和工件在一定压力下作复杂的相对运动,磨粒以复杂的轨迹滚动或滑动,对工件表面起切削、刮擦和挤压作用,也可能兼有物理化学作用,去除加工面上极薄一层金属。

(4)抛光。抛光是在毡轮、布轮、带等软研具上涂上抛光膏,利用抛光膏的机械作用和化学作用,去掉工件表面粗糙度峰顶,使表面达到光滑镜面的加工方法。抛光过程去除的余量很小,不容易保证均匀地去除余量,因此,只能减小表面粗糙度值,不能改善零件的精度。抛光轮弹性较大,故可抛光形状较复杂的表面。

2. 改善表面层物理力学性能的加工方法

表面强化工艺可以使材料表面层的硬度、组织和残余应力得到改善,有效地提高零件的物理力学性能。常用的方法有表面机械强化、化学热处理及加镀金属等,前面章节已介绍,此处不再赘述。

10.5　机械加工中的振动

机械加工产生的振动可分为三类:

(1)自由振动。当系统受到初始干扰力而破坏了其平衡状态后,仅靠弹性恢复力来维持的振动称为自由振动。在切削过程中,由于材料硬度不均或工件表面有缺陷,工艺系统就会发生振动,但由于阻尼作用,自由振动将迅速减弱,因而对机械加工的影响不大。

(2)强迫振动。在外界周期性干扰力(激振力)持续作用下,系统被迫产生的振动。

(3)自激振动。系统在没有受到外界周期性干扰力(激振力)作用下产生的持续振动,维持这种振动的交变力是由振动系统在自身运动中激发出来的,称为自激振动。

据统计,机械加工中的强迫振动约占30%,自激振动约占65%,而自由振动所占比例很小。

10.5.1　机械加工中的强迫振动及其控制

1. 强迫振动及其产生原因

机械加工过程中产生的强迫振动,本身不会引起干扰力的变化,且频率与干扰力的频率相等或成倍数关系。其振幅主要取决于干扰力的幅值、频率和阻尼比。系统受周期性动载荷作用时,产生单位振幅所需要激振力的大小称为动刚度。系统的动刚度越大,或系统的阻尼比越大,就意味着要产生一定的振幅(或动态位移)所需的交变干扰力就越大,因而就称该系统的抗振性能好。因此,增大机床结构或工艺系统的动态刚度和阻尼比,就是提高机床或工艺系统的动态特性,保证加工质量的有效措施。

机械加工过程中产生的强迫振动的原因可从机床、刀具和工件三方面去分析。

机床中某些传动零件的制造精度不高,会使机床产生不均匀运动而引起振动。例如齿轮的周节误差和周节累积误差,会使齿轮传动的运动不均匀,从而使整个部件产生振动。主轴与轴承之间的间隙过大、主轴轴颈的椭圆度、轴承制造精度不够,都会引起主轴箱以及整个机床的振动。

多刃、多齿刀具如铣刀、拉刀和滚刀等,切削时由于刃口高度的误差或因断续切削引起的冲击,容易产生振动。

被切削的工件表面上有断续表面或表面余量不均、硬度不一致,都会在加工中产生振动。如车削或磨削有键槽的外圆表面就会产生强迫振动。

2. 减小或消除强迫振动的途径

根据上述强迫振动的产生原因、运动规律及特性,来寻求控制途径。一般首先通过测振试验,并且进行频谱分析,从而在工艺系统内部或外界寻找相同频率振源来确定干扰源,然后根据不同的干扰振源采用不同的措施寻以控制。

(1)消振与隔振。消振就是找出外界干扰力并加以去除,若去除不了,可采取隔振措施。隔振就是在振动传播途中加入具有弹性的装置,使振源产生的大部分振动被隔振装置吸收,使振源的干扰不向外传或使外界的干扰不能影响工艺系统。

(2)消除回转零件的不平衡。工艺系统中的回转零部件,如砂轮、卡盘、电动机转子及刀盘等,由于质量不平衡,当高速旋转时,会产生离心力,形成一个周期性的干扰振源,即激振力,引起工艺系统振动,其圆频率即是回转零件的角速度。对这类振源,主要是通过静平衡或动平衡加以消除。传动机构的缺陷和往复运动机构的惯性冲击也是使系统产生振动的重要原因之一。因此应提高传动元件的制造和装配精度。

(3)提高工艺系统的刚度和阻尼。提高工艺系统刚度、增大阻尼是提高工艺系统抗振能力的有效措施。例如,提高连接部件的接触刚度;预加载荷减小滚动轴承的间隙;采用内阻尼较大的材料制造某些零件等,都能收到较好的效果。

(4)调整振源频率。由强迫振动的特性可知,当激振力的频率接近系统固有频率时,会发生共振。因此,尽可能使旋转件的频率远离机床有关零件的固有频率,也就是避开共振区,使工艺系统各部件在准静态区或惯性区运行,避免共振。

(5)提高机床传动件的制造精度。对齿轮传动,齿轮精度不高以及安装时的几何偏心,导致啮合时产生冲击,并带来噪声。提高齿轮的制造精度和装配质量,采用对振动冲击不敏感的材料以及镶嵌阻尼材料等是减少齿轮啮合振动的主要措施。主轴滚动轴承振动将引起主轴系统的振动,严重影响加工精度及表面质量。振动的大小,主要取决于装配质量和轴承本身的制造精度。皮带不能调整得过紧,最好采用无接头平皮带。采用多根三角皮带时,应注意选择三角皮带的质量(如长短、薄厚、宽窄、绕性等)尽量一致。

10.5.2 机械加工中的自激振动及其控制

1. 自激振动的产生

机械加工过程中,在没有周期性外力(相对于切削过程而言)作用下,由系统内部激发反馈产生的周期性振动,称为自激振动,简称为颤振。机械加工工艺系统是一个由机床振动系统和调节系统组成的闭环系统,如图10-42所示。切削过程中的交变切削力会激励机床振动系统产生振动运动。如果切削过程很平稳,即使系统有条件产生自激振动,也因没有交变切削力,而不产生自激振动。但是,实际加工过程中,偶然性的外界干扰总是存在的,使切削力发生变化,作用在机床振动系统上,就会引起工件与刀具间的位置发生周期性变化,产生交变切削力,进而产生自激振动。

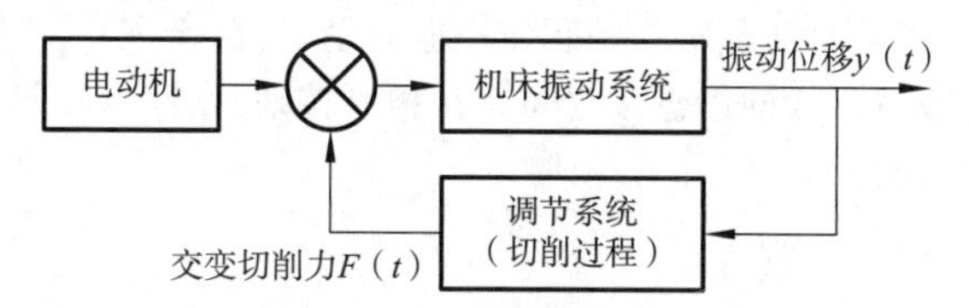

图 10-42　自激振动闭环系统

自激振动的频率接近或等于工艺系统中薄弱环节的固有频率,完全由系统本身的参数决定。自激振动是由偶然性干扰引起交变切削力而产生的,自激振动过程中没有周期性外力作用,与强迫振动也不同。自激振动有能量输入,不受阻尼影响,是一种不衰减振动。产生自激振动的条件是:①系统中出现偶然性干扰;②系统获得能量大于消耗能量。

2. 自激振动的控制

自激振动与切削过程本身有关,与工艺系统的结构性能也有关,所以消除自激振动的措施也是多方面的。下面从工艺角度介绍一些基本措施。

(1)合理选择切削用量。一般在 $v_c=30\sim60$ m/min 范围内容易产生振动,相应的振幅值较大,但切速高于或低于这个范围,振动处于减弱状态,采用高速切削或低速切削可以避免自激振动。增大进给量可使振幅减小,在加工表面粗糙度允许的情况下,可以选取较大的进给量以避免自激振动。切深增大,切削宽度也增大,振动增强,选择切深时一定要考虑切削宽度对振动的影响。

(2)合理选择刀具几何参数。刀具几何参数中对振动影响最大的是主偏角和前角。主偏角增大,则垂直于加工表面方向的切削分力 F_y 减小,实际切削宽度减小,故不易产生自振。后角可尽量取小,但精加工中由于后角较小,刀刃不容易切入工件,而且后角过小时,刀具后刀面与加工表面间的摩擦可能过大,这样反容易引起自振。通常在刀具的主后刀面下磨出一段后角为负的窄棱面,即负倒棱。另外,实际生产中还往往用油石新刃磨的刃口稍稍钝化,也很有效果。

(3)提高工艺系统抗振性能。为提高机床的抗振性能,应设法增强接触刚度,可适当减小主轴轴承的间隙;适当施加滚动轴承的预紧力;提高中心孔研磨质量等。为提高工件刚度,可在加工细长轴时使用中心架或跟刀架;尽量缩短镗杆或刀具的悬伸量;用固定顶尖代替回转顶尖等。为提高刀具的抗振性,可采用具有高弯曲和扭转刚度、高阻尼系数的刀具;弹性刀杆等。

(4)采用减振装置。常用的减振装置有动力式、摩擦式及冲击式减振器三类。动力式减振器是用弹性元件把一个附加质量块连接到振动系统中,利用附加质量的动力作用,使附加质量作用在系统上的力与系统的激振力大小相等、方向相反,从而达到消振、减振的作用。图 10-43 所示为镗杆动力减振器。

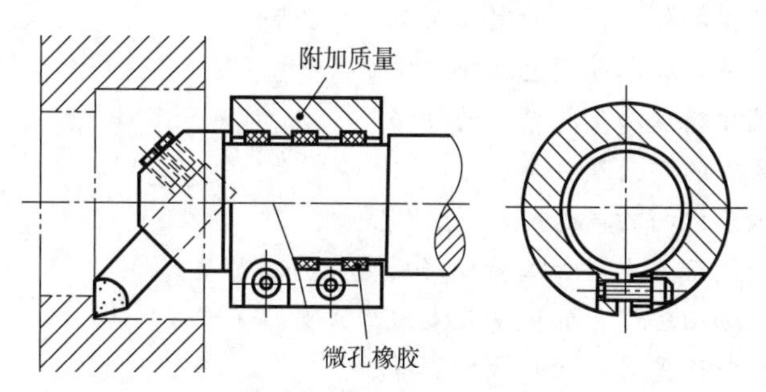

图 10-43　镗杆动力减振器

摩擦式减振器是利用摩擦阻尼消耗振动能量,从而达到消振、减振的作用。图 10-44 所示为固体摩擦式减振器。轴 3 与毂盘 2 相连；拧动螺母 4，通过碟形弹簧 5 使毂盘 2、摩擦盘 6 和飞轮 1 间保持有一定的压紧力。当毂盘 2 随轴 3 一起作扭振运动时，由于飞轮 1 的惯量大，不能随轴 3 同步运动，与飞轮 1 相连的摩擦盘 6 同毂盘 2 之间就有相对转动，摩擦盘 6 起消耗轴 3 扭转振动的作用，达到消减轴 3 扭振的目的。

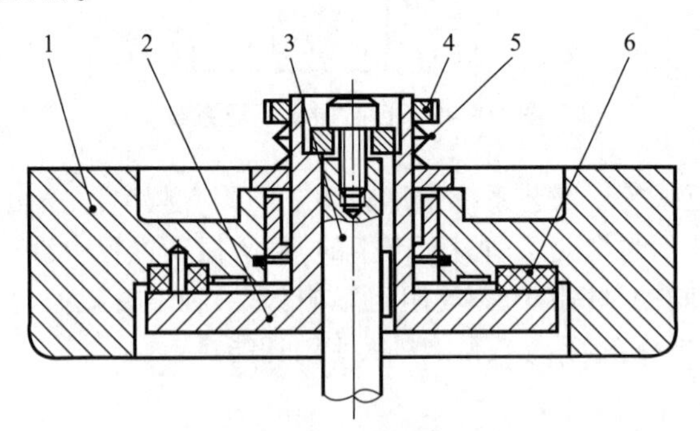

图 10-44　固体摩擦式减振器

1—飞轮；2—毂盘；3—轴；4—螺母；5—碟形弹簧；6—摩擦盘

冲击式减振器是利用两物体相互碰撞要损失动能的原理，在振动体 M 上装一个起冲击作用的自由质量 m。系统振动时，自由质量 m 反复冲击振动体 M，消耗振动体的能量，达到减振目的。图 10-45 所示为冲击式减振镗杆和镗刀。

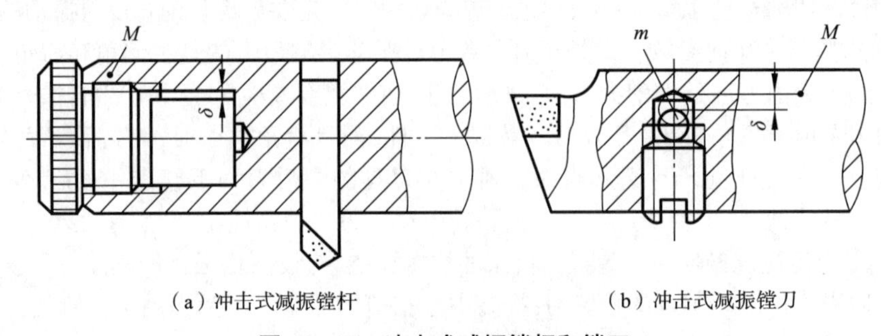

（a）冲击式减振镗杆　　（b）冲击式减振镗刀

图 10-45　冲击式减振镗杆和镗刀

习　题

10-1　简述产品质量和机械产品制造质量的内容。

10-2　简述加工精度和加工误差的定义及二者的关系。

10-3　简述机械零件的加工精度包括哪些方面。

10-4　简述获得尺寸精度和形状精度的方法。

10-5　简述原始误差的定义及分类。

10-6　简述误差敏感方向的概念。

10-7　简述机床制造误差中对加工精度影响较大的有哪些。

10-8　简述机床主轴回转误差的概念及表现形式。

10-9　简述机床导轨误差对加工精度的影响。

10-10　简述机床传动链误差的概念。

10-11　简述工艺系统刚度和误差复映的概念及二者的关系。

10-12　简述加工误差的表现形式及分布规律。

10-13　简述加工误差的分析方法。

10-14　简述机械加工表面质量的内容。

10-15　简述进给量、主偏角、副偏角及刀尖圆弧半径对工件表面残留面积高度的影响。

10-16　简述磨削烧伤的概念及类型。

10-17　简述提高加工表面质量的方法。

10-18　简述机械加工中强迫振动和自激振动的控制方法。

10-19　简述卧式车床床身导轨在水平面内直线度要求高于在垂直面内直线度要求的原因。

10-20　在卧式镗床上镗孔时，刀具作旋转主运动，工件作进给运动，试分析加工表面产生椭圆形误差的原因。

10-21　某卧式车床导轨在水平面内的直线度误差为 0.015 mm/1 000 mm，在垂直面内的直线度误差为 0.025 mm/1 000 mm，欲在此车床上车削直径为 ϕ60 mm、长度为 200 mm 的工件，试计算被加工工件由导轨几何误差引起的圆柱度误差。

10-22　在三台车床上分别加工三批工件的外圆表面，加工后经测量，三批工件分别产生了图 10-46 所示的形状误差，试说明产生上述形状误差的主要原因。

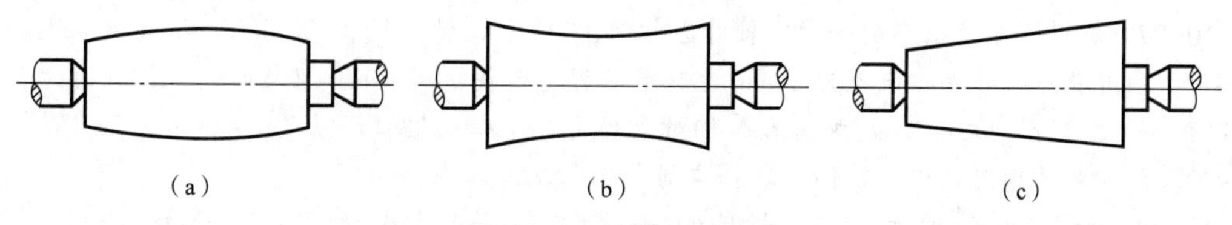

图 10-46　习题 10-22 图

10-23　按图 10-47(a)所示的装夹方式，在外圆磨床上磨削薄壁套筒 A 的外圆面，卸下工件后发现工件呈鞍形，如图 10-47(b)所示，试说明产生上述形状误差的主要原因。

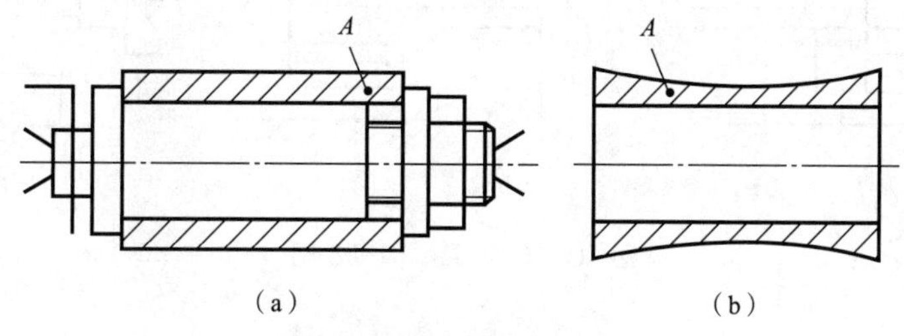

图 10-47　习题 10-23 图

10-24　在外圆磨床上磨削图 10-48 所示轴件的外圆柱面，若机床几何精度良好，试分析磨外圆后 $A—A$ 截面的形状误差，画出 $A—A$ 截面的形状，并说明产生上述形状误差的主要原因，提出减小上述误差的措施。

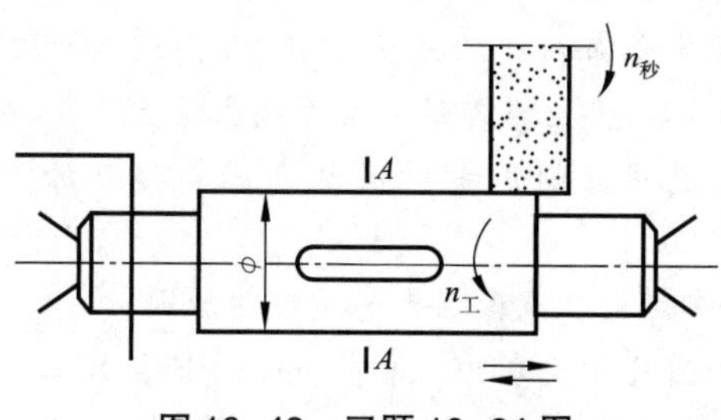

图 10-48　习题 10-24 图

10-25　已知某车床的部件刚度分别为：$k_{主轴}=50\ 000$ N/mm；$k_{刀架}=23\ 330$ N/mm，$k_{尾座}=34\ 500$ N/mm。在该车床上采用前后顶尖定位，车削直径为$\phi 50_{-0.2}^{0}$ mm 的光轴，其背向力 $F_p=3\ 000$ N，假设刀具和工件的刚度都很大，试求：①车刀位于主轴箱端处工艺系统的变形量；②车刀处在距主轴箱 1/4 工件长度处工艺系统的变形量；③车刀处在工件中点处工艺系统的变形量；④车刀处在距主轴箱 3/4 工件长度处工艺系统的变形量；⑤车刀处在尾座处工艺系统的变形量；⑥完成计算后，画出该轴加工后纵向截面的大致形状。

10-26　在卧式铣床上按图 10-49 所示的装夹方式，用铣刀 *A* 铣键槽，经测量发现，工件右端槽深大于中间槽深，试采用因果关系图分析法说明产生上述形状误差的主要原因。

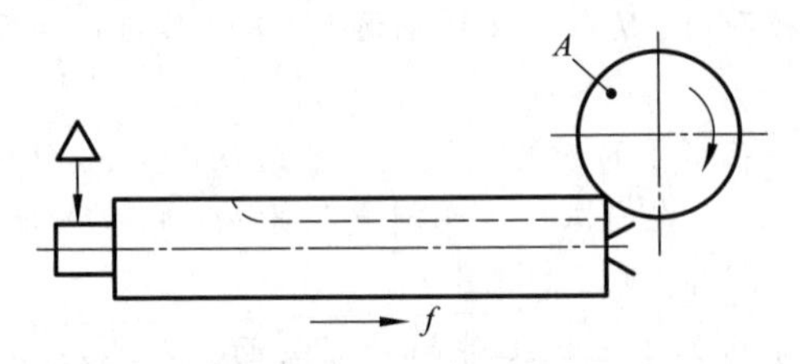

图 10-49　习题 10-26 图

10-27　在卧式车床上车削一短粗轴外圆柱面，工艺系统刚度 $k_{系统}=20\ 000$ N/mm，毛坯待加工面相对于顶尖孔中心的偏心误差为 2 mm，毛坯最小背吃刀量 $a_{p2}=1$ mm，且此时的主切削力为 $F_{y2}=1\ 500$ N，试求：①第一次走刀后，加工表面相对于顶尖孔中心的偏心误差；②至少需要切几次才能使加工表面相对于顶尖孔中心的偏心误差控制在 0.01 mm 以内。

10-28　如图 10-50 所示，在卧式镗床上镗削加工孔，若只考虑镗杆刚度的影响，根据下列镗孔方式，分别画出镗孔加工后内孔的几何形状，并说明原因。

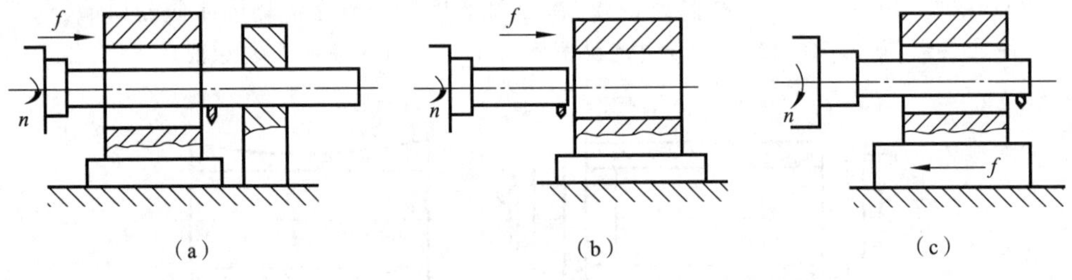

图 10-50　习题 10-28 图

10-29　如图 10-51 所示，在平面磨床上用砂轮端面磨削工件上表面。为减小砂轮与工件的接触面积，加工时常常把砂轮倾斜一个很小的角度 α，从而改善切削条件。若 $\alpha=2°$，试画出磨削后工件上表面的形状误差，并计算因砂轮倾斜引起的平面度误差大小。

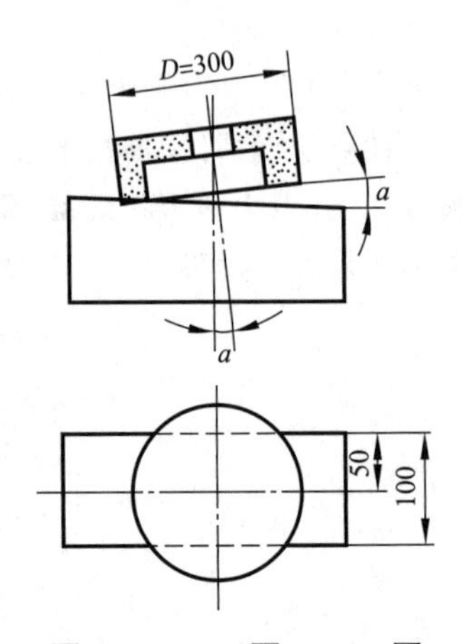

图 10-51　习题 10-29 图

10-30　用调整法车削一批小轴的外圆，根据下列条件，忽略其他因素，分别画出工件尺寸误差分布曲线的总体形状，并简述其理由。条件：①车刀的热变形影响显著；②车刀的刀具磨损影响显著。

10-31　以磨外圆为例，说明磨削用量对磨削表面粗糙度的影响。

10-32　简述机器零件一般都是从表面层开始破坏的原因。

10-33　车削加工一批外圆尺寸要求为$\phi 50_{-0.1}^{0}$ mm 的轴。加工后外圆尺寸按正态分布，均方根偏差 $\sigma=0.025$ mm，分布曲线中心比公差带中心大 0.03 mm，试计算这批轴的合格品率及不合格品率。

10-34　在自动车床上加工一批外圆尺寸为 $\phi(30\pm0.1)$ mm 的轴，已知均方根偏差 $\sigma=0.02$ mm，试求此机床的工序能力等级。

10-35　在车床上镗削尺寸要求为 $\phi25_{-0.06}^{+0.04}$ mm 的孔。加工后孔径尺寸呈正态分布，均方根偏差为 $\sigma=0.02$ mm，孔径平均尺寸为 24.98 mm。试画出正态分布图；计算常值系统误差；计算该批零件的合格率及不合格率，分析不合格部分是否可以修复。

10-36　在数控车床上加工一批外径尺寸要求为 $\phi(11\pm0.05)$ mm 的小轴。现每隔一定时间抽取一个容量 $n=5$ 的小样本，依次共抽取 20 个小样本，逐一测量每个小样本每个小轴的外径尺寸，并算出顺序小样本的平均值 $\bar{x}$ 和极差 R，列于表 10-9 中。试设计 $\bar{x}$-R 点图，并判断该工艺过程是否稳定？

表 10-9　顺序小样本数据表　（单位：mm）

样本序号	1	2	3	4	5	6	7	8	9	10
$\bar{x}$	10.986	10.994	10.994	11.002	11.002	11.018	10.998	10.976	10.986	10.994
R	0.09	0.08	0.11	0.06	0.10	0.07	0.10	0.09	0.06	0.04
样本序号	11	12	13	14	15	16	17	18	19	20
$\bar{x}$	11.022	10.988	11.024	11.018	10.974	11.034	10.994	10.996	11.046	11.028
R	0.09	0.08	0.06	0.05	0.04	0.02	0.11	0.04	0.06	0.10

10-37　假设当车刀按图 10-52(a)方式安装加工时，机械加工工艺系统有强烈振动发生，此时若将刀具按图 10-52(b)方式反装、或按图 10-52(c)方式采用前后刀架同时车削、或按图 10-52(d)方式设法将刀具沿工件旋转方向转过某一角度装夹在刀架上，加工中的振动就可能会减弱或消失，试分析其原因。

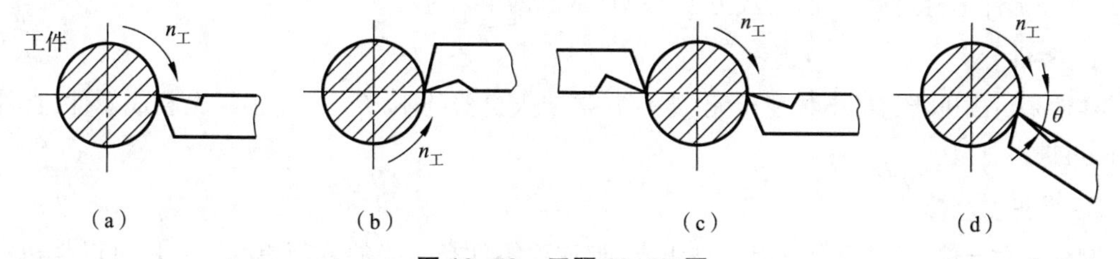

图 10-52　习题 10-37 图

第11章 机器装配工艺设计

阅读导入

运-20飞机是我国自主研制的首款大型运输机,机身全长50 m。在研制过程中,我国工程技术人员实现了大飞机机身数字化装配零的突破,效率提高百倍的同时,精度能达到毫米级。任何机器都是由零件组成的,简单地说将零件组合在一起的过程就是机器的装配过程。装配工艺对保证机器的质量起到十分重要的作用,选择合适的装配方法,制定合理的装配工艺规程,不仅是保证机器装配质量的手段,还能提高生产率,降低生产成本。

11.1 装配概述

11.1.1 机器的装配过程

在装配过程中,为简化操作和提高效率,通常将机器划分为若干可独立装配的装配单元。装配单元通常分为五个等级,即零件、套件、组件、部件和机器。从而,装配是按技术要求,将零件、套件、组件和部件进行连接和配合,成为半成品或成品的工艺过程。

1. 零件

零件是组成机器的最小装配单元,零件直接装入机器的不多。一般都预先装成套件,组件或部件,再进入总装。

2. 套件

套件又称合件,是由两个以上零件组合,形成比零件高一级的装配单元。套件可以是在一个基准零件上,装上一个或若干个零件而构成的装配单元。每个套件只有一个基准零件,作用是连接零件和确定零件的相对位置。套件的装配过程称为套装。

套件也可以是若干零件通过焊接或铆接等方法形成永久性连接的装配单元,还可以是零件组合后需要再次加工,例如发动机连杆小头孔压入衬套后要精镗。

3. 组件

组件是在一个基准零件上,装上一个或若干套件和零件而构成的装配单元。每个组件也只有一个基准零件,连接相关零件和套件,并确定其相对位置。组件的装配过程称为组装。图11-1所示为组件装配工艺系统图。

4. 部件

部件是在一个基准零件上,装上若干个组件、套件和零件而构成的装配单元。同样,一个部件只能有一个基准零件,连接各个组件、套件和零件,确定其相对位置。部件的装配过程称为部装。图11-2所示为部件装配工艺系统图。

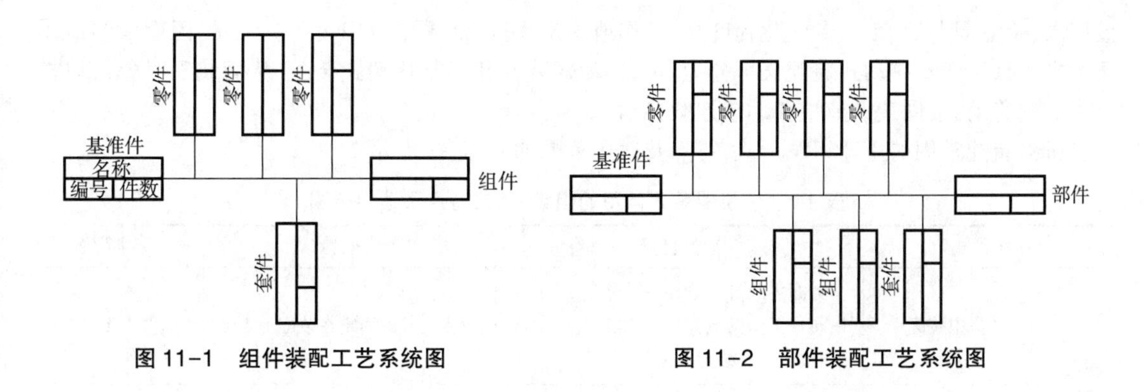

图 11-1　组件装配工艺系统图

图 11-2　部件装配工艺系统图

5. 机器

机器或称产品是在一个基准零件上,装上若干个部件、套件、组件和零件而构成最终的装配整体。一台机器只能有一个基准零件,其作用与上述相同。机器的装配过程,称为总装配或总装。图 11-3 所示为机器装配工艺系统图。有了装配系统图,机器的结构和装配工艺就很清楚。因此装配系统图是一个很重要的工艺文件。

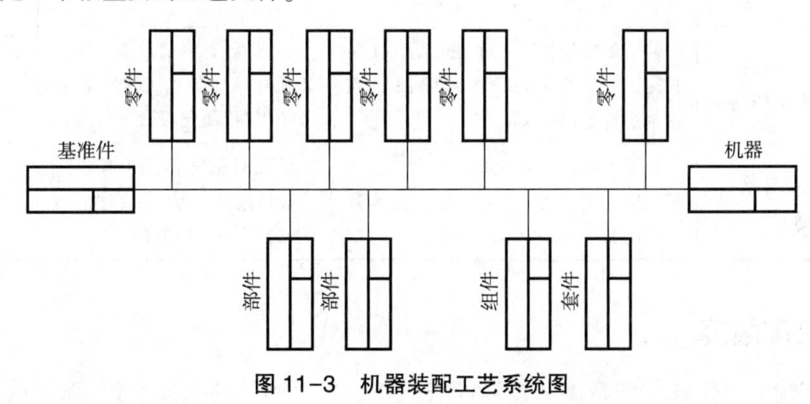

图 11-3　机器装配工艺系统图

装配是机械制造过程的最后阶段,为了使产品达到规定的技术要求,装配不仅包括零件、组件、部件的配合和连接等过程,还应包括调整、检验、试验、油漆和包装等工作。

11.1.2　装配的组织形式

装配的组织形式,应根据产品的生产批量、结构特点及装配劳动量等因素来确定,一般分为固定式装配和移动式装配两种。

1. 固定式装配

固定式装配是产品或部件的全部装配工作都安排在一个固定的工作地点进行的装配组织形式;其优点是基础件在装配过程中位置不变,不需要特殊的装配线运输设备;缺点是生产面积占用较大,要求工人有较高的技术水平,所需零部件都要送到装配地点,因此运输量大。这种装配组织形式多用于单件小批量生产,也适合于成批生产的重型产品。固定式装配分为集中固定式装配和分散固定式装配。

2. 移动式装配

移动式装配是负责各装配工序的工人和工作地固定不变,而所要装配的产品不断地依次通过每个工作地,在每个工作地完成一个或几个工序,在最后一个工作地装配成产品。其优点是生产效率高、装配周期短、工人专业化程度高、工作地固定、可广泛采用专用设备及工具,因而大多应用于大批大量生产。移动式装配又可分为自由移动式装配和强制移动式装配,从而装配对象可以按自由节拍移动、按周期性节拍移动或连续移动。

机器装配常用的生产组织形式,特点及适用范围如表 11-1 所示。

表 11-1　机器装配常用的组织形式、特点及适用范围

组织形式		装配特点	传送特点	适用范围
固定式装配	集中装配	全部装配过程均由一个或一组工人在同一工作场地完成。对工人技术水平要求较高,装配周期长	装配对象固定在装配地点	单件小批生产
	分散装配	产品的部件装配和总装在不同的工作场地由不同的工人分别进行,装配效率高,装配周期短	装配对象固定在装配地点	中等批量生产
移动式装配	装配对象按自由节拍移动	装配工序分散到不同工位,每一工位只完成一定的装配工序。装配工人技术水平要求相对固定式装配要低	各装配工序没有固定节拍,装配对象根据各工序所需时间,经传送工具自由地送到下一工位	大批生产
	装配对象按周期性节拍移动	装配工序分散到不同工位,每一工位只完成一定的装配工序。装配工人技术水平要求相对较低	各装配工序有固定节拍。装配对象由传送工具按固定节拍周期性地送到下一工位	大批大量生产
	装配对象连续移动	装配工序分散到不同工位,每一工位只完成一定的装配工序。装配工人熟练程度要求高,生产效率高	装配对象随传送工具以一定速度连续移动,各工序的装配必须在一定时间内完成	大批大量生产

11.1.3　装配精度

机器的装配应当保证装配精度和提高经济效益。根据不同的生产条件,采取适当的装配方法,在保证装配精度的同时,不过高要求零件加工精度,是装配工艺的首要任务。

1. 机器的装配精度

装配精度是指产品装配后几何参数实际达到的精度,可根据机器的工作性能确定。正确规定机器和部件的装配精度是产品设计的重要环节之一,这不仅关系到产品质量,也影响产品制造的经济性。装配精度是制定装配工艺规程的主要依据,也是选择合理的装配方法和确定零件加工精度的依据。

装配精度一般包括:零部件间的尺寸精度、位置精度、相对运动精度和接触精度等。

(1)零部件间的尺寸精度。零部件间的尺寸精度包括配合精度和距离精度。配合精度是指配合面间达到规定的间隙或过盈要求。轴和孔的配合间隙或过盈的变化范围,将影响配合性质和配合质量。距离精度是指零部件间的轴向间隙、轴向距离或轴线距离等。

(2)零部件间的位置精度。零部件间的位置精度包括平行度、垂直度、同轴度和各种跳动等。例如,车床主轴的径向圆跳动、钻模中钻套轴线对夹具底面的垂直度等。

(3)零部件间的相对运动精度。相对运动精度是指有相对运动的零部件在运动方向和运动位置上的精度。运动方向上的精度包括零部件间相对运动时的直线度、平行度和垂直度等。运动位置精度即传动精度是指内联系传动链中,始末两端传动元件间相对运动(转角)精度。例如,滚齿机滚刀主轴与工作台的相对运动精度和车床车螺纹的主轴与刀架移动的相对运动精度等。

(4)接触精度。接触精度是指两配合表面、接触表面和连接面间达到规定的接触面积大小与接触点分布情况,影响接触刚度和配合质量的稳定性。如锥体配合、齿轮啮合和导轨面之间均有接触精度要求。

2. 装配精度与零件加工精度的关系

机械产品的装配精度与相关零、部件制造误差的累积有关,特别是关键零件的加工精度。一般情况下,这些零件加工误差的累积将影响装配精度。因此,机械产品的装配精度是由零件的加工精度和合理的装配方法共同保证的,为了定量分析二者的关系,常建立装配尺寸链,通过解算装配尺寸链,确定零件加工精度与装配精度之间的定量关系。

11.2　装配工艺性评价

机器的装配工艺性是指在一定生产条件下机器结构符合装配工艺要求的程度。一台装配工艺性好的机器,在装配过程中不用或少用手工刮研、攻螺纹等补充加工;不必采用复杂而特殊的工艺装备和专门的工艺措施,就能顺利地完成装配过程。机器的装配工艺性在整个生产过程中占有很重要的地位。机械产品的装配工艺性评价的主要内容有:

1. 机器结构能划分独立装配单元

在装配过程中,能够把机器划分成若干独立的装配单元,是机器结构装配工艺性的重要标志之一,对生产好处很多,主要是:便于组织平行装配流水作业,可以缩短装配周期;便于组织厂际协作生产,便于组织专业化生产;有利于机器的维护修理和运输;机器局部结构进行改进后,整个机器只是局部变动,使机器改装比较方便,有利于产品的更新和升级换代。另外,有些精密零部件不能在使用现场进行装配,只能在特殊条件下装配和调整,然后以部件的形式进入总装配。

图 11-4 所示为两种轴的装配结构比较,图 11-4(a)中传动轴上的齿轮直径大于箱体轴承孔径,该轴上的零件都必须依次在箱体内装配,操作较复杂。图 11-4(b)中传动轴上的齿轮直径小于轴承孔,该轴上的零件可预先装配成组件后,一次装入箱体内,从而简化装配过程,缩短装配周期,相比之下此方案装配工艺性好一些。

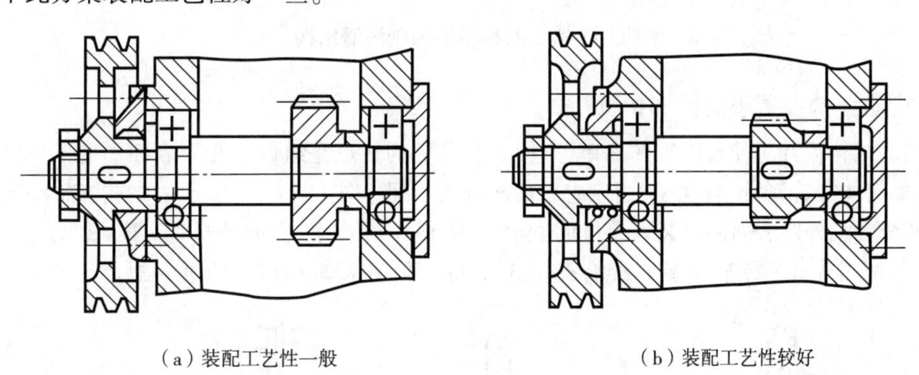

(a)装配工艺性一般　　(b)装配工艺性较好

图 11-4　两种轴的装配结构比较

2. 减少装配中的修配或机械加工

机器在装配过程中,难免要对某些零部件进行修配,此时多数由手工操作,不仅要求较高的技术,而且又难以事先确定工作量。因此,对装配过程有较大的影响。在机器结构设计时,应尽量减少装配时的修配或机械加工的工作量。如图 11-5(a)车床主轴箱与床身的装配结构采用山形导轨定位,装配时基准面的修刮难度较大,图 11-5(b)采用平导轨定位,装配时基准面的修刮难度大大降低,则装配工艺性得到改善。

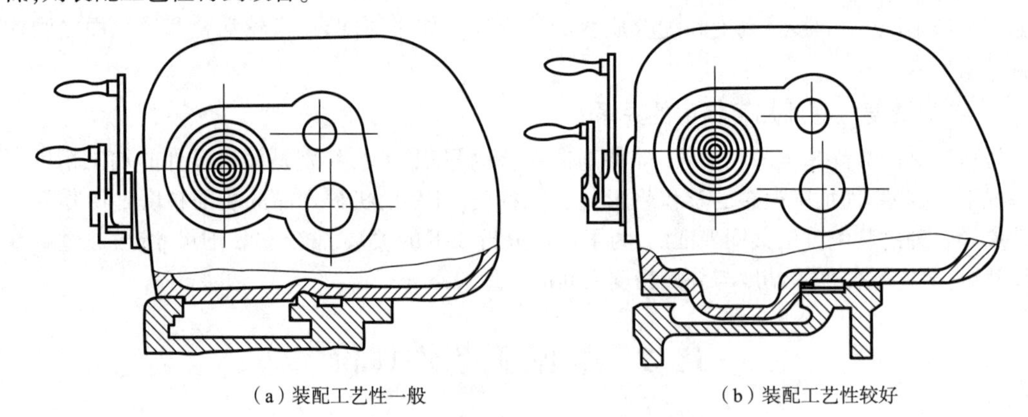

(a)装配工艺性一般　　(b)装配工艺性较好

图 11-5　车床主轴箱与床身的两种不同装配结构形式

机器装配过程中应尽量减少配做加工量。在装配中安排机械加工(配做)会影响装配的连续性,延长装配周期;增加加工设备,既占场地面积,又易引起装配混乱;产生的切屑如清除不净,会加剧机器磨损。图 11-6 所示为两种轴润滑结构,图 11-6(a)结构在轴套装到箱体上后需配钻油孔,在装配工作中增加了机械加工工作量,即使预先加工好油孔,装配时对正也很困难;图 11-6(b)结构改在轴套上预先加工油孔,装配工艺性就好。

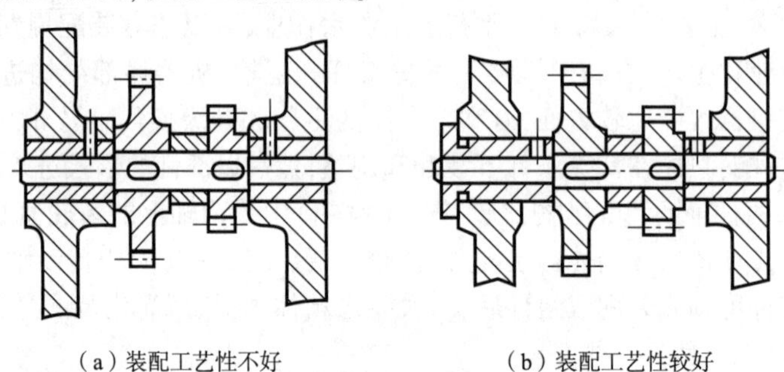

(a)装配工艺性不好　　(b)装配工艺性较好

图 11-6　两种不同的轴润滑结构

3. 机器结构应便于装配和拆卸

机器的结构设计应使装配工作简单、方便。其重要的一点是组件的几个表面不应该同时装入基准零件(如箱体零件)的配合孔中,而应先后依次进入装配。图 11-7(a)所示的结构,轴承依次装配,装配时两个轴承外圆表面同时装入箱体的配合孔中,既不好观察,也不易同时对准;图 11-7(b)所示的结构,装配时先让右端轴承装入配合孔中 3~5 mm 后,左端轴承再开始进入配合孔中,容易装配。

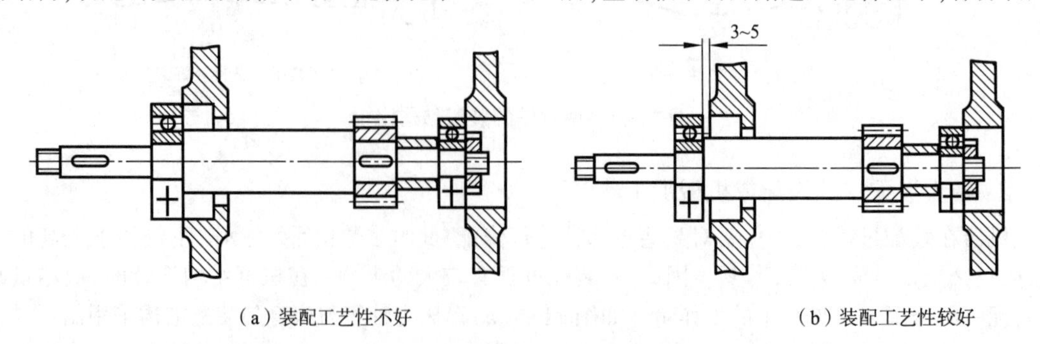

(a)装配工艺性不好　　(b)装配工艺性较好

图 11-7　轴承依次装配的结构

图 11-8(a)所示的结构,轴承内外圈均很难拆卸,装配工艺性差;图 11-8(b)所示的结构,拆卸轴承内外圈都十分方便,装配工艺性好。图 11-9(a)中定位销孔为盲孔,定位销拆卸很困难,装配工艺性差;图 11-9(b)中定位销孔为通孔,定位销拆卸方便,装配工艺性好。

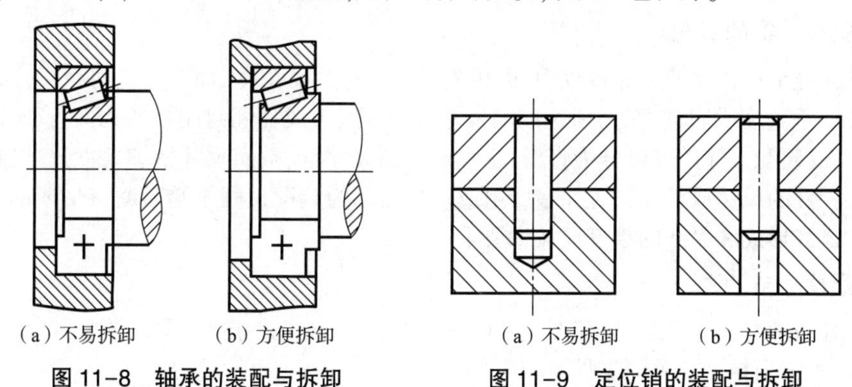

(a)不易拆卸　(b)方便拆卸

图 11-8　轴承的装配与拆卸

(a)不易拆卸　(b)方便拆卸

图 11-9　定位销的装配与拆卸

4. 预留足够的操作空间

机器设计过程中,要预留足够的操作空间,虽然是小问题,但被忽视将给装配过程造成困难,甚至无法装配。如图 11-10 所示,装配中需要用扳手、螺钉旋具等工具进行紧固时,需要预留足够的回转空间;装配中螺栓等紧固件要能方便进出。

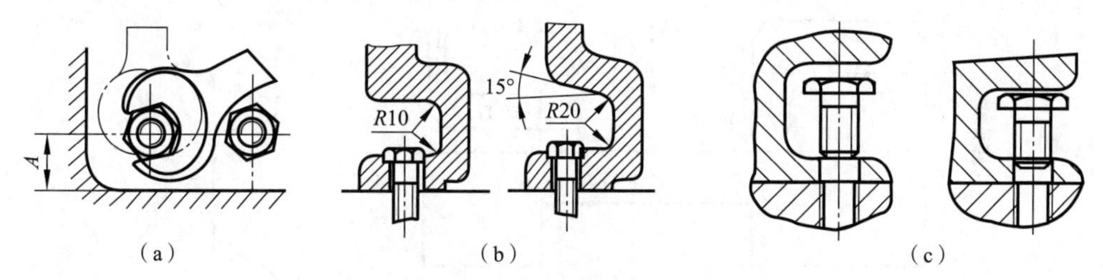

(a)　(b)　(c)

图 11-10　装配时预留足够的工作空间

5. 综合分析装配结构方案

机器结构设计时,应充分考虑机器功能确定装配方案。图 11-11 给出了两种车床横刀架底座后压板结构,为保证横刀架底座后压板和床身下导轨间具有规定的装配间隙,图 11-11(a)所示的结构,装配时需要修刮压板装配面,但零件少、结构简单;若机器装配后不需要经常调整压板装配间隙,可采用此方案。而图 11-11(b)所示的结构,采用螺钉调整间隙,装配简单,但零件略多、结构略复杂;若机器装配后需要经常调整压板装配间隙,则应采用此方案。

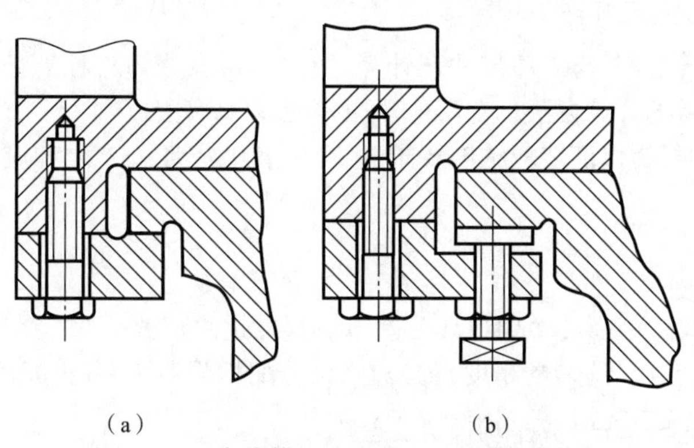

(a)　(b)

图 11-11　车床横刀架底座后压板两种不结构

11.3 装配尺寸链

1. 装配尺寸链的概念

装配尺寸链是在机器的装配过程中,由相关零件的有关尺寸(表面或轴线间距离)或相互位置关系(平行度、垂直度或同轴度等)所组成的尺寸链。按照组成环和封闭环的几何特征和所处空间位置分布情况,装配尺寸链可以分为直线尺寸链、平面尺寸链、空间尺寸链和角度尺寸链。其中组成环由相关零件的尺寸或相互位置关系所组成。封闭环为装配过程中最后间接形成的一环,是装配完成后才最终形成和保证的精度或技术要求。

2. 装配尺寸链的建立

装配尺寸链的建立,是根据装配图及装配精度的要求,首先确定封闭环,该尺寸精度为装配精度;然后找出与该项精度有关的零件及相应的有关尺寸,并画出尺寸链图。

图 11-12 所示为车床主轴中心线与尾座中心线的等高性要求。车床主轴锥孔中心线和尾座锥孔中心线的等高度,即 $A_0=0$,主要取决于 A_1、A_2 及 A_3 的尺寸精度,其中 A_1 是主轴箱中心线相对于床身导轨面的垂直距离,A_2 是底板相对于床身导轨面的垂直距离,A_3 是尾座中心线相对于底板 3 上表面的垂直距离。

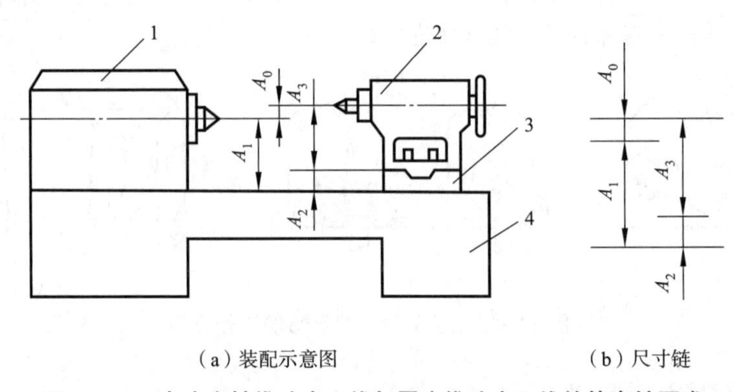

(a) 装配示意图　　(b) 尺寸链

图 11-12　车床主轴锥孔中心线与尾座锥孔中心线的等高性要求

1—主轴箱;2—尾座;3—底板;4—床身

参考工艺尺寸链分析计算过程,由图 11-12 可知,A_0 是由 A_1、A_2 及 A_3 装配后间接得到的,即 A_0 是装配尺寸链的封闭环。然后分析组成环及增减环,最后建立图 11-12(b)的尺寸链图,进行装配尺寸链计算。

3. 极值法计算装配尺寸链

装配尺寸链的计算过程,与工序尺寸链计算过程相似,也分为三种类型,即正计算、反计算和中间计算。装配尺寸链的计算方法也有两种,即极值法和概率法。

采用极值法计算时,为保证装配精度要求,尺寸链各组成环公差之和应小于或等于封闭环公差(即装配精度要求)

$$\sum_{i=1}^{n-1} T_i \leqslant T_0 \tag{11-1}$$

式中,T_0 为封闭环公差;T_i 为第 i 个组成环公差;n 为尺寸链总环数。

反计算时,即已知封闭环(装配精度)的公差 T_0,分配相关零件(各组成环)公差 T_i 时,可按“等公差”原则($T_1=T_2=\cdots=\overline{T}$)先计算平均极值公差 $\overline{T}$

$$\bar{T} = T_0/(n-1) \tag{11-2}$$

然后根据各组成环尺寸的大小和加工的难易,对各组成环的公差进行适当的调整。

组成环的公差应取标准公差值,但最后一个组成环的公差值可能取不到标准值,该组成环在尺寸链中起协调封闭环的作用,称为协调环。在确定组成环公差值之前,应先选择协调环。选择协调环的一般原则是:选择不需用定尺寸刀具加工、不需用极限量规检验的尺寸作协调环;将难以加工的组成环从宽取标准公差值,则选易于加工的组成环作协调环;或将易于加工的组成环从严取标准公差值,则选难以加工的组成环作协调环。

选好协调环之后,即可开始调整其他组成环的公差,调整原则是:

(1)组成环是标准件尺寸时,如轴承内外圈直径或挡圈厚度等尺寸,其公差值及分布在相应标准中已有规定,故为已知的常值。

(2)相近、加工方法相同的组成环,取相同的公差值;尺寸大小不同,所用加工方法、加工精度相当的组成环,取相同标准公差等级。

(3)难加工或难测量的组成环,其公差值可适当放大;易加工、易测量的组成环,其公差值可适当减小。

(4)确定各组成环的公差后,按"入体原则"确定极限偏差,即组成环属于外表面尺寸(轴类尺寸)的,按基轴制(h)确定其极限偏差;属于内表面尺寸(孔类尺寸)的,按基孔(H)制确定其极限偏差;入体属性不明确的或孔中心距尺寸,按对称分布(JS 或 js)确定其极限偏差;此外,标准件的极限偏差按标准规定配置;配合尺寸的极限偏差按配合性质确定。

(5)组成环是几个尺寸链的公共环时,其公差值由要求最严的尺寸链确定。

(6)在确定了各组成环的标准公差值之后,还应进行验算,保证装配精度要求,同时不过高要求零件加工精度。

2. 概率法计算装配尺寸链

采用概率法时,装配尺寸链采用统计公差公式计算。其特点是适当放大组成环的公差,可以降低加工难度,但小概率事件也会发生,即会出现少量精度超差产品,需要采取补救措施。生产实践证明,当装配精度要求高,组成环的数目又较多时,应用概率法计算尺寸链比较合理。为保证绝大多数产品的装配精度要求,尺寸链中封闭环的统计公差应小于或等于封闭环的公差要求值

$$\frac{1}{k_0}\sqrt{\sum_{i=1}^{n-1} k_i^2 T_i^2} \leqslant T_0 \tag{11-3}$$

式中,k_0 为封闭环相对分布系数,k_i 为第 i 个组成环的相对分布系数。

当反计算时,可按"等公差"原则求出组成环的平均统计公差$\overline{T}$为

$$T' = \frac{k_0 T_0}{\sqrt{\sum_{i=1}^{n-1} k_i^2}} \tag{11-4}$$

当尺寸呈正态分布时,$k_i=1, i=1, \cdots, n$,则上式化简为 $T'=T_0/\sqrt{n-1}$。比较可知,当封闭环公差相同时,T' 比$\overline{T}$扩大了 $\sqrt{n-1}$ 倍,且 n 值越大,所得平均公差越大。可见,大数互换装配法的实质是使各组成环的公差比完全互换装配法所规定的公差大,从而使组成环的加工比较容易,降低了加工成本。

用概率法计算尺寸链是以一定置信水平 P(%)为依据,置信水平 P(%)是代表装配后合格产品所占的百分数,$1-P$ 代表超差产品的百分数。通常,封闭环趋近正态分布,取置信水平 P=99.73%。从而确定封闭环正态分布曲线的尺寸分散范围为 6σ,对应此范围的概率为 99.73%,而有 0.27% 的产品超差,需要进一步处理,但总体分析仍具有经济性。

11.4 保证精度的四种装配方法

机械产品的精度要求最终是通过装配实现的。装配的核心问题是,在不过高要求相关零件的加工精度,并用最少的装配劳动量,达到装配精度要求,即合理地选择装配方法达到规定的装配精度。根据产品的性能要求、结构特点和生产形式、生产条件等,可采取相应的装配方法。保证精度的装配方法有:互换装配法、选配装配法、修配装配法和调整装配法四种。

11.4.1 互换装配法

互换装配法是在装配过程中,零件互换后仍能达到装配精度要求的装配方法,其实质就是通过保证零件的加工精度进而保证产品的装配精度。根据零件的互换程度,互换装配法又分为完全互换法和不完全互换法(统计互换法或大数互换法)。

1. 完全互换法

在全部产品中,装配时各组成环不需挑选或改变其大小或位置,装配后即能达到装配精度的要求,这种装配方法称为完全互换法。

完全互换装配的优点是:装配质量稳定可靠;装配过程简单,装配效率高;对装配工人的技术水平要求较低;易于实现自动装配;产品维修方便。不足之处是:当装配精度要求较高,尤其是在组成环数较多时,组成环的制造公差规定得严,零件制造困难,加工成本高。完全互换装配法适于在成批生产、大量生产中装配那些组成环数较少或组成环数虽多但装配精度要求不高的机器结构。例如,大批大量生产汽车、拖拉机、缝纫机和自行车等产品时,大多采用完全互换装配法。

采用完全互换装配法时,装配尺寸链应采用极值法计算。

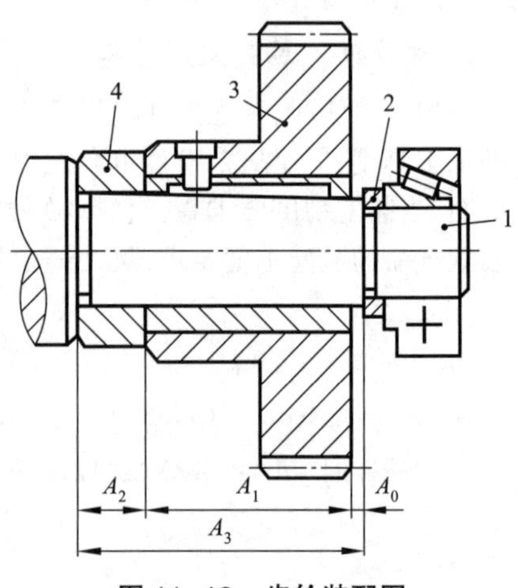

图 11-13 齿轮装配图

1—轴;2—挡圈;3—齿轮;4—轴套

【例 11-1】 如图 11-13 所示的齿轮装配图,由于齿轮 3 要在轴 1 上回转,从而要求齿轮 3 的左端面与轴套 4 接触,右端面和挡圈 2 之间留有间隙 A_0。已知齿轮轮毂宽度 $A_1=35$ mm、轴套厚度 $A_2=14$ mm 以及轴 1 两台肩间的长度 $A_3=49$ mm。若要求装配后的间隙 A_0 在 0.10~0.35 mm,试根据完全互换装配法,计算各组成环尺寸及其极限偏差。

解:

(1)画出装配尺寸链(图 11-13 下方),可参考工序尺寸链图的画法,并校验各环的基本尺寸。由于间隙 A_0 是在零件装配后才间接形成的,所以是封闭环。在 A_0 与 A_1、A_2、A_3 组成的尺寸链中,A_1、A_2 为减环,A_3 是增环。

(2)计算封闭环的公称尺寸

$$A_{封}=\sum A_{增}-\sum A_{减}=A_3-(A_1+A_2)=49-(35+14)=0(\text{mm}),即\ A_0=0\ \text{mm}$$

(3)计算封闭环公差

$$T_{封}=0.35-0.10=0.25(\text{mm}),即\ T_0=0.25\ \text{mm}$$

(4)调整组成环的公差。平均公差为

$$\bar{T}=\frac{T_0}{n-1}=\frac{0.25}{3}\approx 0.083(\text{mm})$$

比较可知,A_2 比 A_1 与 A_3 更容易加工,故取 A_2 为协调环。因 A_1 与 A_3 处在同一尺寸分段内,且加工方法也相似,可取相同的标准公差值。根据标准公差表,组成环的平均公差值接近 A_1 与 A_3 尺寸分段范围的 IT10,故 A_1 与 A_3 的公差值按 IT10 取为 $T_1=T_3=0.10$ mm。则协调环 T_2 的公差为

$$T_2=T_0-T_1-T_2=0.25-0.10-0.10=0.05\ \text{mm}$$

(5)确定组成环的极限偏差。分析可知,A_1 属于外表面尺寸,A_3 属于入体属性不明确的尺寸,根据"入体原则",A_1 按 h、A_3 按 js 确定极限偏差,即

$$A_1=35\text{h}10=35_{-0.10}^{\ 0}\ \text{mm},A_3=49\text{js}10=(49\pm0.05)\ \text{mm}$$

由 $ES_{封}=\sum ES_{增}-\sum EI_{减}=ES_3-(EI_1+EI_2)=+0.05-(-0.10+EI_2)=+0.35$ mm,可得 $EI_2=-0.20$ mm。

再由 $EI_{封}=\sum EI_{增}-\sum ES_{减}=EI_3-(ES_1+ES_2)=-0.05-(0+ES_2)=+0.10$ mm,可得 $ES_2=-0.15$ mm。

从而 $A_2=14_{-0.20}^{-0.15}$ mm,根据标准公差等级和数值,取 $A_2=14\text{b}9=14_{-0.193}^{-0.150}$ mm。

(6)验算封闭环的极限尺寸。

$$ES_0=ES_3-(EI_1+EI_2)=+0.05-[(-0.10)+(-0.193)]=+0.343(\text{mm})$$

$$EI_0=EI_3-(ES_1+ES_2)=-0.05-[0+(-0.15)]=+0.10(\text{mm})$$

$A_0=0$ mm,则 $A_{0\max}=0.343$ mm,$A_{0\min}=0.10$ mm,验算结果表明,封闭环尺寸符合要求,从而组成环为 $A_1=35\text{h}10=35_{-0.10}^{\ 0}$ mm,$A_2=14\text{b}9=14_{-0.193}^{-0.150}$ mm,$A_3=49\text{js}10=(49\pm0.05)$ mm,为独立合格区。也就是只要 A_1、A_2、A_3 分别按上述独立合格区尺寸精度制造,就能做到完全互换装配,达到"拿起零件就装配,装配起来就合格"的状态。

(7)条件合格区分析。若 A_2、A_3 在如上尺寸公差范围内,对于 A_1 有:

$$EI'_{A1}=-0.05-(-0.15)-(+0.343)=-0.243(\text{mm})$$

$$ES'_{A1}=+0.05-(-0.193)-(+0.10)=+0.143(\text{mm})$$

即 $A_1=35_{-0.243}^{-0.010}$ mm 或 $A_1=35_{\ 0}^{+0.143}$ mm,也可以在 A_2、A_3 达到一定条件下满足 A_0 在 0.10~0.343 mm 的装配要求。同理,对于 A_2、A_3 也存在条件合格区,也能满足 A_0 的装配要求。也就是虽然 A_1、A_2、A_3 超出独立合格区尺寸范围,只要在条件合格区尺寸范围内,就可以通过选配满足装配要求,达到"看似超差不能用,选配一下也能用"的状态。

2. 统计互换装配法

当采用完全互换装配法导致零件加工精度过高时,可采用统计互换装配法,又称不完全互换装配法,其实质是将组成环的制造公差适当放大,使零件容易加工,只是极少量产品装配精度存在超出规定要求的可能性,但这是小概率事件,极少发生,从总的经济效果分析,仍然是经济可行的。为便于与完全互换装配法比较,仍以图 11-13 所示齿轮装配间隙要求为例。

【例 11-2】 如图 11-13 所示,采用统计互换装配法,试确定组成环公差和极限偏差。

解:计算过程与完全互换装配法相似。

(1)画出装配尺寸链,判断增减环。

(2)计算封闭环的公称尺寸,$A_0=0$ mm。

(3)计算封闭环公差,$T_0=0.25$ mm。

(4)调整组成环的公差。平均公差为

$$T'=\frac{T_0}{\sqrt{n-1}}=\frac{0.25}{\sqrt{3}}\approx0.144(\text{mm})$$

仍取 A_2 为协调环。因 A_1 与 A_3 的平均公差值接近 IT11,故取为 $T_1=T_3=0.160$ mm,则协调环

T_2 的公差为

$$T_2=\sqrt{T_0^2-T_1^2-T_3^2}=\sqrt{0.25^2-0.16^2-0.16^2}\approx 0.106(\text{mm})$$

查标准公差数值表，可知 IT11＝0.11 mm，IT10＝0.07 mm，由于 A_2 易于制造，故按 IT10 取 $T_2=$ 0.07 mm。

(5)确定组成环的极限偏差。取 $A_1=35\text{h}11=35_{-0.16}^{\ 0}$ mm，$A_3=49\text{js}11=(49\pm0.08)$ mm。

计算中间偏差，由

$\Delta_0=(0.35+0.10)/2=+0.225(\text{mm})$，$\Delta_1=(0-0.16)/2=-0.08(\text{mm})$，$\Delta_3=(0.08-0.08)/2=0(\text{mm})$，可得 $\Delta_2=\Delta_3-\Delta_1-\Delta_0=0-(-0.08)-(+0.225)=-0.145(\text{mm})$。

计算 A2 的极限偏差

$$ES_2=\Delta_2+T_2/2=-0.145+0.07/2=-0.11(\text{mm})$$

$$EI_2=\Delta_2-T_2/2=-0.145-0.07/2=-0.18(\text{mm})$$

从而 $A_2=14_{-0.18}^{-0.11}$ mm＝$13.89_{-0.07}^{\ 0}$ mm。

(6)验算封闭环的极限尺寸。

$$\Delta_0=+0.225\text{ mm}$$

$$T_0=\sqrt{T_1^2+T_2^2+T_3^2}=\sqrt{0.16^2+0.07^2+0.16^2}\approx 0.24(\text{mm})$$

从而可得

$$ES_0=\Delta_0+T_0/2=+0.225+0.24/2=+0.345(\text{mm})$$

$$EI_0=\Delta_0-T_0/2=+0.225-0.24/2=+0.105(\text{mm})$$

进而可得 $A_0=0_{+0.105}^{+0.345}$ mm，符合装配间隙要求。

所以组成环为 $A_1=35_{-0.16}^{\ 0}$ mm，$A_2=13.89_{-0.07}^{\ 0}$ mm，$A_3=(49\pm0.08)$mm。

如按极值法检验，

$$A_0=A_3-(A_1+A_2)=49-(35+13.89)=0.11(\text{mm}),$$

$$ES_0=ES_3-(EI_1+EI_2)=+0.08-[-0.16+(-0.07)]=+0.31(\text{mm}),$$

$$EI_0=EI_3-(ES_1+ES_2)=-0.08-(0+0)=-0.08(\text{mm}),$$

从而 $A_0=0.11_{-0.08}^{+0.31}$ mm＝$0_{+0.03}^{+0.42}$ mm，可见装配后，会出现 0.03～0.1 mm、0.35～0.42 mm 超差范围，但出现的概率极小，可忽略，或采取检测及补救措施。

11.4.2 选配装配法

在成批或大量生产的条件下，对于组成环不多而装配精度要求却很高的尺寸链，若采用完全互换法，则零件的公差将过严，导致加工困难，甚至无法加工。在这种情况下可采用选配装配法，该方法是将组成环的公差放大到经济精度，然后通过选择，将合适的零件进行装配，以保证规定的精度要求。

选配装配法有三种：直接选配法、分组装配法和复合选配法。

1. 直接选配法

直接选配法是，由装配工人从许多待装的零件中，凭经验挑选合适的零件通过试凑进行装配的方法。这种方法的优点是简单，但装配中挑选零件的时间长，装配质量取决于工人的技术水平，不宜用于节拍要求较严的大批量生产。

2. 分组装配法

分组装配法是将组成环的公差值增大至经济精度，进行加工；然后，按组成环的实际尺寸，将其分为若干组，各对应组进行装配，从而达到封闭环公差(装配精度)要求。由于同组零件具有互换性，所以分组装配法又称分组互换法。

图 11-14 所示为汽车发动机活塞与活塞销组件图，其中活塞销和活塞销孔的配合要求很高，采用互换装配法很难实现，故采用分组装配法。

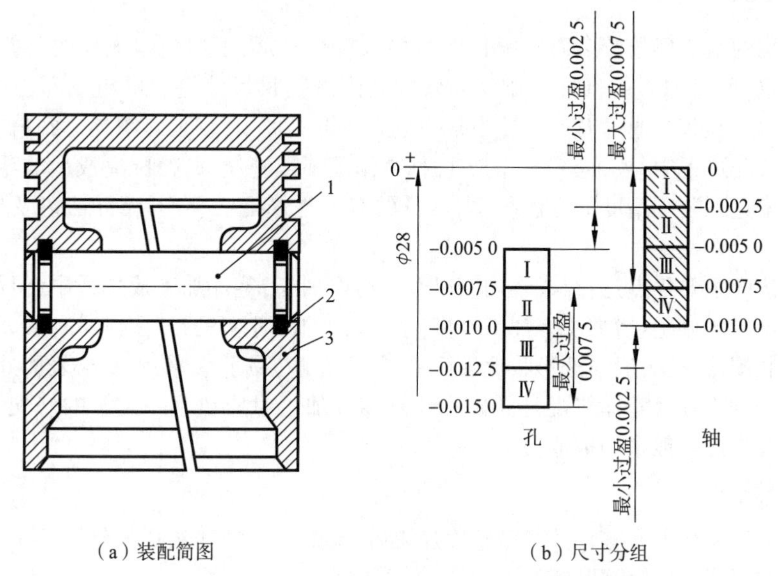

（a）装配简图　　　　（b）尺寸分组

图 11-14　汽车发动机活塞和活塞销组件图

1—活塞销；2—挡圈；3—活塞

活塞销和活塞销孔的公称尺寸为$\phi 28$ mm，在冷态装配时要求有 0.002 5~0.007 5 mm 的过盈量。若按完全互换法装配，须将封闭环公差 $T_0 = 0.0075 - 0.0025 = 0.0050$(mm)分配给活塞销和活塞销孔，则活塞销直径 $d = \phi 28^{\ 0}_{-0.0025}$ mm，活塞销孔直径 $D = \phi 28^{-0.0050}_{-0.0075}$ mm。加工如此精度的孔和轴是很困难的，也不经济。生产上常用分组法装配来保证上述装配精度要求，将活塞销和活塞销孔的公差同向放大到原来的 4 倍，让 $d = \phi 28^{\ 0}_{-0.010}$ mm，$D = \phi 28^{-0.005}_{-0.015}$ mm；加工后，用精密量具逐一测量其实际尺寸；将销孔直径 D 与销子直径 d 按尺寸从大到小分成 4 组，并按组号进行标记；装配时让具有相同标记的活塞销和活塞销孔相配，即让大销配大孔，小销配小孔，从而达到装配精度要求。图 11-14(b)给出了活塞销和活塞销孔的尺寸分组。

分组法装配的主要优点是：零件的制造精度不是很高，但却可获得很高的装配精度；组内零件可以互换，装配效率较高。不足之处是：额外增加了零件测量、分组和存储的工作量。分组装配法适于在大批大量生产中装配那些组成环数少而装配精度又要求特别高的机器结构。

采用分组互换装配时应注意以下几点：

(1)为了保证分组后各组的配合精度和配合性质符合原设计要求，配合件的公差应当相等，公差增大的方向要相同，增大的倍数要等于测量后的分组数。

(2)配合件的形状精度和相互位置精度及表面粗糙度，不能随尺寸公差放大而放大，应与分组公差相适应，以保证配合性质和配合精度要求。

(3)分组数不宜多，以 3~5 组为宜。分组数过多会增加零件的测量和分组工作量，并使零件的储存、运输及装配等工作复杂。

(4)组内相配合零件的尺寸分布曲线具有相同或相似的对称分布曲线，即组内零件数量要相当。否则会出现某些尺寸零件的积压浪费现象。

3. 复合选配法

复合选配法是直接选配与分组装配的综合装配法，即预先测量分组，装配时在组内凭经验直接选配。这一方法的特点是配合件公差可以不等,装配质量高,且速度较快,能满足一定的节拍要求。发动机装配中,气缸与活塞的装配多采用这种方法。

11.4.3 修配装配法

当机器结构的组成环数较多而装配精度又要求较高时,为了避免组成环的公差很小,加工和测量困难的问题,可考虑采用修配装配法。修配装配法是将尺寸链中的组成环均按经济精度加工,装配时封闭环会超差,通过对尺寸链中某一组成环再次加工,直至封闭环达到精度要求的装配方法。在修配装配过程中,被再次加工的零件称为修配环或补偿环,修配完成后的零件不能互换。生产中通过修配达到装配精度的方法很多,常见的有单件修配法、合并修配法以及自身加工修配法三种。

修配装配法的主要优点是:组成环均能以经济精度加工,零件加工成本适中,但却可获得较高的装配精度。不足之处是:增加了修配工作量,生产效率低,对装配工人技术水平要求高。

采用修配装配法时,一般应选形状比较简单,便于装卸,易于修配,不要求表面处理,并对其他尺寸链没有影响的零件尺寸作修配环。修配环在零件加工时应留有一定量的修配量。修配装配中尺寸链的计算方法一般采用极值法。

1. 单件修配法

单件修配方法是将所有零件按经济精度加工后,装配时将预先选择的修配环用修配加工来改变其尺寸,以保证封闭环的装配精度。

【例 11-3】 图 11-15 所示为车床溜板箱齿轮与床身齿条的装配结构,齿轮 1 安装在溜板箱上,齿条 2 安装在床身上。为保证溜板箱能沿床身导轨移动平稳灵活,要求溜板箱齿轮 1 与床身齿条 2 在垂直平面内必须保证有+0.17~+0.28 mm 的啮合间隙。已知:$A_1=53$ mm,$A_2=25$ mm,$A_3=15.74$ mm,$A_4=71.74$ mm,$A_5=22$ mm,试确定修配环尺寸并计算修配量。

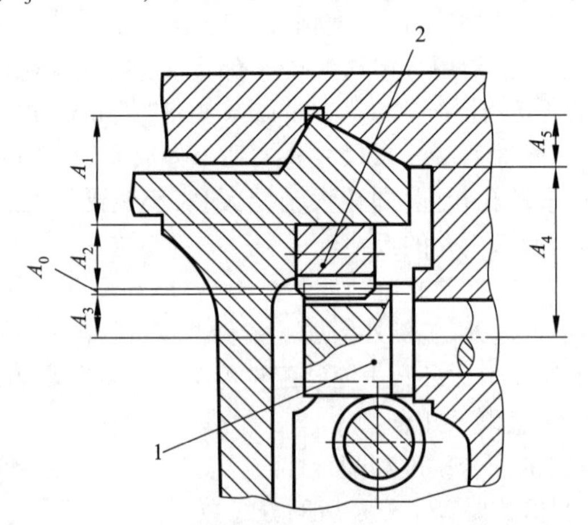

图 11-15 车床溜板箱齿轮与床身齿条的装配结构

1—齿轮;2—齿条

解:

(1)画尺寸链图并判断增减环。根据影响齿轮、齿条啮合间隙 A_0 的有关尺寸,可以画出图 11-15 所示的尺寸链图,A_0 为封闭环,则 A_1、A_2、A_3 为减环,A_4、A_5 为增环。

(2)选择修配环。从易于加工且装拆方便考虑,选取组成环 A_2 作修配环,修配时将 A_2 底面通过磨削等方法去除一定量,使 A_2 减小,A_0 随之增大,直至 A_0 达到精度要求范围内。一般取最小修配量为 0,再通过计算得出最大修配量。

(3)按经济加工精度确定组成环极限偏差。

取 $A_1=53\text{h}10=53_{-0.12}^{\ 0}$ mm,$A_3=15.4_{-0.035}^{\ 0}$ mm(IT10 级半径公差),$A_4=71.74\text{js}10=(71.74\pm0.060)$ mm,$A_5=22\text{js}10=(22\pm0.042)$ mm。

(4)计算封闭环尺寸。由 $A_{封}=\sum A_{增}-\sum A_{减}=(A_4+A_5)-(A_1+A_2+A_3)=(71.74+22)-(53+25+15.74)=0$,得 $A_0=0$ mm,即 $A_0=0_{+0.17}^{+0.28}$ mm。

(5)计算修配环最小实体状态的极限偏差。由于修配过程采用磨削、刮研等机械加工方法进行,也就是从最大实体向最小实体修配,从而要计算修配环最小实体状态的极限偏差,此时最小修配量为零,即不需修配就能满足装配要求。

通过分析零件结构可知 A_2 为轴类尺寸,应计算其下偏差。由 $ES_{封}=\sum ES_{增}-\sum EI_{减}$,代数有 $+0.28=(+0.060+0.042)-(-0.12+\text{EI}_2-0.035)$,从而可得 $\text{EI}_2=-0.023$ mm。

(6)按经济加工精度确定修配环尺寸公差。取 A_2 的公差等级也为 IT10 级,则有修配前 $A_2'=25_{-0.023}^{+0.061}$ mm,也是其制造时的尺寸精度,从而 A_2 修配前的上偏差 $ES_2'=+0.061$ mm。

(7)计算最大修配量。由 $EI_{封}=\sum EI_{增}-\sum ES_{减}$,可计算 A_2 修配前的封闭环下偏差 $EI_0'=(-0.060-0.042)-(0+0.061+0)=-0.163$ mm,但设计要求为 $EI_0=+0.17$ mm,从而需要继续加工 A_2 使 EI_0' 增大至 EI_0,则最大修配量 $\delta_{\max}=EI_0'-EI_0=+0.17-(-0.163)=0.333$ mm。

(8)验算修配量。如图 11-16 所示,修配环尺寸按 A_2' 加工,其他组成环各自按前述公差范围加工。装配时对 A_2' 进行修配,修配量为 $\delta=0\sim0.333$ mm。需要说明的是:

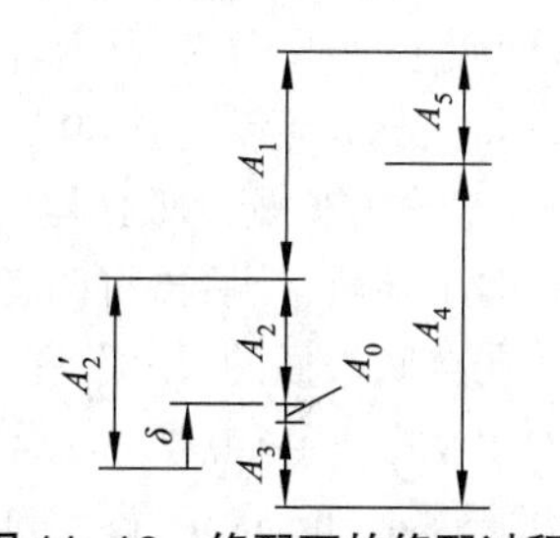

图 11-16　修配环的修配过程

①当 A_2' 处于下极限尺寸(此时 $EI_2=-0.023$ mm)时,修配量 δ 不一定始终为零。因为由公式 $ES_{封}=\sum ES_{增}-\sum EI_{减}$ 可知,当增环尺寸减小或减环尺寸增大时,封闭环 A_0 尺寸都会减小。当 A_0 从 +0.28 mm 减小到+0.17 mm 时,不必对 A_2' 进行修配;但当 A_0 减小到+0.17 mm 以下时,就必须对 A_2' 进行修配。反之,当 A_2' 处于上极限尺寸(此时$ES_2'=+0.061$ mm)时,修配量 δ 不一定始终为最大值 0.333 mm。

修配环的修配量在 0~0.333 mm 范围是合适的。如认为最大修配量 0.333 mm 太大,可通过适当提高组成环制造精度减小修配量。但这样做会增加组成环的制造成本。

②最大修配量 $\delta_{\max}=0.333$ mm 应该称为工程最大修配量。从图 11-16 中可以看出,修配 A_2' 的过程中,只要 A_0 增大到+0.17 mm 即可停止修配;但此时若继续修配 A_2',使 A_0 增大到+0.28 mm 时,也满足精度要求,此时的最大修配量可达 $\delta_{\text{L}\max}=0.333+0.11=0.443(\text{mm})$,可称为理论最大修配量。

③A_2 条件合格区的影响。由于极值法计算结果存在条件合格区,实际中当 A_4、A_5 处于下偏差,同时 A_0、A_1、A_3 处于上偏差时,A_2 有实际最小值为 $A_{2\min}=25+(EI_4+EI_5)-(ES_0+ES_1+ES_3)=25+(-0.06-0.042)-(0.28+0+0)=25-0.382$ mm。虽然此时装配精度合格,但不能以-0.382 mm 作为 A_2 的下偏差和修配量为 0 的状态,因为此时其他组成环尺寸在各自公差范围内稍有变化,将导致 A_0 增大超过+0.28 mm 的精度要求,且无法修配回到装配精度要求范围内。

2. 合并修配法

合并修配是将两个或多个零件看作一个组成环并在一起进行加工修配,达到修配装配要求的方法。这样减少了组成环的环数,就相应减少了修配的劳动量。合并修配法由于零件要对号入座,给组织装配生产带来一定麻烦,因此多用于单件小批生产中。

【例 11-4】　在图 11-12 中,卧式车床前后顶尖对床身导轨有等高要求,尾座顶尖要高于主轴顶尖,高度差为0~0.06 mm,主轴顶尖中心到导轨面的高度 $A_1=205$ mm,尾座底板厚度 $A_2=49$ mm,尾座顶尖中心到尾座底面距离 $A_3=156$ mm。(1)按单件修配法计算修配量;(2)适当选择合并零件,计算修配量。

解:

(1)按单件修配法计算:

①画出图11-12(b)的尺寸链图,可知 A_0 为封闭环,A_1 为减环,A_2、A_3 为增环。

若按完全互换装配法,$\overline{T}=0.02$ mm,为IT5~IT6级,精度要求过高加工困难;若按不完全互换装配法,$T'=0.035$ mm,为IT6~IT7级,加工也困难。所以考虑采用修配法,各组成环按经济精度加工,都取IT9级精度,则 $T_1=0.115$ mm,$T_3=0.1$ mm,$T_2=0.062$ mm。

②选择修配环。由于在装配中修刮尾座底板的下表面比较方便,修配面也不大,所以选尾座底座板为修配件,即为 A_2 修配环。最小修配量取为0。

③计算。A_1、A_3 为中心距尺寸,故取 $A_1=(205\pm0.057)$ mm,$A_3=(156\pm0.05)$ mm。

由 $A_{封}=\sum A_{增}-\sum A_{减}=(A_2+A_3)-A_1=(49+156)-205=0(\text{mm})$,即 $A_0=0^{+0.06}_{0}$ mm。

修配 A_2 会使 A_0 变小,由 $EI_{封}=\sum EI_{增}-\sum ES_{减}$,可得 $EI_2=+0.107$ mm,则 $A_2=49^{+0.169}_{+0.107}$ mm,再由 $ES_{封}=\sum ES_{增}-\sum EI_{减}$,有 $ES'_0=+0.264$ mm,则最大修配量 $\delta_{max}=ES'_0-ES_0=0.204$ mm。

考虑到车床总装时,尾座底板与床身配合的导轨面还需配刮,则应补充修正,取最小修刮量为0.05 mm,修正后为 $A_2=49^{+0.219}_{+0.157}$ mm,此时最大修配量为0.254 mm。

(2)合并修配。根据尾座及底板的结构特点,可把尾座和底板相配合的平面分别加工好,并配刮横向小导轨,然后再将两者装配为一体,以底板的底面为基准,镗尾座的套筒孔,直接控制尾座套筒孔至底板面的尺寸公差,即 A_2、A_3 合并成一环 A_{23},仍取IT9级,则 $T_{23}=0.115$ mm,按上述过程依次得 $EI_{23}=+0.057$ mm,$A_{23}=205^{+0.172}_{+0.057}$ mm,$ES'_0=+0.229$ mm,$\delta_{max}=0.169$ mm,修正后为 $A_{23}=205^{+0.222}_{+0.107}$ mm,此时最大修配量为0.219 mm,对比可知合并修配时修配工作量相应减少了。

3. 自身加工修配法

在机床制造中,有一些装配精度要求,是在总装时利用机床本身的加工能力,“自己加工自己”,可以很简捷地解决,这即是自身加工修配法。

修配法的特点是组成环可按经济精度加工,使制造容易,成本低,而装配时利用修配件的有限修配量达到较高的装配精度要求,但装配中零件不能互换,装配劳动量大(有时需拆装多次),生产率低,难以组织流水生产,装配精度依赖于工人的技术水平。修配法适用于单件和成批生产中精度要求较高的装配。

11.4.4 调整装配法

在成批或大量生产中,对于装配精度要求较高而组成环数目较多的尺寸链,也可以采用调整法进行装配。调整装配法也是按经济加工精度确定零件公差的,在装配时用改变产品中可调整零件的位置或选用合适的调整件以达到装配精度。调整装配法与修配法的区别是,调整装配法不是靠去除金属层,而是靠改变补偿件的位置或更换补偿件的方法来保证装配精度。调整法可分为可动调整,固定调整和误差抵消调整三种。

1. 可动调整装配法

用改变调整件的位置来达到装配精度的方法称为可动调整装配法。调整过程中不需要拆卸零件,比较方便。采用可动调整装配法可以调整由于磨损、热变形、弹性变形等所引起的误差。所以它适用于高精度和组成环在工作中易于变化的尺寸链。

图 11-17(a)所示为用调节螺钉调整轴承外圈的位置以得到合适的间隙;图 11-17(b)所示为用调节螺钉改变楔条位置来保证车床刀架和导轨的间隙;图 11-17(c)所示为用调节螺钉使楔块移动来保证螺母和丝杠之间的合理间隙。

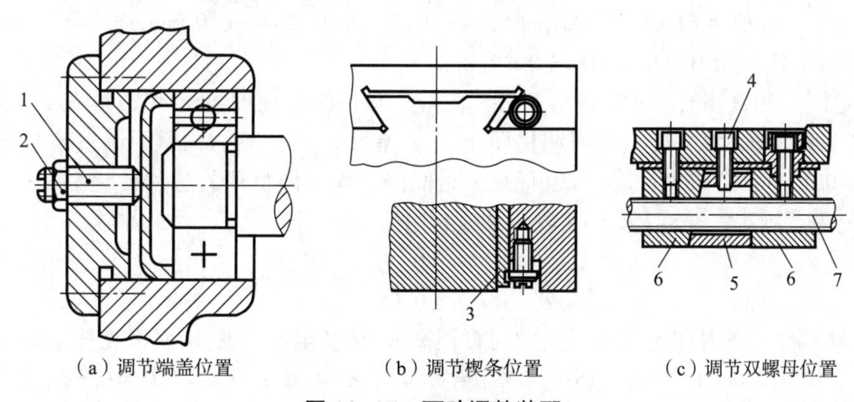

图 11-17　可动调整装配

1、4—调节螺钉;2—锁紧螺母;3—楔条;5—楔块;6—丝杠螺母;7—丝杠

2. 固定调整装配法

固定调整装配法是在尺寸链中选择一个零件(或加入一个零件)作为调整环,根据装配精度确定调整件的尺寸,以达到装配精度的方法。常用的调整件有轴套、垫片、垫圈和圆环等。改变补偿环的实际尺寸的方法是根据封闭环公差与极限偏差的要求,分别装入不同尺寸的补偿环。例如,补偿环是减环,因放大组成环公差后使封闭环尺寸较大时,就取较大的补偿环装入;反之,当封闭环实际尺寸较小时,就取较小的补偿环装入。为此,需要预先按一定的尺寸要求,制成若干组不同尺寸的补偿环,供装配时选用。

【例 11-5】 图 11-18 所示双联齿轮装配后要求轴向具有间隙 $A_0=0^{+0.20}_{+0.05}$ mm,已知:$A_1=120$ mm,$A_2=10.5$ mm,$A_3=95$ mm,$A_4=2.5$ mm,$A_5=12$ mm,试采用固定调整装配法计算各组成环的极限偏差,并确定调整环的分组数和分组尺寸。

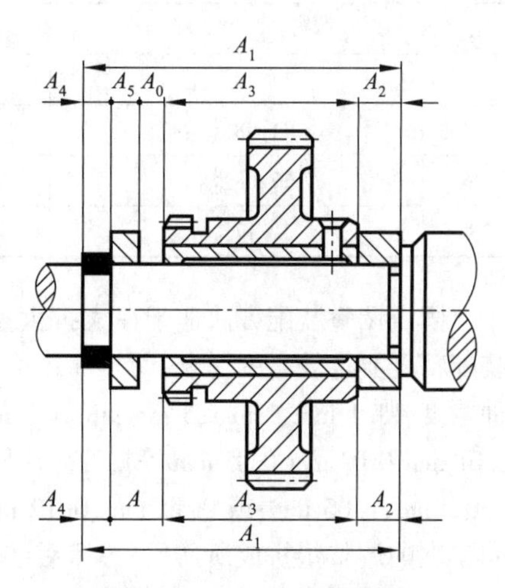

图 11-18　双联齿轮装配

解:

(1)画装配尺寸链图。分析影响装配精度要求的有关尺寸,可建立以图 11-18 上部的尺寸链,其中 A_0 为封闭环,A_1 为增环,A_2、A_3、A_4 和 A_5 为减环。

(2)选择调整环。选择加工比较容易、装卸比较方便的组成环,A_5 作固定调整环。

(3)确定组成环公差。根据加工经济精度,组成环公差都选 IT10 级,则可得:$A_1=(120\pm0.07)$ mm,$A_2=10.5^{\ 0}_{-0.07}$ mm,$A_3=95^{\ 0}_{-0.14}$ mm,$A_4=2.5^{\ 0}_{-0.04}$ mm;$T_{A5}=0.07$ mm。

(4)计算封闭环尺寸。由简化公式 $A_{封}=\sum A_{增}-\sum A_{减}$,可得

$$A_0=A_1-(A_2+A_3+A_4+A_5)=120-(10.5+95+2.5+12)=0(\text{mm})$$

即 $A_0=0^{+0.20}_{+0.05}$ mm,$T_{A0}=+0.20-(+0.05)=0.15(\text{mm})$。

(5)确定调整空隙尺寸范围。固定调整环的调整范围取决于装配结构中除了固定调整环之外其余各组成环的制造公差。在图 11-18 下部所列尺寸链中,尺寸 A 是未装配调整环 A_5 时,齿轮 A_3

左端面到卡环 A_4 右端面的轴向空隙，此为调整空隙。根据尺寸链极值法计算公式，可得

$$A=A_5+A_0=12+0=12(\text{mm})$$

$$ES_A=ES_1-(EI_2+EI_3+EI_4)=+0.07-(-0.07-0.14-0.04)=+0.32(\text{mm})$$

$$EI_A=EI_1-(ES_2+ES_3+ES_4)=-0.07-(0+0+0)=-0.07(\text{mm})$$

则 $A=12^{+0.32}_{-0.07}$ mm，$T_A=+0.32-(-0.07)=0.39(\text{mm})$。

(6)确定固定调整环的尺寸分组数及分组间隔。最终装配精度要求为 $T_{A0}=0.15$ mm，调整环的尺寸理论上应该分为 T_A/T_{A0} 组，但调整环 A_5 的公差为 $T_{A5}=0.07$ mm，从而调整环的补偿能力为 $\delta=T_{A0}-T_{A5}=0.15-0.07=0.08(\text{mm})$，也就是分组间隔。固定调整环的尺寸分组数 z 不宜过多，否则规格过多，生产困难，一般取为 3~4 较为适宜，计算方法如下

$$z=\frac{T_A}{T_{A0}-T_{A5}}=\frac{0.39}{0.08}=4.875$$

$z>4$，说明调整环的补偿能力不足。此时可提高 A_5 精度至 IT9 级，从而提高补偿能力，则 $T_{A5}=0.043$ mm。再次计算 $z=0.39/(0.15-0.043)\approx3.64$，取 $z=4$，也就是要将 $T_A=0.39$ mm 分成 4 组，可将尺寸分组间隔取为 0.1 mm、0.1 mm 和 0.09 mm。

(7)确定调整环的尺寸分组。首先确定最小一组调整环的尺寸。从保证规定的装配精度考虑，当 A 为最小值 A_{min} 时，在装入最小一组调整环 A_{51} 后，齿轮左端面到调整环右端面间的最小间隙应为装配精度所要求的最小间隙值，即 $A_{0\,min}=+0.05$ mm，同时 $ES_{A51}=0$，$EI_{A51}=-0.043$ mm，则 $A_{51}=A_{min}-A_{0\,min}=12-0.07-0.05=11.88(\text{mm})$，所以 $A_{51}=11.88^{\ 0}_{-0.043}$ mm。

以此为基础，再依次分别加上尺寸分组间隔，便可求得另 3 组调整环的尺寸分别为：$A_{52}=11.98^{\ 0}_{-0.043}$ mm，$A_{53}=12.08^{\ 0}_{-0.043}$ mm，$A_{54}=12.17^{\ 0}_{-0.043}$ mm。

表 11-2 给出了调整环尺寸分组及其适用范围。

表 11-2　调整环尺寸分组及其适用范围

组号	调整环尺寸 A_5/mm	所适用的 A 值范围/mm	装配后 A_0/mm
1	$11.88^{\ 0}_{-0.043}$	11.93~12.03	0.05~0.193
2	$11.98^{\ 0}_{-0.043}$	12.03~12.13	0.05~0.193
3	$12.08^{\ 0}_{-0.043}$	12.13~12.23	0.05~0.193
4	$12.17^{\ 0}_{-0.043}$	12.23~12.32	0.06~0.193

固定调整装配方法适于在大批大量生产中，装配精度要求较高的机器结构装配。在产量大、装配精度要求较高的场合，调整件还可以采用多件拼合的方式组成，即预先将调整环分别做成多种厚度(如 1 mm、2 mm、5 mm；或 0.1 mm、0.2 mm、0.5 mm 等)，再准备一些更薄的调整片(例如 0.01 mm、0.02 mm、0.05 mm 等)；若薄片使用不便，还可以制成整数和小数共存的调整片(如 1.01 mm、1.02 mm、1.05 mm；或 0.11 mm、0.12 mm、0.15 mm 等)；装配时根据所测实际空隙 A 的大小，把不同厚度的调整垫拼成所需尺寸，然后装到空隙中去，使装配结构达到装配精度要求。这种调整装配方法比较灵活，在减速器、汽车、拖拉机生产中广泛应用。

3. 误差抵消调整装配法

误差抵消调整法是通过调整几个补偿环的相互位置，使其装配误差相互抵消一部分，从而使封闭环达到精度要求的方法。误差抵消调整法和可动调整法相似，所不同的是补偿环是矢量，且多于一个。常见的补偿环是轴承件的跳动量、偏心量和同轴度等。图 11-19 所示为主轴锥孔轴线径向圆跳动误差抵消装配。装配前，先测量出前后轴承偏心 e_{o1} 和 e_{o2} 的大小和方向，以及主轴锥孔对其支承轴颈偏心 e_s 的大小和方向；装配时，利用高精度检测棒在 A、B 两处测量径向圆跳动，若将

上述误差调整到综合误差 $e_{\Delta}=e_{o2}-e_{o1}-e_{s}$ 的位置上，即可使这些误差抵消一部分。理论上，若 $e_{\Delta}=0$，则 A、B 两处测量的径向圆跳动误差也为 0。

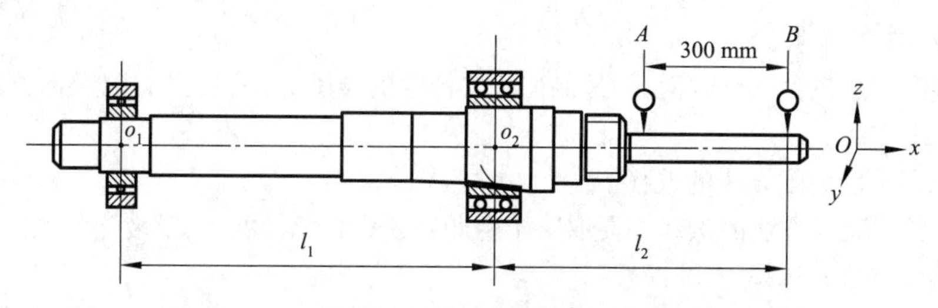

图 11-19 主轴锥孔轴线径向圆跳动误差抵消装配

11.5 装配工艺规程的设计

装配工艺规程是指以文件形式固定下来的装配工艺过程，是指导装配工作和保证装配质量的技术文件，是制订装配生产计划和进行装配技术准备的主要技术依据，是设计和改造装配车间的基本文件。

11.5.1 装配工艺规程设计的基本原则

(1)保证产品的装配质量，并尽量做到以较低的零件加工精度满足装配精度的要求。此外，还应力求做到产品具有较高的精度储备，以延长产品的使用寿命。

(2)尽可能减少车间的作业面积，力争单位面积上具有最大生产率；尽可能缩短装配周期，力争单位时间内具有最大生产率。

(3)合理安排装配工序，尽量减少钳工装配的工作量，采用机械化与自动化技术完成装配工作，降低工人的劳动强度，改善装配工作条件。

(4)尽量降低装配成本在产品总成本中所占的比例。

(5)装配工艺规程应做到正确、完整、协调、规范。例如，在编制出全套的装配工艺过程卡片、装配工序卡片的基础上，还应该有与之配套的装配系统图、装配工艺流程图、装配工艺流程表、工艺文件更改通知单等工艺文件。此外，各有关的工艺文件之间不应有相互矛盾之处。

(6)在充分利用现有生产条件的基础上，考虑技术革新或采用更先进装配工艺技术。

(7)工艺规程中所使用的术语、符号、代号、计量单位、文件格式等，要符合相应标准的规定。

(8)制定装配工艺规程时要充分考虑降低能耗、安全生产和防止环境污染等问题。

11.5.2 装配工艺规程设计的步骤

1. 分析装配图和技术条件

分析产品装配图，明确产品的性能、工作原理和具体结构；审核装配图的完整性、正确性；对产品结构进行工艺性分析，明确各零部件间的装配关系；分析计算装配尺寸链；逐一分析主要装配技术条件，包括装配方法、相关零件的相关尺寸等；明确产品检测内容、方法及验收标准。

2. 确定装配的组织形式

如前述，装配的组织形式分固定式和移动式两种。装配组织形式的选择主要取决于产品结构特点(包括尺寸、质量和装配精度)和生产类型。单件小批生产，或尺寸大、质量大、精度高的产品多采用固定装配的组织形式，其余用移动装配的组织形式。

装配的组织形式确定以后,装配方式、场地布置、工序的分散与集中以及每道工序的具体内容也根据装配的组织形式而确定。

3. 装配方法的选择

这里的装配方法包含三个方面:一是保证机器精度的装配方法;二是装配操作方法;三是过盈配合的装配技术方法。

1)保证机器精度装配方法的选择

保证机器精度装配方法的选择主要取决于生产纲领和装配精度,以及装配尺寸链中组成环数。

2)装配操作方法的选择

装配操作方法的选择主要取决于生产纲领和产品的装配工艺性,以及产品尺寸和质量的大小以及结构的复杂度。装配操作方法分为手工装配和机械自动装配。手工装配的应用场合主要有:单件小批生产;需要修配或调整操作的高精度装配;需要装配的零部件种类和数量较多、规格差异较大;需要布置并连接管线等较复杂操作;自动装配成本过高等。手工装配属于劳动密集型工作,在装配线上应均匀配置装配人员,避免因人员密度大导致相互干扰,影响装配效率。机械自动装配的应用场合主要有:需要装配的零部件数量较少、规格差异不大;装配精度不高;经济效益明显等。机械自动装配一般需要设计专用的装配机械或采用机器人完成装配。

3)过盈配合装配技术方法的选择

孔轴结构的过盈配合是利用零件间过盈量实现永久连接。过盈配合一般用于有对中性且无须拆卸的场合;或需要承受冲击载荷,或需要传递较大扭矩(必要时增加键连接)的场合。过盈连接的装配技术方法主要有压力装配法和温差装配法。

(1)压力装配法。压力装配法是将有过盈配合要求的两个零件通过施加压力使其达到装配位置的过程,一般用于过盈量不大的情况。压力装配法又分为缓压装配法和冲击装配法。缓压装配法是采用油压机或螺旋加压装置缓慢提供压力完成压力装配的过程,具有导向性好、压装质量和效率都较高的特点,多用于盘类零件上的衬套、轴、轴承的过盈装配。冲击装配法是采用锤击方式产生冲击力完成压力装配的过程,具有工具简单、操作方便等特点,但装配质量不宜保证,有时可导致零件产生局部变形,多用于键、销以及单件小批生产时轴承等零部件的过盈装配。

(2)温差装配法。温差装配法是利用热胀冷缩的原理,将有过盈配合要求的两个零件进行加热或冷却使过盈量减小再完成装配,待恢复常温后达到过盈量要求的方法,一般用于过盈量较大的情况。温差装配法又分为冷装法和热装法。冷装法是将轴类零件冷却至一定温度,使其产生收缩尺寸变小,然后快速装配到孔类零件中的方法。生产中可将零件放置在干冰或液氮中进行冷却。热装法是将孔类零件加热至一定温度,使其产生膨胀尺寸变大,然后快速装配到轴类零件中的方法。生产中可采用电热炉或油煮方式加热零件,但要注意对于淬火零件的加热温度不能超过其退火温度,否则零件硬度降低影响使用寿命。一般根据零件的总体尺寸选择冷装或热装,例如,滚动轴承内圈和轴的过盈配合,可采用热装法,对滚动轴承进行加热后装配;再有发动机连杆孔和衬套的过盈配合,可采用冷装法,对衬套进行冷却后装配。

4. 划分装配单元,选择装配基准件

划分装配单元就是从工艺的角度出发,将产品划分为套件、组件、部件等能进行独立装配的装配单元,以便组织平行装配或流水作业装配。这是设计装配工艺规程中最重要的一项工作,对于大批大量生产中装配结构较复杂的产品尤为重要。

装配单元要选定某一零件或低一级的装配单元作为装配基准件,其他零件、组件或部件按一定顺序装配到基准件上,成为高一级装配单元。选择基准件时应注意:

(1)基准件应有较大的体积和质量,应有足够大的承压面。通常选择产品的基体或主干零部

件作为总装配的基准件,可以满足后续装入其他零部件作业需要和稳定性要求,有利于保证产品的装配精度。

(2)避免装配基准件在后续装配工作中还有机加工序。

(3)基准件应有利于装配过程中的检测、工序间的传递输送和翻身转位等作业。

5. 确定装配顺序

在划分装配单元、确定装配基准件之后,可安排装配顺序,并绘制装配工艺系统图。在确定各级装配单元的装配顺序时,应以基准件作为装配的基础,按照装配结构的具体情况,确定其他零件或装配单元的装配顺序。确定装配工艺顺序的一般原则是:

(1)预处理工序先行。如零件清洗、去毛刺与飞边、防腐、防锈等工序应安排在前。

(2)先里后外。先装配的部分不妨碍后续装配作业。

(3)先下后上。在整个装配过程中,装配单元的重心始终处于最稳状态。

(4)先难后易。刚开始装配时,基准件上有较开阔的安装、调整、检测空间,有利于较难的零、部件的装配。

(5)先重后轻。先对重型零件进行装配,而轻小零件可以穿插安排进行。

(6)前不妨碍后,后不破坏前。应使前道工序的内容,不妨碍后续工序的进行;后面的工序内容不应损伤前面工序得到的装配质量。如冲击性装配、压力装配、加热装配及补充加工工序等应尽量安排在前面进行。

(7)集中连续安排处于基准件同一方位的装配工序,减少装配中的翻身、转位。

(8)使用相同设备、工艺装备及需要特殊环境的装配作业,在不影响装配节拍的情况下,应尽可能集中安排,减少产品在装配地的迂回搬运。

(9)及时安排检验工序,尤其是在对产品质量和性能有较大影响的工序之后,必须安排检验工序。检验合格后才允许进行下面的装配工序。

(10)电线、油气管路的安装应与相应工序同时进行,以防止零、部件的反复拆装。易燃、易爆、易碎、有毒物质等零部件的安装,尽可能放在最后,以减少安全防护工作量及其设备。

6. 绘制装配工艺系统图

装配工艺系统图是表明产品零、部件间相互装配关系及装配工艺流程的示意图。机器的装配过程由基准零件开始,沿装配进程水平线自左向右开始进行装配,一般将零件画在装配进程水平线上方,而套件、组件及部件画在装配进程水平线下方,其排列的顺序就是装配的顺序。图中的每一个方框代表一个零件、套件、组件或部件。每个方框分为三部分,上方为名称,下左方为编号,下右方为数量。

对于结构简单、零部件数量很少的产品,如千斤顶、台虎钳等,只绘制产品的装配工艺系统图即可。对于复杂零部件数量较多的产品,既要绘制产品的装配工艺系统图,又要绘制部件的装配工艺系统图。

图 11-20 所示为车床床身部件图,每种零件都有编号。图 11-21 所示为车床床身装配工艺系统图,由图可见,床身(1003)为基准件,其他零件依次装配到床身上,最终形成床身总成(Z01),其中油盘总成(301)是由多个零件组成的部件,可预先装配好,在床身总成装配时能直接装到床身上,提高了装配效率。

7. 制订产品的试验验收规范

在产品装配过程中及装配完成后,应按技术要求和验收标准进行检测、试验、验收。因此,应制订检测试验验收规范。其中包括检测项目、质量标准、方法、环境要求、试验验收所需的工艺装备、质量问题的分析方法和处理措施等。

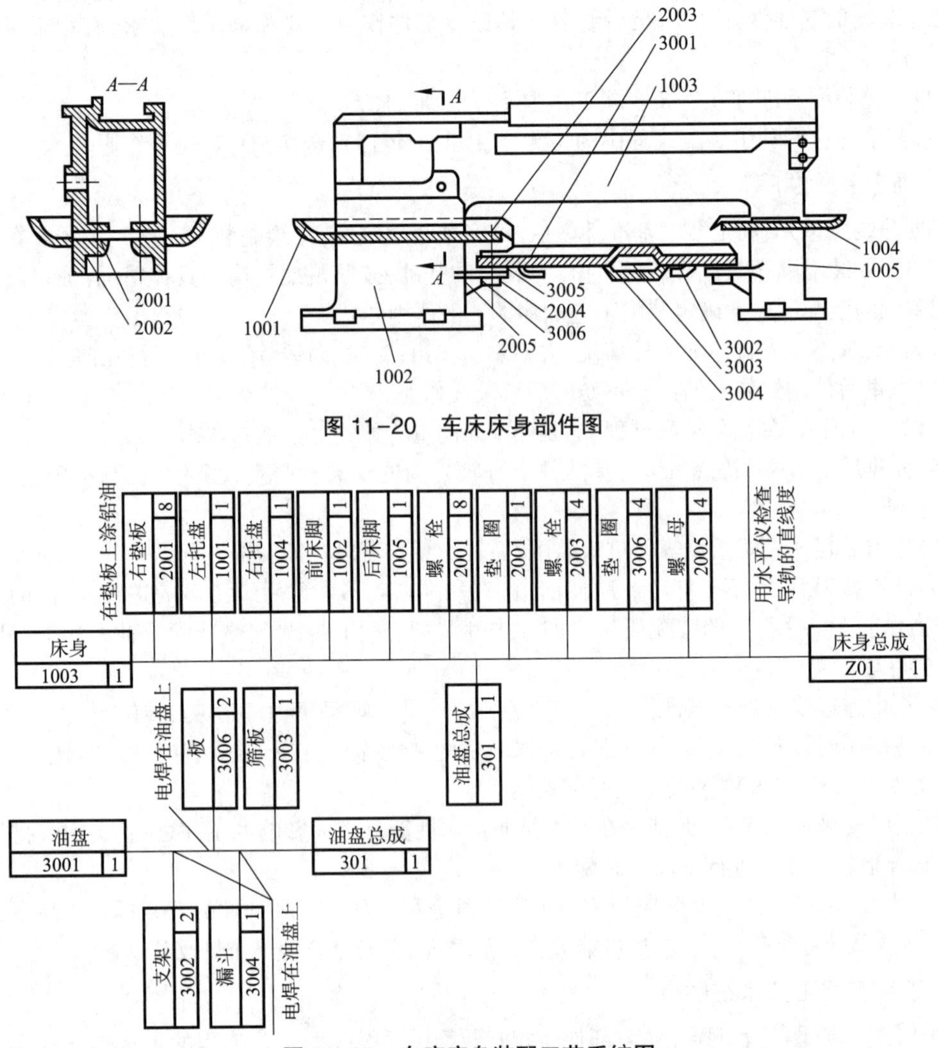

图 11-20　车床床身部件图

图 11-21　车床床身装配工艺系统图

8. 划分装配工序，进行工序设计

根据装配的生产类型和组织形式，将装配工艺过程划分为若干个装配工序，主要内容是：

(1)确定工序集中或分散，划分装配工序，确定各装配工序内容。固定式装配工序集中，移动式装配工序分散。

(2)确定各工序所需要的设备及工具；如需专用夹具和设备，应拟定设计任务书。

(3)制订各工序的装配操作规范；例如过盈配合的压入力，装配温度、拧紧紧固件的额定扭矩等。

(4)规定装配质量要求与检验方法。

(5)确定时间定额，平衡各工序的装配节拍。

9. 编制装配工艺文件

单件小批生产中，通常只绘制装配工艺系统图，装配时按产品装配图及装配工艺系统图规定的装配顺序进行；成批生产中，通常还要编制部装、总装工艺卡，按工序标明工序工作内容、设备名称、工夹具名称与编号、工人技术等级、时间定额等。

在大批量生产中，不仅要编制装配工艺过程卡，还要编制装配工序卡，指导装配工作。此外，还应按产品装配要求，制订检验卡、试验卡等工艺文件。

习　题

11-1　简述机器的装配过程及装配单元。

11-2　简述机器装配的组织形式。

11-3　简述机器装配精度的内容。

11-4　简述机械产品的装配工艺性评价的主要内容。

11-5　简述机器的装配精度与零件加工精度的关系。

11-6　简述保证精度的装配方法及其定义。

11-7　简述采用互换装配法计算装配尺寸链时,如何选择协调环。

11-8　简述采用修配装配法计算装配尺寸链时,如何选择修配环。

11-9　简述采用调整装配法计算装配尺寸链时,如何选择调整环。

11-10　简述过盈配合的装配方法及需要注意的问题。

11-11　简述机器装配工艺规程的概念及其作用。

11-12　试分析表 11-3 中各装配结构两种方案的装配工艺性。

表 11-3　习题 11-12 表

序号	方案一		方案二	
	示意图	说明	示意图	说明
1	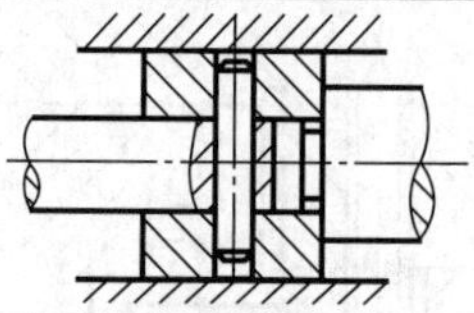	活塞与轴通过锥销连接,装配时配钻锥销孔	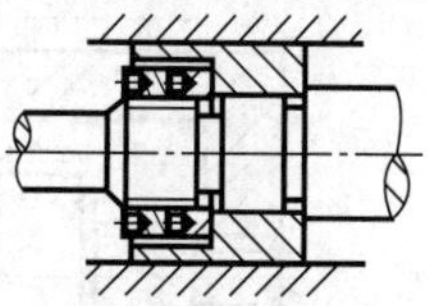	活塞与轴通过螺纹连接,装配时需要紧固螺钉
2	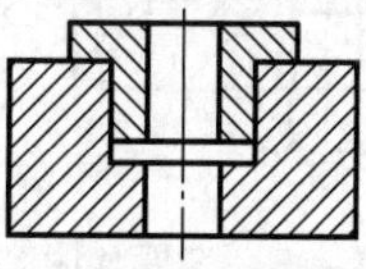	两零件的接触面均为配合表面,倒角已符合要求	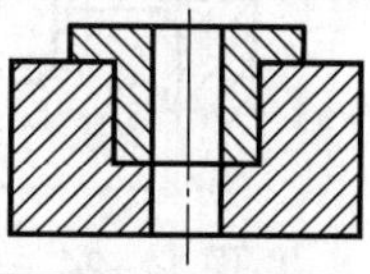	两零件的接触面均为配合表面,倒角已符合要求
3	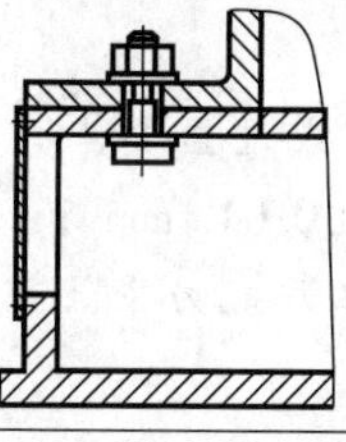	箱体上两零件的紧固连接	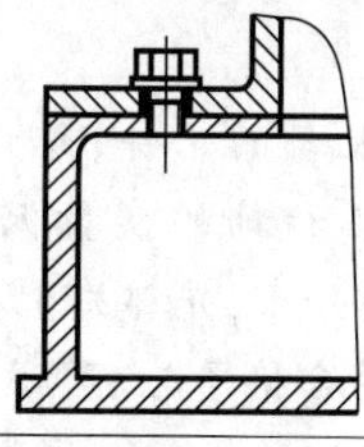	箱体上两零件的紧固连接
4	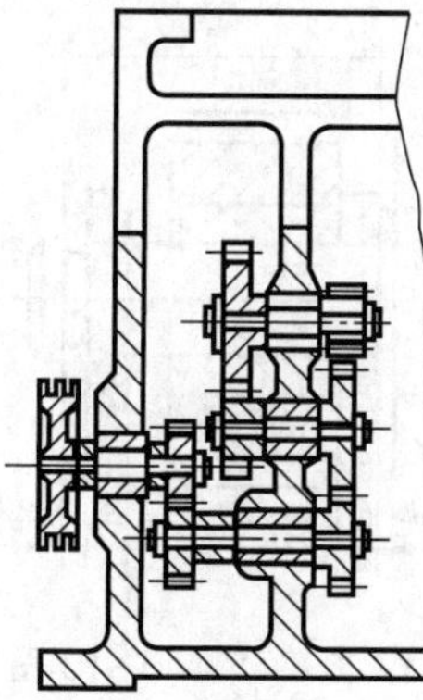	各传动轴及齿轮都要以零件形式装配在齿轮箱上	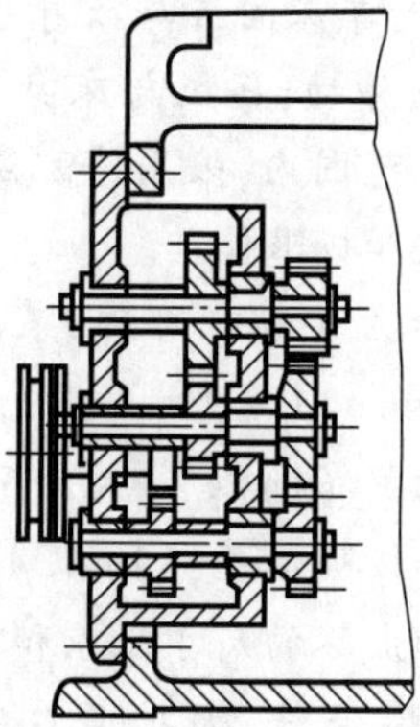	传动轴系设计成小齿轮箱,以部件形式整体安装到齿轮箱上

11-13　试分析图 11-22 所列部件的装配工艺性,并给出修改方案。

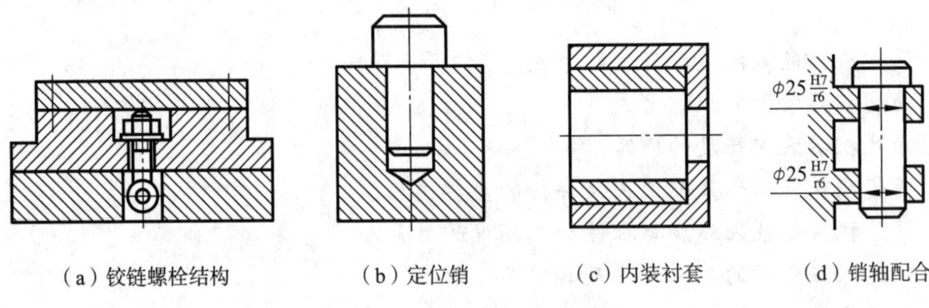

图 11-22　习题 11-13 图

11-14　图 11-23 所示为减速器传动轴结构,尺寸分别为:$A_1=40$ mm,$A_2=35$ mm,$A_3=5$ mm,要求装配后齿轮端部间隙 A_0 保持在 0.10~0.25 mm 范围内,采用完全互换法装配,试确定 A_1、A_2、A_3 的精度等级、尺寸公差及偏差。

11-15　图 11-24 所示为齿轮箱部件,要求装配后轴向间隙在 1~1.75 mm 范围内,若 $A_1=101$ mm,$A_2=50$ mm,$A_3=A_5=5$ mm,$A_4=140$ mm。试完成:(1)采用完全互换法装配时,确定各尺寸公差及偏差;(2)采用统计互换法装配时,确定各尺寸公差及偏差。

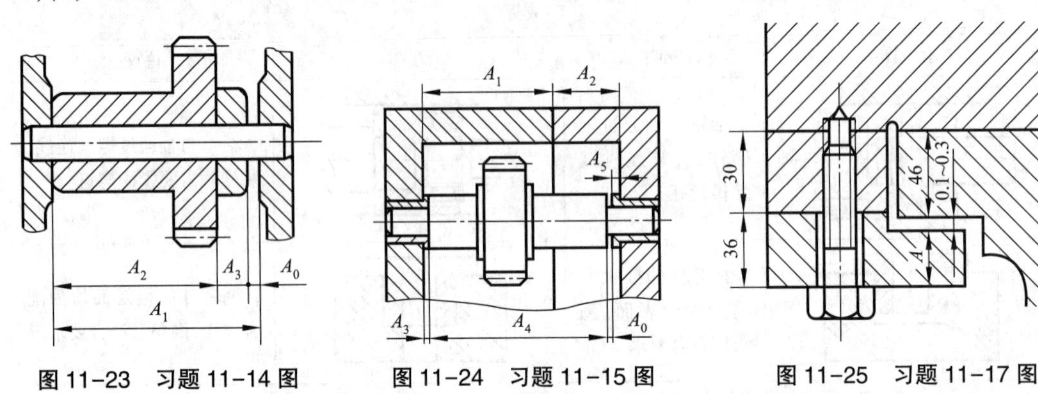

图 11-23　习题 11-14 图　　图 11-24　习题 11-15 图　　图 11-25　习题 11-17 图

11-16　一批带有孔轴配合的工件,总计 10 000 件,孔轴配合间隙或过盈要求为 -0.03~+0.07 mm。加工后测量得,孔和轴的实际尺寸分布范围分别为 $\phi(20\pm0.04)$ mm 和为 $\phi(20\pm0.03)$ mm,分布曲线都呈正态分布,并都关于各自设计尺寸中心对称,且工序能力系数都为 1。试采用统计互换法计算装配后的合格率与不合格率,并判断是否能修复。

11-17　图 11-25 所示为车床溜板与床身导轨的装配图,为保证溜板在床身导轨上准确移动,压板与床身下导轨面之间的间隙须保持在 0.1~0.3 mm 范围内,采用修配法装配,试确定图示修配环 A 及其他尺寸公差和极限偏差。

11-18　图 11-26 所示为传动轴部件,装配精度要求为 = 0.1~0.35 mm,已知 $A_1=30$ mm,$A_2=A_5=5$ mm,$A_3=43$ mm,$A_4=3_{-0.05}^{\ 0}$ mm 且为标准件。试完成:(1)以 A_5 为修配环,按单件修配法确定组成环的尺寸公差和极限偏差;(2)以 A_2、A_3 合并成修配环 A_{23},按合并修配法确定组成环的尺寸公差和极限偏差。

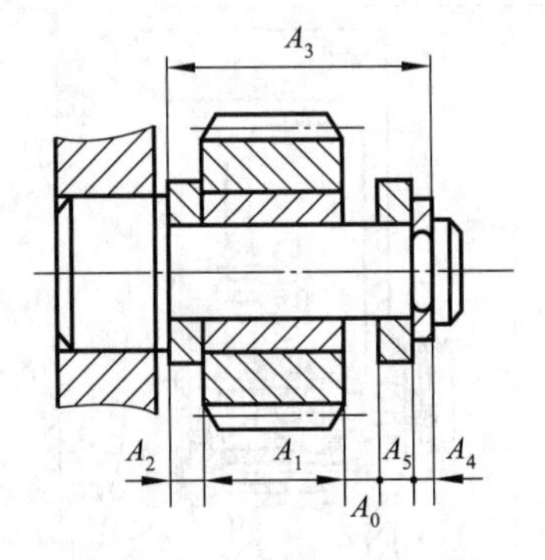

图 11-26　习题 11-18 图

11-19　有一批孔轴配合件,大批量生产,公称尺寸为

ϕ10 mm，配合间隙要求为+0.025～+0.030 mm。生产中采用分组装配法进行装配，若按 IT9 级制造孔轴零件，试分析加工后将孔轴零件尺寸分布区间平均分成 4 组，对应组孔轴装配后能否满足装配要求？若能满足装配要求，计算各组的尺寸及偏差；若不满足装配要求，则确定能满足装配要求的零件加工精度等级，并计算各组的尺寸及偏差。

11-20　某孔轴的配合尺寸为ϕ30H6/h5，批量加工，为降低加工成本按ϕ30H9/h9 制造，然后采用分组装配，试完成：(1)确定分组数和各组的尺寸及偏差；(2)若生产 2 000 套，实际尺寸符合正态分布，分布曲线关于设计尺寸中心对称，且工序能力系数为 1，求各组孔轴零件的数量。

11-21　图 11-27 所示为滑动轴承和轴承套组件加工与装配示意图，成批生产，装配后要求滑动轴承外端面至轴承套内端面距离为 $87_{-0.3}^{-0.1}$ mm，若按图 11-27(a)、(b)的尺寸精度加工零件，能否满足装配要求？若不满足，试确定合理的装配工艺方法，使其达到装配精度要求。

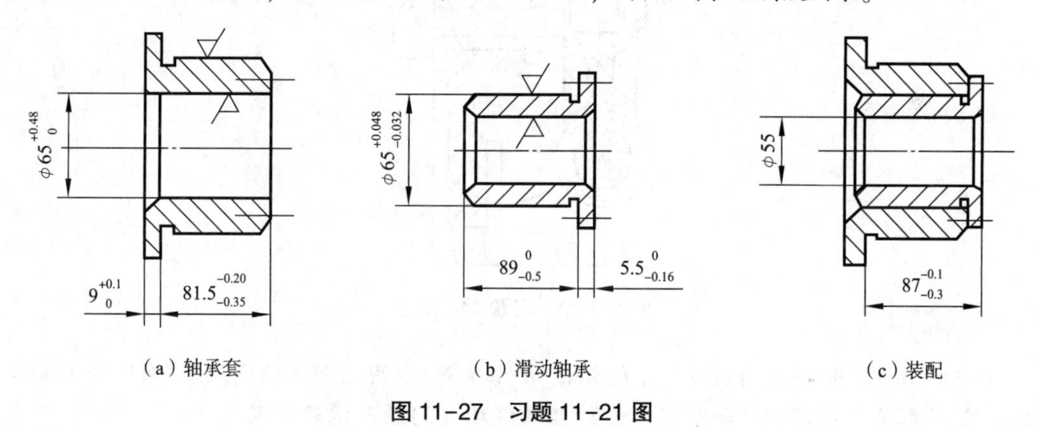

图 11-27　习题 11-21 图

11-22　图 11-28 所示为双联转子(摆线齿轮)泵部件示意图，装配精度要求为常温下装配间隙 A_0=+0.05～+0.15 mm，已知：A_1=50 mm，A_2=A_4=20 mm，A_3=10 mm。试完成：(1)采用完全互换法，选 A_1 为协调环，确定组成环的尺寸公差和极限偏差；(2)采用统计互换法，选 A_3 为协调环，确定组成环的尺寸公差和极限偏差；(3)采用单件修配法，分别选 A_1、A_3 为修配环，确定组成环的尺寸公差和极限偏差，以及最大修配量；(4)采用固定调整装配法，选 A_3 为调整环，确定组成环的尺寸公差和极限偏差。

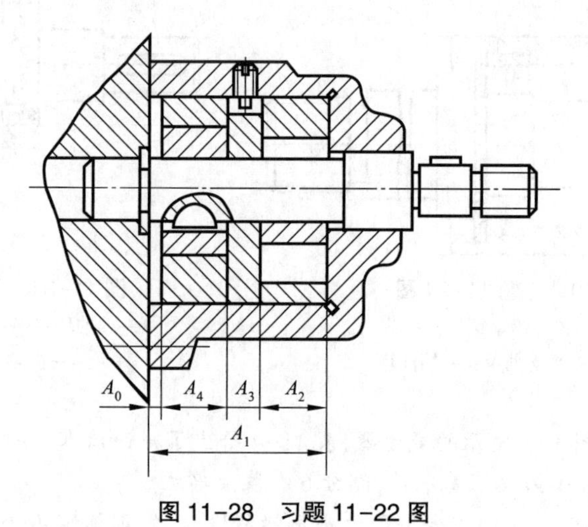

图 11-28　习题 11-22 图

11-23　图 11-29 所示为直廓环面蜗轮蜗杆部件，蜗杆支架中心高 $A_1=200$ mm，箱体壁厚尺寸 $A_2=30$ mm，涡轮轴伸出端 $A_3=169$ mm，蜗轮尺寸 $A_4=31$ mm，装配后蜗轮中心平面偏移量 A_0 要控制在±0.15 mm 范围内。试完成：(1) 采用完全互换法，确定组成环的尺寸公差和极限偏差；(2) 采用单件修配法，确定组成环的尺寸公差和极限偏差，以及最大修配量；(3) 固定调整装配法，确定组成环的尺寸公差和极限偏差。

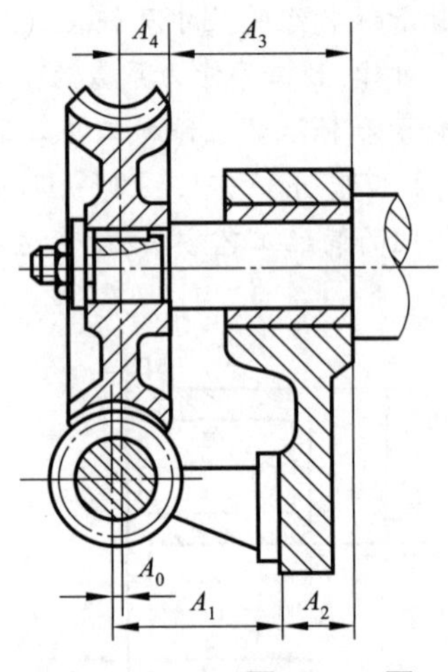

图 11-29　习题 11-23 图

11-24　图 11-30 所示为皮带张紧轮组件，小批生产，采用完全互换法装配，滚动轴承采用压力机压装，装配要求：(1) 调整轴承间隙；(2) 锁紧螺母；(3) 检验滚轮转动灵活性。试制订装配工艺过程，绘制装配工艺系统图。

11-25　图 11-31 所示为齿轮传动组件，小批生产，采用完全互换法装配，装配中滚动轴承需要加热至 100 ℃，试制订装配工艺过程，绘制装配工艺系统图。

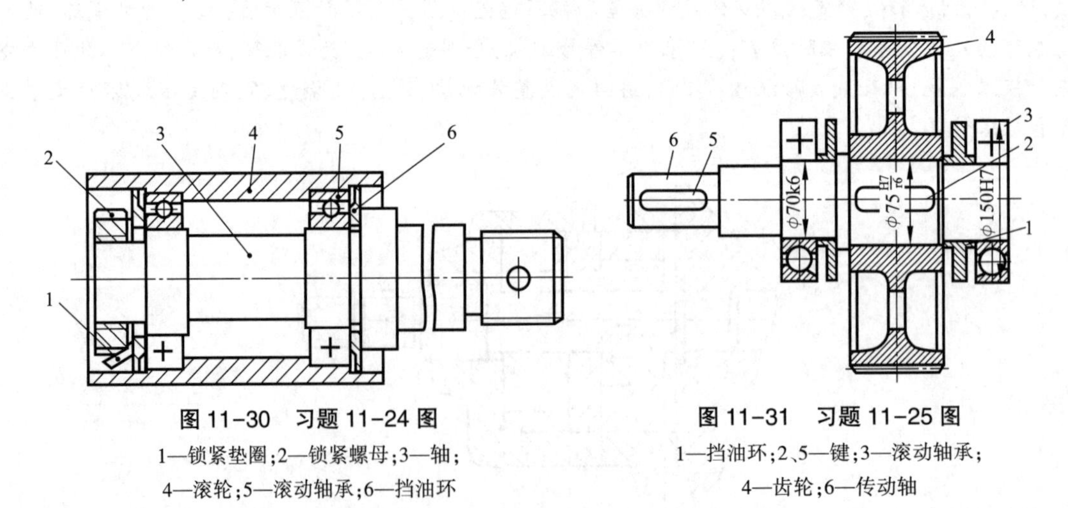

图 11-30　习题 11-24 图

1—锁紧垫圈；2—锁紧螺母；3—轴；4—滚轮；5—滚动轴承；6—挡油环

图 11-31　习题 11-25 图

1—挡油环；2、5—键；3—滚动轴承；4—齿轮；6—传动轴

11-26　中批生产图 1-1 所示的减速器，表 11-4 给出了减速器零件明细表，表 11-5 给出了减速器装配单元表，以箱座 1 为总装基准件，划分 6 个装配单元。

减速器生产技术要求为：(1) 啮合侧隙大小用铅丝检验，保证侧隙不小于 0.16 mm。铅丝直径不得大于最小侧隙的两倍；(2) 用涂色法检验轮齿接触斑点，要求齿高接触斑点不少于 40%，齿宽接触斑点不少于 50%;(3)应调整轴承的轴向间隙,$\phi40$ 为 0.05~0.1 mm,$\phi55$ 为 0.08~0.15 mm;(4)箱内装全损耗系统用油 L-AN68 至规定高度;(5)箱座、箱盖及其他零件未加工的内表面、齿轮的未加工表面涂底漆并涂红色的耐油油漆,箱盖、箱座及其他零件未加工的外表面涂底漆并涂浅灰色油漆;(6)运转过程中应平稳、无冲击、无异常振动和噪声;各密封处、结合处均不得渗油、漏油;剖分面允许涂密封胶或水玻璃。

试完成:(1)制订装配工艺过程,绘制装配工艺系统图;(2)说明图 1-1 中已标注配合尺寸的配合类型,是否需要压装方法,若需要应采用哪种压装方法;(3)说明装配过程中用到了哪些保证精度的装配方法;(4)简述如何保证齿轮中心距精度;(5)简述表 11-4 中调整垫 21、30 的作用;(6)简述轴承端盖上螺栓的紧固过程。

表 11-4　减速器零件明细表

序号	名称	数量	序号	名称	数量	序号	名称	数量
1	箱座	1	15	螺栓 M10×35	4	29	轴承端盖	1
2	启盖螺钉 M10×30	1	16	螺母 M10	2	30	调整垫片	2
3	螺栓 M12×100	6	17	垫圈 10	2	31	轴承端盖	1
4	螺母 M12	6	18	油标	1	32	密封盖板	1
5	垫圈 12	6	19	六角螺塞 M18×1.5	1	33	键 8×50	1
6	箱盖	1	20	油圈 25×18	1	34	输入轴	1
7	石棉垫片	1	21	调整垫片	2	35	J 型油封 35×60×12	1
8	观察孔盖	1	22	轴承端盖	1	36	轴承端盖	1
9	通气器	1	23	密封盖板	1	37	螺栓 M8×25	24
10	螺栓 M6×20	4	24	轴套	1	38	滚动轴承 30311	2
11	螺栓 M6×25	2	25	键 12×56	1	39	输出轴	1
12	轴端挡圈	1	26	J 型油封 50×72×12	1	40	键 15×50	1
13	垫圈 6	1	27	挡油环	2	41	大齿轮	1
14	销 8×30	2	28	滚动轴承 30308	2			

表 11-5　减速器装配单元表

名称	代号	组成零件号	名称	代号	组成零件号
输入轴套件	001	27、28、33、34	轴承盖套件Ⅱ	004	22、26
输出轴套件	002	11、12、13、24、25、38、39、40、41	箱盖组件	005	2、6、7、8、9、10
轴承盖套件Ⅰ	003	31、35	油塞套件	006	19、20

第 12 章 机械制造技术的新发展

阅读导入

我国制造领域的战略任务和重点是:提高国家制造业创新能力;推进信息化与工业化深度融合;强化工业基础能力;加强质量品牌建设;全面推行绿色制造;大力推动重点领域突破发展;深入推进制造业结构调整;积极发展服务型制造和生产性服务业;提高制造业国际化发展水平。

为了能够完成提出的战略任务和目标,就要进一步发展和应用现代机械制造技术。现代机械制造技术,是在传统机械制造技术的基础上,结合信息技术、计算机技术、自动化技术、互联网技术及生产管理技术等多学科先进技术的综合。现代机械制造技术在制造工艺、制造自动化、制造生产模式及计算机辅助工程等方面出现了众多发展方向。

12.1 先进制造工艺技术

12.1.1 增材制造(3D 打印)技术

增材制造(Additive Manufacturing,AM)是以计算机实体建模技术为基础,通过 CAD/CAM 软件与数控系统,将专用的金属或非金属材料以及医用生物材料,采用挤压、烧结、熔融、光固化、喷射等方式逐层累加,制造出实体零件的技术。增材制造技术俗称 3D 打印,在发展过程中也有材料累加技术、快速原型制造(Rapid Prototyping,RP)、快速成形制造、实体自由制造技术、3D 喷印等名称。增材制造技术摆脱了传统"毛坯—切削—组装"的生产模式,而采用基于离散-堆积原理,通过材料逐层堆积,将复杂的三维加工分解为简单的二维累积而成,从无到有地直接制造实体零件。

3D 打印技术已经可以用于生产像珠宝、玩具、工具、厨房用品、衣服之类的产品,甚至可以打印骨骼、假肢、血管等人体组织器官用于医疗,有的还打印出了汽车、飞机零部件。3D 打印技术的成形方法主要有:

1. 光固化成形(SLA)技术

光固化成形技术又称立体光刻(Stereo Lithography Apparatus,SLA)技术是利用液态光敏树脂在一定波长和功率的紫外光照射下迅速发生光聚合反应,分子量急剧增大,转变为固态的 3D 打印技术。

2. 分层实体制造法(LOM)技术

分层实体制造(Laminated Object Manufacturing,LOM)技术又称叠层实体制造技术,是使用纸板、塑料板、金属板等薄片材料形成与零件各分层截面形状和尺寸都相同的形状再相叠黏结而形成零件的 3D 打印技术。

3. 激光选区烧结(SLS)技术

激光选区烧结(Selective Laser Sintering,SLS)技术又称选择性激光烧结技术,是利用激光使粉末材料被烧结形成与零件各分层截面形状和尺寸都相同的形状,直至形成整体零件的 3D 打印技术。常用的粉末材料为塑料粉、尼龙粉及蜡粉等,使用金属粉或陶瓷粉直接烧结真实零件的工艺正在研究开发中。

4. 熔融沉积成形(FDM)技术

熔融沉积成形(Fused Deposition Modelling,FDM)技术是将热塑性塑料细丝送入加热喷头内,被加热到超过细丝熔点 1 ℃左右并处于半流动状态时被挤出,形成零件截面形状的 3D 打印技术。

此外,还有立体喷印(Three Dimensional Printing,3DP)技术,是利用微滴喷射技术,在粉末材料层上喷射黏结剂,使粉末材料黏结成与零件各分层截面形状和尺寸都相同的形状,逐层形成完整零件。选择性激光熔化(Selective Laser Melting,SLM)技术,是利用激光使金属粉末熔化再凝固形成与零件各分层截面形状和尺寸都相同的形状,逐层形成完整零件。弹道微粒制造(Ballistic Particle Manufacturing,BPM)技术,是利用压电喷射头将融化的热塑性塑料微小颗粒喷射沉积形成整体零件。三维焊接(Three Dimensional Welding,TDW)技术,是将工业机器人和气体保护焊机相结合,用工业机器人控制焊接过程及焊枪移动进行堆焊,形成整体金属零件。

12.1.2　清洁生产工艺技术

清洁生产(Cleaner Production,CP),是既可满足人们的需要又可合理使用自然资源和能源并保护环境的生产方法和措施。其实质都是一种物料和能源消耗最少的人类生产活动的规划和管理,将废物减量化、资源化和无害化,或消灭于生产过程中。同时对人体和环境无害的绿色产品的生产也将随着可持续发展进程的深入而日益成为今后产品生产的主导方向。

1. 绿色铸造技术

绿色铸造技术,是根据生产铸件的材质、品种、批量,在保证产品功能、质量、成本的前提下,综合考虑环境、职业健康影响和资源效率,合理选择低污染、低排放、低能耗、经济高效的铸造技术。绿色铸造技术主要有:熔炼工部的清洁生产技术;精密清洁成形技术;低毒而高效气冷芯盒制芯工艺和材料技术;有机脂硬化水玻璃砂及其旧砂再利用技术;铸造末端无害化处理技术等。

2. 绿色热处理技术

绿色热处理技术,是一种综合考虑环境影响和资源使用效率的现代制造业持续发展模式,使热处理从工艺设计、厂房、设备和工艺材料选用、生产、检验到交付、使用的整个生命周期中,对生态环境的负面影响对人体健康无害或危害较小,资源使用效率最高,并使企业经济效益和社会效益持续协调优化。绿色热处理技术主要有:氮基气氛热处理技术;真空热处理技术;新型淬火冷却技术;流态床热处理技术;洁净短时渗碳技术;热处理的废气、废液、废渣等回收与再利用技术。

3. 绿色表面工程技术

绿色表面工程技术,是指以产品全寿命周期理论为指导,以优质、高效、节能、节材、环境保护为原则,以先进技术为手段,在满足产品、材料表面基本使用功能、寿命、成本等条件下,具有节材、节能且无(少)污染的先进工艺和经自然环境适应性评价较佳的表面工程技术。绿色表面工程技术主要有绿色表面改性技术、绿色表面覆层(绿色镀膜)技术、复合表面技术。

4. 绿色切削技术

绿色切削技术,是一种充分考虑环境和资源问题的加工技术,要求在整个切削加工过程中做到对环境的污染最小和对资源的利用率最高。金属切削加工过程中的污染源主要是传统切削液及其添加剂。为此绿色切削技术的主要发展方向就是少用、不用或替代传统切削液进行金属切削加工。绿色切削技术主要有:干式切削技术;微量润滑切削技术;低温冷却润滑切削技术;气体射流冷却切削技术等。

12.1.3 精密超精密及纳米加工技术

在一定的发展时期,精密加工是指加工精度和表面质量达到较高程度的加工工艺;超精密加工是指加工精度和表面质量达到极高程度的加工工艺。纳米加工是指纳米级精度的加工和纳米级表层加工。

普通精度加工与精密超精密加工是相对的。随着制造技术水平的提高,普通机械加工精度从毫米级接近微米级,精密加工则从微米级向 0.1 微米级发展,而超精密加工从 0.1 微米级向 0.01 微米级发展。目前,普通加工、精密加工、超精密加工及纳米加工的划分为:

(1)普通加工。加工精度在 10~5 μm、表面粗糙度值在 *Ra*0.3~0.8 μm 的加工技术,如车、铣、刨、磨、镗、铰等,适用于汽车、拖拉机和机床等产品的制造。

(2)精密加工。加工精度在 5~0.1 μm,表面粗糙度值在 *Ra*0.3~0.03 μm 的加工技术,如金刚车、金刚镗、研磨、磨、超精加工、砂带磨削、镜面磨削和冷压加工等,适用于精密机床、精密测量仪器等产品关键零部件的加工,如精密丝杠、精密齿轮、精密涡轮、精密导轨、精密轴承。

(3)超精密加工。加工精度在 0.1~0.01 μm,表面粗糙度值在 *Ra*0.03~0.005 μm 的加工技术,如金刚石刀具超精密切削、超精密磨料加工、超精密特种加工和复合加工等,适用于精密元件、计量标准元件,大规模和超大规模集成电路的制造。目前,超精密加工的方法精度正处在亚纳米级工艺,正在向纳米级工艺发展。

(4)纳米加工,加工精度在 0.01 μm~1 nm(纳米,1 nm=0.001 μm),表面粗糙度值小于 *Ra*0.005 μm 的加工技术,其加工方法大多不是传统的机械加工方法,而是诸如原子分子单位加工等。

精密超精密及纳米加工技术主要有切削加工、磨削加工、特征加工及复合加工。表 12-1 给出了精密超精密及纳米加工技术概况。

表 12-1 精密超精密及纳米加工技术概况

精度	加工方法	加工工具和材料	加工设备结构	测量装置	工作环境
10 μm	精密切削及磨削 电火花加工 电解加工	高速钢刀具 硬质合金刀具 氧化铝砂轮 碳化硅砂轮	精密滑动导轨或 滚动导轨 精密丝杠 交流伺服电动机 步进电动机 电液脉冲马达	气动量仪 千分表 光学量角仪 光学显微镜 感应同步器	一般的清洁空间
1 μm	微细切削及磨削 精密电火花加工 电解抛光 激光加工 光刻加工 电子束加工	金刚石刀具 氧化铝砂轮 碳化硅砂轮 高熔点金属氧化物 (氧化铈、碳化硼等) 光敏抗蚀剂	液体动压轴承 精密滑动导轨或 空气静压导轨 空气静压轴承 加预载的滚动导轨 直流伺服电动机	千分表 光栅 差分变压器 精密气动测微仪 微硬度计 紫外线显微镜	恒温室 防振基础
0.1 μm	超精密切削及磨削、 精密研磨 光刻加工 化学蒸汽沉积 真空沉积	金刚石刀具 磨料、细粒度砂轮和砂带 光敏抗蚀剂	精密空气静压轴承及导轨 红宝石滚动轴承及导轨 精密直流伺服电动机 微机适应控制	精密光栅 精密差分变压器 激光干涉仪 电磁比长仪 荧光分析仪	恒温室 防振基础 超净工作间或 工作台

续上表

精度	加工方法	加工工具和材料	加工设备结构	测量装置	工作环境
0.01 μm	机械化学研磨 活性研磨 物理蒸汽沉积 电子刻蚀 同步加速器 轨道辐射刻蚀	活性磨料或研磨液 光敏抗蚀剂	微位移工件台 高精密直流伺服电动机 电磁伺服执行机构	超精密差分变压器 电磁传感器 光学传感器 电子衍射仪 X 射线微分分析仪	高级恒温室 防振基础 超净工作间
0.001 μm (1 nm)	离子溅射去除加工 离子溅射镀膜 离子溅射注入	离子束	静电及电磁偏转 电致伸缩 磁致伸缩	电子显微镜 多反射激光干涉仪	高级恒温室 防振基础 超净工作间

12.1.4　微细加工及微型机械

微细加工起源于半导体制造工艺,原来指加工尺度约在微米级范围的加工方式。但目前精密超精密加工已经达到甚至高于微米级加工精度,现在的微细加工主要指能够制造亚微米级微小尺寸零件的加工技术。

1. 微型机械

微型机械,又称微机电系统、微机械、微系统等,泛指从微米/纳米到毫米量级大小的电子机械装置,按其外形尺寸特征分为 10~1 mm 的微小型机械,1 mm~10 μm 的微机械,以及 10 μm~10 nm 的纳米机械。

微型机械包括微机构、微传感器、微执行器、信号调制、接口通信和动力源一体集成的器件或系统,并不是传统机械电子的直接微型化,在物质结构、尺度、材料、制造工艺和工作原理等方面远远超过传统机械电子的概念和范畴。从学科上涉及了电子、机械、材料、制造、信息与自动控制、物理、化学和生物学等多种学科领域,并集中了当今科学技术发展的许多尖端成果,通过微型化、集成化可以探索具有新原理、新功能的元件和系统,有利于开辟一个新技术领域。

2. 微细加工技术

目前,微细加工技术种类较多,在此介绍用于加工微型机械零件的三种技术:一是微细切削加工,即利用大机器制造小机器,再利用小机器制造微机器;二是利用化学腐蚀或集成电路工艺技术,对硅材料进行加工,形成硅基 MEMS 器件;三是 LIGA 技术,是利用 X 射线光刻技术,通过电铸成形和铸塑形成深层微结构的方法。

1)微细切削加工

微细切削技术是一种由传统切削技术衍生出来的微细切削加工方法,主要包括微细车削、微细铣削、微细钻削、微细磨削、微冲压等。将各种切削技术整合在一起可以构成便携式微型工厂,由微型车床、铣床、冲压机、搬运机械手、双指机械手及电路、控制装置等组成,能像旅行箱一样推着走。

2)硅微细加工技术

硅微细加工技术是以硅材料为被加工对象的微细加工技术,是微传感器、集成电路、微机电系统迅速发展的基础技术,可分为表面微加工技术与体微加工技术。

表面微加工是把微型机械的“机械”(运动或传感)部分制作沉积于硅晶体的表面膜(如多晶硅、氮化硅等)上,然后使其局部与硅体部分分离,即在硅衬底上先沉积一层最后要被腐蚀(牺牲)掉的膜(如 SiO_2 可用 HF 腐蚀),再在其上淀积制造运动机构的膜,然后用光刻技术制造出机构图形和腐蚀下层膜的通道,待一切完成后就可进行牺牲层腐蚀而使微机构自由释放出来。释放前可以制作有关电子器件部分,这样最后的器件就是机电集成一体。

体微加工是利用硅腐蚀的各向异性,通过水溶性腐蚀剂、腐蚀掩膜对硅衬底进行三维加工成形(即在晶片内部腐蚀深坑、洞穴以及槽等)。硅体加工的机件纵向尺寸最多也只能做到300~400 μm,也被称为2.5维加工。硅体微加工技术是目前使用最为广泛的微机械加工技术。

3)LIGA技术

LIGA技术是采用深度X射线光刻、微电铸成形和塑铸成形等技术组合而成的复合微细加工技术,是进行非硅材料三维立体微细加工的首选工艺。LIGA主要工艺过程是借助于同步辐射X射线实现光刻掩膜板的制作、X光深层光刻,将样品浸入电解液中光刻胶显影、光刻胶剥离、电铸成形,通过微塑注模进行塑模制作及塑铸成形。

12.1.5 高速切削技术

高速切削技术,是以比常规高数倍的切削速度对零件进行切削加工的一项先进制造技术。高速切削理论基础是,在常规切削速度范围内,切削温度随着切削速度的提高而升高,但切削速度提高到一定值后,切削温度不但不升高反会降低,且该切削速度值与工件材料的种类有关。对每一种工件材料都存在一个速度范围,在该速度范围内,由于切削温度过高,刀具材料无法承受,即切削加工不可能进行,称该区为“死谷”。而当切削速度超过该区域继续提高时,切削温度下降到刀具许可的温度范围,便又可进行切削加工。

高速加工的切削速度范围因不同的工件材料和加工方法而异。例如高速切削铝合金的速度范围可达1 500~5 500 m/min;高速切削铸铁时为750~2 500 m/min;高速切削钢料时为600~1 200 m/min。高速车削的速度范围通常为700~7 000 m/min;高速铣削时为300~6 000 m/min;高速钻削时为200~1 100 m/min;而高速磨削时为100~300 m/s。

12.2 机械制造自动化技术

机械制造自动化技术,是在较少的人工直接或间接干预下,生产设备或生产线在控制系统驱动下,由机械装置将原材料加工成零件并组装成产品的工艺过程及相关技术。机械自动化制造工艺过程涉及的范围很广,包括工件的装卸、存储和输送;刀具的装配、调整、输送和更换;工件的切削加工、排屑、清洗、测量和热处理;切屑的输送、切屑的净化处理和回收;将零件装配成产品等。

12.2.1 机械加工自动化

在人的操作下,由机器代替人力劳动来执行机械制造过程,可称为机械化生产。例如,操作普通车床加工减速器输出轴。当操作机器的动作也由机器完成,可称为自动化生产。早期的自动化生产设备多采用凸轮轴、挡块、分配轴等实现顺序加工动作,可以说是机械自动化,但现在已经被电气自动化取代。目前的自动化控制系统可以采用可编程控制器或单片机系统进行控制,还可以增加人机界面、变频器、伺服电动机系统及各类传感器等。

在机械加工中,只实现了加工过程自动化的设备称为半自动加工设备,当实现了加工过程自动化,并具有能自动装卸工件的设备,才能称为自动化加工设备。机床加工过程自动化的主要内容是包括装卸工件的加工循环自动化。

机械加工自动化在经历了刚性自动化、数控加工、柔性制造、计算机集成制造等阶段后,如今已进入新的制造自动化模式,如智能制造、敏捷制造、虚拟制造、网络制造和绿色制造等。

12.2.2 机械装配自动化

由机械装置将零件组装成机器产品的工艺过程及相关技术称为机械装配自动化,其目的主要在于:提高生产率,降低成本,保证机械产品的装配质量和稳定性,并力求避免装配过程中受到人为因素的影响而造成质量缺陷,减轻或取代特殊条件下的人工装配劳动,降低劳动强度,保证操作安全。

根据装配的复杂程度,装配自动化可分为自动装配机、自动装配线及自动装配系统。其中自动装配机可分为单工位装配机、多工位装配机和非同步装配机。自动装配线是在多台自动装配机上完成装配的自动生产线。自动装配系统由装配过程的物流自动化、装配作业自动化和信息流自动化等子系统组成,根据对装配产品的适用性可分为刚性自动装配系统和柔性自动装配系统。

12.2.3　工业机器人

机器人是一种能自动控制、可重复编程、多功能、多自由度的操作机,能搬运材料、工件或操持工具,用以完成各种作业。这里的操作机是具有和人手臂相似的动作功能,可在空间抓放物体或进行其他操作的机械装置。

工业机器人是用于工业控制及生产的机器人。工业机器人一般都由操作机和控制系统(装置)组成。其中操作机包括手部、腕部、臂部、机身、驱动装置等。有些机器人还有行进系统、感知系统和人工智能系统。

目前工业机器人已成为机械制造自动化、柔性制造和计算机集成制造中的重要自动化设备。工业机器人与机床可以组成自动化生产单元和自动化生产线,与装配机可以组成自动装配单元和自动装配线。

12.2.4　数控机床与加工中心

数字控制(Numerical Contral,NC)是用数字化信息进行控制的技术,控制系统一般是采用固定接线的硬件结构,故此又称硬件数控。随着计算机技术的发展,出现了计算机数字控制(Computer Numerical Contral,CNC),采用软件程序实现数字控制。

数控机床是装备了数控系统,能应用数字控制技术进行加工的机床。数控机床按用途分为普通数控机床和加工中心两大类。普通数控机床与传统的通用机床品种类似,有数控车床、数控铣床、数控钻床、数控磨床等。工艺范围和普通机床相似,但更适合于加工形状复杂的工件。

加工中心是带有刀库和自动换刀机械手,有些还配备托盘交换装置的数控机床。加工中心可在一次装夹后,完成工件的镗、铣、钻、扩、铰及攻螺纹等多种加工。

12.2.5　柔性制造系统 FMS

柔性制造技术(Flexible Manufacturing Technology,FMT)就是一种主要用于多品种中小批量或变批量生产的制造自动化技术,是对各种不同形状加工对象进行有效且适应性地转化为成品的各种技术总称。FMT 的根本特征即“柔性”,是指制造系统或企业对其内部和外部环境的一种适应能力,也是指能够适应产品变化的能力。

柔性制造技术按规模的大小,柔性程度的不同,通常分为以下四类:

(1)柔性制造单元(Flexible Manufacturing Cell,FMC),是由一台配有一定容量的工件自动更换装置的数控机床或加工中心组成的生产设备,按工件储存量的多少独立持续地自动加工一组不同工序与加工节拍的工件,可以作为组成柔性制造系统的模块单元,是实现单工序加工的可变加工单元,是最简单的柔性制造系统。

(2)柔性制造系统(Flexible Manufacturing System,FMS),是由两台或两台以上的数控机床或加工中心所组成,配有自动上下料装置、自动输送装置和自动仓库,并能实现监视功能、计算机综合控制功能、数据管理功能、生产计划和管理功能等。FMS 通常由 CNC 加工中心系统、运输存储系统和计算机控制系统三大部分组成。

(3)柔性制造自动线(Flexible Manufacturing Line,FML),是由多台数控机床或加工中心组成,其中有些机床带有一定的专用性,一般针对某种类型(族)零件,并带有专业化生产或成组化生产的特点。全线机床是按工件族的工艺过程布置的,可以有一定的生产节拍。

(4)柔性制造工厂(Flexible Manufacturing Factory,FMF),是由各种类型的数控机床或加工中心、柔性制造单元、柔性制造系统、柔性自动线等组成,完成工厂中全部机械加工工艺过程(零件不限于同族)、装配、油漆、试验、包装等,具有更高的柔性。FMF 依靠中央主计算机和多台子计算机实现全厂的全盘自动化。FMF 又称为自动化工厂。

12.2.6 计算机集成制造系统 CIMS

计算机集成制造系统(Computer Integrated Making System,CIMS)是以系统工程理论为指导,强调信息集成和适度自动化,以过程重组和机构精简为手段,在企业信息系统的支持下,将制造企业的全部要素(人、技术、经营管理)和全部经营活动集成为一个有机的整体,实现以人为中心的柔性化生产,使企业在市场分析、新产品开发、产品质量、产品成本、工艺设计、加工制造、相关服务、交货期和环境保护等方面均取得整体最佳的效果。

CIMS 一般由 4 个功能系统(管理信息系统、工业设计自动化系统、制造自动化系统、质量保证系统)和 2 个支撑系统(数据库系统、计算机通信系统)组成。CIMS 的整个生产过程实质上是一个数据采集、传递和加工处理的过程,最终形成的产品可看作数据的物质表现。数据驱动、集成、柔性是 CIMS 的三大特征。

12.3 先进制造生产模式

12.3.1 智能制造 IM

智能制造(Intelligent Manufacturing,IM),是由智能机器和人类专家共同组成的人机一体化智能系统。该系统在制造过程中可以进行诸如分析、推理、判断、构思和决策等智能活动,同时基于人与智能机器的合作,扩大、延伸并部分地取代人类专家在制造过程中的脑力劳动。智能制造更新了自动化制造的概念,使其向柔性化、智能化和高度集成化扩展。智能制造包括智能制造技术和智能制造系统。

智能制造技术(Intelligent Manufacturing Technology,IMT),是指一种利用计算机模拟制造专家的分析、判断、推理、构思和决策等智能活动,并将这些智能活动与智能机器有机融合,使其贯穿应用于制造企业的经营决策、采购、产品设计、生产计划、制造、装配、质量保证和市场销售等各个子系统的先进制造技术。

智能制造系统(Intelligent Manufacturing System,IMS),是一种由部分或全部具有一定自主性和合作性的智能制造单元组成的、在制造活动全过程中表现出相当智能行为的制造系统。IMS 涵盖了产品的市场、开发、制造、服务与管理整个过程,集成为一个整体,系统地加以研究,实现整体的智能化。

12.3.2 绿色制造 GM

绿色制造(Green Manufacturing,GM),又称环境意识制造(Environmentally Conscious Mannufacturing)、面向环境的制造(Manufacturing For Environment)等,是一个综合考虑环境影响和资源效益的现代化制造模式,其目标是使产品从设计、制造、包装、运输、使用到报废处理的整个产品生命周期中,对环境的影响(副作用)最小,资源利用率最高,并使企业经济效益和社会效益协调优化。绿色制造这种现代化制造模式,是人类可持续发展战略在现代制造业中的体现。

绿色制造是一个闭环系统,即原料→工业生产→产品使用→报废→二次原料资源,从设计、制造、使用一直到产品报废回收整个生命周期对环境影响最小,资源效率最高,也就是说要在产品整个生命周期内,以系统集成的观点考虑产品环境属性,改变了原来末端处理的环境保护办法,对环境保护从源头抓起,并考虑产品的基本属性,使产品在满足环境目标要求的同时,保证产品应有的基本性能、使用寿命、质量等。

12.3.3　精益生产 LP

精益生产(Lean Production,LP)就是运用多种现代管理方法和手段,以社会需求为依托,以人为中心,以充分发挥人的作用为根本,以尽善尽美为目标,有效配置和合理使用企业资源,谋求企业经济效益的一种新型生产方式。精益生产就是要改进原有的臃肿组织机构、大量非生产人员、宽松的厂房、超量的库存储备等状况,实现少投入多产出,追求大的单位投入产出比。

精益生产把员工看得比机器更重要。让员工承担尽可能多的责任,成为熟悉多种技能的多面手;让员工及其所在项目组有很大的独立自主权,不需要中层或高层经理逐级下达命令,减少了信息反馈路程;要求员工技术精湛、责任心强、劳动目的明确、工作节奏紧张;员工业绩与工资直接挂钩,职务晋升途径明确,职工持有企业股份,与企业“生死与共”。精益生产方式综合了单件生产与大量生产的优点,既避免了前者的高成本,又避免了后者的僵化。

12.3.4　并行工程 CE

并行工程(Concurrent Engineering,CE),是一种现代产品开发中新发展的系统化方法,是以信息集成为基础,通过组织多学科的产品开发小组,对产品开发全生命周期中的一切过程和活动,利用各种计算机辅助手段,实现产品开发过程的集成,达到缩短产品开发周期,提高产品质量,降低成本,提高企业竞争能力的目标。

并行工程是一种以空间换时间来完成设计工作过程,由多部门人员组成产品开发团队,将传统产品开发过程集成到一起,从开始就考虑产品概念设计到退出市场的整个产品生命周期的所有因素。并行工程的核心就是实现产品及相关设计过程的集成,强调设计过程并行,把时间上有先后的作业活动转变为同时考虑并尽可能同时处理和并行处理的活动,把设计、制造、管理等过程纳入一个整体,都围绕产品开发开展工作,设计结果要及时进行审查,及时反馈,尽量缩短设计时间,产品开发团队由多个部门人员组成,必须相互支持,协同开展设计工作。

12.3.5　敏捷制造 AM

敏捷制造(Agile Manufacturing,AM),是制造企业能够把握市场机遇,及时动态地对调整生产系统及配置生产资源,以有效和协调的方式响应用户需求,尽最大可能在最短时间内完成高质量产品的开发与制造,并推向市场得到用户认可。

由于科技发展带来生活质量提高,消费需求逐渐主体化、个性化和多样化,使得生产模式向多品种小批量变化,从而企业要能够适应社会发展,快速满足用户需求。敏捷制造的目标是制造系统具有较高的柔性和快速响应能力,能以最快的速度向用户提供所需产品。

12.3.6　生物制造 BM

生物制造(Biological Manufacturing,BM)技术,是通过制造科学与生命科学相结合,在微滴、细胞和分子尺度的科学层次上,通过受控组装完成器官、组织和仿生产品的制造的科学和技术总称。是将生命科学、材料科学以及生物技术融入制造学科中,是制造技术和生命科学交叉产生的一门新兴学科。通过运用现代制造科学和生命科学的原理和方法,实现人体器官的人工制造,用来对人体失去功能的器官进行替换或者修复。20世纪以来,随着科学技术的不断发展,制造技术和生命科学都取得了突破性的进展,正在引领着科技的潮流。生命科学和现代先进制造技术结合,必然使制造科学发生一场新的革命。目前生物制造工程的研究方向是把制造科学、生命科学、计算机技术、信息技术、材料科学各领域的最新成果组合起来,使其彼此沟通,用于制造业,是生物制造工程的主要任务。

12.3.7 网络化制造

网络化制造系统是一种由多种、异构、分布式的制造资源,以一定互联方式,利用计算机网络组成开放式的、多平台的、相互协作的、能及时灵活地响应客户需求变化的制造系统,是一种面向群体协同工作并支持开放集成性的系统。

网络化制造是企业实现制造资源优化配置与合理利用的主要途径。网络化制造模式致力于将分散的制造资源,通过计算机网络有效集成,实现企业间的资源共享、优化组合及异地制造,形成核心优势,降低成本,提高企业的效率和效益。

从整体上看,网络化制造有四个核心概念:覆盖企业内外部、四通八达的网络环境;产品生命周期过程的协同;不同企业制造资源的共享;供应链上各方利益的共赢。

实现网络化制造后,企业可以以最快的速度、最低的成本、最好的服务满足动态多变的市场需求。

12.4 计算机辅助工程技术

计算机辅助工程(Computer Aided Engineering,CAE)技术,是利用计算机软件解决工程实际问题的各项技术。由CAE软件可以进行产品设计、建模、仿真等,是计算机软件在工程分析任务中的广泛使用,为工程技术人员提供生产制造相关信息,帮助和支持工程技术人员进行生产制造的决策。

12.4.1 计算机辅助装配工艺设计 CAAP

计算机辅助装配工艺设计(Computer Aided Assembly Planning,CAAP),是利用计算机模拟人编制装配工艺的方式,自动生成装配工艺文件。其特点是:①CAAP可以充分缩短编制装配工艺的时间,减少人的烦琐劳动,提高装配工艺的规范化程度,降低对工艺人员的依赖;②随着CIMS领域研究的不断深入,CAAP不仅能够提供指导装配操作的技术文件,还可为管理信息系统提供对装配生产线进行科学管理的信息数据,同时还可扩大CAD/CAPP/CAM的集成范围;③CAAP能及时向产品设计的CAD系统反馈可装配性的信息,满足并行工程(CE)的需要。

计算机辅助装配工艺设计系统由装配信息描述知识库、动态数据库、推理机、装配工艺知识库、装配工艺简图库、装配工艺数据库等构成。CAAP的工作过程是首先进行装配信息描述,重点描述各零件、组件及部件之间的装配关系;然后进行装配顺序决策,可以基于配合关系或是基于知识进行推理;最后自动生成装配工艺文件。

12.4.2 计算机辅助质量系统 CAQS

在传统的生产过程中,质量系统的工作主要包括质量检验、性能试验和质量管理等方面;质量管理主要包括质量数据的收集(填写各种质检单)、质量数据的统计分析、质量数据文档的管理、质量检验器具与设备管理和质量事故的分析与论断等内容。由于传统质量系统缺乏高效的质量信息采集、处理和管理的手段,存在质量检验效率低无法实现全面的质量检验;事后检验不利于质量责任制的落实和质量的改进等问题。

计算机辅助质量系统(Computer Aided Quality System,CAQS)是以计算机、网络和数据库为手段,充分发挥计算机的信息处理和数据存储、管理能力,协助人们完成质量管理、质量保证和质量控制中的各项工作,以克服传统手工质量系统存在的不足,提高产品质量及质量管理水平和效率,降低质量保证和质量管理的成本。

12.4.3　虚拟制造 VM

虚拟制造(Virtual Manufacturing,VM),是一种以信息技术、仿真技术、虚拟现实技术为支持,在产品设计或制造系统的物理实现之前,就能使人体会或感受到未来产品的性能或者制造系统的状态,从而作出前瞻性的决策与优化实施方案的制造技术。

根据产品研发过程,虚拟制造分为三类:

(1)以设计为中心的虚拟制造,又称"面向设计的虚拟制造",是把制造信息引入产品设计全过程,利用仿真技术优化产品设计,从而在设计阶段就可以对所设计的零件甚至整机进行可制造性分析,包括加工过程的工艺分析、铸造过程的热力学分析、运动部件的运动学分析和动力学分析,甚至包括加工时间、加工费用、加工精度等的分析等。

(2)以生产为中心的虚拟制造,又称"面向生产的虚拟制造",是在生产过程模型中融入仿真技术,以此来评估和优化生产过程,以便低费用、快速地评价不同的工艺方案、资源需求规划和生产计划等。

(3)以控制为中心的虚拟制造,又称"面向控制的虚拟制造",是将仿真技术加入到控制模型和实际生产过程中,实现虚拟制造系统的组织、调度和控制策略的优化,以及人工现实环境下虚拟制造过程中的人机智能交互与协同,达到优化制造过程的目的。

12.4.4　计算机仿真

计算机仿真(Computer Simulation),就是建立系统模型(系统包括所有工程和非工程的系统)的软件模型,进而在计算机上对该模型施加真实状态下的初始条件,再由计算机计算出来模型的发展变化过程和结果,并进行分析研究,以达到通过模拟实际系统的行为而认识其本质规律的目的的过程。

计算机仿真的一般过程是:明确实际系统、建立数学模型、建立仿真模型、编制仿真程序、进行仿真实验、结构统计分析以及仿真实验的综合评价。

在 CAD/CAM 系统中,计算机仿真的主要应用为:产品形态仿真、产品结构仿真、产品物理学仿真、装配关系仿真、运动学仿真、动力学仿真、零件工艺过程几何仿真、零件加工过程仿真、生产过程仿真等。

习　　题

12-1　通过文献检索,试分析我国制造业的战略目标。

12-2　通过文献检索,试分析现代制造技术中的生产类型转变的原因。

12-3　简述增材制造的定义及其主要成形技术。

12-4　简述清洁生产工艺技术。

12-5　简述精密超精密加工的加工精度范围。

12-6　简述高速切削的概念。

12-7　简述刚性自动线和柔性自动线之间的区别。

12-8　简述工业机器人的基本结构。

12-9　简述清洁生产工艺与绿色制造的关系。

12-10　简述计算仿真的过程。

参 考 文 献

[1] 张世昌.机械制造技术基础[M].4版.北京:高等教育出版社,2022.
[2] 崔平.现代生产管理[M].3版.北京:机械工业出版社,2016.
[3] 沈莲.机械工程材料[M].4版.北京:机械工业出版社,2018.
[4] 徐婷,刘斌.机械工程材料[M].北京:机械工业出版社,2017.
[5] 杨瑞成.工程材料[M].5版.重庆:重庆大学出版社,2016.
[6] 周凤云.工程材料及应用[M].3版.武汉:华中科技大学出版社,2022.
[7] 王贵斗.金属材料与热处理[M].2版.北京:机械工业出版社,2021.
[8] 孙康宁.工程材料与机械制造基础[M].北京:高等教育出版社,2019.
[9] 韩荣第.金属切削原理与刀具[M].4版.哈尔滨:哈尔滨工业大学出版社,2011.
[10] 陈日耀.金属切削原理与刀具[M].2版.北京:机械工业出版社,2002.
[11] 陆剑中,孙家宁.金属切削原理与刀具[M].5版.北京:机械工业出版社,2011.
[12] 韩荣第,金远强.航天用特殊材料加工技术[M].哈尔滨:哈尔滨工业大学出版社,2007.
[13] 梁延德.机械制造基础[M].北京:机械工业出版社,2022.
[14] 毛世民.金属切削刀具[M].北京:机械工业出版社,2020.
[15] 吉卫喜.机械制造技术基础[M].2版.北京:高等教育出版社,2015.
[16] 林江.机械制造基础[M].2版.北京:机械工业出版社,2021.
[17] 卢秉恒.机械制造技术基础[M].4版.北京:机械工业出版社,2018.
[18] 贾振元,王福吉.机械制造技术基础[M].2版.北京:科学出版社,2019.
[19] 尹成湖.机械制造技术基础[M].2版.北京:高等教育出版社,2022.
[20] 巩亚东,史家顺,朱立达.机械制造技术基础[M].2版.北京:科学出版社,2017.
[21] 王红军,韩秋实.机械制造技术基础[M].4版.北京:机械工业出版社,2020.
[22] 黄健求.机械制造技术基础[M].3版.北京:机械工业出版社,2020.
[23] 熊良山.机械制造技术基础[M].4版.武汉:华中科技大学出版社,2020.
[24] 刘英.机械制造技术基础[M].3版.北京:机械工业出版社,2018.
[25] 于骏一,邹青.机械制造技术基础[M].2版.北京:机械工业出版社,2009.
[26] 周桂莲,高进.机械制造技术基础(上下册)[M].北京:电子工业出版社,2011.
[27] 艾兴,肖诗纲.切削用量简明手册[M].3版.北京:机械工业出版社,2017.
[28] 李益民.机械制造工艺设计简明手册[M].2版.北京:机械工业出版社,2017.
[29] 薛源顺.机床夹具设计[M].2版.北京:机械工业出版社,2018.
[30] 吴虎城.机床专用夹具设计及应用[M].苏州:苏州大学出版社,2022.
[31] 侯明旭.热处理原理与工艺[M].2版.北京:机械工业出版社,2021.
[32] 胡美些.金属材料检测技术[M].2版.北京:机械工业出版社,2021.
[33] 梁国明.制造业质量检验员手册[M].3版 北京:机械工业出版社,2021.
[34] 李新勇,赵志平.机械制造技术检验手册[M].北京:机械工业出版社,2011.
[35] 李喜孟.无损检测[M].北京:机械工业出版社,2001.
[36] 李智勇,谢玉莲.机械装配技术基础 [M].北京:科学出版社,2009.